天山中部积雪遥感与应用

冯学智　肖鹏峰　张学良　都金康　谢顺平 等　著

国家高分辨率对地观测系统重大专项项目
"新疆天山中部高分载荷雪冰监测评价"（95-Y40B02-9001-13/15-04）
国家自然科学基金项目
"SAR 与高分辨率光学遥感联合反演雪水当量"（41271353）
联合资助

科学出版社

北　京

内 容 简 介

本书总结了近十年来作者在天山中部玛纳斯河流域山区积雪遥感方面的研究成果，突出了高分辨率积雪遥感的鲜明特色，以星地同步积雪观测为基础，从积雪时段遥感估算、积雪信息遥感识别、积雪参数遥感反演、积雪时空分布、融雪径流模拟等方面系统阐述天山中部玛纳斯河流域山区积雪遥感研究与应用的学术思想与关键技术。

本书以"积雪识别—参数反演—融雪径流"为主线进行组织，内容上力求做到深入浅出，不仅具有一定的深度和广度，还能反映积雪遥感的新动向和新热点，介绍学科前沿的新成果和新内容。读者在阅读本书前应具备积雪遥感的相关理论基础和专业知识。本书可作为高等院校遥感相关专业研究生的参考书，也可供从事遥感研究的科技人员阅读参考。

审图号：新 S（2018）042 号

地图审核：新疆维吾尔自治区测绘地理信息局

图书在版编目（CIP）数据

天山中部积雪遥感与应用 / 冯学智等著. —北京：科学出版社，2018.6

ISBN 978-7-03-055897-8

Ⅰ. ①天… Ⅱ. ①冯… Ⅲ. ①卫星遥感-应用-天山-积雪-地面观测 Ⅳ. ①P468.0

中国版本图书馆 CIP 数据核字（2017）第 306242 号

责任编辑：周 丹 曾佳佳 赵 晶 / 责任校对：王 瑞 王萌萌
责任印制：张克忠 / 封面设计：许 瑞

科 学 出 版 社 出版

北京东黄城根北街 16 号
邮政编码：100717
http://www.sciencep.com

北京画中画印刷有限公司印刷

科学出版社发行 各地新华书店经销

*

2018 年 6 月第 一 版 开本：787×1092 1/16
2018 年 6 月第一次印刷 印张：34
字数：805 000

定价：398.00 元

（如有印装质量问题，我社负责调换）

各 章 作 者

第 1 章　绪论　　　　　　　　　　　　　　　　　　　肖鹏峰　冯学智　张学良
第 2 章　科学考察与积雪观测　　　　　　　　　　　　冯学智　杨永可　耶　楠　张学良
第 3 章　积雪时段的遥感估算　　　　　　　　　　　　张文博　冯学智　肖鹏峰
第 4 章　中分辨率光学遥感图像的积雪信息识别　　　　汪凌霄　肖鹏峰　张学良
第 5 章　高分辨率光学遥感图像的积雪信息识别　　　　朱榴骏　肖鹏峰　蒋璐媛
第 6 章　高分辨率极化 SAR 图像的积雪信息识别　　　　贺广均　冯学智　周淑媛　郭金金
第 7 章　基于 ART 模型的雪表层粒径反演　　　　　　　王剑庚　冯学智　肖鹏峰　叶李灶
第 8 章　基于 AIEM 模型的雪表层含水量反演　　　　　陈　妮　冯学智　肖鹏峰　张学良
第 9 章　基于重轨 SAR 干涉测量的雪深反演　　　　　　李　晖　冯学智　肖鹏峰
第 10 章　基于 EQeau 模型的雪水当量反演　　　　　　　汪　左　冯学智　肖鹏峰　杨永可
第 11 章　积雪分布及其与气象因子的关系　　　　　　　郑文龙　都金康　冯学智
第 12 章　基于 SRM 模型的融雪径流模拟　　　　　　　谢顺平　陈爱玲　都金康

前　言

本书是南京大学积雪遥感研究团队近年来承担的国家高分辨率对地观测系统重大专项项目"新疆天山中部高分载荷雪冰监测评价"（95-Y40B02-9001-13/15-04）和国家自然科学基金项目"SAR与高分辨率光学遥感联合反演雪水当量"（41271353）的部分研究成果的总结。特别是国家高分辨率对地观测系统重大专项项目从论证到结题已持续了近十年的时间，在该项目中，南京大学冯学智教授负责的"积雪参数遥感反演"专题，南京大学肖鹏峰副教授负责的"积雪信息遥感识别"专题，中国科学院寒区旱区环境与工程研究所王建研究员负责的"冰川信息遥感提取"专题及南京大学都金康、谢顺平教授负责的"融雪径流模拟与预报"专题等，均立足于积雪遥感的学科前沿，瞄准积雪遥感的研究热点，组织科技攻关，注重应用示范，取得了一批令学术界同行瞩目的科研成果。其中，部分研究成果已在《南京大学学报（自然科学版）》2015年第5期发表（积雪遥感专辑，共13篇），还有部分研究成果已在 ISPRS P&RS、IEEE JSTARS、IEEE GRSL 等学术期刊发表（共22篇，其中 SCI 论文9篇），本书主要是部分研究生学位论文的研究成果。本书重点关注积雪遥感的学术内容，所以未包含"冰川信息遥感提取"的研究成果。

近年来，随着我国 GF-1、GF-2、GF-3 等卫星的相继发射和数据分发，越来越多的高空间分辨率遥感数据进入资源环境应用领域。空间分辨率的提高使地形效应显著、地物类型的类内差异增大，而且高分辨率遥感数据缺乏计算归一化差值积雪指数所需的短波红外波段，因此，山区复杂地形条件下的高分辨率积雪信息识别是亟待解决的科学难题。同时，高空间分辨率的雪粒径、雪密度、雪湿度、雪深和雪水当量等积雪参数的遥感反演仍处于实验研究阶段，而且被动微波遥感较低的空间分辨率不能满足流域尺度的积雪参数反演需求，因此 SAR 技术在山区复杂地形条件下的积雪参数反演问题有待于深入探索。国家高分辨率对地观测系统重大专项项目"新疆天山中部高分载荷雪冰监测评价"和国家自然科学基金项目"SAR与高分辨率光学遥感联合反演雪水当量"的实施，为攻克这些技术难题提供了强有力的条件支撑。为保证这两个项目的顺利开展，完成项目设计的各项科研任务，实现预定的科学目标，验证国产高分辨率卫星对山区积雪探测的有效性，掌握山区积雪的时空分布特点和雪盖的衰退过程，为融雪径流模拟与预报提供强有力的支撑，南京大学积雪遥感研究团队先后六次赴天山中部玛纳斯河流域山区开展科学考察，进行积雪参数的地面观测和星地同步测量，利用获取的地面实况资料和 GF-1 PMS、GF-1 WFV、HJ-1 CCD 等国产高分辨率光学遥感数据，以及 C 波段 RADARSAT-2、ENVISAT ASAR 等 SAR 数据，探索山区复杂地形条件下的综合辐射校正方法，研发积雪信息遥感识别模型，从遥感图像中快速获取积雪覆盖范围、时空分布特征、积雪表面类型和干湿状态等积雪信息。同时，根据改进的积雪参数遥感反演模型，对雪粒径、雪表层含水量、雪深、雪水当量等积雪参数进行遥感反演，并通过系统分析积雪时空变化和雪盖衰退过程，实现对融雪径流模型的参数率定及融雪径流的模拟与预报。

　　为了简要阐述上述研究内容，本书以"积雪识别—参数反演—融雪径流"为主线进行组织，全书共分 12 章。第 1 章为绪论，主要讲述研究背景与国内外进展、研究内容与技术路线；第 2 章介绍天山中部，特别是玛纳斯河流域山区的地理概况，以及科学考察和积雪观测情况；第 3 章介绍融合 MODIS 积雪产品与气象站点数据的积雪时段估算方法；第 4 章以 Landsat-5 TM 数据为例，介绍中分辨率光学遥感图像积雪识别的影响因素和解决方法；第 5 章以 GF-1 WFV 和 GF-1 PMS 数据为例，介绍高分辨率光学遥感图像的单时相和多时相积雪识别方法；第 6 章以 RADARSAT-2 数据为例，介绍高分辨率极化 SAR 图像的积雪范围和状态识别方法；第 7 章介绍基于 ART 模型的 HJ-1 CCD 数据雪表层粒径反演方法；第 8 章介绍基于 AIEM 模型的 RADARSAT-2 数据雪表层含水量反演方法；第 9 章介绍基于重轨 ENVISAT ASAR 干涉测量的雪深反演方法；第 10 章介绍基于 EQeau 模型的 RADARSAT-2 数据雪水当量反演方法；第 11 章阐述积雪时空分布及其与气温、降水的关系；第 12 章介绍基于 SRM 模型的融雪径流模拟与参数优化率定。

　　本书是南京大学地理信息系统与遥感实验室师生近十年来共同努力的科研成果，博士后耶楠、冯莉，博士研究生林金堂、李晖、王剑庚、汪左、贺广均、李云、李海星、陈妮、李敏、杨永可、叶李灶，硕士研究生汪凌霄、张文博、王晓慧、陈爱玲、朱榴骏、蒋璐媛、周淑媛、郭金金、袁敏、李成蹊、张宏民、黄银友、李智广、郑文龙、宋明明、卓越、胡瑞等先后承担或参与了该项目的科研工作，项目的顺利实施和圆满完成离不开他们的付出和贡献，在此谨向他们表示衷心的感谢。遗憾的是，博士研究生李云、李海星、李敏、杨永可、叶李灶等参与了多次科学考察和野外观测工作，积累了大量的第一手资料，但学位论文还没有定稿，完整的研究成果还不能在这里呈现，但期望不久的将来就会有与此相关的第二本图书呈现在读者面前。除各章作者以外，实验室的博士研究生李云、李海星、陈妮、杨永可、叶李灶和硕士研究生卓越、胡瑞、张正等还参与了本书的整理和文稿校对等工作，对他们的辛勤工作表示衷心的感谢。

　　在项目实施过程中，南京师范大学李硕教授、解放军理工大学关洪军教授等参与了部分科学考察和研究方案的制定工作，新疆维吾尔自治区卫星应用工程中心、中国科学院新疆生态与地理研究所、新疆维吾尔自治区气象局、石河子大学、石河子水文水资源勘测局等部门的同仁也给予了大力的支持和帮助，在此表示衷心的感谢。同时，也感谢蒋强等多位司机同志在天山考察和野外观测期间给予的帮助。

　　本书在撰写过程中还得到南京大学地理与海洋科学学院地理信息科学系的领导和有关教师的热忱关心与支持，在此也表示衷心的感谢。

　　全书由冯学智、肖鹏峰设计大纲并主持撰写，由冯学智、肖鹏峰、张学良负责统稿、校对和定稿。作者在书中阐述的某些学术观点仅为一家之言，欢迎广大读者争鸣。此外，由于作者的水平和经验有限，书中疏漏之处在所难免，恳请专家和读者批评指正。

作　者
2017 年 8 月于南京大学仙林校区

目　录

1 绪 论

　　积雪是冰冻圈重要的组成部分，也是地表最活跃的自然要素之一，其对自然环境和人类社会活动的影响非常显著。遥感技术是唯一能获取大范围积雪覆盖状况和研究雪盖变化的技术手段。20 世纪 70 年代中期以来，我国的雪冰遥感研究有了长足的发展，取得了一系列令人瞩目的科研成果。国家高分辨率对地观测系统重大专项于 2010 年开始实施，对我国积雪遥感的理论、方法与应用提出了新的要求与挑战。本章首先简要介绍本书的研究背景、国内外相关研究进展，然后从积雪时段估算、积雪遥感信息识别、积雪参数遥感反演、积雪时空变化分析、融雪径流模拟 5 个方面对本书内容进行概要介绍。

1.1 研 究 背 景

　　地球表面存在时间不超过一年的雪层称为季节性积雪，简称积雪。积雪是冰冻圈的重要组成部分，也是地表最活跃的自然要素之一，其对自然环境和人类社会活动的影响非常显著。例如，积雪的高反照率、低热传导率、高相变潜热性质在调节地-气能量交换方面起重要作用，全球气候变化中的冰雪反照率反馈机制就源于积雪的高反照率；积雪的低热传导率可以影响冻土的发育；积雪融化时需要大量能量，从而可以延缓融雪期大气增暖；在许多干旱-半干旱地区，山区积雪是春末夏初河川径流和地下水补给的重要水源；积雪的化学组成与水汽来源、大气环境状况及其变化等密切相关，不仅可以揭示不同区域水汽的来源，而且可以构建积雪中不同化学成分含量变化的环境指示意义。不过，过量或非适时的积雪也会引发积雪灾害。

　　在我国高寒山区及干旱、半干旱地区，积雪作为一笔可观的淡水资源储备，在国民经济建设与可持续发展中占有重要地位，特别是季节性的冰雪融水作为春季河川径流的主要补给水源，直接影响这些地区的工农业生产。由于遥感技术具有宏观、快速、多时相和多波段等优势，在气象资料不足、气候条件恶劣的山区，其已成为唯一能获取大范围积雪覆盖状况和研究雪盖变化的技术手段。自 20 世纪 60 年代在加拿大第一次用气象卫星观测积雪以来，人类利用遥感技术进行雪冰监测已有 50 多年的历史。在我国，雪冰遥感研究起步稍晚，但随着多项相关的国家重大科技项目的实施，我国的雪冰遥感研究有了长足的发展，取得了一系列令学术界瞩目的科研成果。

　　我国雪冰遥感研究工作起步于 20 世纪 70 年代中期。1981 年，曾群柱、米德生、张顺英、冯学智等在科学出版社出版的《遥感文选》中发表了题为"卫星遥感影像在中国冰川积雪研究中的应用"的文章，一支专门从事雪冰遥感研究的科技队伍迅速壮大，并凭借中国科学院重大科技项目"地球资源光谱信息及应用"的部分研究内容，由曾群柱、曹梅盛带队先后赴天山、祁连山等地进行冰川和积雪的反射光谱测量，并开展了雪冰最佳遥感波段选择的研究。此时的一些研究成果,特别是有关积雪若干光谱反射特性的一些研究成果主要发表在《科学通报》《冰川冻土》(曹梅盛等,1982,1984)和《中国科学》(曾群柱等,1984),雪冰最佳遥感波段选择的一些研究成果则主要发表在能源出版社出版的《中国地球资源光谱信息资料汇编》(曾群柱等,1987)。同时,由曾群柱副研究员主持的中国科学院"六五"(1981~1985年)重点科技项目"河西祁连山地区积雪卫星监测与春旱缺水期间的径流形成及预报",通过山区积雪遥感识别技术的攻关和山区积雪时空分布与融雪径流相互关系的分析,实现了祁连山山区积雪的卫星监测,并对黑河出山口的融雪径流(4~6月上旬)作出了适时预报。这一研究成果主要发表在1988年由科学出版社出版的《中国科学院兰州冰川冻土研究所集刊》第6号(曾群柱等,1988;冯学智和王建,1988)。由曾群柱副研究员主持的国家"七五"(1986~1990年)重点科技攻关项目"黄河上游冰盖卫星遥感监测与融雪径流预报模型研究",通过黄河上游卫星雪盖的遥感制图、流域模型的参数研究,发展了GIS支撑的融雪径流模型,实现了对黄河上游龙羊峡水电站春季入库流量的数值模拟与预报。这部分研究成果主要发表在1990年由科学出版社出版的《黄河流域典型地区遥感动态研究》文集中(冯学智等,1990),部分研究成果则在学术期刊上发表(曾群柱等,1993)。由曾群柱研究员和冯学智副研究员主持的国家"八五"(1991~1995年)科技攻关项目"我国主要牧区雪灾遥感监测评价",通过构建雪灾背景数据库,研发了雪灾遥感判别、预测和损失评估模型,形成了雪灾遥感动态监测业务应用试运行系统,实现了对藏北牧区雪灾的动态监测与损失的评估。这部分研究成果主要发表在1995年由科学出版社出版的《中国科学院兰州冰川冻土研究所集刊》第8号(冯学智等,1995),一些关键技术则发表在《遥感学报》等学术期刊(冯学智等,1997;鲁安新和冯学智,1994)。由康尔泗研究员主持的国家"九五"(1996~2000年)重点科技攻关项目"冰雪水资源和出山口径流量变化及其趋势预测研究",则根据部分研究内容的要求,运用改进后的融雪径流模型(SRM),通过对天山中段雪盖的卫星遥感监测和流域模型参数的研究,实现了对玛纳斯河出山口春季流量的数值模拟和逐日预报。这部分研究成果主要发表在1999由科学出版社出版的《冰雪水资源和出山口径流量变化及趋势预测研究》专集(冯学智,1999),部分研究成果则在学术期刊上发表(冯学智等,2000a,2000b)。根据上述国家重大科技项目的实施和技术攻关,冯学智等就卫星雪盖制图中的若干技术问题进行了多次深入的阐述与讨论(冯学智,1988,1991;柏延臣和冯学智,1997),并开始考虑积雪遥感监测与分析系统的设计(柏延臣和冯学智,1998),同时,对我国积雪遥感研究的进展也及时进行了回顾与总结(冯学智和陈贤章,1998)。

近年来,随着我国GF-1、GF-2、GF-3等卫星的相继发射和数据分发,越来越多的高空间分辨率遥感数据进入资源环境应用领域。空间分辨率的提高使得地形效应显著,地物类型的类内差异增大,而且高分辨率遥感数据缺乏计算归一化差值积雪指数(NDSI)所需的短波红外波段,因此,山区复杂地形条件下的高分辨率积雪信息识别是亟待解决的科学难题。同时,高空间分辨率的雪粒径、雪密度、雪湿度、雪深和雪水当量等积雪参数的遥感反演仍处于实验研究阶段,而且被动微波遥感较低的空间分辨率不能满足流域尺度的积雪参数反演需求,因此合成孔径雷达(synthetic aperture radar,SAR)技术在山区复杂地形条件下的积雪参数反演问题有待于深入探索。因此,由南京大学冯学智主持的国家高分辨率对地观测系统重大专项项目"新疆天山中部高分载荷雪冰监测评价"(95-Y40B02-9001-13/15-04)和国家自然科学基金项目"SAR 与高分辨率光学遥感联合反演雪水当量"（41271353）瞄准这些研究热点，立足积雪遥感的学科前沿，带领研究团队组织科技攻关，注重应用示范，取得了一批令学术界同行瞩目的科研成果。这部分研究成果除发表在《南京大学学报（自然科学版）》2015 年第 5 期（积雪遥感专辑，共 13 篇）外，还在 *ISPRS P&RS*、*IEEE JSTARS*、*IEEE GRSL* 等学术期刊上发表研究论文 22 篇，为我国的积雪遥感研究书写了新的篇章。

　　由于承担的国家高分辨率对地观测系统重大专项项目和国家自然科学基金项目均以天山中部玛纳斯河流域山区为主要研究区，除验证国产高分辨率卫星遥感对山区积雪探测的有效性外，还要基于国产高分辨率对地观测数据，系统开展冰川资源调查、积雪信息识别、积雪参数反演、积雪变化监测等关键技术研究，并研发基于雪盖衰退信息的融雪径流模拟与预报模型，建成可运行的示范系统，为高分辨率卫星的应用提供科学支撑。因此，本书的主要内容集中在这一研究区域。

1.2　研　究　进　展

1.2.1　积雪的特性

1.2.1.1　积雪物理特性

　　积雪物理参数包括微观结构（microstructure）、颗粒形状（grain shape）、雪粒径（grain size，单位：mm）、雪密度（snow density，单位：kg/m^3）、雪硬度（snow hardness）、液态水含量（liquid water content）、雪温（snow temperature，单位：℃）、污化物浓度（impurity）和雪深（layer thickness，单位：cm）。这些物理特性和大气中的雪晶形状、规模、降落过程，以及雪在地表的变质过程密切相关。1954 年，国际雪冰委员会（International Commission on Snow and Ice，ICSI）立足积雪观测，依据表征积雪特征的物理参数，首次发布积雪分类标准。随着对积雪过程研究的深入，根据各国雪情的差异，国际雪冰委员会经过 5 年的收集、论证，于 1990 年发布了新一期的国际季节性积雪分类（Colbeck et al.，1990）。2009 年，国际冰冻圈科学协会和联合国教科文组织发布的国际季节性积雪分类仍延续了 1954 年和 1990 年标准的框架及分类准则（Fierz et al.，2009）。

　　Sturm 等（1995）着眼于气候模型应用，将全球积雪划分为 6 种类型，即冻土型（tundra）、针叶林型（taiga）、高寒型（alpine）、海洋型（maritime）、草原型（prairie）和短暂积雪型（ephemeral）。每种积雪类型都是由新雪（或表层凝结霜）、细粒雪、中粒雪、粗粒雪、湿雪、深霜、聚合深霜和薄融冻冰层中的几种混合组成的。新雪是刚刚堆在雪面或地面的积雪，由雪晶组成，雪晶原有形状易于辨认（NSIDC，2008）。新雪粒径较小（<0.2mm），雪密度较低（40～200kg/m^3），属于干雪，通常很软。细粒雪是处于自身沉陷初期的积雪，颗粒不规则，大多呈圆形，存在分岔，虽已消失原有晶体的尖削拐角和细微分岔，但是颗粒原有的形状仍能辨认。细粒雪柔软，粒径为 0.2～0.5mm，雪密度为 100～500kg/m^3。中粒雪和粗粒雪已完全丧失所有的晶体特征，颗粒不规则，

近似于圆形,通常湿时很软,冻时很硬。其粒径分别为 0.5～1mm 和 1～2mm,雪密度为 180～360kg/m³。深霜和聚合深霜颗粒不规则,有空杯状晶体特征,有时具有台阶状或带条纹的晶面。深霜往往出现在某一个或多个不透水冰壳之下,强度很低。其粒径为 2～6mm,密度为 210～560kg/m³。

积雪是不稳定的,自堆积在雪面或地面开始,就会发生变质作用,从新雪开始,经过细、中、粗粒雪逐步变质为深霜。积雪变质作用是指一定的压力和温度条件引起的积雪结构的变化,是积雪和雪粒的固有性质,与环境因素有关。积雪的变质作用主要有以下 3 种:①等温变质作用。按热力学原理,冰晶向着减小表面积与体积之比的最小液态能方向运动。在等温条件下,雪晶凸面附近空气中的水汽压高于凹面附近空气中的水汽压,导致凸面附近的水汽分子向凹面附近迁移。因此,等温变质作用的结果是引起雪粒变圆和雪粒之间形成"颈状"连接(又称"烧结"),强度增加。所有类型的雪晶(除霰)都存在等温变质作用。②温度梯度变质作用。被大气圈和地表包围的积雪,其表面和底面存在温度差异,产生水汽压梯度,导致水汽从积雪较暖部分向较冷部分扩散,其迁移的次序为固相、气相、固相。大部分雪通过气相输送,并被凝华在新的晶体上,这种晶体称为深霜。温度梯度变质作用使得雪粒增大、冰骨架强度降低。③消融-冻结变质作用。春季,表层温度日夜变动很大,而且这种变动可以波及积雪较深的部位。在温度变动引起消融和冻结的雪层中将产生消融-冻结变质作用。消融时,较小的雪链及雪粒比较大的雪链和雪粒的消融温度略低,使得小颗粒先融化。一些融水保留在毗邻的颗粒之间,并且依靠表面张力将残存的雪粒黏在一起,从而产生较大的颗粒(Colbeck,1982,1983)。

积雪一般经过 4 个时期的变化:①积雪形成期。在这一时期,随着温度的不断降低,积雪大多都不发生融化,雪层中几乎没有液态水存留。在此期间,主要是压实作用,雪深有下降趋势,雪密度逐渐增大,雪粒径由于等温变质作用,逐渐趋向圆形。②稳定积雪前期。这一时期温度维持在最低阶段,并且全年的降雪集中在这一时期,雪层厚度增加明显,几乎不发生融雪现象,积雪的散失量主要为雪面蒸散发量。雪深、雪密度、雪粒径的变化和积雪形成期类似。③稳定积雪后期。基本上没有什么降水(包括降雪)现象,而此时雪层在重力作用下发生的压实作用也已基本完成。因此,这一时期内,雪层的雪深、雪密度基本维持不变。但是随着温度的变化,会有一部分积雪发生消融,同时会伴随着雪深、含水量、雪密度和雪粒径的变化,但并不明显。④融雪期。随着温度的不断升高,积雪融化的速率会加快。由于接收太阳和大气辐射的是积雪表层,因此首先融化的是雪表层,在消融-冻结变质作用下,雪表层粒径趋于圆形并逐渐增大,雪中含水量逐渐升高,达到最低饱和度时,雪水发生下渗,当积雪下层达到最低含水饱和度时,雪层就会有明显的融水出流,从而产生地表径流(Colbeck,1983,1991;Yamaguchi et al.,2010;Techel et al.,2011)。

我国西北地区在大陆性气候条件下形成"干寒型"积雪,其具有密度低、含水量少、温度梯度大和深霜发育的特点(胡汝骥等,1985)。魏文寿等(2001)对中国天山和阿尔泰山山区的季节性积雪进行了观测与分析。结果表明,该区最大积雪深度达 152cm(1997 年),雪层一般由新雪(或表层凝结霜)、细粒雪、中粒雪、粗粒雪、松散深霜、聚合深霜层和薄融冻冰层组成。与"温暖型"积雪相比,"干寒型"积雪的性质具有密度小(新雪的最小密度为 40kg/m³）、含水率少（隆冬期＜1%）、温度梯度大（最大可达−0.52℃/cm）和深霜发育层厚等特点，并且变质作用以热量交换和雪层压力变质作用为主。据中国科学院天山积雪雪崩研究站（43°16′N，84°24′E，海拔 1776m）的观测资料，在 12 月中旬积雪层中的深霜颗粒已基本形成，雪层粒度结构从上而下分别为新雪（雪粒径：＜0.25mm；雪密度：40～100kg/m³）、细粒雪（雪粒径：0.25～0.5mm；雪密度：100～200kg/m³）、中粒雪（雪粒径：0.5～1mm；雪密度：150～240kg/m³）、粗粒雪（雪粒径：1～1.5mm；雪密度：190～280kg/m³）和深霜（雪粒径：1.5～3mm；雪密度：210～360kg/m³）（王彦龙，1992；魏文寿等，2001）。

在积雪稳定期一次降雪后，积雪剖面的新雪层厚度逐渐减少，其余各层的厚度基本保持不变。随着降雪沉积时间的推移，新雪层积雪密度的增加速率最大，细粒雪层、中粒雪层、粗粒雪层和深霜层积雪密度的增加速率依次减小，深霜层积雪密度基本不随时间变化（陆恒等，2011）。高培等（2012）对新疆西天山积雪稳定期不同下垫面的雪物理特性进行对比，结果表明，不同下垫面条件下雪层粒径组成相似，但积雪类型的质量分数却有所不同。森林由于植被的遮挡作用，新雪质量分数最少，而由于温度偏高，水汽含量大，所以雪晶的建设性变质作用较快完成，粗颗粒雪所占比例最大。草地和森林下土壤较厚，有利于积雪和土壤间的热量和水汽交换，雪的再结晶作用过程活跃。但是林地的温度梯度较小，不利于底层深霜的发育。草地、水泥地、森林中深霜的厚度分别为 23cm、19cm 和 6.5cm，占总积雪深度的比例分别为 47.91%、45.24%、30.23%。

积雪在消融过程中伴随着能量的相互转化与物质的迁移和消耗，能量的变化决定着雪层的消融与冻结，而积雪在发生相变的过程中会释放或者吸收能量，从而影响能量平衡，其复杂的过程可以看作是能量与物质的相互耦合过程。太阳辐射只能穿透积雪表层 20cm 左右的厚度，因此几乎所有的能量交换都是在雪表层进行的，越接近雪面能量变化越剧烈，而雪层底部的环境较为稳定。因此，雪表层先开始融化（马虹和刘宗超，1991；马虹等，1992）。雪面 10cm 以内的雪层为新雪，新雪的粒径小，冰晶颗粒之间空隙较小，冰晶颗粒表面对液态水的吸附能力强，增大了雪层的最大持水能力，当达到表层最低含水量时雪水开始下渗（周石硚等，2001；贺青山等，2012）。

1.2.1.2 积雪反射光谱特性

对积雪光谱响应特征的研究是进行积雪遥感识别和参数反演的基本前提。O'Brien 和 Munis（1975）在美国陆军寒区研究和工程实验室（U.S. Army Cold Regions Research and Engineering Laboratory，CRREL）室内进行积雪可见-近红外区的新雪及老雪双向反射率的测量，测量的光谱范围为 600～2500nm，分辨率为 10nm。结果表明，新雪的反射率在可见光区域较高，接近于 1。在近红外区域，反射率随波长迅速下降，1030nm 附近出现波谷后继续下降，1500～1600nm 波谷降至 0.05 以下；此后缓慢上升，1960nm 处达到 0.12 后又继续波动下降，这些与冰的吸收系数在该区域的明显波动有关。随着积雪的老化变质，雪粒径和雪密度逐渐增大，雪面反射率在可见光区域减小明显，但仍达到 0.6 以上，在近红外区域反射率也有所减小，反射率减小的速率与老化的时间相对应。Steffen（1987）在天山一号冰川测量了可见光 500～600nm 光谱范围内，粉状雪、新雪和老雪的双向反射率随太阳天顶角的分布情况。结果表明，粉状雪接近于朗伯体，各向异性特征随太阳天顶角变化不大；随着雪的老化雪粒径逐渐增大，新雪到老雪的各向异性特征逐渐加强，当太阳天顶角大于 75°时更加明显。Grenfell 等（1994）在南极点（south pole）和东方站（Vostok Station）测量了 300～2500nm 光谱范围内的雪面反照率，并比较了太阳高度角、雪粒径和污化物浓度对雪面反照率的影响。结果表明，在紫外及可见光波段，雪面反照率可达 0.96～0.98，并且不受雪粒径和太阳高度角的影响；在近红外波段雪面反照率较低，在 1500～2000nm 处小于 0.15，并且在近红外波段雪面反照率对雪粒径大小和太阳高度角较为敏感。

Aoki 等（2000）较为详细地观测了雪粒径、污化物和雪层结构对 350～2000nm 光谱范围内雪面反照率的影响。观测前两天有 10cm 的降雪，从第三天开始研究者连续采集了四天的积雪物化参数和雪面反照率。结果表明，雪层结构分层明显，自上而下分别为新雪（粒径 0.1～0.75mm）、刻面雪（粒径 0.25～1mm）、深霜（粒径 0.75～2mm）、冰层和深霜（粒径 1～3mm），随着时间的推移，雪表层粒径逐渐增大，同时雪密度也逐渐增大，由第三天的 $120kg/m^3$ 增大到第六天的 $250kg/m^3$。污化物集中在表层 0～5cm 处，其是由气溶胶随雪的干沉降造成的。雪粒径是影响雪面反照率的主要参数，污化物对可见光区域的反照率影响明显。当入射光波长大于 1400nm 时，雪面的双向反射分布函数（BRDF）随角度变化明显。积雪在可见光波段范围的反射率主要受雪面粗糙度、液态水含量和污化物浓度等影响，在近红外波段内反射率主要受雪粒径大小影响，雪粒径的大小与积雪的变质过程紧密联系，决定积雪的类型。Casacchia 等（2002）在南极就不同类型积雪/冰的光谱特征进行了测量，结果表明，积雪的变质过程主要体现在雪粒径的增大，在 350～2500nm 光谱范围内，随着雪粒径的增大，反射率均有所降低，并且反射率主要受表层积雪的影响。依据雪/冰类型，在可见光范围，雪的反射率较高，均大于 0.6，而冰的反射率较低，且随着冰中污化物的增多，反射率降低。在近红外波段冰的反射率持续降低，均小于 0.4，波长大于 1100nm 时小于 0.1。而雪的反射率仍较大，在 1030nm 和 1260nm 处有反射谷，其值仍大于 0.4，且随粒径的不同差异较明显，当波长大于 1500nm 时积雪反射率较小，且随粒径的变化不明显。

雪面反射率的各向异性特征明显，并且与积雪类型关系较大。Painter 和 Dozier（2004）利用自动角度光谱观测仪经过连续两天的测量，得到细粒雪和中粒雪在太阳天顶角为 41°～47°的半球-方向反射率因子（hemispherical-directional reflectance factor，HDRF）。结果表明，在后向 50°观测天顶角时，细粒雪有一后向反射峰值，而中粒雪并无此特征，这是因为细粒雪仍部分保留了雪花的原始形态，雪花具有较强的后向散射特征，而中粒雪中雪花的原始形态基本消失，雪粒径趋于球形，后向散射特性不明显。在全波段，任意角度的 HDRF 均随粒径的增大而降低，并且 HDRF 的减少速率与波长成正比，波长越长减少越多。当波长小于 1030nm 时，天顶附近 HDRF 较大，并随着波长的增大有所减少；而当波长大于 1030nm 时，HDRF 随波长的增大减少更多，并随着观测天顶角的增大减小明显。Peltoniemi 等（2005）在芬兰针对不同类型的积雪测量了雪面双向反射率，积雪类型包括新雪、针状和六边形雪花、老雪和冻融雪。结果表明，积雪具有很强的前向散射特性，雪粒径大小在近红外波段对反射率具有明显的影响，并且雪粒形状对反射率也具有较明显的影响。冻融雪具有明显的镜面反射，并且波长为 1250nm 和 1350nm 时对液态水含量较为敏感。雪面粗糙度对后向散射具有一定的增强作用。Bourgeois 等（2006）在格陵兰岛测量了两种干雪（较平坦的小粒径风成干雪和表层较起伏有凝结霜的干雪）的 HDRF，太阳天顶角为 49°～85°，波长范围为 350～1050nm。结果表明，HDRF 随太阳天顶角变化较大（0.6～13），在正午时分雪面接近于漫反射体，而随着太阳高度角的增大，前向反射峰值逐渐增大，并且平坦雪面的前向反射峰值较有表层凝结霜的反射峰值大。

Negi 等（2010）在喜马拉雅地区较为详细地测量了雪粒径、污化物浓度、老化雪、雪深和坡度/坡向对 350～2500nm 波长范围内反射率的影响。结果表明，雪粒径和老化雪的指示波长为 1040～1050nm，反射率具有明显的变化，且反射率较高；污化物浓度和雪深在 470nm 和 590nm 处反射率具有明显的变化；液态水含量在 980nm 和 1160nm 处反射率变化最大；反射率在西北坡向值最小，在东南坡向值最大。测量结果对于积雪指数的建立具有指示作用。

从 20 世纪 80 年代初开始，我国逐渐开展了积雪光谱特性研究。1980 年 6～7 月，曹梅盛等（1982）在新疆乌鲁木齐河上游天山冰川试验站（海拔 3820m），使用 SRM-1200 型野外光谱辐射计测量了不同状态下积雪在 380～1180nm 的光谱反射曲线，得到积雪的若干反射光谱特征。各类雪面光谱反射曲线的形状和趋势基本相同，只是各部分数值大小随积雪状态及测量环境而变。典型雪面光谱曲线在可见光区域反射率很高，一般为 0.6 以上，新雪可达 0.95 且变化很小；在近红外区域反射率明显下降，达到 0.5 左右，新雪也降至 0.75 左右。他还进行了新雪、细中粒雪和粗粒雪 3 种不同粒径积雪类型的最佳波段选择，结果表明，420～450nm、840～910nm、950～1110nm 可作为雪粒径区分的最佳波段，相应地选择 MSS-7 图像识别积雪类型。在一场积雪的不同部位，积雪的光谱反射率曲线变化极小，但随时间的变化却很显著。曹梅盛等（1984）分析了雪的老化、融化和再冻结作用等对积雪光谱反射曲线的影响。结果表明，雪老化引起雪晶粒化、粗化的过程是缓慢进行的，但融化加速了雪晶粗化，使整个波段上光谱反射率迅速下降。因此，一场积雪的光谱反射率总是随时间单调下降。他还初步分析了观测角度对反射率的影响。结果表明，干雪接近漫反射体，观测天顶角变化对光谱双向反射率影响较小，而融化过程明显影响雪的漫反射性质。根据实测资料建立积雪密度与光谱反射率之间的回归方程，寻找雪容重与光谱反射率之间的统计关系，得到相关性最高的波长范围为 800～1100nm，即对应于 MSS-7 波段。曾群柱等（1984）根据实测资料，详细分析了若干种冰、雪的反射光谱特性及其与液态含水量、变质状态和污化物浓度的关系，并根据光谱特性的分类结果提出了最佳遥感反演波段，同时指出了雪中液态水含量的增加会显著降低积雪的光谱反射率。刘宗超等（1988）讨论了天山西部山地积雪辐射的若干物理参量及光学特点，指出雪的反射率主要受控于两个因子：积雪的液态水含量和太阳高度角，因此，干雪的反射率仅受太阳高度角影响。他还建立了积雪反射率随液态水含量和太阳高度角的变化关系，并分析得出短波辐射强度随积雪厚度的变化规律，即符合指数衰减，穿透系数为 0.13cm^{-1}，反映了干寒型积雪的短波穿透性质。曹梅盛和李培基（1991）利用 TBQ-4-1 分光辐射表测量，分析了新雪在 380~700nm、700~3200nm 和 380~3200nm 三个波段的光谱反照率随太阳高度角、云及雪面污化的变化规律。结果表明，太阳高度角降低则反照率增加，且红外波段光谱反照率对太阳高度角更敏感；云的存在改变了天空辐射的波谱分布及有效太阳高度角，影响了雪面反照率，所以要避开大范围浓云；掺杂少量污染杂质时，雪面反照率明显下降，尤其在小于 1000nm 波长的可见光波段，只要 0.1ppm[①]的炭黑含量，即可引起新降雪反照率下降 0.05~0.15。

郝晓华等（2009）在祁连山冰沟流域较为全面地观测了山区积雪情况，测量了研究区内雪密度、介电常数和液态水含量等积雪信息，得到了不同粒径、不同类型和不同粗糙度的雪面光谱曲线，并与其他地物的光谱曲线进行对比。研究表明，山区积雪分布很不均匀，阴坡山谷雪深最大，阳坡雪积累最少，即使在同一样区，积雪分布也不均匀；研究区的积雪属于湿雪，体积含水量在 3%以下；不同粒径、类型和表面粗糙度的积雪反射率不同，验证了积雪光谱反射率是雪颗粒、污化物和雪面粗糙度的函数；积雪反照率随着太阳高度角的升高逐步降低，在没有新降雪的情况下，日反照率也逐渐降低；雪分层比较明显，雪下冰晶层发育良好。当深度达到 20cm 时，积雪具有保温作用；冰沟流域的积雪等效密度随时间和空间的变化不大，约为 160kg/m³。姜腾龙等（2009）利用黑河流域上游冰沟流域样地的实测积雪光谱和实测雪粒径数据，对不同雪粒径的光谱曲线特征进行分析发现，1030nm 和 1250nm 是对雪粒径较敏感的两个波长，定量地揭示了位于这两个波长附近处的光谱曲线特征与雪粒径的关系，并通过比较分析 1030nm 附近处的光谱吸收深度、光谱吸收面积等 4 种方法，且与雪粒径进行关系拟合，得到光谱吸收面积法对雪粒径有很好的指示作用，其与雪粒径的线性和指数曲线拟合最好。

房世峰等（2010）在新疆天山北坡进行了融雪期地物光谱特征分析研究。研究表明，融雪期的地物光谱特征复杂多变，时间变化和空间差异均较为显著，下垫面存在"雪-冰-水-土壤"复杂系统的交互式影响，给融雪期下垫面的遥感监测和参数反演带来较大困难。雪面反射率与积雪厚度存在一定的关系，简季等（2011）在川西北米亚罗地区进行了积雪/融雪期的光谱测量及光谱分析。结果表明，随着深度的增加，积雪的反射率有减小的趋势，但在积雪深度较大、下层的雪还来不及融化的情况下，积雪的反射率有所增加。不同厚度的雪面光谱反射率在 1230~1350nm 和 1500~1850nm 有所差异。从 1026nm 和 1493nm 处的光谱特征可以看出，雪表面的波谱反射率表现出随着积雪厚度的加深而逐渐减少的特性。雷小春等（2011）分析了积雪光谱与污化物浓度的关系。研究表明，随着污化物浓度的增加，可见光区域 350~850nm 积雪的反射率急剧降低，在 384nm 处，随着污染物含量的增加，反射率以对数的形式减小；而在 1495nm 处，反射率以指数的形式增加。郝晓华等（2012）在我国北疆地区测量了已知积雪比例的混合像元光谱特征，在 350~1200nm，反射率随着积雪比例的降低而降低，但这种变化并无特定规律，雪面和 7/8 与 6/8 及 4/8 与 3/8 雪比例时反射率变化幅度较大，而 6/8、5/8 和 4/8 雪比例时光谱平缓降低，3/8、2/8 和 1/8 雪比例时反射率变化幅度较小，在 1200~1800nm，也呈现相同规律，不同的是雪比例与反射率成反比。

---

① 1ppm = 1mg/kg。

1.2.1.3　积雪微波散射特性

准确理解和描述积雪的微波散射机制是开展积雪面积提取、积雪状态识别及积雪参数反演的重要理论基础。雷达的极化特性、频率特性等,以及积雪本身的性质(粒径、粒子形状、密度、含水量、厚度等)决定了积雪的微波后向散射特性。积雪通常是非均匀介质且具有分层结构,雪层内存在多种形态:从接近空气表层的融冻层到接近地表的深霜层变化,雪层内的颗粒大小、形状、含水量和密度在垂直方向上都是变化的(Armstrong et al.,1993),这使得电磁波与积雪相互作用更为复杂。

积雪的散射回波一般由 4 个分量构成:空气-雪界面的面散射、雪层体散射、雪层下垫面散射、雪体体散射与下垫面面散射相互作用项。对于不同的雪层表面、雪层及雪层下垫面参数来说,这 4 个部分在总散射回波中所占的比重是不同的。

研究人员通过分析积雪的介电特性(Hallikainen et al.,1987),探讨了在不同频率(West et al.,1992)、不同入射角(Ulaby et al.,1998)、不同极化方式(Singh et al.,2014)情况下积雪的后向散射特性(Baars and Essen,1988)。结果表明,在干雪(空气和冰的混合物)条件下,当电磁波频率较高且雪层较厚时,电磁波较难穿透雪层,此时干雪的体散射在总的后向散射系数中占有较高比重,下覆界面的散射贡献相对较弱,总的后向散射系数对下覆界面的介电常数和粗糙度不敏感,特别是当雪的厚度较大时,电磁波难以穿透积雪层,体散射会完成"覆盖"下覆介质的散射。在湿雪(液态水、空气和冰的混合物)条件下,雪体的体散射分量贡献相对较小,雪表面面散射在总的后向散射中所占比重随着积雪湿度的增加而增加,此时,总的后向散射系数对雪表面的粗糙度较为敏感;当电磁波频率较低时(如 L 波段),干雪的消光系数很低,雪层对于电磁波几乎是透明的,此时雪体的体散射可忽略不计,下覆界面对总的后向散射作出了主要贡献。Shi 等研究发现,雪面粗糙度和雪中液态水含量是影响雷达后向散射系数的两个重要因素,雷达信号对于湿雪的敏感性大大高于干雪(Shi et al.,1993;Shi and Dozier,1992,1995)。积雪含水量的上升会引起吸收系数的上升及雷达后向散射信号的下降。当积雪体积含水量不超过 3% 时,空气和雪之间的介电特性差异较小,总后向散射中积雪体散射占据主导地位,后向散射系数随着含水量的增加而降低,对雪面粗糙度不敏感。当雪层含水量大于 3% 时,表面散射对总后向散射贡献大,对雪面粗糙度变化敏感。

对于深度数米以内的干雪和 20GHz 以下的微波,相对于雪下地表的后向散射能量,雪层的吸收和散射可以忽略(Leinss et al.,2015)。C 波段信号主要受土壤表面参数影响,来自积雪本身的信号占 HH 和 VV 极化信号的比例通常分别为 30% 和 15%。在 X 波段,积雪后向散射信号所占比例为 60% 左右,对积雪本身更敏感(施建成等,2012)。C 波段和 X 波段单极化 SAR 可有效区分干雪和湿雪,L 波段的单极化 SAR 难以区分干雪和湿雪,但在交叉极化下湿雪的识别精度有所提高(Singh et al.,2014)。常用的 SAR 卫星主要工作在 C 波段,如 ERS 1/2、RADARSAT-1/2、ENVISAT、Sentinel 1A/1B 等,而 C 波段很难直接获取雪深和雪水当量(Shi and Dozier,2000b)。X 波段和 Ku 波段虽然对积雪更为敏感,但可利用的卫星数据较少,如 TerraSAR-X、COSMO-SkyMed、KOMPSAT-5 等。因此,国际上新一代全球积雪雷达监测项目，如欧洲空间局（ESA）计划的寒区水文高分辨率项目 CoReH2O，美国国家航空航天局（NASA）计划的冰雪及寒地过程项目（SCLP），以及中国科学院空间科学先导专项设计的全球水循环观测卫星（WCOM）项目，都采用了较高频率的 X 波段和 Ku 波段多极化观测的研究方案。可见，低频波段穿透深度较大、影响因素较少，但对积雪敏感性较低；高频波段对积雪敏感，但穿透深度较小、影响因素较多，波段选择需要在二者之间取舍。如果要避免雷达完全穿透以获得与积雪的相互作用信息，则需要选择较高频率的波段。

雪层表面散射与雪层下垫面散射两部分均属于面散射。早期的随机粗糙面散射模型只能描述一些极端情况，最典型的是基尔霍夫近似（Kirchhoff approximation，KA）模型，其只能适用于频率比较高和粗糙面平均曲率半径较大的条件；而小扰动模型（small perturbation model，SPM）只能适用于低频和面粗糙度不大的条件。近年来发展起来的强调拓展适用范围的随机粗糙面散射模型越来越占有主导地位，应用比较广泛的是由 Fung 等（1992）提出的积分方程模型（integral equation model，IEM）。该模型能在一个很宽的地表粗糙度范围内再现真实地表后向散射情况，所以被广泛应用于微波地表散射、辐射的模拟与分析中。IEM 模型的模拟后向散射系数与地表真实值相差不大，但是该模型主要有以下两方面的不足：一是 IEM 模型没有准确描述实际的地表粗糙度；二是 IEM 模型处理不同地表粗糙度条件下菲涅尔反射系数的方式过于简单。而 Chen 等（2003）发展的 AIEM 模型（advanced IEM，AIEM）主要针对这两个方面做了改进，能对更宽范围的介电常数、频率和粗糙度等参数的地表辐射信号进行计算和模拟。

雪层体散射考虑雪粒子的形状、大小与分布，主要有瑞利散射模型、米氏散射模型及致密介质的辐射传输模型等。其中，华盛顿大学 Tsang 提出的致密介质传输（dense media radiative transfer，DMRT）模型最具有代表性（Tsang，1989；Tsang et al.，1992，2000）。在致密介质传输模型中，由于积雪粒子被处理为离散的散射体，整个积雪层可视作基于离散体的随机介质。此外，还有赫尔辛基理工大学 Pulliainen 等（1999）建立的 HUT（Helsinki University of Technology，赫尔辛基理工大学）积雪微波辐射模型（snow microwave emission model，HUT），以及 Wiesmann和 Mätzler（1999）基于实验测量发展的多层积雪微波辐射传输模型（microwave emission model of layered snowpacks，MEMLS），这两个模型是基于实验测量的简化经验积雪辐射模型。

自然界中积雪上下界面总是粗糙的，为改进对积雪上下粗糙表面的面散射与积雪层的体散射进行相互作用过程的建模，Shi 等（2005）提出了 DMRT-AIEM-MD 微波辐射模型，蒋玲梅（2005）、Jiang 等（2007，2011）采用 Mie 散射假设的致密介质理论模型用于描述雪层消光和发射特性，改进积分方程模型约束积雪下垫面的辐射和辐射传输方程的边界条件，利用多次散射的双矩阵方法求解雪层矢量辐射传输方程，发展了积雪辐射参数化算法。基于类似的研究思路，研究人员针对主动微波积雪遥感，发展了考虑积雪垂直分层和多次散射作用的积雪散射理论模型及参数化模型（Du et al.，2010）。验证表明，该模型与测量数据吻合得很好，可用于积雪参数反演和雷达信号快速仿真。

1.2.2　积雪时段估算

积雪时段监测对气候变化有重要的指示作用（Foster et al.，1997；Ye，2001），也对生态系统的变化有指示作用。Ye（2001）利用气象台站积雪深度数据确定全年积雪日，将一个水文年中第一个观测到的积雪日定义为积雪初日，将最后一个积雪日定义为积雪终日。随着遥感技术的发展，被动微波遥感应用到积雪消融日的研究中（Carsey，1992）。Drobot 和 Anderson（2001）将初始融雪日期定义为微波亮温数据快速增加的时间点，但是初始融雪日过后仍会有融化-冻结的循环。虽然利用被动微波遥感可以有效监测干雪，但是通常无法鉴别湿雪区与无雪区（Kunzi et al.，1982）。同时，被动微波遥感资料的空间分辨率低，与地面实测资料之间存在较大差距。

Ye（2001）利用历史资料得出，亚洲中部和西北部的积雪初日不断推后，积雪终日不断提前，造成每十年积雪季节减少 4 天左右。Wang 和 Xie（2009）结合积雪期与积雪面积提出了积雪指数（snow cover index，SCI）的概念，通过 MODIS 遥感资料的积雪期推算出积雪初日和积雪终日，对天山中部 6 个积雪年（2000～2006 年）的积雪状况进行分析，发现中部高山区积雪初始日期较早，或者常年被积雪覆盖，而南部的沙漠地区积雪初始日期较晚，一般为 12 月。积雪终日年际变化较大，尤其是南部沙漠，2001 年积雪终日较早，2003年和 2005 年的积雪终日较晚。Ling 和 Zhang（2003）通过气象数据分析 1997～1998 年积雪初日和积雪终日变化对永久冻土层的影响，结果表明，积雪初日和积雪终日延后 10 天会导致地面温度的下降，积雪终日提前 10 天会造成地面温度的上升。

在我国东北地区，李栋梁等（2009）利用黑龙江省 1951～2006 年地面观测资料的积雪初日和积雪终日资料，研究了黑龙江地区积雪初日和积雪终日的变化特征，积雪初日北早南晚，南北相差一个月；积雪终日南早北晚，南北相差 1.3 个月。年际变化方面，积雪初日推后 1.9 天/10 年，积雪终日提早 1.6 天/10 年，积雪时段呈缩短趋势，但主要发生在低纬度平原地区。赵春雨等（2010）定义初积雪日为每年积雪季节内第一次出现积雪的日期，终积雪日为次年最后一次出现积雪的日期。利用辽宁省气象观测站 1961～2007 年积雪初、终日信息及同期降水和温度资料，分析该区域积雪初、终日和积雪期与降水、气温的关系。结果表明，近 47 年积雪初日无显著变化趋势，积雪终日约提前 13 天，其主要分布于辽宁南部沿海地区。其中，积雪初日在 1998 年发生突变，积雪终日分别在 1974 年和 1992 年发生突变。积雪初、终日具有一定的周期特征，积雪初日受 0℃开始日期的制约，积雪终日与 10℃结束日期有较强的相关性。积雪初日和积雪终日对温度的敏感性高于降水。路鹏（2011）计算了吉林省初始积雪覆盖时间和初始积雪融化时间，提取吉林省 2000～2010 年的初始降雪时间和初始融雪日期。结果表明，吉林省初始融雪时间呈带状分布，由西北向东南逐步增加，东部山区初始降雪时间较早，西部地区的初始降雪时间最晚；2009 年是初始降雪时间最早的一年；长白山地区和东北部山区 2000年降雪时间较晚。

1.2.3　积雪遥感信息识别

1.2.3.1　中低分辨率遥感图像积雪识别

从 1961 年加拿大第一次使用 TIROS-1 气象卫星观测积雪以来（Hall et al.，2001），遥感技术已被广泛应用于雪盖信息提取研究。经过五十多年的发展，产生了一系列雪盖制图算法及产品，如 MODIS 雪盖产品（MOD10A1、MOD10A2）和 SSM/I、AMSR-E 等被动微波雪盖产品。

　　早期应用于积雪遥感研究的光学数据有搭载在 NOAA 系列卫星的 AVHRR 传感器数据。由于 NOAA 系列卫星每天覆盖全球两次（白天、夜晚各一次），提供了 1.1km 空间分辨率的 AVHRR 对地观测数据。MODIS 搭载在 Terra 和 Aqua 卫星上，每天上午 10:30 和下午 1:30 对地观测两次，由可见光至热红外共有 36 个光谱通道，具有对大气、陆地和海洋综合观测的能力，被广泛用来提取积雪信息，并生成每日或八日的全球雪盖产品（500m 分辨率）。1972 年发射的陆地卫星系列（Landsat）的空间分辨率相对较高，可提供详细的雪盖信息，满足小范围与流域尺度的研究需要。可用于积雪动态监测的国产卫星主要有风云系列卫星（FY）、中巴地球资源卫星（CBERS）和环境卫星（HJ-1 A/B）（黄晓东等，2012）。

　　在利用被动微波卫星资料进行雪盖制图研究方面，常用的数据包括早期的 ER2-MIR 数据、美国国防气象卫星（DMSP）中雨云-7 号（Nimbus-7）卫星上的被动微波辐射计 SMMR、SSM/I 数据和搭载在 Aqua 卫星上的被动微波辐射计 AMSR-E 数据。SMMR 提供全球逐月雪盖图（25km），SSM/I 与 MODIS 八日积雪产品融合生产北半球积雪产品（30km）。搭载在 Aqua 卫星上的被动微波辐射计 AMSR-E 提供了更多微波波段的信息，使用对积雪较敏感的频率 19GHz 和 37GHz，利用积雪在微波波段的差异性和散射特性识别积雪，并生成全球逐日雪水当量产品（25km）。被动微波具有全天候和穿透云雾的特点，但是空间分辨率较低，混合像元问题比较突出，不能满足流域尺度的积雪监测需要。

　　在光学遥感积雪识别方面，根据积雪在可见光与近红外波段的高反射率、在短波红外波段较低的反射率特性，通过一定的数字图像处理技术获得积雪覆盖信息（冯学智等，2000a）。曾群柱等（1985）利用 NOAA/TIROS-N 低分辨率 APT 云图和甚高分辨率云图（AVHRR），基于积雪特殊的反射光谱特征，提取了两个时相的黑河流域雪盖范围。陈贤章（1988）利用卫星遥感的光学和数字影像资料，通过目视判读和数字化图像处理，探讨雪盖面积、雪线高度和积雪消融等信息提取，以及雪盖分类与制图的方法，并对相应的方法进行了评价。冯学智（1988）提出利用 MSS 资料进行卫星雪盖制图的流程包括根据数字地形模型（DTM）将流域划分为不同的高度带、坡向和坡度级；卫星图像的预处理，包括图像复原、云层消除、地理编码；监督分类；对云盖区和无效子区的外延处理。同时，他还进一步介绍了几种用于雪盖制图的不同时、空分辨率的卫星资料及应用特点，阐述了雪/云区分技术、雪盖范围勾绘与面积估计技术（冯学智，1991）。

　　Dozier（1989）基于积雪反射率特性提出了归一化差值积雪指数（NDSI），用于区分积雪与其他地物，并针对 TM 数据提出雪盖制图应包括的条件有 TM1＞0.16、TM5＜0.2 和 NDSI =（TM2–TM5）/（TM2 + TM5）＞0.4。Hall 等（1995）提出了针对 MODIS 数据进行雪盖制图的算法（SNOMAP 算法），并且以 TM 影像监督分类结果作为地面真值，对算法的雪盖信息提取效果进行了初步验证。结果表明，对于雪盖率大于 60%的像元，SNOMAP 算法的雪盖提取精度达到 98%，在几乎无云的地方，二者的差别在 11%以内，并且 SNOMAP 算法能够提供更加稳定和一致的结果。Hall 等（2002）介绍了 MODIS 全球雪盖产品及其对已有相关产品的改进和提高，这些改进和提高主要得益于 MODIS 的全球性和 500m 的空间分辨率，以及具备区分大部分云和雪的能力。MODIS 雪盖制图算法无需人工干预，因而可以生产出长时间序列的一致性较好的雪盖数据集用于气候研究。Hall 和 Riggs（2007）对 MODIS 雪盖产品进行验证，结果表明，500m 分辨率的雪盖产品的总体精度约为 93%，但随不同的土地覆盖类型和积雪条件而异。

李震等（1995）利用 NOAA/AVHRR 数据，比较研究了多种提取雪盖信息的方法，并指出了各种方法的优劣。王建（1999）利用 Landsat TM、NOAA/AVHRR 和 MODIS 三种遥感数据，分别使用监督分类、阈值统计、雪盖指数方法制作雪盖图并进行比较分析，认为雪盖指数法提取积雪信息效果最佳。冯学智等（2000a）也对比研究了从 NOAA/AVHRR 和 Landsat TM 卫星遥感资料中提取雪盖信息的若干方法，认为利用 NOAA/AVHRR 和 TM 信息复合技术可提高信息获取的精度。Chaponnière 等（2005）提出一种结合低空间分辨率、高时间分辨率的 SPOT-VEGETATION 数据和高空间分辨率、低时间分辨率的 Landsat TM 数据进行积雪监测的新方法，改善了积雪指数与积雪面积的关系。Cea 等（2007）提出了一种利用 Landsat TM/ETM + 数据和 MODIS 数据进行雪盖制图的改进方法，通过水体掩膜、归一化差值植被指数-归一化差值积雪指数（NDVI-NDSI）过滤和地形阴影补偿等方法提高 MODIS 产品的精度。

积雪和云在可见光波段具有相似的反射特性，所以光学传感器在云和积雪的判识方面存在一定问题。NDSI 可有效地区分厚云与积雪，但往往不能区分薄云与雪，通常运用云掩膜去除遥感影像中云的干扰（Timothy et al.，2006），去云后积雪识别精度更高。刘玉洁等（2003）利用多时相合成阈值判读法消除云的影响，主要依据是云不断运动而积雪相对固定，当地表被云遮盖时，反射率增大、亮度温度值减小，选择 7 天内较稳定的、反射率最小、亮度温度值最高的观测数据；将每一点的数据与给定的阈值比较后分析确定是否为积雪。被动微波积雪产品不受天气状况的影响，通过光学积雪产品（MODIS）与被动微波数据（AMSR-E）的合成，以消除云的影响（延昊，2005；Liang et al.，2008）。

1.2.3.2　高分辨率光学遥感图像积雪识别

十多年来，高分辨率遥感技术得到快速发展，为高质量积雪产品的生产提供了可能。目前，高分辨率光学传感器一般只设置全色波段、可见光-近红外波段，缺少 NDSI 所需的短波红外波段，从而基于 NDSI 的积雪识别算法无法直接使用。此外，不同的高分辨率传感器载荷存在差异，积雪的实际光谱特征通常难以直接作为高分辨率遥感图像积雪识别的依据，需要根据特定的传感器设计特定的识别算法，从而对高分辨率图像积雪识别带来了新的挑战。

目前，高分辨率遥感图像积雪识别的研究包括两类：一类方法假设基于积雪反射光谱能够识别积雪，积雪识别模型建立在对积雪反射光谱精确描述的基础上。Hinkler 等（2002）参照 TM 数据 NDSI，针对 Kodak DC50 数码相机提出一种针对该相机的积雪指数 RGBNDSI。Hinkler 等（2003）以地面实测光谱为基础，针对 Tetracam 多光谱相机设计了归一化差值雪冰指数（NDSII），用于该相机图像的积雪识别。这类方法存在的主要问题如下：需要全面准确地获取不同状态积雪反射光谱；对于不同状态的积雪，其反射光谱类内差可能大于积雪与其他类型的类间差；受高分传感器载荷和成像条件差异的影响，积雪反射光谱与图像的光谱表征存在较大的差异，基于积雪反射光谱的结论在图像响应中不一定仍然适用。

另一类方法通过分类技术实现积雪识别，由于平坦地表积雪在高分辨率遥感图像中与其他覆盖类型差异较大，Kim 和 Hong（2012）使用 ISODATA 算法直接从 IKONOS 图像获取南极积雪覆盖信息。Zhu 等（2014）针对山区阴影对积雪识别的影响，以及缺乏积雪识别的有效特征，首先通过特征选择算法获取积雪识别的最优特征，然后在积雪识别过程中将阴影区积雪和非阴影区积雪作为独立的类，利用选择的特征构建决策树进行识别。在大量有标记样本存在的情况下，这类方法能够取得较好的效果。然而，高质量的样本通常难以获取，且基于分类技术的识别算法过度依赖样本，基于特定图像构建的积雪识别模型难以应用到其他图像。

随着遥感技术的发展，遥感能够提供的图像时空分辨率不断提高，极大地促进对地表覆盖和陆面过程的动态监测和预测。然而，从多时相遥感图像中快速、准确、经济地获取需要的信息仍然十分困难，多时相遥感图像处理技术已经成为遥感领域研究的热点。对于多时相遥感图像分类与识别，监督分类是最常用、有效的方法。然而，监督分类所需的大量有标记的样本通常难以获取。样本不充分条件下的遥感图像识别或分类问题被称为不适定问题（ill-posed problem）（Baraldi et al.，2005）。目前，半监督机器学习被认为是最有效的方法之一。此外，受大气状况、地表物化性质、成像条件等变化的影响，不同图像中同一类别的分布存在差异，甚至类别空间也发生了变化，这一现象即数据偏移（dataset shift）。实际上，当每个图像的有标记样本充足时，数据偏移现象的存在对分类或识别并无影响。因此，多时相遥感图像分类技术都试图通过利用未标记样本的信息来降低对有标记样本的依赖，包括基于半监督学习的遥感图像分类技术和基于域自适应的多时相遥感图像分类技术。

目前，机器学习领域的四大半监督学习泛型（Zhu，2005）均已被广泛地应用到遥感图像的分类和目标识别。第一类泛型为基于生成式模型的半监督学习，其算法通常以生成式模型为分类器，最大期望算法（expectation-maximization，EM）用于参数估计（Nigam et al.，2000；Fujino et al.，2005）。这一类泛型最早出现在遥感领域并得到了广泛的应用（Jackson and Landgrebe，2001）。第二类主要假设数据满足聚类假设且存在较低的概率密度分布区域，利用有标记和无标记样本最大化边界训练分类器，常用的算法包括直推式支持向量机（transductive support vector machine，TSVM）（Joachims，1999；Vapnik，1999）、半监督支持向量机 S4VM（Li and Zhou，2015）。这一类算法也被广泛地应用到遥感图像的分类（Bruzzone et al.，2006；Gómez-Chova et al.，2008）。第三类为基于图正则化框架的半监督算法，该算法通常利用训练样本间的相似性建立图，然后定义目标函数，以目标函数在图上的光滑性作为正则化项来获取模型参数（Blum and Chawla，2001；Camps-Valls et al.，2007）。第四类算法为协同训练，根据不同的属性集合，将数据集划分成多个子集，并将其作为视图，然后在多个视图上通过相互学习改善分类器性能（Blum and Mitchell，1998）。

域自适应学习（domain adaption）又称迁移学习（transfer learning），其在 20 世纪 90 年代被引入机器学习领域（Matthew and Peter，2009），是应对数据偏移问题的主要方法。

在域自适应学习中,训练样本所在分布域被称为源域(source domain),而测试数据所在的分布域被称为目标域(target domain)。利用两者的相似性,将在源域上得到的知识迁移到目标域,实现对已有知识的利用,从而减少样本的使用。基于域自适应的多时相遥感图像分类技术的发展与土地覆盖的自动更新密切相关,利用有标记样本在某个图像上的训练分类器,然后利用该分类器和其他图像的未标记样本,实现对其他图像的分类。因此,仅需要一个图像拥有充足的样本就能够实现多时相遥感图像的分类。此外,通过图像局部的样本构建分类模型,通过域自适应技术也能提高该模型的泛化能力。

Bruzzone 和 Marconcini(2009)提出了一种基于域自适应的支持向量机(SVM)分类算法和环形精度验证策略的土地覆盖自动更新方法。Matasci 等(2011)通过特征提取和选择在源域和目标域差异较小的特征空间,实现由源域训练的分类器在目标域的直接使用。Tuia 等(2011)通过图匹配的方法建立源域与目标域的映射关系,然后将源域有标记样本直接映射到目标域。Bahirat 等(2012)考虑不同时相遥感图像可能发生的类别变化,提出了一种基于域自适应贝叶斯分类器用于土地覆盖的自动更新。Paris 和 Bruzzone(2014)提出一种基于不同传感器/不同特征空间的域自适应方法。此外,域自适应通常与主动学习(active learning)同时使用(Tuia et al,2011;Persello and Bruzzone,2012;Demir et al.,2012,2013;Leiva-Murillo et al.,2013)。

1.2.3.3 高分辨率 SAR 图像积雪识别

光学遥感传感器在获取地表信息时,由于光照影响且无法避免云雾的影响,这就造成了无法获取云下地表信息(Yang et al.,2014)。然而,山区积雪覆盖区域易受云雾影响,光学遥感技术则因此受限。合成孔径雷达技术具有穿透云层、全天时全天候、不受光照影响等优势,且对积雪物理参数敏感,能获取丰富的地物信息,其为山区积雪识别和监测提供了新技术。随着遥感技术的不断发展,SAR 系统的空间分辨率、时间分辨率不断提高,朝着多频多极化、多角度、多平台、多模式的方向发展,为积雪识别提供了更为丰富的手段(郭华东和李新武,2011)。

从 1978 年 NASA 成功发射第一颗用于海洋监测的 L 波段星载 SAR 卫星 SEASAT 开始,合成孔径雷达研究就引起了众多科学家的重视。随后,大量机载和星载 SAR 系统相继发射成功,其探测到的地物信息也被推广应用。例如,早期的星载单极化 ERS-1/2、JERS-1、RADARSAT-1,到多极化 ENVISAT ASAR、ALOS-PALSAR、COSMO-SkyMed,全极化 SIR-C/X-SAR、TerraSAR-X/TanDEM-X、RADARSAT-2,以及近年来发射的高分辨率全极化 ALOS-2、Sentinel-1 A/B 系统,反映了 SAR 技术的蓬勃发展。我国已于 2016 年发射 GF-3 卫星,搭载空间分辨率为 1m 的 C 波段合成孔径雷达,标志着国产高分辨率雷达遥感技术的进步。高分辨率、多波段多频率、全极化的 SAR 数据为地物信息识别提取、环境灾害监测、高精度数字高程模型提取、地表形变监测等应用提供了丰富可靠的数据源。然而,目前针对极化 SAR 数据的处理、信息提取和认知还有很大的提升空间,如何充分利用 SAR 数据丰富的散射信息、极化信息和干涉信息仍需进一步探索。SAR 数据的复杂成像系统、微波辐射特性、统计模型和 SAR 本身受相干斑噪声影响的缺点给 SAR

图像处理带来了很大困难，因此如何充分利用 SAR 图像的优势，降低相干斑噪声的影响，探索 SAR 图像处理方法是目前研究的重点和热点。

早在 20 世纪 80 年代就有学者利用 SAR 进行积雪识别和监测（Mätzler and Schanda，1984；Schanda et al.，1983；Stiles and Ulaby，1980）。SAR 数据的极化特征和散射特性对积雪介电常数、表面粗糙度、雪层含水量、雪粒径非常敏感，为探测积雪提供了有效手段（Ulaby et al.，1986；Ulaby and Stiles，1980；施建成等，2012）。因此，国内外许多学者都开展了对 SAR 数据的研究，并将其应用到积雪识别中。目前，主要利用多波段、多极化、多时相 SAR 数据，获取其后向散射特性、相干性或极化目标分解特性对积雪进行识别，并取得了较好的识别结果。其主要方法分为以下 4 类。

1）利用单极化多时相 SAR 变化检测方法识别积雪

湿雪中的液态水含量引起介电常数增加，后向散射信号急剧下降，从而使得湿雪与干雪能够很好地区分开来。同时，湿雪区域的后向散射系数低于裸土等其他地物，利用这一特性可以获取湿雪覆盖面积。Baghdadi 等（1997）利用 1992～1993 年多时相 ERS-1 SAR 数据，对加拿大东南部魁北克省一农业区进行湿雪制图，分析了 25 个样地不同时期的后向散射系数变化，得知干雪和无雪表面的后向散射系数相对较高（约为 –10dB），湿雪的后向散射系数相比于二者要低 3dB。因此，利用相同地区不同时期下湿雪与干雪和无雪条件下的后向散射系数变化，可以提取湿雪覆盖面积。同理，Naglar（2000）利用重复轨道 SAR 图像 ERS-1，提出高海拔山区湿雪制图算法。该算法将阿尔卑斯山脉地区无雪或干雪时期的图像作为参考，针对湿雪的后向散射系数发生变化这一特点，计算湿雪时期与无雪或干雪时期的后向散射系数之比（σ_{ws}/σ_{ref}），当该比值小于 –3dB 时，判断其为湿雪。该方法的优势在于消除了单极化 SAR 数据受地形的影响，提高了山区地形复杂条件下的积雪识别精度。Magagi 和 Bernier（2003）利用 RADARSAT VV 极化方式下的 SAR 数据进行积雪面积制图，发现干雪与湿雪后向散射系数的差值为 –1dB，通过模拟后向散射系数，针对不同入射角、雪水当量和表面粗糙度等因素分析其原因。Pettinato 等（2005）利用 2002～2004 年多时相 ERS SAR 和 ENVISAT ASAR 数据，结合模型模拟和先验信息进行积雪制图，分析了不同识相的后向散射系数，将湿雪期图像与干雪期图像进行对比，设置阈值为 –3dB，从而识别出湿雪。Schellenberger 等（2012）利用多时相 COSMO-SkyMed X 波段数据，通过湿雪期与无雪期的后向散射系数比值和误差概率进行湿雪制图，该方法针对不同的土地覆盖类型设置了不同的阈值：当土地覆盖为草地和岩石时，该阈值约为 –2.6dB。同时，该方法利用 POE 来限制最大误差，并与 Landsat ETM + 图像识别结果进行对比，二者识别结果相似。Besic 等（2015）提出了一种新的多时相变化检测方法识别积雪，通过分析湿雪和干雪的后向散射系数比与局部入射角之间的函数关系，引入空间相关性，比值范围指示了积雪出现的可能性，最后通过置信度将湿雪概率图转化为二值图。也有学者利用湿雪后向散射变化这一特点，通过多时相 SAR 数据变化检测来识别林带积雪（Pulliainen et al.，2003）。通过多时相 SAR 数据获取的雪盖制图与同时期光学影像或实测数据进行比较，有较高的一致性，从而验证了该类方法的有效性。针对不同波段的 SAR 数据，湿雪与干雪/无雪时期的后向散射系数比值的阈值有所不同，需要根据不同频率、不同入射角和不同土地覆盖类型来决定。

2）利用多频多极化 SAR 数据进行积雪识别

对于低频单极化数据而言，只能进行湿雪制图，限制了积雪制图的发展，多频多极化数据为积雪识别创造了新条件。利用多极化后向散射系数可以使得表面粗糙度和积雪体散射对反照率的影响最小化，从而可以区分散射表面的物理机制（Chen et al.，1995；Shi et al.，1997，1994）。Shi 和 Dozier（1997）针对多频多极化 SIR-C/X-SAR 数据的散射特性，提出了两种决策树分类器，对阿尔卑斯山区域进行季节性积雪雪盖制图研究。第一种分类器是根据后向散射系数强度、不同频率比值等特征来识别干湿雪，并将该方法的分类结果与同时期 TM 数据积雪分类二值图进行比较，精度约为 TM 数据积雪识别结果的79%，混合像元的存在导致低估了积雪范围，同时该方法需要高精度的 DEM 来进行地形校正，从而降低局部入射角的影响；第二种分类器则是根据散射极化特性和不同频率的后向散射系数比识别湿雪，该算法不需要提供 DEM，与同时期 TM 数据二值图比较，其精度约为 77%，同样低估了积雪面积。Floricioiu 和 Rott（2001）详细分析了湿雪、冰川、植被、裸岩等地物在 SIR-C/X-SAR 数据和 AIRSAR 数据下的散射特征，选择光谱、去极化比值和 HHVV 相关系数等级作为特征向量进行分类，验证了多频多极化 SAR 数据在山区的应用潜力。Martini 等（2004）利用 C 波段和 L 波段的多极化 SAR 数据识别阿尔卑斯山地区的干雪，选择以表面散射为主的夏季 L 波段数据和以体散射为主的冬季 C 波段数据，利用监督的极化对比度变化增强（polarimetric contrast variation enhancement，PCVE）方法，增强积雪和背景的对比度变化，根据统计分析设置阈值来识别积雪，将该算法与传统的最优极化对比度增强（optimization of polarimetric contrast enhancement，OPCE）算法进行比较，该算法拥有更好的识别效果和更高的鲁棒性。

3）利用重轨干涉测量技术识别积雪

同一区域不同时期的重复轨道合成孔径雷达干涉测量（synthetic aperture radar interferometry，InSAR）技术可以提供高分辨率数字高程模型，也可以提供地面变化的时序信息，进而利用相干性（coherence）进行地物识别。降雪时期与无雪时期地表覆盖不同，使得相干性发生变化，通过该特征可以识别出积雪。但 InSAR 技术具有很高的要求，需要有较短的时间基线和适合的空间基线，否则会造成失相干，导致无法进行干涉测量，因此需要选择合适的干涉像对来进行 InSAR 处理。Shi 等（1997）提出了用干涉相干技术进行积雪制图，选择无雪与有雪时期的两幅重轨 SAR 图像，根据相干性的变化可以识别出积雪，该算法简单易行且不需要高精度的 DEM，对于大尺度积雪制图有很好的效果。当雷达图像入射角较小时（如 20°），表面粗糙的湿雪和干雪在 C 波段 ERS SAR 数据上具有相似的特性，因此仅利用单极化低入射角的后向散射强度无法识别湿雪，Strozzi 等（1999）利用无雪和下雪时期重轨 SAR 数据的相干性则能很好地克服这一缺点，从而进行雪盖制图。李震等（2002）根据积雪覆盖后的地面相干性发生很大变化这一特征，利用四景重复轨道 ERS-1/2 SAR 图像干涉测量，将积雪与其他相干性较高的地物区分开来，对昆仑山地区进行积雪制图。Wang 等（2015）利用横断山脉中部达古冰川的多时相重轨 PALSAR 数据，结合 DEM 数据和 MODIS 地表温度数据，再利用多时相 InSAR 的相干性数据，不仅可以识别积雪的变化，也可以进行积雪变化范围的定量估算，与光学图像相比其总体精度大于 71%。

4）利用 PolSAR 极化分解技术识别积雪

相比于单极化 SAR 数据，极化合成孔径雷达（polarimetric SAR，PolSAR）数据提供了更为丰富的地物信息，可以描述地物的散射机制（陈劲松等，2003；Lee and Pottier，2009）。Ferro-Famil 等（1999，2001）利用多频全极化 SAR 数据进行干雪制图和农作物的无监督分类，将极化相干矩阵分解成 $H/A/Alpha$（熵/各向异性/阿尔法角），根据不同季节的地物变化导致极化相干信息的差异进行分类。Longépé 等（2008，2009）针对 L 波段 SAR 数据不能用简单的阈值区分干湿雪这一现象，将 $H/A/Alpha$ 分解、Freemen 三分量分解得到的参数和 3 种极化方式下的后向散射系数作为特征向量，利用 SVM 分类器进行监督分类，从而识别干雪、湿雪和无雪区域。Venkataraman 等（2010）利用全极化 L 波段 ALOS PALSAR 数据，将积雪从其他地物中识别出来，通过对相干矩阵 T_3 进行极化分解，根据该矩阵的特征值计算极化率（polarization fraction，PF），建立雷达积雪指数（radar snow index，RSI）进行积雪识别，并将该算法与四分量 Wishart 监督分类和 $H/A/Alpha$-Wishart 监督分类进行比较，该算法识别积雪效果更好，且具有更高的鲁棒性。Singh 等在此基础上补充了更为丰富的极化分解方法，提取不同的参数描述喜马拉雅山区的积雪特征，包括后向散射系、交叉极化和同极化后向散射系数比、$H/A/Alpha$ 分解、Yamaguchi 四分量分解、PF 值，通过阈值和监督分类进行积雪识别，证明了极化 SAR 数据对山区积雪识别的有效性（Singh and Venkataraman，2012；Singh et al.，2014）。Huang 等（2011）提出了极化 SAR 目标分解-SVM 分类（PolSAR-target decomposition-SVMs，PTS）的方法识别积雪、冰川、冰面岩屑和雪线检测，提取的极化特征包括后向散射系数、Pauli 分解参数（单/奇次散射，双/偶次散射和体散射）、$H/A/Alpha$ 分解参数，然后选择样本利用 SVM 分类器进行监督分类，该算法对湿雪的识别精度高达 96.76%。还有学者对积雪厚度与极化参数之间的关系进行了探讨，Gill 等（2015）研究了不同温度条件下积雪厚度的 C 波段 SAR 极化参数的敏感性，研究表明，积雪厚度与极化参数在寒冷条件下有较强的弱相关，在温暖条件下则不相关。目前，利用极化分解的方式进行积雪识别是研究的热点，如何利用极化分解的参数表征积雪，利用图像处理的方法进行积雪识别还有待于进一步研究。

总体来说，利用 SAR 图像进行积雪识别主要是针对不同频率、不同极化方式下的地物散射特性来研究积雪的表征，选择合适的图像处理方法进行雪盖制图。因此，研究积雪的散射特性、极化响应特征和物理特性，并研究适合 SAR 数据的图像处理方法尤为重要。目前，积雪识别的方法仅利用 SAR 图像自身特征，而未利用图像空间上下文信息，SAR 图像受相干斑噪声影响较大，滤波处理未能完全去除噪声的影响，同时滤波的过程也会损失一部分信息，因此积雪识别结果较为破碎，且噪声严重时会影响积雪识别的结果。

1.2.4 积雪参数遥感反演

1.2.4.1 雪表层粒径反演

雪表层粒径是表征积雪状态和影响雪面能量收支的重要参数，也是融雪径流和气候等模型的重要输入参数之一。利用遥感反演雪粒径的核心问题是建立雪粒径与遥感数据的定量关系。20 世纪 80 年代至今，雪表层雪粒径的遥感反演研究大致可以分为 3 个阶段。

1）以辐射传输方程二流近似解法和 MIE 散射理论为基础的多光谱雪表层粒径反演

Dozier 等（1981）利用 Wiscombe 和 Warren 提出的结合 delta-Eddington 二流近似解法和 MIE 散射理论计算雪面 300～2500nm 反照率的 WWI 模型，首次尝试了利用 NOAA-6 AVHRR 第 1、第 2 波段数据反演雪粒径和雪水当量的可行性，反演雪粒径所用的近红外波段并不是对雪粒径敏感的 1000～1200nm 波长范围，因此反演精度较低。Dozier 和 Marks（1987）根据 WWI 模型，利用 Landsat TM 数据，将雪表层粒径分为细粒度的新雪和粗粒度的老化雪。在山区，地形对雪粒径反演的精度影响明显，利用波段间的比值可以有效地消除地形的影响，Doizer（1989）利用不同 TM 图像的波段比值反演雪表层粒径。结果表明，TM 第 2、第 4 波段的比值可以有效地反映雪粒径大小，比值越大雪粒径越大，并且对污化物较为敏感；第 2、第 5 波段的比值也是雪粒径的有效区分指数，对于较大粒径具有较好的区分作用；第 4、第 5 波段的比值对细晶粒雪区分较好，比值越大表示雪粒径越大。Bourdelles 和 Fily（1993）利用 TM 数据和二流辐射传输模型，反演南极阿德利地区的雪表层粒径时发现，TM 第 2 波段（中心波长 840nm）的反演结果大于第 5 波段（中心波长 1650nm）和第 7 波段（中心波长 2220nm）的反演结果，得出反演的雪粒径依赖于入射光的穿透深度，波长越短穿透越深。以上研究虽然对雪表层粒径的遥感反演进行了有益的探讨，但并未对反演结果进行地面验证。

Fily 等（1997）利用离散坐标法（discrete ordinate method）和 MIE 散射理论，通过 TM 数据反演法国阿尔卑斯山地区的雪表层粒径，并与地面 11 个站点的实测数据进行对比。结果表明，TM 第 4 波段反演的雪粒径与实测值较为吻合，但受太阳高度角影响较大；而 TM 第 5、第 7 波段的反演结果与实测值具有很好的线性关系，但区分较大粒径的精度较低，指出利用波段比值反演雪粒径的精度比单波段方法高。他进一步分析对比了大气校正前后的反演结果，结果表明，在雪粒径遥感反演时，大气的影响在使用 TM 第 4 波段时不可忽略。他还比较了不同波段比值的雪粒径反演精度，结果表明，TM 第 2、第 4 波段的比值对雪粒径的大小有较好的指示作用，第 2 和第 5、第 2 和第 6、第 3 和第 5、第 3 和第 7、第 4 和第 7 波段的比值很相似，并且只对较小粒径可用，当粒径大于 0.3mm 时达到饱和。研究还表明，涉及第 5 波段比涉及第 7 波段的比值受地形影响更加明显，第 4 波段受大气的影响较小。综合以上因素，指出 TM 第 4、第 5 波段的比值能够较好地估算雪表层粒径的大小。Fily 等（1999）比较了遥感反演的雪粒径与积雪老化数值模拟模型（CROCUS）的结果，得到用 TM 第 5 波段反演的雪粒径与积雪老化模型模拟的结果较为一致。

2）以辐射传输方程数值解法离散坐标法和 MIE 散射理论为基础的高光谱雪粒径反演

Nolin 和 Doizer（1993）利用 AVIRIS 高光谱数据，通过 DISORT 模型建立雪粒径与近红外 1040nm 波段反射率之间的定量关系，反演了美国内华达山脉的雪表层粒径。结果表明，在进行大气校正并考虑太阳入射角后，雪面反射率与雪表层粒径之间有较好的相关性；1030nm 波长处的反射率对雪粒径大小较敏感且反射率变化较大，并且该波长处大气透过率较高。然而，该方法仅使用单波段数据进行雪粒径反演，其反演结果对传感器噪声敏感且需知道观测几何参数。为使算法更加稳定，Nolin 和 Doizer（2000）提出使用光谱吸收面积法估算雪粒径大小，该方法是在粒径大小敏感的 1040nm 特征吸收波长附近，利用多个波段连续反射率和最强吸收波段计算吸收深度，最终通过积分得到吸收面积。采用DISORT 模型计算 AVIRIS 数据 17 个通道的光谱吸收面积，计算不同粒径大小的光谱吸收面积，从而进行雪表层粒径的反演。与单波段法相比，该方法较大地提高了反演精度。笔者还发现，光在雪面的穿透深度与波长成反比，且雪层具有明显的垂直分层，因此，以1030nm 处的光谱吸收特征为基础得到的雪粒径大小是雪面 0.5～3.0cm 处的粒径信息。

为了进一步验证光线的穿透深度，Li 等（2001）选择 AVIRIS 高光谱数据的第 54（860nm）、第 73（1050nm）、第 93（1240nm）和第 145（1730nm）四个波段，利用 DISORT模型，建立了当太阳天顶角为 49°时各波段的反射率随粒径的变化关系，并进行雪粒径反演。结果表明，随着入射波长的增大，在同一地区所反演的波段平均雪粒径分别为 1100μm、550μm、400μm 和 60μm，这与实地测量的雪层粒径较为符合，说明光的穿透深度随波长的增大而减小，雪粒径随雪深而增大，且分层明显。

以上研究均假设像元完全被雪覆盖，且像元内雪粒径分布均一，由于实际像元内积雪分布是不均一的，为进一步提高雪粒径的反演精度，Painter 等（1998）提出一种基于端元分解的雪粒径反演算法，假设像元由不同的粒径大小和雪面覆盖率端元组成，并且各端元可线性组合成像元。利用 WW 模型计算雪粒径大小为 0.05～1.50mm，并且雪面覆盖率为 0～1 的雪面反射率，通过线性混合使得 1030nm 处反射率与图像光谱响应值的均方根误差最小，从而达到像元解混的目的，进而提高雪粒径的反演精度。在此基础之上，Painter等（2003）进一步将像元分解为雪、植被、岩石和土壤端元。通过 DISORT 模型计算得到不同雪粒径的反射率，植被、岩石和土壤的反射率可以从 ASTER 光谱数据库中得到。利用端元混合使得与像元光谱响应值方差最小，以反演三期 AVIRIS 数据的雪覆盖率及雪粒径，并与实测值进行比对，结果表明，雪覆盖率和雪粒径的均方根达到 4%和 0.048mm，取得了较好的反演精度。Painter 等（2009）又将该方法应用于 MOD09 反射率数据，用于反演雪粒径、雪覆盖率及反照率，与地面实测数据对比的结果表明：雪粒径、雪面覆盖率和反照率的反演误差值别为 0.05mm、5%和 4.2%。该方法被用于 MODIS 相关产品的生产。

3）基于渐近式辐射传输模型的非球形雪粒径反演

自然状态下积雪颗粒是非球形的，虽然在变质作用下雪粒趋向于球形，但可以用等效体积直径把非球形的雪粒看作球形粒子。但大量的模拟和实验证明，积雪的光学特性不仅与颗粒大小有关，而且与颗粒形状有关。随着研究的深入，Kokhanovsky 和 Zege（2004）针对雪层半无限、弱吸收等特性，建立了考虑颗粒形状的渐近式辐射传输模型（asymptotic radiative transfer theory，ART），该模型用雪颗粒的平均体积和表面积的比值描述非球形雪粒径的形状。Kokhanovsky 等（2005）利用地面测量数据，验证了 ART 模型在 545nm、1050nm、1240nm 和 2210nm 波长处的计算精度。结果表明，非球形假设的 ART 模型具有较高的精度，可用于非球形雪粒径的遥感反演。Tedesco 和 Kokhanovsky（2007）利用 ART模型，假设雪粒形状为二级科赫形，利用 MODIS 的 AQUA 和 TERRA 数据反演雪表层粒径。结果表明，雪粒径的反演误差范围为±5%～±40%。Lyapustin 等（2009）利用 ART

模型和 MODIS 数据（645nm 和 1240nm）反演了格陵兰岛 2004 年雪粒径的年内变化情况。结果表明，其反演误差为 0.1～1.0mm，反演结果可以较好地表明格陵兰岛积雪的年内变化情况，格陵兰岛积雪在 6 月中旬开始融化。Kokhanovsky 等（2011）利用 ART 模型模拟积雪的后向散射反射率，从 MERIS（443nm 和 865nm）和 MODIS（1020nm 和 1240nm）数据中反演雪粒径，反演结果与实测数据的相关系数为 0.6～0.7。Negi 和 Kokhanovsky（2011）利用 ART 模型反演了喜马拉雅地区新雪和老雪两种类型的雪表层粒径。结果表明，利用 MODIS 近红外波段（865nm 或 1050nm 或 1240nm）和可见光波段（443nm）构建的比值算法精度较高，可以较好地用于喜马拉雅地区的雪粒径反演中。Zege 等（2011）假设雪面颗粒由六边形和柱形颗粒混合组成，利用 ART 模型反演雪表层粒径及污化物浓度取得了较好的反演精度。

郝晓华（2009）在祁连山冰沟流域，利用 Hyperion 图像结合 MIE 散射和 DISORT 模型，比较了 Nolin 提出的 3 种雪粒径反演方法，即单波段判别法、光谱吸收深度法和光谱吸收面积法。结果表明，3 种方法的反演结果在不同研究区的反演精度有所差异。当雪深超过 5cm、地形平坦、积雪液态水含量在 3%以下时，光谱吸收深度法和光谱吸收面积法比单波段判别法更接近雪粒径真实值。从验证结果来看，使用光谱吸收面积法和光谱吸收深度法得到的雪粒径相似，但是由于光谱吸收面积法利用了 15 个波段，而光谱吸收深度法只用了 3 个波段，因此从消除传感器噪声的影响来说，多波段方法更好。同时，在反演山区雪粒径时，由于影响反演精度的因素较多，这 3 种方法都存在一些问题，主要表现在较大坡度的山区雪粒径反演值偏大，山体阴影下的雪粒径反演不准确等。

郝晓华等（2013）在我国北疆地区观测了不同雪粒径的光谱特征，同时利用可拍照显微镜测量了雪粒径的大小和形状，计算其等效粒径，最后基于渐近式辐射传输模型（ART）对反演波段和积雪形状因子进行优化，反演并验证雪粒径。研究表明，DSPP 方法获取积雪等效粒径是可行的；近红外波段是区分雪粒径的有效波段，在干雪条件下，基于 ART 优化反演波段和积雪形状因子优化方法反演雪粒径是可行的。根据试验获取在该地区雪粒径反演的最佳波段为 1200nm，最佳积雪形状因子 b 值为 3.62。

1.2.4.2　雪表层含水量 SAR 反演

雪表层含水量是积雪表层雪粒孔隙间的含水状态，是表征积雪消融过程的重要指标，其时空变化信息研究对融雪径流预报、区域气候变化研究具有重要意义。物理模型的表达形式十分复杂，无法清晰地描述雪表层含水量等积雪参数与后向散射系数之间的函数关系，同时又很难利用有限的同步观测数据建立用于反演雪表层含水量等积雪参数的有效模型，因此需要利用理论模型模拟不同积雪参数和雷达参数的后向散射系数，基于该模拟数据集建立半经验反演模型。半经验模型基于前向模型，通过模拟或实验来减少、调整或优化理论模型参数，是对理论模型的简化；同时，半经验模型与经验模型相比，不受试验地点的约束，也是对经验模型的改进。雪表层含水量反演模型研究中较有代表性的半经验模型有 Shi 93 模型（Shi et al.，1993）和 Shi 95 模型（Shi and Dozier，1995）等。

Shi 等（1993）发展了一种雪表层含水量反演算法，其基础是考虑湿雪的后向散射主要来自于空气–雪界面的面散射及雪层中的体散射，用小扰动模型（small perturbation model，SPM）模拟湿雪面散射部分，后向散射可以表示成湿雪的介电常数和雪面粗糙度的函数。雪面粗糙度通常用均方根高度、表面相关长度等函数表示。不同极化的面散射之比可消除雪面粗糙度对后向散射的影响。同时，假定积雪均为随机分布的球形雪粒，积雪体散射部分的后向散射是介电常数、体散射反照率（取决于雪的密度、湿度、颗粒大小及形状、颗粒大小的变化）的函数。研究发现，体散射反照率仅依赖于局部入射角、介电常数而独立于极化方式，不同极化之比可消除体散射反照率对其的影响。最终将未知参数减少至只剩下介电常数。再根据介电常数与含水量的经验公式进一步估算雪表层含水量。利用 C 波段的 JPL AIRSAR 数据反演的雪表层含水量和实地测量值进行比较后表明，反演结果较准确，该算法可以定量估算积雪表层含水量的空间分布。

针对 SIR-C&X-SAR 的数据特征，Shi 和 Dozier（1995）发展了新的反演雪表层含水量的算法。分别采用一阶体散射模型和表面后向散射模型简化体散射系数和面散射系数，未知参数可减少为 4 个：介电常数、体散射反照率、粗糙度高度均方根高差和粗糙度高度相关长度。根据 IEM 生成模拟数据集，考虑了大范围的粗糙度变化情况。该数据集模拟了所有可能的含水量、雪密度、雪粒径和雪面粗糙度等条件下的后向散射系数，提出了简化的面散射模型，使表面粗糙度对极化数据的影响减至最小，并用于描述不同极化数据之间的关系，进而给出介电常数表达式。体散射部分简化同 Shi 等（1993）模型，该模型消除了雪面粗糙度和体散射反照率等参数，以局部入射角作为模型输入参数，可反演获取积雪介电常数。该算法的适用范围如下：入射角为 25°～70°，积雪表面均方根高度<0.7cm，相关长度<25cm。基于该算法利用多极化 C 波段机载 SAR 数据得到了雪表层含水量的反演结果，与野外地面实测数据比较，在 95% 置信区间内误差为 2.5%。Shi（2001）针对 ASAR C 波段双极化数据，采用二阶体散射模型，生成了更大范围的雪面粗糙度变化情况的数据集，通过分解面、体散射信号，发展了利用各散射分量反演雪表层含水量的模型。

Singh 等（2006）在 Shi 等（1993）算法的基础上，利用 ASAR 数据，基于湿雪的后向散射主要来自于雪面面散射及雪体体散射的理论，用物理光学模型（physical optics model，POM）模拟湿雪面散射部分，建立了只包含介电常数和局部入射角的反演模型，并进一步根据介电常数与含水量的经验公式得到雪表层含水量。与地面同步观测资料比较，雪表层含水量的反演结果在 95% 的置信区间达到 0.8 的拟合精度。

此后，Singh 和 Venkataraman（2007，2010）在 Shi 1995 年算法的基础上，进一步发展了 C 波段和 X 波段多极化 SAR 反演雪表层含水量的算法，在研究中验证了 ASAR C 波段 Shi 等（1993）雪表层含水量反演算法，其结果与地面同步观测结果的平均绝对误差为 2.3%，X 波段新算法反演结果的绝对误差为 2.14%。

已有的研究结果表明，积雪散射机制决定了在不同的入射角和雪面粗糙度条件下，SAR 后向散射系数与雪表层含水量之间的关系有很大的不确定性，因而无法通过传统方法获得一种可靠的统计估算模型。如何结合地面同步实测数据，在理论模型的基础上，发展简化便于应用的模型仍需进一步研究。

1.2.4.3 雪深和雪水当量 SAR 反演

雪深是全球能量平衡模型的重要输入变量，也是计算雪水当量的重要参数。雪深的获取是气候、水文和水资源研究的重要问题，雪深的时间和空间分布是建立和验证积雪累积、融雪径流模拟、牧区雪灾监测、雪崩预测等模型的关键因素（柏延臣等，2001；车涛和李新，2004；包安明等，2010）。然而，目前雪深的遥感反演仍是一项极具挑战的工作。在空间尺度上，雪深及其分层具有极大的空间异质性；在时间尺度上，雪深具有典型的季节性变化；在微观尺度上，冰粒大小、形状甚至排列方向都随雪深和时间而变化（Leinss et al.，2014）。

1）基于物理模型的反演方法

积雪的后向散射信号由多方面参数决定，包括传感器参数、积雪参数、下垫面参数等，难以根据有限的观测数据建立估算雪深的半经验模型，需要建立具有严格物理意义的积雪微波辐射传输模型（Shi，2008）。为了准确反演积雪参数，必须分离后向散射中的雪下地表散射项。具体方法如下：结合地面实测数据建立正演模型，模拟不同频率和极化方式下积雪的后向散射特性，分离对雪深贡献的后向散射系数，得到积雪的衰减系数，从而获取雪深。

Shi 和 Dozier（2000a，2000b）发展了利用多波段（L、C、X）和双极化（VV 和 HH）数据反演雪深的参数化模型，分别采用 DMRT 和 IEM 描述体散射项和面散射项，模拟多种传感器参数和积雪参数条件下的后向散射系数，简化方程中未知参数个数，建立后向散射系数与雪深之间的半经验模型。利用 L 波段 VV 和 HH 极化数据，估算雪密度和雪下地表的介电常数与表面粗糙度，在最小化雪下地表后向散射影响的条件下，利用 C 波段和 X 波段数据估算雪深和雪粒径。

由于单一频率和单一极化方式的局限性，Shi（2004，2006）考虑到 C 波段测量的散射信号主要来自土壤表面，而 X 波段或更高频率的数据对积雪本身更加敏感，提出了利用 X 和 Ku 波段双极化 SAR 反演雪水当量的方法，通过二阶散射模型的模拟分析，用去极化因子剥离了积雪体散射信号。Du 等（2010）建立了多层积雪的多次散射模型及其参数化后向散射模型，证明了参数化模型在雪水当量反演中的适用性。

2）基于差值干涉测量的反演方法

利用后向散射的相位信息可增强雷达系统的探测能力。InSAR 利用两副天线或同一天线重复飞行对同一区域进行两次成像，经配准后生成干涉相位（即相位差）和相干系数，利用干涉相位提取地面目标的三维信息（Cloude and Papathanassiou，1998），干涉相位应用于 DEM 生成，以及地震、火山、冰川、地表沉降、海洋物理参数获取等；相干系数则应用于地物分类与特征识别、植被高度与生物量的反演等（郭华东等，2002）。

SAR 差值干涉测量（DInSAR）利用雷达两次成像获取同一区域的相位，经过差值干涉得到地表形变信息，其包括两轨法、三轨法和四轨法。其中，两轨法首先由两幅雷达影像形成干涉对，生成既包含地表形变信息又包含地形因素的干涉图，然后根据 DEM 反演地形相位，并从干涉相位中予以去除，最后得到仅包含地表形变信息的干涉图。对于干雪覆盖的地表，SAR 信号的主要来源为雪下地表散射，因此 SAR 信号穿透积雪引起的干涉相位与雪水当量相关。

Guneriussen 等（2001）发现，无雪期和干雪期的 SAR 干涉相位与雪水当量存在线性关系，运用重轨 SAR 数据进行差值干涉可反演雪水当量信息（Engen et al.，2004；Deeb et al.，2011）。当雷达波穿透干雪时，在空气-雪界面发生折射，引起传播路径发生变化，形成由积雪导致的相位延迟（Kumar and Venkataraman，2011）。通过干涉测量，从总相位中分离出积雪相位，根据积雪相位与雪深的几何关系即可反演雪水当量。然而，两期干涉数据的积雪特性的细微变化都将改变 SAR 干涉相位，引起 DEM 误差的显著增加，相应地，影响积雪差值干涉结果。而湿雪的存在导致严重的失相干，使得 DEM 的精度更低。此时，可在无雪期和湿雪期分别进行干涉测量获取 DEM，然后通过 DEM 差值来获取湿雪的深度（Leinss et al.，2015）。

雷达干涉测量的相干性是由干涉像对的时间间隔、空间基线、地形效应、系统噪声 4 个方面的因素决定的。因此，应尽可能选取时间间隔短、前后有雪和无雪的数据，间隔期内雪盖变化很大而其他地物变化不大的影像最为理想（李震等，2002）。例如，Leinss 等（2015）利用地基雷达获取间隔为 4h 的高时间分辨率数据进行差值干涉测量，相干系数保持在 0.99 以上。此外，不同波长的干涉测量精度不一样，越短的波长精度越高，对雪水当量越敏感（Storvold et al.，2006）。但是，对于重复轨道，波长越短，受时间去相干的影响就越严重。

3）基于积雪热阻原理的 EQeau 模型

雪水当量是指当积雪完全融化后得到的水形成水层的垂直深度，等于积雪密度与积雪深度的乘积，是表征积雪水资源量的重要指标。EQeau（法语 equivalence eau 的简写，意为水当量）模型是 Bernier 和 Fortin（1998）针对加拿大魁北克伊顿（Eaton）河流域的浅雪地区首次提出的雪水当量反演模型。Bernier 和 Fortin 首先利用积雪热阻与雪深、雪密度的换算关系，将决定雪水当量的积雪密度和积雪深度转换为积雪密度和积雪热阻；然后，基于积雪热阻与冬秋季后向散射系数比之间的物理联系，利用地面实测积雪参数与同步 C 波段 SAR 数据，建立了积雪热阻与冬秋季后向散射系数比之间的半经验表达式；最后，利用这一半经验表达式和冬秋季后向散射系数比来反演积雪热阻，进而反演雪水当量。

EQeau 模型一经提出，便在加拿大进行了多次推广和应用（Bernier and Fortin，1998；Gauthier et al.，2001；Turcotte et al.，2001；Dedieu et al.，2003；Corbane et al.，2005；Chokmani et al.，2006）。其中，Gauthier 等（2001）利用 EQeau 模型和 RADARSAT-1 数据反演加拿大东部 La Grande 河流域的雪水当量分布，并论证了其在当地水电站中业务化应用的可能性。Turcotte 等（2001）探讨了结合 EQeau 模型与分布式水文模型 Hydrotel 模型来提高春季融雪径流模拟精度的方法。Chokmani 等（2006）针对 EQeau 模型表达式中的模型系数、后向散射系数比和积雪密度对模型进行了不确定性分析，并分析了它们对模型应用的影响。目前，该方法已在加拿大多地进行了应用实践，并取得了较好的应用效果。

EQeau 模型只需结合地面实测数据和积雪前后两期 C 波段 SAR 数据，即可实现雪水当量反演，模型简单，计算高效，既没有基于理论模型的反演算法对多频多极化数据的需求，也没有 InSAR 技术对两期 SAR 数据严格的轨道基线要求，不存在失相干的问题，更具有实际应用价值。但 EQeau 模型仍然存在问题，如模型的影响因素尚不明确，从而限制了模型在其他地区的应用和反演精度的提高。分析 EQeau 模型的影响因素，探讨山区复杂地形与下垫面条件下模型参数的优化方法，拓展模型的应用范围，是 EQeau 模型发展亟待解决的问题。

1.2.5 积雪时空变化分析

1.2.5.1 积雪空间分布特征与影响因素

积雪的空间分布特征在不同的尺度范围内受地形、纬度、地表覆盖及气象水文等因素的影响，总体来说，可以分为 3 种不同的尺度（Pomeroy et al.，2002；Liston，2004；高洁，2011）：①大尺度（大于 10km）的影响因素主要来自于纬度与地形、大气环流运动与异常气候，以及大型水体；②中尺度（100m～10km）的影响因素主要是地形因素，包括海拔、坡度与坡向，以及地表植被覆盖等；③小尺度（小于 100m）的影响因素主要是风吹雪、升华、太阳辐射及其他因素等，其中风吹雪在高海拔山区对积雪空间再分布的作用尤为明显（王中隆等，1982；Kane et al.，1991；李弘毅等，2012；李弘毅和王建，2013）。

1）大尺度积雪空间分布的影响因素

大量的数值模型研究都表明，雪盖空间分布的变化与全球气候系统之间存在密切的相关性（Barnett et al.，1989）。Han 等（2014）基于被动微波遥感数据研究了 1988～2010 年中国北部与蒙古的雪盖变化，发现积雪的初雪日、覆盖时长及消融从高纬度到低纬度地区的变化呈现出很高的系统性，随着海拔的升高表现为初雪日提前、覆盖时长增加，以及消融延后的特点，从低纬度到高纬度、从干旱地区到相对湿润地区，北部山区积雪的消融解冻时间区间会缩短近两个星期，但在某些干冷及平原与山地的过渡区域，这一时间区间会延长。Spiess 等（2015）利用 MODIS 日积雪数据与高亚洲再分析气象数据，分析了青藏高原中部普若岗日（Purogangri）冰帽雪线高度的变化，结果表明，7 月气温及地表附近经向风速，6 月和 8 月对流层低层纬向风在每年雪线高度变化过程中起到关键性作用。

2）中尺度积雪空间分布的影响因素

Jin 等（2015）分析黄土高原积雪时空分布时发现，积雪空间分布与海拔具有显著相关性。Wang 等（2008）基于 2001～2005 年新疆北部 20 个气象站实测雪深数据与 MODIS 八日积雪数据，分析了积雪覆盖范围与海拔的相关性，结果显示，积雪覆盖时长随海拔的上升而增加，但在海拔超过 4000m 以后，积雪覆盖率却开始减少。Bavay 等（2013）在利用模型研究瑞士东部高山流域雪盖与径流对于气候变化的响应机制的过程中发现，流域的大小会影响雪盖分布对气候变化的响应。Liston（1999）发现，积雪雪水当量的垂直分布在融雪期与地表植被覆盖具有密切关系。Tang 等（2013）在青藏高原积雪分布研究中发现，高积雪覆盖率分布区与大型山脉具有很高的一致性，而不同海拔范围内积雪累积与消融时期差异明显。王宏伟等（2014）利用 2000～2007 年中国新疆北部积雪观测资料进行研究时发现，海拔、经纬度、坡度坡向及植被覆盖均对积雪初雪日、雪深、覆盖时长等变量有影响，从影响程度来看，海拔影响最大，其次是坡向坡度，植被及经纬度影响不明显。

　　3）小尺度积雪空间分布的影响因素

　　风吹雪，又称风雪流，主要包括高吹雪、低吹雪与暴风雪等，对自然积雪再分配具有重要作用（王中隆等，1982；王中隆，1988），风吹雪在中小尺度范围内是影响积雪空间分布的主要因素（Pomeroy and Gray，1995；Liston and Sturm，1998；Marsh，1999）。Kane 等（1991）在对阿拉斯加北部流域水文过程的研究中发现，风吹雪是积雪再分配的主要驱动力，再分配的积雪主要堆积在沿河流分布的低海拔河谷或沿山坡分布。李弘毅等（2012）通过实地观测及计算机模拟研究了祁连山区风吹雪对积雪分布的影响，结果表明，在高海拔山区，风吹雪现象极为显著，对积雪再分配具有重要影响，这一现象主要发生在冬季及初春，进入融雪期后，气温上升及雪冰融化再冻结等原因，使得风吹雪发生概率迅速减小，此外，由风吹雪引起的升华量占总升华量的比重也很大。

1.2.5.2　积雪时间分布特征与影响因素

　　积雪的时间变化表现为年内变化与年际变化，其中年内变化主要受气温和降雪影响，年际变化受大尺度的大气环流周期与非周期活动，以及极端气候变化影响。

　　李培基和米德生（1983）利用中国 1600 多个地面台站的实测积雪数据资料，绘制了中国雪冰分布图，并分析了中国积雪年内分配与年际变化的影响因素，结果表明，积雪年内分配主要受气温和降水的支配，在国内不同地区表现为单峰或双峰分布，年际变化主要受大气环流的周期与非周期性变化及寒潮活动的影响。Jin 等（2015）在利用 2003～2013 年 MODIS 八日积雪产品对中国黄土高原积雪时空分布的研究中发现，积雪覆盖面积与积雪日数没有显著性变化趋势，积雪覆盖面积与温度在年内变化过程中具有显著的负相关，而月雪盖与西伯利亚高压中心强度具有明显的负相关，积雪覆盖与厄尔尼诺南方涛动的相关性相对较弱，但在 2007 年与 2008 年年末，积雪面积的异常增加与异常低温事件具有显著相关性。Han 等（2014）在中国北部与蒙古的雪盖研究中发现，1988～2010 年，青藏高原，以及从中国东北到蒙古中部这一带状区域内，积雪覆盖表现出初雪日延后及消融日提前的现象，这一趋势在春季比秋季更为明显。Wang 等（2008）利用站点实测数据与 MODIS 积雪数据分析新疆北部积雪覆盖率时间变化特征时发现，积雪覆盖率年内变化在 2001～2006 年 6 个水文年内具有相似的模式，但融雪期与积雪期并不完全吻合，伊犁河流域内积雪日数的年际变化表现为下降趋势或无趋势，与站点实测数据不符。Marchane 等（2015）基于 MODIS 日积雪数据，分析了摩洛哥阿特拉斯山脉积雪时间变化特征，发现研究区域内积雪年内变化明显，变异系数高达 77%，但年际变化检测中并未发现明显趋势。Sönmez 等（2014）利用 IMS 日积雪数据与 219 个气象站点实测数据研究了土耳其积雪时间变化特征，发现 2004～2012 年，积雪覆盖率在 M-K 检验中呈下降趋势并且趋势显著，按不同季节来看，春夏两季为下降趋势，秋季为上升趋势，而冬季没有明显趋势。Tang 等（2013）基于 2001～2011 年 MODIS 日积雪数据，在青藏高原积雪变化的研究中发现，积雪年内变化与年际波动都非常明显，34.14%与 24.75%的区域分别表现出积雪覆盖时间减少与增加的趋势，积雪年际变化与实测站点的气温具有高度负相关关系，这一关系在 2～5 月及 8～9 月的某些海拔范围内更加明显，而 Wang 等（2014）在同一研究区的结果表明，青藏高原年积雪日数在 2003～2010 年呈下降趋势，而最大积雪覆盖面积略有上升，永久性积雪区面积略有下降。

1.2.5.3 积雪与气象因子的相关性

影响积雪年内分配与年际变化，以及水平与垂直空间分布的主要气象因素是温度与降水（Mishra et al.，2014；Liu et al.，2014；Szczypta et al.，2015），气象因素对于积雪水平与垂直空间分布的影响建立在海拔与坡度坡向等地形因素的基础上，对于积雪年内分配与年际变化的影响相对更为直接。在大尺度上，全球气温的趋势性变化是全球积雪覆盖变化的主要驱动因素（Robinson and Dewey，1990；Robinson et al.，1993），积雪覆盖的减少主要是由气温升高所导致的，但在局部区域这一规律并不一定适用，局部雪盖扩大与温度升高并存，以及雪盖衰退与温度降低并存的现象也是存在的（王宁练和姚檀栋，2001）。

Tang 等（2013）基于 2001～2011 年 MODIS 日积雪数据与站点实测温度数据，分析了 MODIS 积雪数据的精度，以及青藏高原积雪与温度变化的相关关系，结果表明，积雪的年际波动与季节性差异明显，雪盖变化与站点实测温度的年际变化具有较高的相关性，这一相关性在 2 月、4 月、5 月、8 月及 9 月尤为明显。Wang 等（2015）在同一研究区做过类似研究，结果显示，2003～2010 年青藏高原温度与降水均表现为上升趋势，增速分别为 0.09℃/年与 0.26mm/年，这对于积雪日数与最大积雪面积和永久性积雪区域面积的影响很大。Wang 等（2008）在新疆北部的积雪研究中发现，积雪覆盖率与气温的负相关性主要存在于–10～5℃的气温范围内。Han 等（2014）在中国北部与蒙古积雪的研究中发现，积雪消融与最大温度值存在负相关，意味着温度对于春季融雪期提前具有关键作用，但是在温度与积雪覆盖时长之间并没有发现明显的相关关系，积雪覆盖时长的变化应来自于其他因素的影响。赵春雨等（2010）基于地表台站记录的雪情数据与同期温度降水资料，分析了辽宁 1961～2007 年积雪变化与温度降水的关系，结果表明，初雪日与 11 月气象因素相关性较高，低温与高降水量可以导致积雪覆盖时长增加。张丽旭和魏文寿（2002）利用天山积雪雪崩研究站实测积雪与温度降水资料，分析了天山西部中山带 30 年的积雪变化趋势及其与气象的关系，发现积雪变化与冷季气温存在弱的负相关关系，与冷季降水存在显著正相关关系，积雪增加的主要贡献来源于气候变暖而导致的降水增加，而气温降低导致积雪消融的减少作用相对次之。

1.2.6 融雪径流模拟

20 世纪 40 年代中期，美国政府开始探讨美国西部重要水坝泄洪道应如何设计来应对融雪径流造成的洪水。1956 年，首次基于雪盖和环境的能量交换计算融雪量（Dunkle and Bevans，1956），随后不断有人对其进行完善，形成了点尺度的能量平衡融雪模型。最初的融雪模型都建立在单点表面能量平衡和简化的雪盖融化过程的基础上,随着计算机速度的提高及数字高程和土地覆盖数据的精确化,现已发展到了分布式融雪模型。

为了模拟融雪径流,已经发展了多种融雪模型,按照水文模型的构建方法,代表性模型主要分为概念性模型和物理性模型两种:基于度-日因子的概念性模型中常见的有融雪径流模型(snowmelt runoff model,SRM)、水文预报模型(hydrologiska byrans vattenbalansavdelning,HBV)、降水径流模型(precipitation runoff modelling system,PRMS)(Martinec,1975;Bergstrom,1976);物理性模型常见的有雪热力模型(snow thermal model,SNTHERM)、可变下渗能力模型(variable infiltration capacity,VIC)、SHE 模型(system hydrological European,SHE)等(Jordan,1991;Nijssen et al.,2001;Abbot et al.,1986a,1986b)。物理性模型与概念性模型的不同之处在于,它对融雪过程的物理细节更为注重,因此在描述融雪过程的细节时需要足够且准确的数据。

山区地面观测站点稀少、数据缺乏,因此对数据要求较低的概念性模型在山区流域融雪径流的模拟和预报方面具有明显优势。目前,在众多融雪径流模拟模型中,SRM 模型具有代表性,是一种被广泛使用的融雪径流模型。SRM 模型是一个以卫星遥感雪盖面积、控制融雪量和消融速度的度-日因子,以及退水系数等因素为输入变量,模拟预报山区融雪径流的成功模型。1975 年,瑞士科学家 Martinec 以法国一个 2.65km^2 的小流域为研究区,建立了首个具有半物理机制的 SRM 模型来模拟研究区的融雪径流(Martinec,1975)。此后,Rango 等对 SRM 模型做了多次修正和改进(Rango and Martinec,1995),使得模型变量获取更容易,参数的获取过程和方法也更容易向其他类似的流域推广。目前,SRM 模型已在全球 100 多个流域得到广泛应用,应用流域面积为 7.6 万~91.7 万 km^2,高程为 0~8840m(Martinec et al.,2008),并成功通过了世界气象组织(WMO)对模型的比较评价测试。至今为止,SRM 模型已应用到除南极洲之外的各大洲(Braun and Renner,1992;Rango and Martinec,2000;Tekeli et al.,2005;Georgievsky,2009;Immerzeel et al.,2009),研究结果表明,在地形起伏显著的山区流域,SRM 模型具有较好的适用性,且模拟精度较高。

由于 SRM 模型是为数很少的、需要遥感数据支持的融雪模型,模型参数获取较为容易,适用于模拟地形起伏较大的山区流域,国内不少学者利用 SRM 模型在我国西北山区流域融雪径流模拟应用方面进行了许多研究工作。冯学智等(2000b)运用改进的 SRM 模型,利用卫星遥感所获取的天山雪盖信息和肯斯瓦特水文站的气象水文数据,模拟玛纳斯河春季的逐日径流量。王建等(2001)选择黑河流域作为中国西北地区山区积雪流域的典型代表,利用 SRM 模型和卫星遥感数据模拟气温上升框架下的融雪径流变化趋势。马虹和程国栋(2003)以西天山巩乃斯河流域为研究区,用 SRM 模型模拟研究区的融雪径流,模拟结果较为理想。刘峻峰等(2006)在冬克玛底河流域利用 SRM 模型,从分带及气温两方面研究不同数据对融雪径流模拟效果的影响。张一弛等(2006)分析开都河流域的特征对 SRM 模型参变量的影响,确定选取模型参变量的方法,为融雪径流模拟预报精度的提高,以及其他类似流域融雪径流的模拟提供参考。李弘毅和王建(2008)通过实验证明,SRM 模型在以融雪水为主要补给的黑河流域上游有着较好的径流量模拟精度,拟合优度确定系数 R^2 为 0.02,体积差 D_v 为 7.12%。SRM 模型适用于我国西部内陆干旱地区的径流模拟,但是在应用过程中存在数据稀缺的问题,需要加强对小流域的监测,同时对 SRM 模型进行改进,以提高其适用性。

目前，SRM 模型已有的研究主要集中在变量的获取、参数的优化及流域的水文物理特性分析等方面。该模型所有变量和参数都是在日尺度上，气温、降水和雪盖率是该模型重要的输入变量。气温作为该模型的关键变量，影响着积雪融化的过程。理想情况下，要使 SRM 模型模拟结果准确，气温和降水数据最好在流域内每个高程带的平均高程处测量得到（Rango and Martinec，1981）。然而，在偏远的山区流域，地面站点稀少，难以获取每个高程带平均高程处的气象数据，许多学者在已有站点数据的基础上利用温度递减率外推或通过特定的插值方法获取气温数据（Jesko et al.，1999；Boudhar et al.，2009；Nitin，2004），降水数据也可以利用降水递减率外推或通过全球降水资料数据集（GPCP）逐日 1°×1°降水资料获取。需要注意的是，降水数据并不是随高程一直增加，在具体研究时需结合实际情况进行考虑（Abudu et al.，2012）。目前，已有研究利用卫星遥感数据来获取雪盖信息，通过利用不同遥感数据的积雪产品进行融雪径流模拟的比较，结果表明，在以融雪径流为主的流域，MODIS 积雪产品能为 SRM 模型模拟融雪径流提供可靠的雪盖信息（Lee et al.，2005）。为了最大限度地降低云的影响，许多学者利用 MODIS 八日合成积雪产品获取雪盖信息，通过插值的方法获得每日雪盖率数据，并将其作为 SRM 模型的变量。但有学者认为，通过这种方法获取的雪盖面积对于模拟一年的径流而言，只能描绘季节性融雪径流的大致趋势，无法准确模拟明显的逐日径流波动情况（Nitin，2004），而且不同的插值方法对模拟结果会造成影响。该模型的参数对于一个给定的流域来说是唯一的，可通过实地测量、气象观测数据或根据流域特征预先确定。该模型中融雪、降雨径流系数和度-日因子等参数在年内或年际之间会有变化，为了使径流模拟结果更加准确有效，可根据水文和积雪情况获取合适的参数值（Rango and Martinec，1979；Hall and Martinec，1985；Martinec and Rango，1986）

1.3 研 究 内 容

本书的总体技术路线如图 1-1 所示。在地面观测数据的支持下，利用多源卫星遥感数据，通过积雪遥感识别和参数反演的技术手段，提取积雪的时段、面积、状态、雪表层粒径、雪表层含水量、雪深、雪水当量等参数信息，进而结合气象水文数据开展积雪时空变化分析，掌握研究区积雪时空分布特点和雪盖衰退规律，利用 SRM 模型实现融雪径流模拟。

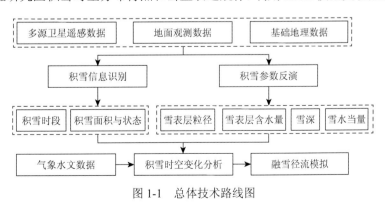

图 1-1 总体技术路线图

1.3.1　积雪时段估算

新疆天山地区是我国重要的积雪区之一，积雪初日和积雪终日提前或延后均会对牧民的生活及牲畜过冬产生影响，同时，监测每年的积雪初日和积雪终日，以及统计积雪时段及非积雪时段对气候变化有重要的指示作用。但是，目前对新疆天山地区积雪时段的研究并不多见。本书利用 2002~2009 年 MODIS 每日积雪产品数据和地面观测资料，探讨天山典型区积雪时段的分布差异。先针对 MODIS 每日积雪产品高云量的问题进行去云处理，利用改进后的积雪产品获得研究区内积雪初始、终止日期，并将其与 16 个基本气象站获得的积雪时段进行交叉验证，得到整个研究区内积雪初日和积雪终日，利用区域积雪面积的变化情况划分积雪时段，得到区域的零降雪日和积雪消融日，并以此为基础探讨研究区内不同地域、不同高度带、不同坡度和坡向积雪时段的差异。

1.3.2　积雪遥感信息识别

山区复杂地形对积雪识别的影响主要由阴影、高程差异、太阳光坡面入射角不同造成。地形效应是影响山区积雪识别的主要因素，其使得处于山体阴影区的不同地物的图像响应特征十分相似，给位于山体阴影处的积雪准确识别带来困难。本书计算处于坡面的像元接收的总辐照度，结合数字高程模型与大气辐射传输模型对遥感图像进行综合辐射校正，削弱地形与大气对积雪识别的影响。此外，处于不同坡度、坡向的雪面像元反射率差异较大，具有明显的前向散射特性，因此除地形效应外，还应考虑雪面的方向反射特性。本书采用各向异性校正与地形校正相结合的方法，将不同坡面方向的雪面反射率转换至平坦地表垂直观测方向上的雪面反射率，削弱地表方向反射特性对积雪识别的影响，从而为山区积雪遥感识别奠定基础。

目前高空间分辨率卫星传感器的波段设置缺少积雪光谱强吸收的短波红外波段，从而导致 NDSI 不适用于高分辨率遥感图像的积雪识别。基于我国 2013 年发射的 GF-1 卫星，利用 16m 分辨率的 GF-1 WFV 图像、同步光谱测量数据，根据可见光波段和近红外波段，建立高分积雪指数（GF-1 snow index，GFSI）。通过对积雪与非积雪像元在各波段的类间可分离性进行比较分析，确定蓝波段是可见光波段中适合高分辨率积雪识别的最佳波段。通过双峰阈值法确定积雪识别的最佳阈值，对 GF-1 WFV 图像使用 GFSI 进行积雪识别，有效提取高分辨率遥感图像的积雪覆盖范围。

为了从多时相遥感图像中快速识别积雪，本书引入了机器学习中的协同训练（co-training）多视图概念，以每一图像作为一个视图，构建多时相积雪的多视图。将协同训练从单一图像分类技术扩展到多时相分类技术，通过积雪多时相表征偏移实现协同训练，并根据多时相遥感图像协同训练的特点，提出未标记样本的选择方法。利用协同训练构建多时相积雪识别模型，通过积雪识别频次图和测试样本集评价 2013 年 10 月 7 日、15 日、19 日的 8m分辨率 GF-1 PMS 图像积雪识别结果，并分析多时相图像的时相组合与空间匹配误差对协同识别的影响。

合成孔径雷达具有穿透云雾的全天候对地观测能力，利用 SAR 极化特征进行积雪识别能够弥补光学遥感难以识别云下积雪的不足。利用 2014 年 3 月 19 日的 C 波段 RADARSAT-2 全极化数据，首先进行目标分解提取积雪极化特征，然后利用随机森林（random forest）算法进行特征选择，分析不同极化特征对积雪的可分离性，最后利用马尔可夫随机场（Markov random field，MRF）模型分割方法对积雪进行识别，通过初始 k-means 分割算法估算出 MRF 参数，建立先验模型和概率密度函数，利用迭代条件模式（iterated conditional model，ICM）算法进行最大后验概率求解，得到最优标记，从而识别出积雪。

光学遥感数据具有积雪识别精度高、可识别积雪表面类型等优点，并可通过综合辐射校正削弱地形对积雪识别的影响，但难以识别云覆盖区的积雪；SAR 具有穿透云雾识别积雪、获取积雪物理信息的能力，但在山区复杂地形的条件下，其后向散射信号受地形影响严重，因此，利用 SAR 与光学遥感数据在山区积雪识别中的互补性，可进一步提高积雪识别的精度。首先，利用综合辐射校正后的 GF-1 WFV 数据，采用 SVM 分类方法，识别山区积雪表面类型（新雪和陈雪）。然后，在 SAR 遥感图像表征分析的基础上，利用 2013 年 12 月 13 日和 2014 年 3 月 19 日的 C 波段 RADARSAT-2 相干系数图像，使用最优阈值法提取积雪，并在此基础上利用 Nagler 算法获取的干雪和湿雪样本，以及极化特征分解方法获取的最优极化特征组合，建立了极化 SAR 识别湿雪的动态阈值方法，实现了干雪和湿雪的识别。

1.3.3　积雪参数遥感反演

现有的雪粒径遥感反演研究大多集中在北极和较平坦的地区，而山区卫星成像几何受地形影响很大，因此对山区雪粒径反演的模型构建和参数确定有待于进一步研究。本书通过野外积雪观测，获取雪粒径和雪面反射光谱等积雪参数和数据；根据积雪颗粒的微物理特征和光学特性，分析粒径大小和雪粒形状的光谱响应，得到雪粒径反演的最佳波段；基于球形和非球形雪粒形状假设，以渐近式辐射传输模型为基础建立雪粒径反演模型，利用 2011 年 12 月 12 日和 2012 年 4 月 12 日 HJ-1 卫星 30m 分辨率 CCD 数据，得到玛纳斯河流域山区冬季积雪期和春季融雪期的雪表层粒径反演结果，并利用地面实测数据对反演结果进行验证。

以往的积雪参数微波反演研究中，根据实测数据选择模型参数的研究还很少。如何针对玛纳斯河流域山区积雪特性和复杂的地形条件，探讨湿雪表层含水量与后向散射系数响应关系中的影响因素抑制方法；如何根据研究区积雪特性，对 Shi 模型在研究区的适应性进行探讨，通过优化反演模型获取高精度的山区湿雪表层含水量，还有待于深入研究。基于 2014 年 3 月 19 日多极化 RADARSAT-2 数据和地面同步观测资料，通过分析研究区湿雪微波特性确定雪表层含水量与后向散射系数响应关系的影响因素，探讨了山区条件下影响因素的抑制方式，确定了模型输入参数，改进了 Shi 反演模型，优化了模型反演过程，从而实现了湿雪表层含水量的动态反演，获得了研究区湿雪表层含水量的分布信息。

C 波段雷达能够穿透干雪，并在雪-空气界面发生折射，从而导致传播路径发生变化。根据 InSAR 原理，干雪覆盖前后的 SAR 像对会形成干雪覆盖导致的干涉相位差。基于此，本书提出了基于重轨 InSAR 技术的积雪深度反演方法:首先,结合野外观测、气象和水文数据,判断积雪状态,从 C 波段 ENVISAT ASAR 数据中选择无雪和干雪覆盖的最佳干涉像对(2008 年 7 月 12 日与 2009 年 1 月 3 日),生成了干涉纹图,在分析了相位信息的组成成分及影响的基础上,去除了地形、平地、大气效应和噪声导致的相位,获取了积雪覆盖导致的相位差信息,分析积雪相位信息与雪深之间的关系,构建了雪深反演模型,探讨了模型输入参数的选择及影响因素,最后对雪深反演结果进行了误差值析。

在基于 SAR 数据反演雪水当量的 3 种方法中,EQeau 模型只需结合地面实测数据和积雪前后两期 C 波段 SAR 数据即可实现雪水当量反演,模型简单,计算高效,既没有基于理论模型的反演算法对多频多极化数据的需求,也没有 InSAR 技术对两期 SAR 数据严格的轨道基线要求,不存在失相干的问题,更具有实际应用价值。但当 EQeau 模型应用于山区时,分析 EQeau 模型的影响因素,探讨针对山区地形与下垫面条件的模型参数优化方法,使其更好地适用于山区雪水当量反演,是 EQeau 模型发展需要进一步解决的问题。基于 2013 年 10 月 2 日和 12 月 13 日的 C 波段 RADARSAT-2 全极化数据、地面同步观测数据、DEM 数据和土地覆盖数据,研究了针对山区地形与下垫面条件的 EQeau 模型参数优化方法,修订了模型系数,并反演获得了研究区的雪水当量分布信息。

1.3.4　积雪时空变化分析

现有的积雪时空变化研究主要是分析水平方向上的积雪分布,对于积雪垂直分布主要以划分高度带的方式进行分析。在复杂山地地形的条件下,研究积雪与气象因子(主要为气温)垂直方向上的详细分布特征及其随季节变化而表现出的差异性具有重要意义。此外,结合遥感地表温度数据的长时间序列与空间面状分布的优势,而不是仅局限于站点记录的点数据(气温、降水等),可以在全流域分析积雪与温度在时间、空间(水平、垂直方向)等多维度的相关性,并重点探讨积雪与温度在垂直方向上的相互作用与联系。因此,本书基于 2001~2014 年 MODIS 八日积雪与地表温度数据,并结合玛纳斯河流域范围内的肯斯瓦特、煤窑与清水河 3 个水文站点 2001~2012 年记录的日气温与降水数据,提取玛纳斯河流域连续长时间序列的积雪与温度时空分布特征。在此基础上,分析两者在水平、垂直及时间变化(包括年内与年际变化)等不同维度上的相关关系。

1.3.5　融雪径流模拟

玛纳斯河流域水文气象台站分布稀少,不具备描述精细物理过程的条件,因此应用半经验的 SRM 模型对融雪径流进行模拟。本书利用 2001~2012 年 3~6 月的 MODIS 每日积雪产品,获取玛纳斯河流域卫星雪盖,模拟春季融雪径流并对其结果进行评价。现有的 SRM 融雪径流模拟研究中,山区积雪覆盖率的精确获取仍是一个难题,选取合适的遥感数据可以提高山区雪盖面积的监测精度,从而提高 SRM 模型的模拟精度。以往融雪径流模拟研究主要利用 MODIS 八日合成积雪覆盖产品来获取雪盖信息,而 SRM 模型所有参数和变量均在日尺度上,因此本书采用 MODIS 每日积雪产品获取模型所需的逐日雪盖率,以期提高模型模拟效果。此外，雪盖衰退产生融雪径流，雪盖衰退曲线反映了区域积雪消融的过程和特征，雪盖衰退的过程因地形而异，不同高程带的雪盖衰退曲线是 SRM 模型的重要输入变量，影响着融雪径流模拟的结果。因此，本书对雪盖衰退过程的影响因素进行探讨，以期提高对融雪径流模拟的精度。

  SRM 模型采用度日因子法计算融雪径流，其输入数据主要为流域的日均气温、日均降水和积雪覆盖率等，对模型参数需要进行面向应用流域的适应性优化。传统的水文模型参数率定多数为单目标优化，由于流域水文效应的复杂性，为综合考虑水文过程模拟和预测中的多种拟合要素，近年来出现了一些多目标优化及不同目标组合优化的参数率定方法。本书采用玛纳斯河流域 2001～2012 年的气象资料、雪盖数据和水文观测数据，以 2001～2008 年玛纳斯河流域的融雪期作为模型的率参期，以 2009～2012 年的融雪期作为模型率定参数的性能检验期，对融雪径流模型参数的离散化及对模拟性能影响进行了分析，提出了一种模型离散化参数渐进式优化率定方法，设计了多个目标优化函数及其综合多目标的优化函数。

参 考 文 献

柏延臣, 冯学智. 1997. 积雪遥感动态研究的现状及展望. 遥感技术与应用, (2): 60-66.

柏延臣, 冯学智. 1998. 积雪监测与应用系统分析与设计. 遥感技术与应用, 13 (3): 8-13.

柏延臣, 冯学智, 李新, 等. 2001. 基于被动微波遥感的青藏高原雪深反演及其结果评价. 遥感学报, 5 (3): 161-165.

包安明, 陈晓娜, 李兰海. 2010. 融雪径流研究的理论与方法及其在干旱区的应用. 干旱区地理, 33 (5): 684-691.

曹梅盛, 李培基. 1991. 乌鲁木齐市郊冬季干积雪光谱反照率的若干特征. 干旱区地理, 14 (01): 69-73.

曹梅盛, 冯学智, 金德洪. 1982. 积雪的若干光谱反射特征. 科学通报, 27 (20): 1295-1261.

曹梅盛, 冯学智, 金德洪. 1984. 积雪若干光谱反射特征的初步研究. 冰川冻土, 6 (3): 15-26.

车涛, 李新. 2004. 青藏高原积雪深度和雪水当量的被动微波遥感反演. 冰川冻土, 26 (3): 363-368.

陈劲松, 邵芸, 董庆, 等. 2003. 全极化 SAR 数据信息提取研究. 遥感技术与应用, 18 (3): 153-158.

陈贤章. 1988. 从卫星遥感资料中提取雪盖信息的探讨. 环境遥感, 3 (2): 108-115.

房世峰, 裴欢, 刘志辉. 2010. 新疆天山北坡典型研究区融雪期地物光谱特征分析. 光谱学与光谱分析, (30): 1301-1304.

冯学智. 1988. 陆地卫星 MSS 资料在大范围融雪径流模拟中的应用. 遥感技术动态, (4): 23-29.

冯学智. 1989. 卫星雪盖制图及其应用研究概况. 遥感技术与应用, (1): 25-29.

冯学智. 1991. 卫星雪盖制图中的若干技术问题. 遥感技术与应用, 6 (4): 10-15.

冯学智. 1999. 积雪量估算与融雪径流研究// "九五" 国家重点科技攻关项目 (96-912-01-02) 专题文集 (第三章). 北京: 科学出版社: 88-91.

冯学智, 陈贤章. 1998. 雪冰遥感 20 年的进展与成果. 冰川冻土, 20 (3): 245-248.

冯学智, 王建. 1988. 祁连山黑河融雪径流中期预报分析及预报方程//中国科学院兰州冰川冻土研究所集刊 6 号. 北京: 科学出版社: 64-69.

冯学智, 李文君, 柏延臣. 2000a. 卫星雪盖信息的提取方法探讨. 中国图像图形学报, 5 (10): 836-839.

冯学智, 李文君, 史正涛, 等. 2000b. 卫星雪盖监测与玛纳斯河融雪径流模拟. 遥感技术与应用, 15 (1): 18-21.

冯学智, 鲁安新, 曾群柱. 1997. 中国主要牧区雪灾遥感监测评估模型研究. 遥感学报, 1 (2): 129-134.

冯学智, 王建, 曾群柱, 等. 1990. 黄河上游卫星积雪监测中的冰雪水资源信息系统//田国良. 黄河流域典型地区遥感动态研究. 北京: 科学出版社: 131-132.

冯学智, 曾群柱, 陈贤章, 等. 1995. 那曲雪灾的遥感监测研究//中国科学院兰州冰川冻土研究所集刊 8 号. 北京: 科学出版社: 14-22.

高洁. 2011. 高山积雪的时空分布特征及融雪模型研究. 北京: 清华大学.

高培, 魏文寿, 刘明哲. 2012. 新疆西天山积雪稳定期不同下垫面雪物理特性对比. 兰州大学学报 (自然科学版), 48 (1): 15-19.

郭华东, 李新武. 2011. 新一代 SAR 对地观测技术特点与应用拓展. 科学通报, 56 (15): 1155-1168.

郭华东, 李新武, 王长林, 等. 2002. 极化干涉雷达遥感机制及作用. 遥感学报, 6 (6): 401-405.

郝晓华. 2009. 山区雪盖面积和雪粒径光学遥感反演研究. 兰州: 中国科学院寒区旱区环境与工程研究所.

郝晓华, 王建, 车涛, 等. 2009. 祁连山区冰沟流域积雪分布特征及其属性观测分析. 冰川冻土, 31 (2): 284-292.

郝晓华, 王杰, 王建, 等. 2012. 积雪混合像元光谱特征观测及解混方法比较. 光谱学与光谱分析, 32 (10): 2753-2758.

郝晓华, 王杰, 王建, 等. 2013. 北疆地区不同雪粒径光谱特征观测及反演研究. 光谱学与光谱分析, 33 (1): 190-195.

贺青山, 刘志辉, 魏召才. 2012. 基于水热平衡的融雪过程研究. 新疆大学学报 (自然科学版), 29 (02): 132-136.

胡汝骥, 魏文寿, 王存牛. 1985. 我国天山降雪与季节性雪崩的基本物理特征. 干旱区地理, (1): 1-10.

黄晓东, 郝晓华, 杨永顺, 等. 2012. 光学积雪遥感研究进展. 草业科学, 29 (1): 35-43.

简季, 江洪, 江子山. 2011. 川西北米亚罗地区雪积/雪融光谱测量及光谱分析. 光谱学与光谱分析, 31 (05): 1361-1365.

姜腾龙, 赵书河, 肖鹏峰, 等. 2009. 基于实测数据的不同雪粒径光谱分析. 冰川冻土, 31 (2): 227-232.

蒋玲梅. 2005. 被动微波雪水当量研究. 北京: 北京师范大学.

雷小春, 宋开山, 杜嘉, 等. 2011. 雪中污染物对积雪光谱的影响研究. 中国科学院研究生院学报, 28 (5): 611-616.

李栋梁, 刘玉莲, 于宏敏, 等. 2009. 1951-2006 年黑龙江省积雪初终日期变化特征分析. 冰川冻土, 31 (6): 1011-1018.

李弘毅, 王建. 2008. SRM 融雪径流模型在黑河流域上游的模拟研究. 冰川冻土, 30 (5): 669-775.

李弘毅, 王建. 2013. 积雪水文模拟中的关键问题及其研究进展. 冰川冻土, (2): 430-437.

李弘毅, 王建, 郝晓华. 2012. 祁连山区风吹雪对积雪质能过程的影响. 冰川冻土, 34 (5): 1084-1090.

李培基, 米德生. 1983. 中国积雪的分布. 冰川冻土, 5 (4): 9-18.

李震, 郭华东, 李新武, 等. 2002. SAR 干涉测量的相干性特征分析及积雪划分. 遥感学报, 6 (5): 334-338.

李震, 张文煜, 孙文新, 等. 1995. NOAA/AVHRR 数据的雪盖信息提取与复合. 遥感技术与应用, 10 (4): 19-24.

刘俊峰, 杨建平, 陈仁升, 等. 2006. SRM 融雪径流模型在长江源区冬克玛底河流域的应用. 地理学报, 61 (11): 1149-1159.

刘玉洁, 郑照军, 王丽波. 2003. 我国西部地区冬季雪盖遥感和变化分析. 气候与环境研究, 8 (1): 114-123.

刘宗超, 蔡国堂, 孙莉. 1988. 中国天山西部山地积雪辐射的若干特征. 干旱区地理, 11 (02): 73-80.

鲁安新, 冯学智. 1994. 我国牧区雪灾遥感判别初步研究: 以西藏那曲地区为试验区. 自然灾害学报, 3 (4): 69-76.

陆恒, 魏文寿, 刘明哲. 2011. 天山季节性积雪稳定期雪密度与雪累积速率的观测分析. 冰川冻土, 33 (02): 374-380.

路鹏. 2011. 吉林省积雪遥感信息时空变化研究. 长春: 吉林大学.

马虹, 程国栋. 2003. SRM 融雪径流模型在西天山巩乃斯河流域的应用试验. 科学通报, 48 (19): 2088-2093.

马虹, 刘宗超. 1991. 干寒型积雪一维动态温度场的数学模拟. 干旱区地理, 14 (04): 48-55.

马虹, 刘宗超, 刘一峰, 等. 1992. 中国西部天山季节性积雪的能量平衡研究和融雪速率模拟. 科学通报, 12 (1): 87-93.

施建成, 杜阳, 杜今阳, 等. 2012. 微波遥感地表参数反演进展. 中国科学: 地球科学, 42 (6): 814-842.

王宏伟, 黄春林, 郝晓华, 等. 2014. 北疆地区积雪时空变化的影响因素分析. 冰川冻土, 36 (3): 508-516.

王建. 1999. 卫星遥感雪盖制图方法对比与分析. 遥感技术与应用, 14 (4): 29-36.

王建, 沈永平, 鲁安新, 等. 2001. 气候变化对中国西北地区山区融雪径流的影响. 冰川冻土, 23 (1): 29-33.

王宁练, 姚檀栋. 2001. 20 世纪全球变暖的冰冻圈证据. 地球科学进展, 16 (1): 98-105.

王彦龙. 1992. 中国雪崩研究. 北京: 海洋出版社.

王中隆. 1988. 中国积雪, 风吹雪和雪崩研究. 冰川冻土, 10 (3): 273-278.

王中隆, 白重瑗, 陈元. 1982. 天山地区风雪流运动特征及其预防研究. 地理学报, (1): 51-64.

魏文寿, 秦大河, 刘明哲. 2001. 中国西北地区季节性积雪的性质与结构. 干旱区地理, 24 (04): 310-313.

延昊. 2005. 利用 MODIS 和 AMSR-E 进行积雪制图的比较分析. 冰川冻土, 27 (4): 515-519.

曾群柱, 曹梅盛, 冯学智, 等. 1984. 我国西北若干种冰, 雪及水体反射光谱特性的研究. 中国科学 (B 辑), (04): 370-377.

曾群柱, 曹梅盛, 冯学智, 等. 1987. 冰, 雪, 水体反射光谱特性 (曲线) //中国地球资源光谱信息资料汇编. 北京: 能源出版社: 279-280.

曾群柱, 冯学智, 陈贤章, 等. 1993. 雪灾遥感监测评价系统中的关键技术研究//重大自然灾害遥感监测与评估关键技术研究论文集. 北京：科学出版社：25-26.

曾群柱，米德生，张顺英，等. 1981. 卫星遥感影象在中国冰川积雪研究中的应用//遥感文选. 北京：科学出版社：56-57.

曾群柱，张顺英，陈贤章，等. 1988. 祁连山积雪卫星监测与河西地区春季径流特征//中国科学院兰州冰川冻土研究所集刊6号. 北京：科学出版社：40-48.

曾群柱，张顺英，金德洪. 1985. 祁连山积雪卫星监测与河西地区河流融雪径流特征分析. 冰川冻土，7（4）：295-304.

张丽旭，魏文寿. 2002. 天山西部中山带积雪变化趋势与气温和降水的关系——以巩乃斯河谷为例. 山地学报，19（5）：403-407.

张一驰，李宝林，包安明，等. 2006. 开都河流域融雪径流模拟研究. 中国科学D辑：地球科学，36（增刊Ⅱ）：24-32.

赵春雨，严晓瑜，李栋梁，等. 2010. 1961-2007年辽宁省积雪变化特征及其与温度、降水的关系. 冰川冻土，32（3）：461-468.

周石硚，中尾正义，桥本重将，等. 2001. 水在雪中下渗的数学模拟. 水利学报，（1）：6-10.

Abbott M B，Bathurst J C，Cunge J A. 1986a. An introduction to the European hydrological system-system hydrological European "SHE" 2：structure of a physically based distributed modelling system. Journal of Hydrology，87（1-2）：61-77.

Abbott M B，Bathurst J C，Cunge J A，et al. 1986b. An introduction to the European hydrological system-system hydrological European "SHE" 1：history and philosophy of a physically based distributed modelling system. Journal of Hydrology，87（1-2）：45-59.

Abudu S，Cui C L，Saydi M，et al. 2012. Application of snowmelt runoff model（SRM）in mountainous watersheds：a review. Water Science and Engineering，5（2）：123-136.

Aoki T，Aoki T，Fukabori M，et al. 2000. Effects of snow physical parameters on spectral albedo and bidirectional reflectance of snow surface. Journal of Geophysical Research，105（D8）：10219-10236.

Armstrong R L，Chang A T C，Rango A，et al. 1993. Snow depth and grain size relationships with relevance for passive microwave studies. Annals of Glaciology，17：171-176.

Baars E P，Essen H. 1988. Millimeter-wave backscatter measurements on snow-covered terrain. IEEE Transactions on Geoscience and Remote Sensing，26（3）：282-299.

Baghdadi N，Gauthier Y，Bernier M. 1997. Capability of multitemporal ERS-1 SAR data for wet-snow mapping. Remote Sensing of Environment，60（2）：174-186.

Bahirat K，Bovolo F，Bruzzone L，et al. 2012. A novel domain adaptation Bayesian classifier for updating land-cover maps with class differences in source and target domains. IEEE Transactions on Geoscience and Remote Sensing，50（7）：2810-2826.

Baraldi A，Bruzzone L，Blonda P. 2005. Quality assessment of classification and cluster maps without ground truth knowledge. IEEE Transactions on Geoscience and Remote Sensing，43（4）：857-873.

Barnes J C，Bowley C J. 1968. Snow cover distribution as mapped from satellite photography. Water Resources Research，4（2）：257-272.

Barnett T P，Dümenil L，Schlese U，et al. 1989. The effect of Eurasian snow cover on regional and global climate variations. Journal of the Atmospheric Sciences，46（5）：661-686.

Bavay M，Grünewald T，Lehning M. 2013. Response of snow cover and runoff to climate change in high Alpine catchments of Eastern Switzerland. Advances in Water Resources，55：4-16.

Bergstrom S. 1976. Development and Application of a Conceptual Runoff Model for Scandinavian Catchments. Norrkoping，Sweden：Department of Water Resources Engineering，Lund Institute of Technology，Bulletin Series A-52，Swedish Meteorological and Hydrological Institute.

Bernier M，Fortin J P. 1998. The potential of times series of C-band SAR data to monitor dry and shallow snow cover. IEEE Transactions on Geoscience and Remote Sensing，36（1）：226-243.

Bernier M，Fortin J P，Gauthier Y，et al. 1999. Determination of snow water equivalent using RADARSAT SAR data in Eastern Canada. Hydrological Processes，13（18）：3041-3051.

Besic N，Vasile G，Dedieu J，et al. 2015. Stochastic approach in wet snow detection using multitemporal SAR data. IEEE Geoscience and Remote Sensing Letters，12（2）：244-248.

Blum A，Chawla S. 2001. Learning from labeled and unlabeled data using graph mincuts//Bartlett P，Mansour Y. Proceeding of ICML. San Francisco：Morgan Kaufmann：19-26.

Blum A，Mitchell T. 1998. Combining labeled and unlabeled data with co-training//Bartlett P，Mansour Y. Proceedings of the Eleventh

Annual Conference on Computational Learning Theory. Madison，WI：ACM Press：92-100.

Boudhar A，Hanich L，Boulet G，et al. 2009. Evaluation of the snowmelt runoff model in the Moroccan High Atlas Mountains using two snow-cover estimates. Hydrological Science Journal，54（6）：1094-1113.

Bourdelles B，Fily M. 1993. Snow grain-size determination from Landsat imagery over Terre Adelie，Antarctica. Journal of Glaciology，17：86-92.

Bourgeois C S，Calanca P，Ohmura A. 2006. A field study of the hemispherical directional reflectance factor and spectral albedo of dry snow. Journal of Geophysical Research，111（D20）：108.

Braun L N，Renner C B. 1992. Application of a conceptual runoff model in different physiographic regions of Switzerland. Hydrological Sciences Journal，37（3）：217-231.

Bruzzone L，Marconcini M. 2009. Toward the automatic updating of land-cover maps by a domain-adaptation SVM classifier and a circular validation strategy. IEEE Transactions on Geoscience and Remote Sensing，47（4）：1108-1122.

Bruzzone L，Chi M，Marconcini M. 2006. A novel transductive SVM for semisupervised classification of remote-sensing images. IEEE Transactions on Geoscience and Remote Sensing，44（11）：3363-3373.

Camps-Valls G，Marsheva T V B，Zhou D. 2007. Semi-supervised graph-based hyperspectral image classification. IEEE Transactions on Geoscience and Remote Sensing，45（10）：3044-3054.

Carsey F. 1992. Remote sensing of ice and snow：review and status. International Journal of Remote Sensing，13（1）：5-11.

Casacchia R，Salvatori R，Cagnati A. 2002. Field reflectance of snow/ice covers at Terra Nova Bay，Antarctica. International Journal of Remote Sensing，23（21）：4653-4667.

Cea C，Cristobal J，Pons X. 2007. An Improved Methodology to Map Snow Cover by Means of Landsat and MODIS Imagery. Barcelona，Spain：2007 IEEE International Geoscience and Remote Sensing Symposium.

Chaponnière A，Maisongrande P，Duchemin B，et al. 2005. Combined high and low spatial resolution approach for mapping snow covered areas in the Atlas mountains. International Journal of Remote Sensing，26（13）：2755-2777.

Chen K S，Yen S K，Huang W P. 1995. A simple model for retrieving bare soil moisture from radar-scattering coefficients. Remote Sensing of Environment，54（2）：121-126.

Chen K，Wu T，Tsang L，et al. 2003. Emission of rough surfaces calculated by the integral equation method with comparison to three-dimensional moment method simulations. IEEE Transactions on Geoscience and Remote Sensing，41（1）：90-101.

Chokmani K，Bernier M，Gauthier Y. 2006. Uncertainty analysis of EQeau：a remote sensing based model for snow water equivalent estimation. International Journal of Remote Sensing，27（19）：4337-4346.

Cloude S R，Papathanassiou K P. 1998. Polarimetric SAR interferometry. IEEE Transactions on Geoscience and Remote Sensing，36（5）：1551-1565.

Colbeck S C. 1982. An overview of seasonal snow metamorphism. Reviews of Geophysics and Space Physics，20（1）：45-61.

Colbeck S C. 1983. Theory of metamorphism of dry snow. Journal of Geophysical Research，88（C9）：5475.

Colbeck S C. 1991. The layered character of snow covers. Review of Geophysics，29（1）：81-96.

Colbeck S，Akitaya E，Armstrong R，et al. 1990. The International Classification for Seasonal Snow on the Ground. Walling ford，Oxon：International Association of Acientific Hydrology.

Corbane C，Somma J，Bernier M，et al. 2005. Estimation of water equivalent of the snow cover in Lebanese mountains by means of RADARSAT-1 images. Hydrological Sciences Journal，50（2）：355-370.

Dedieu J P，Gauthier Y，Bernier M，et al. 2003. Radiometric and Geometric Correction of RADARSAT-1 Images Acquired in Alpine Regions for Mapping the Snow Water Equivalent（SWE）. Toulouse，France：2003 IEEE International Geoscience and Remote Sensing Symposium，VI-VII，Proceedings：Learning From Earth's Shapes and Sizes.

Deeb E J，Forster R R，Kane D L. 2011. Monitoring snowpack evolution using interferometric synthetic aperture radar on the North Slope of Alaska，USA. International Journal of Remote Sensing，32（14）：3985-4003.

Demir B，Bovolo F，Bruzzone L. 2012. Detection of land-cover transitions in multitemporal remote sensing images with active-learning-based compound classification. IEEE Transactions on Geoscience and Remote Sensing，50（5）：1930-1941.

Demir B，Bovolo F，Bruzzone L. 2013. Updating land-cover maps by classification of image time series：a novel change-detection-driven transfer learning approach. IEEE Transactions on Geoscience and Remote Sensing，51（1）：300-312.

Dozier J. 1989. Spectral signature of alpine snow cover from the Landsat Thematic Mapper. Remote Sensing of Environment，28：9-22.

Dozier J，Marks D. 1987. Snow mapping and classification from Landsat Thematic Mapper data. Annals of Glaciology，9：97-103.

Dozier J，Schneider S R，Jr D F M. 1981. Effect of grain size and snowpack water equivalence on visible and near-infrared satellite observations of snow. Water Resources Research，17（4）：1213-1221.

Drobot S D，Anderson M R. 2001. An improved method for determining snowmelt onset dates over Arctic sea ice using scanning multichannel microwave radiometer and special sensor microwave/image data. Journal of Geophysical Research，106（20）：24033-24049.

Du J，Shi J，Rott H. 2010. Comparison between a multi-scattering and multi-layer snow scattering model and its parameterized snow backscattering model. Remote Sensing of Environment，114（5）：1089-1098.

Dunkle R V，Bevans J T. 1956. An approximate analysis of the solar reflectance and transmittance of a snow cover. Journal of Meteorology，13（2）：212-216.

Engen G，Guneriussen T，Overrein Ø. 2004. Delta-K interferometric SAR technique for snow water equivalent（SWE）retrieval. IEEE Geoscience and Remote Sensing Letters，1（2）：57-61.

Ferro-Famil L，Pottier E，Lee J. 2001. Unsupervised classification of multifrequency and fully polarimetric SAR images based on the *H/A*/Alpha-Wishart classifier. IEEE Transactions on Geoscience and Remote Sensing，39（11）：2332-2342.

Ferro-Famil L，Pottier E，Saillard J，et al. 1999. The Potential of Full Polarimetric SAR Data to Classify Dry Snowcover. Hamberg，Germany：IEEE International Geoscience and Remote Sensing Symposium Proceedings（IGARSS）.

Fierz C，Armstrong R L，Durand Y，et al. 2009. The International Classification for Seasonal Snow on the Ground. Paris：International Association of Scientific Hydrology.

Fily M，Bourdelles B，Dedieu J P，et al. 1997. Comparison of in situ and Landsat Thematic Mapper derived snow grain characteristics in the Alps. Remote Sensing of Environment，59（3）：452-460.

Fily M，Dedieu J P，Durand Y. 1999. Comparison between the results of a snow metamorphism model and remote sensing derived snow parameters in the Alps. Remote Sensing of Environment，68（3）：254-263.

Floricioiu D，Rott H. 2001. Seasonal and short-term variability of multifrequency，polarimetric radar backscatter of Alpine Terrain from SIR-C/X-SAR and AIRSAR data. IEEE Transactions on Geoscience and Remote Sensing，39（12）：2634-2648.

Foster J L，Chang A T C，Hall D K. 1997. Comparison snow mass estimates from a prototype passive microwave snow algorithm，a revised algorithm and snow depth climatology. Remote Sensing of Environment，62：132-142.

Fujino A，Ueda N，Saito K. 2005. A hybrid generative/discriminative approach to semi-supervised classifier design//Proceedings of the National Conference on Artificial Intelligence. Pittsburgh，Pennsglvania：MIT Press：764-769.

Fung A K，Li Z，Chen K S. 1992. Backscattering from a randomly rough dielectric surface. IEEE Transactions on Geoscience & Remote Sensing，30（2）：356-369.

Gao Y，Lu N，Yao T D. 2011. Evaluation of a cloud-gap-filled MODIS daily snow cover product over the Pacific Northwest USA. Journal of Hydrology，404：157-165.

Gauthier Y，Bernier M，Fortin J P，et al. 2001. Operational determination of snow water equivalent using Radarsat data over a large hydroelectric complex in Eastern Canada. Santa Fe，New Mexico，USA，IAHS Publication，267：343-348.

Georgievsky M V. 2009. Application of the Snowmelt Runoff model in the Kuban river basin using MODIS satellite images. Environmental Research Letters，4（4）：045017.

Gill J P S，Yackel J J，Geldsetzer T，et al. 2015. Sensitivity of C-band synthetic aperture radar polarimetric parameters to snow tickness over landfast smooth first-year sea ice. Remote Sensing of Environment，166：34-49.

Gómez-Chova L，Camps-Valls G，Munoz-Mari J，et al. 2008. Semi-supervised image classification with Laplacian support vector machines. IEEE Geoscience and Remote Sensing Letters，5（3）：336-340.

Grenfell T C，Warren S G，Mullen P C. 1994. Reflection of solar radiation by the Antarctic snow surface at ultraviolet，visible，and near-infrared wavelengths. Journal of Geophysical Research，99（D9）：18669-18684.

Guneriussen T，Hogda K A，Johnsen H，et al. 2001. InSAR for estimation of changes in snow water equivalent of dry snow. IEEE Transactions on Geoscience and Remote Sensing，39（10）：2101-2108.

Hall D K，Martinec J. 1985. Remote Sensing of Snow and Ice. London：Principles and Applications of Imaging Radar.

Hall D K，Riggs G A. 2007. Accuracy assessment of the MODIS snow products. Hydrological Processes，21（12）：1534-1547.

Hall D K，Riggs G A，Salomonson V V. 1995. Development of methods for mapping global snow cover using moderate resolution imaging spectroradiometer data. Remote Sensing of Environment，54（2）：127-140.

Hall D K，Riggs G A，Salomonson V V. 2001. Algorithm Theoretical Basic Document（ATBD）for the MODIS Snow and Sea Ice-Mapping Algorithms. Washington：NASA，GSFC.

Hall D K，Riggs G A，Salomonson V V，et al. 2002. MODIS snow-cover products. Remote Sensing of Environment，83（1-2）：181-194.

Hallikainen M T，Ulaby F T，Vandeventer T E. 1987. Extinction behavior of dry snow in the 18-GHz to 90-GHz range. IEEE Transactions on Geoscience and Remote Sensing，25（6）：737-745.

Han L，Tsunekawa A，Tsubo M，et al. 2014. Spatial variations in snow cover and seasonally frozen ground over northern China and Mongolia，1988-2010. Global and Planetary Change，116：139-148.

Hinkler J，Orbaek J B，Hansen B U. 2003. Detection of spatial，temporal，and spectral surface changes in the Ny-Alesund area 79 degrees N，Svalbard，using a low cost multispectral camera in combination with spectroradiometer measurements. Physics and Chemistry of the Earth，28（32）：1229-1239.

Hinkler J，Pedersen S B，Rasch M，et al. 2002. Automatic snow cover monitoring at high temporal and spatial resolution，using images taken by a standard digital camera. International Journal of Remote Sensing，23（21）：4669-4682.

Huang L，Li Z，Tian B，et al. 2011. Classification and snow line detection for glacial areas using the polarimetric SAR image. Remote Sensing of Environment，115（7）：1721-1732.

Immerzeel W W，Droogers P，de Jong S M，et al. 2009. Large-scale monitoring of snow cover and runoff simulation in Himalayan river basins using remote sensing. Remote Sensing of Environment，113（1）：40-49.

Jackson Q，Landgrebe D A. 2001. An adaptive classifier design for high-dimensional data analysis with a limited training data set. IEEE Transactions on Geoscience and Remote Sensing，39（12）：2664-2679.

Jesko S，Martinec J，Seidel K. 1999. Distributed mapping of snow and glaciers for improved runoff modeling. Hydrological Processes，13（12-13）：2023-2031.

Jiang L M，Shi J C，Tjuatja S，et al. 2007. A parameterized multiple-scattering model for microwave emission from dry snow. Remote Sensing of Environment，111（2-3）：357-366.

Jiang L M，Shi J C，Tjuatja S，et al. 2011. Estimation of snow water equivalence using the polarimetric scanning radiometer from the cold land processes experiments. IEEE Geoscience and Remote Sensing Letters，8（2）：359-363.

Jin X，Ke C Q，Xu Y Y，et al. 2015. Spatial and temporal variations of snow cover in the Loess Plateau，China. International Journal of Climatology，35（8）：1721-1731.

Joachims T. 1999. Transductive inference for text classification using support vector machines//ICML. Bled，Slovenia，Morgan Kaufmann Publishers，99：200-209.

Jordan R. 1991. A One-dimensional Temperature Model for a Snow Cover. Hanover，New Hampshire：Technical Documentation for SNTHERM Cold Regions Research and Engineering Laboratory.

Kane D L，Hinzman L D，Benson C S，et al. 1991. Snow hydrology of a headwater Arctic basin：1. physical measurements and process studies. Water Resources Research，27（6）：1099-1109.

Kim S H，Hong C H. 2012. Antarctic land-cover classification using IKONOS and Hyperion data at Terra Nova Bay. International Journal of Remote Sensing，33（22）：7151-7164.

Kokhanovsky A A，Aoki T，Hachikubo A，et al. 2005. Reflective properties of natural snow：approximate asymptotic theory versus in situ measurements. IEEE Transactions on Geoscience and Remote Sensing，43（7）：1529-1535.

Kokhanovsky A A，Zege E P. 2004. Scattering optics of snow. Applied Optics，43（7）：1589-1602.

Kokhanovsky A，Rozanov V V，Aoki T，et al. 2011. Sizing snow grains using backscattered solar light. International Journal of Remote Sensing，32（22）：6975-7008.

Kumar V，Venkataraman G. 2011. SAR interferometric coherence analysis for snow cover mapping in the western Himalayan region. International Journal of Digital Earth，4（1）：78-90.

Kunzi K F，Patil S，Rott H. 1982. Snow-cover parameters retrieved from Nimbus-7 scanning multichannel microwave radiometer （SMMR）data. IEEE Transactions on Geoscience and Remote Sensing，（4）：452-467.

Leavesley G H，Lichty R W，Thoutman B M，et al. 1983. Precipitation-runoff Modeling System: User's Manual. Washington，DC：USGS.

Lee J，Pottier E. 2009. Polarimetric Radar Imaging: from Basics to Applications. Boca Raton，Florida，USA：CRC Press.

Lee S，Klein A G，Over T M. 2005. A comparison of MODIS and NOHRSC snow-cover products for simulating streamflow using the Snowmelt Runoff Model. Hydrological Processes，19：2951-2972.

Leinss S，Parrella G，Hajnsek I. 2014. Snow height determination by polarimetric phase differences in X-band SAR data. IEEE Journal of Selected Topics in Applied Earth Observations and Remote Sensing，7（9）：3794-3810.

Leinss S，Wiesmann A，Lemmetyinen J，et al. 2015. Snow water equivalent of dry snow measured by differential interferometry. IEEE Journal of Selected Topics in Applied Earth Observations and Remote Sensing，8（8）：3773-3790.

Leiva-Murillo J M，Gómez-Chova L，Camps-Valls G. 2013. Multitask remote sensing data classification. IEEE Transactions on Geoscience and Remote Sensing，51（1）：151-161.

Li W，Stamnes K，Chen B Q，et al. 2001. Snow grain size retrieved from near-infrared radiances at multiple wavelengths. Geophysical Research Letters，28（9）：1699-1702.

Li Y F，Zhou Z H. 2015. Towards making unlabeled data never hurt in Machine Learning. IEEE Transactions on Pattern Analysis and Machine Intelligence，37（1）：175-188.

Liang T，Zhang X，Xie H，et al. 2008. Toward improved daily snow cover mapping with advanced combination of MODIS and AMSR-E measurements. Remote Sensing of Environment，112：3750-3761.

Ling F，Zhang T. 2003. Impact of the timing and duration of seasonal snow cover on the active layer and permafrost in the Alaskan Arctic. Permafrost and Periglacial Processes，14（2）：141-150.

Liston G E. 1999. Interrelationships among snow distribution，snowmelt，and snow cover depletion: implications for atmospheric，hydrologic，and ecologic modeling. Journal of Applied Meteorology，38（10）：1474-1487.

Liston G E. 2004. Representing subgrid snow cover heterogeneities in regional and global models. Journal of Climate，17（6）：1381-1397.

Liston G E，Sturm M. 1998. A snow-transport model for complex terrain. Journal of Glaciology，44（148）：498-516.

Liu G，Wu R，Zhang Y，et al. 2014. The summer snow cover anomaly over the Tibetan Plateau and its association with simultaneous precipitation over the Mei-Yu-Baiu region. Advances in Atmospheric Sciences，31（4）：755-764.

Longépé N，Allain S，Ferro-Famil L，et al. 2009. Snowpack characterization in mountainous regions using C-band SAR data and a meteorological model. IEEE Transactions on Geoscience and Remote Sensing，47（2）：406-418.

Longépé N，Shimada M，Allain S，et al. 2008. Capabilities of Full-Polarimetric PALSAR/ALOS for Snow Extent Mapping. Boston，Massachusetts，USA：IEEE International Geoscience and Remote Sensing Symposium.

Lyapustin A，Tedesco M，Wang Y J，et al. 2009. Retrieval of snow grain size over Greenland from MODIS. Remote Sensing of Environment，113（9）：1976-1987.

Magagi R，Bernier M. 2003. Optimal conditions for wet snow detection using RADARSAT SAR data. Remote Sensing of Environment，84（2）：221-233.

Marchane A，Jarlan L，Hanich L，et al. 2015. Assessment of daily MODIS snow cover products to monitor snow cover dynamics over the Moroccan Atlas mountain range. Remote Sensing of Environment，160：72-86.

Marsh P. 1999. Snowcover formation and melt: recent advances and future prospects. Hydrological Processes，13（14-15）：2117-2134.

Martinec J. 1975. Snowmelt-Runoff Model for stream flow forecasts. Nordic Hydrology，6（3）：145-154.

Martingc J，Rango A. 1986. Parameter values for snowmelt runoff modelling. Journal of Hydrology，84（3-4）：197-219.

Martinec J，Rango A，Roberts R. 2008. Snowmelt Runoff Model（SRM）User's Manual. Las Cruces，New Mexico，USA：Updated edition for WINDOWS，WinSRM Version 1. 11. New Mexico State University.

Martini A，Ferro-Famil L，Pottier E. 2004. Multi-frequency polarimetric snow discrimination in Alpine areas. 2004 IEEE International Geoscience and Remote Sensing Symposium Proceedings（IGARSS），6：3684-3687.

Matasci G，Volpi M，Tuia D，et al. 2011. Transfer component analysis for domain adaptation in image classification//SPIE Image and Signal Processing for Remote Sensing XVII. Prague，Czech Republic：SPIE：81800-81809.

Matthew E T，Peter S. 2009. Transfer learning for reinforcement learning domains: a survey. Journal of Machine Learning，（10）：1633-1685.

Mätzler C，Schanda E. 1984. Snow mapping with active microwave sensors. Remote Sensing，5（2）：409-422.

Mishra B，Babel M S，Tripathi N K. 2014. Analysis of climatic variability and snow cover in the Kaligandaki River Basin，Himalaya，Nepal. Theoretical and Applied Climatology，116（3-4）：681-694.

Nagler T R H. 2000. Retrieval of wet snow by means of multitemporal SAR Data. IEEE Transactions on Geoscience and Remote Sensing，38（2）：754-765.

Negi H S，Kokhanovsky A. 2011. Retrieval of snow albedo and grain size using reflectance measurements in Himalayan basin. Cryosphere，5（1）：203-217.

Negi H S，Singh S K，Kulkarni A V，et al. 2010. Field-based spectral reflectance measurements of seasonal snow cover in the Indian Himalaya. International Journal of Remote Sensing，31（9）：2393-2417.

Nigam K，McCallum A K，Thrun S，et al. 2000. Text classification from labeled and unlabeled documents using EM. Machine Learning，39（2-3）：103-134.

Nijssen B，Schnur R，Lettenmaier D P. 2001. Global retrospective estimation of soil moisture using the variable infiltration capacity land surface model，1980-1993. Journal of Climate，14（8）：1790-1808.

Nitin M V. 2004. Snowmelt runoff modeling using MODIS in Elaho River Basin，British Columbia. Environmental Informatics Archives，2：526-530.

Nolin A W，Dozier J. 1993. Estimating snow grain-size using AVIRIS data. Remote Sensing of Environment，44（2-3）：231-238.

Nolin A W，Dozier J. 2000. A hyperspectral method for remotely sensing the grain size of snow. Remote Sensing of Environment，74（2）：207-216.

NSIDC. 2008. NISDC's Cryospheric Glossary. https://nsidc. org/cryosphere/glossary[2015-08-30].

O'Brien H W，Munis R H. 1975. Red and Near-Infrared Spectral Reflectance of Snow. Hanover，New Hampshire，USA：Goddard Space Flight Center Operational Appl. of Satellite Snowcover Observations.

Painter T H，Dozier J. 2004. Measurements of the hemispherical-directional reflectance of snow at fine spectral and angular resolution. Journal of Geophysical Research，109（D18）：115.

Painter T H，Dozier J，Roberts D A，et al. 2003. Retrieval of subpixel snow-covered area and grain size from imaging spectrometer data. Remote Sensing of Environment，85（1）：64-77.

Painter T H，Rittger K，McKenzie C，et al. 2009. Retrieval of subpixel snow covered area，grain size，and albedo from MODIS. Remote Sensing of Environment，113（4）：868-879.

Painter T H，Roberts D A，Green R O，et al. 1998. The effect of grain size on spectral mixture analysis of snow-covered area from AVIRIS data. Remote Sensing of Environment，65（3）：320-332.

Paris C，Bruzzone L. 2014. A Sensor-Driven Domain Adaptation Method for the Classification of Remote Sensing Images. Quebec city，QC，Canada：IEEE International Geoscience and Remote Sensing Symposium.

Peltoniemi J I，Kaasalainen S，Näränen J，et al. 2005. Measurement of directional and spectral signatures of light reflectance by snow. IEEE Transactions on Geoscience and Remote Sensing，43（10）：2294-2304.

Persello C，Bruzzone L. 2012. Active learning for domain adaptation in the supervised classification of remote sensing images. IEEE Transactions on Geoscience and Remote Sensing，50（11），4468-4483.

Pettinato S，Poggi P，Macelloni G，et al. 2005. Mapping Snow Cover in Alpine Areas with Envisat/SAR Images. Salzburg，Austria：Proceedings of the ENVISAT & ERS Symposium.

Pomeroy J W, Gray D M. 1995. Snowcover: Accumulation, Relocation, and Management. Saskatoon, Canada: National Hydrology Research Institute.

Pomeroy J W, Gray D M, Hedstrom N R, et al. 2002. Prediction of seasonal snow accumulation in cold climate forests. Hydrological Processes, 16 (18): 3543-3558.

Pulliainen J T, Grandell J, Hallikainen M T. 1999. HUT snow emission model and its applicability to snow water equivalent retrieval. IEEE Transactions on Geoscience & Remote Sensing, 37 (3): 1378-1390.

Pulliainen J, Engdahl M, Hallikainen M. 2003. Feasibility of multi-temporal interferometric SAR data for stand-level estimation of boreal forest stem volume. Remote Sensing of Environment, 85 (4): 397-409.

Rango A, Martinec J. 1979. Snowmelt-Runoff model using Landsat data. Nordic Hydrology, 10 (4): 225-238.

Rango A, Martinec J. 1981. Accuracy of snowmelt runoff simulation. Nordic Hydrology, 12 (4-5): 265-274.

Rango A, Martinec J. 1995. Revisiting the degree-day method for snowmelt computations. Journal of the American Water Resources Association, 31 (4): 657-669.

Rango A, Martinec J. 2000. Hydrological effects of a changed climate in humid and arid mountain regions. World Resource Review, 12 (3): 493-508.

Robinson D A, Dewey K F. 1990. Recent secular variations in the extent of Northern Hemisphere snow cover. Geophysical Research Letters, 17 (10): 1557-1560.

Robinson D A, Dewey K F, Heim Jr R R. 1993. Global snow cover monitoring: an update. Bulletin of the American Meteorological Society, 74 (9): 1689-1696.

Schanda E, Matzler C, Kunzi K. 1983. Microwave remote sensing of snow cover. International Journal of Remote Sensing, 4(1): 149-158.

Schellenberger T, Ventura B, Zebisch M, et al. 2012. Wet snow cover mapping algorithm based on multi-temporal COSMO-SkyMed X-band SAR images. IEEE Journal of Selected Topics in Applied Earth Observations and Remote Sensing, 5 (3): 1045-1053.

Shi J. 2001. A Numerical Simulation of Estimating Snow Wetness with ASAR. Sydney, Australia: IEEE Geoscience and Remote Sensing Symposium.

Shi J. 2004. Estimation of snow water equivalence with two Ku-band dual polarization radar. Denver, USA: IEEE International Geoscience and Remote Sensing Symposium, 3: 1649-1652.

Shi J. 2006. Snow Water Equivalence Retrieval Using X and Ku Band Dual-Polarization Radar. Denver, USA: IEEE International Geoscience and Remote Sensing Symposium.

Shi J. 2008. Active microwave remote sensing systems and applications to snow monitoring//Liang S. Advances in Land Remote Sensing: System, Modelling, Inversion and Application. New York: Springer: 19-49.

Shi J, Dozier J. 1992. Radar Backscattering Response to Wet Snow. Houston, Texas, USA: IEEE International Geoscience and Remote Sensing Symposium.

Shi J, Dozier J. 1995. Inferring snow wetness using C-band data from SIR-C's polarimetric synthetic aperture radar. Transactions on Geoscience & Remote Sensing, 33 (4): 905-914.

Shi J, Dozier J. 1997. Mapping seasonal snow with SIR-C/X-SAR in mountainous areas. Remote Sensing of Environment, 59 (2): 294-307.

Shi J, Dozier J. 2000a. Estimation of snow water equivalence using SIR-C/X-SAR, part I: inferring snow density and subsurface properties. IEEE Transactions on Geoscience and Remote Sensing, 38 (6): 2465-2474.

Shi J, Dozier J. 2000b. Estimation of snow water equivalence using SIR-C/X-SAR, part II: inferring snow depth and particle size. IEEE Transactions on Geoscience and Remote Sensing, 38 (6): 2475-2488.

Shi J, Dozier J, Rott H. 1993. Deriving Snow Liquid Water Content Using C-Band Polarimetric SAR. Tokyo, Japan: IEEE Geoscience and Remote Sensing Symposium.

Shi J, Dozier J, Rott H. 1994. Snow mapping in alpine regions with synthetic aperture radar. IEEE Transactions on Geoscience and Remote Sensing, 32 (1): 152-158.

Shi J, Hensley S, Dozier J. 1997. Mapping Snow Cover with Repeat Pass Synthetic Aperture Radar: Geoscience and Remote Sensing.

Singapore：IEEE International Geoscience and Remote Sensing Symposium.

Shi J，Jiang L，Zhang L，et al. 2005. A parameterized multifrequency-polarization surface emission model. IEEE Transactions on Geoscience and Remote Sensing，43（12）：2831-2841.

Singh G，Venkataraman G. 2007. Snow wetness mapping using advanced synthetic aperture radar data. Journal of Applied Remote Sensing，1：13521.

Singh G，Venkataraman G. 2010. Snow Wetness Retrieval Inversion Modeling for C-Band and X-Band Multi-Polarization SAR Data. Honolulu，Hawaii，USA：IEEE International Geoscience and Remote Sensing Symposium.

Singh G，Venkataraman G. 2012. Application of incoherent target decomposition theorems to classify snow cover over the Himalayan region. International Journal of Remote Sensing，33（13）：4161-4177.

Singh G，Kumar V，Mohite K，et al. 2006. Snow Wetness Estimation in Himalayan Snow Covered Regions using ENVISAT-ASAR Data. Goa，India：Asia-Pacific Remote Sensing Symposium. International Society for Optics and Photonics.

Singh G，Venkataraman G，Yamaguchi Y，et al. 2014. Capability assessment of fully polarimetric ALOS-PALSAR data for discriminating wet snow from other scattering types in mountainous regions. IEEE Transactions on Geoscience and Remote Sensing，52（2）：1177-1196.

Sönmez I，Tekeli A E，Erdi E. 2014. Snow cover trend analysis using Interactive Multisensor Snow and Ice Mapping System data over Turkey. International Journal of Climatology，34（7）：2349-2361.

Spiess M，Maussion F，Möller M，et al. 2015. MODIS derived equilibrium line altitude estimates for Purogangri Ice Cap，Tibetan Plateau，and their relation to climatic predictors（2001-2012）. Geografiska Annaler：Series A，Physical Geography，97（3）：599-614.

Steffen K. 1987. Bidirectional reflectance of snow at 500-600 nm//Goodison B，Barry R G，Dozier J. Large-Scale Effects of Seasonal Snow Cover. Wallingford，Oxfordshire，UK，IAHS Publication，166：415-425.

Stiles W H，Ulaby F T. 1980. The active and passive microwave response to snow parameters：wetness. Journal of Geophysical Research：Oceans，85（C2）：1037-1044.

Storvold R，Malnes E，Larsen Y，et al. 2006. SAR remote sensing of snow parameters in Norwegian areas-Current status and future perspective. Journal of Electromagnetic Waves and Applications，20（13）：1751-1759.

Strozzi T，Wegmuller U，Matzler C. 1999. Mapping wet snowcovers with SAR interferometry. International Journal of Remote Sensing，20（12）：2395-2403.

Sturm M，Holmgren J，Liston G E. 1995. A seasonal snow cover classification system for local to global applications. Journal of Climate，8：1261-1283.

Szczypta C，Gascoin S，Houet T，et al. 2015. Impact of climate and land cover changes on snow cover in a small Pyrenean catchment. Journal of Hydrology，521：84-99.

Tang Z，Wang J，Li H，et al. 2013. Spatiotemporal changes of snow cover over the Tibetan plateau based on cloud-removed moderate resolution imaging spectroradiometer fractional snow cover product from 2001 to 2011. Journal of Applied Remote Sensing，7（1）：073582-073582.

Techel F，Pielmeier C，Schneebeli M. 2011. Microstructural resistance of snow following first wetting. Cold Regions Science and Technology，65（3）：382-391.

Tedesco M，Kokhanovsky A A. 2007. The semi-analytical snow retrieval algorithm and its application to MODIS data. Remote Sensing of Environment，111（2-3）：228-241.

Tekeli A E，Akyürek Z，Arda Şorman A，et al. 2005. Using MODIS snow cover maps in modeling snowmelt runoff process in the eastern part of Turkey. Remote Sensing of Environment，97（2）：216-230.

Timothy W A，Kevin P C，Teresa B，et al. 2006. Validation of the MODIS snow product and cloud mask using student and NWS cooperative station observations in the Lower Great Lakes Region. Remote Sensing of Environment，105（4）：341-353.

Tsang L. 1989. Dense media radiative transfer theory for dense discrete random media with particles of multiple sizes and permittivities. Progress in Electromagnetic Research，6（5）：181-225.

Tsang L，Chen C T，Chang A T C，et al. 2000. Dense media radiative transfer theory based on quasicrystalline approximation with applications to passive microwave remote sensing of snow. Radio Science，35（3）：731-750.

Tsang L，Chen Z，Oh S，et al. 1992. Inversion of snow parameters from passive microwave remote sensing measurements by a neural network trained with a multiple scattering model. IEEE Transactions on Geoscience and Remote Sensing，30（5）：1015-1024.

Tuia D，Muñoz-Marí J，Malo J. 2011. Graph Matching for Efficient Classifiers Adaptation. Vancouver，Canada：IEEE Geoscience and Remote Sensing Symposium.

Turcotte R，Fortin J P，Bernier M，et al. 2001. Developments for Snowpack Water Equivalent Monitoring Using Radarsat Data as Input to the Hydrotel Hydrological Model. Sanla Fe，New Mexico，USA：IAHS Publication.

Ulaby F T，Stiles W H. 1980. The active and passive microwave response to snow parameters：2. water equivalent of dry snow. Journal of Geophysical Research：Oceans，85（C2）：1045-1049.

Ulaby F T，Moore R K，Fung A K. 1986. Microwave Remote Sensing：Active and Passive，Volume III：from Theory to Applications. Norwood，USA：Artech House.

Ulaby F T，Nashashibi A，El-Rouby A，et al. 1998. 95-GHz scattering by terrain at near-grazing incidence. IEEE Transactions on Antennas and Propagation，46（1）：3-13.

Vapnik V N. 1999. An overview of statistical learning theory. IEEE Transactions on Neural Networks，10（5）：988-999.

Venkataraman G，Singh G，Yamaguchi Y. 2010. Fully Polarimetric ALOS PALSAR Data Applications for Snow and Ice Studies. Honolulu，Hawaii，USA：IEEE Geoscience and Remote Sensing Symposium.

Wang X，Xie H. 2009. New methods for studying the spatiotemporal variation of snow cover based on combination products of MODIS Terra and Aqua. Journal of Hydrology，371：192-200.

Wang W，Huang X，Deng J，et al. 2015. Spatio-temporal change of snow cover and its response to climate over the Tibetan Plateau based on an improved daily cloud-free snow cover product. Remote Sensing，7（1）：169-194.

Wang X，Xie H，Liang T. 2008. Evaluation of MODIS snow cover and cloud mask and its application in Northern Xinjiang，China. Remote Sensing of Environment，112（4）：1497-1513.

Wang X，Zheng H，Chen Y，et al. 2014. Mapping snow cover variations using a MODIS daily cloud-free snow cover product in northeast China. Journal of Applied Remote Sensing，8（1）：084681.

Wang Y，Wang L，Zhang Y，et al. 2015. Investigation of Snow Cover Change Using Multi-Temporal PALSAR InSAR Data at Dagu Glacier，China. Milan，Italy：IEEE International Geoscience and Remote Sensing Symposium.

West R，Leung T，Winebrenner D P，et al. 1992. Extinction Behavior of Snow between 18 GHz and 90 GHz：Comparison between Theory and Experiments. Houston，Texas，USA：IEEE International Geoscience and Remote Sensing Symposium.

Wiesmann A，Mätzler C. 1999. Microwave Emission Model of layered snowpacks. Remote Sensing of Environment，70（3）：307-316.

Yamaguchi S，Katsushima T，Sato A，et al. 2010. Water retention curve of snow with different grain sizes. Cold Regions Science and Technology，64（2）：87-93.

Yang J，Jiang L，Shi J，et al. 2014. Monitoring snow cover using Chinese meteorological satellite data over China. Remote Sensing of Environment，143：192-203.

Ye H C. 2001. Increases in snow season length due to earlier first snow and later last snow dates over Northern Central and Northwest Asia during 1937-1994. Geophysical Research Letters，28（3）：551-554.

Zege E P，Katsev I L，Malinka A V，et al. 2011. Algorithm for retrieval of the effective snow grain size and pollution amount from satellite measurements. Remote Sensing of Environment，115（10）：2674-2685.

Zeng Q Z，Feng X Z，Chen X Z，et al. 1991. Studies on Satellite Snowcover Monitoring and Snowmelt Runoff Forecasting in Upper Reachers of the Yellow River. Singapore：Proceeding of Asian Symposium on Remote Sensing.

Zhu L，Xiao P，Feng X，et al. 2014. Support vector machine-based decision tree for snow cover extraction in mountain areas using high spatial resolution remote sensing image. Journal of Applied Remote Sensing，8（1）：084698.

Zhu X. 2005. Semi-supervised Learning Literature Survey. Computer Sciences，University. Wisconsin-Madison，Madison，WI，Technique Report 1530. http：//www. cs. wisc. edu/～jerryzhu/pub/ssl_survey[2015-04-05].

2 科学考察与积雪观测

  科学考察是以全面了解研究区积雪空间分布特点与时序变化差异为目标的实地科研工作之一。本章通过考察认知研究区地形、地貌及人文景观的特点，掌握不同高度带下垫面类型的差异，选择适合地面观测的实验场地，开展积雪参数和积雪状态的实地观测，获取自然状态条件下相应的环境参数的测量资料，为积雪遥感识别和积雪参数遥感反演提供翔实的第一手资料。它是本书中积雪遥感真实性检验不可缺少的技术环节，也是部分研究成果可靠性验证的前提条件。

  玛纳斯河流域山区曾有人为找矿而探险，近年来也有人为探险而涉足，但为了特定的科学目标而进入玛纳斯河流域高寒山区和山区腹地的科学考察和野外工作则不多见。虽有一些文献报道，但涉足区域大都局限于前山带或易于到达的区域，高寒山区或山区腹地可用于科学研究的资料几乎为空白。为此，在前人有限工作的基础上，为进一步推动积雪遥感向纵深发展，攻克积雪遥感的一些前沿性热点难题，验证高分辨率遥感卫星对山区积雪的探测能力，查清山区雪盖的衰退过程，项目组科研人员克服环境恶劣与条件艰苦的重重困难和诸多不确定因素的干扰阻碍，多次赴研究区高寒山区和山区腹地开展积雪考察和野外观测工作，取得了大量、实时的地面实测资料和初步的分析结果，为研究的顺利开展奠定了坚实的基础，同时，也为北天山中部绿洲的进一步开发建设和水资源的科学管理利用提供了具有重大应用价值的参考资料。

2.1 天山中部玛纳斯河流域概况

2.1.1 天山山脉简介

  横亘于新疆中部的天山山脉重峦叠嶂、雄伟气派。由于它东西绵延约 1700km，分割了准噶尔盆地和塔里木盆地两大盆地，同时也把新疆划分成北疆和南疆两个部分（图 2-1）。根据山形及构造带在地貌上的表现，可把天山从北向南划分为北天山、中天山和南天山 3 个部分。其中，北天山位于准噶尔盆地南缘，有科古琴山、博罗科努山和依连哈比尔尕山等山脉，东西绵延 1000km 以上，海拔一般在 4000m 左右，依连哈比尔尕山则高达 5000～5500m，北坡的雪线高度为 3900～4000m，有现代冰川发育。南天山则沿着塔里木盆地北缘延伸，大致呈向北突出的弧形走向，这一带的山峰高度多在 5500m 以上，冰雪覆盖面积很广，现代冰川发育良好。在南北天山之间是中天山及山间盆地，山地一般不超过 4000m，但盆地的规模则较大，其中，尤尔都斯盆地中的巴音布鲁克草原地势宽广平坦，河曲发育，水草丰美，成为我国著名的草原和风景名胜之一。

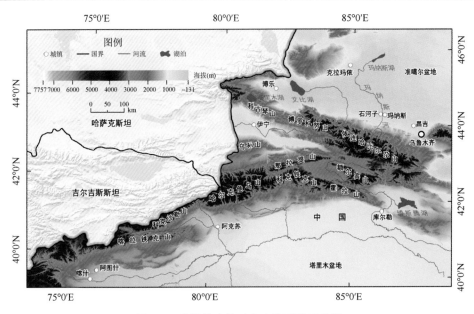

图 2-1 我国境内的天山山脉西段示意图

天山西段的三列山脉分别为北天山、中天山和南天山，地理位置处于国境线以东和乌鲁木齐以西

天山在欧亚大陆的中心位置决定了其具有鲜明的大陆性气候，以冬夏气温达极端为特点。山地的降雪受水汽来向的影响，自西向东减少，降雪具有北坡大于南坡的特征，且具有随海拔增加降雪增大的特点。同时，山地最大降雪的分布还具有季节性迁移特征，冬半年降雪主要集中在海拔 3000m 以下的中山林带，夏半年则主要出现在海拔 3500m 以上的高山带。

本书所指的"天山中部"，实际上对应地理意义上的北天山中段，它东起乌鲁木齐河（国道 216 段），西至奎屯河（国道 217 段），北起玛纳斯、石河子等地（国道 312 沿线），南至巴仑台、巴音布鲁克、新源等地（国道 218 沿线）。其地理位置为 42°40′~44°30′N，84°00′~87°50′E。这个区域主要绵延着依连哈比尔尕山，属迎风面，降水较多，源于冰川区的河流也较多，且大多为自南向北流，水量丰富，在北麓形成许多广阔的冲积洪积扇和山前平原，成为我国著名的产棉、产粮基地之一。

这里的垂直地带景观也较为明显，降水分布不均，山区的积雪时空分布差异较大，雪冰融水对山前垦区的工农业生产有着极为重要的作用，是我国积雪遥感与应用研究的理想区域之一。

2.1.2 玛纳斯河流域概况

玛纳斯河流域地处北天山中段的北麓，准噶尔盆地的南缘。南起依连哈比尔尕山的分水岭，北接准噶尔盆地的古尔班通古特沙漠，东起塔西河，西至巴音沟河，其地理位置为 43°20′~45°55′N，84°43′~86°35′E（图 2-2）。流域总面积为 2.23 万 km²，其中，山区面积为 0.95 万 km²，平原面积为 1.28 万 km²。该流域由 6 条河流组成，从东至西分别为塔西

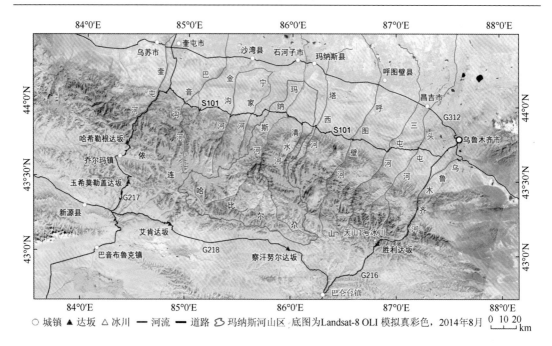

图 2-2　北天山中段及北坡主要河流示意图

玛纳斯河是天山北麓众多河流中最长的一条河流

河、玛纳斯河、宁家河、金沟河、大南沟河和巴音沟河，均发源于海拔 3600m 以上的依连哈比尔尕山各山峰，河源区终年积雪、冰川覆盖，面积达 1037.68km²，是各条河流的主要补给水源，且各河流的源头均伸入雪线以上，由南向北，深切横穿高、中山地峡谷，从低山口流出，进入准噶尔盆地。

　　源于山区的河流流出山口后，首先进入山前的倾斜平原，流速减缓，泥沙沉积，依次形成了冲积洪积扇和冲积平原，使得流域内的地势由东南向西北倾斜，海拔也从 5243m 剧降至 256m，形成 4987m 的高差和平均 17.84m/km 的落差。同时，南部的山区成为优质的夏季牧场，中部的冲积平原则成为广阔的农耕基地。有记载显示，在几百年前的乾隆盛世时期，山区就有了哈萨克族的牧歌，而中下游则有了民屯农耕，沿河两岸已有了先民们的生活足迹。

　　源于依连哈比尔尕山 43 号冰川的玛纳斯河是玛纳斯河流域（也是天山北麓）河流中最大的一条河流。其有东西两源，分别称为玛纳斯河的东支和西支，西支为主源。两源汇合后流经玛纳斯河大峡谷，并在肯斯瓦特水文站附近纳入其支流——清水河，一路北流，在红山嘴附近流出山口，经戈壁明珠——石河子，石油之城——克拉玛依，最后注入沙漠边缘的玛纳斯湖。从发源地到最后的归宿，河流长约 450km，汇水面积达 5963km²。上游峡谷湍流，下游平原坦荡。源头海拔 5000m 以上的高山聚集，为冰川发育提供了有利的地形条件，共有冰川 800 多条，面积达 608km²（刘朝海等，1998），是天山中段北麓内流区冰川数量最多、规模最大的一条河流，其相邻河流的冰川分布数量较少，呈现出以玛纳斯河为中心向两侧河流逐次减少的趋势。玛纳斯河山区平均雪线为 3970m，冰川融水量为

4.42 亿 m³，多年平均径流量为 12.8 亿 m³（红山嘴水文站），冰川融水补给的比重约占 34.6%（胡汝骥，2004；杨针娘，1987）。由于玛纳斯河受雪冰融水的影响较大，其径流补给具有明显的垂直地带性，径流量随海拔的升高而加大，高山带由高山雪冰融水补给，中山带由雪冰融水和降雨共同补给。高山雪冰融水补给占玛纳斯河年径流量的 47%。雪冰融水对玛纳斯河春季径流有重要贡献，已成为天山北坡绿洲灌溉的宝贵水源。

　　玛纳斯河流域山区（红山嘴以上）的垂直地带性较为明显，海拔 3600m 以上为高山带，在气候、冰川和永久积雪的作用下，地表岩石裸露，山势陡峭。该带终年积雪，年平均气温在 0℃以下，降水量较大（大于 500mm）而水面蒸发量较小（400mm 左右），气候寒冷湿润。海拔 1500～3600m 为中山带，受古冰川和河流径流的作用，形成沟壑纵横、重峦叠嶂的地貌景观，谷深 400～700m，多呈 V 形，山体多由砂岩和砂砾岩组成，其中，海拔 2700～3600m 为高山草甸带，地表植被发育较好。海拔 1500～2700m 为山地针叶林带，多天山云杉和灌木，是降雨径流的主要形成区。中山带年均气温在 2℃左右，年降水量为 300～500mm，呈寒温带半湿润气候。海拔 600～1500m 为低山丘陵带，带内山体大多矮小浑圆，植被主要为草地，覆盖度达 50%，暴雨期水土流失严重，是玛纳斯河的主要产沙区。该带年平均气温为 5℃左右，冬季月平均最低气温为−15℃，夏季月平均最高气温为 20℃，年降水量为 200～300mm，年水面蒸发量为 700～800mm，属温带半干旱区。玛纳斯河流域山区的地貌景观如图 2-3～图 2-9 所示。

(a)　(b)　(c)　(d)

图 2-3　玛纳斯河高山带地貌景观 1

（a）为在玛纳斯河东支流域边界达坂上向北眺望山区腹地，2014 年 4 月 15 日；（b）为在玛纳斯河大峡谷附近的铁布散村，向南眺望山区腹地，2015 年 4 月 18 日；（c）为在北天山南坡的火烧桥附近（又称反修桥，位于 218 国道和 321 省道的交叉口处）向北眺望，一路向北翻过山脊线，即可进入玛纳斯河西支源头，2016 年 6 月 29 日；（d）为徒步翻越山脊线拍摄的玛纳斯河西支源头积雪景观，拍摄地点海拔约为 3920m，2016 年 6 月 29 日

图 2-4　玛纳斯河高山带地貌景观 2

位于玛纳斯河西支山脊线附近，海拔约为 3850m，积雪约为 1.2m，是开展高山积雪区积雪观测的理想场地，2015 年 4 月 11 日

图 2-5　玛纳斯河东支河源区地貌景观

河谷地带非常开阔、地势较为平坦，也是开展积雪观测的理想场地，2015 年 4 月 14 日

图 2-6　玛纳斯河中山带和前山带的地貌景观与融雪径流概况

（a）为玛纳斯河主河道哈熊沟，2016 年 6 月 25 日；（b）为宁家河河谷，2016 年 6 月 24 日；（c）为玛纳斯河支流清水河，
2016 年 6 月 23 日

图 2-7 玛纳斯河大峡谷深切的河谷与阶地的地貌景观

阶地上地势平坦，是开展积雪观测的理想场地，2014 年 4 月 12 日

(a)

(b)

图 2-8 玛纳斯河大峡谷处的水库景观

（a）为玛纳斯河大峡谷与肯斯瓦特水库的连接处，浑浊的积雪融水与碧绿的湖水形成鲜明对比，肯斯瓦特水库已于 2014 年建成，2016 年 6 月 25 日；（b）为 2016 年 6 月 23 日的蓄水情况，此处也是玛纳斯河主河道与其支流清水河的交汇处，即将被水淹没的山脊线右侧为玛纳斯河主河道，左侧为清水河

(a)

(b)

图 2-9 玛纳斯河红山嘴出山口附近的地貌景观

（a）拍摄于 1995 年，玛纳斯河失去自然特性，导致河道出现了严重的盐渍化现象；（b）拍摄于 2015 年 4 月 17 日，河道里浑浊的河水源于山区的融雪径流，河道两侧已被开垦成耕地，并能看到灌溉/发电用的引水渠

玛纳斯河地处中亚腹地，水汽来源较少，气候干旱，降水稀少，具有明显的大陆性

气候特征。年内无霜期为154～227天，大于10℃以上积温为3400～3600℃，年平均气温为6.2～7.8℃，日温差较大。绝对最高气温和绝对最低气温分别为40℃和–38℃。年日照不低于2700h，热量条件适合各种粮食作物栽培，对早熟陆地棉和甜菜生产有利。冬季长达4个多月，气温低，但一般积雪深厚，无大风，雪盖比较稳定，有利于冬小麦越冬，是北疆主要的冬麦产区。纬向西风环流是该区水汽的主要来源，同时北冰洋的干冷气流也是其影响因素之一。由于玛纳斯河位于天山北坡中段，高大的天山山脉拦截了深入内陆的水汽，使得山区降水远远大于平原区。玛纳斯河流域降水主要集中在夏、春两季，占全年总降水量的70%左右，其中4～7月占全年50%～60%，山区夏季降水大于春季。受地形起伏影响，该流域的降水分布极不均匀，对其径流的影响也各不相同。山地降水丰富，最大降水量带在2500m上下，年降水量约为600mm，1500m以上降水量超过400mm，1000～1500m年降水量约为300mm，山前平原区年降水量降至100～200mm，因此，山区降水是玛纳斯河径流的主要补给来源。同时，由于降水的年内分配不均，夏季的降水量大于春季，冬季的降水量又略大于秋季（春、夏、秋、冬季的降水量分别占年降水量的28.14%、43.39%、13.23%和15.24%）。水源不足依然是该区域农业生产的主要矛盾，尤其是春旱现象较为普遍。

随着流域内耕地和绿洲的外延式快速扩张，工农业生产的快速发展和水资源的过度利用，加之上游水库的兴建，使得河川径流失去了它自然的本性，昔日还曾是水草丰美的玛纳斯河下游，由于多次出现断流而成为新的风沙地，昔日在玛纳斯湖捕鱼的场景早已不见，特别是20世纪70年代，随着玛纳斯湖的完全干涸，湖区的绝大部分已经结晶成盐，甚至有了晒盐场的地表景观。随着土地的荒漠化，耕地的盐渍化程度日渐加重，古尔班通古特沙漠逐渐南侵，并以每年5～10m的移动速度向绿洲逼近，已严重威胁到这一地区的生态安全。

2.2　考察线路与观测点布设

2.2.1　野外工作概况

为实时获取研究区积雪高分遥感的地面实况资料，并开展与订购RADARSAT-2微波遥感数据的地面同步观测实验，科研人员多次赴研究区进行科学考察，其主要目的如下。

一是沿国道218线，从北天山南坡寻求进入玛纳斯河上源的线路，即从巴仑台—巴音布鲁克—新源一线（简称南线，下同）寻求进入玛纳斯河西支、东支源头及山区腹地，并布设观测点，进行积雪参数的观测与辐射参数的测量。

二是沿101省道从北天山北坡寻求进入玛纳斯河流域山区腹地的线路，即从清水河—大白杨沟—小白杨沟—哈熊沟—宁家河一线（简称北线，下同）进入玛纳斯河腹地，布设观测点，进行积雪参数与星地同步观测。历次科学考察线路与积雪观测站点分布如图2-10所示。

○城镇 ▲达坂 △冰川 ●观测点 —— 河流 —— 科学考察线路 底图为Landsat-8 OLI 模拟真彩色, 2014年8月 0 10 20 km

图 2-10 科学考察线路及积雪观测站点布设示意图

科学考察和野外观测工作简述如下。

（1）随着项目的启动和实施，科研人员先后于 2010 年 9 月、2011 年 9 月和 2011 年 12 月 3 次分别从天山北坡进入肯斯瓦特水文站、清水河子水文站、煤窑水文站和哈熊沟等地，对山区积雪消融时段和积雪稳定时段的积雪时空分布现状进行了调查，初步选定了前山带积雪观测的场地，并在三岔口气象站、小白杨沟气象站周边区域开展了冬季积雪的反射光谱、雪粒径等积雪参数和积雪特性的测量和观测，同时还开展了气温、地温等环境参数的观测，初步获取了前山带积雪消融末期和积雪积累稳定时段的地面实况资料。

（2）在查阅大量文献资料和判读高分辨率遥感图像的基础上，科研人员于 2012 年 4 月对研究区玛纳斯河山区开展了第一次综合性的科学考察和野外观测工作。考察和野外工作分南北两线同时展开，北线组主要赴石河子、玛纳斯等地，除与石河子水文水资源勘测局、玛纳斯河流域管理处等单位接洽、调研和收集水文、气象等地面观测资料外，还赴清水河子水文站、小白杨沟气象站等观测站点考察，并落实有关进山的线路及部分观测站点的布设场地。南线工作组则直奔巴仑台，在翻越察汗努尔达坂后，开始沿 218 国道的北侧寻找进入玛纳斯河流域的进山线路，或在山脊线邻近区域选择观测场站的合适位置。途中考察了敦德铁矿矿区的进山道路，并沿此路深入到研究区山脊线附近，在高山积雪区进行了积雪反射光谱和积雪参数的测量与观测。最后翻越艾肯达坂，通过对巩乃斯沟等地的考察，最后选择从阿尔先沟进山，同样在接近分水岭的高山积雪区进行积雪反射光谱和积雪参数的测量与观测，有关考察线路与工作情景如图 2-11～图 2-15 所示。

(a)　　　　　　　　　　　　　　　(b)

图 2-11　工作场景图

（a）为科研人员在查阅资料和判读高分辨率遥感图像，寻求深入研究区腹地的考察线路和合适的观测场地，2012 年 4 月 8 日；
（b）为科研人员沿 216 国道途经天山 1 号冰川时的考察照片，2012 年 4 月 10 日

图 2-12　南线考查线路与观测点分布示意图

图中显示了两条进山路线，分别为通过敦德铁矿的矿区道路和阿尔先沟深入到研究区山脊线附近

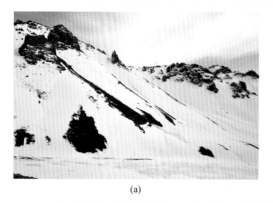

(a)　　　　　　　　　　　　　　　(b)

图 2-13　在敦德铁矿观测场（山脊线附近）进行雪粒径观测（2012 年 4 月 11 日）

图 2-14 阿尔先沟高山（山脊线以南区域）的积雪分布（2012 年 4 月 12 日）

(a)

(b)

图 2-15 阿尔先沟的进山道路（a）和积雪观测工作场景（b）（2012 年 4 月 12 日）

（3）为了观测布点的空间可拓展性和观测时段的时间可延续性，尽可能进入人迹可达的山区腹地，根据从高分辨率遥感图像上判读的可能进山的线路，科研人员于 2014 年 4 月的山区积雪消融时段赴玛纳斯河流域上源和山区腹地进行科学考察和积雪观测工作，同时在考察沿途的不同高度带上布设温度记录仪，进行每隔 2h 的温度实况记录。具体的考察和地面观测路线如下：从巴仑台沿 218 国道，在察汗努尔达坂附近，寻求进入玛纳斯河上源东支和山区腹地的进山线路（简称东线，下同），以及在翻越艾肯达坂前寻找进入玛纳斯河上源西支的线路（简称西线，下同），并进行布点和开展积雪观测。科学考察与积雪观测线路如图 2-16 所示。

具体行程是 2014 年 4 月 12 日由乌鲁木齐出发，驱车沿 314 国道经托克逊县转向 301 省道到达巴仑台。13 日由巴仑台出发，沿 218 国道进入西线（图 2-17），并徒步翻越海拔约为 4000m 的山脊线，进入玛纳斯西支源头，测量和观测西支上源地区的积雪反射光谱和物化参数，并在山脊线附近布设了温度记录仪，之后沿 321 省道和 217 国道到达巴音布鲁克。14 日由巴音布鲁克出发，途经 217 国道、321 省道和 218 国道返回巴仑台；途中在 218 国道上阿布都尔乔伦（又称阿尔都尔乔鲁）以东 5.7km、察汗努尔达坂以西 8.8km 处，发现有探矿开辟的小路[图 2-18（c）]，沿此小路驱车可达流域边界附近，然而前方已无道路可继续深入到流域内部；此外，在察汗努尔达坂以东 8km 处发现由金特祥和矿业开发有限公司修建的矿区道路，沿此道路向北挺进即可深入流域东支上源和山区腹地。

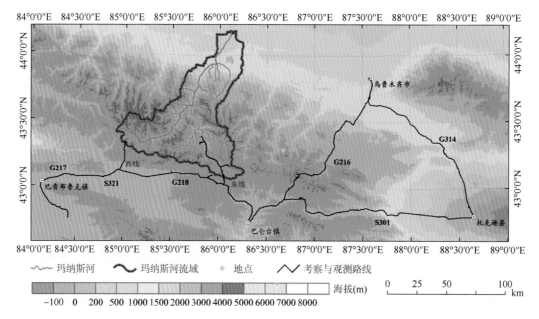

图 2-16　2014 年 4 月春季科学考察与积雪观测线路示意图

15~17 日先后三次由巴仑台出发,沿 218 国道、金特祥和矿业开发有限公司修建的矿区道路进入东线(图 2-18),对流域东支上源及山区腹地进行科学考察与积雪观测;同时,在沿途不同海拔布设了温度记录仪。18 日由巴仑台出发,沿 216 国道返回乌鲁木齐。

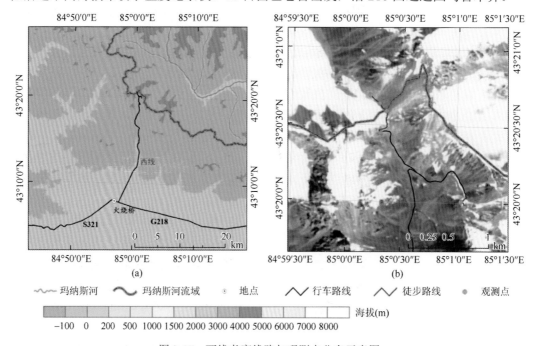

图 2-17　西线考察线路与观测点分布示意图

由火烧桥向北转入巴州凯宏矿业有限责任公司矿区道路,到达山脊线附近,然后徒步翻越山脊线,进入玛纳斯河西支源头,
(a)为 DEM 数据,(b)为 GF-1 遥感图像

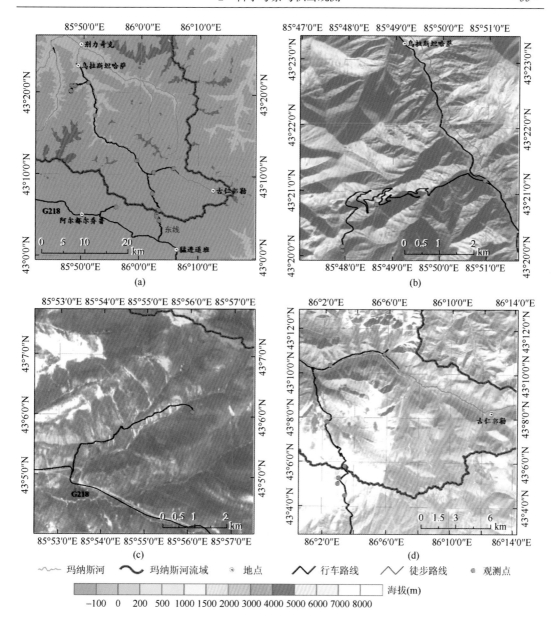

图 2-18 东线考察线路与观测点分布示意图

由巴仑台出发，沿 218 国道向西行驶，在察汗努尔达坂附近，向北转入金特祥和矿业开发有限公司的矿区道路，翻越流域边界达坂后，并沿古伦沟进入玛纳斯河东支源头和山区腹地；（a）为 DEM 数据和考察线路与观测点分布示意图，（b）～（d）均为 GF-1 遥感图像，且三者均为考察线路和观测点的局部放大图

　　其中，西线的考察线路与观测点布设如图 2-17 所示，行进路线起始于 218 国道的火烧桥附近，并沿巴州凯宏矿业有限责任公司矿区道路一路向北至流域边界（山脊线）附近，在流域边界山前分为朝东道路和朝北道路。东边山体较高，坡度较陡，不易攀爬，只能在道路附近选择了一块平坦台地，布设温度记录仪，并开展积雪反射光谱和物化参数的测量和观测。朝北道路一直通往接近流域边界海拔 3860m 的平台，由于前方再无道路，只能

由此沿山体两坡面交界线徒步翻越海拔约为 3920m 的山脊线进入流域范围内，并继续朝北行走 400m 左右，考察了流域西支上源的积雪分布情况。徒步过程中选择代表性区域进行山脊线附近积雪反射光谱和物化参数的测量和观测，并布设了温度记录仪，该观测点海拔约为 3920m，是所有观测点中海拔最高的一个点。

东线考察与观测线路如图 2-18 所示，行进路线起始于 218 国道猛进道班附近，向北转入金特祥和矿业开发有限公司修建的矿区道路，在翻越流域边界达坂后沿古伦沟进入山区腹地，延伸到了玛纳斯河东支——别力奇克附近，即为东线的最北端。在东线距乌拉斯坦哈萨东南方向约 6km 处，有采矿道路通向山区腹地的高海拔山区，沿此上山道路爬升至山脊线附近[图 2-18（b）]，海拔随之升高到 3285m 左右，在此处开展了积雪反射光谱和物化参数的测量，并布设了温度记录仪。该观测点是在山区腹地布设的海拔最高的一个点。在东线距流域边界西北方向约 9km 处，发现牧民走的小路通向流域东南部，便沿此小路徒步前进，深入到了流域东支源区[图 2-18（d）]，考察了东支源区的积雪分布情况，并开展了积雪反射光谱和物化参数的测量。

沿东线道路考察时发现，流域边界海拔 3500m 左右，地势较平坦，有明显的风吹雪表象，雪深由于地表起伏差异较大，道路上的积雪深度能达到 0.5m 左右，汽车通行受到严重影响，在低洼处雪深甚至达到 1.4m。当沿古伦沟向纵深行驶时，海拔逐渐由流域边界的 3500m 左右降低到东线北端（别力奇克附近）的 2400m 左右，气温随之明显升高。因此，在沿线的不同海拔和不同坡向上也布设了温度记录仪，并对代表性区域进行了积雪反射光谱和物理参数的测量和观测，观测点分布如图 2-18（a）所示。有关考察线路与工作情景如图 2-19～图 2-29 所示。

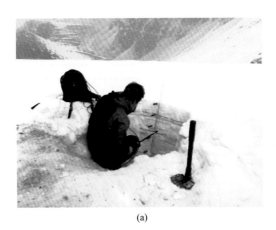 

(a)　　　　　　　　　　　　　　　　　(b)

图 2-19　在玛纳斯河西支源头开展积雪观测的工作照

（a）为从西线徒步翻越山脊线之前，在高山带积雪区开展雪深、雪剖面特性观测；（b）为翻越山脊线之后，抵达玛纳斯河西支源头，开展雪深、雪剖面特性观测，向北眺望即为山区腹地，2014 年 4 月 13 日

图 2-20 从西线进入玛纳斯河西支源头途中拍摄的场景照

（a）为正在努力翻越山脊线；（b）、（c）均为翻越山脊线之后，到达玛纳斯河西支源头后所拍摄，2014 年 4 月 13 日

图 2-21 在玛纳斯河流域边界线附近观测积雪光谱和雪水当量的工作照

（a）为沿 218 国道上阿布都尔乔伦东侧的探矿小路，向北行驶约 5km，到达玛纳斯河流域边界处，开展积雪反射光谱，2014 年 4 月 14 日；（b）为雪水当量观测，2014 年 4 月 14 日

(a)　　　　　　　　　　　　　　　　　　(b)

图 2-22　积雪剖面特性观测工作照

沿 218 国道上阿布都尔乔伦东侧的探矿小路，向北行驶约 5km，到达玛纳斯河流域边界处，开展雪深、雪剖面特性（a）和雪面温度（b）观测，2014 年 4 月 14 日

图 2-23　玛纳斯河流域边界线附近的全景照

沿 218 国道上阿布都尔乔伦东侧的探矿小路，向北行驶约 5km，到达玛纳斯河流域边界处，2014 年 4 月 14 日

(a)　　　　　　　　　　　　　　　　　　(b)

图 2-24　考察途中交通受阻场景

从东线进入山区腹地，在经过玛纳斯河流域边界达坂时，风吹雪造成道路中断，科研人员正在艰难地铲雪开路，2014 年 4 月 15 日

(a)　　　　　　　　　　　　　　　　　　(b)

图 2-25　积雪参数观测工作照

从东线进入研究区，在流域边界达坂附近开展积雪观测，2014 年 4 月 15 日

(a)　　　　　　　　　　　　　　　　　　　(b)

图 2-26　在玛纳斯河东支源区开展积雪观测的工作照

从东线深入到玛纳斯河东支源区开展科学考察，并开展积雪反射光谱、雪水当量等参数测量和观测，2014 年 4 月 16 日

(a)　　　　　　　　　　　　　　　　　　　(b)

图 2-27　在山区腹地开展积雪观测的工作照

从东线沿古伦沟深入到山区腹地，并开展积雪反射光谱、雪水当量等参数测量和观测，2014 年 4 月 17 日

(a)　　　　　　　　　　　　　　　　　　　(b)

图 2-28　在山区腹地开展积雪观测期间的生活照和合影

（a）为科学考察期间的艰苦生活；（b）为参与科学考察与积雪观测的科研人员合影（从东线沿古伦沟深入山区腹地），
2014 年 4 月 16 日

(a)　　　　　　　　　　　　　　　(b)

图 2-29　参与科学考察与积雪观测的科研人员合影

（a）为从东线沿古伦沟深入山区腹地时拍摄，2014 年 4 月 16 日；（b）为从东线到达玛纳斯河流域边界达坂处时拍摄，
2014 年 4 月 17 日

（4）为了深化积雪参数的遥感反演研究，科研人员订购了三景覆盖同一区域的三期
RADARSAT-2 高分辨率全极化 SAR 影像，过境时间大致对应秋季无雪期（2013 年 10 月
2 日）、冬季积雪期（2013 年 12 月 13 日）和春季融雪期（2014 年 3 月 19 日）3 个时段。
依据卫星过境时间，科研人员先后于 2013 年 12 月和 2014 年 3 月两次赴玛纳斯河流域示
范区，开展与星载 SAR 同步的地面积雪状态、积雪参数与环境参数的观测和测量。观测
路线和观测点分布如图 2-30 所示。

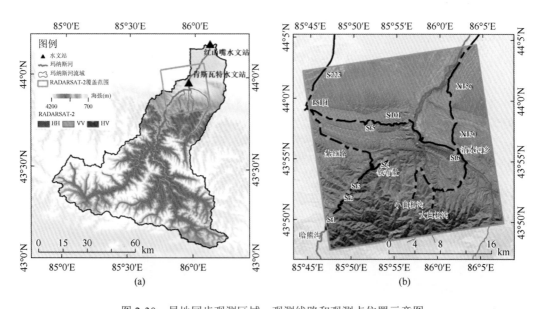

图 2-30　星地同步观测区域、观测线路和观测点位置示意图

（a）为星地同步观测区域在玛纳斯河的位置；（b）为星地同步观测线路（黑色线）和观测点（绿色点）位置

以 RARDARSAT-2 影像覆盖范围作为观测区域，科研人员驱车沿观测区域内道路选

择代表性观测点，进行积雪、大气和下垫面情况的观测。图 2-19 标注了观测线路和观测点的位置。观测区域大致分为西、中、东 3 个片区。西片区由 223 省道进入观测区，经 151 团转向紫虹路，经洪沟大桥穿过玛纳斯河大峡谷，进入观测区域西南角的哈熊沟。东片区由 156 县乡道进入观测区，并沿 130 县乡道进入清水河乡，向南到达观测区南部的大、小白杨沟。中片区为沿 101 省道公路，从 151 团进入清水河乡，从而连接东西两个片区。

在进入工作区之前，科研人员就通过高分遥感图像的判译，预先选择了地表较为平坦、下垫面覆盖类型较为均一的区域作为布点场地。2013 年 12 月的同步观测共选择了 32 个观测点，获得了各观测点干雪状态下的地面实测数据。2014 年 3 月的同步观测点与 2013 年的基本相同，除进行重复的观测外，还得到湿雪状态下的各积雪参数与环境参数。其中，积雪参数包括积雪反射光谱、雪密度、雪湿度、雪表层含水量、雪面温度、雪深、雪水当量、雪粒径和雪面粗糙度等；大气参数包括风速、空气湿度和空气温度等；下垫面参数包括在不同坡度、坡向上的地表覆盖类型及覆盖比率等信息。此外，在 St1～St6 观测点（图 2-30）还布置了温度记录仪，连续记录了积雪表面温度的实况数据。有关考察线路与工作情景如图 2-31～图 2-34 所示。

(a)　　　　　　　　　　　　　　(b)

图 2-31　在玛纳斯河大峡谷阶地上（铁布散村附近）开展积雪观测

（a）为冬季积雪期，2013 年 12 月 13 日；（b）为春季融雪期，从中可以看出春季融雪期内积雪消融现象明显，雪层含水量显著增大，2014 年 3 月 19 日

(a)　　　　　　　　　　　　　　(b)

图 2-32　在大白杨沟观测雪密度（a）和雪水当量（b）（2013 年 12 月 14 日）

(a)　　　　　　　　　　　　　　　　(b)

图 2-33　环境参数（温度）测量

（a）为正在采集星地同步观测期间的温度时间序列数据；（b）为温度记录仪布设照片，2013 年 12 月 16 日，
拍摄于 101 省道南侧

(a)　　　　　　　　　　　　　　　　(b)

图 2-34　积雪剖面观测及观测人员合影

在铁布散附近的玛纳斯河大峡谷阶地上观测雪水当量、雪深和雪表层含水量等积雪参数（a），以及参与星地同步积雪观测的
科研人员合影（b），2013 年 12 月 13 日，两幅图均拍摄于玛纳斯河大峡谷阶地

（5）随着项目科研工作的不断深入，部分观测资料需要更新，部分观测站点需要拓展，部分观测资料需要时间延续，部分观测内容需要增加补充，因此，项目组科研人员于 2015 年 4 月再次赴研究区开展科学考察和野外积雪观测工作，与 2014 年工作的不同之处如下：一是从南线进入玛纳斯河东支、西支上源取回 2014 年所布设的温度记录仪，并进行补点观测工作；二是从北线进入玛纳斯河前山带和中山带进行温度记录仪的布设，并在原观测点和新选的一些观测点进行积雪参数的补测和辐射、下垫面等环境条件的测量。其具体行程如下。

2015 年 4 月 10 日从乌鲁木齐出发，沿 103 省道经鱼儿沟转向 301 省道，在乌拉斯台转向 216 国道到达巴仑台。11 日由巴仑台出发，沿 218 国道，在火烧桥向北沿矿区道路一路向北到达西支上源的山脊线（分水岭）附近，但由于积雪太深（部分迎风坡和河谷区雪深达 1m 左右），几经努力都没有翻越山脊线，所以没有收回 2014 年布设的温度记录仪。同时，由于在不同高度带和不同地形条件下的积雪类型和消融状态较为明显，所以补测了不同状态条件下的积雪反射光谱和积雪参数,然后返回巴音布鲁克。12 日从巴音布鲁克出发,沿 218 国道在察汗努尔达坂附近进入玛纳斯河东支,并取回 2014 年布设在流域边界达坂附近的温度记录仪,然后返回巴仑台。

　　2015 年 4 月 13 日和 14 日分别由巴仑台进入东支源区和山区腹地,除收回布设在不同高度带的温度记录仪外,还选择一些新的观测点进行积雪参数的观测与辐射等环境参数的观测和测量。到达东支源头和山区腹地时发现,这里的积雪远远少于西支的河源区,雪深也小于西支,有明显的风吹雪的痕迹和降雪少的迹象。积雪的分布极为不均,在背风坡和低凹区域,特别是在进山的道路沿线,雪深可达 0.5m 左右,而迎风坡和平坦的垭口面上几乎没有连续的积雪覆盖,这一现象为玛纳斯河山区的积雪成因和风吹雪现象提供了有力的佐证。

　　2015 年 4 月 15 日从巴仑台沿 216 国道和 30 高速直抵石河子,并开始从北线进入前山带和中山带进行科学考察、积雪观测和温度记录仪的布设工作。其考察线路、观测点补测和温度记录仪的布设如图 2-35 所示。

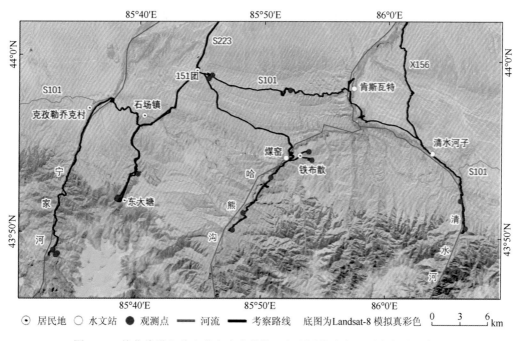

图 2-35　从北线进入前山带和中山带的 4 条观测线路和观测点布设示意图

　　从图 2-35 中可以看出,沿 101 省道进山的线路共有 4 条,从东往西分别为沿清水河进入山区林带的线路、沿哈熊沟进入中山带的线路、沿东大塘进入森林带上限的线路和沿宁家河进入河源再翻越分水岭进入中山带的线路。需要说明的是,在东大塘原设计的布设点,由于森林上限的道路完全被冲毁,无法到达,温度记录仪只布设在1790m 和 2400m 左右的高山草甸带。同时,宁家河河源的积雪还未消融,无法翻越山脊线,温度记录仪只好布设在与玛纳斯河仅有一脊之隔的宁家河河源、海拔 2700m 左右的林带上限区。

　　由于此时前山带和中山带积雪较少，且呈现不连片的零星分布，所以除了积雪参数的观测外，还在已设定的观测区域开展不同下垫面条件下的地物反射光谱和辐射等环境参数的补充测量。有关考察线路与工作情景如图 2-36～图 2-41 所示。

(a) 　　　　　　　　　　　　　　　　　(b)

图 2-36　玛纳斯河西支源头科学考察

从西线翻越山脊线进入玛纳斯河西支源头积雪太深，且坡面上的积雪极为不稳，在达到山脊线下方约 30m 处时，因太过危险，最终决定放弃此次翻越计划；直到 2016 年 6 月再次赴西线，才成功翻越山脊线，收回 2014 年布设的温度记录仪

(a) 　　　　　　　　　　　　　　　　　(b)

图 2-37　积雪特性观测

（a）为从东线抵达玛纳斯河流域边界达坂附近开展雪面温度观测，2015 年 4 月 11 日；（b）为从东线进入山区腹地开展雪面温度、雪剖面特性、雪粒径等观测，2015 年 4 月 13 日

图 2-38　玛纳斯河东支源区科学考察

从东线深入玛纳斯河东支源区，测量积雪反射光谱与辐射，开展雪深、雪粒径等参数观测，2015 年 4 月 14 日

(a) (b)

图 2-39 不同下垫面的反射光谱和辐射观测

（a）拍摄于玛纳斯河西支源头的山脊线附近，下垫面为积雪，2015 年 4 月 11 日；（b）拍摄于玛纳斯河大峡谷阶地上，
下垫面为灌丛和草地，2015 年 4 月 18 日

(a) (b)

图 2-40 温度记录仪布设场景照

（a）为在 101 省道南侧，接近 151 团附近，2015 年 4 月 17 日；（b）为从宁家河谷徒步深入到流域一脊之隔林带，
2015 年 4 月 20 日

(a) (b)

图 2-41 参与科学考察与积雪观测的科研人员合影

（a）为从东线沿古伦沟进入山区腹地时拍摄；（b）为从北线进入宁家河时拍摄

（6）在项目顺利完成大部分科研任务、实现预期科学目标之后，为进一步完善项目所建成的应用示范系统，丰富数据库的内容，验证部分科研成果，拓展积雪遥感研究的新视野，使积雪遥感进一步向半定量化过渡、向冰冻圈研究延伸，科研人员于 2016 年 6 月又一次赴研究区开展科学考察和野外观测的收尾工作。

其工作内容主要包括收回布设的全部温度记录仪，在设定的观测点，补测所需的一些新内容及与之相关的环境参数。需要说明的是，这一季节，由于宁家河上源的积雪消融，水量猛增，部分路段车辆已无法通行，只能徒步到达源区，取回仪器。同时，科研人员沿独库公路（217 国道）穿越天山到达巴音布鲁克，于 2016 年 6 月 29 日进入玛纳斯河西支河源区，取回 2014 年 4 月在此布设的温度记录仪，数据保存完好，该项目的科学考察和野外工作圆满结束。有关考察线路与工作情景如图 2-42～图 2-44 所示。

(a)　　　　　　　　　　　　　　　　　(b)

图 2-42　地表辐射与土壤参数观测

从北线沿哈熊沟进入山区腹地，补测草地下垫面的辐射、土壤湿温度（a）和地表粗糙度（b）等（2016 年 6 月 26 日）

(a)　　　　　　　　　　　　　　　　　(b)

图 2-43　在东大塘和宁家河开展科学考察

从北线分别进入东大塘[（a），2016 年 6 月 25 日]和宁家河[（b），2016 年 6 月 27 日]开展相关内容的补测工作

(a)　　　　　　　　　　　　　　　　(b)

图 2-44　科研人员在沿 217 国道向南翻越天山的途中

（a）拍摄于穿越哈希勒根达坂之前；（b）拍摄于穿越玉希莫勒盖达坂之前，2016 年 6 月 28 日

最后，值得浓墨重彩表达的是，博士后耶楠，博士研究生林金堂、李晖、王剑庚、李云、汪左、李海星、张学良、贺广均、陈妮、李敏、杨永可、叶李灶，硕士研究生朱榴骏、蒋璐媛等年轻学者多次参与了项目的科学考察和积雪观测，在此对他们的辛勤付出和卓越贡献表示衷心的谢意。

2.2.2　观测仪器设备简介

观测仪器主要包括地物光谱仪、辐射表、USB 温度记录仪和红外温度计。星地同步观测的仪器还包括雪特性分析仪、显微相机、针式温度计等。在同步观测期间，对环境参数和雪水当量等其他积雪物理参数也进行了同步观测，所使用的观测仪器主要包括直尺、量雪筒、电子秤、手持 GPS、风速计、气温计及罗盘仪等。主要观测仪器参数及照片见表 2-1。

表 2-1　主要观测仪器参数及照片

仪器名称	观测内容	仪器简介	仪器照片
地物光谱仪（ASD FieldSpec 4）	积雪和研究区其他典型地物的表面反射率	ASD FieldSpec 4 由美国 ASD 公司生产，测量的波长范围为 350～2500nm	
MicroLite U 盘式温度记录仪	连续时间序列的空气或物体表面温度	MicroLite U 盘式温度记录仪由以色列生产，尺寸小，方便携带和放置，能够记录 −40～80℃范围内气温和物体表面温度，测量精度达到 0.3℃。采样速率可以设置为 1 次/s～1 次/18h，可以存储 8000 个观测值	
CMP6 太阳辐射表	地表辐射（上行辐射、下行辐射、净辐射）	CMP6 观测为一级太阳辐射表，观测光谱波长为 285～2800nm，热辐射偏移小于 12W/m²，可利用两个 CMP6 太阳辐射表进行同步观测，同时获取地表上、下行辐射，并计算出净辐射和地表反照率	

仪器名称	观测内容	仪器简介	仪器照片
雪特性分析仪（Snow Fork）	积雪介电常数、密度和含水量的测量	雪特性分析仪由芬兰赫尔辛基大学研制，其通过测量共振频率、衰减度和3dB带宽3个电参数，计算积雪介电常数，并通过半经验公式得到积雪密度和含水量	
USB数字显微镜	雪粒径	显微相机通过放大目标物体40～200倍进行拍照，照片通过USB接口即时传输到电脑并保存。观测时先利用标尺载玻片对数码显微镜定标，获得图像像元数量和实际尺寸的关系，然后进行积雪颗粒的拍照。观测结束后根据定标结果对积雪颗粒照片进行处理	
Apogee MI 系列手持式红外温度计	积雪/非积雪表面温度	红外温度计由美国 Apogee 公司生产，通过对物体辐射能量的测量，获得物体表面温度，其能在高寒环境下工作，温度观测范围为−40～70℃，观测精度高于 0.5℃	
针式温度计	雪剖面温度	针式温度计总长度为 22.5cm，不锈钢探针长度为15cm，能够测量的温度范围为−50～300℃，温度分辨率为 0.1℃，温度测量精度达到±1℃（0～80℃）和±5℃（其他范围），适合用于测量雪剖面各层积雪温度	

2.3　观测数据的初步分析

2.3.1　积雪反射光谱分析

2.3.1.1　典型地物反射光谱

冬春季节，研究区内典型地物类型包括积雪、枯草、干枯灌木、裸土、裸岩、雪与枯草混合物等，不同地物的光谱曲线如图 2-45 所示。积雪与非积雪的光谱曲线具有明显差异，积雪在可见光波段的反射率为 0.80 以上，且在 350～900nm 波段范围内平稳下降，在 900nm 处开始急剧下降，在 1030nm 波段处形成第一个波谷后开始上升，在 1080nm 处形成波峰后再次下降，之后分别在 1250nm、1496nm 处形成波谷，而在 1320nm、2246nm 处形成波峰。裸土、裸岩、枯草、干枯灌木 4 种地物在可见光波段的反射率随波长的增加呈上升趋势，但是其反射率的最大值也仅有 0.30 左右，远低于积雪在可见光波段的反射率。另外，由于枯草的覆盖率较低，且有裸土出露，因而枯草的光谱曲线与裸土的光谱曲线非常接近。

前山带的草本植被茂密，是优良的牧场，在冬春季节，枯草是研究区内常见的下垫面类型，当降雪发生且积雪较浅时，枯草出露在积雪表面，便形成雪与枯草混合物。图 2-45 显示，与积雪相比，雪与枯草混合物的反射率有一定程度的降低，且在可见光波段最为明

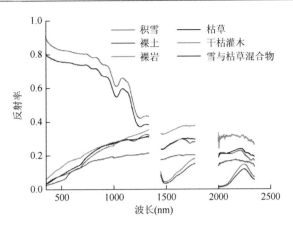

图 2-45 积雪及其他典型地物的反射光谱曲线

显，下降了 0.06～0.08；随着波长的增加，两者的反射率差异逐渐缩小；整体而言，两者的光谱曲线具有相似的变化趋势。

2.3.1.2 不同类型的积雪反射光谱比较

降雪发生后，当空气中的扬尘、暗物质等污染物吸附在积雪表面时，便形成污化雪，受污染物的影响，积雪反射率发生显著改变。另外，随着时间的推移，积雪在自然老化和融化的共同作用下，雪晶逐渐粒化、粗化，甚至出现再冻结现象，最终变成陈雪，受雪粒径、融化状态等因素的影响，积雪反射特性也发生明显改变。在山区的风口和山顶地区，在风力和地形的共同作用下，积雪迁移量大，造成研究区内风吹雪现象较为显著，其分布特点对寒区水文模型有重要影响，且风吹雪灾害也是我国面临的重大自然灾害之一；在风力的作用下，风吹雪表面形成了一层硬壳，密度很大，底层普遍发育雪下冰晶。为了分析风吹雪的反射特性，野外观测时也测量了风吹雪的光谱数据。新雪、污化雪、陈雪和风吹雪的反射光谱曲线如图 2-46 所示。

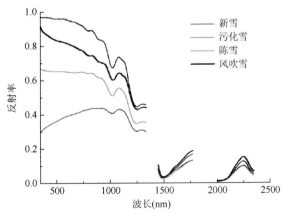

图 2-46 新雪、陈雪、污化雪、风吹雪的反射光谱曲线

不同类型的积雪反射率差异明显，在可见光波段最为显著，新雪的反射率在可见光波段为 0.90 以上，污化雪的反射率为 0.31～0.45，陈雪的反射率为 0.67～0.7，风吹雪的反射率为 0.78～0.92。随着波长的增加，不同类型积雪的反射率差异逐渐缩小，特别是在 1451～1779nm 和 2001～2349nm 波段内，不同类型的积雪反射率较为接近。不同类型的积雪在可见光波段的反射光谱曲线的变化趋势也有所不同，新雪、陈雪和风吹雪的反射光谱曲线呈逐渐下降趋势，且风吹雪的下降速率明显高于新雪和陈雪；而污化雪的光谱曲线则呈逐渐上升趋势，下文将会详细分析不同污染物类型、浓度对积雪反射特性的影响。

2.3.1.3　不同污化条件对积雪反射光谱的影响

为了分析不同污染物类型、污染程度对积雪反射率的影响，分别测量了污染物为煤灰、泥尘时的积雪反射光谱曲线，如图 2-47（a）所示。研究区内煤炭资源丰富，煤矿周围和运煤公路两侧的积雪明显受到煤灰污染，由于没有污染物浓度测量仪器，以运煤公路为中心，以不同距离代表不同污染程度，距离运煤公路越近，污染越严重，积雪表面越黑，测量了距运煤公路 1m、5m、10m 的污化雪光谱数据。另外，泥尘也是常见的污染物类型，受泥尘污染的积雪表面呈暗黄色，野外观测中仅获取了一个受泥尘污染的污化雪光谱数据，不能分析泥尘浓度对积雪反射特性的影响。

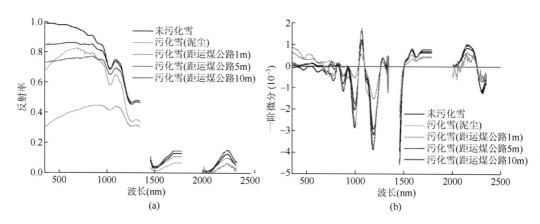

图 2-47　不同污化条件的积雪反射光谱曲线与一阶微分曲线

煤灰对积雪反射特性的影响非常明显，且随着其浓度的增加，积雪反射率迅速降低。在可见光波段，距运煤公路 10m、5m 和 1m 处的污化雪反射率分别为 0.86～0.87、0.73～0.75 和 0.31～0.41；与积雪相比，距运煤公路 1m 处污化雪反射率的下降幅度高达 0.7 左右。在近红外波段，煤灰对积雪反射率的影响有所减小。受煤灰污染的积雪反射光谱曲线的变化趋势也发生明显改变，在可见光波段，未受污染的积雪反射率随波长的增加而呈现下降趋势；而受煤灰污染的积雪反射率随波长的增加也呈现下降趋势。另外，在近红外波段的波谷和波峰位置，煤灰浓度对积雪反射光谱曲线的变化趋势造成的影响明显不同；在波谷地带，污染物浓度越大，污化雪反射率的下降速率越慢；在波峰地带，污染物浓度越大，污化雪反射率的上升速率越慢。

泥尘污染对积雪反射特性也有显著影响，与煤灰对积雪反射特性的影响既有相似之处，也有一定差异。受泥尘污染的积雪反射率在 350～680nm 波段呈现明显上升的趋势，且上升速率明显高于受煤灰污染的积雪，之后便开始下降，而受煤灰污染的积雪反射率在 350～900nm 波段一直呈现上升趋势，且受泥尘污染的积雪反射率的上升速率明显高于受煤灰污染的积雪。

2.3.1.4 含水量对积雪反射光谱的影响

含水量指一定质量或容积的积雪中的液态水的百分数。积雪融化导致雪层含水量增加，而水在 380～1180nm 波段内的反射率很低，在红外波段又有强烈吸收带，因而雪层含水量会使积雪的反射特性发生剧烈变化。雪层含水量利用雪特性分析仪直接测量得到，为距积雪表面 2cm 处的雪层含水量；雪层含水量为 0、1.41%、3.26% 和 6.08% 的积雪反射光谱曲线如图 2-48 所示。

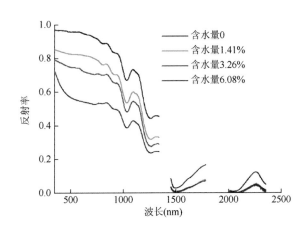

图 2-48 不同含水量的积雪反射光谱曲线

随着雪层含水量的增加，积雪反射率迅速下降，且在可见光波段的下降幅度明显高于在近红外波段的下降幅度。相比于干雪的反射率，含水量为 1.41%、3.26%、6.08% 的积雪反射率在可见光波段分别下降了 0.1～0.13、0.2～0.23、0.34～0.40。在近红外波段，尽管不同含水量的积雪反射率差异随波长的增加而逐渐缩小，但是在 760～1339nm 波段，含水量对积雪反射率的影响仍较为显著；到了 1451～1779nm 和 2001～2349nm 波段，含水量为 1.41%、3.26% 和 6.08% 的积雪反射率几乎完全一致，且均低于干雪的反射率。

2.3.1.5 雪粒径对积雪反射光谱的影响

雪粒径是影响积雪表面反照率的主要参数，入射光散射时穿越雪粒的路程随雪粒径的增大而加长，使得积雪对光能的吸收能力也加强，因而随着雪粒径的增加，积雪反射率降低。野外测量得到的粒径为 350μm、500μm、640μm 的积雪反射光谱曲线如图 2-49 所示。其中，雪粒径为观测点的平均雪粒径，利用手持 40 倍显微镜获取一组雪粒照片，测量不同雪粒的粒径大小，取均值代表观测点的雪粒径。

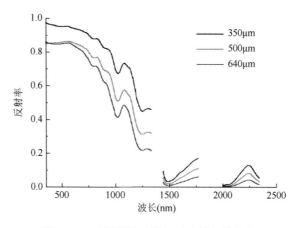

图 2-49　不同雪粒径的积雪反射光谱曲线

随着雪粒径的增大，积雪反射率逐渐下降，且在近红外波段的下降幅度明显高于在可见光波段的下降幅度。当雪粒径为 350μm 时，积雪在可见光波段的反射率在 0.9 以上；当雪粒径增大到 500μm 和 640μm 时，积雪在可见光波段的反射率有所下降，但仍可达到 0.82～0.86。在近红外波段，特别是在积雪反射光谱曲线的两个波谷 1020nm 和 1250nm 处，以及波峰 1250nm 处，不同粒径的积雪反射率差异达到最大，雪粒径为 350μm 和 500μm 的积雪反射率差异达到 0.15 左右，雪粒径为 500μm 和 640μm 的积雪反射率差异达到 0.1 左右。

2.3.2　地表辐射的空间差异

2.3.2.1　下行辐射与下垫面

依据野外获取的不同观测点的下垫面和下行辐射数据，研究不同下垫面的下行辐射特点。选取了晴空条件下 7 个观测点（1 号、2 号、3 号、4 号、8 号、9 号、10 号观测点）的数据，并按照观测时间绘制了晴空条件下的下行辐射随下垫面的变化图，如图 2-50 所示。1 号、2 号、3 号和 4 号观测点的观测时间为 2015 年 4 月，8 号、9 号和 10 号观测点的观测时间为 2016 年 6 月。

图 2-50（a）中，蓝色曲线表示积雪下垫面，红色曲线表示草地下垫面。总体上，晴空且同一时刻（认为是相同的太阳高度角）条件下，积雪下垫面的下行辐射高于草地下垫面。其成因可能有两点：首先，积雪下垫面对太阳辐射的多次散射会较明显加强雪面测得的下行辐射，这在多云情况下更为明显。其次，天山中段积雪分布的高山冰雪带海拔高于草地分布的海拔，一般情况下，随着海拔的升高，太阳直接辐射的增加大于太阳散射辐射的减弱，整体上使得下行辐射呈现增强的现象。图 2-50（b）中，蓝色曲线表示积雪下垫面，

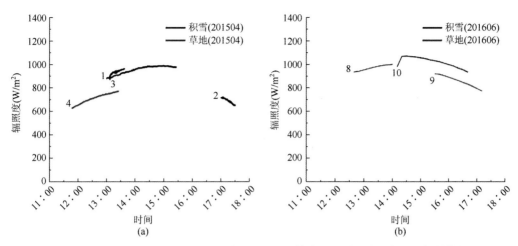

图 2-50 2015 年 4 月 (a) 和 2016 年 6 月 (b) 草地和积雪下垫面的下行辐射特点

红色曲线表示草地下垫面。总体上，晴空且同一时刻条件下，积雪下垫面的下行辐射高于草地下垫面。

2.3.2.2 下行辐射与海拔

探讨下行辐射随海拔变化的特点，获取下行辐射随海拔变化的垂直梯度。先假定太阳高度角、天气状况和下垫面 3 个条件一致。也就是说，在晴空条件下，在同一时刻、相同下垫面情况下，探讨下行辐射与海拔之间的内在联系。

利用 2015 年 4 月野外观测获取的下行辐射数据，选取晴空条件下不同海拔的 4 个观测点（1 号、2 号、3 号、4 号观测点）的辐射数据，绘制了晴空下行辐射的变化曲线，如图 2-51 所示。

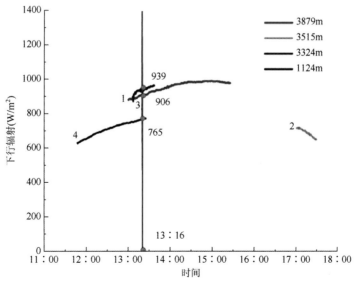

图 2-51 2015 年 4 月晴空条件下不同海拔的下行辐射变化特点

图 2-51 中，以颜色区分观测点的海拔。蓝色、紫色、粉红色和红色曲线分别代表
4 个野外观测点从低到高的 4 个海拔值，分别为 1124m、3324m、3515m 和 3879m。其中，
1 号、3 号、4 号观测点数据获取的时间为 2015 年 4 月 11～18 日，期间最大相差 8 天，
可以认为这 3 个点在观测期间太阳高度角具有相同的日变化规律。图 2-51 中，1 号、3 号、
4 号观测点在 13：07～13：25 都具有观测数据。其中，某一时刻的太阳高度角可以认为
是相同的。取 3 个点都具有观测数据时段的中间时刻 13：16，假设画一条垂直时间轴的
直线，与 1 号、3 号、4 号观测点的下行辐射曲线相交，得到 3 个交点，描绘上行辐射随
海拔变化图，如图 2-52 所示。

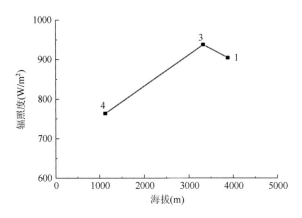

图 2-52　2015 年 4 月下行辐射随海拔变化图

图 2-52 中，下行辐射随着海拔的升高，呈现先升高后降低的趋势。一般来说，海拔
越高，大气质量和大气浑浊度越小，山区太阳直接辐射随海拔的升高而明显升高，同时太
阳散射辐射随海拔的升高而减少，所以下行辐射随海拔升高的增减趋势正是这两种组成部
分此消彼长的博弈。下行辐射随海拔的升高而升高，表明太阳直接辐射的增长部分超过了
太阳散射辐射的减弱部分。反之，下行辐射随海拔的升高而减小，表明太阳直接辐射的增
长部分少于太阳散射辐射的减弱部分。

通过计算，上升阶段垂直辐射梯度为 7.91W/（m^2·100m），也就是说，在海拔为 1124～
3324m 的范围内，研究区的海拔每升高 100m，下行辐射平均增加 7.91W/m^2；下降阶段垂
直辐射梯度为 5.95W/（m^2·100m），也就是说，在海拔为 3324～3879m 的范围内，研究区
海拔每升高 100m，下行辐射平均减少 5.95W/m^2。图 2-52 中，在 3 号观测点取得极值，
表明在 4 号观测点所处的 1124m 到 3 号观测点所处的 3324m 之间的天山中段地区，下行
辐射的变化趋势存在一个转折点。在这个转折点，太阳直接辐射随海拔的升高而增加的部
分与太阳散射辐射随海拔的升高而减少的部分相互抵消。由于考察期间观测条件所限，具
体的转折点海拔带还有待于进一步探索。

2.3.2.3　上行辐射与下垫面

依据野外获取的不同观测点的下垫面和上行辐射数据，探讨不同下垫面的上行辐射差

异。选取晴空条件下的 7 个观测点（1 号、2 号、3 号、4 号、8 号、9 号、10 号观测点）数据，根据观测的时间是否在同一年，绘制晴空上行辐射随下垫面的变化图，如图 2-53 所示。1 号、2 号、3 号、4 号观测点的观测时间为 2015 年 4 月，4 号、8 号、9 号观测点的观测时间为 2016 年 6 月。

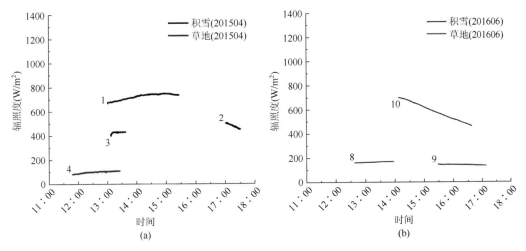

图 2-53　2015 年 4 月和 2016 年 6 月上行辐射随下垫面变化图

图 2-53（a）中，总体上，晴空且同一时刻（认为太阳高度角相同）条件下，积雪下垫面的上行辐射远高于草地下垫面。其原因在于积雪下垫面的下行辐射高于草地下垫面，而且积雪的反射率高于草地。另外，1 号和 3 号观测点下垫面同为积雪，但是其同一时刻的上行辐射差异巨大，原因在于积雪的物理性质不同，1 号观测点的积雪为新雪，反射率远高于 3 号观测点的老雪。图 2-53（b）中，总体上，晴空且同一时刻条件下，积雪下垫面的上行辐射远高于草地下垫面。

2.3.2.4　上行辐射与海拔

探讨上行辐射随海拔变化的特点，获取上行辐射随海拔变化的垂直梯度。先假定太阳高度角、天气状况和下垫面 3 个条件一致。也就是说，在晴空条件下，在同一时刻、相同下垫面情况下，探讨上行辐射与海拔之间的内在联系。

依据野外观测记录的观测点海拔数据和测量获取的上行辐射数据，利用 2015 年 4 月野外观测获取的上行辐射数据，选取晴空条件下的 4 个观测点（1 号、2 号、3 号、4 号观测点），绘制晴空上行辐射变化曲线，如图 2-54 所示。

图 2-54 中，以颜色来区分观测点的海拔。图 2-54 中，1 号、3 号、4 号观测点在 13∶07～13∶25 观测时段内均有观测数据。其中，认为任意时刻的太阳高度角是相同的。假设在此观测时段的中间时刻，即北京时间 13∶16，画一条垂直时间轴的剖面线，与 1 号、3 号、4 号观测点的上行辐射曲线相交，得到 3 个交点的信息，描绘上行辐射随海拔变化图，如图 2-55 所示。

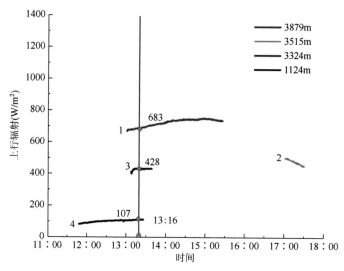

图 2-54　2015 年 4 月晴天条件下不同海拔的上行辐射变化特点

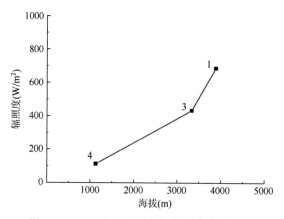

图 2-55　2015 年 4 月上行辐射随海拔变化图

图 2-55 中，上行辐射随着海拔的升高，呈现持续升高的趋势。海拔为 1124～3324m 时，垂直辐射梯度为 14.60W/（m²·100m），也就是说，在海拔为 1124～3324m 的范围内，研究区的海拔每升高 100m，上行辐射平均增加 14.60W/m²；海拔为 3324～3879m 时，垂直辐射梯度为 45.87W/（m²·100m），也就是说，在海拔为 3324～3879m 的范围内，研究区的海拔每升高 100m，上行辐射平均增加 45.87W/m²。上行辐射的垂直梯度值随海拔的升高呈现增长趋势。

2.3.3　地面实测温度的时空特点

在历经 2014 年 4 月、2015 年 4 月和 2016 年 6 月三次科学考察和野外工作的努力下，共获取了分布于研究区高山带、中山带和前山带的 18 个观测点的温度时间序列数据，其垂直分布覆盖了冰雪带、高寒荒漠带、高山草甸带、林带、山地草地带多个垂直自然带，并根据获取的温度时间序列数据，初步分析了研究区温度变化的时间特点和空间差异。表 2-2 为 18 个温度记录仪的详细情况。

表 2-2 温度记录仪空间分布情况

编号	记录内容	海拔（m）	位置描述	山地垂直带	观测时间
No.1	温度	1052	151 团场附近、101 省道北侧的居民区附近，平地		
No.2	温度	1106	151 团场附近，101 省道南侧的山坡，北坡		
No.3	温度	1194	铁布散半山腰，北坡		
No.4	温度、湿度	1204	哈熊沟牧民家后面，西坡		
No.5	温度、湿度	1216	哈熊沟河谷东侧，南坡	山地草地带	
No.6	温度	1270	101 省道 177 界碑，北坡		2015.4～
No.7	温度	1350	芦草沟三岔口，南坡		2016.6
No.8	温度、湿度	1360	哈熊沟最里面，河谷东侧，西坡		
No.9	温度	1450	清水河，河谷东侧，西坡		
No.10	温度	1714	东大塘草地，北坡		
No.11	温度、湿度	2100	东大塘电信基站，东坡		
No.12	温度	2222	宁家河三岔口林带下，西坡	云杉林带	
No.13	温度、湿度	2317	宁家河林带，北坡		
No.14	温度	2676	古仁河谷，南坡	荒漠草地带	
No.15	温度	2997	古仁河谷，南坡		2014.4～
No.16	温度	3285	古仁河谷，腹地山梁，西坡	高山草甸带	2015.4
No.17	温度	3550	东支达坂，平地	高寒荒漠带	
No.18	温度	3920	西支源头，平地	冰雪带	2014.4～2016.2

2.3.3.1 年均温度垂直差异

海拔是引起温度变化的重要因素之一，而温度的垂直递减率是融雪水文模型、地表过程模拟的重要输入参数。就目前而言，国际上通用的温度垂直递减率为海拔上升 100m，温度下降 0.4～0.6℃。然而，不同区域的温度垂直递减率不仅受经度、纬度和海拔影响，还与下垫面、地形等局部因素密切相关，因而温度垂直递减率又具有一定的地域差异性。显然，将国际通用的温度垂直递减率用于特定的山区流域时难免会引起一定的不确定性。因而，根据实测的温度数据，估算研究区的温度垂直递减率具有重要意义。

根据实测的温度数据，分析了不同高度带的年均温度时间变化特点，并计算了年均温度的垂直递减率，如图 2-56 所示。整体而言，年均温度随海拔的上升而逐渐降低。然而，部分观测点的年均温度出现一定波动。例如，海拔 3920m 处的年均温度竟高于海拔 3550m 处的年均温度，这一现象可能与两个观测点所处的局部地理环境密切相关。第一，3550m 处的观测点位于流域边界达坂上，也是大西洋暖湿气流翻越艾肯达坂后，自西向东移动的风道，常年盛行的冷空气可导致该区域的温度显著低于周边区域。第二，在冬季，海拔 3920m 处所布设的温度记录仪会出现被雪覆盖的情况，当被积雪覆盖之后，积雪的保温效应可导致雪层下面的温度高于近地面（积雪表面）的空气温度，因而温度记录仪测量的数据将在一定程度上高于实际的近地面气温数据。

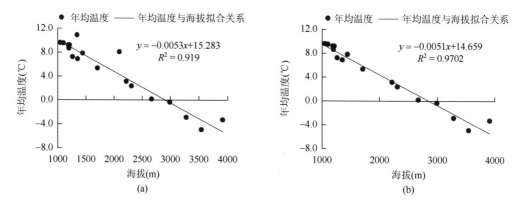

图 2-56　不同高度带的年均温度和垂直递减率

（a）考虑了全部观测点的温度数据；（b）未考虑两个波动观测点的温度数据

当考虑所有观测点的温度数据时，研究区的年均温度垂直递减率为海拔上升 100m，温度约降低 0.53℃；当不考虑两个波动的观测点的温度数据后，研究区的年均温度垂直递减率为海拔上升 100m，温度约降低 0.51℃。

2.3.3.2　不同高度带月均温的时间特点

鉴于布设在高山带与中山带和前山带的温度记录仪的时间有所不同，所获取的温度时间范围也不同，前者为 2014 年 4 月至 2015 年 4 月，后者为 2015 年 4 月至 2016 年 6 月，分别绘制了高山带内不同观测点的月均温度时间变化图（图 2-57），以及中山带和前山带内不同观测点的月均温度时间变化图（图 2-58）。总体而言，研究区内不同高度带的月均温时间变化具有相似的规律，即均在 7 月达到峰值，然后在 12 月下降至谷底。

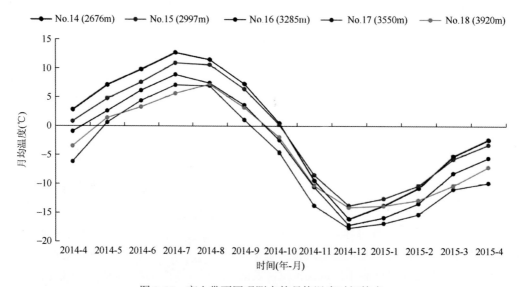

图 2-57　高山带不同观测点的月均温度时间特点

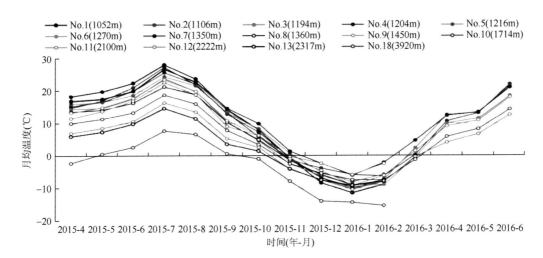

图 2-58 中山带和前山带不同观测点的月均温度时间特点

特别是在 7 月时，不同高度带的月均温度差异显著高于 12 月不同高度带的月均温度差异。这一现象与不同高度带的下垫面类型、地表接受的太阳辐射总量密切相关。夏季时，研究区从高山带到前山带的地表覆盖类型多样，依次包括积雪/冰川、裸岩、森林、草地等多种类型，不同下垫面接收太阳辐射的能力不同，导致其对应高度带上获取的太阳辐射总量（热源）差异显著；然而，冬季时，无论是高海拔区域还是低海拔区域，研究区大部分区域均被积雪覆盖，大大削弱了下垫面不同引起的不同高度带上接收太阳辐射总量（热源）的差异，从而降低了不同高度带的温差。在不同季节，研究区的温度垂直递减率也有所不同，而且会出现夏季大于冬季的现象。

2.3.3.3 融雪期不同高度带的日均温回升特点

春季融雪期的气温回升过程是确定积雪消融时段和消融过程的重要条件。从图 2-59 可以看出，在前山带海拔 1052m 处，日均温度在 2016 年 2 月 23 日已经首次回升到 0℃以上，积雪开始进入消融阶段；随着海拔的升高，温度回升到 0℃以上的日期逐渐推迟，也表明积雪消融开始日期逐渐推迟；在海拔为 1714m 附近，大约为林带下限位置，温度在 3 月 25 日才首次回升到 0℃以上。然而，在海拔 3500m 以上的高山带，日均温在 2014 年 5 月 1 日才首次回升到 0℃以上（图 2-60）。另外，在气温回升的过程中，伴随着降温、降雪时间的发生，温度呈波动变化趋势。

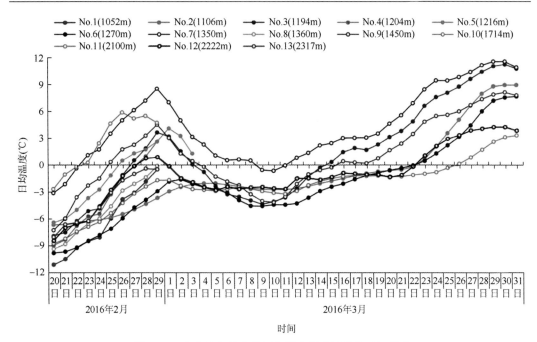

图 2-59　中山带和前山带日均温度回升过程的时间特点

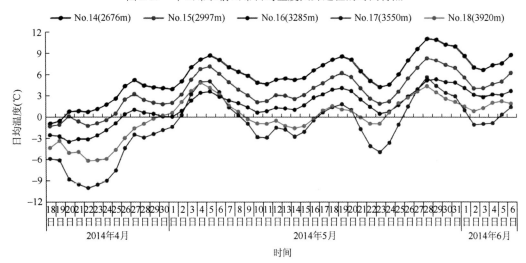

图 2-60　高山带日均温度回升过程的时间特点

2.4　同步观测的部分结果

2.4.1　雪深和雪水当量

　　星地同步观测获取的雪水当量数据不仅是第 8 章"基于 AIEM 模型的雪表层含水量反演"中模型选择和参数优化的数据支撑，而且是反演结果真实性检验的重要基础。各观测点的雪深和雪水当量如图 2-61 所示。

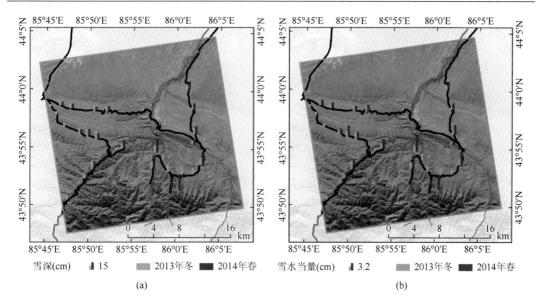

图 2-61 雪深和雪水当量观测结果

图例中两个柱子分别表示两次观测的雪深数据和雪水当量数据，数字表示右侧高柱子的高度对应的雪深和雪水当量分别为15cm、3.2cm

在冬季积雪期，积雪较浅，所有观测点中雪深的最小值为 4.30cm、最大值为 17.50cm，平均雪深为 8.97cm。而且，所有观测点中以 4～12cm 深度的积雪为主，约占观测点总数的 82.8%，且分布均匀，4～6cm、6～8cm、8～10cm 和 10～12cm 深度的积雪各占 20%左右；12～16cm 和 16cm 以上深度的积雪分别占 10.3%和 6.9%。其中，积雪相对较深的地区分别为紫红线南段、清水河乡北部 1km 处附近、101 省道上 151 团场以东 10km 处附近，以及大白杨沟等；哈熊沟、泉水沟、紫红线北段，以及各块耕地雪深较浅。在春季融雪期，所有观测点中雪深的最小值为 8cm、最大值为 29cm，平均雪深为 13.86cm，积雪较浅。所有观测点中以 8～14cm 深度的积雪为主，约占观测点总数的 80.6%，且分布均匀，8～10cm、10～12cm 和 12～14cm 深度的积雪各占 26.9%左右。其中，积雪相对较深的地区分别为紫红线南段、清水河乡北部 1km 处附近、101 省道上 151 团场以东 10km 处附近，以及大白杨沟等；哈熊沟、泉水沟、紫红线北段，以及各块耕地雪深较浅。

在冬季积雪期，所有观测点中雪水当量的最小值为 0.83cm、最大值为 3.52cm，平均雪水当量为 1.77cm，所有观测点中以 1.2～1.6cm 的雪水当量为主，约占观测点总数的 34.5%。雪水当量相对较大的地区为紫红线南段、贝母房子村，以及清水河乡北部 1km 处附近等；哈熊沟、泉水沟，以及各块耕地的雪水当量相对较小。

2.4.2 雪密度和雪表层含水量

星地同步观测获取的雪密度和雪表层含水量数据不仅为第 8 章"基于 AIEM 模型的雪表层含水量反演"中模型选择和参数优化的数据支撑，而且是反演结果真实性检验的重要基础。各观测点的雪密度和雪表层含水量如图 2-62 所示。

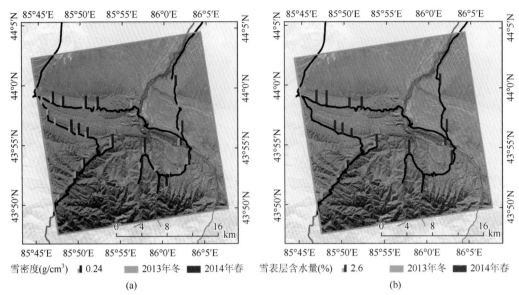

图 2-62　雪密度和雪表层含水量观测结果

图例中两个柱子分别表示两次观测的雪密度和雪表层含水量，数字表示右侧高柱子的高度对应的雪密度和雪表层含水量分别为 0.24g/cm³、2.6%

在冬季积雪期，所有观测点中雪密度的最小值为 0.132g/cm³、最大值为 0.288g/cm³，平均雪密度为 0.202g/cm³，属于低密度型积雪。各观测点中有超过 56%的观测点的雪密度处于 0.176~0.221g/cm³，超过 86%的观测点处于 0.154~0.243g/cm³，标准偏差只有 0.032g/cm³，雪密度分布相对集中，差异很小。同时发现，尽管雪密度差异不大，但整体上研究区东北部（清水河乡及其北部地区）及西北部（紫红线北段）低海拔地区的雪密度相对较大，而铁布散、紫红线南段及贝母房子村附近的雪密度较小。在春季融雪期，所有观测点中雪密度的最小值为 0.163g/cm³、最大值为 0.419g/cm³，平均雪密度为 0.321g/cm³，属于低密度型积雪。各观测点中有超过 51.6%的观测点的雪密度处于 0.300~0.396g/cm³，超过 80.6%的观测点处于 0.224~0.396g/cm³，标准偏差只有 0.051g/cm³，雪密度分布相对集中，差异很小。同时发现，尽管雪密度差异不大，但整体上研究区东北部（清水河乡及其北部地区）及西北部（紫红线北段）的低海拔地区的雪密度相对较大，而铁布散、紫红线南段及贝母房子村附近的雪密度较小。

在春季融雪期，所有观测点中雪表层含水量的最小值为 0.90%、最大值为 6.29%，平均雪表层含水量为 3.77%。各观测点中有超过 57%的观测点的雪表层含水量处于 3.09%~4.62%，超过 80%的观测点处于 2.16%~4.62%，其中，雪表层含水量较大的地区分别为 151 团场以东 10km 处附近、铁布散附近、清水河乡北部 1km 处附近等；大白杨沟、小白杨沟、哈熊沟，以及泉水沟雪表层含水量值较小。值得注意的是，冬季积雪期的雪表层含水量远远低于春季融雪期的雪表层含水量。

2.4.3　雪层参数特性

2.4.3.1　前山带积雪的雪层参数垂直特点

前山带各观测点雪层参数如图 2-63 所示。由图 2-63 可以看出，前山带的雪层温度主

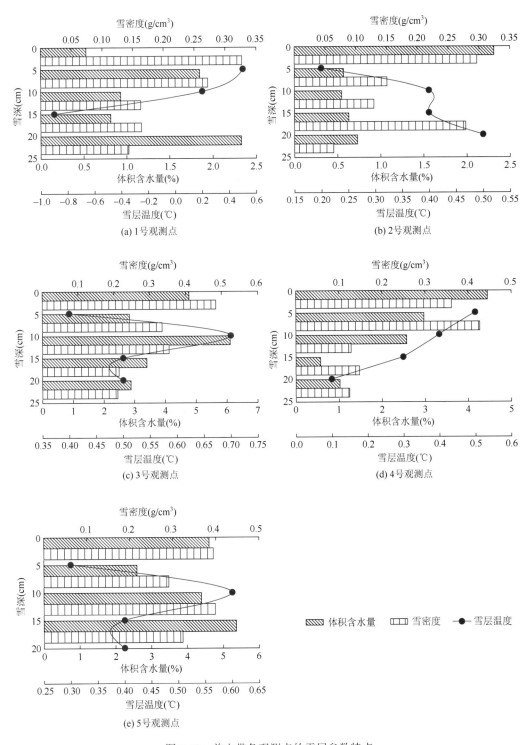

图 2-63 前山带各观测点的雪层参数特点

要在 0℃以上，随着雪深的增加，雪层温度变化差异不大，波动范围在 0.4℃左右。位于小白杨沟的 1 号观测点与位于贝母房子村的 4 号观测点，随着雪深的增加，雪层温度逐步降低。而位于大白杨沟的 2 号、3 号观测点与清水河乡的 5 号观测点，随着雪深的增加，温度逐渐升高，但是当积雪厚度超过 10cm 时，雪剖面温度又开始降低。这是由于雪表层受到太阳辐射，温度较高，而雪结构松散，有 60%～70%的孔隙，内部充满空气，静止的空气为不良热导体，使雪具有低热传导率，积雪下面的热空气不易传出来，外面的冷空气又难以进去，因此热能不能传递到表层以下的深度，加之地表的冻土吸收消耗热量，造成雪层近地表温度较低。

前山带积雪密度的垂直分布存在差异，随着雪深的增加，雪密度逐步减小。一般来说，由于山区风吹的作用，表层积雪形成密度较大的雪壳，底层发育成雪下冰晶，但是在动力温度梯度的变质作用下形成的雪下冰晶密度较小。所以，雪密度垂直廓线呈现逐渐减小的趋势。

雪特性分析观测表明，前山带所采集的积雪的含水量均在 0～6%。含水量通用的分类方案是国际水文科学协会（International Association of Hydrological Sciences，IAHS）发布的分类标准，根据液态水百分比，将积雪分为干雪（0）、潮雪（<3%）、湿雪（3%～8%）、非常湿（8%～15%）、烂泥（>15%），研究区前山带积雪在观测期内属于干雪和潮雪。积雪各层含水量随深度变化呈单峰型，峰值距雪表面约 12cm。其主要原因是在太阳辐射和风的作用下，或由于表层积雪融水下渗，融雪受阻而沿水平方向缓慢流动遇冷冻结形成了硬度较大的冰壳层。雪层剖面中冰壳层在一定程度上阻碍了上部热量、水分及其他物质向下部传输，即冰壳层对融水有阻滞效应，这与冰壳层上的积雪层具有很高的含水量、冰壳层下的含水量较低的结论相一致。积雪底部含水量较高是因为土壤的热传导作用使积雪剖面底层受热而产生含水量较高的现象。雪层含水量与温度变化基本一致。积雪剖面底部因为受到地中热流的影响而有融水，所以体积含水量稍大。

2.4.3.2　高山带积雪的雪层参数垂直特点

高山带各观测点积雪参数的层位变化如图 2-64 所示。在积雪较深的 6 号、7 号观测点，雪层的垂直温差差异较大，达到 5℃以上。对于 6 号、7 号、10 号观测点，距地表越近雪层温度越高，随着雪深的逐渐增加，雪层温度逐渐降低。9 号观测点积雪随着深度的增加，温度逐渐降低，但是当积雪厚度超过 7cm 时，7cm 以下雪剖面温度又开始升高，这种温度梯度同样是由雪的低热传导率造成的。雪较低的热传导率使其具有保温作用，这种绝热性在很大程度上取决于它的厚度，如果达到一定深度，积雪则具有保温作用。8 号观测点的雪层温度变化不大。

高山带雪密度的垂直变化呈中间大、底部和顶部小的特征。这是由于非稳定积雪期表层新降雪导致积雪剖面上层雪密度较小，山区太阳辐射强、气温高，上层的融水下渗流入中部雪层，雪层含水量增加，加之密实化作用，期间没有形成深霜，因此雪密度高于上层和底层雪密度，积雪剖面底层由于深霜融化形成空洞，孔隙率大，雪层松散，雪密度较小。

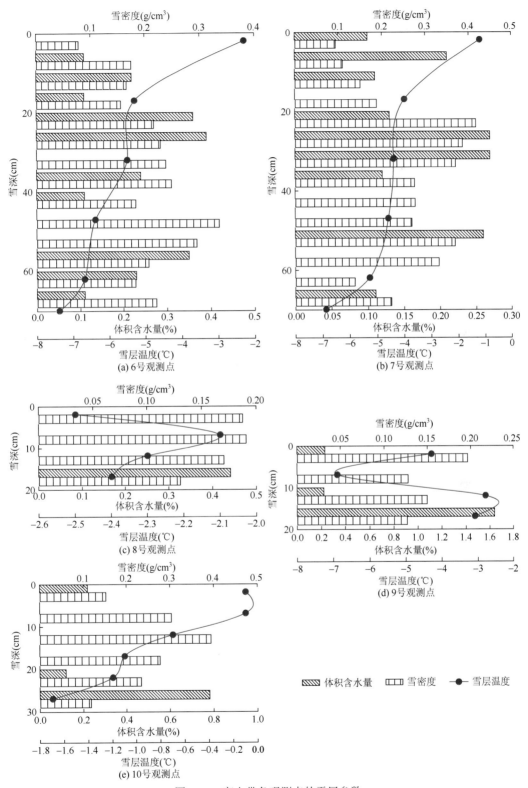

图 2-64 高山带各观测点的雪层参数

南部高海拔地区积雪含水量较低，全部在 0～3%，属于干雪。积雪由数次非连续降雪形成，其具有明显的层状结构，各雪层密度、粒径与孔隙率等各不相同，所以各层的持水和过水能力也存在差异，因而雪层含水量不是连续的递增或者递减，而是存在层位变化。8 号、9 号和 10 号观测时段选择在日落后，夜晚温度低，主要雪面与外界的热量交换弱或夜间气温较低及雪面强烈的反射辐射，使得积雪表面的温度大大低于周围空气的温度，雪层向大气释放热量，雪层中的液态水冻结，进而使得雪层中含水量出现大量 0 值。

总体而言，研究区在非稳定期，积雪随着深度的增加，温度逐渐降低，保温层位于雪表层下 10cm 左右位置，厚度超过 10cm 时，雪剖面温度变化明显。前山带随着积雪深度的增加，雪密度逐步减小，高山带积雪由数次非连续降雪形成，层状结构明显，雪密度的垂直廓线呈现出中部大、积雪表层和底部小的分布特征。前山带积雪体积含水量比南部高，积雪在观测期内属于干雪和潮雪，垂直廓线随积雪深度呈单峰曲线变化，峰值距雪表面约 12cm；高山带积雪以干雪为主，雪层含水量存在层位变化。

参 考 文 献

胡汝骥. 2004. 中国天山自然地理. 北京：中国环境科学出版社.

刘朝海，谢自楚，M. Б. 久尔盖诺夫. 1998. 天山冰川作用. 北京：科学出版社.

杨针娘. 1987. 中国冰川水资源. 自然资源，（1）：46-68.

3 积雪时段的遥感估算

新疆地域辽阔，地形复杂，高山带海拔高、气候寒冷潮湿，冬季降雪丰富，而沙漠地区气候干燥少雪，积雪时段分布不均，监测每年的积雪初日和积雪终日及统计积雪时段对气候变化有重要的指示作用。因此，研究天山典型区积雪时段的分布差异具有重要意义。本章利用 2002~2009 年 MODIS 每日积雪产品数据和地面观测资料来探讨天山典型区积雪时段的分布差异。利用基本气象站资料获取积雪初日、积雪终日、零降雪日和积雪消融日的特征，通过与 MODIS 积雪产品得到的积雪初、终日进行交叉验证，得到整个研究区内积雪初日和积雪终日，利用区域积雪面积的变化情况划分积雪时段，得到区域的零降雪日和积雪消融日，并以此为基础，探讨研究区内不同地域、不同高度带、不同坡度和坡向之间的积雪时段差异。本章的主要研究内容如下。

（1）通过对基本气象站的地面观测资料进行分析，获得气象站多年平均的积雪初日和积雪终日，并与 MODIS 数据进行印证，两种数据得到的积雪初日和积雪终日信息基本一致。利用地面气象站的降水和气温数据划分积雪时段，得到气象站多年的年内零降雪日和积雪消融日，结合 MODIS 数据对气象站周围区域积雪面积变化进行分析，再利用积雪时段内不同阶段的积雪面积差异划分积雪时段。

（2）不同高度带的积雪初日和积雪终日变化明显，随着高度带的上升，积雪初日逐渐推后，积雪终日逐渐提前。零降雪日随海拔的增加逐渐提前，积雪消融日随海拔的增加逐渐推后。

（3）研究区内整体呈现由西向东、由南向北方向上积雪初日提前、积雪终日延后的趋势。零降雪日中部地区出现较早，其他地域的零降雪日无明显区别。积雪消融日西部晚于东部，北部晚于南部。

（4）不同坡向上积雪时段的分布有不同特点，西北坡、西坡和北坡的积雪初日相对较早，积雪终日相对较晚；南坡和东南坡的积雪初日相对较晚，积雪终日相对较早。不同坡向的零降雪日变化不明显，但积雪消融日的变化和积雪终日相似，都由南坡向北坡逐渐推后。各坡向的积雪初、终日年际变化一致，2007~2008 年、2008~2009 年积雪期较短。

（5）随着坡度的增加，积雪初日逐渐提前，积雪终日逐渐推后。除坡度极高或极低地区外，积雪初日和积雪终日的年际变化较一致。零降雪日和积雪消融日的界限随着坡度的增加而变得不清晰，至坡度大于 40°的坡度带，已经不存在零降雪日与积雪消融日，全年的积雪面积变化较小。

3.1　MODIS 积雪产品与气象数据处理

3.1.1　气象站数据

研究区位于 41°~46°N、80°~89°E 的天山区域。其海拔最高可达 7126m，最低处为 −128m；总面积约为 $4.1×10^5 km^2$，占新疆总面积的 24.85%。

地面气象数据为研究区内 16 个基本气象站的逐日雪深、平均气温、最高气温、最低气温、日均降水量数据。16 个气象站均匀分布在研究区范围内，气象站位置信息见表 3-1，其海拔分布范围广，从最低 440.5m（蔡家湖）到最高 2458.0m（巴音布鲁克）。

表 3-1　研究区气象站信息表

区站号	气象站名称	纬度	经度	海拔（m）
51330	温泉	44°58′N	81°01′E	1357.8
51346	乌苏	44°26′N	84°40′E	478.7
51356	石河子	44°19′N	86°03′E	442.9
51365	蔡家湖	44°12′N	87°32′E	440.5
51431	伊宁	43°57′N	81°20′E	662.5
51437	昭苏	43°09′N	81°08′E	1851.0
51463	乌鲁木齐	43°47′N	87°39′E	935.0
51467	巴仑台	42°44′N	86°18′E	1739.0
51477	达坂城	43°21′N	88°19′E	1103.5
51526	库米什	42°14′N	88°13′E	922.4
51542	巴音布鲁克	43°02′N	84°09′E	2458.0
51567	焉耆	42°05′N	86°34′E	1055.3
51633	拜城	41°47′N	81°54′E	1229.2
51642	轮台	41°47′N	84°15′E	976.1
51644	库车	41°43′N	82°58′E	1081.9
51656	库尔勒	41°45′N	86°08′E	931.5

3.1.2　MODIS 积雪产品

本节主要分析积雪初、终日的时空分布特征，因此选择空间分辨率为 500m 的逐日

MOD10A1 及 MYD10A1 积雪产品数据。选取覆盖研究区范围的 h23v04 和 h24v04 分幅区域。研究区 2002~2009 年积雪季内所有可用的 MODIS/Terra 和 MODIS/Aqua 积雪产品共8706 景（表 3-2），其中，缺失数据的日期只用一个传感器的积雪产品。

表 3-2　本节使用的 MODIS 积雪产品信息表

影像时段	Terra（MOD10A1）		Aqua（MYD10A1）	
	影像数/景	缺失	影像数/景	缺失
2002.9.1~2003.5.31	544	2003.2.1	542	2002.9.13，2002.9.14
2003.9.1~2004.5.31	530	2003.12.17~24，2004.2.19	546	2004.2.7
2004.9.1~2005.5.31	546		546	
2005.9.1~2006.5.31	546		546	
2006.9.1~2007.5.31	546		546	
2007.9.1~2008.5.31	548		546	2007.12.2
2008.9.1~2009.5.31	538	2008.12.20~23	546	
2009.9.1~2010.5.31	544	2010.2.1	546	
合计	4342	15	4364	4

采用的 DEM 数据为 ASTER GDEM 数据，空间分辨率为 30m，为了与积雪产品匹配，将其空间分辨率重采样为 500m。

3.1.2.1　MODIS 积雪产品预处理

利用 MRT 软件，将所有影像转换为通用横轴墨卡托投影（UTM），按照经纬度范围及国界线裁剪到研究区，得到 GeoTIFF 格式的积雪影像。

将 MODIS 积雪产品中的类型按照以下规则重新分成 3 类：原有的积雪（snow）和湖冰（lake ice）归为积雪（snow）；无雪（no snow）、湖泊（lake）和海洋（ocean）归为非积雪（no snow）；云（cloud）和其他类（missing sensor data，no decision，night，detector saturated，fill）归为云（cloud）。然后，将这 3 类分别编码为 200、50 和 25，见表 3-3。

表 3-3　MODIS 标准积雪产品类别重新编码表

MODIS 标准积雪产品	重编码类别
200（积雪）、100（湖冰）	200（积雪）
25（无雪）、37（湖泊）、39（海洋）	50（非积雪）
50（云）、0（传感器数据缺失）、1（未定）、11（黑色体、夜晚、终止工作或极地地区）、254（传感器饱和）、255（无数据）	25（云）

3.1.2.2　MODIS 积雪产品精度分析

　　已有研究对 MODIS 积雪产品的积雪识别精度进行了验证，结果表明，其在晴空条件下的积雪识别率高达 90%以上。本书利用空间分辨率更高的 Landsat TM/ETM + 数据对积雪产品进行对比评价，选取 2003～2009 年 9 月至次年 5 月云量较少的 14 景遥感影像，轨道号为 144/30。利用 NDSI 的双峰型直方图，通过其谷值的最小值找寻合适的 NDSI 阈值，通过第四波段阈值去除水体等影响，得到雪盖和非雪盖的二值图像，并将其作为实际积雪范围和 MODIS 积雪产品进行对比分析，如图 3-1 所示。

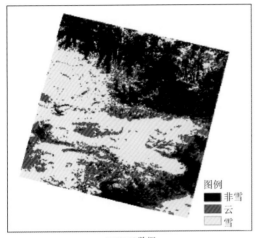

MODIS数据　　　　　　　　　　　　　　　Landsat ETM+数据

(a) 2003年1月4日积雪范围

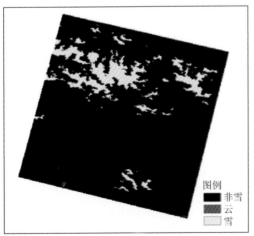
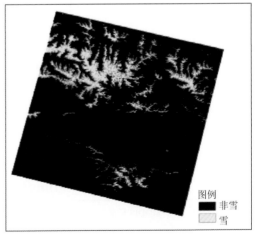

MODIS数据　　　　　　　　　　　　　　　Landsat ETM+数据

(b) 2007年5月15日积雪范围

图 3-1　MODIS 积雪产品与 Landsat 影像积雪范围对比图

由图 3-1 可以看出，在非云覆盖的区域，MODIS 积雪产品和 Landsat 影像积雪提取结果基本吻合。为了定量描述 MODIS 积雪产品的精度，将 MODIS 积雪产品的正确率 p 定义如下：

$$p = \frac{S_{\mathrm{MODTM}} + G_{\mathrm{MODTM}}}{N_{\mathrm{MOD}}} \times 100\% \qquad (3-1)$$

式中，N_{MOD} 为 MODIS 积雪产品中积雪和非积雪的像元总数，即除去云像元外的所有像元数之和；S_{MODTM} 为 MODIS 和 Landsat 影像中均为积雪的像元数；G_{MODTM} 为 MODIS 和 Landsat 影像中均为非积雪的像元数。

表 3-4 为不同日期的 MODIS 积雪产品与 Landsat 影像对比评价表。由表 3-4 可以看出，MODIS 积雪产品的正确率均比较高，平均达到 91.0%。造成正确率浮动的主要原因为两个数据的空间分辨率不同，有些在 Landsat 影像中的小区域积雪无法在 MODIS 积雪产品 500m 分辨率中体现出来，导致 MODIS 积雪产品面积略低于 Landsat 影像的积雪提取范围。

表 3-4 MODIS 积雪产品与 Landsat 影像对比（%）

日期	MODIS 积雪产品含云量	正确率 p
2003 年 1 月 4 日	19.1	88.2
2003 年 1 月 20 日	27.4	88.7
2003 年 3 月 25 日	66.2	90.5
2003 年 4 月 10 日	14.2	89.0
2006 年 9 月 17 日	1.9	87.2
2006 年 10 月 3 日	34.6	95.8
2007 年 5 月 15 日	0.1	92.9
2007 年 5 月 31 日	1.9	92.8
2007 年 9 月 4 日	38.7	95.5
2007 年 9 月 20 日	79.7	95.5
2009 年 5 月 20 日	80.6	88.7
2009 年 11 月 12 日	69.8	93.3
2009 年 12 月 14 日	46.7	85.2
平均	37.0	91.0

注：由于 2006 年 10 月 19 日 MODIS 积雪产品的含云量达到 96.87%，因此其正确率并未列入表中。

3.1.2.3 MODIS 积雪产品去云

MODIS 积雪产品可以有效准确地监测积雪变化，但是不能记录云覆盖区域真实的地表覆盖类型，逐日积雪产品的含云量很高，平均可以达到 60% 以上。结合影像不同空间和时间信息提出去云算法，分 5 个步骤对 MODIS 积雪产品进行去云处理，每一步的输出影像都是下一步的输入影像。

（1）同一天的 MODIS/Terra 积雪产品（MOD10A1）和 MODIS/Aqua 积雪产品（MYD10A1）成像时间相差 3h 左右，这段时间内云会移动产生云量变化。如果两个积雪产品里任意一个产品中的像元类型为雪，就将该像元类型定义为雪；如果一个产品中的像元类型为非雪，另一个产品中的像元类型为非雪或云，则其结果定义为非雪；如果两个产品中的像元类型均为云，则其类型仍为云。因为雪（200）、非雪（50）和云（25）的编码为降序排列，所以该步骤可以概括为求两个产品中的最大值，公式如下：

$$S_{i,j}^{t} = \max(T_{i,j}^{t}, A_{i,j}^{t}) \tag{3-2}$$

式中，i 和 j 为影像中的行列号；t 为影像对应的日期；S、T 和 A 分别对应输出影像、MODIS/Terra 积雪产品和 MODIS/Aqua 积雪产品的像元值。

（2）如果一个像元类型为云，那么利用该像元前一天和后一天或者前两天及后两天的类型来确定当日像元真实的地表覆盖类型（积雪或非积雪）。如果一个像元被判定为云，并且其前后两天积雪类型相同且非云，则当日该像元类型应该确定为其前后两天像元的类型。也就是说，如果一个像元的类型为云，前后两天均为积雪，则该像元当日被定义为雪；如果一个像元前后两天均为非雪，则该像元当日被定义为非雪；其余情况该像元类型都保持不变，仍然为云。其公式如下：

$$\begin{cases} 若 S_{i,j}^{t-1} = 200 且 S_{i,j}^{t+1} = 200，则 S_{i,j}^{t} = 200 & \tag{3-3} \\ 若 S_{i,j}^{t-1} = 50 且 S_{i,j}^{t+1} = 50，则 S_{i,j}^{t} = 50 & \tag{3-4} \end{cases}$$

若经过上述处理后仍未得到真实的地表覆盖类型，则将时间跨度变为 3 天，即利用云像元的前两天和后一天或者前一天和后两天的像元值，推断云像元下的真实地表覆盖类型。其表达式如下：

$$\begin{cases} 若 S_{i,j}^{t-2} = 200 且 S_{i,j}^{t+1} = 200，则 S_{i,j}^{t} = 200 & \tag{3-5} \\ 若 S_{i,j}^{t-1} = 200 且 S_{i,j}^{t+2} = 200，则 S_{i,j}^{t} = 200 & \tag{3-6} \\ 若 S_{i,j}^{t-2} = 50 且 S_{i,j}^{t+1} = 50，则 S_{i,j}^{t} = 50 & \tag{3-7} \\ 若 S_{i,j}^{t-1} = 50 且 S_{i,j}^{t+2} = 50，则 S_{i,j}^{t} = 50 & \tag{3-8} \end{cases}$$

在该步骤中所做的假设为云覆盖的像元积雪覆盖或者非积雪覆盖是连续的，未发生融雪的现象，因为融雪主要是由太阳辐射引起的，而云覆盖有效地阻止了太阳辐射，使积雪连续变化。

（3）积雪区分为永久积雪区和非永久积雪区，在永久积雪区内积雪常年覆盖，低温和降水是积雪产生和持续的必要条件，同时，海拔不同会影响温度场的变化。海拔越高，积雪越容易形成和积累；相反，海拔越低，积雪越不容易形成并容易融化。该步骤中对海拔极高或极低地区的云覆盖通过积雪的最低海拔和非积雪的最高海拔两个概念进行去除。积雪的最低海拔指的是当日积雪存在的最低高程值，非积雪的最高海拔指的是非积雪覆盖的最高高程值。基于上述解释，所有低于积雪最低海拔的云像元可以定义为非积雪类型，所有高于非积雪最高海拔的云像元可以定义为积雪类型。其公式如下：

$$\begin{cases} 若\ H_{i,j}^t > \max H_{L}^t\ ,\ 则\ S_{i,j}^t = 200 & (3\text{-}9) \\[2mm] 若\ H_{i,j}^t < \min H_{S}^t\ ,\ 则\ S_{i,j}^t = 50 & (3\text{-}10) \end{cases}$$

式中，$\max H_{L}^t$ 和 $\min H_{S}^t$ 分别为非积雪（陆地）的最高海拔和积雪的最低海拔。

为了保证上述过程的准确性，对于云覆盖超过 30% 的影像不进行上述运算。

（4）根据地理学第一定律，所有的事物都是彼此相关的，距离越近，关联越大。基于此，本书的研究假设相邻的像元具有相近的分布特征。在这个步骤中，如果云像元的四邻域中至少有 3 个像元被积雪覆盖或者有 3 个像元均为非积雪，则该云像元可定义为积雪或者非积雪。

如果考虑一个云覆盖像元的八邻域及其高程，本书的研究假设，云像元的八邻域中只要有其中一个像元为积雪类型，且云覆盖像元的高程比其邻域中积雪像元的高程高，那么就将该云覆盖像元定义为积雪类型。其公式如下：

$$若\ S_{(i+k,j+k)(k\in[-1,1])}^t = 200\ 且\ H_{i,j}^t > H_{(i+k,j+k)(k\in[-1,1])}^t\ ,\ 则\ S_{i,j}^t = 200 \qquad (3\text{-}11)$$

式（3-11）是假设一个像元被雪覆盖，那么其周围高程比它高的像元也应该被雪覆盖。因为在小范围内，随着海拔的上升气温有所下降，所以海拔高的像元积雪融化会更晚一些。

（5）该步骤是基于整个积雪季节内积雪的覆盖特征进行的。研究区积雪季指的是每年 9 月 1 日至次年 5 月 31 日，在这段时间内，大多数像元的覆盖类型变化过程为"非雪→雪→非雪"。尽管在非雪变为雪和雪变为非雪的过程中会出现类型交错，但是一旦稳定积雪形成或者稳定积雪终止，像元的类型便会维持在雪或者非雪状态不变。

图 3-2 是研究区内一个高程为 1513m 和一个高程为 2193m 的像元在 2002 年积雪季节中像元值的分布图，其中 200 代表积雪，50 代表非积雪，25 代表像元被云覆盖。从两个像元的年内变化可以看出，在像元进入稳定积雪期后一直保持类型不变，直至遭到破坏为止。因此，该步骤中，如果一个云像元之前的 5 个非云像元（积雪或者非积雪）与之后的 5 个非云像元均为同一类型，则将其类型定义为这一类型。

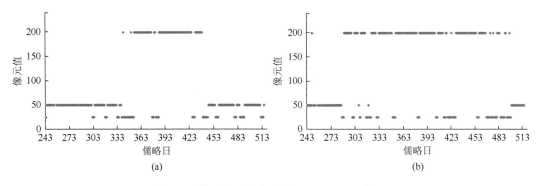

图 3-2 像元值时间序列图（2002～2003 年）

（a）$h = 1513$m；（b）$h = 2193$m

以 2002 年 9 月 1 日～2003 年 5 月 30 日为例，分析对 Terra 和 Aqua 产品进行去云之后的结果。表 3-5 为上述去云方法中每个步骤执行之后剩余的云量。从表 3-5 中可以看出，每个步骤都可以去除一部分云量，最后得到的结果大部分均在 10%以内。

表 3-5　Terra 和 Aqua 产品及每步执行后剩余云量（%）

日期	Terra	Aqua	每步执行后剩余云量				
			1	2	3	4	5
9 月 5 日	64.4	61.8	49.3	10.8	8.4	7.9	1.5
10 月 10 日	55.9	53.6	36.7	2.6	2.2	1.7	1.2
11 月 9 日	64.2	64.5	52.3	8.5	6.4	5.3	3.1
11 月 22 日	51.0	48.6	37.1	29.1	23.7	21.6	8.3
12 月 25 日	56.1	55.1	39.0	27.0	25.0	21.1	6.7
1 月 11 日	52.3	55.5	39.7	26.2	21.6	18.5	5.5
2 月 6 日	45.3	35.9	24.4	17.4	16.6	14.1	4.6
3 月 8 日	68.9	71.9	59.4	25.0	22.9	19.0	7.5
4 月 13 日	44.0	43.1	26.6	20.1	15.9	15.1	3.1
5 月 24 日	62.7	70.7	55.5	10.0	7.9	7.1	1.3
全年平均	50.8	51.6	40.3	27.2	24.0	22.4	6.1

图 3-3 和图 3-4 为 2002～2003 年 Terra 的原始产品含云量，以及经过去云处理之后的影像含云量。由图 3-3 和图 3-4 可以看出，原始产品的含云量都很高，经过去云处理之后云量明显下降，大部分产品的含云量在 10%以内。

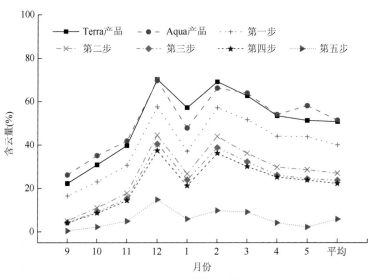

图 3-3　2002～2003 年每月平均含云量

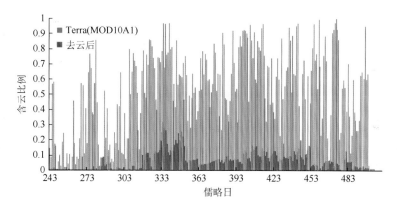

图 3-4　2002~2003 年原始产品与去云后产品的含云量

表 3-6 为不同日期 Landsat TM/ETM+影像雪盖分布与 MODIS 积雪产品经过去云之后的对比评价表，可以看出 MODIS 去云产品的正确率均比较高，平均达到 88.5%。所有影像的正确率都在 80% 以上，最高的可以达到 93.6%。

表 3-6　MODIS 积雪产品去云评价（%）

日期	含云量	正确率 p
2003 年 1 月 4 日	2.8	82.3
2003 年 1 月 20 日	2.5	81.5
2003 年 3 月 25 日	8.3	89.4
2003 年 4 月 10 日	1.7	86.5
2006 年 9 月 17 日	0.0	86.9
2006 年 10 月 3 日	5.6	90.8
2006 年 10 月 19 日	10.4	84.5
2007 年 5 月 15 日	0.0	93.0
2007 年 5 月 31 日	1.6	93.6
2007 年 9 月 4 日	9.7	90.2
2007 年 9 月 20 日	5.0	91.1
2009 年 5 月 20 日	13.7	92.2
2009 年 11 月 12 日	2.4	84.4
2009 年 12 月 14 日	0.0	92.8
平均	4.6	88.5

图 3-5 为 MODIS/Terra 产品、MODIS 去云产品与 Landsat TM 结果对比图。从图 3-5 中可以看出，空间分辨率的不一致是导致 MODIS 积雪产品与 Landsat 影像的积雪提取范围形成差异的原因。

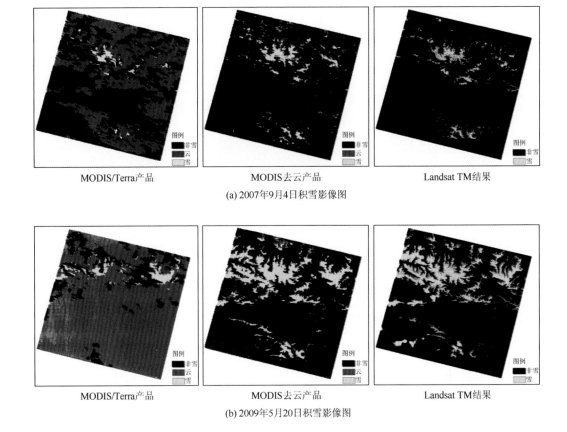

MODIS/Terra产品　　　　　MODIS去云产品　　　　　Landsat TM结果

(a) 2007年9月4日积雪影像图

MODIS/Terra产品　　　　　MODIS去云产品　　　　　Landsat TM结果

(b) 2009年5月20日积雪影像图

图 3-5　MODIS 积雪产品去云评价图

3.2　积雪时段的划分方法

3.2.1　地面观测数据确定积雪时段

　　根据《气象资料的整理与统计方法》，霜、降雪等一般按年度统计，因此，本书的研究从当年 7 月 1 日开始到次年 6 月 30 日结束记为一个积雪年。为便于对积雪初、终日进行计算，每年的公历日期按照儒略日（Julian days）来计算，每年积雪初、终日按当年 1 月 1 日起换算成数值信息，即 1981 年 1 月 2 日对应的数值为 2，1 月 3 日对应的数值为 3，依此类推。在分析积雪初日和积雪终日的特征时，将积雪终日对应的数值增加 365 或者 366，如将 1982 年 1 月 2 日的数值记为 367，1982 年 1 月 3 日的数值记为 368，依此类推。

　　积雪时段是影响人类活动的重要因素。在天山山区，从稳定积雪形成之前，以及积雪消融后，这一期间常有短暂的积雪形成。因此，如何确定积雪的初始日期及终止日期是首先需要解决的问题。

　　仇家琪和孙希华（1992）定义冬季期间连续积雪形成的第一天为稳定积雪初日，

这个定义表明，如果气温、地温及后续降雪能使前一次降雪维持一段时间，那么可以判定有连续积雪的第一天为积雪初日，即稳定积雪初日；连续积雪消融尽的日期为积雪终日。一年中第一个积雪日定义为积雪初日，最后一个积雪日定义为积雪终日。其中，对于积雪日的定义，在积雪研究中可以概括为两种：第一种是根据天气现象来定义，当观测场上视野范围内一半以上被积雪覆盖时，记为积雪日，这是根据天气现象来定义的；当积雪面积达到观测要求，且其深度达到 1cm 时，记为积雪日，这是根据雪深来定义的。因为天气现象定义所得到的积雪资料很难获得和保存，所以本书的研究应用雪深的定义来确定积雪日。根据雪深资料可以判断某一天是否为积雪日，从而确定积雪初日和积雪终日。

本书的研究将一年中第一个雪深大于 1cm 的日期确定为积雪初日，将一年中最后一个雪深大于 1cm 的日期确定为积雪终日。根据上述定义得到研究区内各气象站的积雪初、终日信息，见表 3-7。

表 3-7　各气象站的积雪初、终日

区站号	气象站名称	积雪初日	积雪终日
51330	温泉	10 月 31 日	3 月 30 日
51346	乌苏	11 月 17 日	3 月 9 日
51356	石河子	11 月 15 日	3 月 8 日
51365	蔡家湖	11 月 14 日	3 月 9 日
51431	伊宁	11 月 22 日	2 月 23 日
51437	昭苏	10 月 23 日	3 月 29 日
51463	乌鲁木齐	11 月 6 日	3 月 15 日
51467	巴仑台	12 月 1 日	3 月 1 日
51477	达坂城	11 月 15 日	2 月 28 日
51526	库米什	12 月 18 日	2 月 20 日
51542	巴音布鲁克	10 月 8 日	5 月 4 日
51567	焉耆	12 月 7 日	2 月 18 日
51633	拜城	12 月 1 日	2 月 20 日
51642	轮台	12 月 21 日	2 月 12 日
51644	库车	12 月 23 日	2 月 13 日
51656	库尔勒	12 月 14 日	2 月 14 日

3.2.2　遥感数据确定积雪时段

利用遥感数据可以快速、大范围地监测积雪的动态变化。通过 2002～2010 年逐日的

MODIS 积雪产品去云结果可以得到雪盖范围的日变化，从而确定整个研究区内的积雪初日和积雪终日。

积雪初日（snow cover onset dates，SCOD）的计算方法基于 Wang 和 Xie（2009）所采用的方法，首先设定研究区内积雪全覆盖的日期为 D，计算积雪季节内（本书的研究中每年从 9 月 1 日起）的积雪覆盖天数（snow cover durations/days，SCD），则积雪初日的表达式如下：

$$\text{SCOD}_{i,j} = D - \text{SCD}'_{i,j} \tag{3-12}$$

式中，SCOD 是按照儒略日来表示的。本书的研究为了研究方便，涉及的儒略日为相对儒略日的概念，即在一个积雪年里第二年的日期儒略日增加 365。本书的研究设定的 D 为 12 月 31 日对应的儒略日（$D = 365$ 或 366），SCD′ 则表示该像元 9 月 1 日～12 月 31 日积雪的持续时间。例如，对于 2002～2003 年，D 值为 365（2002 年 12 月 31 日对应的儒略日），假设某一像元的积雪持续天数为 73 天，则该像元的积雪初日 SCOD 的值为 2002 年儒略日的第 292 天，对应的公历日期为 2002 年 10 月 20 日，依此类推。如果直至儒略日 D 像元一直没有积雪覆盖，则认为该像元无降雪，积雪初日赋值为 D。

但是在一个积雪年内，一个像元不可能只经历"非积雪—积雪—非积雪"的状态，通常状况下，处于积雪期的像元某一天可能会观测为非积雪，但这一非积雪日并不是积雪终日，而在非积雪期的像元可能也会有积雪出现，同样地，这一积雪日并不是积雪初日，只是一个异常值。为了去掉异常值对积雪初日和积雪终日的影响，先用滤波的方法将一个积雪年内的"孤立点"去除，之后再用上述方法确定积雪初日和积雪终日。

积雪终日（snow cover ending dates，SCED）的计算方法类似于积雪初日的计算方法，首先设定研究区内积雪开始消融的日期 D，然后计算积雪季节内（本书的研究中每年至次年 5 月 31 日止）的积雪覆盖天数，则积雪终日的表达式如下：

$$\text{SCED}_{i,j} = D + \text{SCD}'_{i,j} \tag{3-13}$$

本书的研究设定积雪终日的 D 为 1 月 1 日对应的儒略日（$D = 1$），SCD′ 则表示该像元 9 月 1 日～12 月 31 日积雪的持续时间。例如，对于 2002～2003 年，假设某一像元的积雪持续天数为 92 天，则该像元的积雪终日 SCED 的值为 2003 年儒略日的第 93 天，对应的公历日期为 2003 年 4 月 3 日，依此类推。如果该像元仍无积雪覆盖，则认为该像元当年无积雪，其积雪终日赋值为 D。

图 3-6 为各气象站的平均积雪初、终日和上述方法得到的 MODIS 资料多年平均积雪初、终日对比图。由图 3-6 可以看出，各气象站和 MODIS 资料得出的积雪初、终日的变化趋势相对一致，因此可以利用遥感资料对积雪初、终日进行计算。

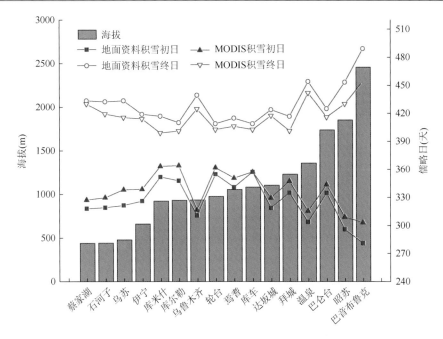

图 3-6　MODIS 数据与地面观测资料平均积雪初日和积雪终日对比图

MODIS 积雪产品的积雪初日和积雪终日相对于地面资料得到的积雪初日和积雪终日均较晚。平均的积雪初日和积雪终日相差 10 天左右，巴音布鲁克的积雪初、终日相差最大，达到 20 天。造成 MODIS 数据相对于气象站高估积雪初日和低估积雪终日的原因为气象站的点状观测数据和 MODIS 数据空间分辨率（500m×500m）的差异，可能的原因还有 MODIS 数据产品经过去云之后的产品仍然有残余的云量（6%左右），这些云量在计算积雪初日和积雪终日时会被忽略。另外，MODIS 积雪产品分类的影响因素，如雪与非雪的过渡地带、云与非云的过渡地带、薄雾、森林、云影及建筑物等，都可能造成积雪初、终日的变化。

3.2.3　积雪时段综合划分方法

积雪初日和积雪终日是山区径流、水资源利用和春夏洪水灾害模拟与预报的重要输入参数（Rango，1997；Schaper et al.，1999；Ye et al.，2005）。但在积雪初日和积雪终日期间，随着气温和降水的变化，积雪的状态会发生改变。整个积雪时段内积雪会经历几个阶段，从积雪初日开始，区域内积雪会不断增多，当区域内降雪停止时，积雪面积持续不变，但是雪层密度随降雪累积时间的变化而变化，直至区域内温度超过零度临界点，积雪开始融化，区域内积雪面积减少，积雪由干雪变为湿雪。湿雪较干雪具有较低的反照率，比干雪多吸收约 45%的太阳辐射（Abdalat and Steffen，1995）。从较高反照率的干雪转变为吸收性较强的湿雪对温度-反照率反馈机制有很重要的影响。雪的融化降低了反照率，同时也会导致更多的能量吸收，使局部温度升高，温度升高又会加速积雪融化。因此，对积雪时段进行进一步划分对于了解整个积雪过程有重要意义。

对于地面气象站的点状数据，在积雪期内，利用气温和降水数据对积雪期进行划分。

积雪初日过后，积雪进入累积阶段，当降水为零时，积雪停止积累，进入积雪稳定期，随着时间的推移，温度梯度下降，在气温达到零度以上时，积雪开始融化，直至积雪终日，这一阶段为积雪消融期。因此，可以定义进入积雪期后最后一个有降水的日期的第二天为零降雪日，将第一个气温达到零度的日期定义为积雪消融日。

对于 MODIS 积雪产品，只能观测到积雪或者非积雪，因为小范围内积雪有相似性，所以将点状信息扩展到面状区域，利用区域的积雪面积来估算零降雪日和积雪消融日。图 3-7 为乌苏气象站周围区域多年平均年内积雪面积变化图，可以明显地看出区域内年内积雪面积变化呈"中间多，两边少"的分布状况。积雪面积相对比较稳定的阶段为积雪稳定期，而积雪稳定期的开始时间为零降雪日，表现为积雪面积趋于平缓的时间，累积期结束的时间为积雪消融日，表现为积雪由面积平稳变为迅速下降的时间。图 3-7 中的第 352 天之后区域进入积雪累积期，在图中的 413 数值处，即第二年的 48 天时积雪面积开始迅速减少。

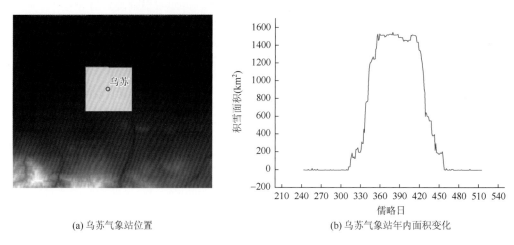

(a) 乌苏气象站位置　　　　　　　　(b) 乌苏气象站年内面积变化

图 3-7　乌苏气象站位置及多年平均年内积雪面积变化图

3.2.4　积雪时段划分结果

根据上述定义，利用各气象站的降水和气温资料，得到气象站多年平均零降雪日和积雪消融日的分布情况（表 3-8）。由于研究区南部的气象站积雪期较短，中间无法划分零降雪日和积雪消融日，所以表 3-8 中未将南部的气象站列入其中。

表 3-8　各气象站零积雪日与积雪消融日分布表

台站号	气象站名称	零降雪日	积雪消融日
51330	温泉	12 月 13 日	2 月 26 日
51346	乌苏	12 月 22 日	2 月 16 日
51356	石河子	12 月 21 日	2 月 22 日
51365	蔡家湖	12 月 12 日	2 月 27 日
51431	伊宁	12 月 8 日	2 月 1 日

台站号	气象站名称	零降雪日	积雪消融日
51437	昭苏	11 月 30 日	3 月 3 日
51463	乌鲁木齐	12 月 1 日	2 月 14 日
51477	达坂城	12 月 20 日	1 月 18 日
51542	巴音布鲁克	11 月 18 日	3 月 23 日

地面气象观测资料时间序列长，资料客观有效，缺点是地面气象站呈点状分布，并且多分布于平坦地区，很难体现整个区域积雪时段的变化特征，尤其是对于高海拔地区，只能通过遥感手段对积雪时段进行估算，因此本书通过分析气象站零降雪日和积雪消融日与积雪面积变化之间的关系，来确定区域零降雪日和积雪消融日。

利用 MODIS 数据获取气象站附近区域的积雪面积在不同积雪时段内的分布（图 3-8）。从图 3-8 中可以看出，在积雪时段内，各气象站在零降雪日前后积雪面积确实存在差异，在零降雪日后，积雪面积达到峰值，并保持稳定不变，在积雪消融日过后，积雪面积迅速发生变化，表现为积雪面积不断减少，直至积雪终日。因此，本书的研究利用积雪面积的变化情况来划分积雪时段，得到区域的零降雪日与积雪消融日。

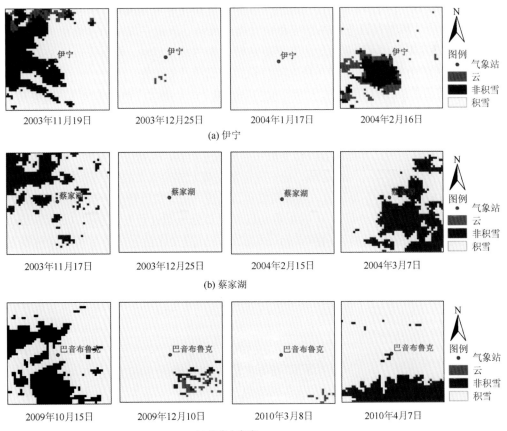

(a) 伊宁

(b) 蔡家湖

(c) 巴音布鲁克

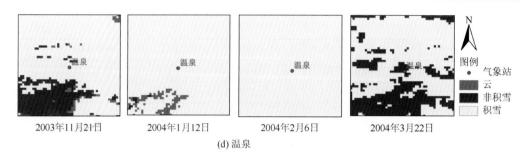

图 3-8　气象站积雪时段不同阶段积雪变化图

3.3　积雪时段的差异分析

总体上，研究区积雪初日和积雪终日的分布特征如下：积雪初日较早及积雪终日较晚的地区主要分布在中部的高山带，北部和西部的积雪初日相对较晚，积雪终日相对较早，南部的积雪初日最晚，积雪终日最早，总体上呈现由北向南、由西向东积雪初日逐渐推后、积雪终日逐渐提前的分布特征，这与前人研究的北疆地区积雪概率的空间分布规律相符。积雪初日较早的地区集中在天山中部高山带及乌鲁木齐西部的博格达峰，9 月及 10 月已被积雪覆盖，研究区中部的大、小尤尔都斯盆地和伊犁河谷的积雪初日也较早，积雪初日分布在 10 月和 11 月；而积雪初日较晚的区域主要分布在研究区南部，积雪初日一般分布在 12 月及以后。积雪终日分布的特征和积雪初日类似，天山中部高山带的积雪一般可以持续到 5 月或者 4 月，阿拉套山地区和博格达峰的积雪终日较晚，积雪终日较早的地区主要分布在研究区南部，1 月或者 2 月上半月积雪就已经开始消融。

形成上述积雪初日和积雪终日分布特征的原因如下：冬季受西伯利亚反气旋的影响，晴朗潮湿天气与逆温占优势，同时由伊朗和阿富汗侵入的温暖的热带气团在天山溃散成局部热气旋，从而引起突然变暖并伴随丰富降水，在天山随海拔升高降水以雪的形式降落，而后该气旋在天山西部区通过，并伴随着冷锋变形和形成地形闭合，引起强大降水，降水转变成雪并持续很长时间，而受高山阻隔影响，研究区南部与最北部输送来的水汽较少，因此积雪较少，同时海拔较小，积雪不易维持，造成积雪初日较晚，积雪终日较早，年内积雪天数较短。

利用 2002～2010 年连续 8 年的积雪初日和终日分布图计算变异系数（coefficient of variance，CV），来分析研究区内积雪初日和积雪终日的变化情况。变异系数是标准差与均值的比率，其计算公式如下：

$$CV = \frac{\sigma}{|\mu|}$$

其中，

$$\mu = \frac{\sum\limits_{i=1}^{N} x_i}{N}, \quad \sigma = \sqrt{\frac{\sum\limits_{i=1}^{N}(x_i - \mu)^2}{N-1}} \tag{3-14}$$

式中，N 为样本数；x_i 为样本值。

变异系数越大，说明年际变化越明显。研究区积雪初日的变异系数均较小，说明积雪初日的年际变化很稳定，区域内变异系数相对较大的是大、小尤尔都斯盆地及天山山脉中的阴沟地区，但其值最大也仅为0.16。相对于积雪初日，积雪终日的年际变化剧烈，变异系数最大可达到2以上，变化最剧烈的地区为研究区南部及东南部，而其他地区的积雪终日年际变化不大。积雪终日年际变化较大的地区全年降水量少，并且海拔较低，冬季寒流的强弱直接影响该区域的积雪日数。积雪状况受当地气候等因素影响明显，积雪终日的年际变化很大，而积雪初日的年际变化不大是因为该区域每年的积雪初日较晚，均为12月下半月，甚至第二年才有积雪，根据本书的研究统计方法，即使积雪初日在12月之后也强制赋值为12月31日，所以这一区域的积雪初日年际变化较小。

研究区地形复杂，区域内高山会阻隔水汽的输送，造成积雪时段在空间上分布不均匀。图3-9为2002～2009年多年平均的每日积雪面积分布图。9月大部分地区没有达到积雪初日，积雪主要分布在高海拔永久积雪区域。11月大部分像元达到积雪初日，表现为积雪面积迅速扩大，大部分地区进入积雪期。随着降雪的不断增加，1月中旬，研究区积雪面积达到最大，积雪持续到3月，低海拔地区达到积雪终日，包括南部靠近沙漠的地区积雪开始融化，表现为积雪面积大量减少，直至5月末，大部分地区达到积雪终日，积雪面积减少到5万 km² 以下，积雪主要分布在永久积雪区。

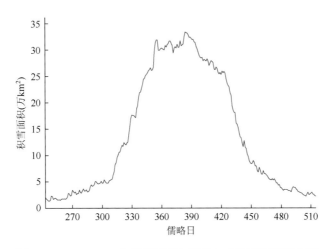

图 3-9　2002～2009 年研究区多年平均年内积雪面积变化图

3.3.1　不同高度带的时段差异

研究区内积雪时段的分布与地形因子密切相关，海拔不同会影响气温和降水特征，从而影响积雪的分布状况。为了分析积雪频率随高度变化的情况，将研究区分为7个高度带：800m 以下、800～1200m、1200～1600m、1600～2700m、2700～3000m、3000～3700m，以及3700m 以上。各高度带的总面积及占全区的百分比见表3-9。800m 以下及800～1200m 两个高程带占全区面积的54%，分别位于北部和南部，3700m 以上的像元数占总面积的9%。

表 3-9　研究区各高度带面积及百分比

高度带（m）	高度带内面积（km²）	占总面积的百分比（%）
800 以下	131523	29
800～1200	120206	26
1200～1600	53348	12
1600～3000	90033	20
3000～3700	19040	4
3700 以上	42824	9

3.3.1.1　不同高度带积雪初、终日差异

图 3-10 为不同高度带像元的平均积雪初日和积雪终日经过多年平均得到的积雪时段分布图。由图 3-10 可以看出，积雪初日和积雪终日的变化趋势为随着高度带的升高，积雪初日逐渐推后，积雪终日逐渐提前。形成这一趋势的原因是随着海拔的升高，气温降低，积雪易形成并可维持更长的时间。但是，从图 3-10 中可以发现，800m 以下高程带的积雪初日反而比 800～1200m 的高度带早，积雪终日也较晚。产生这一现象的原因是处于 800m 以下高度带的像元分布于沿北部的准噶尔盆地和西部的伊犁谷地，冬季伊犁谷地所接受的水汽来源丰富，积雪初日较早，而处于 800～1200m 高度带的像元分布在塔里木盆地，靠近塔克拉玛干沙漠，全年降水较少，积雪初日较晚。因此，积雪的初、终日不仅仅受海拔的影响，区域所处的位置与水汽来源等也会影响积雪的初、终日分布。

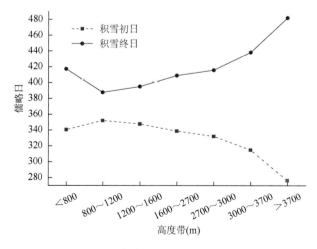

图 3-10　不同高度带积雪初日、终日分布图

为了解积雪初、终日随海拔的变化情况，笔者进一步绘制了图 3-11。从图 3-11 中可以看出，在 0～300m，随着海拔的升高，积雪初日逐渐提前，积雪终日逐渐推后，并且积雪终日的变化率较大；在 300～1000m，随着海拔的升高，积雪初日逐渐推后，积雪终日

逐渐提前；从 1000m 开始，随着海拔的升高，积雪初日逐渐提前，积雪终日逐渐推后，直至 4500m 左右时，积雪初日和积雪终日基本保持不变，常年积雪。

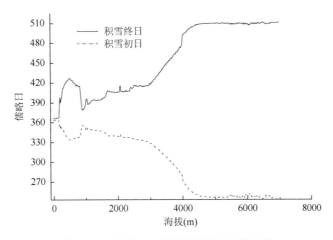

图 3-11 积雪初、终日随海拔变化分布图

将研究区内像元每年的积雪初日和积雪终日按照不同高度带进行统计，得到不同高度带逐年的积雪初日和积雪终日分布图（图 3-12）。不同高度带的年际变化趋势不尽相同。800m 以下高度带积雪初日在 2002~2003 年、2004~2005 年和 2008~2009 年的数值较大，说明这几年的平均积雪初日较晚；积雪终日变化较大，表现为 2007~2008 年和 2008~2009 年积雪终日提前。800~1200m 和 1200~1600m 两个高度带的积雪初日年际变化较一致，均在 2006~2007 年出现谷值，积雪终日都有逐年提前的趋势。1600~2700m 和 2700~3000m 两个高度带的积雪初日和积雪终日的变化趋势都相近，积雪初日年际变化较平稳，积雪终日 2006~2007 年、2007~2008 年和 2008~2009 年出现了明显的低值，积雪终日较早。海拔最高的两个高度带的积雪初日和积雪终日的变化趋势相近，2002~2003 年这

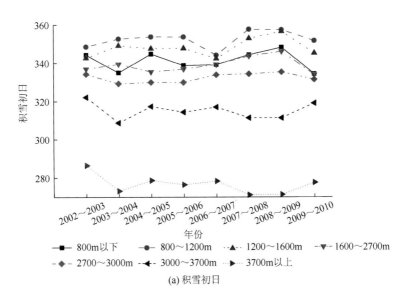

(a) 积雪初日

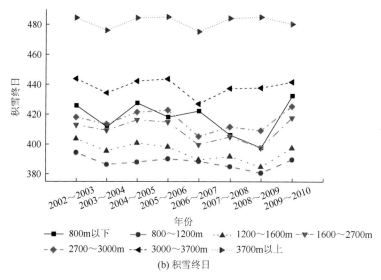

(b) 积雪终日

图 3-12　不同高度带积雪初、终日年际变化分布图

两个高度带的积雪初日和积雪终日均较晚，说明这一年高山区的积雪初日较其他年份迟，但是积雪终日也相对比较晚。

3.3.1.2　不同高度带零降雪日及积雪消融日差异

在区域积雪的年内变化中，积雪面积的变化反映积雪累积和消融的情况。当区域进入降雪期后，区域会逐渐被积雪覆盖，所以表现为积雪面积的迅速扩大；区域进入积雪累积期后，积雪面积会在某个范围内保持稳定；当区域进入积雪消融期后，积雪开始融化，表现为积雪面积的迅速减少，直至消融殆尽，积雪终止。因此，积雪稳定日表现为积雪面积趋于平稳的时间点，积雪消融日表现为积雪面积从平稳到迅速下降的时间点。

图 3-13 为不同高度带积雪面积的年内变化图。从图 3-13 中可以看出，零降雪日随海拔的升高逐渐提前，积雪消融日随海拔的升高逐渐推后，与积雪初日和积雪终日的分布规律相似，随着海拔的升高，气温逐渐降低，随着水汽的来临，积雪较易进入稳定期，同时，

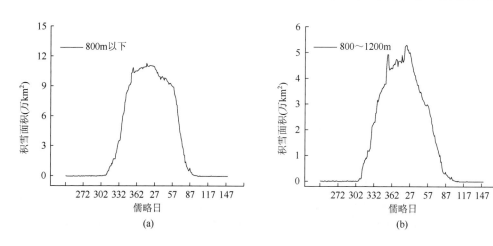

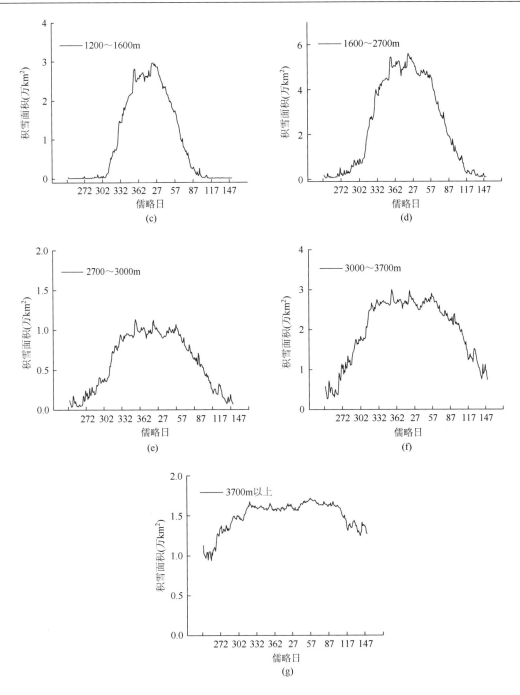

图 3-13 不同高度带多年平均积雪面积分布图

持续低温有利于积雪的维持，所以积雪消融日推后。但是受地域影响，800m 以下高度带发生异常，相比于海拔较高的 800～1200m 高度带和 1200～1600m 高度带，该高度带的零降雪日较早，积雪消融日较晚。1600～2700m 高度带的零降雪日和积雪消融日发生了明显的变化，零降雪日由前一高度带（1200～1600m）的 12 月中旬提前到 12 月初，积雪消融日也由 2 月初推迟到 3 月初。随着海拔的升高，2700～3000m 高度带和 3000～3700m 高度带的零降雪日逐渐提前，积雪消融日逐渐推后。在 3700m 高度带上已经没有明显的积雪面积变化，整个高度带内常年积雪。

3.3.2　不同地域的时段差异

　　天山地形复杂，不同地域的积雪初日、积雪终日及零积雪日和积雪消融日的分布不同，稳定积雪形成日期与纬度的关系十分密切，37°～50°N 的平均变化梯度为 6.15 天/1°，稳定积雪破坏日期与纬度的关系不如稳定积雪形成日期与纬度的关系密切，但是仍然有纬度地带性规律（谢自楚，1996）。为了分析研究区不同地域积雪时段的差异，在研究区内选取 5 个代表性区域进行分析，分别为伊犁盆地，代表研究区西部；塔里木盆地北缘，代表研究区南部；准噶尔盆地西南缘，代表研究区北部；吐鲁番盆地西缘，代表研究区东部；大、小尤尔都斯盆地，代表研究区中部。

3.3.2.1　不同地域积雪初、终日差异

　　图 3-14 为研究区西部、东部、北部、南部和中部的积雪初日和积雪终日的分布图。积雪初日和积雪终日表现出明显的纬度地带性分布规律，同时自北向南还表现出了山势的影响。从 5 个区域的积雪初日和积雪终日的变化图中可以看出，西部的积雪初日早于东部的积雪初日，北部的积雪初日早于南部的积雪初日，西部的积雪初日比东部的积雪初日早，北部的积雪终日比南部的晚，西部的积雪终日比东部的晚，整体上呈现由西向东、由南向北积雪初日提前、积雪终日延后的趋势，这是因为西部和北部是面对北方冷气流侵入的边缘屏障山脉，该处温度梯度无论在全年或者在积雪形成期内都很大，所以其山间盆地积雪形成日期较早、终止日期较晚，而越向东部或者南部内陆地区，水汽运输越困难，从而造

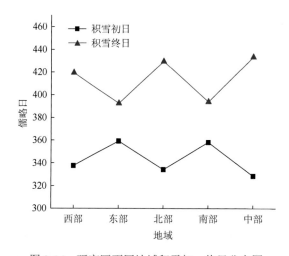

图 3-14　研究区不同地域积雪初、终日分布图

成积雪初日晚、终日早的分布特征。西部的吐鲁番盆地深居内陆，又受周边山地的影响，为西风气流的雨影区，气候极其干旱、炎热，降水量较少，所以积雪期很短。南部的塔里木盆地北缘由于地处天山南坡，气候干燥少雨，因此积雪初日较晚、终日较早，区域内水分主要靠附近高山带的冰雪融水补给。中部的积雪初日最早、积雪终日最晚，这是因为尤尔都斯盆地周边山地降水丰富，同时盆地海拔高，气候高寒，因此积雪初日较其他盆地都早，积雪终日也较晚。

3.3.2.2 不同地域零降雪日及积雪消融日差异

图 3-15 为研究区内 5 个地域的年内积雪面积变化分布图。由图 3-15 可以看出，零降雪日中部地区出现较早，其他 4 个地域的零降雪日无明显区别。但是积雪消融日差异明显，南部和东部 1 月积雪就开始消融，且南部和东部的积雪面积较少，说明其中很多像元终年无积雪覆盖或者积雪无法累积，而北部和中部的积雪消融日较晚。积雪消融日的分布规律和积雪初日、终日的分布规律类似，积雪消融日西部晚于东部、北部晚于南部。

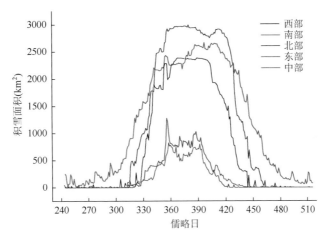

图 3-15 研究区不同区域年内积雪面积变化图

3.3.3 不同坡向积雪时段差异

水汽来源和持续低温是积雪形成并得以维持的必要条件。迎风坡水汽来源丰富，积雪面积比背风坡大；阳坡所接收的太阳辐射比阴坡多，积雪面积比阴坡少。利用 DEM 数据，按照方位角，将研究区分为 8 个坡向：北坡（0°~22.5°及 337.5°~360°）、东北坡（22.5°~67.5°）、东坡（67.5°~112.5°）、东南坡（112.5°~157.5°）、南坡（157.5°~202.5°）、西南坡（202.5°~247.5°）、西坡（247.5°~292.5°）及西北坡（292.5°~337.5°）。各个坡向的面积统计表如表 3-10 所示。各坡向分布较为均匀，其中，正南和正北坡向所占的百分比最大，正东和正西坡向所占的百分比最小，其他坡向分布均为 11%左右。

表 3-10　研究区坡向分布表

坡向	面积（km²）	占总面积的百分比（%）
北	78448	16.66
东北	53313	11.32
东	50324	10.69
东南	58529	12.43
南	79353	16.85
西南	52757	11.20
西	46787	9.94
西北	51398	10.91

3.3.3.1　不同坡向积雪初、终日差异

图 3-16 为不同坡向多年平均的积雪初、终日分布图。对于积雪初日，西北坡、西坡和北坡的积雪初日最早，而南坡和东南坡的积雪初日最晚，平均在 12 月下旬积雪才开始。对于积雪终日，不同坡向的积雪终日的分布趋势相似，北坡、西坡和西北坡的积雪终日较晚，而南坡和东南坡的积雪终日较早。造成这种分布的主要原因是冬季主要受极地西北冷空气南下的影响，这一冷空气带来强风带，通过阿拉山风口和额敏风口进入天山地区带来大量降雪。该风带呈西北-东南走向，造成西北向和东南向的积雪初日和积雪终日出现差异。南坡处于阳坡，得到的太阳辐射多，积雪易融化，导致南坡的积雪不易积累，积雪终日较早。因此，受水汽和热量的共同影响，北坡、东北坡、西坡及西北坡的积雪初日较早、积雪终日较晚，而南坡和东南坡的积雪初日较晚、积雪终日较早。

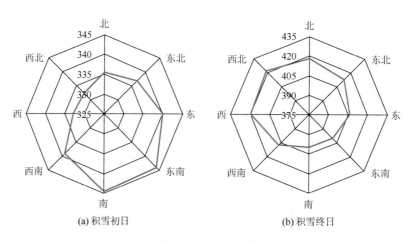

(a) 积雪初日　　　　　　　　　　(b) 积雪终日

图 3-16　不同坡向积雪初、终日分布图

图 3-17 为 2002～2010 年不同坡向的积雪初日和积雪终日的年际变化分布图。对于积雪初日，可以看出，除了南坡和东南坡外，其他坡向在 2003～2004 年都有明显的谷值，尤其是西坡和西北坡两个坡向，说明 2003～2004 年的积雪初日较早；2007～2008 年和 2008～2009 年连续两年各个坡向的积雪初日值较大，说明这两年的积雪初日较晚。对于积雪终日，各个坡向的年际变化趋势基本一致，2003～2004 年、2007～2008 年和 2008～2009 年的积雪终日明显早于其他年份。从上述分析可知，2003～2004 年有来自西向、西北向的暖湿气流影响天山，随着海拔的升高降雪形成，造成这两个坡向的积雪初日来得较早，而南坡和东南坡积雪初日较其他年份没有明显的差异，但是积雪持续时间较短，积雪时段结束得较早。2007～2008 年和 2008～2009 年各个坡向的积雪初日均较晚，而积雪终日较早，积雪期短。

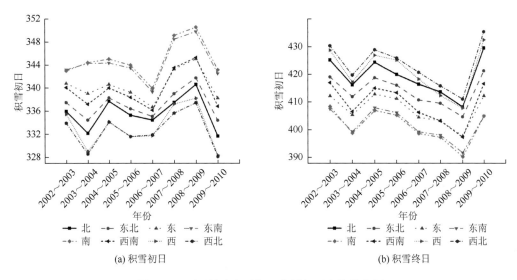

(a) 积雪初日　　　　　　　　　　　　　　　　　(b) 积雪终日

图 3-17　不同坡向积雪初、终日年际变化分布图

3.3.3.2　不同坡向零降雪日及积雪消融日差异

图 3-18 为不同坡向的积雪面积随时间变化的分布图。由图 3-18 可以看出，8 个坡向都有明显的零降雪日和积雪消融日。8 个坡向的零降雪日无明显区别，均分布在 12 月中旬或者下旬，而积雪消融日则分布不一致，南坡的积雪消融日最早，1 月末积雪面积就开始迅速减少，进入消融期，东南坡和西南坡的积雪消融日期也较早，和南坡相差不大，但是东南坡在 2 月出现另一个微弱的积雪稳定趋势，从西南坡也可看出这一趋势，但是趋势依然不明显。北坡、西北坡和东北坡的积雪消融日出现得最晚。这说明，水汽来源虽然造成各个坡向积雪初日不同，但是对零降雪日却几乎没有影响，而太阳辐射对各个坡向的积雪消融日影响较大，南坡获得的太阳辐射较多，所以在春季里积雪不易维持，积雪消融日最早，随着坡向由南到北，太阳辐射越来越少，积雪消融日逐渐延后。

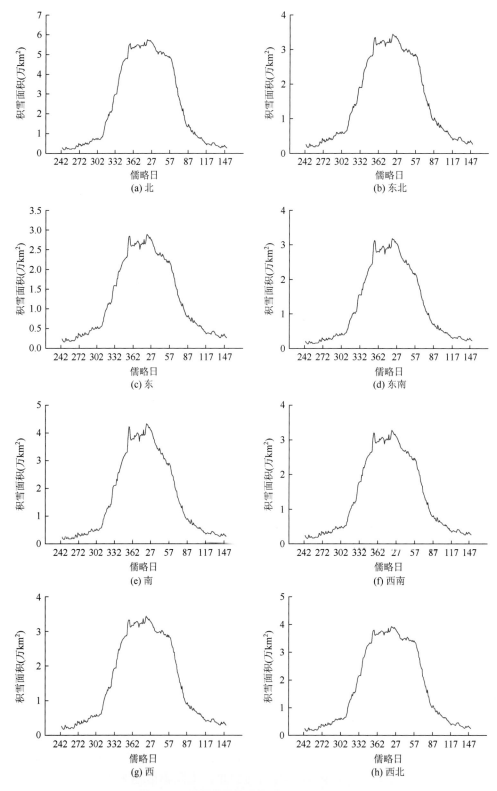

图 3-18　不同坡向年内积雪面积变化分布图

3.3.4 不同坡度积雪时段差异

不同坡度对积雪时段的分布也有影响。在其他积雪条件相同的情况下，坡度不同受到风的影响也不同，从而导致积雪时段发生变化；而对于有些山区，随着海拔的升高，坡度会变大，而温度梯度变小，易产生降雪。为了分析研究区内不同坡度下积雪时段的差异情况，本书的研究利用下载得到的 DEM 数据计算坡度，并按照 5°的间隔，将研究区分为 9 个坡度带。各个坡度的面积统计如表 3-11 所示。坡度在 5°以下的像元占总像元面积的百分比为 70%左右，且在空间分布上其主要分布在研究区南北两侧，坡度较大的像元均位于天山山脉附近。随着坡度的增加，像元数不断减少。

表 3-11 研究区坡度分布表

坡度（°）	面积（km²）	占总面积的百分比（%）
5 以下	331881	69.68
5~10	53997	11.34
10~15	37256	7.82
15~20	25486	5.35
20~25	15147	3.18
25~30	7824	1.64
30~35	3220	0.68
35~40	1043	0.22
40 以上	425	0.09

3.3.4.1 不同坡度积雪初、终日差异

图 3-19 为不同坡度多年平均的积雪初、终日分布图。积雪时段随坡度带有以下变化规律：随着坡度的增加，积雪初日逐渐提前，积雪终日逐渐推后；但除了极高或极低的坡度带外，积雪初、终日随坡度的增加变化不明显。上述变化趋势是由像元所处的地理位置与海拔造成的。坡度在 10°以下的像元占整个研究区的 80%左右，且均分布在海拔相对比较低的地区，这些区域由于地理位置及高山阻隔等影响，降水极其稀少，尤其南部靠近塔克拉玛干沙漠，常年干燥少雨，因此整体上坡度在 10°以下的两个坡度带积雪初日很晚、积雪终日很早、积雪期较短。坡度最大的区域均位于研究区内海拔较高的区域，冬季，这些区域水汽来源比较充足，且气温较低，易形成积雪并累积，所以积雪初日均低于其他坡度带，积雪终日均高于其他坡度带，即积雪初日较早、积雪初日较晚。处于中间坡度带的像元和其他像元差别不大，但是随着坡度的增加，积雪初日和积雪终日并没有呈现明显的增加或者减小的趋势。因此，研究区内坡度对积雪时段的影响较小。

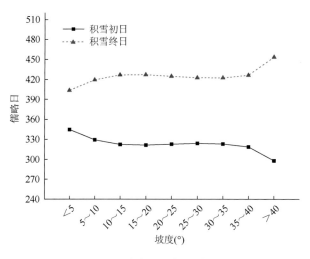

图 3-19　不同坡度积雪初、终日分布图

　　将研究区内像元每年的积雪初日和积雪终日按照不同的坡度带进行统计，得到不同坡度带逐年的积雪初日和积雪终日分布图（图 3-20）。对于积雪初日，各坡度带的变化不剧烈，最大的变化幅度为 10 天左右，<5°的坡度带在 2007～2008 年和 2009～2010 年有低值；5°～35°六个坡度带的年际变化较平稳，没有明显的峰值或者谷值，5°～10° 坡度带 2008～2009 年的积雪初日相对较晚，而其他坡度带均仅在 2002～2003 年有较早的积雪初日；坡度最高的两个坡度带年际变化波动相对其他坡度带变化较大，但是趋势和其他坡度带相似，均在 2002～2003 年积雪初日较晚，在 2007～2008 年积雪初日较早。对于积雪终日来说，所有坡度带的积雪终日变化趋势相近，连续 8 年的积雪年中，所有坡度带在 2003～2004 年积雪终日都较早，2006～2007 年除了<5°的坡度带外，其他坡

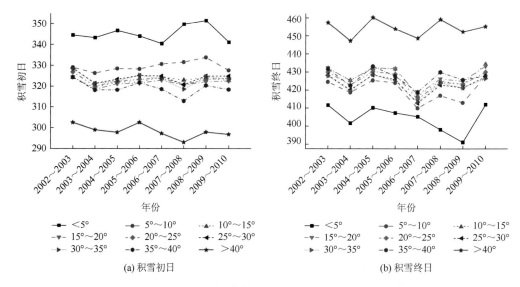

图 3-20　不同坡度带积雪初、终日年际变化分布图

度带积雪终日均较早，而<5°的坡度带在 2007～2008 年和 2008～2009 年连续两年积雪终日都较早。

3.3.4.2 不同坡度零降雪日及积雪消融日差异

图 3-21 为不同坡度带积雪面积随时间变化的分布图。由图 3-21 可以看出，各个坡度带的稳定积雪日和积雪消融日明显不同。小于 5°的坡度带的积雪稳定期最晚，在 12 月中旬才达到零降雪日，积雪消融日也比较早，在 1 月末至 2 月初积雪开始融化。5°～10°坡度带的积雪稳定日较上一坡度带没有明显的变化，但是积雪消融日明显延后，从 10°～15°坡度带开始，积雪稳定日提前，积雪消融日推后，10°～35°五个坡度带的积雪面积变化相

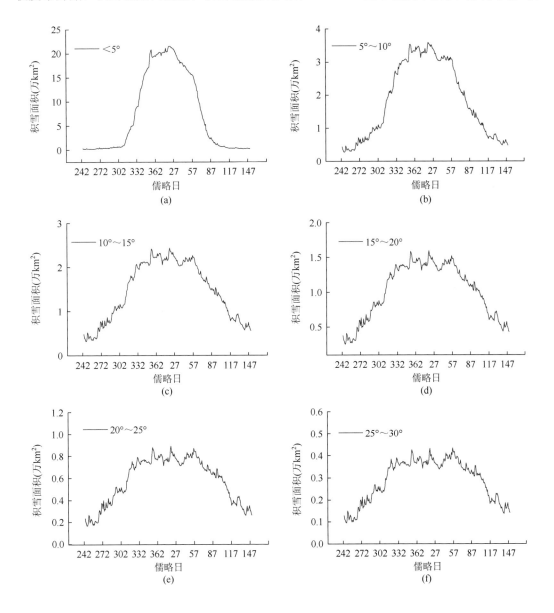

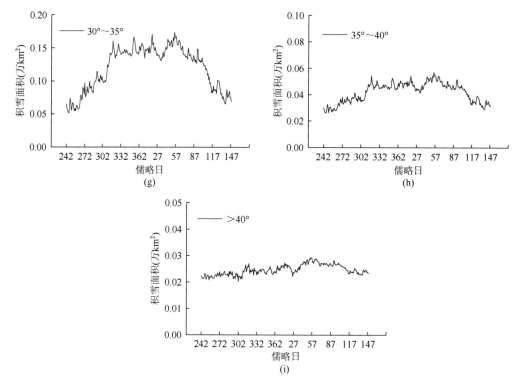

图 3-21　不同坡度带年内积雪面积变化分布图

似，积雪稳定日和消融日无明显变化。35°～40°和大于 40°两个坡度带的年内积雪面积变化不明显，没有明显的积雪稳定日和积雪消融日，说明这两个坡度段为极高海拔区，常年被积雪覆盖。

参 考 文 献

仇家琪，孙希华. 1992. 天山积雪初步研究. 干旱区地理, 15（3）：9-21.

谢自楚. 1996. 天山积雪与雪崩. 长沙：湖南师范大学出版社.

Abdalat W，Steffen K. 1995.Passive microwave-derived snow melt regions on the Greenland ice sheet. Geophysical Research Letter，22（7）：787-790.

Rango A. 1997. The response of areal snow cover to climate change in a snowmelt runoff model. Annals of Glaciology，25：232-236.

Schaper J，Martinec J，Seidel K. 1999. Distributed mapping of snow and glaciers for improved runoff modeling. Hydrologic Processes，13：2023-2031.

Wang L，Sharp M，Brown R，et al. 2005. Evaluation of spring snow covered area depletion in the Canadian Arctic from NOAA snow charts. Remote Sensing of Environment，95（4）：453-463.

Wang X W，Xie H J. 2009. New methods for studying the spatiotemporal variation of snow cover based on combination products of MODIS Terra and Aqua. Journal of Hydrology，371：192-200.

Ye B，Yang D K，Jiao T，et al. 2005. The Urumqi River source Glacier No. 1，Tianshan，China：changes over the past 45 years. Geophysical Research Letters，32：L21504.

4　中分辨率光学遥感图像的积雪信息识别

本章以 Landsat-5 TM 遥感影像为例，研究玛纳斯河流域山区积雪的中分辨率光学遥感识别方法。首先利用 SNOMAP 雪盖制图算法分析影响积雪识别精度的各个因素，定量评估山区复杂地形对积雪识别的影响。考虑处于坡面的像元实际接收的总辐照度，结合 DEM 与 6S 模型，将遥感影像进行综合辐射校正，获得准确的地物反射率信息，恢复阴影区的地物光谱特征，得到山影区的积雪信息，同时消除大气与地形对积雪识别的影响。对于综合辐射校正后的影像，基于下垫面类型进行积雪信息提取，优化积雪识别结果。其主要研究内容如下。

（1）山区复杂地形对积雪识别的影响主要由高程差异、不同朝向坡面上的太阳光坡面入射角不同、地形阴影造成。不同海拔的大气状况不同，大气透过率不同，导致同类地物在高海拔区域与低海拔区域的反射率存在差异，积雪在高海拔区域的反射率比在低海拔区域偏高。太阳光坡面入射角直接影响着坡面像元接收的总辐射能量，冬季成像的影像，随着太阳高度角的降低，有些不能接收太阳光直接照射的区域产生明显的地形阴影，导致阴影区的积雪不能被正确识别。冬季影像各波段反射率与太阳光坡面入射角余弦 $\cos i$ 的相关性明显高于夏季，地形效应更突出。NDSI 使用的 2 个波段反射率与 $\cos i$ 的相关性不同，不能通过波段比消除地形的影响。直接使用 SNOMAP 雪盖制图算法在冬季山区得到的积雪面积明显偏少。

（2）考虑研究区强烈的地形起伏及大气的影响，基于 DEM 与 6S 模型对影像进行综合辐射校正，同时消除了大气与地形的影响。在综合辐射校正模型中，考虑山体自身的本影，以及由附近高大山体投影造成的落影的影响，同时选用适合研究区的天空散射辐射与周围地形的反射辐射计算模型，经过综合辐射校正后，可以很好地恢复山影处的地物特征，得到山影区的积雪信息。

（3）考虑下垫面类型对积雪识别的影响，将流域内的下垫面类型分为非植被区、草地与耕地、林地三大类，研究不同下垫面类型卫星雪盖识别方法。结果表明，按下垫面类型划分的积雪识别要比在不同下垫面使用统一的阈值更加准确、精度更高。

4.1　Landsat-5 TM 数据的预处理

4.1.1　遥感数据处理

Landsat-5 TM 影像包含 7 个波段，波段 1～5 和波段 7 的空间分辨率为 30m，波段 6 的空间分辨率为 120m（未使用）。南北的扫描范围约为 170km，东西的扫描范围约为 183km。2 景影像能完全覆盖玛纳斯河流域山区，其轨道号分别为 path144/row30、 path144/row29。选取 24 景玛纳斯河流域影像，见表 4-1，涵盖 12 个月，数据主要集中在 2009～2011 年，个别月份由于这几年数据质量不高，则使用了 2007 年与 2006 年的数据。

表 4-1　Landsat-5 TM 影像数据列表

成像时间	太阳高度角（°）	太阳方位角（°）	研究区内云量范围（%）
1 月：2011-01-02	20.67	157.74	<5
2 月：2010-02-16	29.93	151.57	<5
3 月：2011-03-23	42.81	147.20	0
4 月：2011-04-24	54.44	142.40	<5
5 月：2007-05-15	60.45	139.58	0
6 月：2009-06-05	62.63	131.91	<2
7 月：2006-07-31	58.71	135.64	0
8 月：2009-08-08	56.44	136.60	<2
9 月：2006-09-17	45.63	151.66	0
10 月：2009-10-27	31.73	159.71	<15
11 月：2010-11-15	26.22	161.06	0
12 月：2010-12-01	22.74	160.92	<2

　　Landsat 影像数据预处理包括传感器辐射校正，由影像原始数字值（DN 值）得到大气层顶反射率值；影像拼接与裁剪，将 2 景遥感影像拼接后，根据玛纳斯河流域山区范围进行裁剪。

4.1.1.1　传感器辐射校正

　　传感器辐射校正的目的是将传感器量化的 DN 值换算为进入传感器的辐射亮度值和大气层顶反射率值（干介民和高峰，2004；池宏康等，2005）。

　　将原始的 DN 值换算为辐射亮度值（Q_{cal}-to-L_λ）的计算公式如下：

$$L_\lambda = \left(\frac{L_{\max\lambda} - L_{\min\lambda}}{Q_{calmax} - Q_{calmin}} \right)(Q_{cal} - Q_{calmin}) + L_{\min\lambda} \qquad (4-1)$$

或

$$L_\lambda = G_{rescale} \times Q_{cal} + B_{rescale} \qquad (4-2)$$

式中，Q_{cal} 为原始量化的 DN 值；$L_{\min\lambda}$ 为 $Q_{cal} = 0$ 时的辐射亮度值；$L_{\max\lambda}$ 为 $Q_{cal} = Q_{calmax}$ 时的辐射亮度值；$G_{rescale}$ 和 $B_{rescale}$ 为传感器的增益和偏移。

　　大气层顶反射率的计算需要根据辐射亮度值进一步转换，其公式如下：

$$\rho_\lambda = \frac{\pi \cdot L_\lambda \cdot d^2}{E_{sun\lambda} \cdot \cos\theta_s} \qquad (4-3)$$

式中，ρ_λ 为大气层顶反射率；π 为常量；L_λ 为传感器接收到的辐射亮度值[W/(m²·sr·μm)]；d 为日地距离（天文单位）；$E_{sun\lambda}$ 为大气层顶的平均太阳光谱辐照度[W/(m²·μm)]；θ_s 为太阳天顶角（°）。其中，各项取值可以从影像头文件获得（Chander et al.，2009），见表 4-2。

表 4-2　Landsat-5 TM 影像各个波段对应的增益和偏移与 $E_{sun\lambda}$ 值

波段	$L_{min\lambda}$	$L_{max\lambda}$	增益	偏移	$E_{sun\lambda}$
band 1	−1.52	193.	0.765827	−2.29	1983
band 2	−2.84	365	1.448189	−4.29	1796
band 3	−1.17	264	1.043976	−2.21	1536
band 4	−1.51	221	0.876024	−2.39	1031
band 5	−0.37	30.2	0.120354	−0.49	220.0
band 7	−0.15	16.5	0.065551	−0.22	83.44

4.1.1.2　影像拼接与裁剪

由于需要得到准确的反射率值，在拼接过程中不进行羽化与拉伸。图 4-1 是经过拼接与裁剪得到的 12 个月研究区的 TM 影像，由 542 波段合成。在合成影像中，积雪为蓝色，植被为绿色，植被稀少的裸地为红色。由图 4-1 可以看出，在不同月份，积雪覆盖差异很大。下游平地只在冬季月份覆盖有积雪，在上游山区的高海拔区域则永久被积雪覆盖。

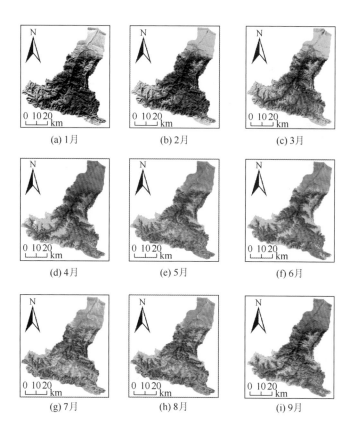

(a) 1月　　　(b) 2月　　　(c) 3月

(d) 4月　　　(e) 5月　　　(f) 6月

(g) 7月　　　(h) 8月　　　(i) 9月

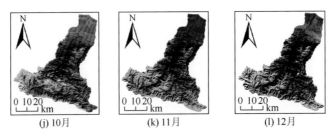

图 4-1　玛纳斯河流域山区 12 个月 Landsat-5 TM 影像图

4.1.2　DEM 数据处理

4.1.2.1　数据拼接、重投影与重采样

使用 2011 年 10 月发布的 ASTER GDEM 第二版数据，5 个分片可以覆盖整个研究区，其分片号分别为 N43E84、N43E85、N43E86、N44E85 与 N44E86。将 5 个分片的 ASTER GDEM 文件拼接后重投影至与 TM 影像相同的坐标系下，并重采样至 30m 分辨率。

图 4-2（a）是玛纳斯河流域山区 DEM 图。从图 4-2（a）中可以清楚看出，流域地形呈南高北低走势，源头山体高大，最高海拔为 5208m，山前坡地相对平缓，海拔在 600m 左右。

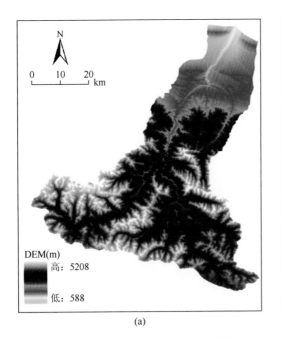

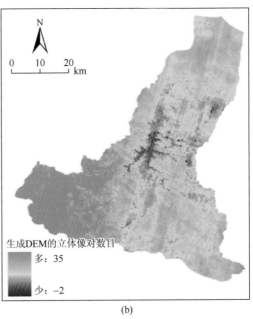

(a)　　　　　　　　　　　　　　　　　　(b)

图 4-2　研究区 DEM（a）与质量评价（b）

ASTER GDEM 第二版数据虽然比第一版数据有所改善，但数据中仍存在一些奇异点和缺陷，其主要原因如下：①云的影响产生明显的异常值；②ASTER GDEM 是由多个原始的 DEM 值经过滤波得到的，在某些区域，如果初始的 DEM 数据数量很少，且没有替代数据，则精度较低，表现为空洞、隆起或其他异常值。每个 ASTER GDEM 分片中包含

了质量评估（QA）文件，描述了该片 DEM 由多少个初始 DEM 值处理得到，以及由某种其他 DEM 源数据填补得到。

为了评估研究区的 DEM 质量情况，同样对质量评估数据说明文件进行如下处理：先进行拼接，然后重投影，再重采样至 30m 空间分辨率。图 4-2（b）显示了研究区 DEM 的质量情况，红色像元表示该点 DEM 值由少于 2 个初始 DEM 值滤波得到，或者无初始高程值，由其他源数据填补得到。这些低精度与异常的区域多出现在中山区深切的河谷处。

对山区进行辐射校正需要准确的 DEM 值，所以使用异常的 DEM 值处理会造成结果异常，对于这些区域，还需要进行进一步处理，因此本书的研究在这些区域保留了遥感影像的表观反射率值。

4.1.2.2 地形参数获取

坡度、坡向和地形遮蔽为模拟坡面接收辐照度关键的地形要素（张秀英和冯学智，2006）。在起伏地形中，周围地形的遮蔽作用会强烈影响坡面接收到的辐照度（曾燕等，2003）。不同坡面上太阳光入射角的大小直接影响坡面上像元点接收到的太阳直接辐射。

综合辐射校正中需要用到的地形参数可以先基于 DEM 计算各种地形因子，包括坡向、坡度、天空可视因子、地形观测因子。

地面坡度表述为过该点的切平面与水平地面的夹角，用 S 表示。坡向为任何一点切平面的法线在水平面的投影与过该点的正北方向的夹角，坡向取值范围为 $0°\sim360°$。图 4-3 为研究区的坡度图与坡向图，坡度最大可达 84°，坡度最多分布在 $30°\sim40°$，其次分布在 $20°\sim30°$。

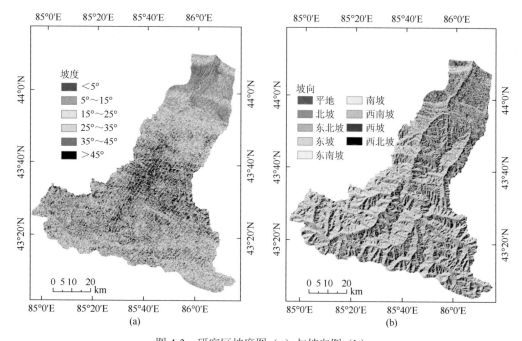

图 4-3 研究区坡度图（a）与坡向图（b）

用 V_d 表示天空可视因子或地形开阔度（曾燕等，2008），其定义为所接收的天空漫散射与未被遮挡的水平表面所接收的漫散射之比，描述了坡面点可以看见的半球天空百分比，$0 < V_d \leqslant 1$。天空可视因子决定了坡面点接收到天空散射光的多少，其计算方法有两种，一种是三角法（Kondratyev，1969），另一种是解析法（Dozier and Marks，1987；Dozier and Frew，1990）。三角法的计算公式如下：

$$V_d = \frac{1 + \cos S}{2} \tag{4-4}$$

假设水平表面与一无限长的坡度为 S 的坡面相邻，它仅仅考虑了坡面自身的遮蔽作用，而没有考虑地形之间的相互遮蔽作用，因此本书的研究采用解析法，其计算示意图如图 4-4 所示。图 4-4（a）表示在两个方向上计算天空可视因子，图 4-4（b）表示在 8 个方向上计算天空可视因子。对于坡面点 i，首先计算半径 R 范围内 θ 方向上点 j 与点 i 连线的坡度，得到最大垂直仰角 γ_i，γ_i 到 $\pi/2$ 为在 θ 方向上观测到的天空部分。γ_i 可通过计算点 i 与点 j 间的地面距离 d_1 及两点之间的高程差 ΔH_1 得到。沿 2π 圆周进行积分，最终得到这一点所有方向上的天空可视因子，因此，其计算公式可表述为

$$V_d = 1 - \frac{\sum_{i=1}^{n} \sin \gamma_i}{n} \tag{4-5}$$

式中，n 表示在 n 个方向上计算天空可视因子，每个计算方向角度相距 $2\pi/n$。

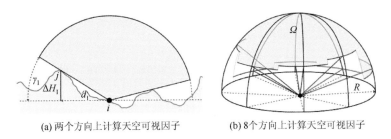

(a) 两个方向上计算天空可视因子　　　　　　(b) 8 个方向上计算天空可视因子

图 4-4　天空可视因子计算示意图（Zakšek et al.，2011）

天空可视因子的值为 0～1，若某点的天空可视因子值接近于 1，则表明整个半球对该点几乎可见，该点靠近山顶点；若某点的天空可视因子值接近于 0，则表明该点接近深谷的较低点。

Zakšek 等（2011）对计算天空可视因子的半径范围与计算角度做了详细的分析。结果表明，32 个角度的计算结果已经能满足需要，64 个角度与 32 个角度的计算结果没有显著区别，更多的运算角度不仅增加了计算量，而且对结果改善不大。将搜寻半径 R 设定为 10～30 个像元比较合理（Zakšek et al.，2011），随着搜索半径的增大，天空可视因子的值会有所减少。因此，为了得到更精确的计算结果，更好地表征地表开阔程度，本书的研究在计算天空可视因子时，将计算角度设定为 60°，半径设定为 750m（25 个像元）。

地形观测因子（C_t）描述了一个目标点的周围可见区域，由于很难准确计算，其计算式可以简化为式（4-6）（Dozier and Frew，1990）：

$$C_t \approx \frac{1+\cos S}{2} - V_d \tag{4-6}$$

然而，Iqbal（1983）证明天空可视因子与地形观测因子之和为1，因此，

$$C_t = 1 - V_d \tag{4-7}$$

Sirguey（2009）进一步证实了由式（4-5）可推导出式（4-7），因此本书的研究中采用式（4-7）计算。图4-5为计算得到的研究区天空可视因子与地形观测因子。

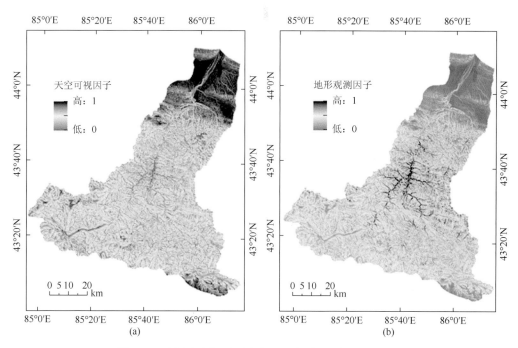

图4-5　研究区天空可视因子（a）与地形观测因子（b）

4.1.3　遥感数据与 DEM 配准

DEM 可辨识程度不高，且玛纳斯河流域内河道拐点较粗，因此在 DEM 与遥感影像之间直接选取同名地物点较为困难，且冬季遥感影像大片区域被积雪覆盖，其余没有被积雪覆盖的地表大多为荒漠裸地，这样更增加了在遥感影像与 DEM 之间直接选取同名地物点的难度。

图4-6是研究区局部区域遥感影像与对应的天空可视因子图及 DEM 数据。由图4-6（a）与4-6（c）可以看出，尽管遥感影像色调较暗，但山脊线清晰可见，图4-6（c）天空可视因子图中的白色线条，图4-6（b）中的 DEM 数据，由于其分辨程度较低，人眼很难从中判断出山脊线位置。因此，使用天空可视因子图进行两者之间的配准，选择两条或者多条山脊线的交叉点作为控制点。

为了直观地显示 DEM 与 Landsat 遥感影像之间的误差，图4-6（d）将天空可视因子作为红光波段，遥感影像的第4波段（$0.52\sim0.60\mu m$）作为绿光波段，遥感影像的第2波段（$0.52\sim0.60\mu m$）作为蓝光波段叠加进行显示，可以看出遥感影像中的山脊线能够与 DEM 中的山脊线很好的叠合，从而体现出较高的配准精度。

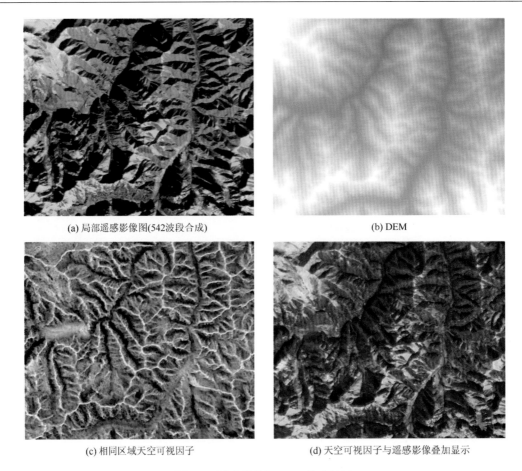

(a) 局部遥感影像图(542波段合成)　　　　　　(b) DEM

(c) 相同区域天空可视因子　　　　　　(d) 天空可视因子与遥感影像叠加显示

图 4-6　遥感影像与 DEM 叠合情况

4.2　基于 SNOMAP 算法的山区积雪信息识别

4.2.1　SNOMAP 算法

积雪同其他主要的地表覆盖物相比具有两个重要的特性: 在可见光波段有较高的反射率; 而在短波红外波段有较低的反射率。因此, NDSI 通过这两个波段的差异可以有效地区分积雪与其他地物, 其计算式为 NDSI =（TM2–TM5)/(TM2 + TM5), 其中 TM2 和 TM5 分别表示 TM 影像的第 2 和第 5 波段（Dozier, 1989; Hall et al., 1995)。NDSI 有区别积雪与云的功能, 在短波红外波段, 云仍保持较高的反射率, 而积雪的反射率则骤降, 因此利用短波红外波段可以很好地区分云和雪。

SNOMAP 算法首先面向 Landsat TM 影像积雪信息识别而提出, 最终发展成为 MODIS 积雪产品生产的算法（Hall et al., 1995), NDSI 是 SNOMAP 算法中的核心内容。经验证, 当约有 50%或更大范围的积雪覆盖率时, 对应 TM 图像像元所求出的 NDSI 值大于或等于 0.4（Hall et al., 1995, 2002)。

由于水体也可能出现 NDSI≥0.4，为了避免这类水体被划分为积雪，利用水体在近红外波段反射率低的特性，加入判别条件：近红外波段反射率高于 0.11。此外，许多林型，特别是云杉，在 1.6μm 波长的区域（TM5）的反射率很低，使得 NDSI 的分母非常小，即使可见光波段反射率有较小的增加，也会导致 NDSI 值高于 0.4，使像元被误判为积雪（Hall et al.，1995）。因此，根据积雪在可见光波段的高反射特性，在算法中加入可见光波段反射率临界值，避免这些低可见光反射率的像元被判定为积雪。SNOMAP 算法的完整表述如式（4-8）所示：

$$\begin{cases} \text{NDSI} \geqslant 0.4 \\ \text{TM2} \geqslant 0.1 \\ \text{TM4} > 0.11 \end{cases} \tag{4-8}$$

4.2.2 积雪初步识别结果

图 4-7 是利用 SNOMAP 算法得到的玛纳斯河流域山区的积雪识别结果，黑色像元表示积雪。积雪识别结果较好地反映了积雪的年内变化情况，即 11 月积雪开始积累，4 月起积雪开始消融，夏季只有高山带存在积雪。

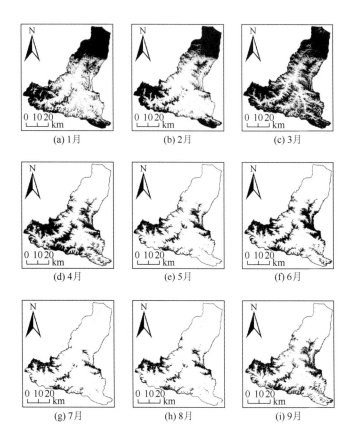

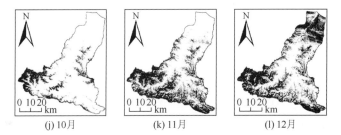

(j) 10月　　　　　　(k) 11月　　　　　　(l) 12月

图4-7　由SNOMAP算法得到的12个月玛纳斯河流域积雪识别结果（黑色为积雪像元）

　　但是对冬季的积雪识别结果进行进一步研究后发现，在阴影区域大部分积雪都不能被识别。图4-8是2010年11月15日高山带的原始影像与积雪识别结果，可以发现山影处的积雪全都被判读为非雪。其主要原因是SNOMAP算法中为了消除茂密植被覆盖与水体的影响，将绿光波段（TM2）反射率低于0.1、近红外波段（TM4）反射率低于0.11的像元都划分为非雪像元。虽然阴影区积雪的NDSI值较高，但是因为波段2与波段4反射率过低而不能被识别。

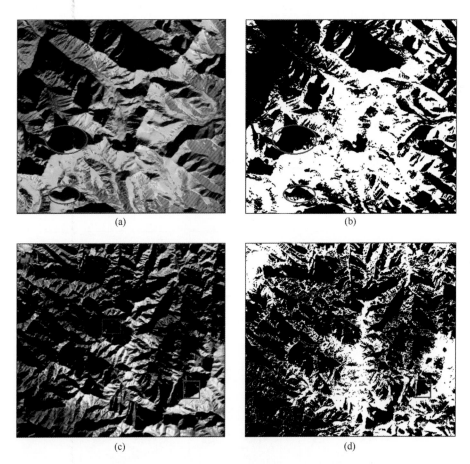

(a)　　　　　　　　　　　　　　　(b)

(c)　　　　　　　　　　　　　　　(d)

图4-8　研究区局部区域SNOMAP算法识别结果

（a）和（b）为高山带；（c）和（d）为中山带

此外，在中山带林区，图 4-8 也显示有不少林区的积雪被误判为非雪。Hall 等（2001）通过对比使用混合光谱模型方法得到的雪比例图和使用 SNOMAP 方法提取的 TM 积雪图，发现在非森林地区，当像元中积雪百分比在 60% 以上时，SNOMAP 方法的提取精度约为 98%。而在玛纳斯河流域山区海拔 1500～2700m，天山云杉茂密地生长在陡峭阴坡和阴湿坡上，林木郁闭度很大，常可达 0.5～0.7（胡汝骥，2004）。在茂密的森林，树冠的遮蔽作用使得积雪识别非常困难（Foster et al., 1991），此外，天山云杉几乎都生长在阴坡，反射率很低，从而更加大了积雪识别的难度。直接使用 SNOMAP 算法很难在玛纳斯流域山区得到准确的积雪识别结果。

4.2.3 山区复杂地形对积雪识别的影响

在地形复杂的山区，地表接收到的太阳辐射受太阳高角度、方位角、大气条件和坡面地形等多种因素影响，从而造成地表接收到的太阳辐射能量有很大差别。对于相同的地物目标，它们所在坡度与坡向不同可能会显示不同的亮度值，从而导致阴阳坡影像辐亮度出现差异；另外，不同类型的地物却可能有相似的亮度值，即产生"同物异谱、同谱异物"现象。影像中最直观的表现为阳坡较亮，而阴坡较暗，图 4-9 显示了研究区内阴坡与阳坡地物的反射光谱差异。从图 4-9 可以看出，阳坡积雪在前 4 个波段的平均反射率高达 0.86，而阴坡积雪在前 4 个波段的平均反射率只有 0.12。此外，图 4-9 同时给出了同处于山影中的裸地光谱曲线，可以发现其与山影区的积雪光谱曲线相似，从而造成山体阴影区的积雪与裸地不能正确区分。

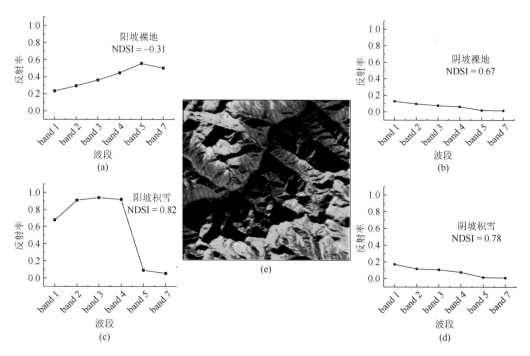

图 4-9 阴坡与阳坡地物光谱差异

地形对积雪识别产生影响的主要原因是不同坡面像元接收到的辐射能量有显著差异，从而导致一些像元被阴影覆盖，而另一些像元却过度感光。另外，高程也会对像元接收到的辐射能量产生影响，其主要原因是光学厚度是高度的函数，光学厚度通过影响大气透过率来对表观反射率产生影响。在近红外波段，地面反射辐射占主要部分，随着海拔的升高，大气透过率增大，所以表观反射率增大。以下从高程与坡面太阳光入射角两个方面分析山区地形对积雪识别的影响。

4.2.3.1　高程差异的影响

玛纳斯流域山区海拔最高点为 5208m，最低点为 588m，高程起伏很大，山脊与山谷间高程差可达千米。海拔会引起大气组成成分和粒子浓度的变化，从而直接影响光学厚度，进而影响大气透过率，使不同海拔接收到的辐射能量不同。将研究区的高程分带，每 300m 建立一个高度带，由 6S 辐射传输模型得到不同海拔上 TM 影像第 2 波段的太阳直射辐射、天空散射辐射、大气上行透过率、大气下行透过率，见表 4-3。

表 4-3　不同海拔上由 6S 辐射传输模型估算得到的 TM 影像第 2 波段大气参数

高度带（m）	太阳直射辐射	天空散射辐射	大气上行透过率（10^{-1}）	大气下行透过率（10^{-1}）
300~600	411.97	186.41	5.56	7.75
600~900	415.07	185.50	5.60	7.77
900~1200	418.08	184.61	5.64	7.79
1200~1500	421.00	183.73	5.67	7.81
1500~1800	423.83	182.88	5.71	7.83
1800~2100	426.57	182.04	5.74	7.85
2100~2400	429.23	181.22	5.78	7.87
2400~2700	431.81	180.42	5.81	7.89
2700~3000	434.30	179.64	5.84	7.91
3000~3300	436.72	178.88	5.87	7.93
3300~3600	439.07	178.13	5.90	7.95
3600~3900	441.34	177.40	5.93	7.96
3900~4200	443.55	176.68	5.96	7.98
4200~4500	445.69	175.98	5.98	8.00
4500~4800	447.77	175.30	6.01	8.01
4800~5100	449.79	174.65	6.04	8.03
>5100	451.76	174.01	6.06	8.04

由表 4-3 可以看出，不同高度带上的大气光学厚度不同，从而造成大气上行透过率与大气下行透过率相差较大。不同高度的大气状况不同，高海拔区域的大气透过率较高，其

导致同类地物在高海拔区域与低海拔区域的反射率存在差异，海拔高的地物更明亮。高海拔区域的积雪反射率比低海拔区域的偏高，其会对选择 NDSI 阈值造成影响。

4.2.3.2　坡面太阳光入射角及地形阴影的影响

产生地形效应的主要原因是在不同朝向与不同坡度的坡面上，相对传感器的方位角不同，太阳光相对于坡面的入射角也不同，从而造成有些像元过度感光，有些像元处于阴影中。坡面太阳光入射角（i）直接决定了坡面上该点接收到太阳直接辐射的大小，其定义为太阳入射光与被照射的像元法向的夹角，入射角的余弦可采用式（4-9）计算：

$$\cos i = \cos\theta_s \cos S + \sin\theta_s \sin S \cos(\varphi_s - A) \tag{4-9}$$

式中，θ_s 为太阳天顶角；φ_s 为太阳方位角；S 为坡度；A 为坡向。

图 4-10 为坡面太阳光入射角随地形的变化，4-10（a）为平坦地表，地面太阳光入射角为太阳天顶角 θ_s；图 4-10（b）为面向太阳的坡面，太阳光入射角 $i < \theta_s$，$\cos i > \cos\theta_s$，该坡面接收到更强的太阳辐射；图 4-10(c)为背向太阳的坡面，太阳光入射角 $i > \theta_s$，$\cos i < \cos\theta_s$，该坡面接收到的太阳辐射相对于平坦地表有所减少。若坡面某处的 $\cos i \leqslant 0$，则该点接收到的直接辐射为 0。因此，成像当日的坡面太阳光入射角直接决定了该点像元接收到的太阳直射辐射。Reeder（2002）分别对格兰德（Grand）林区 Landsat TM 影像的亮度值与坡面入射角余弦（$\cos i$）、坡度与高程进行回归分析后发现，影像亮度值与坡面入射角余弦之间的相关程度非常高，相关系数高达 0.64，而与高程、坡度的相关程度低，相关系数仅分别为 0.04 与 0.03。其他研究者也得到了相似的研究结论，即太阳入射角的余弦与影像反射率之间具有很强的相关性（高永年和张万昌，2008）。

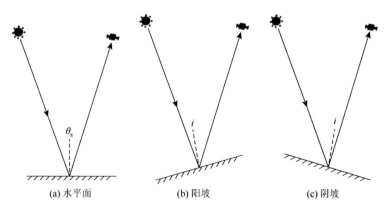

(a) 水平面　　　　　　　(b) 阳坡　　　　　　　(c) 阴坡

图 4-10　坡面太阳光入射角随地形的变化

对玛纳斯河流域山区 12 个月的地物反射率与成像当日的坡面入射角余弦作回归分析，如图 4-11 所示。横坐标代表 Landsat-5 TM 的每个波段（band1～band5，band7），纵坐标是各波段反射率与 $\cos i$ 之间的相关系数 r。

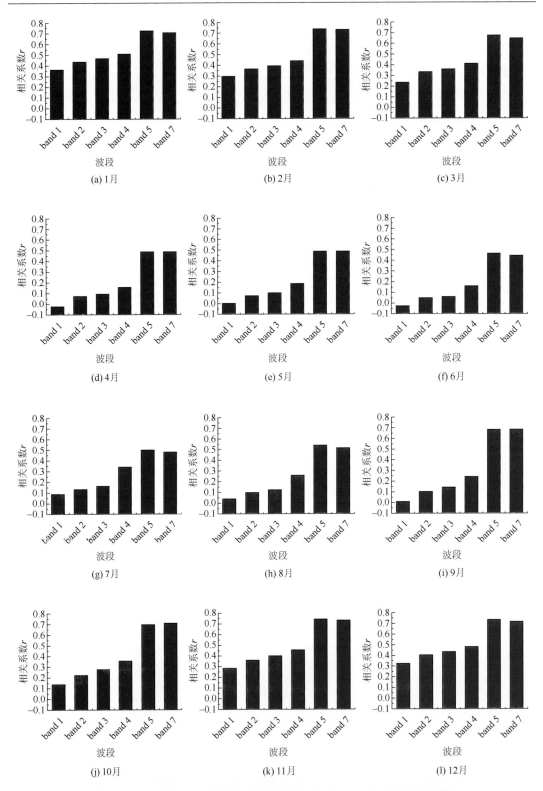

图 4-11　12 个月玛纳斯河山区影像各波段反射率与 cos$i$ 之间的相关系数

由图 4-11 可以发现：

（1）NDSI 所用到的 2 个重要波段：band2 和 band5 的反射率与 cos$i$ 的相关性不同。虽然有研究表明，NDSI 可以通过波段比在一定程度上消除地形的影响，但是 NDSI 使用的 2 个波段与 cos$i$ 的相关性差异非常大，band5 与 cos$i$ 的相关性明显高于 band2 与其的相关性，因此 NDSI 在山体高大起伏明显的山区不具有适应性。band5 与 cos$i$ 的相关性非常高，相关系数最高达到 0.75，最低也有 0.47；band2 与 cos$i$ 的相关性相对较低，相关系数介于 0.05～0.44，这意味着随着入射角余弦的减小，band5 反射率下降更明显，NDSI 增大，被误判为雪的概率增大。

（2）冬季影像反射率与 cos$i$ 的相关性明显高于夏季。通过对图 4-11 和表 4-1 中所列的成像当日太阳高度角与太阳方位角进行进一步分析后发现，太阳高度角比太阳方位角对波段反射率与 cos$i$ 之间相关系数的影响程度更大。太阳高度角越小，相关系数越高，地形效应对雪盖信息的准确提取影响越大。地形因素极大地影响了冬季山区影像的积雪识别，而冬季是进行积雪监测的重要季节，因此在对山区遥感影像进行积雪识别前，需要先消除地形的影响。

（3）影像的 6 个波段中，第 1 波段反射率与 cos$i$ 的相关性最低，12 个月的相关系数分别为 0.37，0.30，0.24，－0.02，0.00，－0.02，0.09，0.04，0.01，0.14，0.29，0.33，全年中共有 9 个月的相关系数小于 0.3。通常当 r 值小于 0.3 时，可认为自变量与因变量之间不显著相关，可以用第 1 波段来区分阴影区的积雪与其他阴影区地物，这与 Dozier（1989）提出的方法一致。

地形阴影的产生可以分为本影和落影，本影是指地物未被太阳光直接照射的部分，即坡面太阳光入射角余弦 cos$i$≤0；落影是指太阳光斜射时，地物投射在地面上的影子，即 cos$i$＞0。落影同样是地形阴影的一部分，在地形起伏显著的区域，当太阳光斜射时将会产生明显的落影。本影与落影如图 4-12 所示。

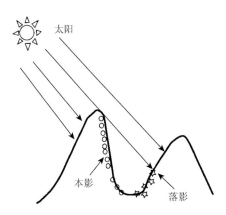

图 4-12　阴影的产生示意图（本影与落影）

图 4-13 是由地形遮蔽产生的落影示意图，图中 P 点由于 O 点遮蔽而位于落影区。落影的计算方法如下：在太阳入射方向上（太阳方位角 φ_s），若地形遮蔽角≥太阳高度角 θ_s，则该点处于落影中。地形遮蔽角为某点 P 在一定半径范围内相对于海拔最高点 O 的仰角（罗庆洲等，2009；Dozier et al.，1981）。

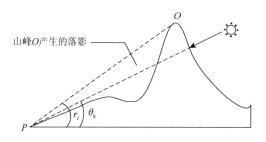

图 4-13   由地形遮蔽产生的落影示意图

图 4-14 是 2010 年 11 月 15 日玛纳斯河流域山区本影与落影图，绿色代表本影，棕色代表落影，可以看出本影与落影涵盖了遥感影像中的阴影区域。对全年 12 个月遥感影像中阴影的产生进行分析发现，在夏季，由于太阳高度角较高，本影和落影区域都很小；而在冬季，太阳高度角很低，遥感影像中大片区域被阴影覆盖，并且落影区域的范围比本影区域更大，说明在山体高大、太阳高度角低的区域，由其他山体遮挡产生的阴影必须加以考虑。以 2010 年 11 月 15 日为例，玛纳斯河流域山区被落影覆盖的像元占像元总数的 27.08%，本影区像元占像元总数的 14.07%。在阴影区，不能接收到太阳的直接辐射，色调很暗，正确解译阴影区的地物很困难。

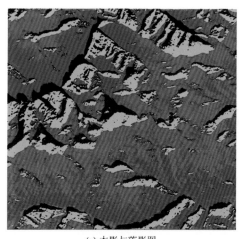

(a) 本影与落影图   (b) 遥感影像

图 4-14   玛纳斯河流域山区本影与落影图（绿色代表本影、棕色代表落影）

4.3   利用综合辐射校正改进积雪信息的识别

4.3.1   大气与地形综合辐射校正原理

大尺度区域条件下，影响区域太阳辐射的因素主要有天文地理因子和大气状况等，而研究局部区域的太阳辐射还需要考虑海拔、坡向、坡度，以及地形相互遮蔽的影响（李新等，1999）。大气与地形综合辐射校正的原理是基于 DEM 计算坡面像元实际接收到的总辐照度，然后结合传感器接收的辐射量进行计算，得到地表真实反射率。坡面像元实际接收到的总辐照度（E_{all}）包含 3 部分：太阳直射辐射（E_d）、天空散射辐射（E_f）、周围地物的反射辐射（E_{adj}）（Dozier，1989；Sandmeier and Itten，1997；Richter，1998）。图 4-15 为坡面上一点 P 接收的 3 部分辐射能量的示意图。综合辐射校正往往假设地表为朗伯体，虽然这与实际情况不符，但是相关研究表明，如果考虑了天空各向异性散射，那么基于朗伯体的假设是可行的，能够取得不错的校正效果，但是在后向观测的角度上可能会出现错误（Conese et al.，1993；Richter，1998）。

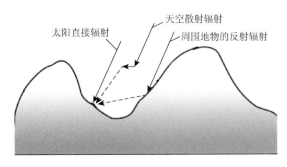

图 4-15　坡面上一点 P 接收的各部分辐射能量示意图

坡面上像元所接收到的总辐照度可以用式（4-10）表示：

$$E_{all} = E_d + E_f + E_{adj} \qquad (4\text{-}10)$$

假设地表真实反射率为 ρ，为等效的朗伯反射表面，则地表反射的总辐射可表示为

$$L = \frac{\rho E_{all}}{\pi} \qquad (4\text{-}11)$$

L 经过大气衰减后到达传感器，大气上行透过率为 $\mathrm{e}^{-\frac{\tau}{\cos\theta_v}}$（$\tau$ 为大气垂直光学厚度，θ_v 为观测天顶角），同时由于大气自身的反射辐射也会进入传感器（程辐射 L_p），因此传感器最终接收的总辐射量（L_{sat}）表示为

$$L_{sat} = L \times \mathrm{e}^{-\frac{\tau}{\cos\theta_v}} + L_p \qquad (4\text{-}12)$$

由此可以得到真实反射率的校正公式为

$$\rho = \frac{\pi \times (L_{sat} - L_p)}{E_{all} \times \mathrm{e}^{-\frac{\tau}{\cos\theta_v}}} \qquad (4\text{-}13)$$

4.3.2　综合辐射校正的方法

本书的研究采用 6S 模型估算辐射校正过程中需要的大气参数，6S 模型采用了最新近似和逐次散射（SOS）算法计算散射和吸收，在计算透过率时加入了 3 种新气体（CH_4、

N$_2$O、CO），提高了瑞利散射与气溶胶散射的计算精度，同时考虑了地表的非朗伯特性（Vermote et al.，1997；亓雪勇和田庆久，2005）。

6S 模型对太阳光在太阳-地面目标-遥感器整个传输路径中所受到的大气的影响进行了描述，包括大气点扩散函数效应和表面方向反射率的模拟。假定反射率的目标物为均一朗伯面，遥感器所接收的大气顶部的反射率可表示为

$$\rho_{TOA}(\theta_s,\theta_v,\phi_v) = \rho_a(\theta_s,\theta_v,\phi_v) + \frac{\rho_t^u T(\theta_s)T(\theta_v)}{1-\rho_t^u S} \qquad (4\text{-}14)$$

式中，$\rho_{TOA}(\theta_s,\theta_v,\phi_v)$ 为传感器在大气顶部观测到的反射率；$\rho_a(\theta_s,\theta_v,\phi_v)$ 为由瑞利散射和气溶胶散射引起的大气程辐射；S 为大气底层向下的半球反射率；θ_s 为太阳天顶角；θ_v 为观测天顶角；ϕ_v 为观测方位角；$T(\theta_s)$ 为入射太阳光谱从大气顶部到地表的总透过率（下行辐射总透过率），$T(\theta_s) = e^{-\frac{\tau}{\cos\theta_s}} + t_d(\theta_s)$；$T(\theta_v)$ 为由地表到大气顶部沿传感器观测方向的总透过率（上行辐射总透过率），$T(\theta_v) = e^{-\frac{\tau}{\cos\theta_v}} + t_d(\theta_v)$；下行和上行的大气散射透过率分别为 $t_d(\theta_s)$ 与 $t_d(\theta_v)$；$e^{-\tau/\cos\theta_s}$ 和 $e^{-\tau/\cos\theta_v}$ 分别为下行的直射透过率（下行直接辐射透过率）和上行的直射透过率（上行直接辐射透过率）。

4.3.2.1　地面接收的总辐照度计算

坡面像元接收的总辐射包括太阳直射辐射、天空散射辐射和周围地形的反射辐射 3 部分，下面分别论述每项的计算过程。

1）太阳直接辐射计算

直接入射到地表的辐照度与大气层外的太阳辐照度、太阳高度角、大阳方位角及大气光学厚度等有关。

坡面上接收到的太阳直接辐射可以表示为大气层外的太阳辐照度 E_{sun}、坡面太阳光入射角 i 及大气下行直射透过率的函数，如式（4-15）所示：

$$E_d = \Theta\, E_{sun} \times \cos i \times e^{-\tau/\cos\theta_s} \qquad (4\text{-}15)$$

式中，Θ 用来判断坡面上某像元能否接收到太阳的直接辐射，当该像元处于阴影（包括本影和落影）中时，$\Theta=0$，接收到的太阳直接辐射为 0，当该像元处于光照面时，$\Theta=1$；E_{sun} 为大气层顶的平均太阳光谱辐照度[单位：W/(m^2·μm)]。

太阳直接辐射计算也可以根据平面接收到的太阳直接辐射转换得到坡面太阳直接辐射，转换公式如式（4-16）所示：

$$E_d = \Theta E_d^h \times \frac{\cos i}{\cos\theta_s} \qquad (4\text{-}16)$$

式中，E_d^h 为水平面上接收的太阳直接辐射，可以由 6S 模型得到。

图 4-16 是 2010 年 11 月 15 日玛纳斯河上游山区接收到的太阳直接辐射，可以看出在阴坡太阳直接辐射较低，有些区域接收不到光照，太阳直接辐射为 0，由于每个像元的太

阳光坡面入射角度及每个波段的大气下行透过率都相同,所以波段合成后的太阳直接辐射图呈现黑白效果。

图 4-16　2010 年 11 月 15 日玛纳斯河山区接收到的太阳直接辐射计算结果（542 波段合成）

2）天空散射辐射计算

基于平面散射辐射计算方法,计算坡面的散射辐射方法可以分为两类,即各向同性模型和各向异性模型（Noorian et al.，2008）。各向同性模型的代表有 Liu 和 Jordan（1960，1962）、Temps 和 Coulson（1977），各向异性模型的代表有 Reindl（1990）、Perez 等（1986，1987，1990）、Hay（1979）、Muneer（1990，1997）。Liu 和 Jordan 模型与 Hay 模型是遥感影像辐射校正中通常使用的两种散射辐射计算模型。

各向同性模型假设散射光各向同性地分布在整个天空,坡面接收的天空散射光只与周围地形的遮蔽有关,这显然与实际情况不符,采用各向同性模式计算出来的天空散射辐射值与实际值相比,在阴影区域偏高,在非阴影区域则偏低。Reindl 等（1990）比较了各向同性模型与各向异性模型,发现在复杂的地形条件下,各向异性模型对天空散射辐射的计算结果与实际情况更为相符。因此,本书采用各向异性模型对复杂地形下的天空散射辐射进行模拟。

对于玛纳斯河流域山区积雪识别而言,一项重要的工作是提高阴坡区域积雪识别的精度,因此准确模拟朝北坡向接收到的天空散射辐射非常重要。因为朝北坡向的区域接收到的太阳直接辐射较少,有些地方甚至为 0,天空散射辐射占坡面像元接收到总辐射能量的大部分。

不少学者对利用各向异性模型计算天空辐射模型做了分析比较,Noorian 等（2008）比较了 12 种平面所接收的天空散射辐射转换得到坡面散射辐射的模型,并用实测数据进行了验证,结果表明,Perez 模型的效果最优,尤其是在朝西向的坡面,Hay 模型、Reindl 模型、Perez 模型对南坡散射辐射的模拟效果较好。Li 和 Lam（2000）使用中国香港地区的太阳散射辐射数据对 Perez 和 Muneer 模型进行了评估，结果发现，Perez 模型在中国香港地区倾斜坡面的适应性最好。Eero（2000）在芬兰地区的研究表明，Perez 模型计算值与实测值最接近，Reindl 模型对所有南坡的计算值较实测值偏小，而对所有北坡的计算值则比实测值偏大。总体来说，Perez 模型最准确，并且对各个方向的坡面都适用（Utrillas and Martinez-Lozano，1994）。

因此，本书的研究选用 Perez 模型，将水平面像元所接收的天空散射辐射转换为坡面像元所接收的天空散射辐射。Perez 模型的计算公式如下：

$$E_f = E_f^h[V_d(1-F_1)+F_1a/b+F_2\sin S] \tag{4-17}$$

式中，a 为对坡面太阳入射角的修正，$a = \max(0, \cos i)$；b 为对太阳天顶角的修正，$b = \max[0.087, \cos\theta_s]$；$F_1$ 与 F_2 分别为环日亮度系数及水平面亮度系数，它们是下面 3 个描述大气变量的函数：太阳天顶角 θ_s、天空晴朗度 ε、天空亮度 Δ。由这 3 个参数根据 Perez 建立的查找表得到 F_1 与 F_2，查找表由 Perez 等（1987，1990）根据全球 13 个站点的观测结果推导建立。

图 4-17 是玛纳斯河上游山区接收天空散射辐射的计算结果。由图 4-17 可以看出，天空散射辐射在阳坡与阴坡并没有明显的差异，但是在山脊处天空散射辐射值较高，在山谷处天空散射辐射值较低，这是因为山脊处的天空可视因子较大，造成山脊处接收的天空散射辐射明显比山谷处高。本书的研究中还试验了由 Hay 模型得出的天空散射辐射，结果表明，使用 Hay 模型计算的阴坡天空散射辐射显著低于 Perze 模型，而计算的阳坡天空散射辐射则高于 Perze 模型；如果使用 Hay 模型，将会导致最终计算的阴坡总辐照度偏小，综合辐射校正精度偏低。

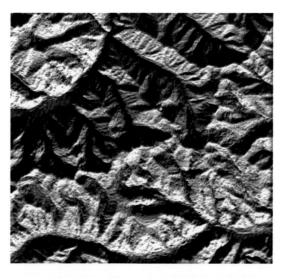

图 4-17　2010 年 11 月 15 日玛纳斯河上游山区接收天空散射辐射计算结果（542 波段合成）

3）周围地形的反射辐射计算

平坦地表上，目标点接收的来自周围地形的反射辐射较少，但是在地形复杂的山区，周围地形的反射辐射则不能忽略。周围地形的反射辐射由周围地物的反射率、周围地物的坡度坡向、目标点与邻近坡面的距离决定。反射辐射相当复杂，不可能精确计算，因此不少学者做了一些假设（闫广建等，2000）。Dozier 和 Frew（1990）把地形的反射假设为各向同性，采用地形观测因子估算周围地形对被研究点的反射辐射，不逐一考虑周围每个像元与特定像元的距离及相对角度。

$$E_{\mathrm{adj}} = \pi \overline{L_P} C_{\mathrm{t}} \tag{4-18}$$

Proy 等（1989）在像元的尺度上逐点计算邻近像元的反射辐照度，给出的计算方法如式（4-19）所示。计算结果表明，当地表反射率比较高时（如雪地、红外波段的植被），周围地形的反射辐射则不可忽略（Proy et al.，1989）。

$$E_{\mathrm{adj}} = \sum_P \frac{L_P \cos T_M \cos T_P dS_P}{r_{MP}^2} \tag{4-19}$$

式中，考虑一定半径范围内每个对点 M 可见的所有像元 P。其中，L_P 为太阳总辐射经地面反射后，未经过大气影响的辐射值；T_M 为 M 点坡面法线与 MP 连线的夹角；T_P 为 P 点坡面法线与 MP 连线的夹角；dS_P 为像元 P 的面积；r_{MP}^2 为点 M 和点 P 间的距离。由于计算每个像元点的 E_{adj} 时都需要考虑半径范围内所有对该点可见像元的角度、距离、辐射值信息，计算量非常大，所以 Proy 只选择了 22 个点进行计算比较。从时间复杂度来看，如果采用 Proy 提出的计算方法，对于每个给定的像元，如果设定周围地形反射辐射的影响半径范围为 750m（25 个像元），则需要遍历（50×50）个像元，分别计算它们与给定像元的相对角度和相对距离，算法实现的时间复杂度为 O（$nb \times nl \times ns \times 50 \times 50$）（$nb$ 为研究区影像的波段数，nl 为影像的行数，ns 为影像的列数）。这对于大范围的影像而言，耗时是巨大的，而计算采用 Dozier 的近似算法（Dozier and Frew，1990），时间复杂度为 O（$nb \times nl \times ns$）。

根据 Dubayah 的研究结果，很难精确计算周围地形的反射辐射，且使用复杂的计算模式［Proy 方法，式（4-19）］带来的改善不大（Dubayah，1992；Zhang and Gao，2011），对于玛纳斯河流域研究区而言，使用 Proy 方法计算量太大，耗时太久，因此本书的研究中选择 Dozier 的近似计算模型。

图 4-18 是 2010 年 11 月 15 日玛纳斯河上游山区接收周围地形的反射辐射计算结果。由图 4-18 可以看出，若目标点周围地表被积雪覆盖，则该目标点接收到的周围地形反射辐射很高，证实在反射率高的区域，周围地形的反射辐射不能忽略（Proy et al.，1989）。图 4-18 中细的黑线部分是山体的山脊处，因为山脊处的地形观测因子很低，造成山脊处接收的周围地形反射辐射很低。阴坡区域来自周围地形的反射辐射并不为 0，表明在接收不到阳光直接照射的区域，来自周围地表的反射辐射与天空散射辐射占了该像元接收的总辐射能量的大部分。

4.3.2.2　地表真实反射率恢复

计算了地面接收总辐照度的各部分，可以利用传感器端的辐射值，经式（4-13）计算地表的真实反射率。

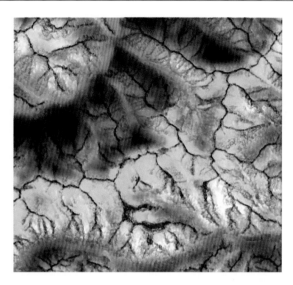

图 4-18　2010 年 11 月 15 日玛纳斯河上游山区接收周围地形的反射辐射计算结果（542 波段合成）

　　玛纳斯河流域海拔相差很大，不同高程的大气光学厚度不同，如果不考虑不同高程的影响进行综合辐射校正，将会造成高海拔区域地物比低海拔区域地物更亮些，在流域源头山峰上的积雪反射率偏高。研究区海拔在 588～5208m，按照每间隔 300m 分带，对每个高度带估算大气参数。

　　综合辐射校正所需的参数（大气下行透过率 $e^{-\frac{\tau}{\cos\theta_s}}$、大气上行透过率 $e^{-\frac{\tau}{\cos\theta_v}}$、水平面接收的太阳直接辐射 E_d^h、水平面接收的天空漫散射 E_f^h、程辐射 L_p）可由 6S 辐射传输模型得到。由于缺少遥感影像成像时刻的气象数据，因此可以根据遥感影像成像时间选用 6S 软件提供的标准大气模式。4～9 月选择中纬度夏季模式，其余月份选择中纬度冬季模式。为了估算大气参数选择对地表真实反射率恢复可能产生的误差，对 9 月的影像分别选择 4 种标准大气模式（中纬度冬季、中纬度夏季、副极地冬季、副极地夏季）进行试验，比较这 4 种标准大气模式得到的第 2 波段反射率差异。

　　使用中纬度冬季模式得到的反射率与使用中纬度夏季模式相比，反射率差异在 0～0.037，95%以上的像元反射率差值都低于 0.01；使用副极地冬季模式得到的反射率与使用中纬度夏季模式相比，反射率差异在 0～0.07，95%以上的像元反射率差值都低于 0.02；使用副极地夏季模式得到的反射率与使用中纬度夏季模式相比，反射率差异在 0～0.03，95%以上的像元反射率差值都低于 0.004。可见，不同大气模式的选择对地表反射率恢复产生的误差较小，对结果精度影响不大。

　　图 4-19 是夏季（2009 年 6 月 5 日）研究区局部区域综合辐射校正前后影像的对比图，可以看出区域 A 原始影像上有明显的阴阳坡之分，校正后图像显得更加平坦，并且同类地物在阳坡和阴坡的反射率趋于一致，消除了大部分地形的影响，阴影区所包含的图像细节更加明显，更好地表现了阴坡地物的真实情况。区域 B 经过校正后，阳坡积雪的过饱和现象得到抑制，同类地物在阴坡与阳坡的光谱特征趋于一致。综合辐射校正同时考虑了目标高度对辐射传输的影响，消除了高海拔区域地物偏亮的影响。

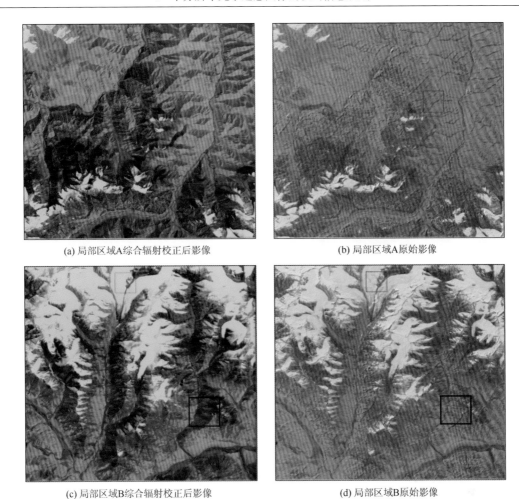

(a) 局部区域A综合辐射校正后影像　　　　　　(b) 局部区域A原始影像

(c) 局部区域B综合辐射校正后影像　　　　　　(d) 局部区域B原始影像

图 4-19　夏季影像（2009 年 6 月 5 日）综合辐射校正前后对比（542 波段合成）

　　图 4-20 是冬季 2 个月份（2 月与 11 月）流域上游区域综合辐射校正前后影像的对比图。由于冬季太阳高度角很低，校正前影像中北坡大片区域都被阴影覆盖，经过辐射校正后，阴影里的地物特征得到恢复，可以清晰地分辨出山影处的积雪与裸地。图 4-20（a）和图 4-20（b）是 2010 年 11 月 15 日综合辐射校正前后影像，图 4-20（c）与图 4-20（d）是 2010 年 2 月 16 日同片区域综合辐射校正前后影像，对比 4 张图像可以发现，综合辐射校正能够正确地恢复阴影区的地物特征，很好地区分阴影里的不同地物。

　　在冬季影像校正后，山脊与山谷处出现了一些误差，这是由落影的计算误差导致阴影掩膜提取不准确与遥感影像间存在 1～2 个像元的偏差造成的。由于在计算沿着太阳方位角方向的最大仰角时，采样点的像元坐标不是整数值，因此可以通过最近邻内插法由周围像元的高程值得到，但为了保证精度，最好采用双线性内插法。由 DEM 生成的落影与遥感影像之间有 1 个像元左右的偏差，在阴影区域一些不是阴影的地方被标记为阴影，或者是阴影未能标出，导致太阳直接辐射的计算结果与实际情况不符，继而导致恢复的反射率值异常。

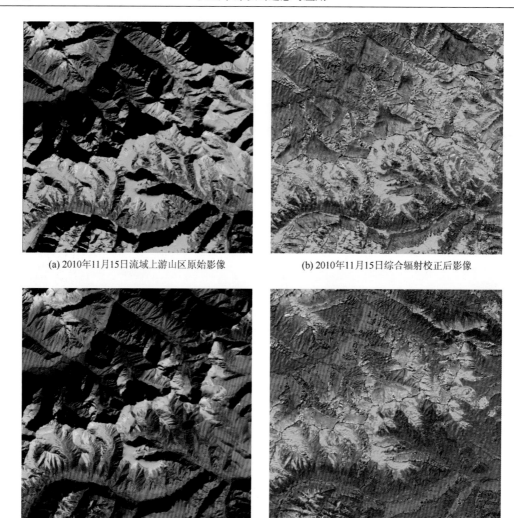

(a) 2010年11月15日流域上游山区原始影像   (b) 2010年11月15日综合辐射校正后影像

(c) 2010年2月16日流域上游山区原始影像   (d) 2010年2月16日综合辐射校正后影像

图 4-20　冬季影像综合辐射校正前后对比（542 波段合成）

　　此外，ASTER GDEM 经重投影与重采样至 30m 分辨率，DEM 计算的地形参数与真实情况存在误差，导致在山脊与山谷变异大的地方根据精度较低的 DEM 计算的辐射值与真实情况存在偏差，在一些山脊和山谷处出现未校正与过校正现象，恢复的反射率出现异常值（段四波和闫广建，2007）。

　　已有不少研究表明，DEM 的分辨率及精确性会对地形校正产生重要影响（Dozier，1989），粗分辨率的 DEM 会造成山脊与山谷处不准确，使得阴影的计算不准确（Iqbal，1983）。有学者认为，为保证校正精度，DEM 空间分辨率应远远高于影像分辨率，为影像的 4 倍（Reeder，2002）。高空间分辨率的 DEM 数据的应用将使综合辐射校正结果更加准确。此外，薄云与霾的影响造成由模型计算出的地表接收总辐照度与根据传感器端接收的辐射量推算出的辐照度不同，导致得出的反射率与真实反射率结果存在差异。

根据图 4-11，影像第 5 波段反射率与 cos i 的相关性非常高，影响积雪的识别。对校正后影像的反射率与 cos$i$ 进行回归分析后发现，相关程度减弱。表 4-4 列出了 12 景玛纳斯河流域上游山区校正前后第 5 波段反射率与 cos$i$ 的相关系数 r 和决定系数 R。决定系数为因变量随自变量的变化而呈线性变化的平方和占因变量总变量平方和的比率，它表明了因变量（波段 5 反射率）变化中有多少百分比可由自变量 cos$i$ 解释。

表 4-4　校正前后第 5 波段反射率与 cos$i$ 之间的相关系数 r 与决定系数 R

月份	相关系数 r		决定系数 R	
	校正前	校正后	校正前	校正后
1	0.73	−0.03	0.53	0.00
2	0.74	−0.23	0.55	0.05
3	0.68	−0.05	0.46	0.00
4	0.49	−0.05	0.24	0.00
5	0.49	0.01	0.24	0.00
6	0.47	0.04	0.22	0.00
7	0.50	−0.05	0.25	0.00
8	0.54	−0.04	0.30	0.00
9	0.69	−0.08	0.47	0.01
10	0.70	−0.33	0.49	0.11
11	0.75	0.03	0.56	0.00
12	0.74	−0.03	0.54	0.00

由表 4-4 可以看出，经过综合辐射校正后，第 5 波段反射率与 cos$i$ 之间的决定系数 R 大大减少，相关系数 r 几乎都降至 0.1 以下，表明消除了太阳入射光与坡面之间相对角度的影响，地形效应减弱。10 月的相关系数较高，主要是受薄云及雾霾的影响，基于辐射传输理论的校正模型在薄云下不适用，造成薄云下的反射率普遍偏高。表 4-4 中几个月份的相关系数略低于 0，出现轻微的过校正现象。另外，研究区范围较大，采用中心点的经纬度计算太阳高度角与方位角也会对结果造成一定的误差，最好将影像分成几个小块处理。

4.3.3　综合辐射校正前后积雪识别结果比较

图 4-21 是综合辐射校正前后积雪提取结果的对比图。经过综合辐射校正后，在阴影区域，原先因为反射率过低而不能被识别的积雪被正确识别。

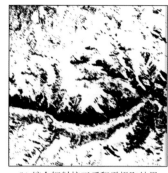
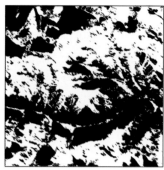

(a) 原始遥感影像　　　　　(b) 综合辐射校正后积雪提取结果　　　　(c) 校正前积雪提取结果

图 4-21　综合辐射校正前后积雪提取结果对比图

对综合辐射校正前后的 12 景影像应用 SNOMAP 算法制作雪盖图，结合坡向统计北坡（0°～45°，315°～360°）与南坡（135°～225°）的积雪像元个数，结果见表 4-5。

表 4-5　综合辐射校正前后积雪像元数目变化

月份	北坡积雪像元数目（万个）			南坡积雪像元数目（万个）		
	校正前	校正后	校正前后差异	校正前	校正后	校正前后差异
1	68.22	114.80	46.58	60.27	74.50	14.23
2	75.14	95.31	20.16	47.99	51.68	3.69
3	128.93	142.26	13.33	53.78	56.02	2.24
4	62.08	65.13	3.05	25.27	24.79	−0.47
5	35.16	36.80	1.64	12.95	12.19	−0.76
6	48.83	51.48	2.65	22.15	21.24	−0.91
7	21.77	23.57	1.80	9.96	9.26	−0.70
8	25.52	26.86	1.34	11.33	10.63	−0.69
9	43.03	48.62	5.59	17.15	17.43	0.28
10	27.29	39.26	11.97	13.50	14.72	1.22
11	37.87	99.60	61.73	37.84	42.96	5.12
12	54.71	117.15	62.44	45.62	54.64	9.02

注：表中数据不闭合由四舍五入造成。

由表 4-5 可知，综合辐射校正后提取的积雪像元总体比校正前增加，只有在夏季月份（6～8 月）南坡的积雪像元个数减少。对表 4-5 进一步分析后发现，校正后，北坡提取的积雪像元个数显著增加，12 月校正后提取的积雪像元个数约是校正前的 2 倍，巨大的差异由原始影像的中地形效应与阴影造成。校正前不少像元处于山体阴影中，尽管 NDSI 较高，但是波段 2 与波段 4 的反射率低于 SNOMAP 算法中设定的阈值，因此被划分为非雪。这也解释了为何图 4-7 中 11 月积雪覆盖范围明显多于 6 月，而 11 月影像中的积雪像元数只有 37.87 万个,比 6 月的积雪像元数 48.83 万个少了 10.96 万个。校正后北坡的反射率升高,使得不少像元波段 2 的反射率高于 0.1 且波段 4 的反射率高于 0.11,因此被划分为积雪。

可见,在高海拔地形复杂的山区进行积雪提取时需要先消除地形的影响,其原因如下。

(1)若直接使用 SNOMAP 算法,得到的积雪面积将明显偏少,因为 SMOMAP 算法中波段 2 与波段 4 阈值的限定使得阴影区的所有像元(包括积雪与非积雪裸地)都不满足条件,因此将低估积雪面积。

(2)若直接使用 NDSI 一个条件进行积雪识别,将会导致山区积雪面积增多,因为考虑到波段 5 与波段入射角余弦 $cosi$ 的高度相关性,随着太阳高度角的减小,波段 5 的反射率值非常低,阴影区裸地的 NDSI 值同样很高,导致处于阴影区的裸土被判识为积雪。

4.4 根据下垫面信息优化积雪信息的识别结果

4.4.1 下垫面信息对积雪识别的影响

已有研究表明,对不同下垫面类型的区域使用同样的积雪判别条件时,会得到不同精度的结果(张学通等,2008)。当积雪下垫面为植被时,如果积雪不能完全覆盖植被,大面积植被与积雪的混合会导致积雪反射率降低、NDSI 减小。当薄雪不能完全将草地、耕地覆盖时,使用在裸地区域适用的 NDSI 阈值进行积雪识别将低估积雪面积。

在林地,积雪的识别更加复杂,森林与积雪混合情况包括树上有雪、地上无雪;树上有雪、地上有雪;树上无雪、地上有雪;树上无雪、地上无雪多种情形(路鹏,2011)。相关研究表明,当植被密度低于 50% 时,MODIS 雪盖制图的精度高于 0.96;然而,当植被密度高于 50% 时,雪盖制图精度降低,只有 71% 被雪覆盖的森林被识别为雪(Klein and Hall,1998;Hall et al.,2002)。然而,由于林地地区的植被结构复杂,树冠阴影、植被类型都会对积雪识别产生影响,不能通过简单降低 NDSI 阈值的办法来解决林地积雪识别精度过低的问题。

SNOMAP 算法中对所有下垫面地物类型使用统一的 NDSI 阈值 0.4。根据北美等地的实验结果,若像元内 50% 以上的面积被雪覆盖,NDSI 阈值高于 0.4,则仍需要根据研究区的状况进一步分析确定,在特定区域雪盖制图需要对 NDSI 阈值进行试验。

4.4.2 按下垫面划分的积雪识别方法

根据新疆维吾尔自治区 1:10 万土地利用数据集,玛纳斯河流域山区主要的土地覆盖类型及其分布如图 4-22 所示。统计得到每类地物面积及其占玛纳斯河流域山区总面积的比例,见表 4-6。表 4-6 中林地面积占总面积的 8.23‰,草地包括高覆盖度草地、中覆盖度草地，面积占总面积的 614.89‰、4.298‰，未利用土地包括裸岩石砾地、高寒荒漠、苔原等。由表 4-6 可以看出，草地是玛纳斯河流域山区主要的地物类型，面积占总面积的 650‰以上。林地主要分布在海拔 1500～2700m，面积占总面积的比例不足 1%。

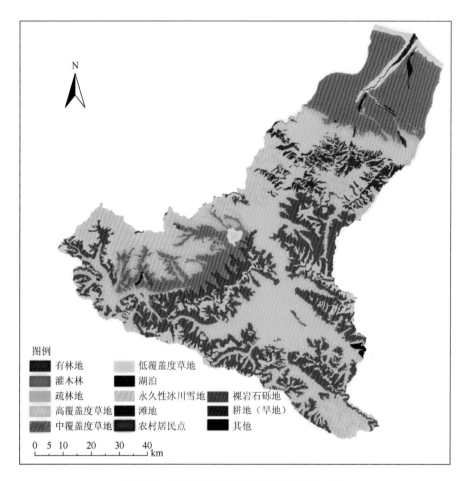

图 4-22　玛纳斯河流域土地覆盖类型分布图

表 4-6　玛纳斯河流域各土地覆盖类型面积占流域总面积千分比

类型	林地	草地	湖泊	永久性冰川雪地	滩地	农村居民点	未利用土地（裸地）	平原耕地（旱地）
面积（10^7m^2）	28.12	2248.88	0.07	201.95	2.65	0.06	562.99	373.69
千分比（‰）	8.23	657.87	0.02	59.08	0.78	0.02	164.69	109.32

土地利用数据集中对低覆盖度草地的定义为"覆盖度在 5%～20%的天然草地"，根据低覆盖度草地区域的 Google Earth 高分辨率影像，该类草地往往草被稀疏，与裸土表面更接近。对夏季遥感影像（2006 年 7 月 31 日）低覆盖度草地这一类别的 NDVI 进行统计发

现，96.91%的像元 NDVI 都小于 0.2。通常认为 NDVI 高于 0.2 时土壤表面有植被覆盖（Sobrino et al.，2004），此外，由于草被极为稀疏的地表对积雪识别的影响很小，因此把低覆盖度草地归为未利用土地（裸地）类型。

根据不同下垫面对积雪识别的影响，将下垫面类型综合为几个大类，研究按下垫面类型划分的积雪识别方法。前人的研究结果表明，耕地与草地识别精度变化特征较为相似，将耕地类型与草地类型划分为一类。林地内积雪分布情况复杂，可以单独作为一类进行研究。其余土地利用类型对积雪识别精度的影响不大，且湖泊、农村居民点分布面积很小，研究区内仅有两处农村居民点（旱卡子滩哈萨克民族乡与红沟居民点），总面积为 0.62km^2，占研究区总面积的比例不足 0.02‰，湖泊面积为 0.74km^2，约占 0.02‰，因此都并入非植被区大类。根据以上分析得到玛纳斯河流域山区积雪下垫面类型图，如图 4-23 所示，非植被区、草地与耕地、林地三大类地物面积占比分别为 33.39%、65.79%、0.82%。

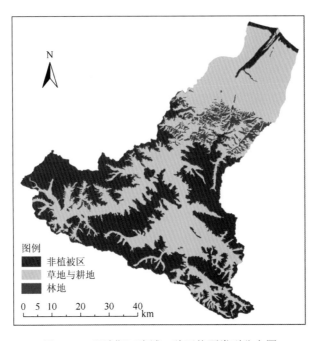

图 4-23　玛纳斯河流域 3 种下垫面类型分布图

4.4.2.1　非植被区积雪识别

为了得到裸地下垫面积雪提取的真实阈值，在 7 个月份（1 月、3 月、5 月、6 月、7 月、9 月、11 月）遥感影像中的裸地区域随机选取了 3381 个像元（每景影像 483 个像元，像元在不同月份影像中的分布位置相同），目视解译得到二值积雪识别结果。根据统计结果，共有 1848 个像元为积雪，1553 个像元为非雪。积雪像元 NDSI 最高为 0.97，最低为 0.15。积雪 NDSI 多分布在 0.55～0.90，占了全部积雪像元比例的 70.10%。

根据统计结果，裸地上积雪的 NDSI 最低为 0.15～0.2，NDSI 阈值可能的取值在 0.15～

0.7，以 0.05 为步长，分析当下垫面为裸地时不同 NDSI 阈值积雪识别的精度。

图 4-24 为非植被区 NDSI 选取不同阈值时积雪识别精度的变化曲线。由图 4-24 可以看出，当下垫面为裸地、NDSI 阈值在 0.15～0.4 变化时，积雪识别精度的变化不是很大，但整体均较高，表明使用 NDSI 能有效地将积雪与其他地物区分；当 NDSI＜0.2 时，积雪识别精度低于 0.95，因为许多不是雪的像元被识别为雪；而当 NDSI＞0.45 时，精度锐减，许多真实雪像元未能被识别出来。根据统计结果，当 NDSI 的阈值选取 0.35 时，裸地上积雪的识别精度最高，为 0.98。

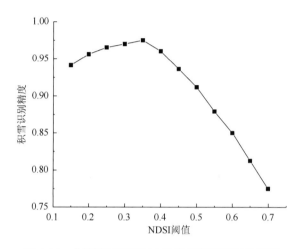

图 4-24　非植被区不同 NDSI 阈值积雪识别的精度

4.4.2.2　草地与耕地积雪识别

在 7 个月份（1 月、3 月、5 月、6 月、7 月、9 月、11 月）遥感影像中的草地区域随机选取了 3521 个像元点（每景影像 503 个像元，像元在不同月份影像中的分布位置相同），目视解译得到二值积雪识别结果。根据统计结果，共有积雪像元 788 个，非雪像元 2733 个，NDSI 最高为 0.91，最低为 0.10。积雪像元的 NDSI 主要分布在 0.5～0.85，占全部积雪像元的比例为 70.56%。

由统计结果可知，草地与耕地上的积雪 NDSI 最低为 0.097（1 个），NDSI 阈值可能的取值在 0.1～0.7，以 0.05 为步长，分析当下垫面为草地时不同 NDSI 阈值积雪识别的精度。图 4-25 是当下垫面为草地与耕地时，NDSI 选取不同阈值积雪识别精度的变化曲线。由图 4-25 可以看出，当下垫面为草地与耕地时，NDSI 阈值在 0.1～0.4 变化时，积雪识别精度均在 0.96 以上，NDSI 阈值高于 0.5 时，积雪识别精度降低至 0.95 以下。当 NDSI 的阈值选取 0.3 时，草地与耕地上积雪识别精度最高，为 0.98。草地与耕地上的积雪识别精度比裸地积雪识别精度偏高，这是由于选取的像元全都位于高度盖度与低覆盖度草地区域，被积雪覆盖的像元偏少，且 5 月与 7 月草地与耕地上的积雪几乎已经消融，积雪像元为 0，6 月积雪像元为 2 个，9 月积雪像元仅有 17 个，受混合像元的影响偏小，以至积雪识别精度偏高。

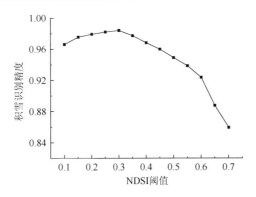

图 4-25 下垫面为草地与耕地时不同 NDSI 阈值积雪识别的精度

4.4.2.3 林地积雪识别

树木生长尤为茂密的森林使得林区积雪识别非常困难（Hall et al.，2002）。由于树冠的遮蔽作用，冬季林区的 NDSI 值普遍偏小，若使用统一的阈值判定积雪，则会低估积雪面积，许多真实积雪像元不能被识别出来。

Klein 和 Hall（1998）证明，合理利用植被指数能够提高森林覆盖区积雪的识别能力。当林下有雪覆盖时，林区的光谱反射率会发生明显变化，可以用于区分林区有雪与无雪情况。其最显著的变化表现为可见光波段反射率升高，有些类型的林区，短波红外波段反射率也可能降低。雪盖的林区的 NDSI 比无雪林区的 NDSI 要高些，同时由于积雪林区红光波段与近红外波段反射率相似，NDVI 比无雪的林区降低。

在林区选择 307 个像元点，分别计算输出夏季（7 月）与冬季（1 月）的 NDSI 与 NDVI，然后绘制散点图，如图 4-26 所示。

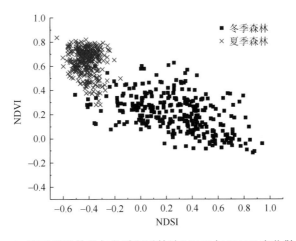

图 4-26 夏季无雪林地与冬季积雪林地 NDSI 与 NDVI 变化散点图

从图 4-26 中可以看出，夏季无积雪覆盖的森林的 NDSI 在 -0.6～-0.1，NDVI 值较高，在 0.3～0.8，点很密集；冬季森林 NDSI 的范围在 -0.5～1.0，NDVI 的值在 -0.1～0.7，比较松散，但 NDSI 与 NDVI 有较好的相关性，随着 NDVI 的减少，NDSI 值迅速增大，植被特征减弱，可以观测到更多的积雪特征。

根据对下垫面类型为草地与耕地的分析可知，当积雪与植被混合时，NDSI 值降低，将 NDSI 阈值设定为 0.3，积雪识别精度最高。因此，在分析下垫面为森林时，可首先认为当 NDSI>0.3 时的像元被积雪覆盖，再结合 NDVI 恢复 NDSI<0.25 的积雪像元。

Klein 和 Hall（1998）认为，当 NDVI>0.1 时，NDSI>0.1 可认为是积雪，对 NDSI<0.3 的 155 个像元进行目视解译与统计的结果表明，95%的积雪像元 NDVI 大于 0.1，表明积雪像元 NDSI 的减少是由林冠的遮蔽及林冠与积雪的混合作用造成的。但是不少积雪像元的 NDSI<0.1，在 NDVI 较高的情况下，NDSI 甚至在–0.05 左右，因此将 NDVI>0.1、NDSI>–0.05 的像元也重新划分为积雪。

4.4.3 积雪识别精度分析

由于水体有可能存在较高的 NDSI，根据水体在近红外波段反射率较低的特点，沿用 SNOMAP 算法中的阈值，排除波段 4 反射率小于 0.11 的水体。

结合 4.2 节的分析，得到研究区的积雪识别条件如下：

（1）当下垫面类型为非植被区域时，若 NDSI≥0.35 则该像元判别为积雪；

（2）当下垫面类型为草地与耕地时，若 NDIS≥0.3 则该像元被判别为积雪；

（3）当下垫面类型为林地时，若 NDSI>0.3 时该像元被判别为积雪，同时，若该像元 NDVI>0.1 且 NDSI>–0.05，则该像元也被判别为积雪。

利用上述判别条件对 2011 年 3 月 23 日综合辐射校正后的 TM 影像进行积雪识别，并与 SNOMAP 算法中使用统一的阈值进行比较。用改进方法提取流域积雪像元个数为 $43.68×10^5$ 个，面积为 $39.31×10^2km^2$。使用 SNOMAP 算法得到的积雪像元个数为 $40.79×10^5$ 个，面积为 $36.71×10^2km^2$。在影像中随机选择 1090 个像元统计积雪识别精度为 97.98%，而使用 SNOMAP 算法积雪识别精度为 96.15%，低估了流域内积雪面积。

参 考 文 献

池宏康，周广胜，许振柱，等. 2005. 表观反射率及其在植被遥感中的应用. 植物生态学报，29（1）：74-80.

段四波，闫广建. 2007. 山区遥感图像地形校正模型研究综述. 北京师范大学学报（自然科学报），43（3）：362-366.

高永年，张万昌. 2008. 遥感影像地形校正研究进展及其比较实验. 地理研究，27（2）：467-477.

胡汝骥. 2004. 中国天山自然地理. 北京：中国环境科学出版社.

黄晓东，张学通，李霞，等. 2007. 北疆牧区 MODIS 积雪产品 MOD10A1 和 MOD10A2 的精度分析与评价. 冰川冻土，29（5）：722-729.

李新，程国栋，陈贤章，等. 1999. 任意地形条件下太阳辐射模型的改进. 科学通报，44（9）：993-998.

路鹏. 2011. 吉林省积雪遥感信息时空变化研究. 长春：吉林大学.

罗庆洲，刘顺喜，曾齐红，等. 2009. 基于 DEM 的本影与落影判断研究. 国土资源遥感，80（2）：29-31.

亢雪勇，田庆久. 2005. 光学遥感大气校正研究进展. 国土资源遥感，4：1-6.

王介民，高峰. 2004. 关于地表反照率遥感反演的几个问题. 遥感技术与应用，19（5）：295-300.

闫广建，朱重光，郭军，等. 2000. 基于模型的山地遥感影像辐射订正方法. 中国图形图像学报，5（1）：11-15.

曾燕，邱新法，何永健，等. 2008. 起伏地形下黄河流域太阳散射辐射分布式模拟. 地球物理学报，51（4）：991-998.

曾燕，邱新法，刘昌明，等. 2003. 基于 DEM 的黄河流域天文辐射空间分布. 地理学报，58（6）：810-816.

张秀英，冯学智. 2006. 基于数字地形模型的山区太阳辐射的时空分布模拟. 高原气象，25（1）：123-127.

张学通，黄晓东，梁天刚，等. 2008. 新疆北部地区 MODIS 积雪遥感数据 MOD10A1 的精度分析. 草业学报，17（2）：110-117.

Chander G，Markham B，Helder D. 2009. Summary of current radiometric calibration coefficients for Landsat MSS，TM，ETM＋，and EO-1 ALI sensors. Remote Sensing of Environment，113：893-903.

Conese C，Gilabert M，Maselli F，et al. 1993. Topographic normalization of TM scenes through the use of an atmospheric correction method and digital terrain models. Photogrammetric Engineering and Remote Sensing，59（12）：1745-1753.

Dozier J. 1989. Spectral signature of alpine snow cover from the Landsat Thematic Mapper. Remote Sensing of Environment，28：9-22.

Dozier J，Frew J. 1990. Rapid calculation of terrain parameters for radiation modeling from digital elevation data. IEEE Transactions on Geoscience and Remote Sensing，28（5）：963-969.

Dozier J，Marks D. 1987. Snow mapping and classification from Landsat Thematic Mapper data. Annals of Glaciology，9：97-103.

Dozier J，Bruno J，Downey P. 1981. A faster solution to the horizon problem. Computers & Geosciences，7（2）：145-151.

Dubayah R. 1992. Estimating net solar radiation using Landsat Thematic Mapper and digital elevation data. Water Resource Research，28（9）：2469-2484.

Eero V. 2000. A new approach to estimating the diffuse irradiance on inclined surfaces. Renewable Energy，（20）：45-64.

Foster J，Chang A T，Hall D，et al. 1991. Derivation of snow water equivalent in boreal forests using microwave radiometry. Arctic，44（1）：147-152.

Hall D，Riggs G，Salomonson V. 1995. Development of methods for mapping global snow cover using moderate resolution imaging spectroradiometer data. Remote Sensing of Environment，（54）：127-140.

Hall D，Riggs G，Salomonson V. 2001. Algorithm Theoretical Basic Document（ATBD）for the MODIS Snow and Sea Ice-Mapping Algorithms. http：//modis.gsfc.nasa.gov/data/atbd/atbd_nod 10. pdf[2010-03-24].

Hall D，Riggs G，Salomonson V，et al. 2002. MODIS snow-cover products. Remote Sensing of Environment，83：181-194.

Hay J. 1979. Calculation of monthly mean solar radiation for horizontal and inclined surfaces. Solar Energy，23（4）：301-307.

Hay J，McKay D. 1985. Estimating solar irradiance on inclined surfaces：a review and assessment of methodologies. International Journal of Solar Energy，3（4-5）：203-240.

Iqbal M. 1983. An Introduction to Solar Radiation. Toronto. New York：Academic Press.

Klein G，Hall K. 1998. Improving snow cover mapping in forests through the use of a canopy reflectance model. Hydrological Processes，12：1723-1744.

Kondratyev K. 1969. Radiation in the Atmosphere. London，U.K.：Academic.

Li D H W，Lam J. 2000. Evaluation of slope irradiance and illuminance models against measured Hong Kong data. Building and Environment，35（6）：501-509.

Liu B Y，Jordan R. 1960. The interrelationship and characteristic distribution of direct diffuse and total solar radiation. Solar Energy，4：1-19.

Liu B Y，Jordan R. 1962. Daily insulation on surfaces tilted towards the equator. Trans Ashrae，67：526-541.

Muneer T. 1990. Solar radiation model for Europe. Building Services Engineering Research and Technology，11（4）：153-163.

Muneer T. 1997. Solar Radiation and Daylight Models for the Energy Efficient Design of Buildings. Oxford：Architectural Press.

Noorian A，Moradi I，Kamali G. 2008. Evaluation of 12 models to estimate hourly diffuse irradiation on inclined surfaces. Renewable Energy，33：1406-1412.

Perez R，Ineichen P，Seals R. 1990. Modelling daylight availability and irradiance components from direct and global irradiance. Solar Energy，44：271-289.

Perez R，Seals R，Ineichen P，et al. 1987. A new simplified version of the Perez diffuse irradiance model for tilted surfaces. Solar Energy，39（3）：221-231.

Perez R，Stewart R，Arbogast C，et al. 1986. An anisotropic hourly diffuse radiation model for sloping surfaces，description， performance validation, site dependency evaluation. Solar Energy, 36: 481-497.

Proy C, Tanre D, Deschamps P Y. 1989. Evaluation of topographic effects in remotely sensed data. Remote Sensing of Environment, 30: 21-32.

Reeder D. 2002. Topographic Correction of Satellite Images Theory and Application. New Hampshire: Dart-mouth College.

Reindl D, Beckman W, Duffie J. 1990. Evaluation of hourly tilted surface radiation models. Solar Energy, 45 (1): 9-17.

Richter R. 1998. Correction of satellite imagery over mountainous terrain. Applied Optics, 37 (18): 4004-4015.

Sandmeier S, Itten K. 1997. A physically-based model to correct atmospheric and illumination effects in optical satellite data of rugged terrain. IEEE Transaction Geoscience and Remote Sensing, 35 (3): 708-717.

Sirguey P. 2009. Monitoring Snow Cover and Modelling Catchment Discharge with Remote Sensing in the Upper Waitaki Basin, New Zealand. Dunedin, New Zealand: University of Otago.

Sobrino J, Jiménez-Muñoz J, Paolini L. 2004. Land surface temperature retrieval from Landsat TM 5. Remote Sensing of Environment, 90 (4): 434-440.

Temps R C, Coulson K. 1977. Solar radiation incident upon slopes of different orientations. Solar Energy, 19: 179-184.

Utrillas M, Martinez-Lozano J. 1994. Performance evaluation of several versions of the perez tilted diffuse irradiance model. Solar Energy, 53 (2): 155-162.

Vermote E, TanréD, DeuzéJ L, et al. 1997. Second simulation of the satellite signal in the solar spectrum. IEEE Transactions on GeoScience and Remote Sensing, 35 (3): 675-686.

Zakšek K, Oštir K, Kokalj Ž. 2011. Sky-view factor as a relief visualization technique. Remote Sensing, 3: 398-415.

Zhang W, Gao Y. 2011. Topographic correction algorithm for remotely sensed data accounting for indirect irradiance. International Journal of Remote Sensing, 32 (7): 1807-1824.

5 高分辨率光学遥感图像的积雪信息识别

在山区复杂地形条件下，地形效应是影响山区积雪识别的主要因素，给位于山体阴影处的积雪准确识别带来了困难。本章利用综合辐射校正技术，显著提高了阴影区域的解像力，分辨出阴影处的积雪与裸地，提高了积雪识别精度。但是，雪面像元反射率具有明显的前向散射特性，因此除地形效应外，还应考虑雪面的方向反射特性。采用各向异性校正与地形校正相结合的方法，将不同坡面方向的雪面反射率转换至平坦地表垂直观测方向上的雪面反射率，以削弱地表方向反射特性对积雪识别的影响。其中，各向异性校正采用二向反射分布函数（bidirectional reflectance distribution function，BRDF）模型，地形校正采用山地辐射传输模型。利用同步观测的积雪反射光谱数据对校正结果进行验证，结果表明，该方法能够有效地消除地形和大气的影响，计算的雪面反射率在阳坡与阴坡均与实测数据相一致，其为高分辨率山区积雪遥感识别奠定了基础。

目前，高空间分辨率卫星传感器的波段设置缺少积雪光谱强吸收的短波红外波段，导致 NDSI 不适用于高分辨率遥感图像的积雪识别。基于 16m 分辨率 GF-1 WFV 图像，利用可见光波段和近红外波段建立高分积雪指数（GF-1 snow index，GFSI）。通过对积雪与非积雪像元在各波段的类间可分离性进行分析，确定蓝波段是可见光波段中适合高分积雪识别的最佳波段。最后通过双峰阈值法确定积雪识别的最佳阈值，对 GF-1 WFV 图像使用 GFSI 进行积雪识别，结果表明，山体阴影处的积雪可以准确识别，同时非阴影区积雪的识别结果也得到了改进，积雪识别总体精度达到 93.2%；以蓝波段和近红外波段建立的 GFSI 能够突出积雪与其他地物的反射率差异，从而有效地提取高分辨率遥感图像的积雪覆盖范围。

为了从多时相遥感图像中快速识别积雪，本书引入机器学习中的协同训练（co-training）多视图概念，以每一幅图像作为一个视图，构建多时相积雪的多视图。将协同训练从单一图像分类技术扩展到多时相分类技术，通过积雪多时相表征偏移实现协同训练，并根据多时相遥感图像协同训练的特点，提出未标记样本的选择方法。利用协同训练构建多时相积雪识别模型，通过积雪识别频次图和测试样本集评价 8m 分辨率 GF-1 PMS 图像积雪识别结果，并分析多时相图像的时相组合与空间匹配误差对协同识别的影响。结果表明，通过协同训练构建的多时相积雪识别模型，相对于单一时相积雪识别算法在精度、稳定性、对样本的质量和数量敏感上具有较大的优势，协同识别在无预处理、小样本的情况下能够实现多时相积雪的同时识别。

5.1 GF-1 WFV 和 PMS 数据的预处理

5.1.1 单时相 GF-1 WFV 数据处理

5.1.1.1 GF-1 WFV 数据处理

GF-1 卫星是我国高分辨率对地观测系统重大专项的首发卫星，于 2013 年 4 月 26 日成功发射。它搭载了两台 2m 分辨率全色、8m 分辨率多光谱相机，以及 4 台 16m 分辨率多光谱相机。其卫星轨道高度为 645km（标称值）。本章 5.2 节所采用的遥感数据为 GF-1 WFV 宽幅相机多光谱数据，分辨率为 16m，成像日期为 2013 年 12 月 14 日。表 5-1 为 GF-1 WFV 传感器的主要载荷参数。

表 5-1　GF-1 WFV 传感器主要参数

载荷	波段	分辨率（m）	光谱范围（μm）
WFV	蓝	16	0.45～0.52
	绿		0.52～0.59
	红		0.63～0.69
	近红外		0.77～0.89

研究区位于玛纳斯河流域山区中山带，使用了 2 景 GF-1 WFV 影像，其轨道号分别为 path 55/row 166、path 56/row 160。其数据信息见表 5-2。

表 5-2　GF-1 WFV 影像数据列表

轨道号	太阳方位角（°）	太阳高度角（°）	卫星方位角（°）	卫星高度角（°）	研究区内云量范围（%）
path55/row166	165.68	22.51	101.66	63.37	0
path56/row160	166.16	20.95	101.74	63.36	<1

1）影像拼接与裁剪

在对影像数据进行处理前，首先需要对影像进行拼接与裁剪。为了得到准确的辐亮度和反射率数据，在拼接过程中不进行匀色处理。图 5-1 是经过配准、拼接、裁剪所得的研究区 2013 年 12 月 14 日 WFV 影像，其由 321 波段假彩色合成。

2）传感器辐射校正

GF-1 WFV 影像数据的处理过程包括大气顶层的辐亮度与反射率的计算两部分。表 5-3 为进行传感器校正所需的 GF-1 WFV 宽幅相机的绝对辐射定标系数（http://www.cresda.com）。利用绝对辐射定标系数将传感器所记录的 DN 值转换成辐亮度值 $L(\mu_v)$ 的公式为

$$L(\mu_v) = \text{Gain} \times \text{DN} + \text{Bias} \qquad (5-1)$$

式中，$L(\mu_v)$ 为卫星入瞳处的辐亮度；Gain 为增益；Bias 为偏移；DN 为卫星载荷观测值。

根据图像辐亮度可以得到影像的大气层顶反射率，其计算方法如第 4 章 4.1.1 节所述。

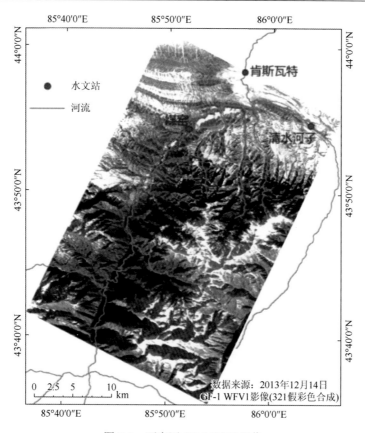

图 5-1　研究区 GF-1 WFV 影像

表 5-3　GF-1 WFV 绝对辐射定标系数

波段	太阳辐照度[W/(m²·μm)]	增益[W/(m²·sr·μm)]	偏移[W/(m²·sr·μm)]
蓝	1969.7	0.1709	−0.0039
绿	1859.7	0.1398	−0.0047
红	1560.1	0.1195	−0.0030
近红外	1078.1	0.1338	−0.0274

5.1.1.2　DEM 数据处理

采用 ASTER GDEM 数据作为所使用的数字高程数据。研究区位于 ASTER GDEM 分片边缘，需要 3 块分片才能将整个研究区域完整覆盖，其编号分别为 N43E085、N43E086、N44E085。

1）数据拼接、重投影与重采样

首先，将获取的 3 幅 ASTER GDEM 分片数据进行拼接与裁剪；然后，将其重投影至与 GF-1 WFV 影像相同的平面坐标下（WGS84 N45 分带），并重采样至 16m 分辨率，使其与 WFV 影像具有相同的像元大小及行列数。图 5-2 为研究区 DEM 数据，海拔范围为 782～4898m，包括高山带、中山带及前山带。

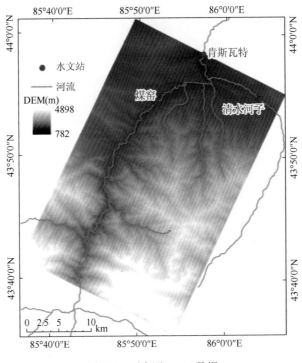

图 5-2　研究区 DEM 数据

2）地形因子的提取

地形因子是模拟坡面像元接收太阳辐照度的关键要素（张秀英和冯学智，2006），在地形起伏较大的山区，周围地形的遮蔽会直接影响坡面像元接收到的太阳辐照度（曾燕等，2003）。因此，为了恢复真实的地表反射率，需要通过 DEM 数据计算多种地形因子，包括坡度、坡向、天空可视因子及地形观测因子。所采用的计算方法与第 4 章 4.1.2 节所述的相同，计算得到的研究区坡度因子与坡向因子如图 5-3 所示，天空可视因子与地形观测因子如图 5-4 所示。

5.1.2　多时相 GF-1 PMS 数据处理

本章 5.3 节所使用的遥感数据为玛纳斯河流域山区高山带 3 个时相的 GF-1 PMS 相机多光谱数据，空间分辨率为 8m，共 4 个波段：B1（0.45～0.52μm）、B2（0.52～0.59μm）、B3（0.63～0.69μm）和 B4（0.77～0.89μm），数据信息见表 5-4。按研究区范围裁剪后的假彩色合成图像如图 5-5 所示。显然，在时相 T1 和 T2 之间有一个降雪过程，随后较低海拔地区的积雪逐渐融化。

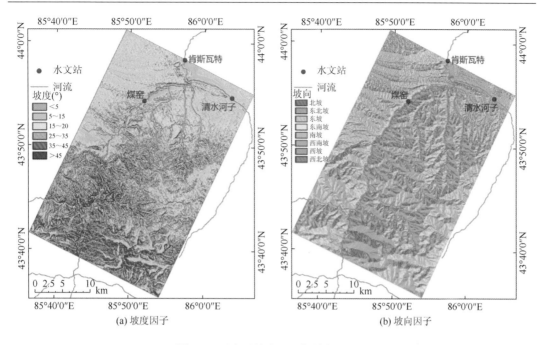

(a) 坡度因子　　　　　　　　　　　(b) 坡向因子

图 5-3　研究区坡度因子与坡向因子图

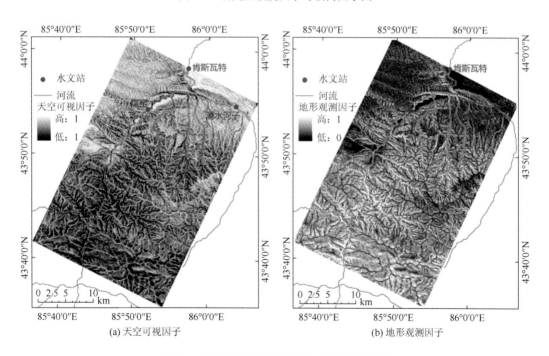

(a) 天空可视因子　　　　　　　　　　(b) 地形观测因子

图 5-4　研究区天空可视因子与地形观测因子

表 5-4　GF-1 PMS 图像列表

编号	获取时间	太阳方位角（°）	太阳高度角（°）	云量（%）	备注
T1	2013.10.07	168.64	40.58	0	降雪前

编号	获取时间	太阳方位角（°）	太阳高度角（°）	云量（%）	备注
T2	2013.10.15	169.35	37.64	0	降雪后
T3	2013.10.19	169.55	36.19	0，含云阴影	降雪后

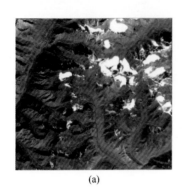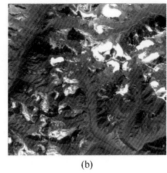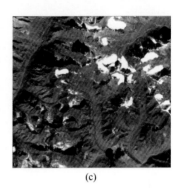

(a)   (b)   (c)

图 5-5　GF-1 PMS 图像

（a）、（b）和（c）分别为 T1、T2 和 T3 时相假彩色合成图像

　　研究区地形条件复杂，大部分区域都难以到达，且积雪的时空分布变化非常剧烈，因此，无法通过地面观测确定样本。本书通过研究区高程与地形阴影信息来指导积雪样本的选取。本书采用 ASTER GDEM 第二版作为所使用的数字高程数据。分片 N43E085 能够完整覆盖研究区，通过裁剪得到研究区的 DEM 数据。

　　在识别过程中，将阴影区积雪和阴影区非积雪作为单独的类（Zhu et al.，2014），因此需要采集的样本包括 4 个类别：阴影区积雪、非阴影区积雪、阴影区非积雪和非阴影区非积雪。玛纳斯河流域北坡雪线平均为 3900m，而南坡雪线为 4000～4500m，因此在海拔高于 3900m 的区域选取积雪样本，在其他区域选择非积雪样本。此外，通过表面分析可以得到研究区的阴影范围（Burrough and McDonnell，1997），然后根据样本是否落入阴影范围分为阴影区和非阴影区样本。

　　表 5-5 为选取的样本信息，需要注意的是，训练集中的样本将用于训练多时相积雪识别模型，因此训练集中的所有样本在 3 个图像上的类别不发生变化，即训练集中的样本为具有统一标签的 3 个特征向量。不同图像测试集通过随机建立，且相互独立，每个样本即为一个像元。

表 5-5　积雪类别与样本数量

类别	训练集	测试集		
		T1	T2	T3
非阴影区积雪	300	500	500	500
阴影区积雪	300	500	500	500
非积雪	600	1000	1000	1000
总计	1200	2000	2000	2000

5.2　基于 GFSI 的高分积雪信息识别

5.2.1　山区复杂地形条件下雪面反射率计算

5.2.1.1　模型与方法

山区复杂地形对积雪识别的影响主要表现在处于山体阴影中的地物反射率较低,难以利用反射率之间的差异区分不同的地物。因此,为消除地形效应的影响,需要准确恢复山区遥感影像的地表反射率。山区地表反射率计算过程一般包括(王介民和高峰,2004;蒋熹,2006):①传感器校正;②大气校正;③各向异性校正;④地形校正。现有的地表反射率计算研究通常采用基于地表朗伯体假设的地形校正模型,以消除地形对反射率计算的影响,但由于真实地表的非朗伯体特性,这种假设通常会给地表反射率的计算带来大于10%的误差。

闻建光等(2008)考虑真实地表的方向反射特性,将各向异性校正模型 Walthall 与山地辐射传输模型相结合,提出一种基于地表方向反射特性的地表反射率校正模型,结果表明,通过该模型计算的地物反射率与实测结果趋于一致。但其采用的各向异性校正模型 Walthall 为经验模型,其模拟雪面的方向反射特性的能力还有待于进一步探讨。在已有研究的基础上,以考虑真实雪面的方向反射特性为前提,采用各向异性校正和地形校正相结合的方法计算真实的地表反射率。其中,各向异性校正的关键在于选取合适的地表方向反射模型,通过构建地表方向反射数据集,计算地表的各向异性因子。

1) 地表 BRDF 特征提取

a. 地表方向反射数据集的建立

地表方向反射模型的构建需要多个太阳入射角和传感器观测角的支持,而对于中高分辨率遥感卫星,传感器观测方式通常较为单一,难以在平坦地区获得多角度反射率数据,从而导致很难获取精确的地表方向反射特性(Beisl,2001)。然而,在地形起伏较大的山区,同类地物分布在不同坡度与朝向的坡面上,导致太阳光相对于坡面的入射角有所不同,传感器相对于坡面的观测角也有所不同。因此,同一地表类型可提供多个相对应的太阳入射角、传感器观测角,以及相对应的多个地表观测反射率数据,用以构建地表方向反射分布模型。

地表方向反射数据集建立的具体步骤如下:①利用最大似然法获取研究区影像的积雪覆盖信息,并结合研究区土地覆盖数据集,将研究区划分为积雪、裸岩、枯草、林地 4种类型;②利用重采样至 16m 的 DEM 数据提取两类地物像元对应的坡度、坡向数据,并计算各像元的坡面太阳入射角 i_s 和坡面卫星观测角 i_v;③将这两个参数结合地表方向反射率 ρ,建立各类地物的地表方向反射数据集(i_s, i_v, ρ)。

在建立地表方向反射数据集之前,需要先了解所选取的数据是否能够保证不同土地覆盖类型 BRDF 特征提取的精度。因此,本书对积雪像元、裸岩像元、枯草像元、林地像元的坡面太阳入射角、坡面卫星观测角及相对方位角($\Delta\varphi$)信息进行了统计,结果见表 5-6。图 5-6 分别显示了积雪像元、裸岩像元、枯草像元、林地像元的坡面太阳入射角和坡面卫星观测角的直方图。

表 5-6　研究区像元角度信息的统计　　　　　　　［单位：（°）］

地物类型	太阳高度角	卫星高度角	坡面太阳入射角	坡面卫星观测角	相对方位角
积雪			4.00～83.18	0.11～77.92	0.1～179.98
裸岩	22.51	63.37	5.45～80.80	0.66～89.96	0.0～178.98
枯草			3.07～83.56	0.11～89.83	0.1～180.00
林地			9.44～82.72	0.57～89.87	0.1～179.98

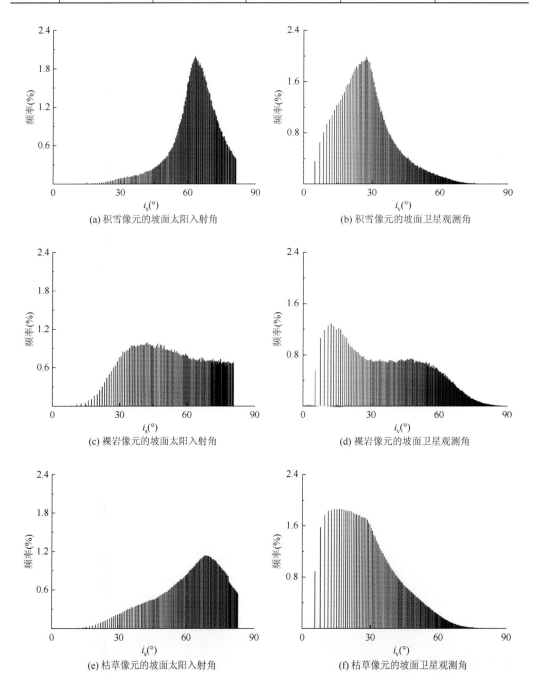

(a) 积雪像元的坡面太阳入射角　　　　　　(b) 积雪像元的坡面卫星观测角

(c) 裸岩像元的坡面太阳入射角　　　　　　(d) 裸岩像元的坡面卫星观测角

(e) 枯草像元的坡面太阳入射角　　　　　　(f) 枯草像元的坡面卫星观测角

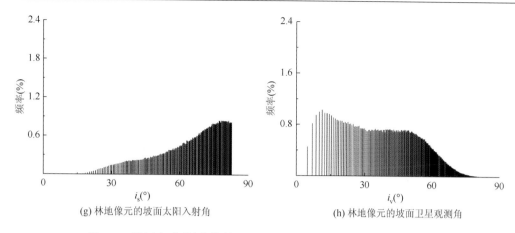

(g) 林地像元的坡面太阳入射角　　　　　　　(h) 林地像元的坡面卫星观测角

图 5-6　研究区不同地物的坡面太阳入射角及坡面卫星观测角直方图

由图 5-6 可以看出，所选取的不同土地覆盖类型的坡面太阳入射角在 3.07°～83.56° 变化，坡面卫星观测角在 0.11°～89.96°变化，相对方位角的取值范围为 0°～180.00°。对于所选取的不同地物类型的像元数据，其坡面太阳入射角、坡面卫星观测角、相对方位角的分布范围广泛，基本覆盖了坡面太阳入射角及坡面卫星观测角的取值范围，其数据较为充足，具备了提取 BRDF 特征的能力。但是，同一成像日期的影像所能提供的数据量及数据范围是有限的，这也会引起在某些数据量较小的角度上 BRDF 特征拟合能力不佳的问题，从而影响 BRDF 模型系数拟合的精度（张玉环等，2012）。

b. BRDF 模型系数的拟合

各向异性校正的核心在于选取合适的地表 BRDF 模型对地表方向反射数据集进行拟合，确定 BRDF 模型的参数。一旦确定了 BRDF 模型的系数，便可以模拟地物反射率的角度分布情况，计算任意观测角度下的反射率数据。已有的地表 BRDF 模型主要可以分为 3 种类型：①物理模型（physical model），该类模型以太阳入射光与地表相互作用的过程为基础，模型参数具有确定的物理意义（Jacquemoud et al.，2002）。根据模型建立的机理及参数化方式的不同，物理模型又大致可以分为以下 3 类：辐射传输模型（RT model）（李小文和王锦地，1995）、几何光学模型（GO model）（Li and Strahlar，1986，1988，1992）、几何-光学混合模型（GO-RT model）（Chen and Leblanc，1997；Huemmrich，2001）。②经验模型（empirical model），该类模型主要利用函数来拟合地物的方向反射分布情况，其模型参数并不具备明确的物理解释。这类模型具有计算简单的优点，但却需要大量的实测数据作为建立模型的基础。被广泛使用的经验模型主要包括 Minnaert 模型（Minnaert，1941）、Walthall 模型（Walthall et al.，1985）、改进的 Walthall 模型（Liang and Strahler，1994）。③半经验模型，该类模型介于物理模型和经验模型之间，是对物理模型的简化和近似，在降低模型复杂程度的基础上，保留模型参数的物理意义，同时又具备经验模型计算简便的优点（Roujean et al.，1992）。在综合考虑所使用模型复杂程度、计算量、计算效率的基础上，选择半经验模型用于模拟各类地物的方向反射特性，并计算各向异性因子。

基于 Ross-Thick 和 Li-Sparse 核函数对各类地表方向反射特性良好的模拟能力，采用基于 Ross-Thick 核及 Li-Sparse 核的线性核驱动 BRDF 模型，对不同地物类型的方向反射特性进行拟合，其基本表达式如下（Roujean et al.，1992）：

$$R(\theta_s,\theta_v,\varphi) = K_0 + K_1 f_{\text{Ross-Thick}}(\theta_s,\theta_v,\varphi) + K_2 f_{\text{Li-Sparse}}(\theta_s,\theta_v,\varphi) \tag{5-2}$$

式中，θ_s 和 θ_v 分别为太阳天顶角和传感器观测天顶角（0°～90°）；φ 为太阳和传感器之间的相对方位角（0°～180°）；$R(\theta_s,\theta_v,\varphi)$ 为地表方向反射；K_0、K_1、K_2 为 3 个常系数，其中 K_0 代表当 $\theta_s = \theta_v = 0$ 时的各向异性反射，K_1、K_2 分别代表几何光学散射、体散射所占的比例；$f_{\text{Ross-Thick}}(\theta_s,\theta_v,\varphi)$ 和 $f_{\text{Li-Sparse}}(\theta_s,\theta_v,\varphi)$ 分别为

$$f_{\text{Ross-Thick}}(\theta_s,\theta_v,\varphi) = \frac{\left(\dfrac{\pi}{2} - \xi\right)\cos\xi + \sin\xi}{\cos\theta_s + \cos\theta_v} - \frac{\pi}{4} \tag{5-3}$$

式中，ξ 为相位角；$\cos\xi = \cos\theta_s\cos\theta_v + \sin\theta_s\sin\theta_v\cos\varphi$。

$$f_{\text{Li-Sparse}}(\theta_s,\theta_v,\varphi) = O(\theta_s,\theta_v,\varphi) - \sec\theta_s - \sec\theta_v + \frac{1}{2}(1 + \cos\xi)\sec\theta_v \tag{5-4}$$

其中，

$$O(\theta_s,\theta_v,\varphi) = \frac{1}{\pi}(t - \sin t \cos t)(\sec\theta_s + \sec\theta_v)$$

$$\cos t = \frac{\sqrt{D^2 + (\tan\theta_s \tan\theta_v \sin\varphi)}}{\sec\theta_s + \sec\theta_v}$$

$$D = \sqrt{\tan^2\theta_s + \tan^2\theta_v - 2\tan\theta_s\tan\theta_v\cos\varphi}$$

表 5-7 为利用 Ross-Li 模型对不同地物类型的方向反射数据集进行拟合所得到的模型各波段系数。拟合结果用均方根误差（RMSE）进行评价。从表 5-7 中可以看出，由 Ross-Li 模型模拟的各地物的方向反射率的 RMSE 较小，拟合效果良好。

表 5-7　Ross-Li 模型各波段系数

地物类型	模型系数	band1	band2	band3	band4
积雪	k_0	0.501	0.456	0.427	0.339
	k_1	0.087	0.098	0.085	0.099
	k_2	−0.010	−0.009	−0.008	−0.007
	RMSE	0.044	0.043	0.037	0.012
裸岩	k_0	0.188	0.201	0.230	0.277
	k_1	−0.033	−0.034	−0.034	−0.034
	k_2	0.002	0.003	0.006	0.005
	RMSE	0.026	0.042	0.040	0.053

续表

地物类型	模型系数	band1	band2	band3	band4
枯草	k_0	0.1707	0.1978	0.2265	0.2637
	k_1	−0.0241	−0.0264	−0.0287	−0.0300
	k_2	0.0026	0.0037	0.0051	0.0067
	RMSE	0.041	0.039	0.035	0.048
林地	k_0	0.0740	0.1181	0.1241	0.2442
	k_1	−0.0268	−0.0270	−0.0273	−0.0298
	k_2	0.0012	0.0019	0.0024	−0.0188
	RMSE	0.034	0.049	0.045	0.030

　　图 5-7 显示了当太阳天顶角为 66°时（成像时刻太阳天顶角），观测角度在 0°～80°、间隔为 10°的情况下，利用拟合得到的 Ross-Li 模型各系数计算得到的主平面方向上不同卫星观测角度下各波段的方向反射率的变化情况（主平面为太阳入射方向与卫星观测方向的垂线所组成的平面，相对方位角分别为 0°和 180°），其中卫星观测角度为负值时代表后向观测，为正值时代表前向观测。

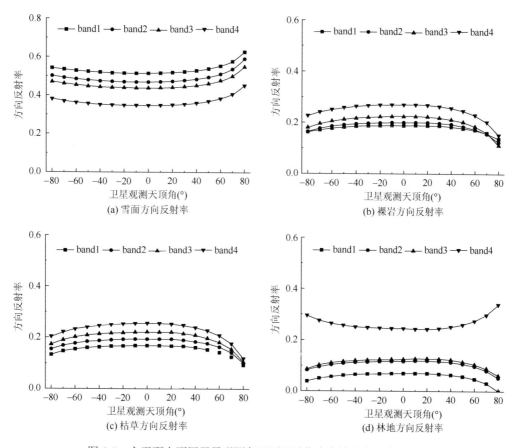

图 5-7　主平面上不同卫星观测角下不同地物在各波段的方向反射率

由图 5-7（a）可以看出，从可见光至近红外波段，雪面的方向反射率呈逐渐下降趋势，但其方向性特征在各波段极为相似，均呈碗状分布。随着卫星观测天顶角的逐渐增大，雪面的方向反射率在前向观测和后向观测方向上也逐渐增强，但当卫星观测天顶角大于 45°时，前向观测的雪面反射率大于后向观测。由图 5-7（b）、图 5-7（c）可以看出，裸岩和枯草的方向反射率从可见光至近红外波段逐渐增加，后向观测方向上随着卫星观测天顶角的变化，裸岩的反射率仅发生较小的变化。当卫星观测天顶角大于 50°时，前向观测方向上的裸岩反射率小于后向观测方向。由图 5-7（d）可以看出，林地在近红外波段的反射率明显高于可见光波段，且近红外波段的方向反射率基本呈碗状分布，而可见光波段与裸岩、枯草类似呈丘状分布，造成这种现象的主要原因是林地在近红外波段的反射率主要受植被冠层的体散射部分影响[$f_{Li\text{-}Sparse}(\theta_s, \theta_v, \varphi)$]，而在可见光波段的反射率主要受植被冠层的几何光学散射部分影响[$f_{Ross\text{-}Thick}(\theta_s, \theta_v, \varphi)$]（李小文和王锦地，1995）。

2）地表反射率的计算

将各坡面像元的方向反射 $R(i_s, i_v, \varphi)$ 归一化至平坦地表太阳入射和卫星观测方向上的方向反射 $R(\theta_s, \theta_v, \varphi)$ 是消除方向反射特性对地表图像反射率计算影响的主要步骤，其中 i_s、i_v 分别为太阳相对坡面的入射角及卫星相对坡面的观测角。这一过程需要引入各向异性反射因子 A（anisotropic reflectance factor，ARF），其定义为方向反射 $R(\theta_s, \theta_v, \varphi)$ 与卫星观测方向为垂直方向（$\theta_v = 0$），以及太阳入射为垂直方向（$\theta_s = 0$）时的方向反射 $R(0, 0, \varphi)$ 的归一化比值（Gutman，1994；Wu et al.，1995）：

$$A(\theta_s, \theta_v, \varphi) = \frac{R(\theta_s, \theta_v, \varphi)}{R(0,0,\varphi)} = 1 + \frac{K_1}{K_0} f_1(\theta_s, \theta_v, \varphi) + \frac{K_2}{K_0} f_2(\theta_s, \theta_v, \varphi) \tag{5-5}$$

图 5-8 分别为根据拟合所得的 Ross-Li 模型各波段系数所模拟的当太阳天顶角为 66°，卫星观测天顶角为 0°～80°，太阳与卫星的相对方位角为 0°～360°时，GF-1 WFV 各波段的雪面、裸岩、枯草及林地在半球空间的分布情况。极坐标 0°～180°组成的平面为主平面，其中在 0°方向上的反射为后向反射，在 180°方向上的反射为前向反射。

由图 5-8（a）中可以看出，由 Ross-Li 模型各参数模拟得到的雪面各向异性反射因子在可见光波段的角度分布情况非常接近，均基本呈碗状分布（中间低、四周较高），进入近红外波段后雪面的各向异性反射因子略低于可见光波段。在前向反射方向上，各向异性因子随观测天顶角的增加而变大，至相对方位角为 180°附近时反射尤为突出；在相对方位角为 90°侧向时，各向异性反射因子随观测天顶角的增加发生微弱变化；而在后向反射方向上，当观测天顶角靠近水平面时（相对方位角为 0°），模型所输出的各向异性反射因子明显下降（即图中每个极坐标图的边缘），说明 Ross-Li 模型在极大的卫星观测天顶角下，模拟的雪面方向反射率会出现不稳定的状况。然而，对于研究区内的积雪像元，坡面卫星观测的最大天顶角为 77.92°，没有接近水平面的角度。因此，Ross-Li 模型的这一不稳定性并不会在研究区的方向反射率计算中引入较大误差。

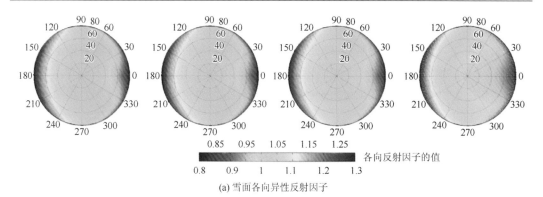

(a) 雪面各向异性反射因子

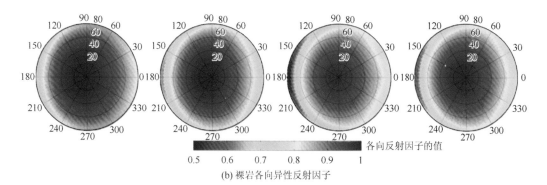

(b) 裸岩各向异性反射因子

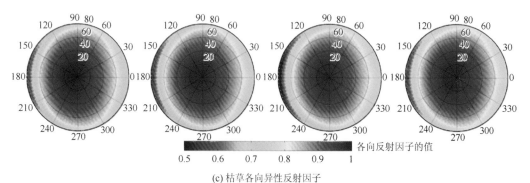

(c) 枯草各向异性反射因子

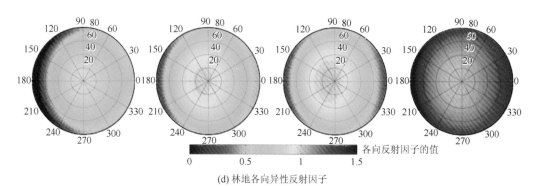

(d) 林地各向异性反射因子

图 5-8 研究区不同地物的各向异性反射因子

从左至右分别为波段 1~4。极角表示相对方位角（°），半径表示卫星观测天顶角（°）

　　由图 5-8（b）、图 5-8（c）可以看出，裸岩、枯草像元各向异性因子在各波段的角度分布情况非常接近，基本均呈丘状分布（中间高，四周较低）。在后向观测方向上，随着卫星观测天顶角的增加，各向异性因子逐渐降低，至相对方位角为 180°附近时，各向异性因子降至最低；在相对方位角为 90°附近时，各向异性因子随着卫星观测天顶角的增加变化微弱；而在前向观测方向上，随着卫星观测天顶角的增加，各向异性因子缓慢减小。综上，裸岩、枯草具有明显的后向散射特性，且当卫星观测天顶角极大时，Ross-Li 模型在模拟枯草和裸岩像元的反射率上仍旧是稳定的。

　　由图 5-8（d）可以看出，林地的各向异性因子在可见光波段和近红外波段差异较大，可见光波段中林地的各向异性因子基本呈丘状分布，而进入近红外波段后，林地的各向异性反射因子明显高于可见光波段，且基本呈碗状分布。这主要是由于在可见光波段林地的方向反射主要受表面散射核的影响，而近红外波段则主要受体散射核的影响（李小文和王锦地，1995）。

　　根据式（5-5），利用已知的坡面方向反射 $R(i_s, i_v, \varphi)$ 便可推算平坦地表的方向反射 $R(\theta_s, \theta_v, \varphi)$：

$$R(i_s, i_v, \phi) = \frac{A(i_s, i_v, \phi)}{A(\theta_s, \theta_v, \phi)} R(\theta_s, \theta_v, \phi) \tag{5-6}$$

　　然而，在地形变化较大的山区，同一类地物由于海拔、坡度、坡向，以及周围地形相互遮蔽的影响也会形成不同的坡面方向反射，坡面像元所接受的辐射也会有所不同。因此，在地表反射率计算的研究中，除进行各向异性校正外，还应当消除地形对地表反射率的影响，进行地形校正。

　　拟使用基于山地辐射传输模型的地形校正获取地表反射率。山区坡面点像元实际所接收的总辐照度 E_{all} 来源于三部分：太阳直接辐照度 E_s、天空散射辐照度 E_d、周围地物的反射辐照度 E_a（Sandmeier and Itten，1997）。其具体计算公式如下：

$$E_{all} = E_s + E_d + E_a \tag{5-7}$$

　　地面点所反射的总辐照度在经过大气衰减后被传感器接收，设大气上行总透过率为 $T^\uparrow(\theta_v)\left[T^\uparrow(\theta_v) = e^{\frac{-\tau}{\cos\theta_v}} + t_d^\uparrow(\theta_v)\right]$，其中 τ 为成像时刻的大气光学厚度；$t_d^\uparrow(\theta_v)$ 为大气上行散射透过率，则传感器所接收到的入射总辐射可以表示为

$$L_{toa} = L_{all} \times T^\uparrow(\theta_v) + L_p \tag{5-8}$$

式中，L_p 为大气本身的反射辐射（程辐射）。

　　此外，考虑地表对太阳直接辐射的反射为方向-方向反射 $\rho_{DD}(i_s, i_v, \varphi)$，对天空散射辐射的反射及周围地形辐射的反射为半球-方向反射 $\rho_{HD}(i_s, i_v, \varphi)$（Wen et al.，2009），假设当时的大气光学厚度为 τ，则传感器所接收的入瞳总辐射 L_{toa} 可以进一步表示为大气程辐射 L_p 与地表反射辐射之和：

$$L_{toa} = L_p + \frac{1}{\pi}[E_s \rho_{DD} e^{-\tau/\cos\theta_v} + \rho_{HD} e^{-\tau/\cos\theta_v}(E_d + E_a)] \tag{5-9}$$

在太阳和传感器几何位置相对不变的情况下，将坡面反射太阳直接辐射的方向-方向反射 $\rho_{DD}(i_s, i_v, \varphi)$ 和反射天空漫散射及周围地形反射辐射的半球-方向反射 $\rho_{HD}(i_s, i_v, \varphi)$ 转换成平坦地表的方向-方向反射 $\rho_H(\theta_s, \theta_v, \varphi)$，为地表反射率计算的最终目的。坡面的半球-方向反射可以表示为方向-方向反射的入射角半球积分：

$$\rho_{HD}(i_s, i_v, \varphi) = \frac{1}{\pi} \int\limits_{2\pi} \int\limits_{\pi/2} \rho_{DD}(i_s, i_v, \varphi)\mathrm{d}A_{i_s} \tag{5-10}$$

式中，A_{i_s} 为太阳入射方向上投影的立体角，可以表示为

$$A_{i_s} = \int\limits_{2\pi} \int\limits_{\pi/2} \cos i_s \sin i_s \mathrm{d}i_s \mathrm{d}\varphi_s \tag{5-11}$$

将式（5-6）代入式（5-10）可得

$$\rho_{HD}(i_s, i_v, \varphi) = \frac{1}{\pi} \int\limits_{2\pi} \int\limits_{\pi/2} \frac{A(i_s, i_v, \varphi)}{A(\theta_s, \theta_v, \varphi)} \rho_H(\theta_s, \theta_v, \varphi)\mathrm{d}A_{i_s} \tag{5-12}$$

最后将（5-6）、式（5-12）代入式（5-9），整理之后，地表方向反射可以表示为

$$\rho_H(\theta_s, \theta_v, \varphi) = \frac{\pi(L_{toa} - L_p)\mathrm{e}^{\tau/\cos\theta_v}}{E_s \dfrac{A(i_s, i_v, \varphi)}{A(\theta_s, \theta_v, \varphi)} + \dfrac{E_d + E_a}{\pi A(\theta_s, \theta_v, \varphi)} \int\limits_{2\pi} \int\limits_{\pi/2} A(i_s, i_v, \varphi)\mathrm{d}A_{i_s}} \tag{5-13}$$

采用 6S 辐射传输模型计算校正过程中所需要的大气参数。6S 模型对太阳光在太阳-地面-传感器整个传输过程中所受到的大气影响进行了计算，所得参数主要包括水平面接收到的太阳直接辐照度 E_s^h、水平面接收的天空散射辐照度 E_d^h、大气程辐射 L_p、大气上/下行直射透过率 $\mathrm{e}^{-\tau/\cos\theta_v}$、$\mathrm{e}^{-\tau/\cos\theta_s}$，以及大气上/下行散射透过率 $T^{\uparrow}(\theta_v)$、$T^{\downarrow}(\theta_s)$。由于缺少遥感影像成像时刻的大气状况数据，根据影像的成像时间，选择 6S 提供的标准大气模式进行计算。此处因为影像的成像日期为 2013 年 12 月 14 日，所以选择中纬度冬季大气模式。

在计算地表反射率的过程中，需要考虑坡面点所接收到的太阳直接辐照度、天空散射辐照度及周围地形反射辐照度，每项的计算过程如第 4 章 4.3.2 节所述。

5.2.1.2　雪面反射率计算结果分析

利用 6S 模型分高程带估算的大气参数、不同地物的各向异性反射因子、坡面像元所接收的各项辐照度，结合式（5-13），便可对研究区的图像反射率进行计算。

图 5-9 为研究区原始影像与校正后的反射率对比图，可以看出原始影像上非阴影区与阴影区的亮度差异明显，阴影区地物反射率明显低于非阴影区，导致处于山体阴影区的地物难以识别；而校正后的影像有效地消除了地形的影响，阴影区图像的细节特征也更加明显，便于识别，且同种地物在阴影区与非阴影区的反射率差异较小，图像表现得更为均一、平坦；同时，计算地表反射率时考虑了不同海拔接收的总辐射值有所差异，所以有效地抑制了高海拔区域地物反射率偏高的现象。

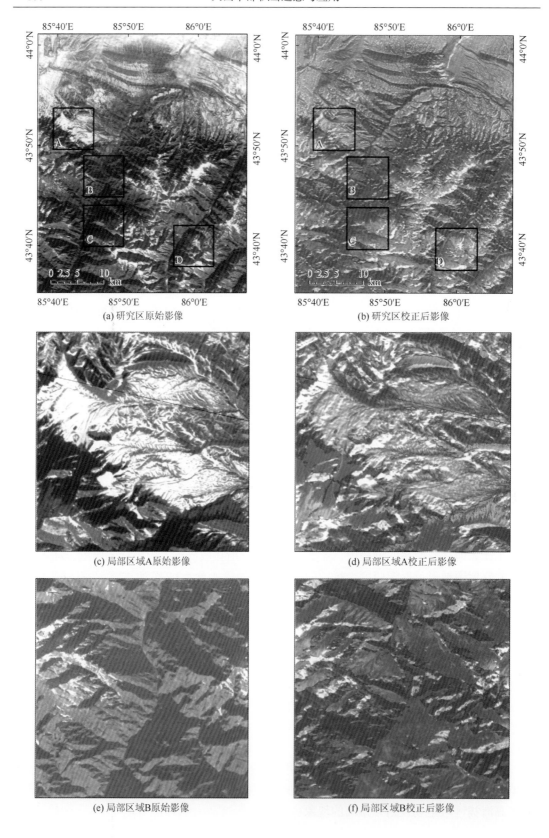

(a) 研究区原始影像　　　　　　　　　(b) 研究区校正后影像

(c) 局部区域A原始影像　　　　　　　(d) 局部区域A校正后影像

(e) 局部区域B原始影像　　　　　　　(f) 局部区域B校正后影像

(g) 局部区域C原始影像

(h) 局部区域C校正后影像

(i) 局部区域D原始影像

(j) 局部区域D校正后影像

图 5-9 研究区原始影像及校正后影像对比图

为了准确评价 6S 模型对反射率计算精度的影响，将大气校正、基于朗伯体假设的地形校正方法与该方法进行对比，如图 5-10 所示。图 5-10（a）为仅进行大气校正后的地表反射率情况，可以看到地形效应并未消除，地表反射率在非阴影区与阴影区的差异仍然较大，同时地物在高海拔地区存在过饱和现象。图 5-10（b）是利用基于朗伯体假设的地形校正模型计算的地表反射率，可以看出该方法有效地消除了地形的影响。阴影区域图像的细节特征变得明显，可以对阴影区域的地物进行区分。图 5-10（c）是由基于地表各向异性的地形校正模型计算的地表反射率，相比于前两种校正方法，其整体呈现出以平坦地表为特征的遥感图像，同一地物在非阴影与阴影区域的反射率更趋于一致，图像变得更为均一，阴影区域的图像的细节也更加明显。

1）地形效应消除分析

由于地形的影响，仅进行大气校正后的山区地表反射率会随着坡面太阳入射角余弦（$\cos i_s$）的变化而变化，两者之间的相关程度较高。当地形效应消除后，像元反射率将不

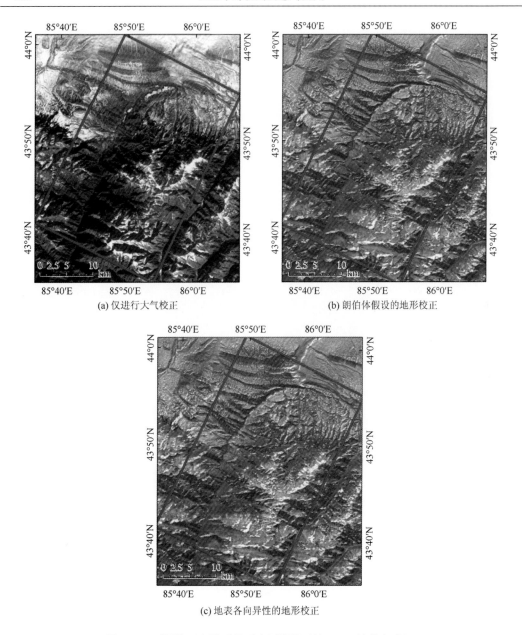

(a) 仅进行大气校正　　　　　　　　　　　　(b) 朗伯体假设的地形校正

(c) 地表各向异性的地形校正

图 5-10　不同校正方法后的研究区影像对比（321 波段合成）

再随着 $\cos i_{\mathrm{s}}$ 的改变而发生变化，反射率与 $\cos i_{\mathrm{s}}$ 之间的相关程度会大幅度减小。因此，为评价大气校正、基于地表朗伯体假设的地形校正、基于地表各向异性的地形校正对地形效应的消除程度，采用线性回归的方法，对坡面太阳入射角的余弦和陈雪像元反射率之间的关系进行统计，将线性回归方程的斜率作为评价指标，斜率的绝对值越大，则地形效应的影响程度越大，斜率的绝对值越小，则地形效应的影响程度越小。表 5-8 显示了仅进行大气校正、朗伯体假设的地形校正和地表各向异性的地形校正后的陈雪像元反射率与 $\cos i_{\mathrm{s}}$ 之间的线性关系斜率（s）对比。

表5-8 3种校正方法下陈雪像元反射率与 $\cos i_s$ 的线性关系斜率（s）对比

波段	仅大气校正	朗伯体假设的地形校正	地表各向异性的地形校正
蓝	0.324	−0.050	−0.012
绿	0.358	−0.035	−0.010
红	0.365	−0.030	−0.008
近红外	0.395	−0.063	0.010

分析表5-8可以发现，若不考虑地形的影响，仅进行大气校正，则陈雪像元反射率与 $\cos i_s$ 之间的相关程度非常高，两者之间呈正相关，表现为随着坡面太阳入射角的减小，陈雪反射率逐渐增大；而考虑地形影响之后，反射率受 $\cos i_s$ 的影响程度在各波段均大幅度降低，但当采用基于朗伯体假设的地形校正方法时，陈雪反射率在 $\cos i_s$ 较小的区域会略高，出现过校正现象；而当采用基于地表各向异性的地形校正后，陈雪反射率受 $\cos i_s$ 的影响程度会进一步减小，表明地形效应的消除程度较前两种校正方法也有所提高。同时，相比于基于地表朗伯体特性的地形校正方法，陈雪的反射率在 $\cos i_s$ 较小的区域过高的现象得到了抑制，过校正的现象得到了一定的改善。

2）实测光谱对比分析

为了进一步验证方法的精度,采用地面实测的陈雪平均反射率数据与3种方法校正后的雪面反射率数据进行对比。其中，雪面反射率数据为在研究区内选取的1000个非阴影区陈雪像元与1000个阴影区雪面像元的各波段平均反射率。由于校正后的雪面反射率与实测数据的观测角度有所不同，因此在进行对比前首先需要根据雪面各向异性因子，将卫星观测方向的雪面反射率转换至垂直观测方向。同时，由于地面实测的反射率数据为光谱分辨率小于3.0nm的连续曲线，无法与GF-1 WFV的波段反射率直接进行比较，因此还需利用GF-1 WFV的波段响应函数（数据来自http：//www.cresda.com）对实测数据进行转换，计算在GF-1 WFV对应波段上的反射率。图5-11为GF-1 WFV经过3种方法校正之后雪面反射率与实测反射率数据的对比。

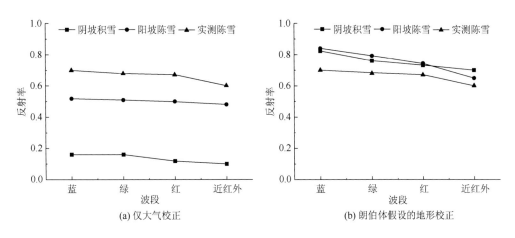

(a) 仅大气校正   (b) 朗伯体假设的地形校正

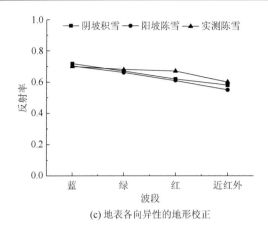

(c) 地表各向异性的地形校正

图 5-11　基于 3 种方法校正后的雪面反射率与实测数据对比

由图 5-11（a）可以看出，当仅进行大气校正后，雪面反射率在非阴影区与阴影区的差异较大，非阴影区雪面的反射率与实测数据相比差异较小，但阴影区雪面的反射率很低，表明大气校正并不能恢复阴影区域积雪的反射率。图 5-11（b）为经过基于地表朗伯体假设的地形校正后的雪面反射率与实测数据的对比，可以看出假设后非阴影区和阴影区的雪面反射率高于实测数据，表明采用基于地表朗伯体假设的地形校正方法会出现过校正现象。图 5-11（c）为采用地表各向异性的地形校正方法计算的雪面反射率与实测数据的对比，可以看出非阴影区雪面反射率、阴影区雪面反射率与实测数据趋于一致，雪面在阴影区与非阴影区的过度校正问题得到了一定程度的减弱。

经过校正之后，研究区内非阴影区与阴影区的雪面反射率与实测数据相比差异减小，且非阴影区反射率与阴影区反射率整体上趋于一致，说明所采用的方法大大削弱了地形和大气效应对雪面反射率大小的影响。由该方法计算得到雪面反射率与实测数据对比仍然存在误差，其误差主要来源于：①地表接收的总辐照度计算值的误差；②雪面各向异性因子计算的误差。地表接收的总辐照度计算的误差在 5.2.1.1 节已经讨论过，此处不再重复。造成雪面各向异性因子计算误差的主要原因如下：根据仪进行大气校正后的雪面反射率数据拟合的 Ross-Li 模型参数与实际存在差异，同时较低分辨率的 DEM 也会导致模拟的雪面各向异性因子与实际存在误差。

5.2.2　GF-1 积雪指数的建立

5.2.2.1　积雪信息的图像表征

1）积雪的光谱特征

积雪的反射光谱特性主要随积雪状态、测量环境参数的改变而变化。随着时间的推移，积雪在自然老化和融化的共同作用下，逐渐粒化、粗化及再冻结，最终变为陈雪。冬季研究区内的典型地物除积雪外，还包括枯草、裸岩、天山云杉，其中积雪根据不同的老化程度可以进一步划分为新雪、陈雪。通过与 GF-1 卫星过境时间准同步的地面光谱测量实验，可以获得研究区内新雪、陈雪、裸岩、枯草的光谱反射曲线。实测的天山云杉反射光谱数据由滁州学院刘玉峰博士提供。图 5-12 为研究区内典型地物的光谱反射曲线。

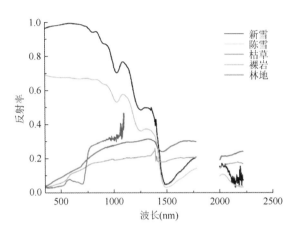

图 5-12 实测研究区典型地物反射光谱曲线

分析图 5-12 可知，可见光至近红外波段，积雪与非积雪的光谱特征具有明显差异。可见光波段内（400~750nm）积雪的反射率很高，且处于稳定状态，其中新雪的反射率高达 0.95 以上，而随着积雪的老化变质，雪粒径与雪密度逐渐增大，导致陈雪在可见光波段的反射率有所降低，降至 0.7 左右；进入近红外波段后，随着波长的增加，积雪的反射率逐渐降低，至短波红外波段（1030nm），反射率急剧下降；随后缓慢上升至 1100nm 处，然后又再次下降，分别在 1250nm、1490nm 处形成两个波谷。积雪的这一光谱特征与冰的吸收系数在该区域的明显波动有关。裸岩、枯草的反射率随着波长的增加呈上升趋势，至近红外波段，反射率最高可达 0.35 左右，但仍远低于积雪的反射率。天山云杉的反射率在可见光波段增速缓慢，进入近红外波段后，反射率呈陡坡状增加。

2）积雪的图像响应

在研究区各选取新雪、陈雪、枯草、裸岩、林地像元 3000 个，分析其经校正后的图像反射率，图 5-13 为由 GF-1 WFV 波段响应函数转换得到的实测典型地物各波段平均反射率，图 5-14 为研究区典型地物在各波段的图像反射率。由图 5-13 和图 5-14 可以看出，新雪与陈雪从可见光至近红外波段反射率逐渐下降，非雪的反射率逐渐增加。校正后典型地物的反射率与实测反射率基本一致，表明校正后的反射率数据能够作为确定 GF-1 WFV 传感器中用于积雪最佳探测波段的数据基础。

图 5-15 为所选取的不同地物样本在各波段的图像响应特征直方图，可以看出对于新雪而言，其在可见光波段和近红外波段与非雪类型的直方图基本无重叠，但与陈雪的直方图会出现少许重叠；而对于陈雪而言，其与非雪的直方图在各波段均有不同程度的重叠，特别是对于裸岩，两者之间可分离性较差，若利用单一波段阈值法，则会导致两者间出现严重的混分，降低积雪识别的精度。

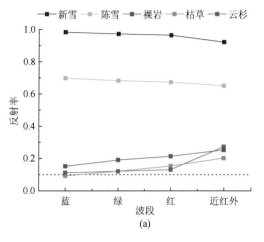

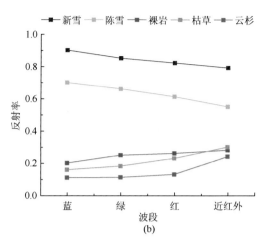

图 5-13　实测典型地物各波段平均反射率　　　　图 5-14　典型地物在各波段的图像反射率

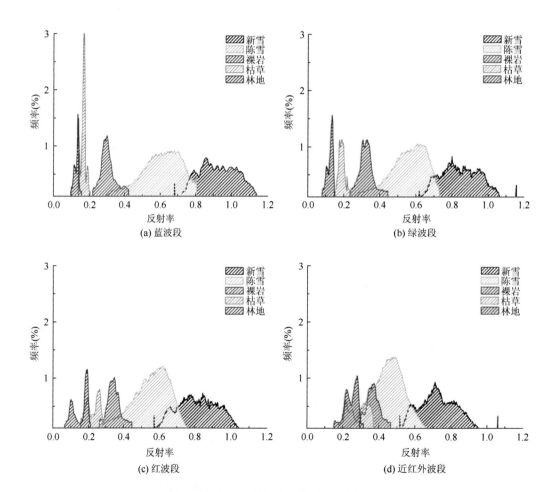

图 5-15　典型地物在各波段的图像反射率直方图

5.2.2.2 GFSI 的建立

1）GFSI 形式的确定

以积雪的反射特性为基础提出的 NDSI，通过波段之间的非线性组合，可以有效地区分积雪与其他地物，其是一个简单有效的参数。针对高分辨率卫星传感器缺少短波红外波段这一问题，Hinkler 等（2003）将最初用于 NOAA/AVHRR、SPOT VEGETATION 传感器中积雪识别的 NDSII 指数（De and LeDrew，1997；Xiao et al.，2001，2002）应用于只有绿波段、红波段及近红外波段的多光谱图像中，以区分积雪与非雪类型。NDSII 指数的形式如式（5-14）所示：

$$\text{NDSII} = \frac{\text{VIS} - \text{NIR}}{\text{VIS} + \text{NIR}} \tag{5-14}$$

式中，VIS 为可见光波段的反射率；NIR 为近红外波段（725～1100nm）的反射率。NDSII指数构建所依托的积雪光谱特性如下：①积雪在近红外波段反射率减小，且小于可见光波段；②雪的老化程度越严重，近红外波段反射率的下降幅度就越大。NDSII 的取值范围为 –1～1，其中理论上积雪的 NDSII 值应大于 0，且 NDSII 值越大，表示积雪的老化程度越严重。

由 5.2.2.1 节对典型地物实测光谱特性的分析可以得到，研究区内非雪地物（裸岩、枯草、云杉）的反射率从可见光至近红外区域一直呈上升趋势；而积雪的反射率在可见光波段较高，至近红外波段开始下降，反射率小于可见光波段。非雪地物的反射特性与积雪的反射特性在可见光至近红外区域恰好相反，因此以 NDSII 作为原型指数，将可见光波段与近红外波段进行归一化差值处理，建立适应于 GF-1 WFV 传感器的积雪指数，突出表现积雪的反射特性，从而对积雪与非雪类型进行区分，建立的计算公式如下：

$$\text{GFSI} = \frac{R_{\text{VIS}} - R_{\text{NIR}}}{R_{\text{VIS}} + R_{\text{NIR}}} \tag{5-15}$$

式中，R_{VIS} 为某一确定的可见光波段的反射率；R_{NIR} 为近红外波段的反射率。

2）GFSI 波段的选择

对于不同的卫星传感器，由于获取方式、波段设置的不同，NDSII 的具体形式也有所差别（表 5-9）。由表 5-9 可以发现，可见光波段经常选择绿波段和红波段，而在近红外波段的选择中，SPOT VEGETATION 与 Landsat TM 传感器均选择了雪面反射强吸收的短波红外波段，而 NOAA/AVHRR-11 和 Terra/ASTER 由于波段设置的原因，分别选择 0.725～1.100μm、0.760～0.860μm 的近红外波段范围。对于 GF-1 WFV 传感器而言，近红外波长范围内只设置了一个波段 0.77～0.89μm，因此 GFSI 中近红外波段的选择是确定的；其可见光波段分为蓝、绿及红波段，选择合适的可见光波段是确定 GFSI 具体形式的基础。选用 J-M（Jeffries-Matusita）距离作为积雪与其他土地覆盖类型的类分离性度量指标。J-M距离被用于描述类别间特征子集的可分离性，其基础是条件概率理论（Bruzzone et al.，1995）。对于遥感数据而言，由于其对数据的分布形式要求低且通用性高，因此常被用来作为不同地物类型光谱可分离性的衡量指标，其公式如下：

$$\text{J-M}_{ij} = \sqrt{2 \times [1 - \exp(-B_{ij})]} \qquad (5\text{-}16)$$

式中，J-M$_{ij}$ 为第 i 类与第 j 类之间的 J-M 距离；B_{ij} 为第 i 类与第 j 类之间的巴氏距离（Bhatta-charyya distance），其公式如下：

$$B_{ij} = \frac{1}{8}(M_i - M_j)^{\mathrm{T}} \left[\frac{V_i + V_j}{2} \right]^{-1} (M_i - M_j) + \frac{1}{2} \ln \frac{|(V_i + V_j)/2|}{\sqrt{|V_i||V_j|}} \qquad (5\text{-}17)$$

式中，M_i、M_j 分别为第 i 类和第 j 类样本的均值向量；V_i、V_j 分别为第 i 类和第 j 类样本的协方差矩阵。J-M 距离的值介于 $0 \sim \sqrt{2}$，J-M 距离越大，代表类间可分离性越大，J-M 距离越小，代表可分离性越小。当 $0 < \text{J-M} < \sqrt{2}/2$ 时，样本之间不具有类间可分离性；当 $1 < \text{J-M} < 1.3$ 时，样本之间具有一定的类间可分离性；当 $\text{J-M} > 1.3$ 时，表示样本之间的可分离性很好。为度量在可见光各波段积雪与其他土地覆盖类型的类间可分离性，需分别计算新雪、陈雪与裸岩、枯草之间的 J-M 距离。其计算结果见表 5-10。

表 5-9　不同传感器条件下 NDSII 波段组合

传感器	VIS	NIR
SPOT VEGETATION	2：（0.610~0.680μm）	4：（1.580~1.750μm）
NOAA/AVHRR-11	1：（0.580~0.680μm）	2：（0.725~1.100μm）
Landsat TM	2：（0.520~0.600μm）	5：（1.550~1.750μm）
Terra/ASTER	1：（0.520~0.600μm）	3：（0.760~0.860μm）

表 5-10　各波段积雪与其他地物的 J-M 距离

波段	地物	裸岩	枯草	林地
蓝	新雪	1.4142	1.4142	1.4142
	陈雪	1.2282	1.4102	1.4100
绿	新雪	1.4142	1.4142	1.4142
	陈雪	1.1960	1.3978	1.4136
红	新雪	1.4142	1.4142	1.4142
	陈雪	1.1014	1.3416	1.3978
近红外	新雪	1.4100	1.4142	1.4142
	陈雪	0.9901	1.2712	1.3426

　　分析表 5-10 可以得到，从蓝波段到红波段，新雪样本与裸岩、草地、林地之间的类间可分离性均达到最大（$\sqrt{2}$），新雪样本与 3 类非雪地物的直方图在 GF-1 的 4 个波段中均无重叠，样本的可分离性最大。而陈雪样本与 3 类非雪地物的直方图存在不同程度的重叠。以不同类型间的平均 J-M 距离作为类间可分离性的度量指标，可以发现蓝波段的平均 J-M 距离最大，表明在蓝波段陈雪与非雪的类间可分离性最大。因此，当选择蓝波段作为 GFSI 的可见光波段时，理论上 GFSI 中积雪与非雪地物的类间可分离性最大。

　　为了验证蓝波段是积雪遥感识别的最佳波段，分别选择 3 个波段构建 GFSI（下文中将蓝波段、绿波段、红波段构建的 GFSI 分别用 $GFSI_B$、$GFSI_G$、$GFSI_R$ 表示），利用 J-M 距离比较不同波段组合下 GFSI 的类间可分离性，并将类间可分离性最高的 GFSI 作为最合适的积雪指数。图 5-16 分别是蓝波段-近红外波段、绿波段-近红外波段、红波段-近红外波段 3 种 GFSI 组合下，各地物 GFSI 的直方图。由图 5-16 可以发现，对于积雪而言，超过 95%的样本的 GFSI 大于 0，积雪与非雪的重叠主要集中在裸岩类型；对于裸岩样本，在 3 种 GFSI 形式下，其与积雪均存在重叠，像元中 GFSI 大于 0 的部分分别占 0.8%、1.5%、2.0%；对于枯草与林地样本，3 种 GFSI 形式下，积雪与其基本无重叠部分。对校正后影像的各波段遥感反射率分析后可以发现，新雪与陈雪像元的遥感反射率从蓝波段至近红外波段呈逐渐减小趋势，而裸岩、枯草、林地的遥感反射率从蓝波段至近红外波段呈逐渐增加趋势。因此，当对相应地物的蓝波段和近红外波段的遥感反射率进行归一化差值计算后，理论上积雪像元的 GFSI 应全部大于 0，而非雪像元的 GFSI 应全部小于 0。然而，在实际应用中，反射率校正时出现的误差会导致小部分积雪像元的 GFSI 小于 0 及非雪像元的 GFSI 大于 0。此时若简单地将积雪与非雪像元的识别阈值确定为 0，则会降低积雪识别的精度。

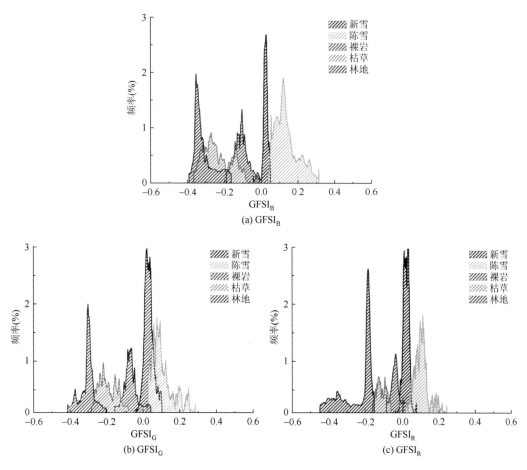

图 5-16 3 种 GFSI 形式下各地物 GFSI 直方图

　　表 5-11 为不同波段组合下各地物 GFSI 指数之间的 J-M 距离。由表 5-11 可以看出，对于新雪而言，其与裸岩在 3 种 GFSI 形式下存在不同程度的重叠，其中 GFSI$_B$ 形式下，重叠程度最小，J-M 距离最大，类间可分离性最大。陈雪与非雪类型在 3 种 GFSI 形式下，J-M 距离接近最大值，类间可分离性最大。综合 3 种形式的 GFSI 可以得到，由蓝波段和近红外波段组合的 GFSI，其对于雪与非雪类型具有最大的类间可分离性。相比于单波段中积雪与非雪的类间可分离性，经过归一化差值计算后，积雪样本与非雪样本的类间可分离性增大，如图 5-17 所示。

表 5-11　3 种 GFSI 形式下积雪与其他地物之间的 J-M 距离

GFSI	地物	裸岩	枯草	林地
GFSI$_B$	新雪	1.3334	1.4139	1.4142
	陈雪	1.4142	1.4142	1.4142
GFSI$_G$	新雪	1.2787	1.4098	1.4142
	陈雪	1.3223	1.4142	1.4142
GFSI$_R$	新雪	1.1688	1.4006	1.4142
	陈雪	1.3839	1.4142	1.4142

　　综合图 5-17 及表 5-10、表 5-11 的研究结果，为使得积雪与 3 类非雪地物均有最大的类间可分离性，选择利用蓝波段与近红外波段构建适用于高分辨率卫星遥感积雪识别的积雪指数，以区分积雪与非雪像元，具体形式如下：

$$GFSI = \frac{R_B - R_{NIR}}{R_B + R_{NIR}} \tag{5-18}$$

式中，R_B 为蓝波段的反射率；R_{NIR} 为近红外波段的反射率。

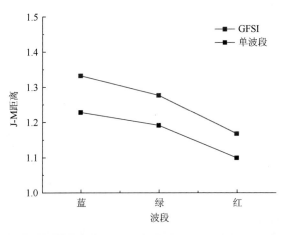

图 5-17　积雪与非积雪在单波段和 3 种 GFSI 形式下的类间可分离性对比

5.2.3 基于 GFSI 的山区积雪识别

5.2.3.1 积雪识别方法

1）积雪像元识别阈值的确定

积雪与其他 3 类非雪像元在 GFSI 之间的 J-M 距离很大，类间可分离性很高，且超过 95%的积雪像元的 GFSI 大于 0，而对于非雪像元，除裸岩存在 0.8%的像元的 GFSI 大于 0 外，枯草与林地的 GFSI 均小于 0，且与积雪像元基本无重叠，此时可通过对 GFSI 设定合适的阈值完成对积雪像元的识别。图 5-18 为校正后影像的 GFSI 图，图 5-19 为 GFSI 像元个数分布直方图。由图 5-19 可知，校正后影像的 GFSI 像元个数的分布直方图存在两个明显的波峰，两个波峰分别对应 GFSI 图像中积雪像元（目标类）与非雪像元（背景类）。此时可采用双峰阈值法，确定合适的阈值 T 对积雪像元进行识别。理论上，当识别阈值位于双峰之间的谷底时，目标类的识别结果效果最佳（Lee et al.，1990）。对于直方图存在明显双峰的图像，该方法简单易行且计算快速。

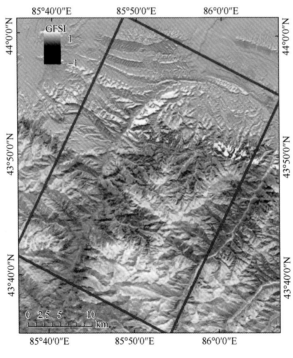

图 5-18　校正后影像 GFSI 图

在研究中，首先确定 GFSI 直方图中两个波峰的具体位置，分别为–0.035、0.082；其次，通过找寻两个波峰之间的波谷位置，便可确定最佳阈值 T 为–0.0109；最后，利用最佳阈值 T 便可准确识别积雪像元，识别准则如式（5-19）所示：

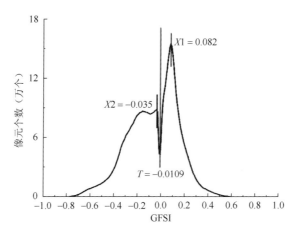

图 5-19　GFSI 像元个数分布直方图

$$\text{image}(x,y)=\begin{cases}\text{积雪} & \text{GFSI}(x,y)\geqslant-0.01\\ \text{非雪} & \text{其他}\end{cases}\qquad(5\text{-}19)$$

图 5-20 为阈值取–0.01 时，研究区积雪识别结果，白色代表积雪像元，黑色代表非雪像元。

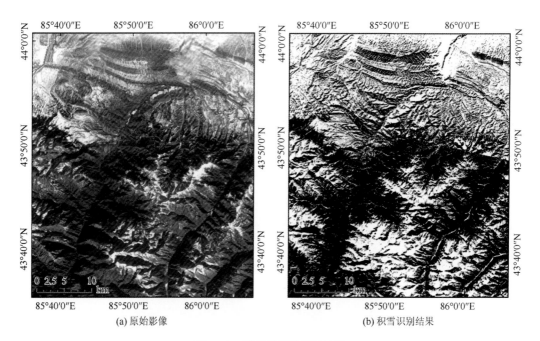

(a) 原始影像　　　　　　　　　　　(b) 积雪识别结果

图 5-20　研究区积雪识别结果

2）积雪表面类型识别阈值的确定

从图 5-19 可以看出，研究区积雪像元的 GFSI 直方图仅存在一个波峰，说明不同类型积雪的重叠信息较多，此时直方图阈值方法难以确定合适的阈值来对积雪表面类型进行识别。

为了区分新雪像元与陈雪像元，在非阴影区随机选取 12000 个像元，对 SVM 的分类结果进行对比，并结合研究区 2000 年土地覆盖类型数据，得到新雪、陈雪与其他非雪类型的识别结果。对识别结果进行统计，共有 6728 个像元被识别为陈雪，1116 个像元被识别为新雪，其余有 2188 个枯草像元、1044 个裸岩像元、924 个林地像元。新雪的 GFSI 与裸岩的 GFSI 存在部分重叠；新雪像元的 GFSI 值最高为 0.12、最低为 −0.05，GFSI 多分布在 0.00～0.06，占全部新雪像元的 96%；陈雪像元的 GFSI 值最高为 0.380、最低为 0.002，GFSI 多分布在 0.04～0.32，占全部陈雪像元的 92%；新雪像元与陈雪像元的重叠部分分别占两者的 62%、34%。根据以上统计结果，设定积雪表面类型识别阈值的取值范围为 0.00～0.08，以步长 0.01 为单位，计算不同 GFSI 阈值情况下研究区积雪表面类型的识别精度。图 5-21 为选取不同 GFSI 阈值时研究区积雪表面类型识别精度的变化曲线，从图 5-21 可以看出，当阈值小于 0.02 时，积雪表面类型的识别精度很低，不足 70%，其误差主要来源于大部分的新雪像元被错分为陈雪；当阈值为 0.02～0.04 时，积雪表面类型的识别精度有所提高，其中当阈值等于 0.02 时，识别精度最高，为 82.05%；当阈值大于 0.05 时，识别精度急剧下降，其误差主要来源于大部分的陈雪像元被误分为新雪像元。图 5-22 显示了当阈值等于 0.02 时，研究区新雪和陈雪的识别情况。其中，新雪像元个数为 31.70 万个，面积为 81.17km^2。陈雪像元个数为 312.42 万个，面积为 799.80km^2。

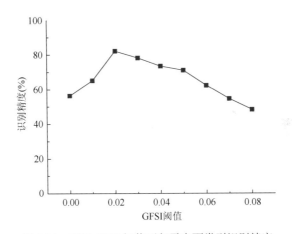

图 5-21　不同 GFSI 阈值下积雪表面类型识别精度

综上，适用于研究区的积雪识别算法可以总结为式（5-20）：

$$image(x,y)=\begin{cases}陈雪 & GFSI\geqslant 0.02\\ 新雪 & -0.01\leqslant GFSI<0.02\\ 非雪 & 其他\end{cases} \qquad (5\text{-}20)$$

当像元的 GFSI < −0.01 时，该像元被识别为非雪；当 −0.01≤GFSI<0.02 时，该像元被识别为新雪；当 GFSI≥0.02 时，该像元则被识别为陈雪。积雪老化程度越深，雪面反射率在可见光和近红外波段下降的速度越快，GFSI 数值越大。

3）阈值对积雪识别的影响

为了验证采用双峰阈值分割法得到的阈值 T 对积雪识别精度的影响，拟通过阈值选择

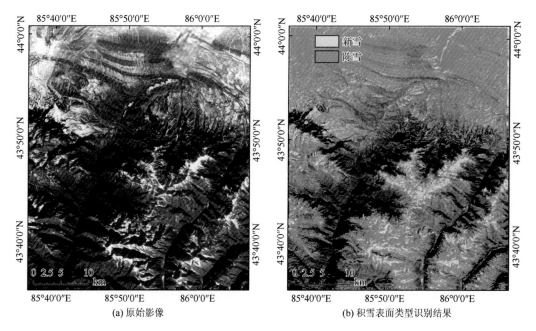

(a) 原始影像　　　　　　　　　　　　　　(b) 积雪表面类型识别结果

图 5-22　研究区积雪表面类型识别结果

实验，分析不同阈值对积雪识别精度的影响。实验设定阈值的取值范围为−0.06～0.10，以步长 0.02 为单位，计算不同阈值情况下积雪表面类型的识别精度。由图 5-23 可以看出，随着 GFSI 阈值的增大，研究区积雪识别精度有先上升后下降的趋势。当 GFSI 的阈值在 −0.04～−0.02 变化时，积雪的识别精度变化较小，且整体处于较高的精度，均大于 90%，表明当使用该范围的阈值时能有效地对积雪进行识别；当阈值小于−0.04 时，积雪识别精度逐渐降低，许多裸岩像元被误判为积雪，识别精度降至 85% 左右；当阈值大于 0.02 时，随着阈值的增加，积雪的识别精度开始下降，最低降至 60.46%，许多积雪像元被误判为非雪。由以上统计结果可以发现，当 GFSI 的阈值为−0.04～0.02 时，积雪的识别精度均较

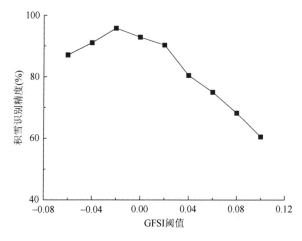

图 5-23　不同 GFSI 阈值下积雪识别精度

高，均大于 90%；当阈值为 -0.02 时，积雪的识别精度达到最高，为 95.8%。阈值选择实验表明，当使用由双峰阈值分割法所得到的阈值 -0.01 对研究区进行积雪识别时，能够满足研究区积雪识别精度的要求，识别精度高于 90%。

图 5-24 显示了当选择不同的 GFSI 阈值时，研究区积雪识别面积的变化情况。从图 5-24 中可以明显地看出，当 GFSI 的阈值在 $-0.04 \sim 0.02$ 时，研究区内积雪识别面积的变化不超过 5%；当阈值超过 0.02 时，积雪识别面积锐减，积雪识别面积的变化比呈陡坡状增加，最高为 17.85%。整体而言，当 GFSI 的阈值在 $-0.04 \sim 0.02$ 时，积雪识别面积的变化较小，且识别精度较高，说明使用 GFSI 可以与其他地物进行有效区分。

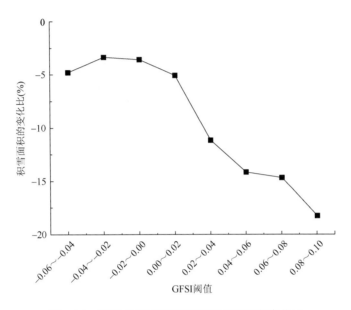

图 5-24　不同 GFSI 阈值下积雪识别面积的变化比

5.2.3.2　校正前后积雪识别精度分析

山体阴影、高程差异及由不同坡面太阳入射角引起的地形效应均会对山区积雪识别造成影响，因此为验证校正之后积雪识别的结果，对校正前后的影像使用 GFSI 进行积雪识别，并对识别结果进行比较分析。图 5-25 为利用 GFSI 得到的校正前后研究区积雪识别的结果，白色代表积雪像元，黑色代表非雪像元。

由表 5-12 可以看出，校正前研究区的阴影区积雪像元个数远大于校正后的，而非阴影区积雪像元个数则略小于校正后的；校正前研究区积雪识别总体精度仅为 72.28%，而校正后则上升至 93.20%。对校正前积雪识别结果进行统计后发现，超过 98% 的阴影区像元被识别为积雪像元，积雪识别精度很低，出现这种现象的原因可以用校正前后阴影区各地物的 GFSI 直方图解释，如图 5-26 所示。校正之前研究区非阴影区域各地物的 GFSI 均大于 0，积雪像元与非雪像元的重叠部分较多，基本不具有类间可分离性。此时在山体阴影的影响下，当利用 GFSI 进行积雪识别时，阴影区的各类地物均被误分为积雪像元，导致积

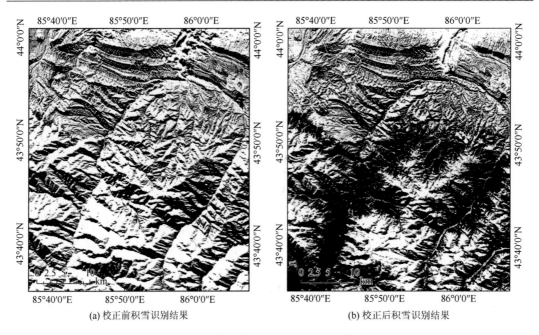

(a) 校正前积雪识别结果　　　　　　　　　　　(b) 校正后积雪识别结果

图 5-25　校正前后研究区积雪识别结果

雪识别面积大幅度升高，积雪识别精度降低；而校正之后，超过 98%的阴影区域积雪像元的 GFSI 大于 0，超过 99%的非雪像元的 GFSI 小于 0，积雪像元与非雪像元的可分离性很大，此时利用 GFSI 便可准确识别阴影区域的积雪像元，研究区积雪识别精度也得到了提高。

表 5-12　校正前后研究区积雪像元个数

校正前/后	非阴影区积雪像元个数（万个）	阴影区积雪像元个数（万个）	识别总体精度（%）
校正前	183	285	72.28
校正后	203	147	93.20

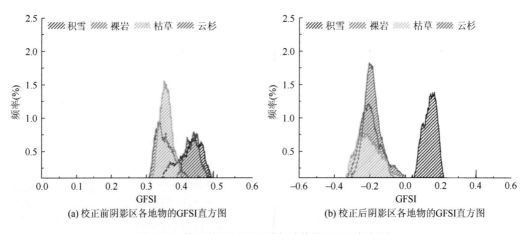

(a) 校正前阴影区各地物的GFSI直方图　　　　　(b) 校正后阴影区各地物的GFSI直方图

图 5-26　校正前后阴影区域各地物的 GFSI 直方图

　　总体而言，在经过各向异性校正与地形校正之后，阴影区不同地物的反射率得以准确恢复，积雪与非雪像元的类间可分离性得到了提高，使用 GFSI 积雪指数能够准确地识别阴影区积雪像元。

　　除山体阴影外，高程和不同坡面太阳入射角也会给山区积雪识别带来影响。校正前，积雪像元在海拔较高的区域过度感光，可见光波段存在过饱和现象，反射率小于近红外波段，从而导致 GFSI 数值小于 0。当 GFSI 小于阈值时，积雪则被识别为非雪像元；而校正之后，因为采用了分带估算大气参数的方法，积雪像元在高海拔区域不再过度感光，过饱和现象得到了解决，此时由高程所造成的积雪识别误差得到了减弱。图 5-27 显示了影像校正前后高程对积雪识别的影响。

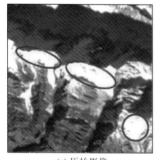
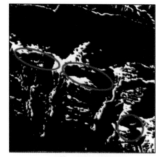

(a) 原始影像　　　　　　　(b) 校正前积雪识别　　　　　　(c) 校正后积雪识别

图 5-27　校正前后高程对积雪识别的影响

　　除此之外，不同坡面太阳入射角也会对山区积雪识别造成影响。校正前积雪各波段反射率与坡面太阳入射角余弦 $\cos i_s$ 之间存在着明显的正相关。当使用 GFSI 进行积雪识别时，对于一些面向太阳坡面太阳入射角小于太阳天顶角的积雪像元，随着 $\cos i_s$ 的增大，积雪反射率逐渐增加，GFSI 的分母也逐渐增大，同时由于第 4 波段反射率与 $\cos i_s$ 之间的相关性最高，因此随着 $\cos i_s$ 的增加，第 4 波段反射率增加得更为明显，GFSI 逐渐减小，最终当积雪像元的 GFSI 小于给定的阈值时，该类积雪像元不能被准确识别；而对于经过各向异性校正和地形校正的山区影像，由于地形效应被消除，地物在各波段的反射率将不再随坡面太阳入射角余弦 $\cos i_s$ 的变化而变化，校正前未能被识别的积雪将被准确识别。图 5-28 显示了影像校正前后坡面太阳入射角对积雪识别的影响。

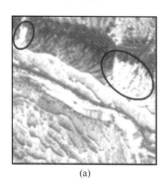
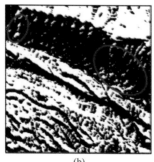
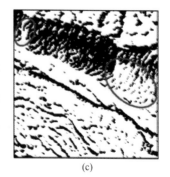

(a)　　　　　　　　　　(b)　　　　　　　　　　(c)

图 5-28　校正前后坡面太阳入射角对积雪识别的影响

5.3　基于积雪多时相表征偏移的协同训练

5.3.1　山区积雪多时相图像表征偏移

在多时相图像中,积雪的物化性质和成像条件都存在一定差异,从而导致不同图像的积雪光谱和纹理表征存在一定差异。从数据分布的角度看,不同图像积雪的纹理和光谱特征往往存在均值偏移现象(积雪的平均亮度值存在差异)。例如,受大气的影响,积雪亮度值在不同图像出现高低变化。此外,积雪在光谱和纹理空间的方差也可能存在较大差异。例如,当图像部分区域出现降雪时,图像中同时存在新雪和老雪,与降雪前相比,此时图像中积雪的分布具有较大的方差。因此,在使用单一时相光谱和纹理特征识别多时相积雪时,存在较大的不确定性,而对积雪多时相表征的分析将有助于评估这一不确定性,从而构建鲁棒性更强的识别方法。

5.3.1.1　多时相表征偏移度量

首先确定表征偏移的形式,然后确定其度量方法。宏观上,积雪的表征偏移主要表现为其在特征空间的分布发生变化;微观上,积雪的表征偏移主要表现为积雪像元在不同图像中的响应发生偏移。图 5-29 为多时相表征偏移示意图,在两个波段组成的光谱空间中,两个时相积雪的各波段均值和协方差均发生了变化,体现了宏观的偏移;而微观上,同一积雪像元(图中虚线连接)在分布中的相对位置也发生了变化。两种偏移对多时相积雪识别具有不同的影响。若宏观上发生偏移,基于单一时相得到的结论难以用于其他时相。而微观偏移会造成像元在不同时相图像中被漏识别或者误识别的可能性发生变化,从而提供额外的信息。例如,在时相 I_1 中处于积雪分布中心的像元在时相 I_2 中偏移到边缘位置,那么这一像元很可能在 I_1 中被准确识别,而在 I_2 中被漏识别。因此,从宏观和微观两个角度对多时相偏移进行度量,即积雪统计特征的偏移和特定像元的表征偏移。

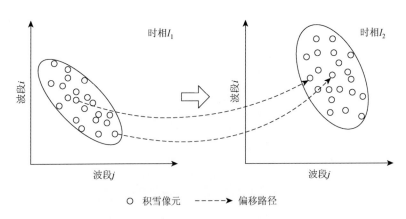

图 5-29　积雪像元多时相表征偏移示意图

1）宏观偏移的度量

首先选取大量随机样本，然后对其多时相统计特征的差异进行度量。以 J-M 距离作为宏观偏移的度量方法，然后通过直接和间接两种方式得到偏移信息。其中，直接方式指计算不同时相中同一类别的 J-M 距离；而间接方式首先计算各图像积雪与非积雪的 J-M 距离，然后比较 J-M 距离在不同时相中的变化。宏观偏移的直接度量可以直接反映积雪表征在多时相图像中的偏移，表征基于单一时相构建的判别准则（如根据特定图像设定的阈值）的有效性；间接度量则用于评估积雪与非积雪在特征空间可分离性的变化，表征敏感波段选择的有效性。

J-M 距离的值介于 $0\sim\sqrt{2}$，J-M 距离越大，代表类间可分离性越大。然而，对于多时相偏移，J-M 距离越大则偏移越大。为了更加清晰地描述 J-M 距离与偏移程度的关系，本书的研究以可分离性与 J-M 距离的关系（齐腊等，2008）给出偏移的定性描述（表 5-13）。

表 5-13　J-M 距离、表征偏移和类间可分离性的关系

J-M 距离	类间可分离性	偏移
（0，1）	不可分	微小偏移
[1，1.3）	一定的可分离性	较小偏移
[1.3，$\sqrt{2}$）	较大的可分离性	较大偏移

2）微观偏移的度量

光谱角（spectral angle）常用来表征同一图像中像元的相似性，将其扩展后用以度量同一像元在多时相遥感图像中的特征偏移。图 5-30 为其示意图，其计算方法如下：

$$T = \cos^{-1} \frac{\sum X_{I_1} X_{I_2}}{\sqrt{\sum X_{I_1}^2}\sqrt{\sum X_{I_2}^2}} \tag{5-21}$$

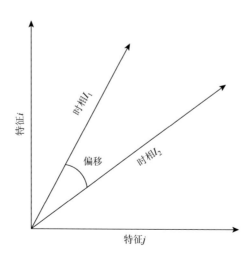

图 5-30　二维空间的多时相偏移示意图

式中，X_{I_1} 和 X_{I_2} 分别为同一像元（类别未发生变化）在两个时相 I_1 和 I_2 的特征向量；T 为这一像元不同时相的偏移，$T \in [0, \pi/2]$，T 值越大，像元偏移越大，反之则越小。

5.3.1.2　积雪表征的多时相偏移

1）积雪表征的宏观偏移

首先直接度量积雪的宏观偏移，结果见表 5-14。总体上，各类别在多时相图像中均有微小或较小的偏移（J-M<1.3），仅阴影区积雪在 T1–T2 和 T2–T3（T1–T2 指从 T1 到 T2 的过程）中发生较大偏移。此外，可以观察到积雪的光谱偏移普遍大于纹理偏移；在同一时相组合中，阴影区积雪均具有最大的偏移；积雪相较于非积雪有较大的偏移。因此，根据偏移的直接度量结果，在多时相遥感图像积雪识别中，基于纹理特征构建的判别准则具有更好的稳定性。阴影区积雪受到的影响最大，基于单一时相构建的判别准则在阴影区积雪识别中存在较大的不确定性。此外，虽然各时相组合具有不同的成像间隔，但其与光谱偏移的关系尚不明确。

表 5-14　不同时相组合各类别的 J-M 距离

时相组合	光谱偏移			纹理偏移		
	非阴影区积雪	阴影区积雪	非积雪	非阴影区积雪	阴影区积雪	非积雪
T1–T2	1.09	**1.40**	0.72	0.79	0.76	0.49
T1–T3	0.96	**1.24**	0.90	1.05	0.86	0.8
T2–T3	0.95	**1.36**	0.85	0.81	1.15	0.68

对各图像的宏观偏移进行间接度量。图 5-31（a）为非阴影区积雪和非积雪在各个图像、各个波段的 J-M 距离。在不同时相的图像中，非阴影区积雪和非积雪在可见光波段均具有很好的可分离性（J-M>1.3），但随着波长的增加而降低。分析同一波段不同图像的 J-M 距离差异，T1 在各个波段均具有最大的 J-M 距离，而 T3 均具有最小的 J-M 距离。各个图像间的差异随着波长的增加而增加，在第 1 波段，J-M 距离几乎没有差异。因此，在多时相图像非阴影区积雪识别中，第 1 波段能够较好地适应不同的成像条件。而在第 4 波段，不同图像非阴影区积雪与非积雪类别的可分离性差异巨大，基于第 4 波段设计的判别准则在应用于多时相的积雪识别时存在较大的不确定性。

图 5-31（b）为阴影区积雪和非积雪在各个图像、各个波段的 J-M 距离。显然，同一波段不同图像的 J-M 距离在第 1 波段出现最大的差异，表现为 T1 中阴影区积雪完全不可分离，而其他两个图像具有一定的可分离性。3 个图像在第 2 波段上的 J-M 距离均小于 1 且非常接近，表明第 2 波段在不同时相上具有较大的稳定性，但其区分阴影区积雪与非积雪的能力较差。第 3 和第 4 波段中，各个图像的 J-M 距离继续增大，相互差异也有所增加。

由于 J-M 距离在不同图像上的偏移、不同图像的最佳特征存在差异，针对特定图像的敏感波段选择难以满足多时相积雪识别的需求。在识别多时相积雪时，通过统一的最佳

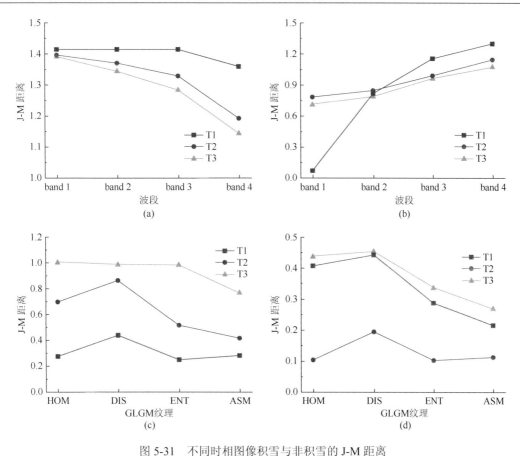

图 5-31　不同时相图像积雪与非积雪的 J-M 距离

（a）和（c）为非阴影区积雪与非积雪；（b）和（d）为阴影区积雪与非积雪

波段组合或在此基础上构建积雪指数难以获取较好的效果。例如，由时相 T1 的表征分析结果可知，第 4 波段是区分积雪与非积雪的最佳波段，而在其他两个时相的图像中，阴影区积雪和非积雪在第 4 波段仍然有较好的可分离性，但非阴影区积雪与非积雪的可分离性较差，因此其并非是最佳选择。

图 5-31（c）和图 5-31（d）为积雪和非积雪在灰度共生矩阵（grey level co-occurrence matrix，GLCM）纹理特征 [同质性（homogeneity，HOM）、差异性（dissimilarity，DIS）、熵（entropy，ENT）、二阶矩（angular second moment，ASM）] 的 J-M 距离。相较于各光谱特征，积雪与非积雪在纹理特征的可分离性均较低。在不同时相组合中，积雪和非积雪在同一纹理特征的 J-M 距离差异较大，因此，在多时相积雪识别中，难以选择稳定的敏感特征。通常情况下，J-M 距离小于 1 的特征在特征选择过程中将被舍弃。因此，各纹理特征对于积雪识别帮助有限，仅能作为光谱特征的补充。

2）积雪表征的微观偏移

计算样本（每个类别 1000 个，共 3000 个）在不同时相上的微观偏移，其在光谱空间和纹理空间的偏移如图 5-32 和图 5-33 所示。不同的行表示不同类型的光谱角分布，不同的列表示不同的时相组合，如 T1–T2 指从图像 T1 到 T2 的时相变化。

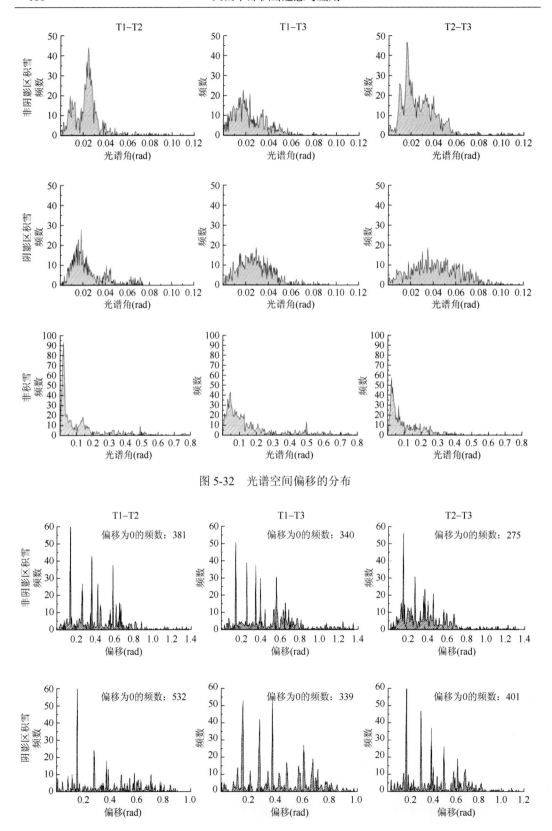

图 5-32　光谱空间偏移的分布

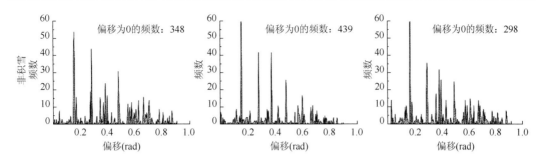

图 5-33 纹理空间偏移的分布

由图 5-32 可知，每一行的图像具有相似的分布，表明各类型在不同时相组合中发生的偏移量比较相似。因此，可以认为多时相偏移量与时相组合的差异没有关联。积雪在光谱空间的多时相偏移主要分布在低值区（<0.12rad）。因此，虽然积雪光谱表征受到成像条件及自身物化性质变化等的影响，存在多时相偏移，但其偏移量较小。因此，类别未发生变化的积雪像元具有较稳定的光谱表征，通过单一时相图像构建的判别准则能够有效地识别这一部分积雪。然而，非积雪类型普遍具有较大的多时相光谱角，即非积雪类型光谱表征不稳定，在不同时相的图像中可能被误判为积雪。

由于有较大数量的像元在纹理空间的偏移为 0，图 5-33 仅显示偏移大于 0 的统计结果。总体上，纹理空间的平均偏移较小。然而，除了偏移为 0 的像元外，其他像元在纹理空间的偏移较大，积雪在纹理空间的最大偏移比其在光谱空间的偏移大一个量级。这一现象可能与山体阴影的变化及积雪斑块的变化有关。山体阴影或积雪斑块的变化都造成边缘类型未发生变化的像元的纹理特征发生剧烈变化，使其在多时相图像的纹理空间中具有较大偏移。

5.3.2 多时相遥感图像中积雪的多视图表达

5.3.2.1 地表目标的多视图

1）单一数据集的多视图

多视图（multi-view）是指对同一目标的多个描述，作为协同训练的基础，其最早由 Blum 和 Mitchell（1998）提出。定义数据集的特征空间 $V = V_1 \times V_2$，V_1 和 V_2 为数据集的两个视图。每个示例（instance）x 可以表示为（x^1, x^2），其中 x^1, x^2 分别为 V_1 和 V_2 上的特征向量。因此，单个视图在遥感应用中可以认为是若干个波段的组合，多个视图即为多种波段组合方式。由以上定义可知，对于任何具有多个属性的数据集都能任意划分成若干个视图，每个视图反映了描述数据集的一种方式。然而，多视图作为协同训练的基础，协同训练对视图具有明确的要求。

最初的协同训练算法要求数据集对于同一问题的描述有两个相互独立的视图，并且每个视图能够充分地描述这一问题，即分类器在每个视图上能够解决数据集的分类问题。其基本的过程如图 5-34 所示（Zhou and Li，2010）。首先利用样本在两个视图上分别训练初始分类器，然后利用初始分类器预测未标记样本的结果，把高置信度的样本交给对方学习，如果样本恰好不能被另一个分类器正确分类，那么这个样本将对这一分类器做出修正，从而提高分类性能。通过迭代，两个分类器相互学习，最终对未标记样本处理得出接近的分类结果。如果两个视图能够满足充分和独立的条件，那么协同训练可以将初始分类器的性能大幅提高。

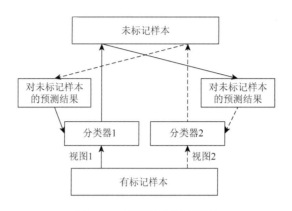

图 5-34 协同训练的过程图

在多视图上进行的协同训练能够有效地挖掘未标记样本中蕴含的丰富信息，从而提高信息提取的能力。因此，其作为半监督学习的重要泛型之一被广泛应用。但视图通常难以满足充分独立条件。Nigam 和 Ghani（2000）对充分独立条件进行研究后发现，如果特征集足够大，随机划分成两个视图也能取得较好的效果。Balcan 等（2005）提出了"扩展性假设"用以代替条件独立，认为只要视图满足"扩展性假设"，协同训练仍然能够取得较好的效果。在此基础上，Wang 和 Zhou（2007）进一步提出协同训练成功的关键在于分类器之间的差异。只要训练的分类器间存在差异，通过分类器间的相互学习就可以提高分类器性能。因此，多视图协同训练也被称为基于差异的学习（Zhou and Li，2010）。协同训练能够将有效的条件进一步概括为存在两个能够充分描述问题的视图；在视图上训练的分类器存在差异，可供相互学习。

多视图是对同一对象的不同描述，多视图协同训练实质是利用对同一事物描述的差异实现相互学习。在遥感图像信息提取中，利用不同描述的互补性得到广泛的应用，如纹理特征被公认为是光谱特征的重要补充。此外，通过不同的图像变换，也容易从遥感图像中得到对地表的多角度描述。按照现有的研究结论（Wang and Zhou，2007），只要不同分类器在不同视图能够有效完成分类任务，且这些视图存在差异，协同训练就能提高遥感图像的分类精度。因此，多视图协同训练在遥感图像信息提取中拥有巨大的潜力。

2）多时相遥感图像的多视图

不同于通过划分单一数据的属性集获取多视图，多时相遥感图像实际上是对同一空间位置或目标的不同描述。从这一角度，多时相遥感图像本身就是多个视图。若多时相遥感图像的波段一致，那么多时相的表征偏移即为对同一空间位置或目标的描述差异。由基于多时相积雪表征偏移的分析结果可知，基于单一遥感图像的分类器应用到其他遥感图像时难以取得较好的效果。对于同一目标，基于不同遥感图像得到的分类器会出现不同的分类结果。这一差异正是相互学习的关键，因此，多时相的表征偏移对于通过协同训练识别多时相遥感图像的相同目标具有重要价值。此外，在较短时间内获取的多时相遥感图像中，地表类型未发生变化的比例较大，这些目标能够有效地代表各自图像中的同一类目标。例如，两个图像中积雪和非积雪发生了少量的相互转移，未转移的积雪或非积雪能够有效地代表图像中积雪或非积雪的分布。假设通过协同训练能够有效地识别多时相遥感图像中的相同目标，那么发生类别变化的积雪也能够被有效识别。

对于两个在较短时间间隔内获取的且描述同一空间范围的遥感图像 I_1 和 I_2，令 $X_1 = \{x_i^1 \mid x_i^1 \in I_1\}_{i=1}^N$ 和 $X_2 = \{x_i^2 \mid x_i^2 \in I_2\}_{i=1}^N$ 分别表示这两个图像。x_i^1 和 x_i^2 分别表示 I_1 和 I_2 的第 i 个样本，x_i^1 和 x_i^2 对应地表的同一个空间位置。但空间位置区别于单一图像中的对象，在多时相图像中其类别可能发生变化。例如，不同时相的图像可能因为降雪和融雪过程使像元类型发生变化。此时，多时相遥感图像对同一空间位置的描述是对不同目标的描述，无法用于协同训练。因此，为确保多时相遥感图像能够通过协同训练识别积雪，需要将类别发生变化的空间位置剔除，即对多视图的空间范围进行约束。

此外，考虑视图划分的两个条件：每个视图能够充分描述问题；视图间存在较大的差异，以保障分类器间存在差异。对于第一个条件，通常通过提取有效的特征或基于样本进行特征选择，得到最优的视图。对于第二个条件，多时相表征偏移在一定程度上引入了差异，能够满足相互学习的需求，但仍然可以通过选择不同的特征组合提高不同视图间的差异。因此，同时考虑视图充分性和差异性的特征选择是构建视图的最佳方式。

5.3.2.2 多时相积雪的多视图构建

多时相积雪的多视图构建通过空间范围约束与特征空间选择两个过程获取。图 5-35

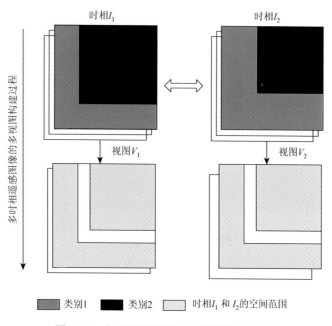

图 5-35　多时相遥感图像的多视图构建过程

为多时相积雪多视图构建的示意图,该过程主要包括两个步骤:首先非监督变化检测两个时相图像中未变化的区域;然后通过特征选择得到视图的特征集合。

1)多视图的空间范围约束

使用非监督变化检测的方法得到多时相图像中未变化的区域。首先,计算两幅图像间的卡方距离(chi-square distance,CSD)(d'Addabbo et al.,2004),任意像元的 CSD 可以由式(5-22)计算得到:

$$CSD = \sum_{k=1}^{N} \left(\frac{x_{i,k}^1 - x_{i,k}^2}{\sigma_{\mathrm{diff}}^k} \right)^2 \tag{5-22}$$

式中,N 为波段数;σ_{diff}^k 为两个图像第 k 个波段差值的方差。然后,通过 Kittler-Illingworth(KI)阈值选择算法(Kittler and Illingworth,1986;Bazi et al.,2005)得到阈值,根据阈值将图像分成变化和未变化的区域。KI 阈值选择算法是一种基于最小误差的贝叶斯理论的阈值选择算法。该算法通过最小化以下准则函数得到阈值:

$$J(t) = l + [P_0(t)\ln\sigma_0^2(t) + P_1^2(t)\ln\sigma_1^2(t)] - 2[P_0(t)\ln P_0(t) + P_1(t)\ln P_1(t)] \tag{5-23}$$

式中,$P_0(t) = \sum_{i=0}^{t} CSD(i)$; $P_1(t) = \sum_{i=t+1}^{l-1} CSD(i)$; $\sigma_0^2 = \dfrac{\sum_{i=0}^{t}[i-u_0(i)]^2 CSD(i)}{P_0(t)}$; $\sigma_1^2 = \dfrac{\sum_{i=t}^{l-1}[i-u_0(i)]^2 CSD(i)}{P_1(t)}$; l 为 CSD 图像的灰度级;最佳阈值 $t = \arg\min[J(t)]$。

图 5-36 为基于 4 个波段的不同时相组合变化检测的结果,T1-T2、T1-T3 和 T2-T3 变化的像元比重分别为 32.11%、27.38% 和 24.96%。因此,大部分区域满足类别未发生变化的条件,假设通过协同训练能够有效识别未变化区域的积雪,那么用于识别的模型同样能够识别变化区域的积雪。

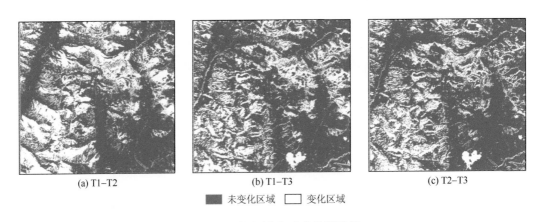

|　(a) T1-T2　|　(b) T1-T3　|　(c) T2-T3　|

■ 未变化区域　□ 变化区域

图 5-36　不同时相间变化检测结果

2)多视图的特征空间选择

由单一时相图像积雪表征结果可知,各波段对于区分积雪与非积雪均具有较好的效果。因此，假设 4 个波段能够有效解决积雪识别问题。由多时相图像积雪表征偏移结果可知，在多时相图像中，积雪的光谱表征发生明显偏移。因此，直接利用这一偏移，不再通过特征空间的选择扩大视图间的差异。从而，3 个图像 T1、T2 和 T3 均建立相应的视图 V_1、V_2 和 V_3。

综上所述，多视图的特征空间均由 4 个波段组成。需要注意的是，其他特征对于提高视图在积雪与非积雪的可分离性及扩大视图间差异时具有较大的潜力。此外，通过特征选择也能够扩大视图间的差异，从而提高协同训练的效果，已有研究对这一问题进行了初步的探讨（Di and Crawford，2012）。

5.3.3 基于积雪多视图的协同训练

5.3.3.1 多视图协同训练

1）Co-EM-SVM 算法

目前，在协同训练的框架下，已经发展了多个算法，如 Co-EM（Nigam et al.，2000）、Co-EM-SVM（Brefeld and Scheffer，2004）、tri-training（Zhou and Li，2005）、co-forest（Li and Zhou，2007）等。这些算法的差异主要包括两个方面：视图划分方式或分类器差异的产生方式；训练过程包括基础分类器类型和数量、未标记样本置信度获取方式、重新训练分类器的方法等。

多时相高分辨率遥感图像积雪识别以 Brefeld 和 Scheffer（2004）提出的 Co-EM-SVM 算法为基础。Co-EM-SVM 结合了协同训练、半监督最大期望算法（expectation maximization）和直推式支持向量机（transductive support vector machine，TSVM）的优势。其基础分类器为两个 SVM，每次学习包括以下两个核心步骤。

a. 获取未标记样本的置信度

在 Co-EM-SVM 中，通过未标记样本的后验概率 $p(y|x)$，计算其置信度。首先，通过标记样本训练得到判别函数 $f(x) = w \cdot x + b$，输入未标记样本得到未标记样本的输出值。假设对于同一个类，其输出值的分布 $p[f(x)|y]$ 满足正态分布 $N = [u_y, \sigma_y^2]$，其中 μ_y 和 σ_y^2 分别为均值和方差，可以通过式（5-24）和式（5-25）计算：

$$\mu_y = \left[\sum_{(x,y) \in D_1} f(x) + \sum_{x \in D_u^y} f(x) \right] \Big/ (m_1 + m_u) \qquad (5\text{-}24)$$

$$\sigma_y^2 = \left\{ \sum_{(x,y) \in D_1; x \in D_u^y} [f(x) - \mu_y]^2 \right\} \Big/ (m_1 + m_u) \qquad (5\text{-}25)$$

式中，D_u^y 为标记样本集 D_u 中的一个样本，其标记为 y；m_1 和 m_u 分别为 D_1^y 和 D_u^y 中样本的个数。样本的条件概率通过式（5-26）计算：

$$p(y|x) = \frac{N[\mu_y, \sigma_y^2]f(x)p(y)}{\sum_i N[\mu_y, \sigma_y^2]f(x)p(y)} \qquad (5\text{-}26)$$

式中，$p(y)$ 为各类别的先验概率。然后，任一未标记样本 x_j^* 的置信度可以由式（5-27）计算：

$$c_{x_j^*} = p(y=y_j^*)[\max p(y|x_j^*) - \min p(y|x_j^*)] \tag{5-27}$$

式中，$y_j^* = \arg\max_y p(y|x_j^*)$，$P(y=y_j)$ 为 y_j 所在类别的先验概率（由有标记样本直接得到）。

　　b. 利用未标记样本及其置信度重新训练分类器

　　Co-EM-SVM 使用未标记样本重新训练分类器的方法与 TSVM 类似。其目标是通过未标记样本重新训练判别函数 $f(x)=w\cdot x+b=0$。这一函数可以通过解决下面这一优化问题得到：

$$\min_{w,b,\xi,\xi^*} \frac{1}{2}|w|^2 + C\sum_{j=1}^{m_l}\xi_j + C_s\sum_{j=1}^{m_u}c_{x_j^*}\xi_j^* \tag{5-28}$$

$$\text{subject to } \forall_{j=1}^{m_l} y_j(wx_j+b) \geqslant 1-\xi_j, \quad \forall_{j=1}^{m_u} y_j^*(wx_j^*+b) \geqslant 1-\xi_j^* \tag{5-29}$$

$$\forall_{j=1}^{m_l}\xi_j > 0, \quad \forall_{j=1}^{m_u}\xi_j^* > 0 \tag{5-30}$$

式中，ξ_j 和 ξ_j^* 分别为有标记样本和无标记样本的松弛因子；C 和 C_s 分别为有标记样本和无标记样本的正则化参数或惩罚因子。为了避免局部最优，C_s 通常被设置成一个较小的数，其随着迭代逐渐变大。

　　Co-EM-SVM 算法见表 5-15。与协同训练类似，Co-EM-SVM 算法通过分类器在未标记样本预测上的差异相互学习。

表 5-15　Co-EM-SVM 算法

输入：有标记数据集 D_l，无标记数据集 D_u，正则化参数 C，迭代次数 T

执行：

初始化未标记样本的正则化因子 $C_s = C/2^T$

利用 D_l 在视图 V_2 上训练初始化 SVM f_0^2

计算各类别先验概率 $p(y)$

For $i=1, 2, \cdots, T$: **For** $v=1, 2$

　　利用 f_{i-1}^v 和 $p(y)$ 对 D_u 进行分类，得到正类和负类

　　通过式（5-24）和式（5-25）计算样本的 μ_y 和 σ^2

　　对于任一未标记样本 x_j^*，根据式（5-27）计算其置信度

　　利用 x_j^* 在视图 v 上重新训练分类器 f_i^v，即式（5-29）和式（5-30）的约束性最小化式（5-28）

输出：$(f^1+f^2)/2$

　　2）多时相积雪识别模型的协同训练过程

　　直接利用 Co-EM-SVM 在多时相积雪的多个视图上训练分类器，训练过程如图 5-37 所示。首先，利用多时相积雪的两个视图 V_1 和 V_2 及有标记样本获取用于协同训练的未标记样本，然后，利用 Co-EM-SVM 训练得到每个时相的分类器。

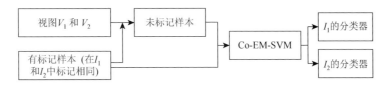

图 5-37 多时相遥感图像协同训练过程

图 5-38 为多时相积雪识别模型协同训练过程的示意图，图 5-38（a）和图 5-38（b）分别描述样本在图像和特征空间的状况，图 5-38 中具有相同空间位置的点对应一个样本，包括有标记样本和未标记样本。样本在不同视图上的分布存在一定差异，即宏观偏移；而对于特定的样本可能存在较大的差异。例如，有标记的积雪样本（图中为蓝色），在视图 V_1 中位于分布的中央，而在视图 V_2 中则移动到边缘，即微观偏移。图 5-38（c）和图 5-38（d）反映了 Co-EM-SVM 相互学习的过程，分类器对样本赋予不同置信度，然后这些样本被用来重新训练另外一个分类器。

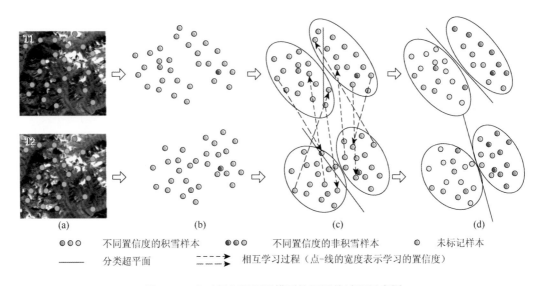

图 5-38 多时相积雪识别模型协同训练过程示意图

（a）两个不同时相的遥感图像及样本，在两个图像中空间位置相同的圆点为一个样本；（b）样本在不同视图中的分布；
（c）相互学习过程；（d）学习结果与重新训练的分类超平面

通过两个时相遥感图像的协同训练可以得到两个积雪识别的分类器，实现多时相遥感图像积雪的协同识别。表 5-16 总结了基于单一数据集的协同训练与基于积雪多视图协同训练的区别，主要表现为多视图在构建方法上的差异，以及训练后的输出差异。基于单一数据集的协同训练得到两个类似的分类器，用于通过某种策略将两个分类器联合。而通过基于积雪多视图的协同训练能够获取每个视图上独立的分类器，用于该视图的积雪识别。需要注意的是，两个时相遥感图像的协同训练能否成功的关键在于与基于单一数据集的协同训练是否一致，即在多时相遥感图像上训练的分类器间的差异及这些分类器的性能。

表 5-16　基于单一数据集协同训练与基于积雪多视图协同训练核心概念比较

概念	基于单一数据集的协同训练	基于积雪多视图的协同训练
原始数据	包含大量冗余特征的单一数据集	两个在较短时间间隔内获取的图像（I_1 和 I_2）
视图（V_1 和 V_2）	由原始数据集特征集合拆分出来的两个特征子集	V_1 和 V_2 分别为图像 I_1 和 I_2 的空间和特征子集
输出	单一分类器	两个独立的分类器，分别用于两个图像的分类

5.3.3.2　未标记样本的选择

协同训练的核心是利用分类器间的差异进行相互学习，而差异由分类器通过对标记样本的预测体现。在有标记样本较少的情况下，初始分类器通常难以提供准确的预测，那么错误的预测将通过相互学习进行传递，两个分类器性能都将恶化（Zhang and Zhou, 2011）。此外，通常遥感图像中未标记样本数量巨大，而协同训练所需的时间与未标记样本的数量呈正相关。因此，需要通过选择"合格"的未标记样本，以减少参与训练的未标记样本的数量，同时降低学习恶化的风险。另外，对未标记样本先验概率 $p(y)$ 的估计是 Co-EM-SVM 中计算样本后验概率 $p(y|x)$ 的前提。在 Co-EM-SVM 中，各类别标记样本的先验概率直接替代未标记样本的先验概率，但是通常情况下两者存在较大差异，影响相互学习的效果。因此，对未标记样本的选择也有利于准确估计其先验概率。

本书的研究中"合格"的未标记样本有两种度量方式：初始置信度，初始分类器对未标记样本有较高的初始置信度，使分类器能够在利用这些未标记样本进行学习时不发生学习恶化；差异性，分类器对未标记样本预测的差异是相互学习成功的关键，因此被选择的未标记样本需要最大限度地继承整个未标记样本集的差异性。但是，以上两个条件通常难以同时满足，选择高初始置信度的样本会降低这些样本的差异性，从而降低相互学习的空间。通过设置阈值参数 λ 来平衡未标记样本的初始置信度和在多视图中的差异性，其算法见表 5-17。该算法主要包括两个核心步骤。

表 5-17　未标记样本选择算法

输入：标记样本 (X_1^l, X_2^l, Y^l)，视图 $1\ V_1(X_1^*, Y^*)$ 和视图 $2\ V_2(X_2^*, Y^*)$，选择每个类的未标记样本数量，阈值参数 λ

执行：

For $i = 1, 2$

在视图 $V_i(X_i^*, Y^*)$ 上训练分类器 f^i

计算样本的决策值 $f^i(x^l)$，并根据未标记样本的预测标签将其分成正负两类 $\Psi_i^{\pm}$

通过式（5-31）和式（5-32）计算正负两类的阈值

End

通过阈值获取高置信度样本

$$D_u^+ = \{(x_p^1, x_p^2) \,|\, x_p^i \in \Psi_i^+, f^i(x_p^i) \geq \mathrm{Th}_i^+\}$$

$$D_u^- = \{(x_n^1, x_n^2) \,|\, x_n^i \in \Psi\sigma_i^-, f^i(x_n^i) \leq \mathrm{Th}_i^-\}$$

分别随机从 D_u^+ 和 D_u^- 中选择 N_u 样本组成参与训练的未标记样本集 D_u

输出：$D_u(x_j^1, x_j^2)$, $j = 1, \cdots, 2N_u$

（1）获取高置信度的未标记样本。样本与分类超平面的距离反映了该样本被正确分类的可能性，离超平面近的样本被正确分类的可能性低，反之则高。SVM 的决策值（decision values）能够直接作为置信度的度量。通过设定阈值，将决策值大于阈值的样本作为高置信度样本，正负阈值的计算方法如下：

$$\text{Th}_i^+ = \lambda \times \text{mean}[f^i(x_p^i)], x_p^i \in \Psi_i^+ \tag{5-31}$$

$$\text{Th}_i^- = \lambda \times \text{mean}[f^i(x_n^i)], x_n^i \in \Psi_i^- \tag{5-32}$$

阈值的获取方法以同一类别所有未标记样本的决策值为基础，通过参数 λ 控制选取样本的置信度。如果参数 λ 值较小，表明所选取的样本的平均置信度较低，但更好地保留了未标记样本的差异性。由于存在两个视图，当未标记样本在两个视图中均取得较大的初始置信度时，则该样本保留。图 5-39 为一个未标记样本选择过程的示意图，用于反映选择高置信度样本能够降低学习恶化的风险。图 5-39（a）为一个性能较差的初始分类器，该分类器对未标记样本的预测存在较大的错误。如果直接将其预测结果用于另外一个分类器的训练，将导致另外一个分类器的性能下降。选择在两个分类器均具有较高置信度的未标记样本（图 5-39 中实线连接），能够在一定程度上避免学习恶化。

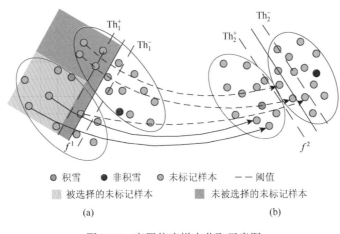

图 5-39　高置信度样本获取示意图

（2）从高置信度的未标记样本中选择用于协同训练的样本。通常情况下，通过阈值获取的高置信度未标记样本数量仍然很大，且这些样本的先验概率 $p(y)$ 未知。因此，从每个类别中随机地获取 N_u 个未标记样本，组成未标记样本集 $D_u(x_j^1, x_j^2), j = 1, \cdots, 2N_u$。由于采用了随机选择的方式，高置信度样本在两个视图上的差异性最大限度的由 D_u 继承。此外，各个类别的未标记样本数量均为 N_u，所以 Co-EM-SVM 中参数 $p(y)$ 为一个固定值 0.5。

由以上分析可知，提出的未标记样本选择过程需要设定两个参数，分别为未标记样本的数量 N_u 和阈值参数 λ。

5.4 基于协同训练的多时相积雪识别

5.4.1 多时相积雪协同识别

5.4.1.1 多时相积雪识别模型的构建

1）多类别协同识别

通过协同训练可以同时得到用于多个图像积雪识别的分类器，然而协同训练及其训练的分类器只能用于解决两个类别的分类问题。将山区积雪分为阴影区积雪与非阴影区积雪，并作为独立的类别分开识别，因此需要采用多类别技术构建多时相积雪识别模型。

以 Co-EM-SVM 算法为基础进行积雪的协同识别，其基础分类器为 SVM，因此可以直接使用 SVM 的多类别策略。目前，有多种策略将 SVM 从二分类算法扩展到多类别分类算法（Hsu and Lin，2002），常用的包括一对一（one against one，OAO）、一对多（one against all，OAA）及有向无环图（directed acyclic graph，DAG）。令 $\Omega = \{\omega_k\}_{k=1}^{M}$ 为包含 M 个类的待分类数据，一对一的策略构建 $[M \times (M-1)/2]$ 个分类器，每个分类器都将所有样本划分成 M 个类中的两类，最后通过投票决定最终的类别。一对多策略则构建 M 个平行的 SVM $\{f_1, \cdots, f_k, \cdots, f_M\}$，任一 f_k 用于解决一个二类问题，将 ω_k 与（$\Omega - \omega_k$）区分，然后采用胜者全得"winner takes all"策略决定样本的类别：

$$\omega = \arg\max\{f_k(x)\} \tag{5-33}$$

在未标记样本选择及协同训练的过程中，类别空间都被完整划分，即任一样本必须属于正类 Ω^+ 或负类 Ω^-（$\Omega^- \cup \Omega^+ = \Omega$）中的一个。OAO 或 DAG 策略构建的二分类器都无法将整个类别空间进行完整的划分，因此仅 OAA 策略能够应用于协同训练（Bruzzone et al.，2006）。

采用 OAA 策略进行协同训练，首先构建 M 个平行的二分类问题 $\omega_k, \{\Omega - \omega_k\}, k = 1, \cdots, M$，然后利用 Co-EM-SVM 在每个问题训练两个独立的分类器（对应两个图像），得到两组 SVM 分类器 $\{f_1^1, \cdots, f_k^1, \cdots, f_M^1\}$ 和 $\{f_1^2, \cdots, f_k^2, \cdots, f_M^2\}$。然后，将两个图像（$I_1$ 和 I_2）分别输入对应的分类器组，得到识别结果。图 5-40 为多时相积雪协同识别的示意图，多时相积雪识别模型实际为多个协同训练的 SVM。

2）参数设置

Co-EM-SVM 的基分类器为 SVM，因此需要对 SVM 核函数参数与正则化参数进行设置。通常情况下，通过格网搜索（grid-searching）的方法对参数进行选择，其中 n-cross-validation、holdout 和 bootstrap 常被用来评价某个参数组合的性能（Bruzzone et al.，2006）。然而，在有标记样本有限的情况下，难以将有标记样本拆分成训练集和测试集，因此，上述评价方法难以实现。本书的研究直接将训练样本的精度作为评价参数优劣的准则。以径向基函数（radial basis function，RBF）为核函数，候选核函数参数 σ 为 {0.125，

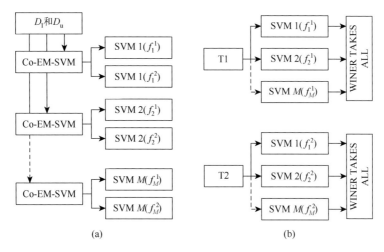

图 5-40 多时相积雪协同识别示意图

（a）为多类别协同训练；（b）为多时相图像积雪识别

0.25，0.5，1，2，4，8，16}，候选正则化参数 C 为{0.001，0.01，0.1，1，10，100，1000，1000}。此外，协同训练的迭代次数设置为 8。未标记样本的数量 N_u 为 100，阈值参数 $\lambda = 1$。

3）积雪识别精度评价方法

积雪识别的结果通过计算 F 值进行评价，计算方法为

$$F = \frac{2TP}{2TP + FP + FN} \tag{5-34}$$

式中，TP（true positive）为积雪像元被准确识别的数量；FP（false positive）为非积雪像元被误识别成积雪的数量；FN（false negative）为漏识别的积雪像元数量。区别于分类总体精度与 Kappa 系数，F 值不对整个分类结果做评估，而直接考虑积雪的误识别和漏识别现象，因此被认为是评价积雪识别结果的最佳手段之一（Rittger et al.，2013）。为有效识别山体阴影影响下的积雪，在识别过程中将山区积雪分为阴影区积雪与非阴影区积雪，但两者均为积雪，并无差异。因此，在评价时，将阴影区积雪和非阴影区积雪合并，忽略两者间的误识别现象。

5.4.1.2 积雪识别结果及评价

1）基于频次图的积雪识别结果评价

通常情况下，不同样本组合的代表性存在较大差异，基于不同有标记样本的识别结果存在一定差异。特别是在仅有极少量小样本时，识别结果存在巨大差异，难以通过雪盖图直观地了解多时相协同识别与单独识别的差异。通过积雪识别频次图来反映多时相协同识别与单独识别的差异。积雪识别频次图是指识别算法在不同样本组合情况下识别结果的逐像元统计结果。其具体的获取方法如下（图 5-41）：随机从有标记样本集中获取固定数量的有标记样本，利用样本训练得到分类器，然后利用这些分类器进行积雪识别。重复上述

过程 n 次，将识别结果累加，得到积雪识别频次图，图中每一像元的值表示该像元在 n 次识别过程中被识别成积雪的次数。理想状况下，积雪识别频次图仅包含 0 和 n 两个值，即算法对样本质量不敏感，识别结果与样本质量无关。0 和 n 之间中间频次的像元数量反映了算法对样本质量的依赖程度。此外，若存在积雪识别参考图，可以直接将参考图与频次图比较，得到算法的误差值布情况。

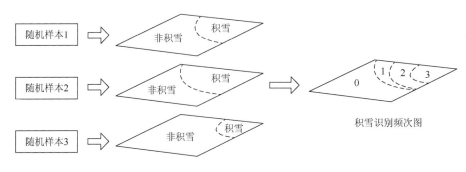

图 5-41　积雪识别频次示意图

从有标记样本集合随机抽取 4 个样本（$N_l = 1$），N_u 设置为 100，重复 100 次，多时相积雪协同识别（co-training method for multi-temporal snow cover extraction，CSCE）和单独识别（使用 SVM）的频次图如图 5-42 所示。显然，CSCE 和 SVM 频次图均覆盖 0~100 的较大范围，表明两种算法对于样本的质量均十分敏感。直接对比 CSCE 和 SVM 频次图可以发现，CSCE 的高值区和低值区较为完整，积雪斑块边界比较清晰，而 SVM 的频次图高值区和低值区较为破碎。由统计结果（右列）可知，CSCE 总体上较 SVM 有较少的中间值像元。图 5-43 为频次图的局部比较。由第一行可知，在阴影区积雪与非阴影区积雪边界区域，受阴影渐变的影响，SVM 的频次图存在由中间值组成的明显边界，而 CSCE 均表现为高值，表明 CSCE 在复杂的阴影条件下具有较好的效果。由第二行可知，在可见光-近红外波段表征差异较大的积雪斑块内部，SVM 频次图存在较大的中间值区域，而 CSCE 在这些积雪斑块上均出现高值。第三行反映了阴影区积雪的识别情况，CSCE 和 SVM 均能在一定程度上实现阴影区积雪的识别，而 CSCE 的识别结果中斑块更加清晰，能够较好地适应阴影的变化。综合以上分析，在极少样本存在的情况下，CSCE 通过多时相间的相互学习能够在一定程度上减少对样本质量的依赖；能够较为有效地识别复杂阴影下的积雪和表征差异较大的积雪。

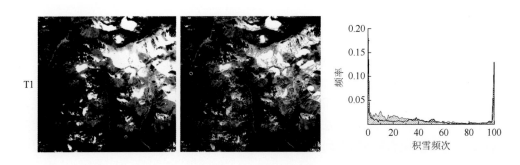

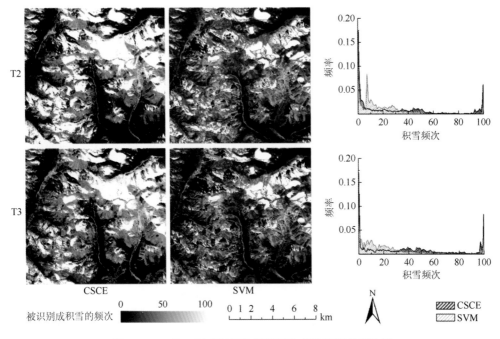

图 5-42 N_1 为 1 时多时相协同识别与单独识别的频次图

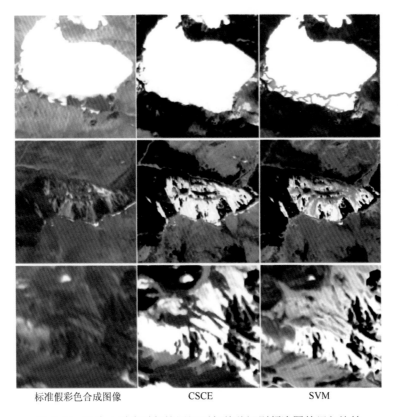

图 5-43 N_1 为 1 时多时相协同识别与单独识别频次图的局部比较

　　图 5-44 为 $N_l = 10$ 时得到的频次图。总体上，CSCE 和 SVM 频次图中，中间值的分布极少。其原因如下：当样本数量增加时，样本能够更好地描述需要解决的问题，得到更加稳定的结果，从而中间值出现的区域变小。对比 CSCE 和 SVM 频次图可知，CSCE 与 SVM 对时相 T1 和 T3 的频次图基本一致。而在时相 T2 的频次图中，SVM 仍然有较为明显的中间值区域分布。其原因可能是 T1 和 T2 之间存在降雪，而后积雪发生融化，因此在 T2 中，积雪物化性质较为复杂。此外，由统计结果（右列）可知，SVM 频次图中间值（介于 20～80）的像元数均大于 CSCE，表明在样本数量较大的情况下，协同训练仍然具有一定的优势。

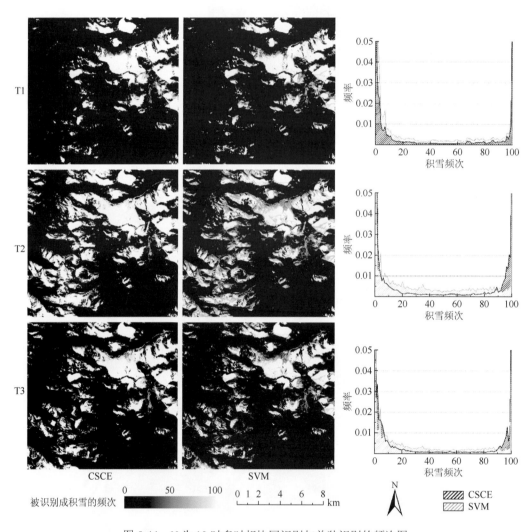

图 5-44　N_l 为 10 时多时相协同识别与单独识别的频次图

2）小样本条件下积雪识别结果分析

　　对小样本条件下协同识别的结果与充分样本条件下的单独识别进行比较。利用 4 个有标记样本进行 100 次随机实验，得到研究区 3 个时相的雪盖图。利用基于全部有标记样本

（1200 个）独立训练的各时相识别模型，得到雪盖图。然后，将两组雪盖图叠加，结果如图 5-45 所示，其中均识别为积雪和非积雪的像元分别用白色和灰色显示，而不一致的像元用黄色和红色显示。对应的验证精度也在图中标注。

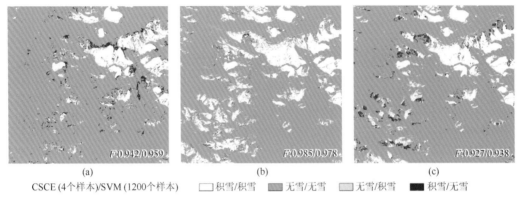

CSCE (4个样本)/SVM (1200个样本)　□积雪/积雪　■无雪/无雪　■无雪/积雪　■积雪/无雪

图 5-45　CSCE（$N_1 = 1$）与 SVM（$N_1 = 300$）比较

由验证精度（F 值）可知，基于 4 个样本的 CSCE 在 T2 上的精度较基于 1200 个样本的 SVM 高，而在其他两个图像上，SVM 取得更高的精度。但两者在 3 个图像上的 F 值的差异均较小（<0.015），表明协同训练有希望通过利用未标记样本的信息弥补因为样本不足导致的识别困难。由不同时相图像的雪盖图可知，T1 和 T3 时相中雪盖主要分布在高海拔区域。由于在 T1 和 T2 成像之间存在降雪现象，T2 的雪盖面积大于 T1 和 T3。两个算法在 T2 上取得了较为一致的结果，而在 T1 和 T3 中差异较大，表现为在 CSCE 识别结果中为积雪的像元在 SVM 雪盖图中为非积雪，这些不一致的小斑块主要分布在山体阴影区。此外，T1 和 T3 中积雪斑块的边缘也出现了大量的不一致。

3）基于测试集的积雪识别结果分析

利用有标记的测试集对算法进行全面验证。对多时相协同识别与单独识别进行比较，参与比较的单一时相算法为 SVM 和 TSVM（Bruzzone et al.，2006）。其中，TSVM 与本书的研究中提出的多时相协同识别均属于半监督算法，而 SVM 属于监督算法。为全面比较 3 种算法的性能，将 N_1 以 2 为间隔从 1 增加到 29。每一个 N_1 均通过随机抽取的方式重复 100 次，得到 F 值的均值和方差。未标记样本获取参数 $N_u = 100$，$\lambda = 1$；时相组合包括 T1&T2、T1&T3 和 T2&T3，结果如图 5-46 所示。

图 5-46（a）和图 5-46（b）为各算法在图像 T1 的识别结果。显然，3 种算法的 F 值的均值（以下简称 F 值）随着 N_1 的增加显著升高。当使用图像 T1 和 T2 进行协同识别时，CSCE 的 F 值随着样本的增加从 0.874 升高到 0.905；当使用组合 T1&T3 时，其 F 值由 0.874 升高到 0.899。在所有的识别试验中，CSCE 的 F 值均高于 SVM 和 TSVM。特别地，当 N_1 小于 15 时，CSCE 相对于 SVM 具有显著优势，但是这一优势随着样本的增加逐渐减小。在对 TSVM 与 SVM 结果进行比较时，可以观察到类似的现象。出现这一现象的原因是当有标记样本数量增加时，有标记样本对于问题的描述更加接近问题的真实状况，此时未标记样本的价值将减少。此外，当 N_1 大于某个值时，3 种算法的表现均达到稳定，其中，SVM

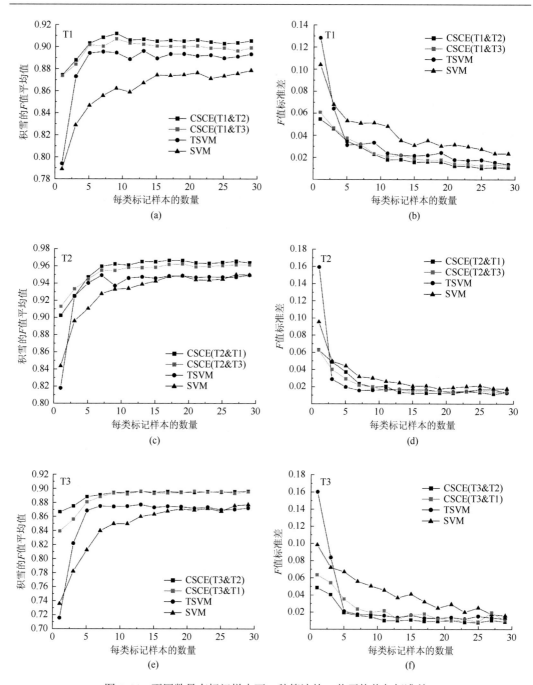

图 5-46　不同数量有标记样本下 3 种算法的 F 值平均值与标准差

在 N_l 等于 15 时达到稳定，而 CSCE 和 TSVM 在 N_l 等于 5 时达到稳定。这一现象表明在积雪识别中，利用未标记样本中蕴含的信息有利于减少有标记样本的使用。由 3 种算法 F 值的标准差可知，在大部分实验中 CSCE 均取得最小的标准差。当 $N_l = 1$ 时，CSCE 的标准差为 0.055（T1&T2）和 0.061（T1&T3），而 SVM 和 TSVM 的标准差值别为 0.128 和 0.104，是 CSCE 的两倍左右，表明 CSCE 较其他两种算法对样本的质量不敏感，有较好的稳定性，这一结果与基于积雪识别频次图的结果一致。3 种算法在其他两个图像 T2 和 T3 的表现与其在 T1 的表现类似，CSCE 均具有较大的优势。

需要注意的是，尽管两种半监督算法（CSCE 和 TSVM）较监督算法（SVM）更具优势，但是多时相协同识别较各图像单独识别取得更好的效果。当每个类别有标记样本数量仅为 1 时，TSVM 与 SVM 取得类似的 F 值，但其标准差远高于 SVM。另外，CSCE 较 SVM 在 F 值和标准差上均取得较大的优势。这一差异表明基于多个时相的相互学习（CSCE）较基于单一图像的直推式学习或半监督学习更加有效。其原因可能为当初始的分类器性能较差时，通过分类器自身的直推式学习难以改善分类器性能，甚至出现学习恶化；而通过两个图像的协同训练，初始性能较差的初始分类器可以通过相互学习得到改进，从而得到更好的结果。

5.4.2　多时相数据的积雪识别

5.4.2.1　时相组合与积雪识别

使用不同时相组合得到同一图像识别结果，并对识别结果进行比较（图 5-47）。对于图像 T1，时相组合 T1&T2 较 T1&T3 效果更好，在绝大多数实验中，T1&T2 取得较大的 F 值和较小的标准差。对于图像 T2 和 T3，其最佳的时相组合分别为 T1&T2 和 T2&T3。协同训练的效果与视图有效性及分类器间的差异大小有关，而 CSCE 以协同训练为基础，因此，从这两个角度出发，分析时相组合与识别效果的关系。

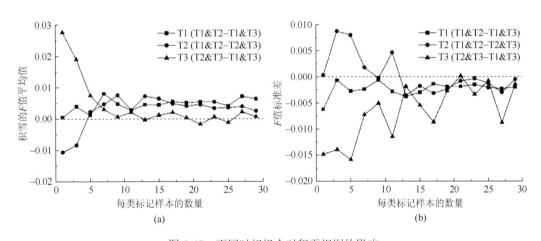

图 5-47　不同时相组合对积雪识别的影响

（a）和（b）分别为不同时相组合协同训练的精度和标准差

1）视图的有效性

直接将各图像识别精度作为评价视图有效性的指标。由图 5-46 可知，总体上，图像 T2 的识别精度较图像 T1 和 T3 的高，T2 的最高 F 值为 0.964，远高于图像 T1 的 0.905 和 T3 的 0.896。这一结果表明在视图 V_2 上识别图像 T2 的积雪较为有效，而其他两个视

图 V_1 和 V_3 对于识别对应图像中的积雪并不理想。显然，在容易识别积雪的视图上训练的分类器更有可能提供准确的标记信息，而这些较为准确的标记信息将提高相互学习中另一个分类器的性能。例如，V_2 较 V_3 在识别对应图像积雪时更为有效，所以 T1 在 T1&T2 中取得的 F 值均高于其在 T1&T3 中取得的 F 值。类似地，T2 和 T3 分别在 T1&T2 和 T2&T3 中取得较好的结果。因此，选择拥有有效视图的图像作为协同识别的参与者能够有效提高自身的识别精度，这也间接证明选择有效视图对于提高协同识别效果的价值。

2）在不同视图上训练的分类器间的差异

以分类器对样本预测的差异作为衡量分类器差异的指标。两个分类器 f^1 和 f^2 的预测差异定义如下：

$$\text{PDC}(f^1, f^2) = 1 - \text{identical}[f^1(X_1^*), f^2(X_2^*)] / \#X_1^* \tag{5-35}$$

式中，X_1^* 和 X_2^* 为视图 V_1 和 V_2 上的样本集合；$\#X_1^*$ 为样本集合 X_1^* 和 X_2^* 中样本的数量，函数 identical (x, y) 返回 x 和 y 中标记一致的样本的数量。当分类器 f^1 和 f^2 在所有样本的预测完全一致时，PDC 值最小为 0；PDC 值越大，分类器的差异越大。

图 5-48（a）为 3 种时相组合在协同训练前后的 PDC 值。总体上，初始分类器间的 PDC 值在协同训练后均有较大幅度的下降。这是因为在相互学习的过程中，两个分类器间的差异被用来改善初始分类器的性能，两个分类器对样本的预测趋于一致，从而导致 PDC 值下降。进一步分析 PDC 下降的值与识别效果间的关系，图 5-48（b）为学习前后 PDC 下降的值。显然，时相组合 T1&T2 的 PDC 值下降最大，T2&T3 和 T1&T3 次之。这一结果可以为不同时相组合的表现差异提供解释，以图像 T1 为例，T1&T2 的 PDC 下降值远高于 T1&T3，表明在 T1&T2 的协同识别过程中更多的差异被用来相互学习，从而 T1 的识别精度在 T1&T2 中较高。类似地，T2&T3 较 T1&T2 有较小的 PDC 下降值，从而 T2 在 T1&T2 的协同识别中效果较好。对于 T3，T2&T3 在学习中利用了较大的 PDC 值，从而是识别 T3 中积雪的最佳组合。此外，在学习过程中利用的差异可能与 CSCE 有效直接相关，而与各时相组合中初始分类器的绝对 PDC 无直接关联。例如，T2&T3 的初

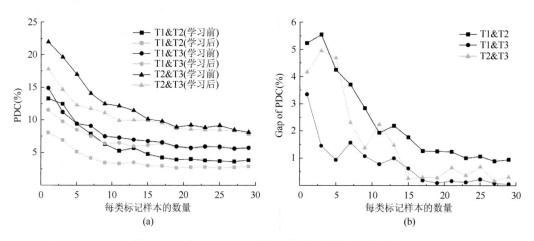

图 5-48　不同视图上训练的分类器间的差异及其变化

（a）为 3 种时相组合在协同训练前后的 PDC 值；（b）为训练前后 PDC 值的变化

始 PDC 最大，然而，T2 在 T1&T2（拥有最大的 PDC 下降值）中的识别结果优于其在 T2&T3 中的识别结果。

5.4.2.2　空间匹配误差与积雪识别

多时相遥感图像的空间对应关系是构建积雪多视图的关键,而多时相遥感图像间的空间匹配误差通常难以完全消除。因此，有必要评估空间匹配误差对协同识别的影响。将图像 T2 沿 4 个方向人为地引入空间匹配误差，即北-南、西北-东南、西-东和西南-东北，然后新的 T2 与 T1 一起进行积雪的协同识别。在协同识别中，有标记样本数量 $N_l = 1$，未标记样本数量 $N_u = 100$。

图 5-49 为图像 T1 的 F 值与偏移的关系，其中负的偏移表示向起始方向偏移。例如，$x = -10$ 在北-南的点线图中表示 T2 相对于 T1 向北偏移 10 个像元。从图 5-58（a）中可以发现一个有趣的现象，偏差能够提高协同识别的精度，这一现象在偏差小于 5 个像元时尤为明显。各个方向的偏差对于精度的影响较为一致，即与方向无关。图 5-58（b）为多时相图像空间偏差与标准差。总体上，当空间偏差小于 5 个像元时，标准差随着偏差的增加逐渐减小；而当偏差继续增加时，则出现了相反的趋势。这一现象可以解释为在多时相积雪多视图的构建过程中，已经通过非监督变化检测将类别发生变化的像元剔除，因此即使发生空间匹配误差也不会影响协同识别；对于参与训练的未标记样本，空间匹配误差可能造成同一样本在不同视图中有更大的表征偏移,而表征偏移恰恰是协同识别成功的关键因素。

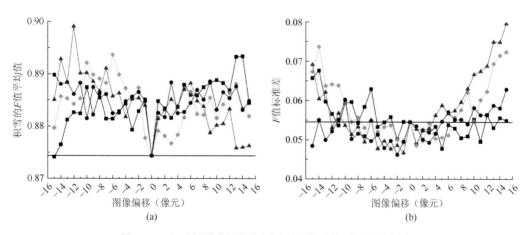

图 5-49　多时相遥感图像空间匹配误差对协同识别的影响

参 考 文 献

冯学智，李文君，史正涛，等.2000. 卫星雪盖监测与玛纳斯河融雪径流模拟. 遥感技术与应用, 15（1）：18-21.

蒋熹.2006. 冰雪反照率研究进展. 冰川冻土, 28（5）：728-738.

李小文，王锦地.1995. 植被光学遥感模型与植被结构参数化. 北京：科学出版社.

齐腊，刘良云，赵春江，等.2008. 基于遥感影像时间序列的冬小麦种植监测最佳时相选择研究.遥感技术与应用,23（2）：154-160.

王建，陈子丹，李文君，等. 2000. 中分辨率成像光谱仪图像积雪反射特性的初步分析研究. 冰川冻土，22（2）：165-170.

王介民，高峰. 2004. 关于地表反照率遥感反演的几个问题. 遥感技术与应用，19（5）：295-300.

闻建光，柳钦火，肖青，等. 2008. 复杂山区光学遥感反射率计算模型. 中国科学：地球科学，11（38）：1419-1427.

曾燕，邱新法，刘昌明，等. 2003. 基于 DEM 的黄河流域天文辐射空间分布. 地理学报，58（6）：810-816.

张秀英，冯学智. 2006. 基于数字地形模型的山区太阳辐射的时空分布模拟. 高原气象，25（01）：123-127.

张玉环，仲波，杨锋杰，等. 2012. TM/ETM 和 DEM 数据的 BRDF 特征提取. 遥感学报，16（2）：361-377.

Balcan M-F，Blum A，Yang K. 2005. Co-training and expansion: towards bridging theory and practice//Saul L K，Weiss Y，Bottou L. Advances in Neural Information Processing Systems 17. Cambridge: MIT Press：89-96.

Bazi Y，Bruzzone L，Melgani F. 2005. An unsupervised approach based on the generalized Gaussian model to automatic change detection in multitemporal SAR images. IEEE Transactions on Geoscience and Remote Sensing，43（4）：874-887.

Beisl U. 2001. Correction of Bidirectional Effects in Imaging Spectrometer Data. Zurich: Remote Sensing Series 37，Department of Geography，University of Zurich 24-38.

Blum A，Mitchell T. 1998. Combining Labeled and Unlabeled Data with Co-training. New York: Proceedings of the Eleventh Annual Conference on Computational Learning Theory.

Brefeld U，Scheffer T. 2004. Co-EM Support Vector Learning. New York: Proceedings of the Twenty-First International Conference on Machine Learning.

Bruzzone L，Chi M，Marconcini M. 2006. A novel transductive SVM for semisupervised classification of remote-sensing images. IEEE Transactions on Geoscience and Remote Sensing，44（11）：3363-3373.

Bruzzone L，Roli F，Serpico S B. 1995. An extension of the Jeffreys-Matusita distance to multiclass cases for feature selection. IEEE Transactions on Geoscience and Remote Sensing，33（6）：1318-1321.

Burrough P A，McDonnell R A. 1997. Principles of Geographical Information Systems. Oxford，U.K.: Oxford University Press.

Chen J M，Leblanc S. 1997. A 4-scale bidirectional reflection model based on canopy architecture. IEEE Transactions on Geoscience and Remote Sensing，35：1316-1337.

Chen Y，Hall A，Liou K N. 2006. Application of three-dimensional solar radiative transfer to mountains. Journal of Geographic Research，111：D21111.

d'Addabbo A，Satalino G，Pasquariello G，et al. 2004. Three Different Unsupervised Methods for Change Detection: An Application. Anchorage: Proceedings of the IEEE International Geoscience and Remote Sensing Symposium（IGARSS），1980-1983.

de A R，LeDrew E. 1997. Monitoring Snow and Ice Conditions Using a Normalized Difference Index Based on AVHRR Channels 1 and 2. Http: //www. crysys. uwaterloo.ca/science/documents/ger97_deabreu2.pdf[2017-11-28].

Di W，Crawford M M. 2012. View generation for multiview maximum disagreement based active learning for hyperspectral image classification. IEEE Transactions on Geoscience and Remote Sensing，50（5）：1942-1954.

Dozier J，Marks D. 1987. Snow mapping and classification from Landsat Thematic Mapper data. Annals of Glaciology，9：97-103.

Gutman G. 1994. Normalization of multi-annual global AVHRR reflectance data over land surfaces to common sun-target-sensor geometry. Advances in Space Research，14（1）：121-124.

Hinkler J，Orbaek J B，Hansen B U. 2003. Detection of spatial，temporal，and spectral surface changes in the Ny-Alesund area 79 degrees N，Svalbard，using a low cost multispectral camera in combination with spectroradiometer measurements. Physics and Chemistry of the Earth，28（32）：1229-1239.

Hsu C W，Lin C J. 2002. A comparison of methods for multiclass support vector machines. IEEE Transactions on Neural Networks，13（2）：415-425.

Huemmrich K F. 2001. The GeoSail model: a simple addition to the SAIL model to describe discontinuous canopy reflectance. Remote Sensing of Environment，75：423-431.

Iqbal M. 1983. An Introduction to Solar Radiation. Toronto，New York: Academic Press.

Jacquemoud S，Bacour C，Poilve H，et al. 2002. Comparison of four radiative transfer models to simulate plant canopies reflectance: direct and inverse model. Remote Sensing of Environment，74（3）：471-481.

Kittler J，Illingworth J. 1986. Minimum error thresholding. Pattern Recognition，19（1）：41-47.

Kondratyev K Y. 1969. Radiation in the Atmosphere. London，U.K.：Academic.

Lee S U，Chung S K，Park R H. 1990. A comparative performance study of several global thresholding techniques for segmentation. Computer Vision，Graphics，and Image Processing，52（2）：171-190.

Li M，Zhou Z H. 2007. Improve computer-aided diagnosis with machine learning techniques using undiagnosed samples. IEEE Transactions on Systems，Man and Cybernetics，Part A：Systems and Humans，37（37）：1088-1098.

Li X，Strahlar A H. 1986. Geometric-Optical bidirectional reflectance modeling of a conifer forest canopy. IEEE Transactions on Geoscience and Remote Sensing，GE-24（6）：906-919.

Li X，Strahlar A H. 1988. Modeling the gap probability of a discontinuous egetation canopy. IEEE Transactions on Geoscience and Remote Sensing，26（2）：161-170.

Li X，Strahlar A H. 1992. Geometric-optical bidirectional reflectance modeling of the discrete crown vegetation canopy：effect of crown shape and mutual shadowing. IEEE Transactions on Geoscience and Remote Sensing，30（2）：276-292.

Liang S，Strahler A. 1994. Retrieval of surface BRDF from multiangle remotely sensed data. Remote Sensing of Environment，50：18-30.

Minnaert M. 1941. The reciprocity principle in lunar photometry. Astrophys. J，93：403-410.

Nigam K，Ghani R. 2000. Analyzing the Effectiveness and Applicability of Co-training. New York：Proceedings of the Ninth International Conference on Information and Knowledge Management.

Nigam K，McCallum A K，Thrun S，et al. 2000. Text classification from labeled and unlabeled documents using EM. Machine Learning，39（2-3）：103-134.

Rittger K，Painter T H，Dozier J. 2013. Assessment of methods for mapping snow cover from MODIS. Advances in Water Resources，51：367-380.

Roujean J L，Leroy M，Deschamps P Y. 1992. A bi-directional reflectance model of the earth surface for the correction of remote sensing data. Journal of Geophysical Research，97（D18）：20455-20468.

Sandmeier S，Itten K I. 1997. A physically-based model to correct atmospheric and illumination effects in optical satellite data of rugged terrain. IEEE Transaction Geoscience and Remote Sensing，35（3）：708-717.

Walthall C L，Norman J M N，Welles J M，et al. 1985. Simple equation to approximate the bi-directional reflectance from vegetationcanopies and bare soil surfaces. Applied Optics，24：383-387.

Wang W，Zhou Z H. 2007. Analyzing co-training style algorithms//Machine Learning：ECML. Warsaw：Springer：454-465.

Wen J，Liu Q，Liu Q，et al. 2009. Parametrized BRDF for atmospheric and topographic correction and albedo estimation in Jiangxi rugged terrain. International Journal of Remote Sensing，30：112875-112896.

Wu A，Li Z，Cihlar J. 1995. Effects of land cover type and greenness on advanced very high resolution radiometer bidirectional reflectances：analysis and removal. Journal of Geophysical Research，100（5）：9179-9192.

Xiao X，Moore B，Qin X，et al. 2002. Large-scale observations of alpine snow and ice cover in Asia：using multi-temporal VEGETATION sensor data. International Journal of Remote Sensing，23（11）：2213-2228.

Xiao X，Shen Z，Qin X. 2001. Assessing the potential of VEGETATION sensor data for mapping snow and ice cover：a normalized difference snow and ice index. International Journal of Remote Sensing，22（13）：2479-2487.

Zakšek K，Oštir K，Kokalj Ž. 2011. Sky-view factor as a relief visualization technique. Remote Sensing，3：398-415.

Zhang M L，Zhou Z H. 2011. CoTrade：confident co-training with data editing. IEEE Transactions on Systems，Man，and Cybernetics，Part B：Cybernetics，41（6）：1612-1626.

Zhou Z H，Li M. 2005. Tri-training：exploiting unlabeled data using three classifiers. IEEE Transactions on Knowledge and Data Engineering，17（11）：1529-1541.

Zhou Z H，Li M. 2010. Semi-supervised learning by disagreement. Knowledge and Information Systems，24（3）：415-439.

Zhu L，Xiao P，Feng X，et al. 2014. Support vector machine-based decision tree for snow cover extraction in mountain areas using high spatial resolution remote sensing image. Journal of Applied Remote Sensing，8（1）：084698-084698.

6 高分辨率极化 SAR 图像的积雪信息识别

SAR 技术使得大面积重复观测、全天时全天候获取区域尺度的积雪信息成为可能，在气候条件恶劣的环境下，该技术已经成为一种重要的对地观测手段。极化 SAR 技术可获得不同极化方式下的地物散射信号，为积雪识别提供更为丰富的信息。为了对 GF-3 卫星开展预研究，本章以 C 波段 RADARSAT-2 全极化数据为模拟数据，开展极化 SAR 积雪识别研究，以弥补光学遥感难以识别云下积雪的不足。

首先，以积雪微波散射特性为理论依据，通过目标分解方法提取极化特征；然后，利用随机森林模型，对积雪极化特征的重要性程度进行排序，选择最优极化特征子集，并进一步从散射机制角度探讨不同极化特征在积雪识别中的作用。利用优选的极化特征进行积雪识别，积雪期和融雪期的总体精度分别可达到 94.36% 和 91.06%。结果表明，VanZyl 和 Freeman 分解体散射分量、Krogager 分解二面角散射分量、相干矩阵参数 T_{33}、伪概率 P_3、H（$1-A$）、二次反射特征值相对差异度（double bounce eigenvalue relative difference，DERD）、极化比（polarimetric fraction，PF）及总功率 Span 在两时期积雪识别中的作用较大，可作为最优极化特征子集进行积雪识别。

同时，采用马尔可夫随机场（Markov random field，MRF）模型分割方法对 C 波段 RADARSAT-2 全极化数据进行积雪识别。基于积雪的微波特性和 SAR 图像表征，并结合图像空间关系和先验信息，建立积雪识别的 MRF 模型，克服相干斑噪声影响，利用 K-Wishart 分布表达多视极化 SAR 数据概率密度函数（probability density function，PDF），然后利用迭代条件模式（iterated conditional model，ICM）算法进行最大后验概率求解，得到最优标记，从而识别出积雪，积雪期识别结果的 F 值可达 0.92，融雪期可达 0.96。结果表明，通过不同参数拟合的 K-Wishart 分布函数能够较为准确地表达积雪与非积雪信息，因此可利用该函数来模拟极化 SAR 数据的分布情况，从而识别积雪；通过结合空间上下文信息的 K-Wishart 分布 MRF 积雪识别模型，在识别精度、结果的完整性和对噪声的敏感性方面具有较大优势，识别结果孤立点较少，边缘较为平滑且准确，表明了该方法识别积雪的可靠性。

光学遥感数据具有积雪识别精度高、可识别积雪表面类型等优点，可通过综合辐射校正削弱地形对积雪识别的影响，但难以识别云覆盖区的积雪；SAR 具有穿透云雾识别积雪、获取积雪物理信息的能力，但在山区复杂地形的条件下，其后向散射信号受地形影响严重，因此，利用 SAR 与光学遥感数据在山区积雪识别中的互补性，可进一步提高积雪识别的精度。首先，利用综合辐射校正后的 GF-1 WFV 数据，采用 SVM 分类方法，识别山区积雪表面类型（新雪和陈雪）。然后，在 SAR 遥感图像表征分析的基础上，利用 2013 年 12 月 13 日和 2014 年 3 月 19 日的 C 波段 RADARSAT-2 相干系数图像，使用最优阈值法提取积雪，并在此基础上利用 Nagler 算法获取干雪和湿雪样本，以及利用极化特征分解方法获取最优极化特征组合，建立极化 SAR 识别湿雪的动态阈值方法，实现干雪和湿雪的识别。最后，在对 SAR 与光学遥感数据积雪识别精度、优劣势分析的基础上，构建 SAR 与光学遥感数据联合识别积雪的模型，实现积雪期和融雪期积雪表面类型和干湿状态的同时识别。

6.1 RADARSAT-2 及光学遥感数据的预处理

目前，在轨运行的民用 SAR 卫星有德国的 TerraSAR-X 与 TanDEM-X、日本的 ALOS-PALSAR、加拿大的 RADARSAT-2 和意大利的 COSMO-SkyMed 等。本书的研究要求 SAR 数据具有重复轨道、空间分辨率高且成像波段对积雪干湿状态敏感等特点；同时，研究区积雪属于季节性积雪，春季气温回升较快且积雪厚度较薄，积雪在短时期内迅速消融，而在轨正常运行的高分辨率 SAR 卫星重访周期均在 10 天以上（RADARSAT-2 卫星 24 天；TerraSAR-X 卫星 11 天；COSMO-SkyMed 卫星 16 天）。为开展积雪期和融雪期积雪类型与干湿状态识别的研究，综合考虑 SAR 数据的成像时间和图像覆盖区域、相同空间分辨率光学遥感数据成像时间、积雪时空分布规律、数据获取渠道及同步观测试验可行性等多方面因素，订购了重复轨道的三景 RADARSAT-2 精细四极化数据，成像时间分别在非积雪期、积雪期及融雪期，并选取了与 RADARSAT-2 卫星成像时间和空间分辨率一致的光学遥感数据。本书的研究所选用的遥感数据见表 6-1。

表 6-1 研究所用遥感数据基本信息

数据类型		成像时间	积雪时段	分辨率（m）
SAR 数据	RADARSAT-2 C 波段、四极化	2013 年 10 月 2 日	非积雪期	距离向：5.2
		2013 年 12 月 13 日	积雪期	方位向：7.6
		2014 年 3 月 19 日	融雪期	（标称分辨率）
光学遥感数据	高分一号（GF-1）宽幅相机（WFV）	2013 年 10 月 6 日	非积雪期	16
		2013 年 12 月 14 日	积雪期	
		2014 年 3 月 23 日	融雪期	
	Landsat-8 陆地成像仪（OLI）	2014 年 3 月 15 日	融雪期	全色波段：15
				其他波段：30

三景 RADARSAT-2 数据成像时间分别为非积雪期（2013 年 10 月 2 日）、积雪期（2013 年 12 月 13 日）和融雪期（2014 年 3 月 19 日），检索与 SAR 数据同步的 GF-1 卫星数据，成像时间分别为非积雪期（2013 年 10 月 6 日）、积雪期（2013 年 12 月 14 日）和融雪期（2014 年 3 月 23 日）。在非积雪期，SAR 与光学遥感数据成像时间相隔 4 天，且冬季研究区地表覆盖类型变化较小，对研究的影响可以忽略；在积雪期，SAR 与光学遥感数据成像时间相隔 1 天，根据地面同步观测的气象资料，两种数据成像时间间隔内没有降雪且气温低于 0℃，

积雪覆盖变化可以忽略；在融雪期，SAR 与光学遥感数据成像时间相隔 4 天，根据地面同步观测的气象资料，两种数据成像时间间隔内白天气温持续高于 0℃，积雪消融迅速，积雪覆盖变化较快，因此，在 GF-1 卫星数据的基础上，增选了一景 Landsat 卫星数据，成像时间为融雪期（2014 年 3 月 15 日），用于准确获取融雪期的积雪覆盖信息（图 6-1）。

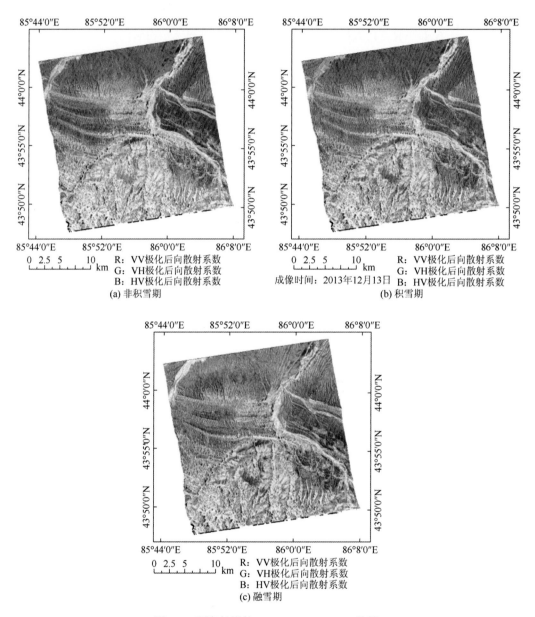

图 6-1　研究使用的 RADARSAT-2 SAR 数据

6.1.1　RADARSAT-2 数据处理

由于是重复轨道数据，三景 RADARSAT-2 数据的各项参数基本一致：成像时间为北京时间 20：16，入射角为 43.45°，幅宽为 25km×25km，距离向×方位向的像元大小为 4.733m×4.799m，其中距离向像元大小为斜距坐标（图 6-2）。

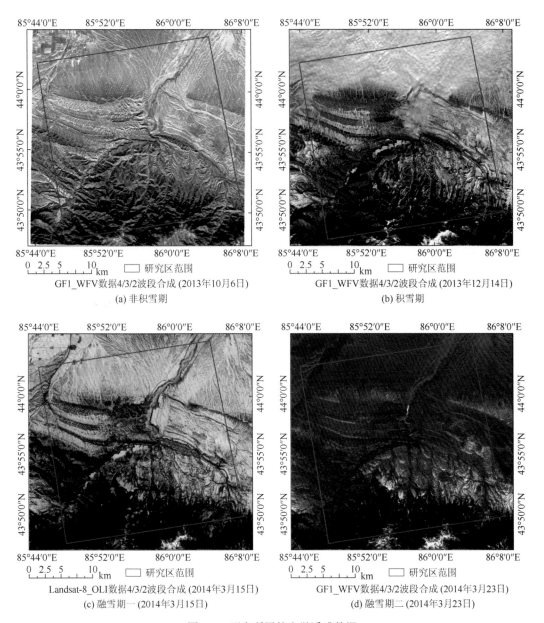

图 6-2　研究所用的光学遥感数据

所订购的三期 RADARSAT-2 数据已做聚焦处理，获取的数据为单视复数（single look complex，SLC）产品，每期数据包含 HH、VV、HV 和 VH 四种极化方式图像，每幅图像的像元值为复数。由于在距离向为斜距坐标，SLC 图像需要经过多视处理、多时相图像配准、斑点滤波、辐射定标及地理编码等一系列的数据预处理，才能得到具有实际物理意义和地理坐标的后向散射系数图像。处理方法介绍如下。

（1）多视处理。SLC 产品包含很多斑点噪声，多视处理的目的是抑制 SAR 图像的斑点噪声，得到更高辐射分辨率的后向散射系数图像，处理过程在一定程度上会降低图像的空间分辨率。多视处理的关键是根据制图分辨率，由像元大小、局部入射角大小计算距离向与方位向的视数值。具体计算过程描述如下：从 RADARSAT-2 SLC 产品头文件中读取距离向斜距像元大小（sampledPixelSpacing = 4.733m）、方位向像元大小（sampledLineSpacing = 4.779m）、中心入射角（incidence angle scene centre = 43.5°）等参数，由于三期数据为重复轨道，因此各项参数保持一致。根据距离向斜距像元大小与中心入射角计算距离向的地距像元大小，计算公式为

$$\mathrm{RSG} = \mathrm{RSS}/\sin I_{\mathrm{centre}} \qquad\qquad (6\text{-}1)$$

式中，RSG 为距离向地距像元大小；RSS 为斜距像元大小；I_{centre} 为中心入射角。将参数代入式（6-1）得到距离向地距像元大小为 6.882m，并计算得到方位向与距离向的视数比例为 6.882m∶4.779m，即 1.44∶1。为了使多视后方位向像元大小与距离向地距像元大小保持一致，并考虑到光学遥感数据的空间分辨率及方位向与距离向的视数比例，最终确定距离向与方位向的视数值分别为 2 和 3。经过多视处理后，图像像元大小为 13.764m×14.337m（距离向×方位向）。

（2）图像配准。覆盖同一地区的多景雷达图像，若要进行时间序列分析、动态监测、多时相滤波处理等，则需要进行图像间的配准处理。图像配准分粗配准和精配准两步进行。粗配准为像元级配准，在搜索窗内按行列以不同的整像元偏移量计算匹配窗与对应的数据窗之间的配准质量评价指标，选取经过多视处理后的 2013 年 10 月 2 日的 VV 极化图像作为主图像，其他图像作为辅图像，主图像的匹配窗中心像元与辅图像中对应窗的中心像元的坐标位置差即为偏移量，按照偏移量进行扫描，配准精度在一个像元之内。精配准为亚像元级配准，在图像粗配准的基础上，根据实际情况，调整匹配指标（搜索窗口、影像块数据、阈值等），对辅图像的匹配窗和搜索窗进行亚像元插值，根据不同的策略得到使得局部相关系数最大的图像偏移量，利用获取的图像偏移量构建估计距离向和方位向偏移量的多项式系数，从而得到偏移量方程，并进行亚像元级的精配准。由于精配准在亚像元分辨率上进行处理，因此必须对图像进行重采样。在进行图像配准时，选取四次卷积法插值算法进行重采样，可以在一定程度上减少插值带来的误差。

（3）斑点滤波。具有相同后向散射截面的两个相邻观测单元，若在细微特征上有差异，则两个相邻观测单元的回波信号也会不同，这样就会使本来具有常数后向散射截面的图像同质区域，像元间出现亮度变化，即噪声，因此在使用 SAR 图像进行分析处理前需要进行噪声处理，即滤波。在进行滤波处理时，应根据 SAR 图像的纹理、色调、阴影、地物尺寸、形状及模式等选择合适的滤波窗口大小和滤波方法。常用的 SAR 图像滤波方法有自适应 Lee、De Grandi、增强 Lee、Frost、增强 Frost、Gamma、Kuan、局部 Sigma 等，本书采用 De Grandi 滤波方法，滤波窗口大小为 5×5。

（4）地理编码和辐射定标。地理编码是将每个像元从斜距几何转化为地图投影。辐射定标可概括为目标后向散射系数与其图像数据的比例因子的估计过程。在 RADARSAT-2 SLC 产品中，提供了 3 个辐射定标系数的查找表文件（lutBeta.xml、lutSigma.xml 和

lutGamma.xml），分别对应散射亮度（Beta_nought，β^0）、后向散射系数（Sigma_nought，σ^0）、归一化后向散射系数（Gamma，γ）的辐射定标系数，每个定标文件中都提供了辐射定标系数的偏移量与增益值。对于每幅 SAR 图像，其偏移量为固定值，增益值则随像元列号变化，每列像元对应一个增益值。对于 RADARSAT-2 卫星的 SLC 产品而言，辐射定标系数的偏移量均为 0，其后向散射系数 σ^0 的定标公式为

$$\sigma^0 = 10 \times \lg \frac{\left| DN_{i,j} \right|^2}{A_j^2} \tag{6-2}$$

式中，σ^0 为后向散射系数（单位：dB）；DN 为 SLC 数据的数字计数值，其值为复数；i 和 j 为定标像元所处的行号和列号。

SAR 在积雪识别领域的另一优势体现在其干涉测量能力方面，InSAR 干涉测量技术可以通过非积雪期和积雪期重复轨道雷达信号的相位差信息和相干性特征监测地表覆盖的变化，从而用于识别积雪。本书的研究主要利用非积雪期与积雪期、非积雪期与融雪期两组 SLC 相干系数信息。相干系数图像的生成需要经过基线估算、干涉图生成、相干系数计算等一系列预处理。

（1）基线估算。基线估算主要用来评价干涉像对的质量，以及计算基线、轨道偏移（距离向和方位向）和其他系统参数。表 6-2 为两组干涉相对基线参数。当基线垂直分量超过临界值时，会造成没有相位信息，相干性丢失。

表 6-2 干涉相对基线参数

干涉相对	2013 年 10 月 2 日～12 月 13 日（主图像–辅图像）	2013 年 10 月 2 日～2014 年 3 月 19 日（主图像–辅图像）
时间基线（天）	72	168
垂直基线（m）	161.734	37.663
临界基线（m）	4473.503	4473.503
距离向偏移（像元数）	11.330	1.758
方位向偏移（像元数）	−36.389	15.617
2π 高度模糊度（m）	123.182	528.982
2π 位移模糊度（m）	0.028	0.028
多普勒频率中心差	−29.417	−1.933
临界多普勒中心差	1383.216	1383.216

（2）干涉图生成。在相干系数计算前，需要生成干涉图。干涉图的生成需要精确配准的 SLC 数据，配准精度对干涉图效果有较大影响。基于精确配准后的 SLC 数据相位信息，同时参考从 DEM 数据中获取的地形信息，获取精确的地形干涉相位图。

（3）相干系数计算。相干系数是用于衡量干涉像对相关程度的量。每个散射单元的相干值（γ）的计算公式如下：

$$\gamma = \frac{\left| \left\langle S_1 \cdot S_2^* \right\rangle \right|}{\sqrt{\left\langle S_1 \cdot S_1^* \right\rangle \left\langle S_2 \cdot S_2^* \right\rangle}} \qquad (6\text{-}3)$$

式中，S_1 和 S_2 为两个相干的复数信号；*为复数的共轭；·为复数图像对的相乘；〈　〉为二维低通滤波。

SAR 数据的预处理工作主要利用 ENVI SARscape 软件实现，非积雪期、积雪期和融雪期后向散射系数图像分别如图 6-3～图 6-5 所示，相干系数图像如图 6-6 所示。

某点局部入射角的大小与该点地形条件、卫星轨道倾角及雷达入射角等因素有关，其计算公式如下：

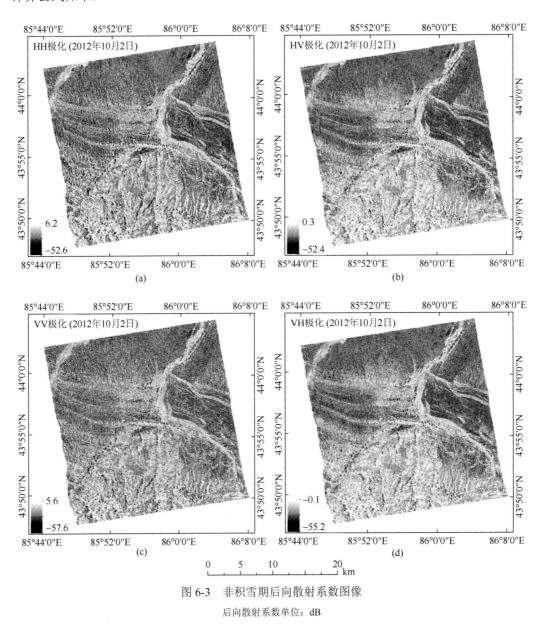

图 6-3　非积雪期后向散射系数图像

后向散射系数单位：dB

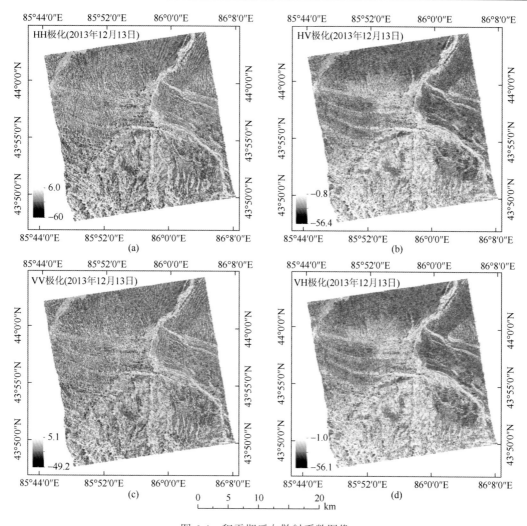

图 6-4　积雪期后向散射系数图像

后向散射系数单位：dB

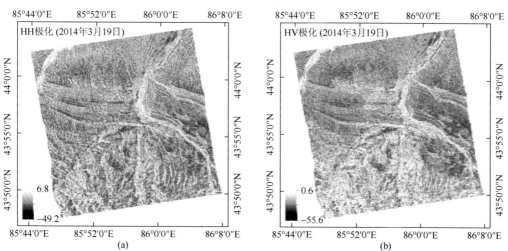

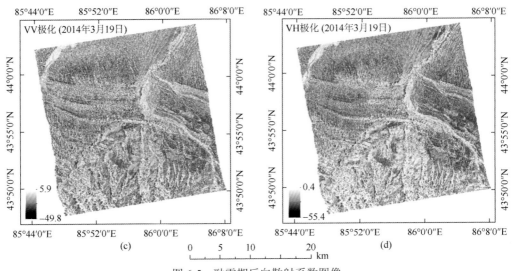

图 6-5　融雪期后向散射系数图像

后向散射系数单位：dB

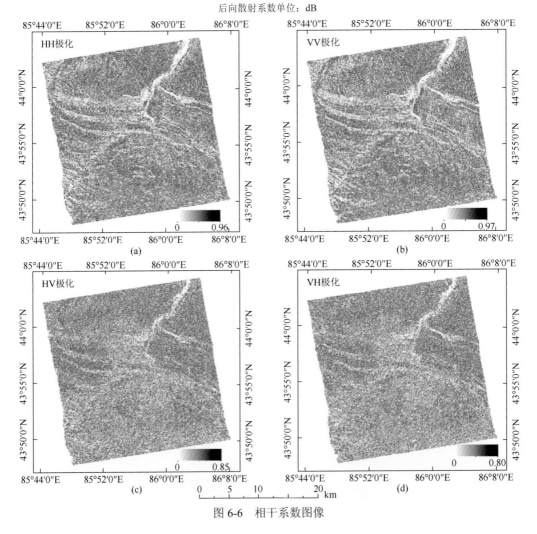

图 6-6　相干系数图像

$$\theta = \arccos(\cos I_j \cos\alpha \pm \sin I_j \sin\alpha \sin\zeta) \tag{6-4}$$

式中，"±"在雷达右视时取＋，左视时取－；I_j 为该点基于大地水准面的雷达入射角，可由近距点雷达入射角与远距点雷达入射角按照斜距像元大小插值得到；α 为该点的坡度角，可由 DEM 计算得到；ζ 为坡向相对于卫星飞行方向的方位角，表示该点切平面法线在水平面上的投影与方位向逆方向间的夹角（以顺时针递增），可用 DEM 提取的坡向 AS 与卫星轨道倾角 I_{sat} 计算得到，其计算公式为

$$\zeta = (I_{sat}-90°)+AS \tag{6-5}$$

使用的 RADARSAT-2 数据都为右视成像，所以式（6-4）中的"±"取＋；研究区的坡度图、坡向图已于数据预处理阶段获得，使用的 RADARSAT-2 数据近距点、远距点雷达入射角分别为 4.28° 和 4.41°，由此可非常容易地插值距离向各列雷达入射角 I_j；RADARSAT-2 卫星的轨道倾角值为 98.6°。将以上参数一并代入式（6-4）和式（6-5），计算得到局部入射角，并依据局部入射角大小和叠掩、阴影判断准则，生成研究区的叠掩与阴影区掩膜图像，结果如图 6-7 所示。

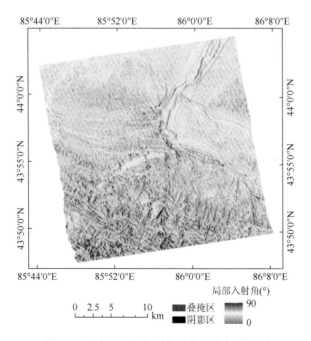

图 6-7　研究区局部入射角及其叠掩与阴影区

6.1.2　GF-1 和 Landsat 数据处理

光学遥感数据预处理的目的是将传感器量化的 DN 值转化为大气层顶反射率值，所用的光学遥感数据包括 GF-1 卫星 WFV 数据和 Landsat-8 卫星 OLI 数据，两种数据的预处理流程基本相同，主要包括辐射亮度值转换、大气层顶反射率计算、几何校正。

（1）辐射亮度值转换。将 GF-1 卫星 WFV 图像和 Landsat-8 卫星 OLI 图像的初始 DN 值转换为传感器端辐射亮度值的计算公式分别为

$$L_{\lambda} = \frac{DN - offset}{gain} \tag{6-6}$$

和 $L_{\lambda} = DN \cdot gain + offset$ (6-7)

式中，L_{λ} 为转换后卫星相机波段等效辐亮度[W/(m²·sr·μm)]；DN 为传感器某个波段的初始记录值；gain 为传感器在轨辐射响应度；offset 为暗噪声偏移量。GF-1 卫星和 Landsat-8 卫星的绝对定标系数可分别由中国资源卫星应用中心网站（http://www.cresda.com）和美国地质勘探局网站（http://glovis.usgs.gov/）下载。

（2）大气层顶反射率（表观反射率）计算。将传感器端辐射亮度值转换为大气层顶反射率的计算公式如下：

$$\rho_{\lambda} = \frac{\pi \cdot L_{\lambda} \cdot d^2}{E_{sun\lambda} \cdot \cos\theta_s} \tag{6-8}$$

式中，ρ_{λ} 为大气层顶反射率（无量纲）；π 为常量；d 为日地距离（天文单位）；$E_{sun\lambda}$ 为大气层顶的平均太阳光谱辐照度[W/(m²·μm)]；θ_s 为太阳天顶角（°）。

（3）几何校正。研究区地处山区，典型地物较少且没有明显的空间分布规律，而河道拐点较粗，且积雪期和融雪期大部分区域均由积雪覆盖，很难选择精度较高的地面控制点。因此，直接使用了 ENVI 的正射校正模块，结合有理多项式系数（rational polynomial coefficient，RPC）文件和 DEM 数据，对大气顶层反射率数据进行几何校正处理，配准精度达到 0.5 个像元，满足应用需求。

6.1.3　DEM 数据处理

使用的数字高程模型数据为 ASTER GDEM。研究区位于 ASTER GDEM 四块分片（N43E085、N43E086、N44E085、N44E086）边缘，通过对四块分片数据的镶嵌、裁剪等处理，获取覆盖研究区的 DEM。

DEM 数据预处理的主要目标是获取坡度、坡向、天空可视因子和地形观测因子等地形因子。对于光学遥感图像，在山区地形起伏较大的情况下，周围地形的遮蔽会直接影响坡面接收到的太阳辐照度，不同的坡度和坡向通过对太阳光入射角的影响，直接控制着坡面上像元点接收到的太阳直接辐射，因此，地形因子是影响地表接收的太阳辐照度的关键要素。同时，地形因子也是影响 SAR 后向散射系数和相干系数的主要影响因素之一，坡度和坡向直接控制着不同坡面上像元点的局部入射角，而后向散射系数与相干系数大小又与局部入射角直接相关。因此，SAR 图像和光学遥感图像表征分析需要先利用由 DEM 获取的地形因子。各因子获取过程如下：

（1）坡度（slope，S）。S 是表观地面上某点倾斜程度的量，地面某一点的坡度表述为过该点的切平面与水平地面的夹角，取值范围为 0°～90°。研究区坡度提取结果如图 6-8 所示。

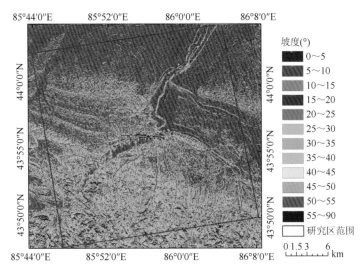

图 6-8　研究区坡度图

（2）坡向（aspect，AS）。AS 主要表观地面上某一点的朝向。地面上任意点的坡向定义为该点切平面的法线在水平面的投影与过该点的正北方向的夹角，取值范围为 0°～360°，可划分为东、南、西、北、东南、东北、西南、西北及无坡向 9 个方向，也可分为阴坡、阳坡、半阴坡、半阳坡 4 个方向。其提取方法同坡度提取方法，研究区坡向提取结果如图 6-9 所示。

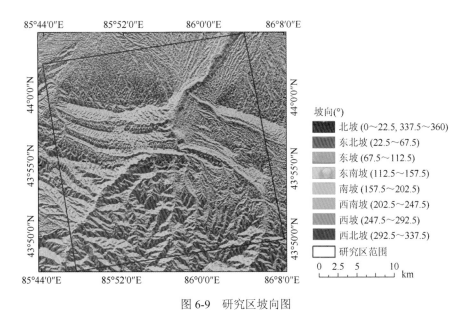

图 6-9　研究区坡向图

（3）天空开阔度（sky-view factor，SVF）。SVF 用来表征地面上某一点接收天空漫散射的情况，定义为空间某点与无遮挡的水平表面半球所接收的天空漫散射辐照度之比。SVF 可以用立体角（Ω）描述，它是二维空间角量测的扩展，半球立体角可表达为

$$\Omega = \int_0^{2\pi} \int_0^{\pi/2} \cos\theta \cdot \mathrm{d}\theta \cdot \mathrm{d}\varphi = 2\pi \tag{6-9}$$

式中，θ 和 φ 分别为半球的天顶角和方位角。假设在半球所有方位角上的观测高度角相同，则立体角为一锥形，可视立体角可表达为

$$\Omega = \int_0^{2\pi} \int_0^{\pi/2} \cos\theta \cdot \mathrm{d}\theta \cdot \mathrm{d}\varphi = 2\pi \cdot (1-\sin\gamma) \tag{6-10}$$

式中，γ 为观测高度角。当观测高度角不相同时，可视立体角为各高度角的半球之和，表达为

$$\Omega = \sum_{i=1}^n \int_{\gamma_i}^{\pi/2} \cos\theta \cdot \mathrm{d}\theta \cdot \left(1 - \frac{\sum_{i=1}^n \sin\gamma_i}{n}\right) \tag{6-11}$$

式中，n 为计算方向的个数，对可视立体角作归一化，可得到 SVF，表达为

$$\mathrm{SVF} = 1 - \frac{\sum_{i=1}^n \sin\gamma_i}{n} \tag{6-12}$$

式中，SVF 为 0~1，若某点的 SVF 接近于 1，则表明整个半球对该点都可见，该点位于山顶；若某点的 SVF 接近于 0，则表明该点受地形遮蔽多，位于谷底。SVF 值越高该点接收到的天空漫射辐射越多。

（4）地形开阔度（terrain-view factor，TVF）。TVF 用来表征周围地形对某点的漫散射影响情况。TVF 与 SVF 之和为 1，因此 TVF 的计算公式为

$$\mathrm{TVF} = 1 - \mathrm{SVF} \tag{6-13}$$

6.2 面向积雪识别的 SAR 极化分解与特征优选

6.2.1 基于目标分解的极化特征提取

6.2.1.1 目标分解过程

全极化 SAR 数据不仅能够反映积雪的极化散射特性，而且能够区分不同地物的散射机制，还能够为积雪识别提供非常丰富的极化信息，对于提高积雪的识别精度有很大帮助。目标分解方法是获取 SAR 极化特性的常用手段之一。

地物的极化特性是对地物本身的几何特征、物理特性、表面粗糙度、介电常数、化学性质等属性的反映，是研究地物特性常用的特征之一。不同的地物对 4 种极化方式（HH、HV、VH、VV）下的电磁波具有不同的散射强度，通过测量和记录地物对电磁波的散射强度，全极化 SAR 能够获得自身的极化散射矩阵、相干矩阵或协方差矩阵。这些散射矩阵与地物的极化、相位、能量等特性有着非常密切的联系，可以对地物的微波散射特性进行完整的描述。极化目标分解就是从这些矩阵中有效地提取地物极化散射特征的关键技术，将散射矩阵表述成多种单一散射分量矩阵相加的形式是其最终目的。为了使散射矩

以更接近目标散射机理的方式展现，目标分解对散射矩阵做了进一步的解释和加工，将复杂的地物散射过程以一种更易理解的形式呈现出来。目标分解首先要计算各种散射矩阵，对散射体进行极化表达，进而针对不同矩阵，利用不同的目标分解方法提取具有物理解释的多种极化特征，其主要利用极化散射矩阵、相干矩阵和协方差矩阵对散射体进行极化表达，并针对不同矩阵，利用相应目标分解方法提取积雪极化特征（图 6-10）。

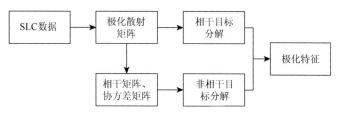

图 6-10　目标分解流程

极化散射矩阵是对散射过程中 SAR 目标极化效应进行定量描述的常用方法，也称作 Sinclair 散射矩阵。单个目标或某目标群的极化特性可以由散射矩阵表示，当矩阵内各像元幅度值和相位值确定时，目标的散射特性就可以确定。将 SAR 主动发射的电磁波记为 E^t，电磁波到达散射体后被散射回来的部分记为 E^r，电磁波在此过程中具有线性变换过程，利用矩阵 $[S]$ 可以将 E^t 和 E^r 的关系进行如下表示：

$$E^r = [S]E^t = \begin{bmatrix} E_{\mathrm{H}}^r \\ E_{\mathrm{V}}^r \end{bmatrix} = \frac{e^{ik_0 r}}{r} \begin{bmatrix} S_{\mathrm{HH}} & S_{\mathrm{HV}} \\ S_{\mathrm{VH}} & S_{\mathrm{VV}} \end{bmatrix} \begin{bmatrix} E_{\mathrm{H}}^t \\ E_{\mathrm{V}}^t \end{bmatrix} \tag{6-14}$$

式中，r 为散射体和天线的距离；k_0 为电磁波波数；S 为极化散射矩阵，可以由一个包含散射体信息的 2×2 复矩阵表示；H 和 V 分别表示水平和垂直极化；S_{HH}、S_{VV} 和 S_{HV}、S_{VH} 分别表示同极化和交叉极化分量。在单基 SAR 条件下，媒质存在互易性，所以 $S_{\mathrm{HV}} = S_{\mathrm{VH}}$。散射矩阵中经常将 $\frac{e^{ik_0 r}}{r}$ 这部分考虑在外，因为它与目标的散射特性没有直接的关联，据此，S 矩阵可以表达成式（6-15）：

$$[S] = \begin{bmatrix} S_{\mathrm{HH}} & S_{\mathrm{HV}} \\ S_{\mathrm{VH}} & S_{\mathrm{VV}} \end{bmatrix} = e^{i\phi_0} \begin{bmatrix} |S_{\mathrm{HH}}| & |S_{HV}|e^{i(\phi_{\mathrm{HV}}-\phi_0)} \\ |S_{\mathrm{HV}}|e^{i(\phi_{\mathrm{HV}}-\phi_0)} & |S_{VV}|e^{i(\phi_{\mathrm{VV}}-\phi_0)} \end{bmatrix} \tag{6-15}$$

式中，ϕ_0 为 S_{HH} 的相位；ϕ_{HV} 为交叉极化的相位；ϕ_{VV} 为同极化的相位。极化 SAR 图像中每个像元点都可用这样的 S 矩阵表示，经预处理后的 S 矩阵只有元素间的相位差，没有幅度信息，但 S 矩阵通常是没有进行多视降噪处理的，噪声影响严重。

SAR 的成像原理是相干成像，相干斑对其图像的影响很大，需要对其进行多视处理，以减轻相干斑带来的影响，而协方差矩阵和相干矩阵的获取可以看作是一种多视处理的过程。协方差矩阵和相干矩阵能够更清楚地解释目标散射过程中的散射特性，所以常用来进行目标分解等操作。协方差矩阵和相干矩阵的计算如下。

对 S 矩阵进行向量化可以得到：

$$\vec{K} = \begin{bmatrix} S_{\mathrm{HH}} & \sqrt{2}S_{\mathrm{HV}} & S_{\mathrm{VV}} \end{bmatrix}^{\mathrm{T}} \tag{6-16}$$

式中，T 表示转置运算。将该向量与自身共轭转置进行计算可得到：

$$
\begin{aligned}
C &= \left\langle \vec{k} \cdot \vec{k}^{H} \right\rangle \\
&= \left\langle \left[S_{HH} \ \sqrt{2}S_{HV} \ S_{VV} \right]^{T} \left[S_{HH} \ \sqrt{2}S_{HV} \ S_{VV} \right]^{*} \right\rangle \\
&= \begin{bmatrix}
\left\langle \left| S_{HH} \right|^{2} \right\rangle & \left\langle \sqrt{2}S_{HH}S_{HV}^{*} \right\rangle & \left\langle S_{HH}S_{VV}^{*} \right\rangle \\
\left\langle \sqrt{2}S_{HV}S_{HH}^{*} \right\rangle & \left\langle 2\left| S_{HV} \right|^{2} \right\rangle & \left\langle \sqrt{2}S_{HV}S_{VV}^{*} \right\rangle \\
\left\langle S_{VV}S_{HH}^{*} \right\rangle & \left\langle \sqrt{2}S_{VV}S_{HV}^{*} \right\rangle & \left\langle \left| S_{VV} \right|^{2} \right\rangle
\end{bmatrix}
\end{aligned} \tag{6-17}
$$

式中，C 为协方差矩阵；*表示共轭；| |表示求模；〈 〉表示视数平均操作。

相干矩阵的计算是将 S 矩阵转换成式（6-18）：

$$
\vec{k}_{p} = \frac{1}{\sqrt{2}}[S_{HH}+S_{VV} \ S_{HH}-S_{VV} \ S_{HV}+S_{VH}]^{T} \tag{6-18}
$$

当满足互易时，即 $S_{HV}=S_{VH}$，可得

$$
\vec{k}_{p} = \frac{1}{\sqrt{2}}[S_{HH}+S_{VV} \ S_{HH}-S_{VV} \ 2S_{HV}]^{T} \tag{6-19}
$$

k_{p} 的共轭转置和其本身进行相乘运算后，再做多视操作就可以得到相干矩阵 T 的表达式，具体如下：

$$
\begin{aligned}
T &= \left\langle \vec{k}_{p} \cdot \vec{k}_{p}^{H} \right\rangle \\
&= \left\langle \frac{1}{\sqrt{2}}[S_{HH}+S_{VV} \ S_{HH}-S_{VV} \ 2S_{HV}]^{T} \frac{1}{\sqrt{2}}[S_{HH}+S_{VV} \ S_{HH}-S_{VV} \ 2S_{HV}]^{*} \right\rangle \\
&= \begin{bmatrix}
\left\langle \left| S_{HH}+S_{VV} \right|^{2} \right\rangle & \left\langle (S_{HH}+S_{VV})(S_{HH}-S_{VV})^{*} \right\rangle & \left\langle 2(S_{HH}+S_{VV})S_{HV}^{*} \right\rangle \\
\left\langle (S_{HH}-S_{VV})(S_{HH}+S_{VV})^{*} \right\rangle & \left\langle \left| S_{HH}-S_{VV} \right|^{2} \right\rangle & \left\langle 2(S_{HH}-S_{VV})S_{HV}^{*} \right\rangle \\
\left\langle 2S_{HV}(S_{HH}+S_{VV})^{*} \right\rangle & \left\langle 2S_{HV}(S_{HH}-S_{VV})^{*} \right\rangle & \left\langle 4\left| S_{HV} \right|^{2} \right\rangle
\end{bmatrix}
\end{aligned} \tag{6-20}
$$

相干矩阵和协方差矩阵包含相同的极化信息，只是表达形式有所不同，二者具有线性关系，可以通过线性变换相互转换，其转换公式如下：

$$
T = ACA^{-1} \tag{6-21}
$$

$$
A = \begin{bmatrix}
\sqrt{2}/2 & 0 & \sqrt{2}/2 \\
\sqrt{2}/2 & 0 & -\sqrt{2}/2 \\
0 & 1 & 0
\end{bmatrix} \tag{6-22}
$$

在相干矩阵和协方差矩阵计算的过程中，虽然已经通过求取空间统计平均值降低了 SAR 影像中部分噪声的影响，但为了尽量消减极化参量的随机性，采用改进的 Lee 滤波方法对相干矩阵和协方差矩阵进行了进一步的滤波处理，对滤波处理后的矩阵进行了目标分解。

6.2.1.2 积雪极化特征

提取雷达后向散射回波中的极化信息是目标分解的最大优势。目标分解可以从 SAR

图像中获取丰富的极化信息，其对于识别积雪和非积雪信息，分析积雪微波散射机制具有非常重要的作用。相干目标分解方法中的 Pauli 分解和 Krogager 分解，非相干目标分解方法中的 $H\text{-}A\text{-}\bar{\alpha}$ 分解、Freeman 分解、Yamaguchi 分解和 VanZyl 分解，在获取积雪极化信息中应用较为广泛。为全面获取积雪 SAR 图像极化特征，综合利用上述多种目标分解方法进行极化特征的提取。

1）相干目标分解极化特征

Pauli 分解和 Krogager 分解是典型的相干目标分解方法。Pauli 分解以散射矩阵为分解对象，可将其表示为 3 种基本散射机制加权和的形式，其中每种基本散射机制对应一个 Pauli 基矩阵。其公式为

$$S = \begin{bmatrix} S_{HH} & S_{HV} \\ S_{VH} & S_{VV} \end{bmatrix} = \frac{a}{\sqrt{2}}\begin{bmatrix} 1 & 0 \\ 0 & 1 \end{bmatrix} + \frac{b}{\sqrt{2}}\begin{bmatrix} 1 & 0 \\ 0 & -1 \end{bmatrix} + \frac{c}{\sqrt{2}}\begin{bmatrix} 0 & 1 \\ 1 & 0 \end{bmatrix} + \frac{d}{\sqrt{2}}\begin{bmatrix} 0 & -j \\ j & 0 \end{bmatrix} \tag{6-23}$$

$$a = \frac{S_{HH} + S_{VV}}{\sqrt{2}}, b = \frac{S_{HH} - S_{VV}}{\sqrt{2}}, c = \frac{S_{HV} + S_{VH}}{\sqrt{2}}, d = j\frac{S_{HV} + S_{VH}}{\sqrt{2}} \tag{6-24}$$

在单站条件下，满足 $S_{HV} = S_{VH}$，此时 $d = 0$。这样可以得到：

$$|S_{HH}|^2 + 2|S_{HV}|^2 + |S_{VV}|^2 = |a|^2 + |b|^2 + |c|^2 \tag{6-25}$$

Pauli 方法分解出来的极化特征与 3 种基本的散射机制相关，其中 $|c|^2$ 为体散射，$|b|^2$ 为二面角散射，$|a|^2$ 为面散射，可将 $|a|^2$、$|b|^2$、$|c|^2$ 显示为红、绿、蓝，构成 Pauli 基假彩色图像，如图 6-11 所示。

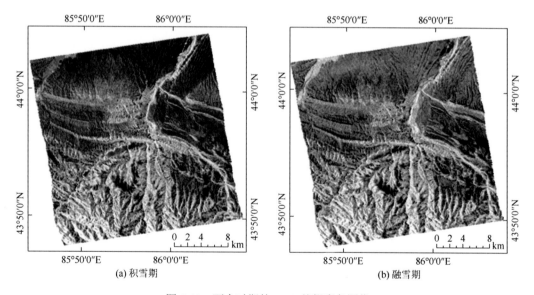

图 6-11　两个时期的 Pauli 基假彩色图像

在 Pauli 基假彩色图像中，由于积雪覆盖区域雪-空气和雪-地面的面散射是主要的后向散射成分，体散射部分较小，所以积雪覆盖区表现为深蓝色和紫色；对于积雪而言，植被的体散射分量在总后向散射中占比较大，表现为浅黄色和黄绿色；而受低入射角及地形起伏变化影响产生的叠掩区域在图像上表现为亮白色。

Krogager 分解和 Pauli 分解原理近似，分解对象都是雷达极化散射矩阵 S，分解结果由 3 个具有物理意义的相干分量矩阵构成。不同点在于 Krogager 分解不是在水平垂直极化基下完成，而是在圆极化基下进行分解。按照极化旋转不变性，该方法将左右旋圆极化基下的雷达极化散射矩阵分解成螺旋体（helix）、二面角（dihedral）及球面（sphere）散射 3 类单一散射目标散射分量，并建立了 3 种分量与目标实际物理散射机制的对应关系。其分解表达式如下所示：

$$[S_{(r,j)}] = e^{j\varphi}\left\{e^{j\varphi} \cdot K_{s}\begin{bmatrix} 0 & j \\ j & 0 \end{bmatrix} + K_{d}\begin{bmatrix} e^{j2\theta} & 0 \\ 0 & e^{j2\theta} \end{bmatrix} + K_{h}\begin{bmatrix} e^{j2\theta} & 0 \\ 0 & 0 \end{bmatrix}\right\} \tag{6-26}$$

式中，K_{h}、K_{d} 和 K_{s} 为 3 种散射分量的系数，分别代表在目标散射矩阵中，螺旋体散射分量、二面角散射分量和球面散射分量各自的权重。

将 $|K_{d}|^{2}$、$|K_{h}|^{2}$ 和 $|K_{s}|^{2}$ 对应红、绿、蓝三通道进行显示，可得到 Krogager 分解的假彩色图像，如图 6-12 所示。受螺旋体散射分量影响，Krogager 分解假彩色图像存在大量噪点，假彩色图像中积雪和非积雪覆盖区域显示为不同的颜色，积雪覆盖区表现为深绿色，非积雪覆盖区域多为浅黄色，由此可以判断 Krogager 分解获得的 3 种极化特征，其能够反映地表不同覆盖物的信息差异，对积雪识别具有一定的潜力。

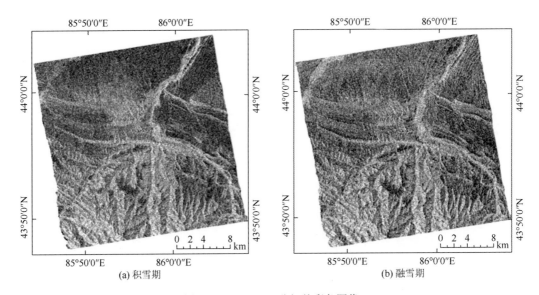

(a) 积雪期　　　　　　　　　　　　　　　　(b) 融雪期

图 6-12　Krogager 分解伪彩色图像

2）非相干目标分解极化特征

H-A-$\bar{\alpha}$ 分解、Freeman 分解、Yamaguchi 分解和 VanZyl 分解方法都是常见的非相干目标分解方法，以相干矩阵或协方差矩阵为对象进行分解，获得相应的积雪极化特征。

H-A-$\bar{\alpha}$ 分解又叫做 Cloud-Pottier 分解，被认为是目前最成功的基于相干矩阵特征值的分解方法。它依据相干矩阵的特征值分解，直接求算目标雷达散射回波中占主导地位的物理散射机制，并把相干矩阵分解成特征矢量和相应的特征值，从而得到一系列可以描述目标散射机理的极化参数。$H\text{-}A\text{-}\bar{\alpha}$ 方法首先要对相干矩阵进行特征值分解，计算其特征值 λ_i，$i=1$，2，3 和特征向量$[U_3]$，具体如下所示：

$$T=[U_3]\begin{bmatrix} \lambda_1 & 0 & 0 \\ 0 & \lambda_2 & 0 \\ 0 & 0 & \lambda_3 \end{bmatrix}[U_3]^{*\mathrm{T}}, \lambda_1 > \lambda_2 > \lambda_3 > 0 \qquad (6\text{-}27)$$

$$[U_3]=\begin{bmatrix} \cos\alpha_1 & \cos\alpha_2 & \cos\alpha_3 \\ \cos\alpha_1\cos\beta_1 e^{i\delta_1} & \cos\alpha_2\cos\beta_2 e^{i\delta_2} & \cos\alpha_3\cos\beta_3 e^{i\delta_3} \\ \sin\alpha_1\sin\beta_1 e^{i\gamma_1} & \sin\alpha_2\sin\beta_2 e^{i\gamma_2} & \sin\alpha_3\sin\beta_3 e^{i\gamma_3} \end{bmatrix} \qquad (6\text{-}28)$$

式中，α、β、δ 和 γ 分别为目标散射角、目标倾角和目标相位信息。该方法利用计算所得的特征值和特征向量定义了极化散射熵（polarimetric entropy，H）、极化散射各向异性度（polarimetric anisotropy，A）和平均散射角（average scattering angle，$\bar{\alpha}$）3 种主要的极化特征，以助于从目标物理散射机制出发，分析相干矩阵特征值和特征向量，具体如下所示：

$$H=-P_1\log_3 P_1 - P_2\log_3 P_2 - P_3\log_3 P_3, \quad 0\leqslant P_i=\frac{\lambda_i}{\sum\limits_{i=1}^{3}\lambda_i}\leqslant 1 \qquad (6\text{-}29)$$

$$A=\frac{\lambda_2-\lambda_3}{\lambda_2+\lambda_3} \quad , \quad 0\leqslant A\leqslant 1 \qquad (6\text{-}30)$$

$$\bar{\alpha}=P_1\alpha_1+P_2\alpha_2+P_3\alpha_3 \quad , \quad \bar{\alpha}\in[0°,90°] \qquad (6\text{-}31)$$

式中，P_i 为由 λ_i 计算的伪概率。极化散射熵 H 这个概念与散射目标的去极化有密切联系，是散射目标与相邻区域一致性的一种表达方式，通常用来描述不同散射类型的目标在统计意义上表现出的混乱程度。当只存在一种占主要优势的散射机制时，散射目标和邻域之间的一致性较高，极化散射熵的值较小；当具有多种散射机制，区域内散射目标呈现去极化状态时，散射目标和邻域之间的一致性较低，极化散射熵的值较大。极化散射各向异性度 A 常作为 H 的补充参数使用（通常在 $H>0.7$ 时用于散射机制识别），表征相干矩阵第二、第三特征值的相对大小，提升不同散射类型的分辨能力，实现对目标散射机制更详细的描述。平均散射角 $\bar{\alpha}$ 与目标平均物理散射机制密切相关，因此建立了观测量和不同目标散射类型之间的联系。$\bar{\alpha}$ 的取值从 0°到 45°再到 90°，对应的散射机制依次从表面散射变为体散射再变为二面角散射。利用 3 种极化特征进行假彩色合成，H 为红色、A 为绿色、$\bar{\alpha}$ 为蓝色，如图 6-13 所示。

积雪期和融雪期 $H\text{-}A\text{-}\bar{\alpha}$ 分解的 3 种主要极化特征如图 6-14 所示。将散射熵图像对比已有的光学数据可知，积雪覆盖区域 H 值较低，均在 0.5 以下，散射类型较为单一，区域内散射目标较为均质；而南部区域由于少量针叶林的影响，H 值较高，大部分在 0.6 以上。各向异性度值在南部区域较小，表明该区域目标是随机散射类型。$\bar{\alpha}$ 取值在积雪覆盖区为 0°～45°，区域以表面散射为主；在南部取值大于 45°，区域内体散射成分比重较高。

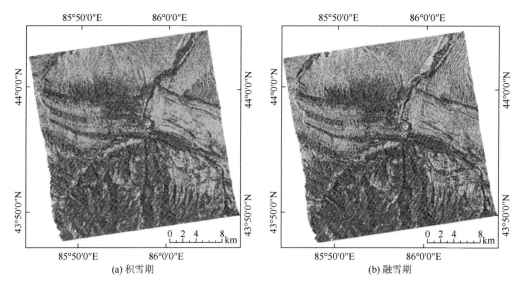

(a) 积雪期　　　　　　　　　　　　　(b) 融雪期

图 6-13　H-A-$\bar{\alpha}$ 分解假彩色图像

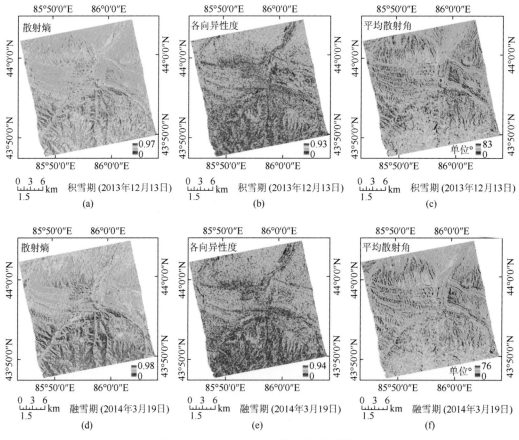

图 6-14　H-A-$\bar{\alpha}$ 分解 3 种主要极化特征

国内外学者在对 H-A-$\bar{\alpha}$ 分解方法研究的同时，提出了多种由该方法衍生出的基于特征值的极化特征。为了更全面地分析极化信息对积雪的识别能力，将这些新的极化特征引入研究中，包括 PF、香农熵（Shannon entropy，SE）、DERD、单次反射特征值相对差异度（single bounce eigenvalue relative difference，SERD）、雷达植被指数（radar vegetation index，RVI），以及利用散射熵和各向异性度组合获取的极化特征$(1-H)(1-A)$、$H(1-A)$、HA 等，见表 6-3。

表 6-3　极化特征表

分解方法	极化特征						
后向散射系数	HH	HV	VH	VV			
Pauli	P_{dbl}	P_{odd}	P_{vol}				
Krogager	K_s	K_h	K_d				
$H\text{-}A\text{-}\bar{\alpha}$	T_{11}	T_{22}	T_{33}	p_1	p_2	p_3	λ_1
	λ_2	λ_3	SE	SE_I	SE_P	H	A
	α	HA	$H(1-A)$	$(1-H)A$	$(1-H)(1-A)$	PF	RVI
	DERD	SERD	beta	delta	Span		
Freeman	F_{dbl}	F_{odd}	F_{vol}				
Yamaguchi	Y_{dbl}	Y_{odd}	Y_{vol}	Y_{hlx}			
VanZyl	V_{dbl}	V_{odd}	V_{vol}				

另外，利用相干矩阵特征值还可获取 Span。全极化 SAR 图像中，每个像元内各种散射类型的雷达散射回波强度完整地保留了图像的细节信息、结构特征及图像分辨率，这些细节信息和结构特征能够直接影响地物识别的精度。极化总功率涵盖了雷达散射回波中所有的强度信息，可以表征散射机制强度信息的有效特征，也可以很好地反映地物散射特性。其主要特点是具有极化旋转不变性，能够很好地保留图像的纹理结构和边缘信息，对地物特征具有一定程度的增强作用，而且降噪效果较为显著。其定义如式（6-32）所示：

$$\text{Span} = T_{11} + T_{22} + T_{33} = |S_{HH}|^2 + 2|S_{HV}|^2 + |S_{VV}|^2 \tag{6-32}$$

Freeman 分解以物理实际为基础，基于散射模型的分解方法，在无需地面测量的情况下，对体散射、二面角散射和表面散射 3 种散射机制进行建模，将协方差矩阵表示为 3 种多散射机制的线性叠加。该方法的优点在于其基于物理模型而非数学推导，对自然散射体的描述有较好的效果，但只适用于对称散射的情况，具体如式（6-33）和式（6-34）所示：

$$[C] = f_v\begin{bmatrix} 1 & 0 & 1/3 \\ 0 & 2/3 & 0 \\ 1/3 & 0 & 1 \end{bmatrix} + f_d\begin{bmatrix} |\alpha|^2 & 0 & \alpha \\ 0 & 0 & 0 \\ \alpha^* & 0 & 1 \end{bmatrix} + f_s\begin{bmatrix} |\beta|^2 & 0 & \beta \\ 0 & 0 & 0 \\ \beta^* & 0 & 1 \end{bmatrix} \tag{6-33}$$

$$\begin{aligned} P_s &= f_s(1+|\beta|^2) & P_d &= f_d(1+|\alpha|^2) \\ P_v &= 8f_v/3 & P_v + P_d + P_s &= |S_{HH}|^2 + 2|S_{HV}|^2 + |S_{VV}|^2 \end{aligned} \tag{6-34}$$

式中，f_s、f_v、f_d 和 P_s、P_v、P_d 分别为表面散射、体散射、二面角散射分量的贡献值和散射能量。

　　将蓝、绿、红颜色分量分别设置成 P_s、P_v、P_d，如图 6-15 所示。与 Pauli 基假彩色图像对比可以看出，积雪覆盖区域显示为紫红色，非积雪区域显示为绿色，叠掩和阴影区域显示为亮白色。

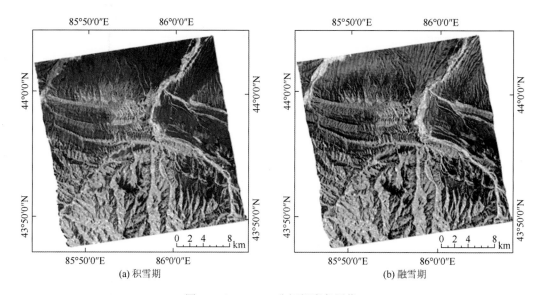

(a) 积雪期　　　　　　　　　　　　　　　　　　　　(b) 融雪期

图 6-15　Freeman 分解假彩色图像

　　为对存在复杂几何散射结构的目标进行分解，Yamaguchi 等在 Freeman 分解的基础上，向模型中加入了第 4 种散射成分，该散射成分相当于一个螺旋散射体的功率。这种方法弥补了 Freeman 分解无法在不对称散射情况下使用的缺陷。

$$[C] = f_d \begin{bmatrix} |\alpha|^2 & 0 & \alpha \\ 0 & 0 & 0 \\ \alpha^* & 0 & 1 \end{bmatrix} + f_s \begin{bmatrix} |\beta|^2 & 0 & \beta \\ 0 & 0 & 0 \\ \beta^* & 0 & 1 \end{bmatrix} + \frac{f_v}{15} \begin{bmatrix} 8 & 0 & 2 \\ 0 & 4 & 0 \\ 2 & 0 & 3 \end{bmatrix}$$
$$+ \frac{f_h}{4} \begin{bmatrix} 1 & \pm j\sqrt{2} & -1 \\ \pm j\sqrt{2} & 2 & \pm j\sqrt{2} \\ -1 & \pm j\sqrt{2} & 1 \end{bmatrix} \tag{6-35}$$

$$
\begin{aligned}
&P_s = f_s(1+|\beta|^2) \qquad\qquad P_d = f_d(1+|\alpha|^2) \\
&P_v = f_v \qquad\qquad\qquad\qquad P_h = f_h \\
&P_v + P_d + P_s + P_h = |S_{HH}|^2 + 2|S_{HV}|^2 + |S_{VV}|^2
\end{aligned}
\tag{6-36}
$$

式中，f_s、f_v、f_d、f_h 和 P_s、P_v、P_d、P_h 分别为 4 种分量的贡献值和散射能量。Yamaguchi 分解假彩色图像如图 6-16 所示。假彩色图像中，紫色和深紫色区域代表积雪覆盖区域，绿色区域代表非积雪覆盖区域。

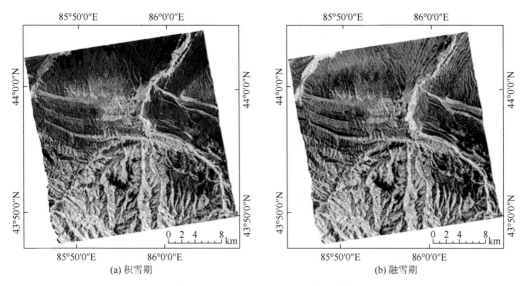

图 6-16　Yamaguchi 分解假彩色图像

　　VanZyl 分解是另一种基于模型的分解方法，其将协方差矩阵分解为体散射、面散射和偶次散射。VanZyl 分解是 Freemen 三分量分解的一种改进，改正了 Freemen 分解中对体散射部分的过高估计，以及面散射和偶次散射中可能出现的负值。利用体散射（绿色）、面散射（蓝色）和二面角散射（红色）也能得到 VanZyl 分解假彩色图像，如图 6-17 所示。

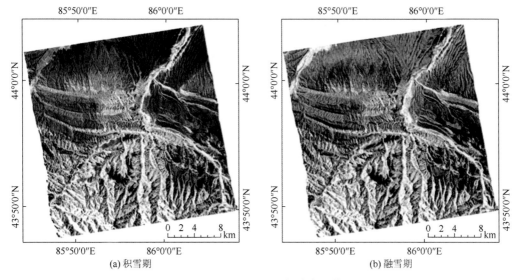

图 6-17　VanZyl 分解假彩色图像

　　由于 4 种极化后向散射系数能够反映积雪对不同极化方式电磁波的响应，因此也将其用于后续积雪识别。利用上述不同目标分解方法，获取包括 4 种极化方式下后向散射系数在内的 46 个积雪极化特征，为积雪识别提供信息。不同目标分解方法及其对应的极化特征见表 6-3。

根据上述不同目标分解方法获取的极化特征，构建对应的假彩色图像。通过假彩色图像可以看出，积雪和非积雪覆盖区域的空间分布差异，从侧面反映了极化目标分解能够获取多种对积雪和非积雪区域具有区分性的极化特征，且每种极化特征都有具体的物理意义。因为每种极化特征的提取方法不同，代表的散射机制不同，所以对积雪和非积雪覆盖区域的信息表达能力也不尽相同，积雪和非积雪区域在假彩色图像上的颜色也有所差异，究竟哪一种极化特征对积雪识别贡献最大，还需要进行进一步选择。

6.2.2　积雪识别最优极化特征选择

6.2.2.1　基于随机森林的特征优选方法

极化 SAR 数据能够为积雪识别提供丰富的极化特征，但并不是每一种极化特征都有助于积雪识别，其众多特征中还存在一些不利于积雪识别的冗余信息。如何在噪声干扰严重的情况下快速地从众多特征选择出对积雪识别最有效的极化特征，同时探究每种特征在积雪识别过程中发挥的作用，是 SAR 积雪识别研究的重点。考虑到随机森林方法对 SAR 图像噪声具有良好的容忍度，训练时间短，能够针对积雪识别进行特征重要性估计，所以本书采用随机森林方法构建积雪识别最优极化特征子集，并分析每种极化特征在积雪识别中的作用，利用最优极化特征子集对积雪进行识别。

随机森林方法是由一系列决策树组合构成的算法。该方法使用自助采样法 Bootstrap 为每棵决策树抽取一组独立同分布的样本集，利用节点随机分裂技术，对抽取的样本集进行训练产生决策树，根据决策树投票表决确定最终结果。假设随机森林是由一组决策树 $\{h(X, \Theta_k), k = 1, 2\}$ 构成的分类器模型，其中，X 为输入的自变量，$\{\Theta_k\}$ 为独立同分布的样本集，k 为构成随机森林的决策树数量。当输入变量 X 时，其最终结果通过所有决策树 $\{h(X, \Theta_k), k = 1, 2\}$ 的投票结果决定。

随机森林模型的构建包括 3 个关键步骤，其构建过程如图 6-18 所示。第一步，训练样本集获取。从样本容量大小为 N 的原始样本集 D 中，利用 Bootstrap 自助采样法有放回地获取 k 个同样大小的样本集。所谓自助采样法就是从原始样本集中产生训练样本集的一种样本抽取方式。每次从 D 中随机挑选一个样本，放入训练样本集 D_i 中，再将该样本放回原始样本集 D 中，以便该样本在下次抽样时仍然有机会被抽到，如此重复抽样 N 次后，可获得一个样本容量大小为 N 的训练样本集。在利用 Bootstrap 方法创建训练样本集的过程中，有些样本在训练中不止一次被用到，但有些样本可能从来没有被抽到。抽样过程中那部分未被抽中的样本叫做袋外数据（out-of-bag，OOB）。单个样本在 N 次采样过程中，自始至终未被抽中的概率大概是 $(1-1/N)^N$，当 N 值很大时，该概率的值约为 0.368。可以将没在训练样本集中出现的袋外数据作为测试样本，利用相应的单个决策树对其进行分类，以计算单个决策树的 OOB 误分率，这样的测试叫做袋外估计（out-of-bag estimate）。对所有构建的决策树进行袋外估计，获取其相应的 OOB 误分率并进行平均，可得到随机森林方法的 OOB 误分率。

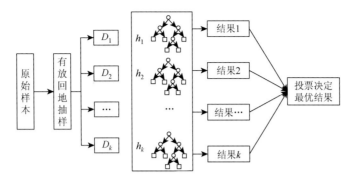

图 6-18　随机森林模型构建示意图

第二步，决策树构建（图 6-19）。用抽取的 k 个样本子集构建 k 个决策树模型。单个决策树一般由 3 部分组成，其中，叶节点代表其结果；根节点和内部节点代表一种对特征的测试，依据测试结果判断与该节点对应的样本应该被分到哪个子节点中，这一过程也就是节点分裂。在决策树构建过程中，最重要的就是节点分裂特征的选择问题。为了得到更好的效果，在传统决策树创建时，通常选择分类效果最好的特征进行节点分裂。随机森林方法在对决策树进行分裂时，并不是利用所有特征对节点分裂，而是从中随机抽取 m 个特征构成特征子集（特征总数为 M 时，m 值一般取 $\sqrt{M}$），通过计算特征的信息量，选择特征子集中最优的特征对节点进行分裂。这虽然降低了单个决策树的分类性能，但是引入了特征选择的随机性，减弱了决策树相互间的相似程度，从而降低了随机森林方法的泛化误差。现有的属性选择指标有多种，常用的有信息增益（information gain）、增益率（gain ratio）及基尼指数（Gini index）等。随机森林方法一般利用基尼指数选择决策树分裂的最优特征。基尼指数代表随机抽取两个样本，其类别标记不一致的概率，基尼指数越小，数据集纯度越高。随机森林方法通过并行的方式训练决策树，且对每棵决策树都不进行剪枝操作，从而大大提高了模型的生成效率，缩短了训练时间。

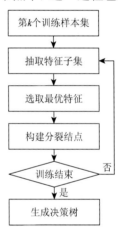

图 6-19　决策树构建示意图

第三步，投票确定最终结果。依照 k 个决策树的结果对输入变量进行投票，按照式（6-37）选择票数较高的结果作为最优输出结果。

$$H(x) = \arg\max_Y \sum_{i=1}^{k} I[h_i(x) = Y] \tag{6-37}$$

式中，h_i 为单棵决策树；Y 为目标变量；$H(x)$ 为随机森林输出结果；$I[\cdot]$ 代为表示性函数。

随机森林方法除用于分类预测外，还可以估计特征在分类中的重要性。利用积雪分类准确率作为衡量标准，然后从众多积雪极化特征中选择对积雪识别贡献率比较大的极化特征。当一个特征对积雪识别具有重要贡献时，在该特征值中加入噪声，积雪识别的准确率应该会明显降低；当一个特征与积雪识别不相关时，在该特征值中加入噪声，积雪识别的准确率并不会改变。其他特征值不变时，准确率的差异反映了该特征的重要程度，随机森林方法就是利用这一思想来估计特征在识别过程中的重要性程度。

特征重要性的度量指标有多种，如基尼纯度平均减少量（mean decrease in Gini，MDG）和准确率平均减少量（mean decrease in accuracy，MDA）等，MDG 以基尼值为衡量标准，MDA 以袋外数据误分率为衡量标准，两种指标都是减少量越大，特征重要性越大。本书的研究采用袋外数据误分率作为特征重要性估计度量的标准。对于某个特征来说，可以通过对该特征的值做轻微改动，利用该特征的值改动后和改动前袋外数据误分率的增加量，来估计其在分类过程中的重要程度。

假设从原始样本中有放回地抽取 k 个样本集 D_i，$i = 1, 2, \cdots, k$，特征 X^j 的重要性程度 $\mathrm{VI}(X^j)$ 可以按照以下步骤计算：

首先，利用样本集 D_i 训练决策树 h_i，训练过程中的袋外数据记为 D_i^{OOB}；然后，利用 D_i^{OOB} 计算 h_i 的袋外误分率，记为 errOOB_i^j；再次，对 D_i^{OOB} 中特征 X^j 的值做轻微改动，即 D_{ic}^{OOB} 利用改动后的样本集计算 h_i 的误分率，记为 errOOB_{ic}^j；最后，利用式（6-38）计算特征 X^j 的重要性程度：

$$\mathrm{VI}(X^j) = \frac{1}{k} \sum_{i=1}^{k} \mathrm{errOOB}_{ic}^j - \mathrm{errOOB}_i^j \tag{6-38}$$

6.2.2.2　极化特征优选结果

极化 SAR 数据能够提供大量的积雪极化信息，这些信息为积雪的准确识别奠定了基础。极化 SAR 数据中包含的每一种极化信息都是积雪识别的一个特征，每个特征在积雪识别过程中发挥的作用不同，有些特征对积雪识别贡献较大，有些特征对积雪识别贡献较小。从全部特征中选择出积雪识别最优的极化特征，对极化 SAR 积雪识别研究具有重要的借鉴意义。随机森林方法在积雪识别过程中可实现对积雪极化特征重要性的评估。利用随机森林方法对提取的积雪极化特征重要性进行计算，依据积雪分类精度，确定最优极化特征子集中的特征数目。

为进行积雪极化特征重要性分析，需要先建立随机森林模型。样本选择是随机森林构建的重要过程，选择的样本要满足以下原则：①每类之间的样本数量保持平衡；②训练样本对目标类具有代表性；③为了适应高维数据应用，减轻 Hughes 现象，要获得足够数量的样本。遵循以上原则，利用 Pauli 基假彩色图像，选择随机森林模型构建所需的积雪和非积雪样本，如图 6-20 所示。为了使样本能够涵盖不同类型的下垫面，在选择样本时，尽量使样本均匀分布在研究区内。将 46 个积雪极化特征作为随机森林模型训练的输入特征，然后对随机森林模型进行构建。

随机森林构建过程中涉及两个重要的参数：构成随机森林的决策树数目 k 和决策树节点分裂时特征子集中的特征个数 m。利用所选样本对随机森林进行训练，袋外数据误分率随决策树数目变化，如图 6-21 所示。当决策树数目小于 10 时，随机森林性能较差，OOB 袋外误分率较高；当决策树数目逐渐增加时，OOB 误分率逐渐降低；当决策树数目为 20～80 时，

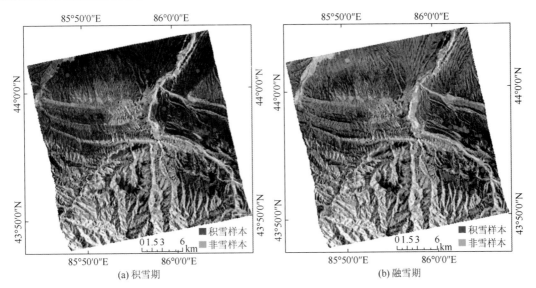

(a) 积雪期　　　　　　　　　　　　　　　　(b) 融雪期

图 6-20　样本区域分布图

OOB 误分率有微小波动；当决策树数目大于 80 时，OOB 误分率趋向稳定，大约在 0.005。这一现象很容易理解，因为随机森林模型构建决策树时加入了特征选择随机性，所以利用单个决策树获得的分类效果往往不好；随着决策树数量的逐渐增加，该模型就会收敛到更低的泛化误差，能达到更好的分类性能。为了在尽量短的时间内训练出具有更好性能的随机森林模型，将决策树数目 k 设置为 100 进行训练。在一般决策树构建过程中，节点分裂特征子集中的特征个数 m 默认值为 $\sqrt{m}$，本章中输入特征个数为 46，m 的默认值为 $\sqrt{46} \approx 7$，所以以 7 为步长，分别将 m 设置成 7、14、21、28、35、42，观察 OOB 误分率的变化。当决策树数目大于 40 时，特征个数 m 对随机森林模型 OOB 误分率的影响不是很明显（图 6-22）。选取 m 的默认值为 7，并将其作为特征子集中包含的特征个数进行训练。

利用以上构建的随机森林模型，对积雪期和融雪期 46 个积雪极化特征进行重要性评估。将两个时期的积雪极化特征重要性按照降序进行排列，其结果如图 6-23 和图 6-24 所示。由图 6-23 和图 6-24 可以看出，不同极化特征在积雪识别中的重要性差异较大。在两

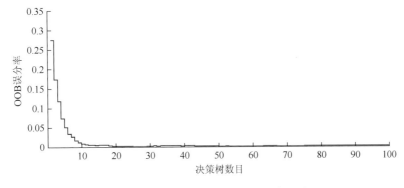

图 6-21　决策树数目对 OOB 误分率影响

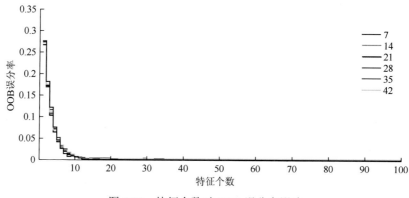

图 6-22　特征个数对 OOB 误分率影响

期积雪识别过程中，部分积雪极化特征重要性略有差异，但整体趋势大致相同。在两期的积雪识别中，4 种极化方式后向散射系数特征重要性趋势相近，交叉极化后向散射系数重要性略高于同极化后向散射系数。从不同目标分解极化特征来看，Pauli 分解和 Yamaguchi 分解获取的极化特征重要性偏低，在 VanZyl 分解、Freeman 分解、Krogager 分解及 $H\text{-}A\text{-}\bar{\alpha}$ 分解的极化特征中，都有重要性比较靠前的极化特征。

从整体来看，VanZyl 分解体散射分量 V_{vol} 在积雪期和融雪期对积雪识别都具有最高的贡献；VanZyl 分解体散射分量 V_{vol}、Freeman 分解体散射分量 F_{vol}、Krogager 分解二面角散射分量 K_{d}、相干矩阵主对角线元素 T_{33} 及第三特征值的伪概率 P_3 五种特征是重要性排名前 10%的极化特征，在积雪期和融雪期对积雪识别均具有较高的贡献；但是五种极化特征在两期的重要性略有不同。

单次随机森林对极化特征作出的重要性评估结果可能存在一定随机性，对某些特征的重要性评估具有一些偏差。单单依靠极化特征的重要性排序很难准确判断积雪识别最优特

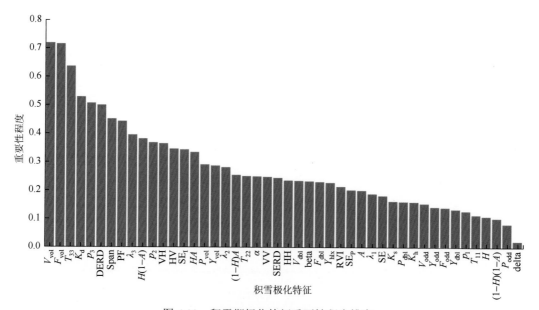

图 6-23　积雪期极化特征重要性程度排序

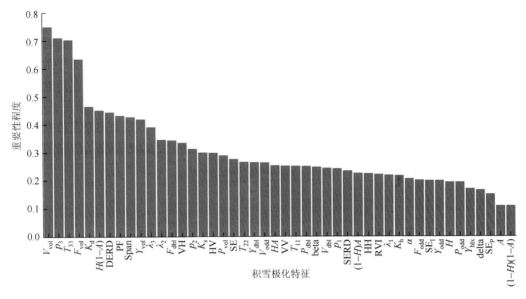

图 6-24 融雪期极化特征重要性程度排序

征子集中特征的数目。为减少特征选择过程中的主观性，利用随机森林方法获取的积雪分类精度，对特征子集中包含的特征数量进行估计。按照特征重要性降序排列，依次向随机森林模型中增加一个特征对其进行训练，利用训练的随机森林模型对积雪进行分类，以野外实测点和 Pauli 基假彩色图像为参考选择样本，计算分类结果的总体精度，并统计特征个数与对应的总体精度，其结果如图 6-25 和图 6-26 所示。

由图 6-25 和图 6-26 可以看出，当特征数目逐渐增加时，积雪分类精度会发生变化。从整体变化趋势来看，单个特征获得的积雪分类精度最低，特征个数逐渐增加时，积雪分类精度逐渐升高，当特征数目达到 10 个左右时，精度开始趋于平稳，虽然存在轻微波动但变化不大。从分类效果来看，利用重要性最高的极化特征 VanZyl 分解体散射分量 V_{vol} 对积雪进行分类，其结果为积雪期精度达到 92.40%，融雪期精度达到 85.75%，表明 VanZyl 分解体散射分量 V_{vol} 对积雪的识别能力已经很强。但是单个极化特征并不能完整地表达地表覆盖信息，准确识别积雪的能力有限。不同的极化特征代表不同的散射成分，能从不同

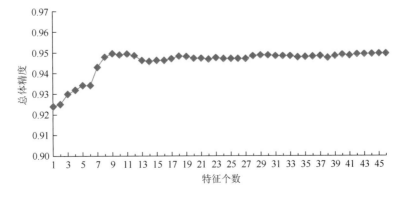

图 6-25 积雪期特征个数与其对应的总体精度的关系图

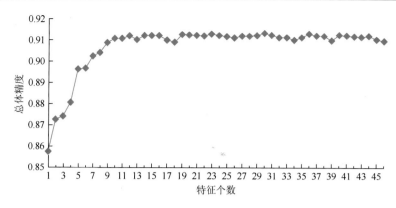

图 6-26　融雪期特征个数与其对应的总体精度的关系图

的角度刻画地表信息，结合多种极化特征，使积雪和非积雪覆盖信息表达更加完整。因此，当增加其他极化特征共同进行积雪识别时，精度会继续提高。积雪期，利用重要性排名前九的极化特征获得的积雪分类精度达到 94.97%；融雪期，利用重要性排名前十二的极化特征获得的积雪分类精度达到 91.18%。虽然增加特征能够提升对积雪和非积雪覆盖信息的表达能力，但并不是特征越多越好。可以看到，当特征达到一定数量时，继续增加特征数量时精度基本不会有明显差异，需要对极化特征进行选择。因而，综合考虑两期积雪识别效果，选择重要性排名前十的极化特征作为最优特征子集对积雪进行识别。两期积雪识别最优极化特征子集见表 6-4。

表 6-4　最优极化特征子集表

时期	最优极化特征子集									
积雪期	V_{vol}	F_{vol}	T_{33}	K_d	P_3	DERD	Span	PF	λ_3	$H(1-A)$
融雪期	V_{vol}	P_3	T_{33}	F_{vol}	K_d	$H(1-A)$	DERD	PF	Span	Y_{vol}

6.2.3　极化特征优选效果检验

6.2.3.1　基于优选极化特征的积雪识别结果

基于构建的随机森林模型，利用选取的最优极化特征子集，分别对积雪期和融雪期两期 SAR 影像进行积雪识别，结果如图 6-27 所示。研究区南部有少量针叶林分布，鉴于森林对 SAR 信号的复杂影响，不考虑针叶林覆盖区域的积雪识别，所以将该区域做林地掩膜处理。

将野外实测点与积雪识别结果叠加，对结果准确性进行分析。可以看出，积雪期共有 217 个野外实测点，其中 208 个野外实测点所在区域的积雪识别结果准确，9 个野外实测点所在区域发生误分，能够较为准确地反映研究区内积雪分布状况。融雪期共有 31 个野外实测点，其中 27 个野外实测点所在区域积雪识别结果准确，4 个野外实测点所在区域

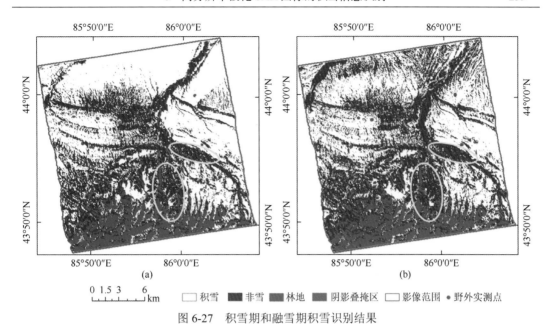

图 6-27 积雪期和融雪期积雪识别结果

发生误分，基本能将研究区内积雪识别出来。由于缺乏非积雪野外实测点数据，本章以野外实测点和 Pauli 基假彩色图像为参考，选择验证样本，计算得积雪期和融雪期的总体精度分别为 94.36%和 91.06%。从识别效果来看，随机森林方法对 SAR 数据具有良好的处理效果，能够利用提取的极化特征将研究区积雪识别出来，尤其是北部较为平坦的区域，识别结果比较准确。但南部区域积雪识别效果较差，尤其在大、小白杨沟附近及清水河水文站下游小部分区域，如图 6-27 中黄圈所示，两期识别结果都存在积雪漏分现象。其主要原因是该区域地形起伏较大，对 SAR 后向散射信号产生较大影响，导致利用 SAR 图像不能对积雪进行有效识别。

为了更好地分析最优极化特征子集的积雪识别效果，利用重要性排名最高的极化特征 V_{vol}、最优极化特征子集和全部极化特征进行积雪识别。识别精度如图 6-28 所示，其中 a 为 V_{vol} 结果，b 为最优极化特征子集结果，c 为全部极化特征结果。由图 6-28 可知，单个极化特征的积雪识别精度最低，最优极化特征子集和全部极化特征的积雪识别精度相近。

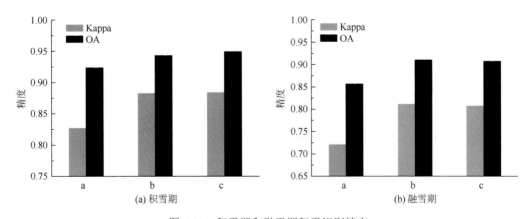

图 6-28 积雪期和融雪期积雪识别精度

a 为 V_{vol} 结果；b 为最优极化特征子集结果；c 为全部极化特征结果

对积雪期和融雪期积雪识别结果分别选取局部细节进行展示, 如图 6-29 所示。由图 6-29 可以看出, VanZyl 分解体散射分量基本可以将积雪识别出来; 但由于单个极化特征对积雪信息的表现能力有限, 该特征对积雪存在部分漏分; 利用单个特征进行积雪识别时, 受噪声影响比较大, 获得的结果存在大量细小斑块, 积雪内部区域不够完整。利用最优极化特征子集能够获得很好的积雪识别效果, 而且对噪声的抑制良好, 获取的积雪区域比较整洁, 很少出现破碎斑块。在整体识别结果方面, 利用最优极化特征子集和全部极化特征获得的积雪识别结果大体一致, 两者对积雪的识别能力相当。相对于最优极化特征子集而言, 全部极化特征的识别结果存在少量碎块, 所需的极化特征更多, 训练随机森林模型所用的时间更长, 因此在效果相当的情况下, 最优极化特征子集在积雪识别方面展现出更大的优势。

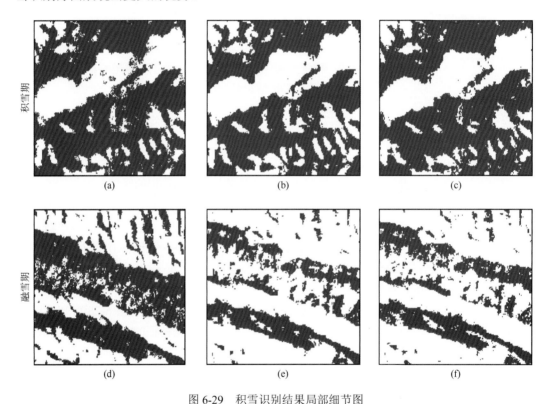

图 6-29　积雪识别结果局部细节图

（a）和（d）为 V_{vol} 结果；（b）和（e）为最优极化特征子集结果；（c）和（f）为全部极化特征结果

6.2.3.2　最优极化特征的重要性分析

为了更深入地探讨极化特征对积雪识别的能力, 从散射机制的角度, 对所选最优极化特征在积雪识别中的作用进行分析。VanZyl 分解体散射分量的重要性在两期积雪识别中均最高; 最优极化特征子集中都包含极化目标分解方法获得的体散射; 不同目标分解方法获得的面散射、二面角散射和体散射 3 种基本散射分量中, 体散射的重要性程度高于另外两者。

存在这种现象的原因主要是积雪和非积雪区域在体散射上具有一定差异。雪层内部存在许多冰晶，积雪体散射就是由这些冰晶引起的。传感器发射的电磁波在雪层内部与冰晶之间发生相互作用，产生体散射，最终被传感器接收 [图 6-30（a）]。积雪的体散射强度与雪粒径大小及积雪深度有关。研究区积雪深度较浅，根据实测点数据可知，积雪期雪深测量最大值为 17cm，平均雪深为 8.9cm，融雪期雪深最大值为 29cm，平均雪深为 11.6cm。由雪层产生的积雪体散射很小，基本可以忽略不计。研究区非积雪区域主要是草地，草地的后向散射成分比较复杂。对于 C 波段，草地的散射主要是茎和叶产生的体散射，以及地面产生的面散射（Hill et al.，2005），如图 6-30（b）所示。研究区草地植株较为矮小和稀疏，因此地面散射占主要地位，体散射占次要地位。但相对于积雪而言，草地体散射的散射强度仍然较大，不能忽略。由于积雪和草地在体散射分量后向散射强度上差异明显，因此在目标分解极化特征中，体散射分量对区分积雪和非积雪区域具有重要作用，对积雪识别贡献较大。

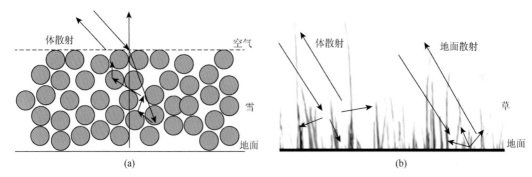

图 6-30　体散射示意图

分析 VanZyl 分解 3 种基本散射分量对积雪识别的作用，如图 6-31 所示。体散射分量能很好地反映积雪分布状况。图 6-31 中黄圈内是积雪覆盖区域，红圈内是非积雪覆盖区域，可以看到积雪的体散射分量非常小，非积雪覆盖区域体散射分量较大，尤其是南部高覆盖度草地及少量针叶林分布区域。积雪期，研究区积雪后向散射主要是雪-地界面的面散射；融雪期，由于积雪含水量升高，研究区积雪主要是后向散射变为雪-空气界面的面散射。积雪和非积雪区域都是以面散射为主要散射源，所以从面散射分量图像上很难准确辨别积雪和非积雪的分布范围。由图 6-31 也可以看出，积雪区域与非积雪区域的面散射大小相近，尤其是积雪期，很难利用面散射分量将二者区分。与面散射分量相比较，二面角散射对积雪和非积雪具有更好的区分度。由图 6-31 可以看出，该分量在积雪区域很小，而在非雪区域较大，能够利用其对积雪和非积雪进行识别。

二面角散射分量之所以对积雪和非积雪区域有较好的区分性，主要是由二者在该分量上的散射差异造成的。二面角散射是指两个不同介电常数的光滑面存在一定夹角时，地物对电磁波的一种散射过程。其在建筑物区域较为常见，树木和草地也存在二面角散射成分。草地的二面角散射分量受含水量、介电常数、茎干形状的影响，研究区草地已经干枯，所以二面角散射强度较低（Hajnsek et al.，2009），但仍不可忽略。积雪中几乎不存在二面角散射，与草地相比，积雪的二面角散射分量可以忽略，所以 Krogager 分解二面角散射分量 K_d 在积雪和非积雪区域的区分过程中也表现出了一定的重要性。

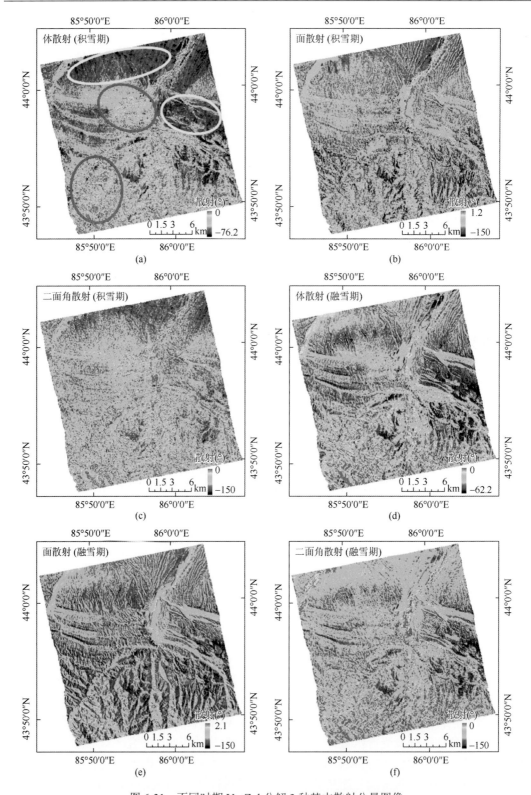

图 6-31 不同时期 VanZyl 分解 3 种基本散射分量图像

极化特征 T_{33} 是相干矩阵主对角线上的一个元素，能够对交叉极化（HV）电磁波后向散射强度进行表达。HV 后向散射强度对表面粗糙度比较敏感，在非积雪区域反映了土壤及上部植被结构的散射，因此 HV 后向散射强度与植被有较高的相关性，能反映植被空间分布信息（Voormansik et al.，2013）。然而，积雪区域的 HV 后向散射强度与雪粒径大小、积雪内部分层状况及积雪深度相关（Singh et al.，2014）。从图 6-32 中可以看出，相干矩阵主对角线元素 T_{33} 在非积雪区域的值比在积雪区域高，其对二者有一定的区分能力。

基于相干矩阵特征值提取的极化特征中，3 个特征值和 3 个伪概率的重要性依次增大，其中第三特征值的伪概率 P_3 在两期积雪识别中都表现出较高的重要性。特征值代表不同散射过程对应的相对幅度，与地表散射机制有关，而伪概率是对特征值的一种归一化处理，两种特征都可以在一定程度上反映积雪和非积雪地表在散射过程中的差异。由图 6-32 可以看出，积雪区域的 P_3 值比非积雪区域的小，因此 P_3 是积雪识别过程中有用的极化特征。

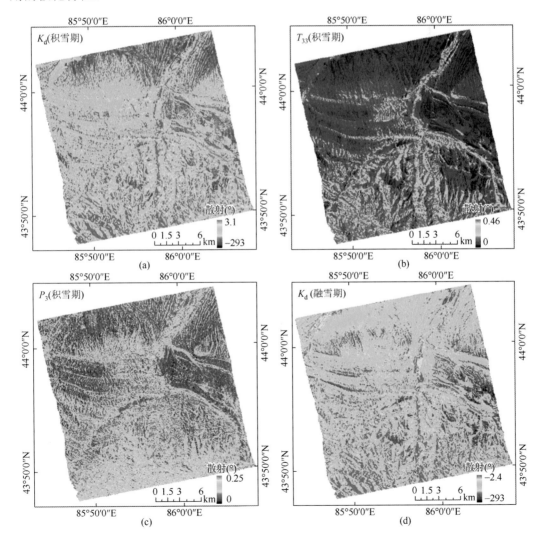

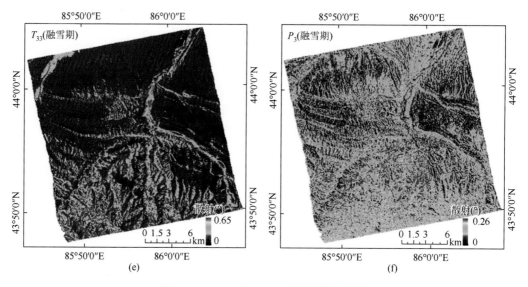

图 6-32 K_d、P_3 和 T_{33} 三种极化特征图像

　　另外，从重要性排序结果来看，$H(1-A)$、DERD、PF 和 Span 也是重要性比较靠前的极化特征，如图 6-33 所示。$H(1-A)$ 表征随机散射过程，代表具有高熵散射和低各向异性度散射的地表散射类型。一般，粗糙度小的面产生低熵散射，如海洋；而高熵散射发生在园林等区域。非积雪区域地表散射较为复杂，有较高的去极化性，具有高熵散射，各向异性度较低；而积雪区域目标比较单一，有占主要优势的散射，具有低熵散射，各向异性度较高，因此，极化特征 $H(1-A)$ 可以实现积雪和非积雪区域的区分。二次反射特征值相对差异度 DERD 是用来比较不同散射之间相对大小的物理参数，其对地表粗糙度敏感，能够反映积雪和非积雪区域粗糙度的差异，对积雪识别具有一定的帮助。极化比 PF 是特定极化状态下，完全极化的散射分量与总散射强度的比值。当测量目标中有多种散射机制时，极化比 PF 会降低。湿雪的散射机制单一，其极化比 PF 接近于 1；而由于表面粗糙度对散射机制的影响，岩石、土壤的极化比 PF 较小（Shi et al.，1994）。与非积雪区域相比，积雪的 PF 较高，可以利用二者 PF 的差异来识别积雪。极化总功率 Span 包含了全面的地物散射强度信息，能够反映积雪和非积雪的散射特性。从图 6-33 中可以看出，积雪区域的散射强度比非积雪区域的散射强度小，这是由于非积雪区域表面比较粗糙，能将雷达发射的大部分电磁波信号散射回去；而积雪区域，尤其是湿雪，对电磁波的衰减能力增强（Huang et al.，2011），散射到传感器中的微波信号较少（Singh et al.，2014）。

　　综上所述，可以看出最优极化特征子集不仅能够得到较好的积雪识别效果，而且每种极化特征反映了积雪和非积雪地表的散射特征，其在积雪识别中的作用能够从散射机制的角度得到解释，这有利于对积雪和非积雪地表散射特性进行准确理解和描述，也有利于促进极化特性在积雪及其他地物识别中的应用。

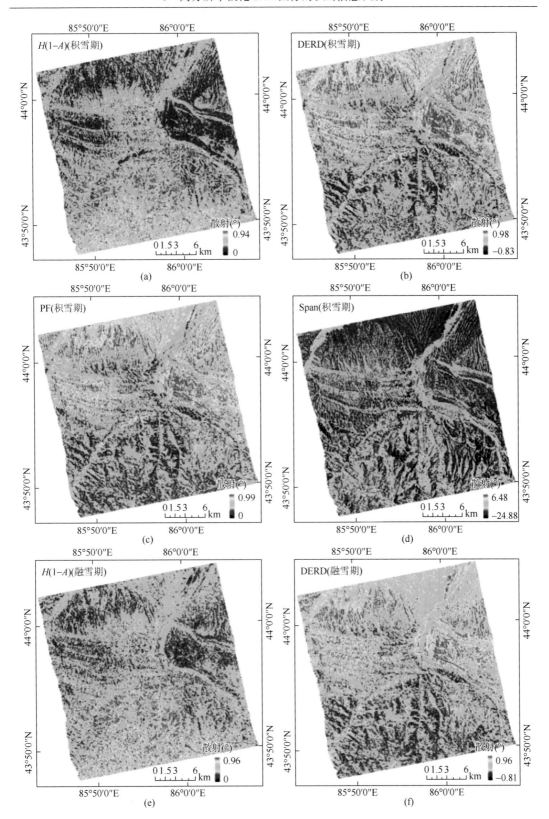

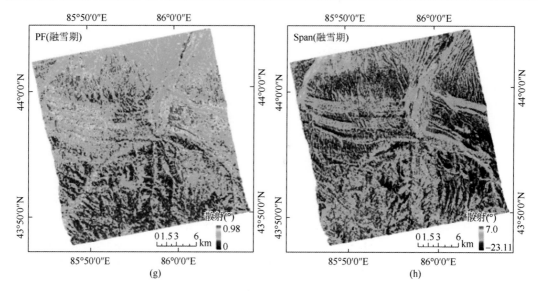

图 6-33　$H(1-A)$、DERD、PF、Span 四种极化特征图像

6.3　基于 MRF 模型的积雪类型信息识别

6.3.1　MRF 积雪识别模型构建

6.3.1.1　MRF 模型的定义

邻域系统：MRF 模型描述的是像元点与周围邻域像元之间的空间关系。像元的邻域表达如图 6-34 所示，图 6-34（a）～图 6-34（c）分别表示以像元 (i, j) 为中心的一阶邻域、二阶邻域和 n（$n = 1$，2，3，…）阶邻域系统。邻域系统的大小决定了模型结构的复杂程度，考虑到计算复杂程度随着阶数的增加而增大，因此一般用一阶或二阶邻域系统。图 6-34（d）和图 6-34（e）表示像元 (i, j) 的一阶邻域基团（clique），图 6-34（d）～图 6-34（h）包含了所有二阶邻域的基团，基团表示像元位置之间的约束关系，所对应的参数越大，对图像的贡献越大，反之则对图像的贡献越小。

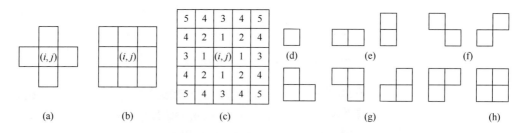

图 6-34　邻域系统及基团示意图

（a）为一阶邻域系统；（b）为二阶邻域系统；
（c）为 n 阶邻域系统；（d）～（h）为一阶和二阶邻域的基团类别

MRF：假设一幅图像大小为 $M \times N$，它可写成像元集的形式 $S = \{(i, j) | 1 \leq i \leq M, 1 \leq j \leq N\}$，$(i, j)$ 表示中心像元的位置，M 表示行数，N 表示列数。假设 $L = \{1, 2, \cdots, J\}$ 表示所有像元集的标记（label）集合，标记的随机场 $X = \{X_s \mid X_s \in L, s \in S\}$ 被定义为在 S 上的 MRF，当且仅当该随机场满足下述两个条件。

（1）正概率性：

$$P(X = X_{i,j}) > 0 \tag{6-39}$$

（2）MRF：

$$P\{X_{i,j} = x_{i,j} \mid X_{k,l} = x_{k,l}, (k,l) \neq (i,j)\} = P\{X_{i,j} = x_{i,j} \mid X_{k,l} = x_{k,l}, (k,l) \in \eta_{i,j}\} \tag{6-40}$$

式中，$\eta_{i,j}$ 为以 (i,j) 为中心的邻域系统，条件（1）表明每个类别标记发生的概率都大于 0，条件（2）表明当前位置像元发生的概率只与周围邻域相关，而与其他位置的像元无关。这样，图像识别问题就可以看成是给定观测场 Y（即图像本身或图像特征），求像元 S 属于标记 X 的后验概率问题，如图 6-35 所示。Y 表示观测场，即为图像，可以是灰度值、特征等，X 为标记场，即识别结果，相同特征和属性的区域为某一标记，标记场由这些标记组成，每一类标记代表每一类具有相似统计特征的区域，图 6-35 中表示 4 类不同标记，因此识别问题就转化为求解以观测场为条件的标记场后验概率 $P(X|Y)$ 的问题。

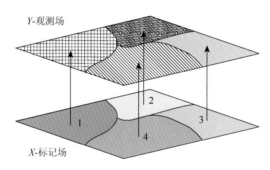

图 6-35 MRF 过程中的随机场（焦李成等，2008）

吉布斯随机场（Gibbs random fields，GRF）：对于一个随机变量 f 来说，当且仅当该随机变量的联合概率分布满足吉布斯分布时，该随机变量被称为邻域系统内所有基团的 GRF。该模型可以用一系列基团的非负函数的乘积来表示，因此随机变量 f 的概率密度函数（PDF）可由基团的能量函数计算：

$$P(f) = W^{-1} \exp\left[-\frac{1}{T} U(f) \right] \tag{6-41}$$

该分布的函数形式为指数函数，其中，U 为能量函数：

$$U(f) = \sum_{c \in C} V_c(f_c) \tag{6-42}$$

式中，c 为基团；C 为邻域系统内所有基团的集合；V_c 为基团 c 的势能；$W = \sum_X \mathrm{e}^{-U(X)}$ 为归一化常数，称为配分函数（partition function）。能量函数越小，随机变量 f 发生的概率则越大，即越容易实现。因此，图像像元的空间邻域关系可以通过定义合适的势能函数 V_c 来对周围邻域建模。

MRF 描述的是条件概率，并用局部特性来描述全局特性，所以局部特性很难表达，同时根据条件概率求解联合概率也存在一定困难，因此 Hammersley-Clifford 于 1971 年证明了 MRF 的联合概率分布与吉布斯分布（Gibbs distribution）的等价性，这就解决了求解 MRF 中联合概率的问题，可以通过局部特性来估算全局特性。同时，Besag（1974）提出了晶格系统（lattice systems）的空间关系和统计模型，将 MRF 与吉布斯分布联系起来，解决了 MRF 的局部特性表达问题。

Hammersley-Clifford 定理：该定理将 MRF 的局部特性与吉布斯分布联系起来，给出其等价条件，一个随机场 X 是邻域 η 内的 MRF，当且仅当该随机场满足吉布斯分布，因此联合概率可以写成吉布斯分布的形式：

$$P(X) = W^{-1} \exp\left[-\frac{1}{T}U(X)\right] \tag{6-43}$$

该定理将 MRF 的联合概率转换成了吉布斯分布的能量函数求解形式，从而转化成了能量函数的确定和最小能量的求解。

MRF 模型：对于能量函数中势函数 V_c 有许多不同的模型，如 Ising 模型、Potts 模型和多层逻辑斯蒂模型（multi-level logistic，MLL）模型。采用 Potts 模型对像元空间关系建模，MRF 模型由二阶能量函数表示：

$$U(X) = \sum_{s \in S} V_1(X_s) + \beta \sum_{s \in S} \sum_{r \in \eta(s)} V_2(X_s, X_r) \tag{6-44}$$

式中，X_s 为中心像元的标记；X_r 为 s 邻域系统内的邻域像元标记；$\beta > 0$，为空间平滑参数，该值可以调节像元对的相关关系，该值越大则结果越平滑。对于单个像元 s 而言，上下文能量是二阶邻域基团的能量总和：

$$U(X_s \mid X_{\eta(s)}) = \beta \sum_{r \in \eta(s)} V_2(X_s, X_r) \tag{6-45}$$

在全局的 Potts 模型中，二阶邻域基团的势能函数表示为

$$V_2(X_s, X_r) = \begin{cases} -1, X_s = X_r \\ 0, X_s \neq X_r \end{cases} \tag{6-46}$$

该势能函数表示，当像元 s 与邻域内像元 r 的标记相等时，势能函数为 -1，反之则为 0。X_s 在邻域条件下的概率质量函数（probability mass function，PMF）由给定邻域的势能函数所表示：

$$\begin{aligned} P(X_s \mid X_{\eta(s)}; \beta) &= \frac{\exp\left[-\beta \sum_{r \in \eta(s)} V_2(X_s, X_r)\right]}{\sum_{X_s \in L} \exp\left[-\beta \sum_{r \in \eta(s)} V_2(X_s, X_r)\right]} \\ &= \frac{\exp[\beta n_{X_s}(s)]}{\sum_{l \in L} \exp[\beta n_l(s)]} \end{aligned} \tag{6-47}$$

式中，$n_{X_s}(s)$ 表示 s 邻域内与 X_s 标记相等的像元个数。

针对图像分析问题，MRF 模型可看作是在先验信息的条件下，估算图像（即观测场）

的后验概率问题，即求解最大后验概率（MAP），若像元满足某标记的后验概率最大，则该像元满足该标记。积雪识别问题可简化为积雪与非积雪的标记问题，即将积雪作为前景，非积雪作为背景，并融入上下文信息，从而有效地识别积雪。针对多视极化复协方差（multilook complex covariance，MCC）图像 C 而言，$C = \{C_s, s \in S\}$，即图像上位置为 s 的像元都是一个协方差矩阵 C_s，都包含了 3 种极化方式下丰富的极化信息。令标记场 $X = \{X_s, X_s \in L, s \in S\}$，表示位置 s 的像元所属的标记号，其中 $L = \{1, 2, \cdots, J\}$ 表示所有像元集的标记集合，再由于只识别积雪与非积雪，因此将标记集合 L 定义为 $L = \{0, 1\}$，0 为非积雪标记，1 为积雪标记。最终的识别结果标记场 X 可根据最大后验概率准则求解：

$$\hat{X} = \arg\max_{X}\{P(X \mid C)\} \tag{6-48}$$

式中，$\hat{X}$ 表示标记场 X 的后验概率 $P(X|C)$ 最大值。根据贝叶斯定理可知，后验概率可根据先验概率和条件概率进行估算，因此后验概率表达如下：

$$P(X \mid C) = \frac{P(C \mid X)P(X)}{P(C)} \propto P(C \mid X)P(X) \tag{6-49}$$

式中，$P(C)$ 为常数，因此可等价于条件概率与先验概率的乘积；$P(X)$ 为满足吉布斯分布的先验概率，为融入像元上下文信息，该先验概率可通过 MRF 模型建立；$P(C \mid X)$ 为给定标记 X 时，从标记图像 X 得到实际图像的条件概率，等于多视协方差矩阵的 PDF。在已知类别标记的情况下，假设观测数据是相互独立的：

$$P(C \mid X) = \prod_{s \in S} P(C_s \mid X_s) \tag{6-50}$$

其多视协方差矩阵 C_s 是满足参数集 θ 的矩阵变量分布函数，$\theta = \{L, \Sigma, \alpha\}$，包含分布函数的视数、协方差矩阵均值和纹理参数。结合联合条件分布和先验分布，图像真实标记的最大后验概率估计表达如下：

$$\hat{X}_s = \arg\max_{X_s \in L}\{P(C_s \mid X_s; \theta)P(X_s \mid X_{\eta_s}; \beta)\} \tag{6-51}$$

参数集 θ 和参数 β 通过初始化结果进行估算，具体的估算方法将在 6.3.1.2 节进行讨论。根据 Potts MRF 模型和 MLC 矩阵的统计模型，可得标记场 X 的最大后验估计为

$$\hat{X} = \arg\max_{X_s \in L}\left\{ \frac{2|C|^{L-d}}{\Gamma(L,d)\Gamma(\alpha)|\Sigma|^L}(L\alpha)^{\frac{\alpha+Ld}{2}}[\mathrm{Tr}(\Sigma^{-1}C)]^{\frac{\alpha-Ld}{2}} \right.$$
$$\left. \times K_{\alpha-Ld}\left[2\sqrt{L\alpha\mathrm{Tr}(\Sigma^{-1}C)}\right]\frac{\exp[\beta n_{X_s}(s)]}{\sum_{l \in L}\exp[\beta n_l(s)]} \right\} \tag{6-52}$$

该模型既结合了观测数据的先验信息，又融合了图像上下文信息，通过最大后验概率求解，获得最终标记场的积雪与非积雪标记，从而达到积雪识别的目的。该模型的关键在于模型初始化与模型参数估计。

6.3.1.2 模型初始化

对于极化 SAR 数据，采用具有纹理变量的 K-Wishart 分布来描述 SAR 多视极化协方差矩阵的统计模型，其 PDF 如下：

$$P(C; L, \Sigma, \alpha) = \frac{2|C|^{L-d}}{\Gamma(L, d)\Gamma(\alpha)|\Sigma|^L} (L\alpha)^{\frac{\alpha+Ld}{2}} [\mathrm{Tr}(\Sigma^{-1}C)]^{\frac{\alpha-Ld}{2}}$$
$$\times K_{\alpha-Ld}\left[2\sqrt{L\alpha\mathrm{Tr}(\Sigma^{-1}C)}\right] \tag{6-53}$$

式中，L 和 Σ 分别为该统计模型的参数，L 为视数，Σ 为标记样本协方差矩阵的平均；α 为纹理参数，当 α 趋近于无穷大时，该模型满足 Wishart 分布，因此，Wishart 模型是 K-Wishart 模型的特例。$K_{\alpha-Ld}(\cdot)$ 为第二类修正贝塞尔函数（Bessel function）。针对 K-Wishart 模型中的 3 个参数 $\{L, \Sigma, \alpha\}$，将 PolSAR 数据作为样本数据，对 3 个参数进行分析，分别计算不同参数下样本的 PDF，并分析各参数在 PDF 中的意义。

视数 L 是指示模型的形状参数，令纹理参数 α 为 64，根据样本数据计算其协方差矩阵的均值为 0.042，对参数 L 进行分析，绘制 K-Wishart 模型的概率密度函数（图 6-36）。当 $L = 1$ 时，SAR 数据为单视产品，单视单极化 SAR 数据满足 Gamma 分布，因此其概率密度函数为 Gamma 分布形式；当 L 大于 1 时，随着 L 的增加，概率密度函数的峰值位置逐渐向强度增大的方向移动，并且形状越来越高且窄。视数 L 的大小根据实际的 PolSAR 数据的方位向和距离向视数之比确定。

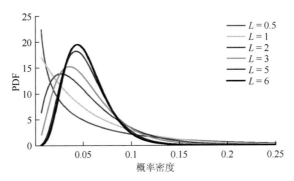

图 6-36　不同参数 L 的强度数据概率密度函数图

样本协方差矩阵的均值 Σ 是极化 SAR 数据统计模型的重要参数，它表征了模型分布的位置信息。令视数 $L = 6$，纹理参数 $\alpha = 10$，以 0.02 为步长，根据不同的均值 Σ 绘制概率密度函数，其均值 Σ 满足实际数据的强度范围（图 6-37）。根据图 6-37 中 PDF 的形状可知，当视数 L 与纹理参数 α 确定时，整体的概率密度函数位置随着均值 Σ 的增加而移动，并且形状越来越矮且宽。因此，参数 Σ 主要指示 PDF 的位置信息，不同标记样本的 PDF 位置不同。

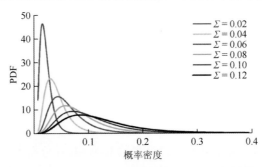

图 6-37　不同参数 Σ 的强度数据概率密度函数图

纹理参数 α 是另外一个指示模型分布形状的参数。加入纹理参数的模型更加符合复杂的极化 SAR 数据建模。该参数越大，表明纹理变化级别越低，该参数越小，表明纹理变化级别越高，纹理越复杂。令参数 $L = 6$，均值 $\Sigma = 0.045$，以指数增长的形式设定纹理参数的值，如图 6-38 所示，令 $\alpha = [2，4，8，16，64，+\infty]$，绘制不同纹理参数下的概率密度函数图。随着 α 的增加，概率密度函数的形状越来越高，数据分布越来越集中，当 α 趋近于无穷大时，纹理变量也趋近于一个常数，K-Wishart 模型分布随着参数 α 的增加，收敛于标准 Wishart 分布。因此 K-Wishart 模型较 Wishart 模型更具有灵活性和普适性。

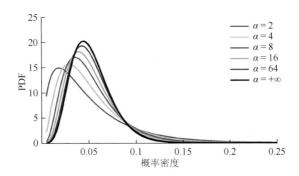

图 6-38 不同参数 α 的强度数据概率密度函数图

由于协方差矩阵为复数矩阵，可采用其主对角线上的元素作为特征值表征其统计特性，C_{11}、C_{22}、C_{33} 分别代表了 HH、HV、VV 极化通道下的强度值。因此，为验证真实 PolSAR 数据的统计模型分布情况，采用研究区积雪期与融雪期 RADARSAT-2 多视全极化数据的协方差矩阵中主对角线的 3 个元素，即将 HH、HV、VV 极化方式下的强度数据作为样本，通过样本数据计算出其满足 K-Wishart 分布的 PDF，并与样本数据直方图叠置，分析 K-Wishart 分布与原始 SAR 数据的拟合优度。如图 6-39 所示，蓝色矩形表示数据的直方图，红色曲线表示 K-Wishart 分布的概率密度函数。从图 6-39 中可以看出，K-Wishart 分布的 PDF 与样本数据的直方图能较好地吻合，不同时期和不同极化方式下的强度数据满足不同参数的 K-Wishart 分布，表明具有纹理参数的 K-Wishart 分布适用于研究区极化 SAR 数据的统计模型。

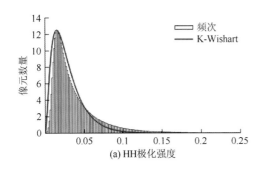

(a) HH极化强度

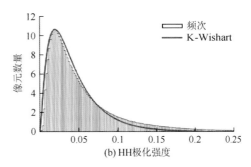

(b) HH极化强度

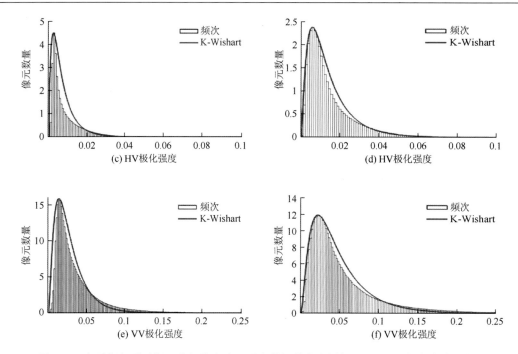

图 6-39　积雪期与融雪期三种极化方式下强度数据的直方图与 K-Wishart 概率密度函数图

（a）、（c）、（e）表示积雪期；（b）、（d）、（f）表示融雪期

为进一步探索研究区地物的统计分布情况，根据 Pauli 基假彩色合成图选取积雪与非积雪标记样本，计算协方差矩阵的迹（trace）所满足的 K-Wishart 分布概率密度函数。其协方差矩阵的迹为矩阵特征值之和，也为主对角线元素之和。图 6-40 中蓝色矩形为积雪样本的协方差矩阵迹统计直方图，蓝色曲线为利用其积雪样本计算得到的 K-Wishart 模型 PDF，红色矩形和红色曲线分别为非积雪样本的协方差矩阵迹统计直方图与 PDF，不论是积雪还是非积雪的直方图，均与对应的 K-Wishart 分布 PDF 有着很高的拟合度，表明该分布模型可描述该 SAR 数据的统计分布。积雪样本的概率密度分布形状高且窄，且协方差矩阵均值 Σ 很小，约为 0.025，非积雪样本的概率密度分布形状矮且宽，分布范围较广，协方差矩阵均值较大，约为 0.3。因此，可通过统计特征差异来区分不同地物，从而识别出感兴趣的目标。

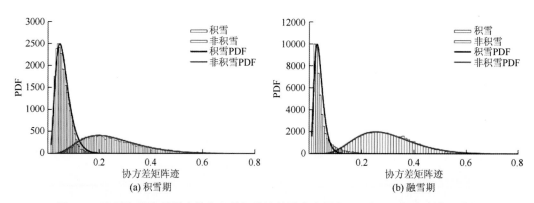

图 6-40　积雪与非积雪样本的协方差矩阵迹统计直方图和 K-Wishart 概率密度函数图

模型初始化的目的是获取先验信息，并估计出各类标记的模型参数，常用的方法有利用单通道强度图进行 K 均值（K-means）、模糊 K 均值（fuzzy K-means）、迭代自组织（ISODATA）等聚类，或通过协方差矩阵和相干矩阵分解的特征向量，利用 SVM、最大似然（maximum likelihood，ML）获得模型初始化结果。采用 Wishart 距离进行初始化，该算法是基于 Wishart 分布 ML 推导出的一种距离测量的方法，可充分利用协方差矩阵中的信息，同时免去了计算复杂的概率密度函数，因此更加简单高效。

通过基于 Pauli 分解的散射机制选择积雪与非积雪训练数据集，根据训练样本估算其协方差矩阵均值 Σ，可表征该类样本的特征。将积雪与非积雪样本标记定义为 ω_m，m 为标记类别，C_m 定义为标记为 m 的协方差矩阵。该算法的原理是利用 ML 准则评估 C 是否满足标记 m，可将最大化概率形式转为最小距离求解，重写为 $P(C|\omega_m)$，并对其取自然对数可得

$$d(C,\omega_m) = L\ln|C_m| + L\mathrm{Tr}(\Sigma_m^{-1}C_m) - \ln[P(\omega_m)] \tag{6-54}$$
$$- (L-q)\ln|C_m| - qL\ln L + \ln[\Gamma(L,d)]$$

式（6-54）后三项与类别 ω_m 函数无关，仅取决于视数、极化通道数和原数据的矩阵，因此可忽略不计，可将式（6-54）进一步简化为前三项的表达式：

$$d_2(C,\omega_m) = L\ln|C_m| + L\mathrm{Tr}(\Sigma_m^{-1}C_m) - \ln[P(\omega_m)] \tag{6-55}$$

对于每一类别标记的先验概率都未知的情况，假设 $P(\omega_m)$ 都是相同的，且随着视数 L 的增加，该先验概率对识别的影响越来越小，因此可将式（6-55）再次简化为式（6-56）：

$$d_3(C,\omega_m) = \ln|C_m| + \mathrm{Tr}(\Sigma_m^{-1}C_m) \tag{6-56}$$

式（6-56）定义为 Wishart 距离度量公式，计算像元与各类标记之间的 Wishart 距离，距离越小则属于该标记的概率越大，最终将其划分到距离最小的类别标记中。通过先验信息获取的初始标记场为后续的识别提供了先验知识。

6.3.2 模型参数估计与识别推理

6.3.2.1 模型参数估计

参数估计是积雪识别模型中的重要步骤，参数计算准确与否关系到模型与真实数据的拟合程度，从而决定了识别结果的优劣。该模型中的参数有 4 个：β、L、Σ 和 α。β 是 MRF 模型中 Potts 模型的参数，为空间平滑参数，该值越大分割结果越平滑，根据实验分析可知，β 在 1.0～1.6 分割效果最好，因此将 β 设定在该范围之内，Rignot 和 Chellappa（1992）证明，当 $\beta=1.4$ 时，该模型的分割精度最高且适用性最广。因此，不再对该参数进行估计，直接将 β 赋值为 1.4。

对于多视极化 SAR 数据的统计模型中的参数变量 $\theta=\{L,\Sigma,\alpha\}$ 而言，其 3 个参数决定了多视极化 SAR 数据的统计分布情况。视数 L 可由多视平均的视数来确定，多视处理的视数为 6，但对于真实的 SAR 数据而言，其相干斑噪声程度不均且像元之间有一定的相关性，固定的视数不能很好地描述相干斑模型，因此需要用一个估算的有效视数（effective number of looks，ENL）来代替名义上的视数 L（Doulgeris et al.，2008）。可根据单一强度数据的均值和方差来进行近似估算：

$$\mathrm{ENL} = \frac{\mathrm{mean}(I)^2}{\mathrm{var}(I)} \tag{6-57}$$

式中，I 为单一通道的强度数据，在此取各通道的平均强度作为 I，然后对其求均值和方差，从而估算出等效视数 ENL。

$\varSigma$ 为样本协方差矩阵的均值，表征了协方差矩阵概率密度函数的位置信息。每个类别标记的 $\varSigma$ 由该类别所有像元的协方差矩阵的空间统计平均决定。给定像元 i 的协方差矩阵 C_i，样本标记的协方差矩阵均值 $\widehat{\varSigma_j}$ 可由所有相同类别标记的协方差矩阵统计平均进行计算：

$$\hat{\varSigma}_j = \frac{1}{n_j} \sum_{i=1}^{n_j} C_i \tag{6-58}$$

式中，C_i 为位置为 i 像元的协方差矩阵，该值为定值，但通过不停地迭代估计，每次的标记样本均不一样，所得到的协方差矩阵的均值 $\widehat{\varSigma_j}$ 也不一样，直到该值收敛于一个稳定的均值则停止迭代。

纹理参数 α 则表征了模型分布的形状，使得模型更加吻合真实的 SAR 数据。一般来说，直接利用极化协方差矩阵的概率密度函数对该参数进行估算非常复杂，且实现困难，因此常用的做法是利用各极化通道的强度数据作为估算参数的数据源，分别对纹理参数 α 进行估计，最终取 3 个通道的平均值作为最终的参数估计值。单通道的纹理参数 α 通过矩估计的方法进行计算，可利用单极化通道的强度数据的一、二阶矩估计进行推导：

$$\hat{\alpha}_j = \frac{(n+1)E^2(I_j)}{nE(I_j^2) - (n+1)E^2(I_j)} \tag{6-59}$$

式中，I_j 为不同极化通道下的强度；$E(I_j)$ 为强度数据的一阶矩；$E(I_j^2)$ 为强度数据的二阶矩。最终的纹理参数 α 的矩估计为 3 个极化通道下的平均值：

$$\hat{\alpha} = \frac{1}{3} \sum_j \hat{\alpha}_j , j \in \{\mathrm{HH, HV, VV}\} \tag{6-60}$$

以上的模型参数通过迭代的方式进行估计，直到迭代次数达到一定要求或参数变化趋于稳定时，迭代停止。

6.3.2.2　最大后验概率求解

针对构建的 MRF 极化 SAR 积雪识别模型，采用 ICM 进行最大后验概率求解，可根据 Hammersley-Clifford 定理，将最大后验概率问题转化为最小能量求解问题。当能量函数最小时，后验概率最大，即属于该标记的概率最大。局部后验能量函数为

$$\begin{aligned}
U(X_s \mid C_s) &= U(X_s \mid X_{\eta_s}; \beta) + \lambda U(C_s \mid X_s; \theta) \\
&= -\beta n_{X_s}(s) + \log_3 \left\{ \sum_{l \in L} \exp[\beta n_{X_s}(s)] \right\} - \lambda \log_3 [P(C_s \mid X_s; \theta)]
\end{aligned} \tag{6-61}$$

式中，λ 为能量函数分配的参数，大多数 MRF 模型将该值设为 1，即先验场和特征场的权重相等，但这样可能会造成分割过程中参数估计不是全局而是局部的；如果该值大于 1，使得特征场作为主导，则会忽略空间关系；如果该值小于 1，使得先验场为主导，则会导致估算的参数偏离特征数据，使得分割结果不准确。可将该值设为可变函数，通过迭代次

数来决定各自能量的分配情况，将 λ 设为可变权重参数，使其随着迭代次数而变化（Deng and Clausi，2004，2005）：

$$\lambda(t) = 80 \times 0.9^t + 1 \qquad (6\text{-}62)$$

能量函数最小化通过 ICM 迭代进行求解，该算法原理简单，实现方便快捷，需要设定迭代次数。先将迭代次数设为 20，在迭代的过程中计算各标记协方差矩阵均值与上一次迭代之差，通过该差值的变化可以看出函数收敛的过程，并确定最终的迭代次数。如图 6-41 所示，标记样本的协方差矩阵均值随着迭代次数的增加而降低，并最终收敛，趋于无变化。迭代的目的是使得分割结果更加准确且稳健，但迭代次数过多会导致计算时间增加，造成冗余。分析图 6-41 中二者之间的关系可知，当迭代次数达 14 时，积雪期和融雪期的积雪与非积雪标记协方差矩阵的均值之差均处于收敛状态，随后迭代次数增加，该值几乎没有发生变化。因此，在最终的识别过程中，将 ICM 迭代次数设置为 14，舍弃后续不必要的迭代。

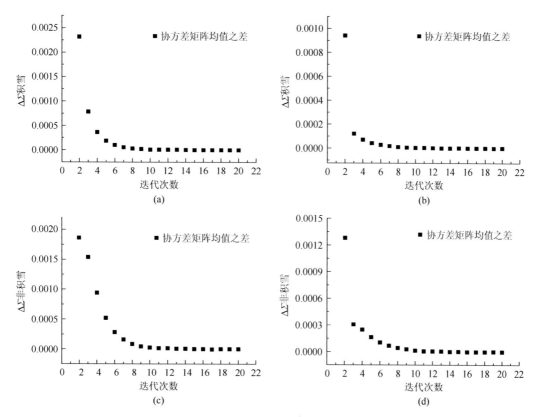

图 6-41 积雪期与融雪期标记样本协方差矩阵均值之差与迭代次数的关系

（a）、（c）表示积雪期；（b）、（d）表示融雪期

积雪识别模型可通过基于 MRF 模型的最大后验概率或最小能量函数求解来建立。该算法的具体流程如下（图 6-42）：首先，根据积雪与非积雪的先验信息和图像表征选择训练样本，根据 Wishart 距离求解初始标记场 X，估计出积雪与非积雪标记的模型参数，通过 MRF 模型结合图像空间关系，联合极化 SAR 协方差矩阵所满足的 K-Wishart 分布，建

立积雪识别模型，充分利用图像上下文信息和极化 SAR 协方差矩阵所包含的散射信息、极化信息。最终求解观测图像协方差矩阵 C 的条件下，积雪与非积雪标记场 X 的最大后验概率或最小能量函数。标记场仅为两类标记，积雪为前景，非积雪为背景。通过 ICM 求解图像在标记场下的最大后验概率，当积雪标记条件下的概率大于非积雪标记条件下的概率时，将该位置的标记设为积雪，反之则为非积雪标记。通过迭代的方式不断优化能量函数及模型参数，直至收敛，获得图像的最优标记，即为最终的积雪识别结果，并利用地形校正计算出的叠掩和阴影区域对积雪识别结果进行掩膜，去除 SAR 图像未接收到地面信息的区域。对于南部山区的森林区域，由于未考虑林带积雪的识别问题，因此利用土地覆盖数据中的林地范围对识别结果进行掩膜，最终获得研究区积雪识别结果。

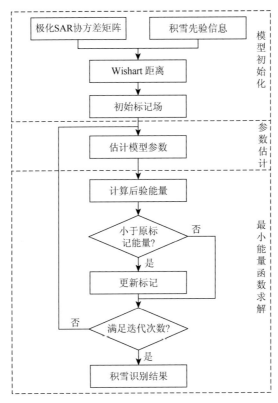

图 6-42　积雪识别模型技术流程图

6.3.3　积雪识别结果评价

6.3.3.1　积雪识别结果

针对积雪期与融雪期两景 RADARSAT-2 影像，利用 MRF 和 K-Wishart 分布建立积雪识别模型，获得积雪识别结果（图 6-43 和图 6-44）。积雪期研究区积雪覆盖范围较大，北部山前坡地，中部肯斯瓦特村、库尔阿根村、红坑村、清水河乡、红沟和铁布散等地区大面积被积雪所覆盖，根据实地观测可知，该时期有小雪降落，大部分被积雪覆盖，识别结果与实际情况较为吻合。融雪期由于气温高于 0℃，积雪表面开始融化，部分区域积雪消

融，积雪覆盖情况明显少于积雪期，阳坡积雪和道路上的积雪快速消融，积雪识别结果空
间分布随着坡向的分布较为破碎。利用实测数据对识别结果进行验证，积雪期积雪的识别
精度为 92%，融雪期积雪的识别精度达 96%，表明该方法识别积雪的可行性。

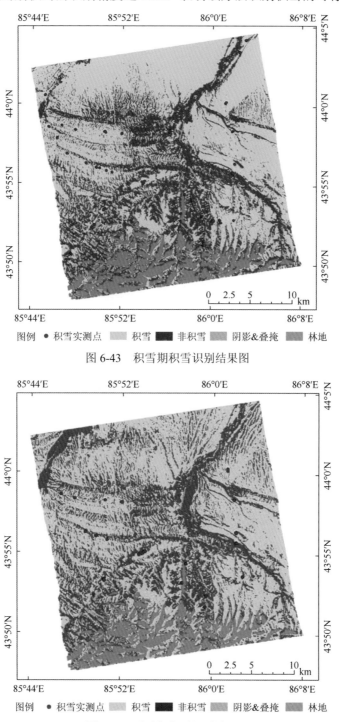

图 6-43 积雪期积雪识别结果图

图 6-44 融雪期积雪识别结果图

对部分区域的识别结果进行分析，如图 6-45 所示，A、B、C 分别代表不同区域，区域 A 位于铁布散附近，包含了坡地和山地；区域 B 位于清水河乡附近，地势较为平坦；区域 C 位于哈熊沟下游和泉水沟附近，海拔较高，地势较为复杂，多为山地。图 6-45（a）表示 Pauli 基假彩色合成图，为原始 SAR 图像，图 6-45（b）为积雪识别结果边缘叠加图，图 6-45（c）为积雪识别结果图，白色为积雪，灰色为非积雪。图 6-45 中红色圆点为积雪的实测点，该点所在位置均为积雪覆盖区域。

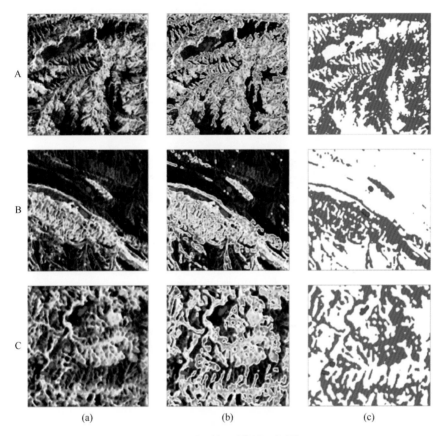

图 6-45　积雪识别结果局部图

A、B、C 分别为区域 A、B、C。（a）为 Pauli 基假彩色合成图；（b）为边缘叠加图；（c）为积雪识别结果。
红色圆点为积雪实测点，白色区域为积雪，灰色区域为非积雪

从积雪识别结果的局部图可以看出，积雪实测点的位置与积雪识别结果吻合度很高，且积雪识别结果较为完整，边缘保持效果较好，细小破碎且孤立的像元较少，这是由于该模型利用了像元之间的空间关系，受相干斑噪声的影响较小，使得识别结果连通性较好。但部分区域识别结果较为破碎，这是由于该模型不仅考虑了图像空间关系，还利用了图像特征，不同地物所表现的图像特征不同，使得极化协方差矩阵满足的概率密度函数也不同，最终的识别结果不仅依赖于图像邻域基团的势函数，也依赖于图像所满足的分布函数，将二者共同的能量函数作为后验能量来求解最优标。因此，当积雪的分布情况比较破碎时，识别的结果不会因为考虑了空间关系而结果完整，同样会根据图像自身的特征来进行标记

分配，从而会出现较为破碎的结果。通过局部放大可以看出积雪识别的结果与原图像较为吻合，边界平滑且准确。

将积雪识别结果叠加数字高程模型进行三维显示（图 6-46，图 6-47），并叠加实测点进行结果评价。图 6-46 和图 6-47 中白色为积雪识别结果，绿色为高程（绿色由浅到深指示高程由低至高），红色圆点为野外实测点，蓝色圆点为水文站。积雪期大面积被积雪覆盖，大部分实测点与积雪覆盖区域重合，山前坡地和地势较为平坦的地区识别效果较好，大、小白杨沟附近识别效果较差，这是由于该地区下垫面复杂，为高覆盖度草地和林地，同时根据实测数据可知，该区域积雪湿度为 0，C 波段雷达可能穿透一定深度的积雪，使其反射回下垫面散射信号，因而未能准确识别。融雪期积雪开始消融，面积相对积雪期较少，尤其是河谷与道路周围及农田区域均无积雪覆盖，但大部分实测点也与积雪识别结果吻合，表明了识别结果的可靠性。

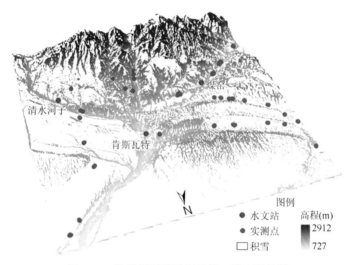

图 6-46 积雪期积雪识别结果三维可视化图

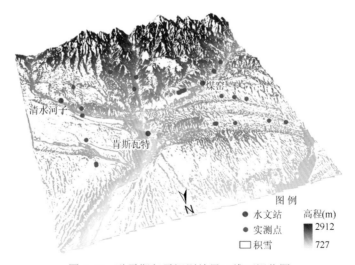

图 6-47 融雪期积雪识别结果三维可视化图

6.3.3.2　精度评价与误差值析

常用的积雪识别评价指标有总体精度、Kappa 系数、F 指数（F-score）、准确率（precision）、召回率（recall）等。前三者都为整体精度评价指标，因此只选取其中一种作为评价标准。F 指数不仅考虑积雪正确识别的情况，同时也考虑积雪误识别和漏识别的情况，被认为是检验积雪识别最重要的指标，因此选择 F 指数对积雪识别结果进行精度评价（Rittger et al., 2013）。同时，利用准确率和召回率对积雪识别的结果进行精度评价。3个评价指标的计算公式如下：

$$\text{precision} = \frac{\text{TP}}{\text{TP} + \text{FP}} \tag{6-63}$$

$$\text{recall} = \frac{\text{TP}}{\text{TP} + \text{FN}} \tag{6-64}$$

$$F = 2 \times \frac{\text{precision} \times \text{recall}}{\text{precision} + \text{recall}} = \frac{2\text{TP}}{2\text{TP} + \text{FP} + \text{FN}} \tag{6-65}$$

式中，TP(true positive)为积雪被正确识别的像元数量；FP(false positive)为非积雪像元被误识别成积雪像元的数量；FN(false negative)为积雪被识别成非积雪像元，即积雪漏识别的像元数量。准确率表示了积雪被正确识别的概率，该值指示了积雪被误识别的情况，值越低表示非积雪像元被误识别成积雪像元的数目越多。召回率表示了积雪像元被识别出的概率，该值指示了积雪漏识别的现象，值越低表示积雪像元未被识别出的数目越多，值越高表示积雪漏识别现象越少。F 指数则综合了二者，F 指数越高表示积雪识别结果越好，误识别和漏识别现象越少。

根据以上 3 个指标对积雪期与融雪期的识别结果进行精度评价，同时与各类方法进行比较，评价不同极化 SAR 分布函数及未利用 MRF 模型的积雪识别结果差异。分两类方法进行对比：第一类为不同 SAR 数据分布函数结合 MRF 模型进行积雪识别，第二类为利用 MRF 模型和传统的监督分类方法进行积雪识别。

第一类方法包括 4 种积雪识别方法：①利用高斯模型结合 MRF 模型对极化总功率进行建模，并利用 ICM 进行最大后验概率求解，简称 GMRF_ICM（周淑媛等,2015）。②识别模型与①相同，但利用 EM 算法进行最大后验概率求解，简称 GMRF_EM。③利用 Wishart 分布对极化 SAR 协方差矩阵进行建模，结合 MRF 模型利用 ICM 进行最大后验概率求解，简称 WMRF_ICM。④利用具有纹理变量的 K-Wishart 分布函数对极化 SAR 协方差矩阵建模，结合 MRF，利用 ICM 求解积雪识别最优标记，简称KWMRF-ICM。利用积雪期与融雪期的实测数据，结合光学遥感数据和 Pauli 基假彩色合成图选择积雪与非积雪验证样本，采用上述介绍的 3 个指标对结果进行定量分析，如图 6-48 所示。

前 3 种方法的准确率和召回率差别较大，准确率均低于 0.8，表明存在较为严重的误识别现象，将过多的非积雪像元识别成积雪像元。综合以上 3 个指标，第 4 种方法的

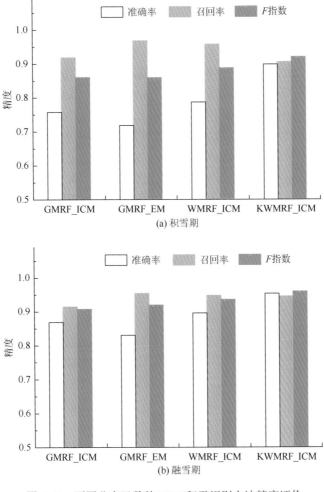

图 6-48 不同分布函数的 MRF 积雪识别方法精度评价

精度均达 0.9 以上，且 3 个值较为稳定，表明误识别和漏识别的现象较少，识别结果最为可靠。前两种方法利用较为简单的高斯模型对 SAR 图像建模，第一种方法采用局部最优的 ICM 算法进行 MAP 求解，该算法简单快速，识别效率高，第二种方法采用全局最优的 EM 算法进行 MAP 求解，该方法精度较第一种高，该算法最终收敛于全局最优解，但求解时间长，每次迭代都需进行全局搜索，因此效率较低。后两种方法将极化协方差矩阵作为识别对象，由于极化协方差矩阵包含了 3 种极化方式所有的散射信息，不会因为拆分矩阵而丢失信息，很好地保留了地物不同极化方式下的散射特征和相关性，因此识别结果较前两种方法精度更高。具有纹理变量的 K-Wishart 模型更加灵活，与极化 SAR 协方差矩阵的拟合优度更高，从而使得识别结果也有所提高。因此，建立合适的 SAR 数据分布模型是极化 SAR 地物识别的关键。

第二类方法也包括 4 种积雪识别方法：①利用 ML 对积雪进行识别，特征向量为协方差矩阵的 9 个元素{C_{11}, C_{22}, C_{33}, real（C_{12}），imag（C_{12}），real（C_{13}），imag（C_{13}），real（C_{23}），imag（C_{23}）}。②采用 SVM 对特征向量进行积雪与非积雪类别的划分，特

征向量与①相同，核函数选择径向基函数，核函数参数 γ 设为 0.11，惩罚参数 C 设为 100。③利用 Wishart 距离识别积雪，假设协方差矩阵 C 满足标准的 Wishart 分布，建立 Wishart 距离函数，计算图像像元与积雪标记样本距离，通过最小距离来识别积雪，简称 W-Distance。④提出的识别方法，即基于 K-Wishart 分布的 MRF 模型积雪识别方法，简称 KWMRF_ICM。同理，利用验证样本对积雪期和融雪期的识别结果进行精度评价，对准确率、召回率和 F 指数进行定量分析（图 6-49）。ML 与 Wishart 距离识别方法均存在较严重的误识别现象，而 SVM 和提出的识别方法误识别和错识别现象较少，具有较好的稳定性。KWMRF_ICM 积雪识别方法的 F 指数较 SVM 方法提高了 2%～4%。前 3 种方法都仅利用了 SAR 图像自身特征，而未考虑图像像元的空间关系，因此对噪声较为敏感。从该类方法的积雪识别局部图（图 6-50）可以看出，未利用图像空间关系的识别结果都有破碎且细小的孤立点，这是由于 SAR 图像受乘性相干斑噪声的影响，在滤波时未能将噪声完全去除，使得误导识别结果。提出的识别方法不仅利用了图像特征和积雪先验信息，同时也利用了图像像元的空间关系，所以其识别结果更加完整，区域连通性好。因此，利用 MRF 模型可以减少相干斑噪声对积雪识别的影响，以获得更加准确且完整的积雪识别结果。

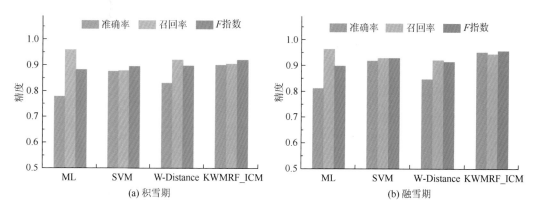

图 6-49　MRF 积雪识别模型与其他判别式积雪识别方法的精度评价

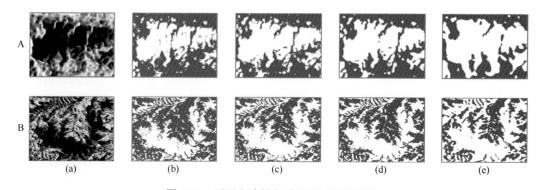

图 6-50　不同方法的积雪识别局部结果图

（a）为原始图像 Pauli 假彩色合成图；（b）为 ML；（c）为 SVM；
（d）为 W-Distance；（e）为 KWMRF_ICM

从整体来看，积雪期的识别精度低于融雪期的识别精度，积雪存在误识别和漏识别的现象较为严重。积雪期的识别方法 F 指数为 0.92，融雪期则为 0.96，这可能是由于积雪期研究区雪湿度较小，深度较浅，C 波段可穿透一定程度的积雪，使得 SAR 系统所接受到的信号受到地表散射的干扰，从而影响积雪识别结果。融雪期积雪表面出现水分，减弱了微波的穿透能力，使其与地表其他地物区分开来，积雪识别更加容易。

积雪识别结果存在误差的原因主要包括三方面：识别模型的误差、SAR 图像本身的误差，以及辅助数据带来的误差。

（1）识别模型的误差。该识别模型采用局部最优的 ICM 算法进行最大后验概率求解，该算法受初始值的影响较大，容易陷入局部最优解，且模型参数估计的准确性也影响了最终的识别结果。同时，识别模型未考虑下垫面信息，实际地面情况可能较为复杂，不同下垫面对积雪识别结果也会造成一定误差。

（2）SAR 图像本身的误差。研究区地形复杂，SAR 成像系统受地形起伏影响较大，叠掩和阴影区域不存在地物信息，因此在该区域未有积雪识别结果。同时，南部山区为林地，C 波段穿透能力较弱，茂密的森林对积雪识别也有较大影响。

（3）辅助数据带来的误差。其包括 DEM 数据和实测数据，由于采用的 DEM 水平分辨率为 30m，而 RADARSAT-2 经多视处理后水平分辨率为 15m，在进行地形校正时二者未能完全匹配，将 DEM 转换到 SAR 坐标系后二者配准会存在误差。重采样后的 DEM 也不能很好地刻画真实地表，使得 SAR 数据未能得到很好的校正。同时，部分实测数据离公路较近，且 GPS 仪的测量精度也存在一定偏差，可能对验证结果造成影响。

6.4 联合极化 SAR 与光学图像的积雪状态信息识别

6.4.1 光学遥感图像积雪表面类型识别

6.4.1.1 光学遥感图像积雪像元提取

早在 20 世纪 60 年代，伴随着可见光和近红外遥感图像的出现，国外学者基于积雪典型的反射光谱特征，提出了一系列利用光学遥感图像识别积雪的方法，其中，多光谱阈值法和 SNOMAP 算法是最常用的积雪制图方法（冯学智，1989）。多光谱阈值法主要利用积雪在可见光和近红外波段的高反射率特征，通过对不同波段设置相应的阈值，直接提取积雪像元。由于云在可见光和近红外波段同样具有较高的反射率，因此对于缺乏短波红外波段的传感器，该方法不能有效地区分积雪和云。在短波红外波段，云仍然具有较高的反射率，而积雪的反射率则迅速降至 0.2 以下，在波长 1.6μm 和 2.1μm 附近，积雪存在两个吸收峰，使得这两处的反射率几乎接近于 0，NDSI 正是利用这个特点来区分云和雪的。

　　由于光学遥感数据与 SAR 数据成像时间要求尽可能同步，本书的研究中同时选用了 GF-1 卫星 WFV 数据和 Landsat-8 卫星 OLI 数据，而 WFV 数据缺乏 NDSI 所需要的短波红外数据，因此在利用 WFV 数据提取积雪像元时，直接采用多光谱阈值法，而利用 OLI 数据提取积雪像元时，采用 SNOMAP 算法。多光谱阈值法对云和雪缺乏有效的区分，在积雪期，研究区 WFV 图像云覆盖量超过 20%，且主要分布在研究区北部，因此在利用多光谱阈值法提取积雪像元时，直接利用目视解译方法对云覆盖区域进行掩膜处理；在融雪期，研究所使用的 WFV 图像云覆盖量小于 0.5%。

　　经综合辐射校正后，对积雪遥感反射率进行表征分析可知，在 WFV 图像蓝光波段，阳坡新雪、阳坡陈雪、阴坡积雪和非积雪的反射率分别介于 0.61～0.91、0.51～0.73、0.46～0.85 和 0.14～0.27；在绿光波段，4 种地表类型反射率分别介于 0.66～0.85、0.53～0.79、0.51～0.90 和 0.06～0.25；在红光波段，4 种地表类型反射率分别介于 0.70～0.93、0.56～0.81、0.58～0.86 和 0.07～0.27；在近红外波段，4 种地表类型反射率分别介于 0.78～0.95、0.64～0.84、0.55～0.88 和 0.07～0.34。根据样本点统计结果，对于 WFV 图像 4 个波段，积雪反射率最小值均高于非积雪样本反射率最大值，积雪与非积雪具有明显的反射率差异。为了得到积雪与非积雪划分的最佳阈值，通过目视解译，从 2013 年 12 月 14 日反射率图像上随机选取了 17 块积雪区域（共计 12163 个像元点）和 14 块非积雪区域（共计 8748 个像元点），构建积雪像元与非积雪像元在 4 个波段的反射率的频率分布图，图 6-51 为蓝光波段的频率分布图，积雪与非积雪反射率重叠区域较少，仅占像元点总数的 0.32%。根据各个波段的频率分布图，得到 2013 年 12 月 14 日 WFV 数据蓝、绿、红和近红外波段积雪与非积雪的最佳划分阈值，分别为 0.42、0.44、0.45、0.48。

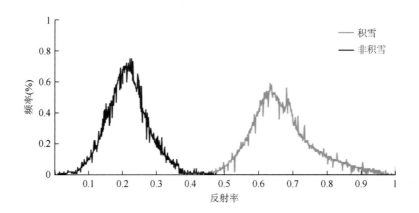

图 6-51　积雪与非积雪覆盖地表反射率直方图

　　根据上述阈值，利用 4 个波段数据提取的积雪结果的一致性在 99%以上，因此将 4 个波段提取的积雪的交集作为 WFV 图像积雪像元的提取结果，并利用土地覆盖数据，对林地进行掩膜处理。2014 年 3 月 23 日积雪像元提取结果如图 6-52 所示。

　　对于 Landsat-8 卫星 OLI 数据，直接采用 SNOMAP 算法提取积雪像元。SNOMAP 算法可表示为

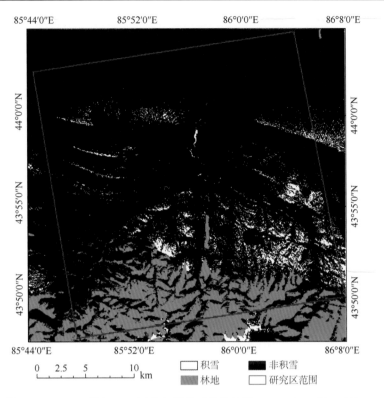

图 6-52　GF-1 卫星 WFV 图像积雪像元提取结果（2014 年 3 月 23 日）

$$\begin{cases} \mathrm{NDSI} = \dfrac{R_{\mathrm{VIS}} - R_{\mathrm{SWIR}}}{R_{\mathrm{VIS}} - R_{\mathrm{SWIR}}} \\[2mm] \mathrm{NDSI} > \mathrm{NDSI}_{\mathrm{TH}} \\[2mm] R_{\mathrm{NIR}} > R_{\mathrm{TH}} \\[2mm] R_{\mathrm{Green}} > R_{\mathrm{Green\text{-}TH}} \end{cases} \tag{6-66}$$

式中，NDSI 为归一化差值积雪指数，主要用于区分积雪和植被、裸地、云；R_{VIS} 为可见光任意一波段的反射率；R_{SWIR} 为短红外波段的反射率；$\mathrm{NDSI}_{\mathrm{TH}}$ 为阈值，取值为 0.4；R_{NIR} 为近红外波段反射率，由于水体在可见光和短波红外波段反射率均较低，使得水体的 NDSI 有可能超过 $\mathrm{NDSI}_{\mathrm{TH}}$，因此需要利用积雪在近红外波段的高反射率及水体的低反射率特性，通过设置近红外波段反射率阈值来区分积雪和水体；R_{TH} 取值为 0.11；R_{Green} 为绿光波段反射率，由于暗目标在短波红外波段的低反射率也可能导致 NDSI 超过阈值，因此通过设置绿色波段反射率阈值来消除暗目标的影响；$R_{\mathrm{Green\text{-}TH}}$ 取值为 0.1。利用 SNOMAP 算法和 2014 年 3 月 15 日的 Landsat-8 卫星数据，提取的积雪像元如图 6-53 所示。

6.4.1.2　积雪表面类型识别

积雪表面类型识别的主要目标是识别新雪和陈雪。根据对新雪和陈雪反射率的表征分

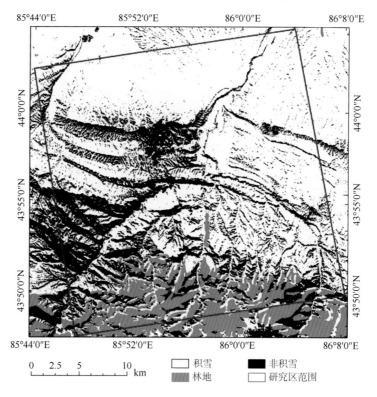

图 6-53　Landsat-8 卫星 OLI 图像积雪像元提取结果（2014 年 3 月 15 日）

析结果可知，在 WFV 图像蓝光波段，新雪和陈雪的反射率分别介于 0.61～0.91 和 0.51～
0.73，平均值分别为 0.71 和 0.63；在绿光波段，新雪和陈雪反射率分别介于 0.66～0.85
和 0.53～0.79，平均值分别为 0.71 和 0.63；在红光波段，新雪和陈雪反射率分别介于
0.70～0.93 和 0.56～0.81，平均值分别为 0.78 和 0.69；在近红外波段，新雪和陈雪反射
率分别介于 0.78～0.95 和 0.64～0.84，平均值分别为 0.84 和 0.71。在 WFV 图像的 4 个
波段，新雪反射率平均值均比陈雪高 0.1 左右，但新雪与陈雪反射率的重叠区间较多，
在 4 个波段中，重叠区间的像元数分别占像元点总数的 62.4%、67.2%、58.4% 和 56.0%，
因此利用单波段数据较难有效区分新雪和陈雪。

　　为充分利用新雪和陈雪在 WFV 数据不同波段的实际反射率差异，提高二者分类的精
度，应使用常规的多光谱数据分类方法。图 6-54 为前面所选取的样本像元点反射率的三
维散点图，为实现新雪与陈雪的有效分类，需引入非线性分类器。SVM 于 1995 年首先被
提出（Cortes and Vapnik，1995），其在解决非线性、小样本及高维模式分类中表现出许多
特有的优势，并广泛应用于遥感图像分类问题中（Camps-Valls and Bruzzone，2005；Bazi
and Melgani，2006）。

　　SVM 方法通过一个非线性映射 p，把样本空间映射到一个高维乃至无穷维的特征空
间中（Hilbert 空间）（Cortes and Vapnik，1995），使得在原来的样本空间中非线性可分的
问题转化为在特征空间中线性可分的问题。对于分类而言，在低维样本空间无法线性处理
的样本集，在高维特征空间中可以通过一个线性超平面实现线性划分。对于给定的两种不

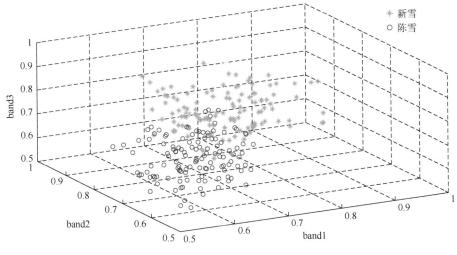

图 6-54　新雪与陈雪反射率三维散点图

同类别的训练样本，SVM 根据间隔最大化原则构造最优分类超平面对样本进行划分。假设训练样本集由 N 个 d 维特征空间的样本构成，即 $\{([x_{i,1}, x_{i,2}, \cdots, x_{i,d}]^{\mathrm{T}}, y_i), i = 1, \cdots, N\}$，$y_i \in \{-1, +1\}$，$-1$ 和 $+1$ 为样本类别标志，该训练样本集由最大分类间隔超平面 $x^{\mathrm{T}}\omega + b = 0$，$(b \in R)$ 线性划分为两类。为保证所有样本均正确分类，则要求该超平面满足如下约束：

$$\begin{cases} x_i^{\mathrm{T}}\omega + b \geqslant +1 \Rightarrow y_i = +1 \\ x_i^{\mathrm{T}}\omega + b \leqslant -1 \Rightarrow y_i = -1 \end{cases} \qquad (6\text{-}67)$$

此时，最大化分类间隔等价于在式（6-67）的约束下最小化函数：

$$\frac{1}{2}\|\omega\|^2 = \frac{1}{2} <\omega \cdot \omega> \qquad (6\text{-}68)$$

为了解决约束最优化问题，引入拉格朗日函数：

$$L = \frac{1}{2}\|\omega\|^2 - \sum_{i=1}^{N} \alpha_i^* y_i (x_i^{\mathrm{T}}\omega + b) + \sum_{i=1}^{N} \alpha_i^* \qquad (6\text{-}69)$$

得到式（6-69）的唯一解 $\alpha_i^* = [\alpha_1^*, \alpha_2^*, \cdots, \alpha_n^*]^{\mathrm{T}}$，该解必须满足 $\alpha_i^*[y_i(x_i^{\mathrm{T}}\omega + b^*) - 1] = 0$，$i = 1,$ 2, 3, $\cdots$, N。此时，得到的最优分类函数为

$$f(x) = \mathrm{sgn}(\langle \omega^*, x \rangle + b^*) = \mathrm{sgn}\left[\sum_{i=1}^{N} \alpha_i^* y_i (x_i^{\mathrm{T}}\omega + b^*)\right] \qquad (6\text{-}70)$$

训练样本集不能满足保证最优分类面存在的约束条件，需要引进一个松弛变量 ξ_i 来度量分类误差，此时约束条件变为

$$y_i[x_i^{\mathrm{T}}\omega + b] \geqslant 1 - \xi_i, i = 1, \cdots, N \qquad (6\text{-}71)$$

当 $\xi_i > 0$ 时，分类出现错误，同样在目标函数中为分类误差值配一个额外的代价函数来引入错误惩罚分量，则变为

$$\phi(\omega,\xi) = \frac{1}{2}\|\omega\|^2 + C\left(\sum_{i=1}^{N}\xi_i\right) \tag{6-72}$$

式中，C 为指定常数，C 值越大，对错分样本的惩罚程度越高，同时，$0 \leqslant \alpha_i^* \leqslant C$。

对于非线性分类问题，为得到最优解，需将样本点映射到高维空间，在特征空间构造最优超平面时，算法只需要用到特征空间的点积运算，即 $\phi(x_i)\phi(x_j)$，因此根据泛函的有关理论，只要函数 $K(x_i, x_j) = \phi(x_i)\phi(x_j)$ 满足 Mercer 条件，即可实现非线性变换后的线性分类，该函数即为核函数。此时，最优分类函数的形式变为

$$f(x) = \mathrm{sgn}\left[\sum_{i=1}^{N}\alpha_i^* y_i K(x_i, x) + b^*\right] \tag{6-73}$$

选择不同的核函数，可以生成不同的 SVM，常用的核函数有 4 种：线性核函数、多项式核函数、径向基函数和二层神经网络核函数。选用径向基函数，其表达式为

$$K(x_i, x) = \mathrm{e}^{-\gamma\|x_i - x\|^2} \tag{6-74}$$

式中，γ 为核参数，$\gamma \in (0, 2)$，最优 γ 值通过网格搜索和交叉验证方法获取。

根据积雪期和融雪期的两次同步观测试验可知，融雪期研究区以陈雪为主，因此在积雪期光学遥感图像积雪识别结果上进行积雪表面类型识别。在应用 SVM 对新雪和陈雪进行分类的过程中，首先根据地面同步观测期间记录的样本点的积雪类型，从 2013 年 12 月 14 日 WFV 实际反射率图像上分别选取 1000 个新雪像元和 1000 个陈雪像元，并将其随机分为 10 个子集进行交叉验证，每个子集包含 100 个新雪像元和 100 个陈雪像元，每次选取 1 个子集作为测试集，另外 9 个子集作为训练样本集，这样可以保证所有像元样本均被作为训练集和测试集，每个样本像元都被验证一次。以 WFV 数据 4 个波段的反射率作为输入，通过交叉验证和网格搜索方法，获取了最优 γ 值，从而建立了 SVM 分类器，利用建立的 SVM 分类器，直接对 WFV 实际反射率图像中的积雪像元进行分类，从而提取新雪和陈雪像元。

6.4.1.3　积雪表面类型识别结果

依据积雪表面类型识别方法得到 2013 年 12 月 14 日的积雪表面类型识别结果，如图 6-55 所示。不同类型积雪随高程的分布如图 6-56 所示。研究区北部被云层覆盖，新雪主要分布在东北部，积雪覆盖率随高程的增加呈现降低趋势，新雪的比例随高程的增加呈现降低趋势。造成这一现象的原因可能包括两个方面：一方面，由于 2013 年 12 月 14 日处于积雪期，研究区积雪由多次积累和消融过程形成，根据地面同步观测期间雪剖面观测结果，积雪具有明显的分层现象，所以不同区域因降雪和消融的差异，积雪类型具有明显差异；研究区积雪有明显的分层现象。另一方面，研究区在 2013 年 12 月 12 日夜间至 13 日上午出现降雪，地面同步观测资料显示，降雪以北部低海拔区域为主，南部高海拔区域没有降雪。

图 6-55　积雪表面类型识别结果（2013 年 12 月 14 日）

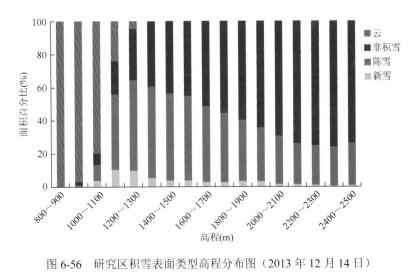

图 6-56　研究区积雪表面类型高程分布图（2013 年 12 月 14 日）

6.4.2　SAR 图像积雪干湿状态识别

6.4.2.1　重轨 SAR 积雪像元提取

微波在穿透积雪时，因空气与雪表层密度的差异，微波传输路径会发生改变，造成降雪前后同轨道 SAR 数据的相位发生变化，在地表其他地物没有发生变化的前提下，非积雪覆盖区域降雪前后相干性较好，积雪覆盖区域失相干明显，相干系数明显低于非积雪覆盖地表，传统的阈值算法正是基于这一原理（李震和曾群柱，1996）。基于光学遥感图像识别的积雪结果，对积雪期的积雪像元与非积雪像元在非积雪期-积雪期的相干系数进行了统计，统计结果如图 6-57 所示，结果表明，积雪与非积雪像元的相干系数具有一定的差异，积雪像元相干系数的平均值为 0.13，非积雪像元相干系数的平均值为 0.25，同时，积雪与非积雪像元相干系数的重叠区域较多，二者具有一定的可分离性，但利用单一阈值对二者进行划分时，会造成大量像元错分。

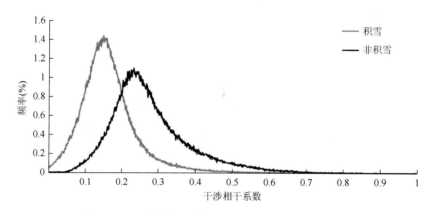

图 6-57　HH 极化积雪与非积雪像元相干系数直方图

　　非积雪期-积雪期和非积雪期-融雪期的相干系数图像表征分析表明，相干系数的大小与极化方式、局部入射角、高程带相关，因此在利用相干系数提取积雪像元时，需要考虑极化方式、局部入射角、高程带的影响。积雪与非积雪覆盖地表的相干系数在同向极化时（HH、VV 极化）表现出更加明显的差异，同时，HH 极化与 VV 极化相干系数大小接近一致，所以利用相干系数识别积雪时，选用 HH 极化相干系数图像。不同高程带的相干系数因受下垫面的影响而具有一定差异，需要将研究区划分为不同高程带，然后分别进行积雪像元提取。积雪与非积雪像元的相干系数大小随局部入射角的变化具有一定的变化规律，在不同局部入射角的条件下，划分积雪与非积雪像元的阈值有所差异。然而，不联合光学遥感数据，仅使用 SAR 数据开展积雪识别时，较难获取不同高程带不同局部入射角条件下的积雪与非积雪像元样本，所以只能采用目视解译结合地面同步观测期间记录的样点信息来获取积雪与非积雪像元，并统计其相干系数直方图，从而获取积雪与非积雪划分的最佳阈值。根据该方法，获得积雪期和融雪期的最佳阈值分别为 0.21 和 0.20，并根据该阈值，对积雪期和融雪期积雪进行识别，结果如图 6-58 所示。

6.4.2.2　极化 SAR 湿雪识别

　　两次同步观测期间积雪表层湿度的观测结果表明，在积雪期同步观测期间，积雪以干雪为主；在融雪期同步观测期间，雪表层湿度观测结果显示湿雪样点所占的比例为 71%。

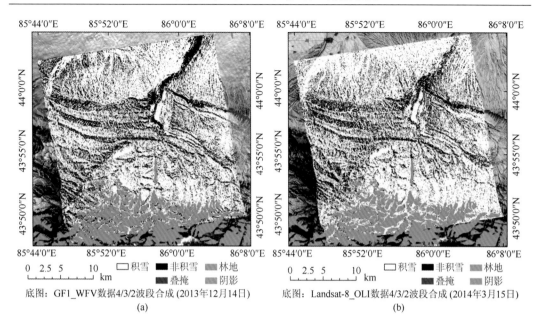

图 6-58　单一阈值算法积雪像元提取结果

因此，选取融雪期成像的 SAR 数据作为湿雪识别的遥感数据。积雪 SAR 图像后向散射特征分析表明，在湿雪期，4 种极化条件下后向散射系数随局部入射角的增加呈现先增加后降低的趋势，不同高程带积雪与非积雪后向散射系数具有一定差异，积雪表层湿度在 0～3% 的变化过程中，后向散射强度呈明显降低趋势。因此，在考虑地形影响的基础上，采用极化 SAR 方法识别湿雪，识别的流程如图 6-59 所示。

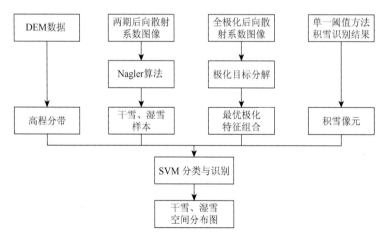

图 6-59　干雪和湿雪识别流程

该识别过程主要包括 3 个方面：①利用积雪期和融雪期的后向散射系数图像，采用 Nagler 算法（Nagler and Rott，2000），获取湿雪样本；②采用极化目标分解方法提取散射特征，将研究区划分为两个高程带，计算所有散射特征在所选样本上的 J-M 距离（Bruzzone et al.，1995），分别获取两个高程带上可用于湿雪识别的最优极化特征组合；③以最优极化特征组合、局部入射角和样本点为输入参数，采用 SVM 分类，分别提取不同高程带的湿雪像元。极化 SAR 识别湿雪的具体流程如下。

1）湿雪样本获取

干雪向湿雪转变过程中，后向散射系数会发生明显降低，基于这一特征，可利用后向散射系数变化方法来实现湿雪的识别。其中，最常用的算法为 Nagler 算法，其表达式为

$$\begin{cases} \delta_{ws}^{o} / \delta_{ref}^{o} < TR \\ 15° \leqslant \theta \leqslant 78° \\ L = \text{True} \\ S = \text{True} \end{cases} \quad (6\text{-}75)$$

式中，δ_{ws}^{o} 为融雪期后向散射系数；δ_{ref}^{o} 为积雪期或非积雪期后向散射系数；TR 为经验阈值，一般情况下取值为–3dB；θ 为局部入射角；L 和 S 分别表示叠掩和阴影。由于 Nagler 算法所使用的经验阈值 TR 取值为–3dB 时，在一定程度上会低估湿雪的积雪范围（Malnes and Guneriussen，2002），因此将 Nagler 算法提取的湿雪像元作为湿雪样本。同时，基于积雪期和融雪期的积雪像元提取结果，将两个时期均为积雪且后向散射强度没有降低的像元作为干雪样本，从而得到干雪和湿雪的样本分布图，如图 6-60 所示。

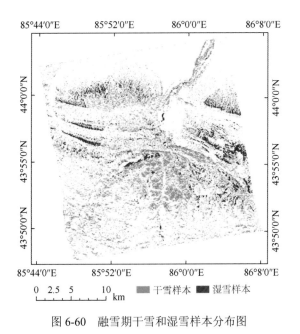

图 6-60　融雪期干雪和湿雪样本分布图

2）非相干目标分解和最优极化特征组合获取

非相干目标分解可以从全极化 SAR 数据中获取目标散射特征，其中，$H/A/\bar{\alpha}$ 和 4 组分散射机制模型（Yamaguchi et al.，2005）分解方法是积雪散射特征提取中比较常用的方法（Singh and Venkataraman，2012；Park et al.，2014），因此，研究选用 $H/A/\bar{\alpha}$ 和 Yamaguchi 两种目标分解方法进行最优极化特征组合提取。散射矩阵 S 可表示为

$$S = \begin{bmatrix} S_{HH} & S_{HV} \\ S_{VH} & S_{VV} \end{bmatrix} = \frac{a}{\sqrt{2}} \begin{bmatrix} 1 & 0 \\ 0 & 1 \end{bmatrix} + \frac{b}{\sqrt{2}} \begin{bmatrix} 1 & 0 \\ 0 & -1 \end{bmatrix} + \frac{c}{\sqrt{2}} \begin{bmatrix} 0 & 1 \\ 1 & 0 \end{bmatrix} + \frac{d}{\sqrt{2}} \begin{bmatrix} 0 & -j \\ j & 0 \end{bmatrix} \tag{6-76}$$

式中，a，b，c，d 为复数，表达式为

$$a = \frac{S_{HH} + S_{VV}}{\sqrt{2}}, b = \frac{S_{HH} - S_{VV}}{\sqrt{2}}, c = \frac{S_{HV} + S_{VH}}{\sqrt{2}}, d = j\frac{S_{HV} + S_{VH}}{\sqrt{2}} \tag{6-77}$$

由散射矩阵 S 可获得相干矩阵 T，其表达式为

$$[T] = \left\langle \overrightarrow{K_P} \overrightarrow{K_P^*}^{\mathrm{T}} \right\rangle \tag{6-78}$$

$$\overrightarrow{K_P} = \frac{1}{\sqrt{2}} [S_{HH} + S_{VV} \quad S_{HH} - S_{VV} \quad 2S_{HV}]^{\mathrm{T}} \tag{6-79}$$

根据埃尔米特矩阵特性，$[T]$ 可进一步分解为特征向量和特征值的表达式：

$$[T] = (\lambda_1 \overrightarrow{e_1} \overrightarrow{e_1}^{*\mathrm{T}}) + (\lambda_2 \overrightarrow{e_2} \overrightarrow{e_2}^{*\mathrm{T}}) + (\lambda_3 \overrightarrow{e_3} \overrightarrow{e_3}^{*\mathrm{T}}) \tag{6-80}$$

式中，λ_i 为 $[T]$ 的特征值（λ_1，λ_2，λ_3，$\lambda_1 \geq \lambda_2 \geq \lambda_3 \geq 0$）；$e_i$ 为 $[T]$ 的特征向量。$H/A/\bar{\alpha}$ 极化分解方法基于 $[T]$ 的 3 个特征值（λ_1，λ_2，λ_3），其中，极化熵 H 用来描述不同散射类型在统计意义上的无序性，与散射集合的去极化相关，其表达式为

$$H = -\sum_{i=1}^{3} P_i \log_3 P_i, \quad P_i = \lambda_i \left(\sum_{j=1}^{3} \lambda_j \right)^{-1} \tag{6-81}$$

式中，P_i 对应于特征值 λ_i 获得的伪概率（$0 \leq P_i \leq 1$）。

极化各向异性度 A 用来描述相干矩阵 T 的第二个特征值和第三个特征值的相对大小，其表达式为

$$A = \frac{\lambda_2 - \lambda_3}{\lambda_2 + \lambda_3}, 0 \leq A \leq 1 \tag{6-82}$$

平均散射角 $\bar{\alpha}$ 反映目标散射机理的转变，其表达式为

$$\bar{\alpha} = P_1 \alpha_1 + P_2 \alpha_2 + P_3 \alpha_3, \quad 0° \leq \bar{\alpha} \leq 90° \tag{6-83}$$

式中，α_1、α_2、α_3 为特征向量参数。

Yamaguchi 分解方法是在三分量分解基础上建立的四分量分解方法，对于积雪等具有复杂几何散射结构的目标具有更广泛的适用性（Negi et al.，2010），其协方差矩阵可表示为

$$C = f_s C_s + f_d C_d + f_v C_v + f_c C_c \tag{6-84}$$

式中，f_s、f_d、f_v、f_c 分别为表面散射、偶次散射、体散射和螺旋体散射分量的系数；C_s、C_d、C_v、C_c 分别为表面散射、偶次散射、体散射和螺旋体散射协方差矩阵。

对相干矩阵 T 和协方差矩阵 C 进行分解，得到 32 个极化特征。非相干目标分解得到的众多极化特征在实际应用中会造成信息冗余，从而增加计算的复杂度，因此需要筛选对干雪和湿雪可分离性较强的极化特征，从而获取最优极化特征组合用于湿雪识别。可分离性的判定指标有很多，常用的可分离性指标包括概率距离、相关测度、类间距离、类内距离及信息熵等，其中，J-M 距离是一种在遥感图像分类中较为常用且能够有效表达类别间可分离性的指标（Bruzzone et al.，1995）。对于确定的两类样本，在某一特征的 J-M 距离计算公式为

$$J = 2(1 - e^{-B}) \tag{6-85}$$

$$B = \frac{1}{8}(m_1 - m_2)^2 \frac{2}{\delta_1^2 + \delta_2^2} + \frac{1}{2}\ln\left[\frac{\delta_1^2 + \delta_2^2}{2\delta_1\delta_2}\right] \qquad (6-86)$$

式中，J 为两类样本在特征上的 J-M 距离（$0<J<2.0$）；m_1 和 m_2 为特征的均值；δ_1^2 和 δ_2^2 为特征的方差。当 $0<J<1.0$ 时，在该特征下两类别不具可分离性，两类样本点需要合并；当 $1.0\leqslant J<1.8$ 时，两类别可分离性较差，样本点需要重新选取；当 $1.8\leqslant J<1.9$ 时，两类别具有一定的可分离性，可适当调整样本点；当 $1.9\leqslant J<2.0$ 时，两类别可分离性较强，样本点合格（Bruzzone et al.，1995）。

根据以上计算方法，分别计算得到 32 个极化特征在干雪和湿雪样本点上的 J-M 距离，计算结果见表 6-5。

表 6-5　极化特征 J-M 距离

分解方法	$0<J<1.0$	$1.0\leqslant J<1.8$	$1.8\leqslant J<1.9$	$1.9\leqslant J<2.0$
$H/A/\bar{\alpha}$	$(1-H)(1-A)$、p_2、beta、gamma、asymetry	H、A、α、HA、$(1-H)A$、λ_1、p_1、p_3、T_{11}、SE_I、SE_P、PF、rvi、derd、serd、pedestal、lueneburg	$H(1-A)$、λ_2、T_{22}、T_{33}	λ_3、SE
Yamaguchi	Y_{odd}、Y_{hlx}	Y_{dbl}		Y_{vol}

由表 6-5 可知，除 $H/A/\bar{\alpha}$ 分解获得的特征值（λ_3）、SE，以及 Yamaguchi 分解体散射（Y_{vol}）的 J-M 距离高于 1.9 外，其余极化特征的 J-M 距离均介于 0～1.9，因此选取 λ_3、SE 和 Y_{vol} 三种极化特征作为湿雪识别的最优极化特征组合。最优极化特征组合的 RGB 合成图如图 6-61 所示。

R：特征值 λ_3
G：香农熵 (SE)
底图：GF1_WFV数据4/3/2波段合成　　　B：Yamaguchi 分解体散射(Y_{vol})

图 6-61　最优极化特征组合 RGB 合成图

3）SVM 湿雪识别

干雪对 SAR 后向散射强度的影响较小，与裸土等非积雪覆盖地表后向散射强度较为接近（Shi，2008；Techel et al.，2011），所以在进行湿雪识别时，直接在积雪像元提取结果上进行，以消除非积雪像元对识别精度的影响。根据干雪和湿雪样本，以局部入射角和最优极化特征组合为输入参数，利用 SVM 分类器，分别对不同高程带的积雪像元进行分类。以 800～1200m 高程带为例，具体过程如下：从 Nagler 算法获取的干雪和湿雪样本中，结合局部入射角图像，分别选取 1000 个干雪像元和 1000 个湿雪像元样本，要求像元在不同局部入射角下的空间分布均匀，将像元样本随机分为 10 个子集，每个子集包含 100 个新雪像元和 100 个陈雪像元，每次选取 1 个子集作为测试集，另外 9 个子集作为训练集，保证所有像元样本均被作为训练集和测试集，每个样本像元都被验证一次。以 λ_3、SE、Y_{vol} 三种极化特征图像和局部入射角图像作为输入参数，通过交叉验证和网格搜索方法，建立了 SVM 分类器，利用建立的 SVM 分类器直接对 SAR 与光学遥感数据联合提取的积雪像元进行分类，从而识别湿雪。

4）积雪干湿状态识别结果

依据湿雪识别方法得到 2014 年 3 月 19 日的湿雪和干雪识别结果，如图 6-62 所示，湿雪和干雪随高程的分布如图 6-63 所示，湿雪随坡向的分布如图 6-64 所示，由图 6-62～图 6-64 可知，研究区以湿雪为主，干雪、湿雪和非积雪在研究区的分布具有明显的地形差异；干雪、湿雪和非积雪所占比例分别为 23.8%、48.0% 和 28.2%；积雪覆盖率随高程的增加，在 800～1800m 高程带呈现降低趋势，在 1800～2500m 高程带呈现波动趋势，由阳坡向阴坡呈现增加趋势；干雪在积雪中所占的比例总体上随高程呈现明显的增加趋势。在 800～1100m 高程带，干雪在积雪中所占比例较高，其原因可能是根据地面同步观测期间拍摄的照片，800～1100m 高程带下垫面为耕地（图 6-62 红色椭圆框）的两块区域为积雪与湿润裸土的混合像元，其后向散射信息与干雪较为接近。

6.4.3 SAR 与光学遥感数据联合识别积雪

6.4.3.1 SAR 与光学遥感数据积雪识别的互补

1）克服地形对 SAR 图像的影响

遥感按照探测手段和传感器波长的不同可分为光学遥感和微波遥感，如图 6-65 所示，光学遥感的主要原理是卫星被动接收来自地表对太阳光的反射，对于云覆盖区，受可见光/近红外波段的穿透性限制，光学遥感难以识别云覆盖区的积雪。微波具有一定的穿透性，成像不受云的影响，微波遥感根据传感器是否发射电磁波又分为主动微波遥感和被动微波遥感，被动微波遥感的空间分辨率较低，对于积雪分布具有明显地形差异的山区适用性不高，主动微波遥感具有高空间分辨率、多极化等特点，以及干涉测量能力，在山区积雪识别中，可以很好地弥补光学遥感数据识别积雪受云的限制（Brucker et al.，2011）。光学遥感卫星在山区成像时受到地形、大气等多方面因素的影响，可以通过计算大气相关参数、太阳直接辐射、大气散射辐射和周围地形的反射辐射，最终得到归一化后的地表反射

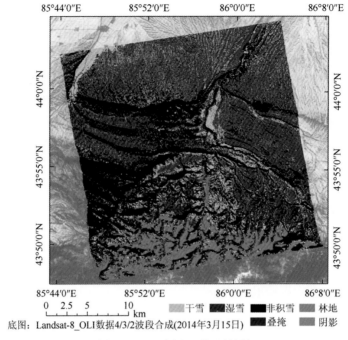

底图：Landsat-8_OLI数据4/3/2波段合成(2014年3月15日)

图 6-62　干雪和湿雪识别结果

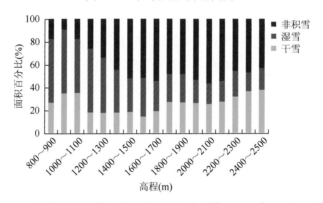

图 6-63　研究区不同高程带干雪和湿雪分布图（2014 年 3 月 19 日）

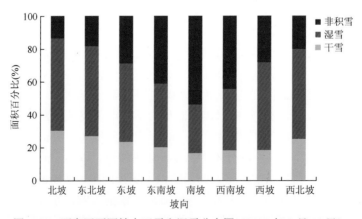

图 6-64　研究区不同坡向干雪和湿雪分布图（2014 年 3 月 19 日）

率图像，从而可以高精度地提取非云覆盖区积雪的信息。SAR 成像几何属于斜距投影，SAR 后向散射信号和相干性受雪层特性、山区地形和下垫面等多方面因素影响，受目前定量化水平的限制，相关参量无法得到有效的估算或反演，因此 SAR 在山区积雪识别中难以直接克服地形的影响。然而，基于光学遥感数据获取的先验信息，可以有效地分析地形对 SAR 图像的影响，确立 SAR 图像在识别山区积雪过程中的主要影响因子，同时，结合光学遥感图像提供的不同地形条件下的有效样本，可在一定程度上克服地形对 SAR 识别积雪的影响，提高 SAR 识别山区积雪的精度。

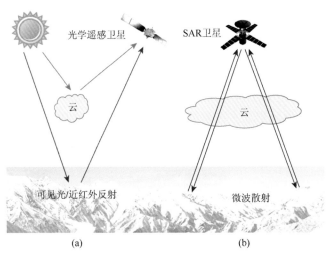

图 6-65　SAR 与光学遥感卫星成像特点

　　根据相干系数图像表征分析可知，在利用相干系数提取积雪像元时，需要考虑局部入射角、高程带等地形因素的影响。因为缺乏不同高程带和局部入射角条件下的积雪与非积雪样本，所以忽略不同高程带和局部入射角差异引起的相干系数差异，直接采用单一阈值算法对整个研究区进行积雪和非积雪的划分。现在，光学遥感数据可以获取不同高程带和局部入射角条件下的积雪和非积雪像元，并作为 SAR 图像提取积雪信息的有效样本，因此基于该样本可以确定不同高程带和局部入射角条件下的积雪与非积雪的最佳划分阈值。

　　在不同高程带和局部入射角条件下，积雪与非积雪最佳划分阈值的获取方法（简称动态阈值算法）如下：首先将研究区划分为 800~1200m、1200~1600m 两个高程带，以 800~1200m 高程带为例，将局部入射角以 2° 为一区间划分为 45 组，将划分阈值以 0.01 为步长，由 0 变化到 1.0，利用光学遥感数据获取的积雪与非积雪像元样本，分别计算各组数据在每个阈值下的精度，精度计算公式为

$$\text{Accuracy} = \frac{\text{OS\_SC} + \text{OS\_SF}}{\text{Total}} \times 100\% \tag{6-87}$$

式中，Accuracy 为某一阈值下的精度；OS_SC 为低于该阈值且光学遥感数据识别结果为积雪的像元数；OS_SF 为高于该阈值且光学遥感数据识别结果为非积雪的像元数；Total 为像元的总数。获取各组数据的最大精度所对应的阈值，即为该组数据的最佳划分阈值，图 6-66 为动态阈值算法示意图。

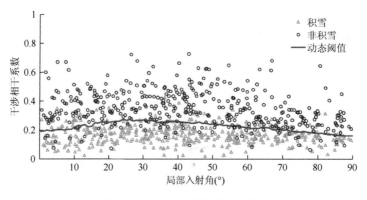

图 6-66　动态阈值算法示意图

　　图 6-67 为单一阈值算法与动态阈值算法积雪识别结果对比图，图中从左到右分别为光学遥感数据、单一阈值算法积雪识别结果和动态阈值算法积雪识别结果，图 6-67（a）和图 6-67（b）分别为草原至半灌木过渡带（800～1200m）和山地草甸草原带（1200～1600m）积雪识别结果的局部区域，图 6-67（c）为典型山体阴影区积雪识别结果。

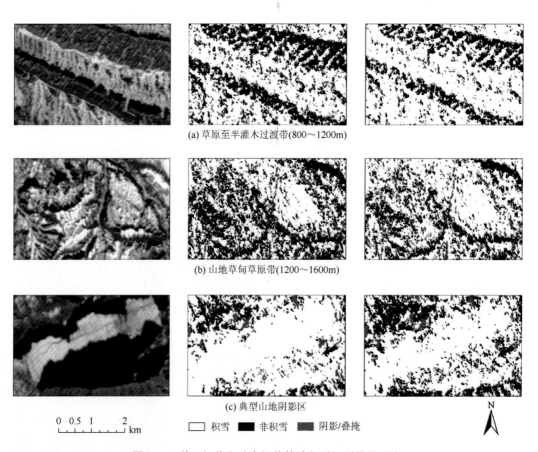

图 6-67　单一阈值和动态阈值算法积雪识别结果对比
从左到右分别为光学遥感数据、单一阈值算法积雪识别结果和动态阈值算法积雪识别结果

以光学遥感数据积雪识别结果作为真值，分别计算单一阈值算法与动态阈值算法在不同高程带和不同局部入射角条件下的精度，计算公式与式（6-87）一致，计算结果如图 6-68 所示，动态阈值算法在 800～1200m 高程带和 1200～1600m 高程带，以及不同局部入射角条件下，积雪识别精度均高于单一阈值算法，动态阈值算法在两个高程带的总体精度分别为 84.2%和 78.3%，单一阈值算法在两个高程带的总体精度分别为 72.7%和 69.2%。通过联合光学遥感数据，获取不同高程带和局部入射角条件下的积雪与非积雪像元，这显著提高了 SAR 积雪识别精度，在一定程度上克服了山区复杂地形对 SAR 微波遥感数据积雪识别的影响。同时，SAR 数据积雪识别结果，尤其是山体阴影区积雪识别结果，可以有效地弥补光学遥感数据积雪识别的误差。另外，由于 SAR 与光学遥感数据联合提取的积雪像元精度明显高于单一阈值算法提取的积雪像元精度，以其代替单一阈值算法提取的积雪像元作为极化 SAR 湿雪识别模型的输入，可以有效地提高干雪和湿雪的识别精度。

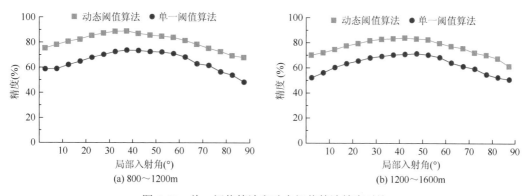

图 6-68　单一阈值算法和动态阈值算法精度对比

2）去除云对光学遥感图像的干扰

可见光/近红外波段的穿透性能力有限，无法穿透云层，因此，光学遥感数据难以识别云覆盖区的积雪，而微波具有高穿透性，在 SAR 数据积雪识别中，云的影响可以忽略不计。如图 6-69 所示，图 6-69（a）为基于非积雪期（2013 年 10 月 2 日）和积雪期（2013 年 12 月 13 日）的相干系数识别的积雪，图 6-69（b）为基于积雪期（2013 年 12 月 14 日）光学遥感数据识别的积雪。由图 6-69 可知，GF-1 卫星 WFV 数据无法识别北部云覆盖区的积雪，研究中直接采用手动掩膜进行处理，综合辐射校正后的光学遥感数据识别的积雪斑块相对完整，识别结果受地形、下垫面等因素的影响较小；SAR 数据识别积雪受云影响较弱，云覆盖区与非云覆盖区的识别结果基本一致，但 SAR 识别的积雪斑块相对比较破碎，主要原因是不同地形条件、不同下垫面、不同积雪覆盖比例的像元相干系数有所差异。

为了验证两种数据在积雪识别上的精度，基于积雪期地面同步观测资料，通过目视解译，从 2013 年 12 月 14 日光学遥感图像上随机选取 23 个积雪覆盖区域（共计 16163 个像元点）和 18 个非积雪覆盖区域（共计 13748 个像元点），以选取的像元点作为真值与光学遥感数据和 SAR 数据积雪识别结果进行对比，分别得到光学遥感数据和 SAR 数据积雪识别的精度为 98.6%和 81.7%。因此，根据云对光学遥感数据和 SAR 数据识别积雪的影响，以及两种数据积雪识别的精度，采用如下方法提取研究区积雪：对于云覆盖区，以 SAR 数据积雪识别结果

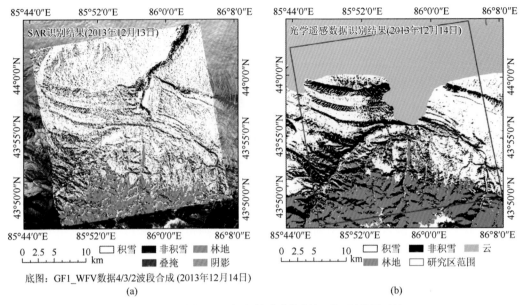

图 6-69　积雪期 SAR 与光学遥感数据积雪识别结果对比

作为最终结果，对于非云覆盖区，以光学遥感数据识别结果作为最终结果，对两种数据识别的最终结果进行叠合，得到 SAR 与光学遥感数据联合提取的积雪，提取结果如图 6-70 所示，由图 6-70 可知，SAR 与光学遥感数据的联合消除了山区积雪识别受云的干扰。

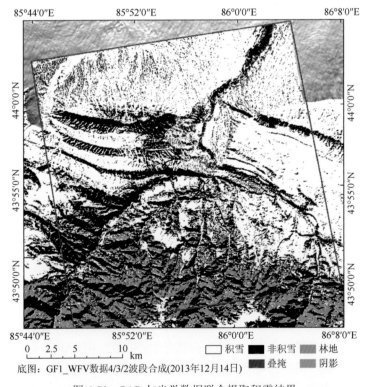

图 6-70　SAR 与光学数据联合提取积雪结果

3）积雪表面类型和干湿状态同时识别

可见光/近红外波段对积雪表面类型敏感，光学遥感数据可以识别积雪表面类型，同时，微波具有一定穿透性且对积雪干湿状态敏感，SAR 数据可以有效识别积雪干湿状态，因此联合 SAR 与光学遥感数据，可以实现积雪表面类型和干湿状态的同时识别。如图 6-71 所示，对于研究区任意一点，在地理空间中的坐标为 (x, y, z)，其中，x、y、z 分别表示经度、纬度和高程。光学遥感数据识别的属性信息为 A，在地理空间中可表示为 (x, y, z, A)，SAR 数据识别的属性信息为 B，可表示为 (x, y, z, B)，对两种数据识别的结果在空间上进行叠置，即可得到同时具有光学遥感数据识别的表面类型信息和 SAR 数据识别的干湿信息，用公式可表示为

$$(x, y, z, A) + (x, y, z, B) = (x, y, z, A, B) \tag{6-88}$$

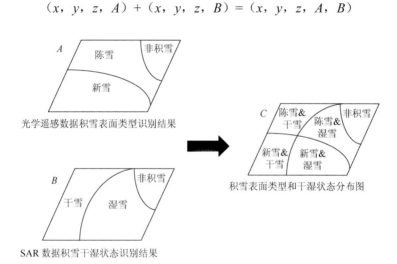

图 6-71 积雪表面类型和干湿状态同时识别示意图

6.4.3.2 联合识别模型构建与结果分析

1）模型的建立

联合 SAR 与光学遥感数据，识别积雪模型的确立以这两种传感器在积雪识别中的优劣势为依据，前文分别对采用单一传感器数据，以及联合 SAR 与光学遥感数据识别积雪的方法和精度进行了阐述，具体见表 6-6。根据 SAR 与光学遥感数据积雪识别的特点，即可得到 SAR 与光学遥感数据联合识别积雪模型的影响因素：光学遥感数据在积雪识别中具有积雪提取精度高、可识别积雪表面类型等优点，缺点是无法识别云覆盖区积雪，在山区积雪及积雪表面类型的识别中，需要进行综合辐射校正预处理且对校正精度有较高的要求；SAR 数据在积雪识别中具有识别云覆盖区积雪、可识别积雪干湿状态等优点，缺点是识别精度受地形影响严重；联合 SAR 与光学遥感数据，可以消除光学遥感数据识别积雪受云覆盖的限制，克服地形对 SAR 识别积雪的影响，同时，可以实现积雪表面类型和干湿状态的同时识别。

表 6-6　SAR 与光学遥感数据积雪识别特点

遥感数据类型	积雪识别内容	优点	缺点
光学遥感数据	积雪信息提取	可以克服地形的影响	受云影响严重
	表面类型识别	可识别积雪表面类型	要求综合辐射校正精度较高
SAR 微波遥感数据	积雪信息提取	全天候	受地形影响严重
	干湿状态识别	可识别积雪物理参数	识别精度受地形和积雪提取结果影响
SAR 与光学遥感数据联合	表面类型和干湿状态同时识别	克服了积雪识别受云、地形的影响，实现了积雪表面类型和干湿状态的同时识别	需要两种数据成像时间同步

根据 SAR 与光学遥感数据积雪识别的特点，以及 SAR 与光学遥感数据联合识别积雪模型的影响因素，得到 SAR 与光学遥感数据联合识别积雪模型，用公式可表示为

$$S = (S_{nc} + S_c, S_{on}, S_{dw}, M) = f(\rho, \sigma, \gamma) \tag{6-89}$$

式中，S 为积雪表面类型和干湿状态识别结果；S_{nc} 为非云覆盖区积雪识别结果，可表示为

$$S_{nc} = C_1 \cdot \text{sgn}(\rho - \rho_T) \tag{6-90}$$

式中，S_{nc} 取值为 1 时表明非云覆盖区识别结果为积雪，取值为 0 时表明非云覆盖区识别结果为非积雪；C_1 为云掩膜结果，云覆盖区取值为 0，非云覆盖区取值为 1；ρ 为经过综合辐射校正后得到的光学遥感数据反射率图像。

S_c 为云覆盖区积雪识别结果，可表示为

$$S_c = (1 - C_1) \cdot \text{sgn}[\gamma_T(\theta) - \gamma] \tag{6-91}$$

式中，S_c 取值为 1 时表明云覆盖区识别结果为积雪，取值为 0 时表明云覆盖区识别结果为非积雪；θ 为局部入射角（$0° \leqslant \theta \leqslant 90°$）；$\gamma$ 为 SAR 遥感数据非积雪期与积雪期（或融雪期）相干系数图像，可由 SAR 数据处理软件直接获取；$\gamma_T(\theta)$ 表示局部入射角 θ 下的动态划分阈值，$\gamma_T(\theta)$ 的取值由光学遥感数据非云覆盖区积雪识别结果、局部入射角及相干系数图像确定，可表示为

$$\gamma_T(\theta) = f(S_{nc}, \gamma, \theta) \tag{6-92}$$

S_{on} 为积雪表面类型识别结果，可表示为

$$S_{on} = S_{nc} \cdot \text{sgn}\left[\sum_{S_1} \alpha_i y_i K(x_i, x) + b\right] \tag{6-93}$$

式中，$S_1 \in \{i : 0 < \alpha_i < C_1\}$；$\alpha_i = [\rho_{1i}, \rho_{2i}, \rho_{3i}, \rho_{4i}]^T$；$x_i = [\rho_1, \rho_2, \rho_3, \rho_4]^T$；$y_i \in \{-1, 1\}$；$K(x_i, x)$ 为核函数；S_{on} 取值为 1 时表明无云覆盖区积雪表面类型识别结果为新雪，取值为 0 时表明积雪表面类型未知，取值为 –1 时表明无云覆盖区积雪表面类型识别结果为陈雪。

S_{dw} 为积雪干湿状态识别结果，可表示为

$$S_{dw} = (S_{nc} + S_c) \cdot \text{sgn}\left[\sum_{S_2} \alpha'_i y'_i K(x'_i, x') + b'\right] \tag{6-94}$$

式中，$S_{nc} + S_c$ 表示 SAR 与光学遥感数据联合提取的积雪信息；$S_{nc} + S_c$ 取值为 1 时表明提取结果为积雪，取值为 0 时表明提取结果为非积雪；$S_2 \in \{i : 0 < \alpha'_i < C_2\}$；$x'_i = [\lambda_{3i}, \text{SE}_i, Y_{\text{vol}i}, \theta_i]^T$；$x = [\lambda_3, \text{SE}, Y_{\text{vol}}, \theta]^T$；$y'_i \in \{-1, 1\}$；$K(x'_i, x')$ 为核函数；特征值 λ_3 和 SE 由 $H/A/\bar{\alpha}$ 分解获取；体散射（Y_{vol}）由 Yamaguchi 分解获取；S_{dw} 取值为 1 时表明积雪干湿状态识别结果为干雪，取值为 –1 时表明积雪干湿状态识别结果为湿雪。

M 为掩膜因子，主要包括叠掩、阴影和林地，σ 为 SAR 遥感数据后向散射系数图像，叠掩、阴影及后向散射系数图像可由 SAR 数据处理软件直接获取，林地由土地覆盖数据获取。

2）联合识别过程

图 6-72 为 SAR 与光学遥感数据联合识别山区积雪的流程图，首先，对 SAR 数据、光学遥感数据、ASTER GDEM 数据进行预处理，分别获取光学遥感图像反射率、SAR 图像相干系数、后向散射系数及 DEM 栅格数据；然后，利用反射率图像识别无云覆盖区积雪及积雪表面类型，结合相干系数图像，采用动态阈值算法识别云覆盖区积雪，利用 SAR 与光学遥感数据联合提取的积雪信息，结合全极化 SAR 图像后向散射系数，利用极化目标分解方法识别积雪干湿类型；最后，结合地形信息，对积雪表面类型和干湿状态在地理空间上进行叠加，获取积雪表面类型和干湿状态分布图。

以融雪期为例，联合 SAR 与光学遥感数据识别积雪的具体流程如下：①对 SAR 数据与光学遥感数据进行预处理，分别得到非积雪期-融雪期相干系数、融雪期四极化后向散射系数，以及同步的地表反射率数据；②利用辐射校正后的光学遥感图像反射率数据，采用阈值方法，提取非云覆盖区积雪，同时，利用 SVM 分类方法，实现积雪表面类型的识别；③以光学遥感数据提取的积雪信息和非积雪期-融雪期相干系数作为输入参数，采用动态阈值算法，获取不同高程带、不同局部入射角下的最佳划分阈值，识别云覆盖区积雪，并与光学遥感数据非云覆盖区积雪进行叠加，获取积雪信息；④基于 Nagler 算法获取的干雪和湿雪样本，利用极化特征分解方法，获取能有效表征积雪干湿信息的最优极化特征组合，对光学遥感数据和 SAR 数据联合提取的积雪信息进行分类，实现积雪干湿状态的识别；⑤结合地形信息，对积雪表面类型和干湿状态信息进行叠置，并掩膜雷达叠掩、阴影及林地区域，生成积雪表面类型和干湿状态识别结果。

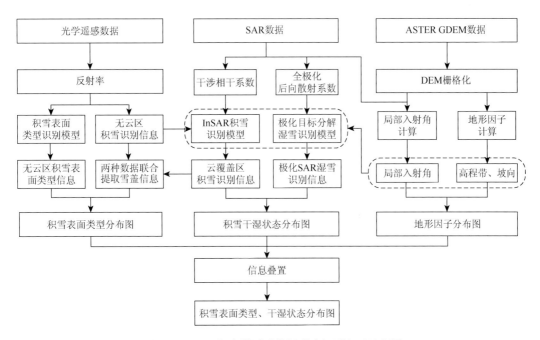

图 6-72　SAR 与光学遥感数据联合识别积雪流程图

积雪期地面同步观测期间测量的各样点积雪表面湿度均低于3%，温度记录仪记录的卫星过境前后气温均低于0℃，因此，SAR卫星过境时刻研究区积雪干湿状态以干雪为主，湿雪可以忽略不计；同时，融雪期地面同步观测期间观测的38个样点积雪表面类型均为陈雪，温度记录仪记录的卫星过境前后气温均高于0℃，研究区积雪有明显消融，气象资料显示卫星过境前后两天研究区均未出现降雪，因此融雪期SAR卫星过境时刻积雪表面类型以陈雪为主，新雪可以忽略不计。

利用图6-72所示的SAR与光学遥感数据联合识别积雪模型，结合地面同步观测资料，得到研究区积雪表面类型和干湿状态的识别结果。图6-73和图6-74分别为积雪期和融雪期联合SAR与光学遥感数据的积雪识别结果。

3）识别结果评价

参考积雪组成类型划分标准（Sturm et al.，1995），将积雪表面类型按照粒径划分为新雪（<0.2mm）和陈雪（≥0.2mm）两种类型，同时，参考积雪干湿状态划分标准（Colbeck，1982），将积雪干湿状态按照雪表层湿度划分为干雪（<3%）和湿雪（≥3%）两种类型。以积雪期和融雪期地面同步观测期间测量的雪粒径和雪表层湿度数据作为真值，对SAR与光学遥感数据联合识别的积雪结果进行精度评价，结果显示，在积雪期，37个同步观测样点中，28个样点的遥感识别结果与地面同步观测结果一致，积雪期积雪识别总体精度为75.7%；在融雪期，31个同步观测样点中，29个样点的遥感识别结果与地面同步观

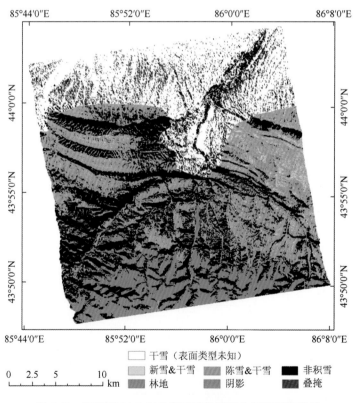

图 6-73 积雪期 SAR 与光学遥感数据联合识别积雪结果

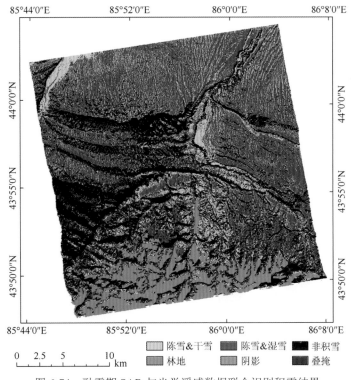

图 6-74　融雪期 SAR 与光学遥感数据联合识别积雪结果

测结果一致,融雪期积雪识别总体精度为 93.5%。积雪期积雪识别总体精度明显低于融雪期的主要原因是积雪表面类型识别精度较低。

精度评价结果表明,SAR 与光学遥感数据的联合克服了光学遥感数据识别山区积雪受云的影响、SAR 识别山区积雪受地形的影响,实现了积雪表面类型和干湿状态的同时识别。

由图 6-73 和图 6-74 可知,积雪期积雪类型包括表面类型为新雪、物理状态为干雪,表面类型为陈雪、物理状态为干雪,以及表面类型未知、物理状态为干雪 3 种类型;融雪期积雪类型包括表面类型为陈雪、物理状态为干雪,表面类型为陈雪、物理状态为湿雪两种类型;从积雪期到融雪期,积雪空间分布变化较小,积雪表面类型总体上由积雪期的新雪与陈雪共存过渡到融雪期的以陈雪为主,积雪物理状态总体上由积雪期的干雪过渡到融雪期的干雪与湿雪共存。

山区积雪表面类型和干湿状态的空间分布可以反映山区局地气候、积雪消融状态,积雪表面类型和干湿状态的变化趋势可以进一步反映局部气候的变化和积雪消融过程,因此分析研究区不同地形条件下的积雪表面类型和干湿状态,探讨其时空分布规律,对山区局地气候研究、融雪径流预报、雪灾分析、雪水资源利用等具有重要意义。

图 6-75 为积雪期和融雪期草原至半灌木过渡带(800~1200m)、山地草甸草原带(1200~1600m)及云杉林带(1600~2700m)的积雪表面类型和干湿状态统计图。由图 6-75 可知,在积雪期,非积雪在 800~1200m、1200~1600m 和 1600~2700m 三个高程带所占比重分别为 17%、38% 和 61%,在融雪期,非积雪在 3 个高程带所占比重分别为 18%、41% 和 51%;在积雪期和融雪期,积雪覆盖率随高程带的升高均呈现递减趋势,从积雪期到融

雪期,积雪覆盖率在 800～1200m 和 1200～1600m 两个高程带呈现微弱降低趋势,在 1600～2700m 高程带出现一定程度的上升;积雪期表面类型为新雪、物理状态为干雪的积雪在3 个高程带所占比重分别为 4%、7% 和 2%,融雪期均为 0。积雪期表面类型为陈雪、物理状态为干雪的积雪在 1200～1600m 和 1600～2700m 两个高程带所占比重分别为 54% 和 37%,在融雪期所占比重分别为 18% 和 26%,从积雪期到融雪期,表面类型为陈雪、物理状态为干雪的积雪在 1200～1600m 高程带所占比重明显降低,在 1600～2700m 高程带出现一定程度的降低;积雪期干雪在 3 个高程带所占比重分别为 83%、62% 和 39%,融雪期干雪所占比重分别为 28%、17% 和 26%,干雪从积雪期到融雪期,干雪在 800～1200m 和 1200～1600m 两个高程带所占比重明显降低,在 1600～2700m 高程带呈现一定程度的降低;积雪期湿雪在 3 个高程带所占比重均为 0,融雪期湿雪所占比重分别为 53%、41% 和 23%,湿雪在 800～1200m、1200～1600m 和 1600～2700m 三个高程带所占比重均呈现显著增加趋势。

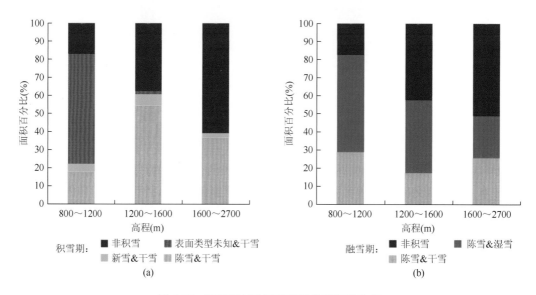

图 6-75　积雪期与融雪期积雪类型海拔分布

　　图 6-76 为积雪期和融雪期不同坡向的积雪表面类型和干湿状态统计图。在积雪期和融雪期,从南坡到北坡非积雪所占比重均呈现逐渐降低趋势,在积雪期,南坡非积雪所占比重为 48%,北坡所占比重为 18%,在融雪期,南坡非积雪所占比重为 53%,北坡所占比重为 14%,从积雪期到融雪期,南坡积雪覆盖率呈现微弱降低趋势,北坡积雪覆盖率呈现微弱上升趋势;积雪期表面类型为陈雪、物理状态为干雪的积雪,在积雪期从南坡到北坡所占比重呈现明显上升趋势,与积雪覆盖率的变化趋势一致,在融雪期所占比重呈现微弱上升趋势,从积雪期到融雪期,该类型积雪在各个坡向均出现一定程度的降低。从积雪期到融雪期,干雪所占比重在各个坡向均呈现明显降低趋势,其中,北坡干雪所占比重从 82% 降低到 30%,南坡干雪所占比重从 52% 降低到 17%;积雪期湿雪所占比重在各个坡向均为 0,融雪期南坡湿雪所占比重为 30%,北坡所占比重为 56%,其他坡向所占比重均高于 35%,从积雪期到融雪期,湿雪所占比重呈现显著增加趋势。

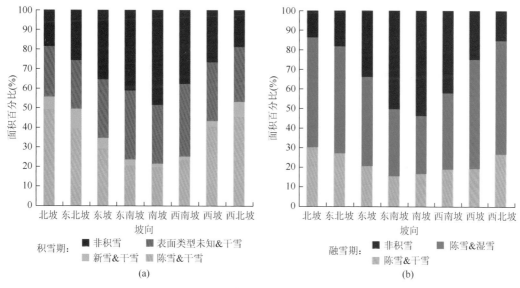

图 6-76　积雪期与融雪期积雪类型坡向分布

　　由以上分析可知,积雪期和融雪期积雪表面类型和干湿状态在不同高程带和坡向具有一定的空间分布差异,造成这一现象的可能因素包括太阳辐射强度、山区局地气候、气温、地形等多方面因素。不同高程带和坡向地表接收的太阳辐射能量有所差异,导致局地气温存在较大差异,同时,山区局地气候复杂,不同区域降雪存在差异,因此造成研究区积雪表面类型和干湿状态时空分布差异的原因复杂,各因素的作用过程有待于进一步研究。

参 考 文 献

冯学智. 1989. 卫星雪盖制图及其应用研究概况. 遥感技术动态,(11):25-29.

焦李成,张向荣,侯彪. 2008. 智能 SAR 图像处理与解译. 北京:科学出版社.

李震,曾群柱. 1996. 合成孔径雷达影像提取雪盖信息研究. 环境遥感,11(3):200-205.

周淑媛,肖鹏峰,冯学智,等. 2015. 基于马尔可夫随机场模型的 SAR 图像积雪识别. 南京大学学报(自然科学),51(5):976-986.

Bazi Y,Melgani F. 2006. Toward an optimal SVM classification system for hyperspectral remote sensing images. IEEE Transactions on Geoscience and Remote Sensing,44(11):3374-3385.

Besag J. 1974. Spatial interaction and the statistical analysis of lattice systems. Journal of the Royal Statistical Society(Series B Methodological),36(2):192-236.

Brucker L,Royer A,Picard G,et al. 2011. Hourly simulations of the microwave brightness temperature of seasonal snow in Quebec,Canada,using a coupled snow evolution-emission model. Remote Sensing of Environment,115(8):1966-1977.

Bruzzone L,Roli F,Serpico S B. 1995. An extension of the Jeffreys-Matusita distance to multiclass cases for feature selection. IEEE Transactions on Geoscience and Remote Sensing,33(6):1318-1321.

Camps-Valls G,Bruzzone L. 2005. Kernel-based methods for hyperspectral image classification. IEEE Transactions on Geoscience and Remote Sensing,43(6):1351-1362.

Colbeck S C. 1982. An overview of seasonal snow metamorphism. Reviews of Geophysics and Space Physics,20(1):45-61.

Cortes C,Vapnik V. 1995. Support-vector networks. Machine Learning,20(3):273-297.

Deng H,Clausi D A. 2004. Unsupervised image segmentation using a simple MRF model with a new implementation scheme. Pattern Recognition,37(12):2323-2335.

Deng H，Clausi D A. 2005. Unsupervised segmentation of synthetic aperture radar sea ice imagery using a novel Markov random field model. IEEE Transactions on Geoscience and Remote Sensing，43（3）：528-538.

Doulgeris A P，Anfinsen S N，Eltoft T. 2008. Classification with a non-Gaussian model for PolSAR data. IEEE Transactions on Geoscience and Remote Sensing，46（101）：2999-3009.

Hajnsek I，Jagdhuber T，Schon H，et al. 2009. Potential of estimating soil moisture under vegetation cover by means of PolSAR. IEEE Transactions on Geoscience and Remote Sensing，47（2）：442-454.

Hill M J，Ticehurst C J，Lee J，et al. 2005. Integration of optical and radar classifications for mapping pasture type in Western Australia. IEEE Transactions on Geoscience and Remote Sensing，43（7）：1665-1681.

Huang L，Li Z，Tian B，et al. 2011. Classification and snow line detection for glacial areas using the polarimetric SAR image. Remote Sensing of Environment，115（7）：1721-1732.

Malnes E，Guneriussen T，2002. Mapping of snow covered area with Radarsat in Norway. IGARSS'02，1：683-685.

Nagler T，Rott H. 2000. Retrieval of wet snow by means of multitemporal SAR data. IEEE Transactions on Geoscience and Remote Sensing，38（21）：754-765.

Negi H S，Singh S K，Kulkarni A V，et al. 2010. Field-based spectral reflectance measurements of seasonal snow cover in the Indian Himalaya. International Journal of Remote Sensing，31（9）：2393-2417.

Park S，Yamaguchi Y，Singh G，et al. 2014. Polarimetric SAR response of snow-covered area observed by multi-temporal ALOS PALSAR fully polarimetric mode. IEEE Transactions on Geoscience and Remote Sensing，52（1）：329-340.

Rignot E，Chellappa R. 1992. Segmentation of polarimetric synthetic aperture radar data. IEEE Transactions on Image Processing，1（3）：281-300.

Rittger K，Painter T H，Dozier J. 2013. Assessment of methods for mapping snow cover from MODIS. Advances in Water Resources，51：367-380.

Shi J. 2008. Active microwave remote sensing systems and applications to snow monitoring//Liang S. Advances in Land Remote Sensing：System，Modeling，Inversion and Application. Berlin：Springer：19-49.

Shi J，Dozier J，Rott H. 1994. Snow mapping in alpine regions with Synthetic Aperture Radar. IEEE Transactions on Geoscience and Remote Sensing，32（01）：152-158.

Singh G，Venkataraman G. 2012. Application of incoherent target decomposition theorems to classify snow cover over the Himalayan region. International Journal of Remote Sensing，33（13）：4161-4177.

Singh G，Venkataraman G，Yamaguchi Y，et al. 2014. Capability assessment of fully polarimetric ALOS-PALSAR data for discriminating wet snow from other scattering types in mountainous regions. IEEE Transactions on Geoscience and Remote Sensing，52（2）：1177-1196.

Sturm M，Holmgren J，Liston G E. 1995. A seasonal snow cover classification system for local to global applications. Journal of Climate，8（5）：1261-1283.

Techel F，Pielmeier C，Schneebeli M. 2011. Microstructural resistance of snow following first wetting. Cold Regions Science and Technology，65（3）：382-391.

Voormansik K，Jagdhuber T，Olesk A，et al. 2013. Towards a detection of grassland cutting practices with dual polarimetric TerraSAR-X data. International Journal of Remote Sensing，34（22）：8081-8103.

Yamaguchi S，Katsushima T，Sato A，et al. 2010. Water retention curve of snow with different grain sizes. Cold Regions Science and Technology，64（2）：87-93.

Yamaguchi Y，Moriyama T，Ishido M，et al. 2005. Four-component scattering model for polarimetric SAR image decomposition. IEEE Transactions on Geoscience and Remote Sensing，43（8）：1699-1706.

7 基于 ART 模型的雪表层粒径反演

雪粒径是影响雪面能量收支和表征积雪状态的重要参数，本章以玛纳斯河流域山区为研究区，利用野外实测获取雪粒径和雪面反射光谱等积雪参数；根据积雪颗粒的微物理特征和光学特性，分析粒径大小和雪粒形状的光谱响应，以及雪粒径反演的敏感波段。基于球形和非球形雪粒形状假设，以渐近式辐射传输（ART）模型为基础，建立雪粒径反演模型，并对模型参数进行优化，利用 HJ-1 卫星数据作为 GF-5 卫星模拟数据，得到研究区的雪表层粒径反演结果，最后对结果误差进行分析。其主要研究内容如下。

（1）雪表层粒径和反射光谱测量。分别于 2011 年 12 月稳定积雪期在低山丘陵区三岔口（1341m）及 2012 年 4 月积雪消融期在上游高山冰雪区敦德铁矿（3815m）和阿尔先沟（2956m）进行积雪参数观测；利用 40 倍显微镜观测雪粒大小及形状，利用 ASD 测量雪面反射光谱，得到研究区稳定积雪期和融雪期的雪粒大小与形状，以及雪面反射光谱曲线。在稳定积雪期，雪表层粒径较小，形状复杂多变，得到的光谱曲线由于雪表层中存在冰夹层，在可见光-近红外波段反射率偏低；在融雪期，由于气温较高，雪表层粒径较大，雪粒形状趋于球形，在所测的光谱中反射率随雪粒径的增大而减小，能够反映雪粒径大小对雪面反射率的影响。

（2）雪粒径反演波段选择。通过分析雪粒的微物理特征和光学特性可知，雪粒大小和形状是影响雪面可见光-近红外波段反射率的主要因素之一，随着雪粒径的逐渐增大，雪面反射率在可见光-近红外波段逐渐减小，并且可通过遥感手段反演雪表层粒径的大小；与实测的粒径和雪面反射率对比，表明渐近式辐射传输模型计算雪面反射率的精度较高，并且模型的计算效率高；分析模型的计算结果发现，雪粒的大小和形状对雪面反射率影响较大，并且随着粒径的增大，影响更加明显；考虑到污化物主要影响可见光波段的雪面反射率，综合考虑大气窗口，得到近红外波段 990～1090nm 是反演雪粒径的敏感波段。

（3）雪粒径反演。通过建立雪粒径与雪面反射率之间的定量关系，构建雪粒径的反演模型，并针对山区地形复杂的特点，对反演模型的参数进行优化；提出了山区雪粒径反演的必备数据及反演步骤，包括地表反射率的计算、积雪像元的提取、实际观测角度的计算和选择合适的雪粒形状等；反演雪粒径与实测结果对比，反演结果均大于实测的平均雪粒径，但仍小于实测的最大雪粒径，分析造成误差的原因；反演模型的精度满足应用的需要；对反演结果进行分析，得到冬季稳定积雪期和春季融雪期研究区的雪粒径随海拔、坡向和坡度等地形因子的分布规律，可将其用于积雪类型和水热状态的分布研究。

7.1 数据的预处理

7.1.1 HJ-1 CCD 数据预处理

HJ-1A/1B 卫星是我国"环境与灾害监测预报小卫星星座"的光学卫星，于 2008 年 9 月成功发射。HJ-1A 星搭载两台 CCD 相机和 1 台超光谱成像仪（HSI），HJ-1B 星搭载两台 CCD 相机和 1 台红外相机（IRS）。HJ-1A/1B 星上的 CCD 相机的设计原理相同，以星下点对称设置、平分视场、并行观测。HJ-1A/1B 卫星轨道相同，相位相差 180°，组网后可获取高时间分辨率、中等空间分辨率的对地观测数据，对中国大部分地区可实现每天一次重复观测。

采用的数据为 2011 年 12 月 12 日和 2012 年 4 月 12 日覆盖研究区的 HJ-1B CCD 和 IRS 数据，如图 7-1 所示。

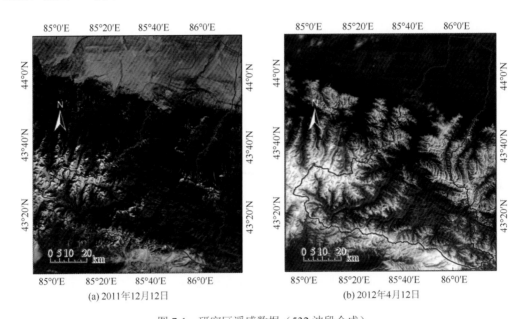

(a) 2011年12月12日　　　　　　　　(b) 2012年4月12日

图 7-1　研究区遥感数据（532 波段合成）

图像数据应用前需将 DN 值根据绝对定标系数转换为辐亮度。绝对定标系数可通过图像数据附带的 XML 文件或中国资源卫星应用中心网站（http://www.cresda.com）得到，表 7-1 是 2013 年 1 月发布的 HJ-1B 星绝对定标系数。利用绝对定标系数，将 HJ-1B 图像的 DN 值转换为辐亮度值的公式为

$$L_\lambda = \frac{DN_\lambda}{A} + L_0 \qquad (7\text{-}1)$$

式中，DN_λ 为图像的 DN 值；A 为绝对定标系数增益；L_0 为绝对定标系数偏移量，转换后辐亮度单位为 $W/(m^2 \cdot sr \cdot \mu m)$。

表 7-1　HJ-1B 星绝对定标系数

载荷	参量	波段					
		band1	band2	band3	band4	band5	band6
CCD1	A	0.6697	0.7118	1.0555	1.1042	—	—
	L_0	3.0089	4.4487	3.2144	2.5609	—	—
CCD2	A	0.7587	0.7629	1.0245	1.0146	—	—
	L_0	2.2219	4.0683	5.2537	6.3497	—	—
IRS	A	—	—	—	—	4.1823	17.1600

根据辐亮度可以得到表观反射率。假设在大气层顶有一个朗伯反射面，太阳光以天顶角 θ_s 入射到该面时，该表面的辐照度 $E = E_{sun\lambda}\cdot\cos\theta_s/D^2$，其中，$D$ 为日地距离（天文单位，根据数据获取时间而定），$E_{sun\lambda}$ 为各波段大气层顶平均太阳光谱辐照度，见表 7-2。该表面的辐射出射度 $M = \pi L$，其中 L_λ 为辐亮度。表观反射率 ρ_{TOA} 为 M 和 E 的比值，因此各波段的表观反射率可表达为

$$\rho_{TOA} = \frac{M_\lambda}{E_\lambda} = \frac{\pi\cdot L_\lambda\cdot D^2}{E_{sun\lambda}\cdot\cos\theta_s} \tag{7-2}$$

表 7-2　HJ-1B 星大气层顶太阳辐照度　　（单位：W/m²）

载荷	波段					
	band1	band2	band3	band4	band5	band6
CCD1	1902.188	1833.626	1566.714	1077.085	—	—
CCD2	1922.897	1823.985	1553.201	1074.544	—	—
IRS	—	—	—	—	910.570	224.524

表 7-3 为 2011 年 12 月 12 日和 2012 年 4 月 12 日的成像几何参数和日地距离。

表 7-3　反演所用 HJ-1B 星数据成像几何参数和日地距离

参数	CCD_20111212	CCD_20120412	IRS_20111212	IRS_20120412
太阳高度角（°）	20.01	51.47	22.25	52.00
太阳方位角（°）	160.31	152.11	161.53	146.73
观测天顶角（°）	1.71	22.04	14.53	16.11
观测方位角（°）	288.77	283.66	282.26	282.94
日地距离（天文单位）	1.03	0.99	1.03	0.99

7.1.2　DEM 数据预处理

本书的研究采用的数字高程资料是第二版 ASTER GDEM 数据，其空间分辨率为 30m，垂直精度为 17m，水平精度为 75m。数据预处理的方法与第 4 章基本相同。

7.2　雪表层粒径的反射光谱特征

7.2.1　实测数据获取

　　研究雪粒径与反射光谱的定量关系，以选择遥感反演雪粒径的敏感波段研究不同时期雪粒径的变化，选择两个时段进行雪粒径和雪面光谱等积雪参数的测量，试验区如图 7-2 所示。第一时段为 2011 年 12 月 7～8 日，该时期为稳定积雪期，在低山丘陵区三岔口进行积雪参数的测量；第二时段为 2012 年 4 月 11～12 日，该时期为积雪消融期，在上游高山冰雪区敦德铁矿和阿尔先沟进行积雪参数的测量，如图 7-2 所示。

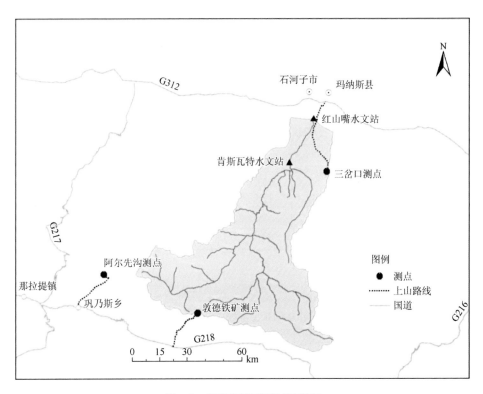

图 7-2　积雪实验观测区示意图

　　观测的积雪参数和实验仪器见表 7-4。

表 7-4　观测的积雪参数和实验仪器

观测参数	单位	符号	测量仪器
积雪类型	—	—	—
雪深	cm	H	直尺
雪颗粒形状	—	F	手持显微镜（40 倍）

续表

观测参数	单位	符号	测量仪器
雪粒径	mm	E	手持显微镜（40 倍）
雪密度	kg/m³	ρ	雪特性分析仪
雪层液态水含量	%	θ、LWC	雪特性分析仪
雪面温度	℃	T	红外温度枪
雪层温度	℃	$T\text{-}H$	针式温度计
雪面反射率	—	R	地物光谱仪
坡度	(°)	S	罗盘
坡向	(°)	AS	罗盘

7.2.2 雪粒径的测量

7.2.2.1 测量方法

由于雪粒形状是不规则的，因此在野外环境下要得到雪粒的体积和表面积比较困难，可根据不同的雪粒形状选择不同的测量方法，从所拍的雪粒径照片中得到近似的光学有效粒径（Aoki et al.，2000，2003，2007）。采用 40 倍带光源刻度显微镜（测量精度为 0.05mm）拍照记录积雪颗粒。将在所拍的雪粒照片中测得的雪层平均有效光学半径作为雪粒径反演结果的验证依据。

7.2.2.2 测量结果

1）三岔口测点

由于 12 月是稳定积雪期，因此雪粒主要受等温变质作用影响，同时仍有新雪沉降在积雪表面，如图 7-3 所示。

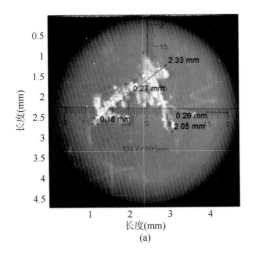

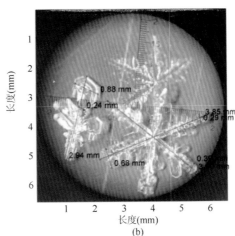

(a)   (b)

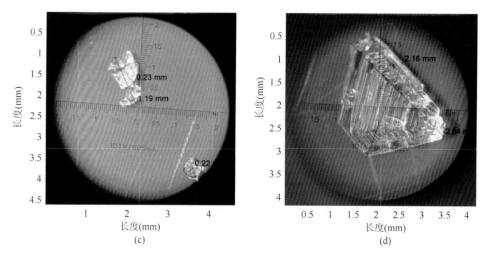

图 7-3 三岔口雪粒径测量示意图

此时雪表层雪粒形状多样，包括破碎形、树突形、板形和刻面形等。在12：40～14：30共拍得雪粒照片76张，雪粒83个。经测量得到雪表层粒径最大值为0.44mm，最小值为0.05mm，平均值为0.19mm。其雪粒径分布概率密度函数如图7-4所示。

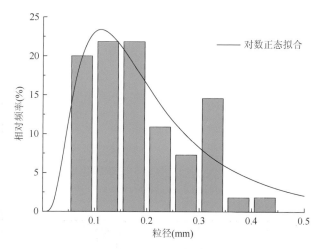

图 7-4 三岔口雪粒径分布概率密度函数图

2）敦德铁矿测点

由于4月为融雪期，雪粒主要受冻-融变质作用影响，雪表层温度梯度较大，含水量高，雪粒形状趋于球形，粒径较大，如图7-5所示。13：20～13：46在测点1共拍得雪粒照片68张，雪粒95个。经测量得到雪表层粒径最大值为1.18mm，最小值为0.20mm，平均值为0.50mm。其雪粒径分布概率密度函数如图7-6所示。

14：30～14：45在测点2共拍得雪粒照片42张，雪粒81个，如图7-7所示。经测量得到雪表层粒径最大值为0.80mm，最小值为0.10mm，平均值为0.35mm。其雪粒径分布概率密度函数如图7-8所示。

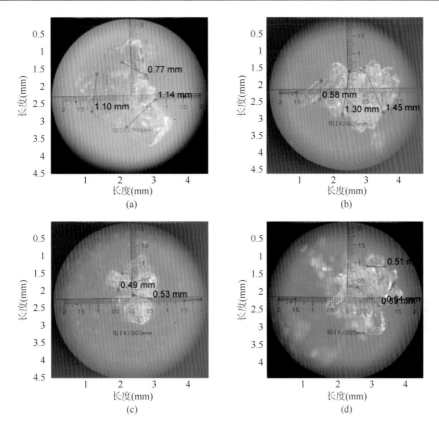

图 7-5 敦德铁矿测点 1 雪粒径测量示意图

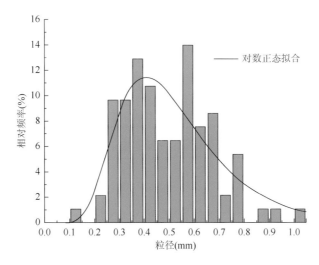

图 7-6 敦德铁矿测点 1 雪粒径分布概率密度函数图

3）阿尔先沟测点

由于气温较高，雪面含水量较高，雪粒趋于球形，粒径较大。13：40～14：20 在阿尔先沟测点共拍得雪粒照片 29 张，雪粒 65 个，如图 7-9 所示。

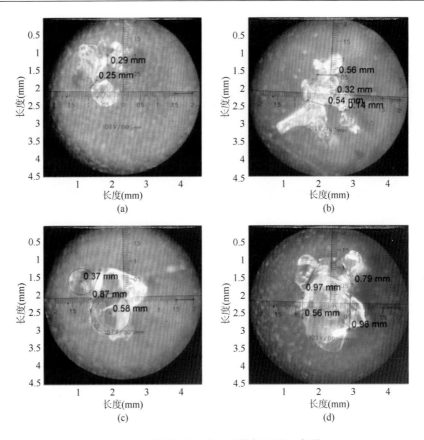

图 7-7　敦德铁矿测点 2 雪粒径测量示意图

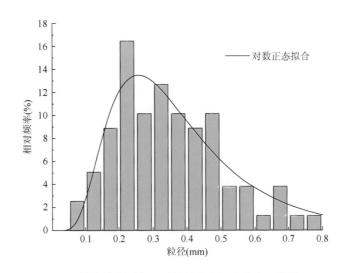

7-8　敦德铁矿测点 2 雪粒径分布概率密度函数图

经测量得到雪表层粒径最大值为 1.10mm，最小值为 0.25mm，平均值为 0.64mm。其雪粒径分布概率密度函数如图 7-10 所示。

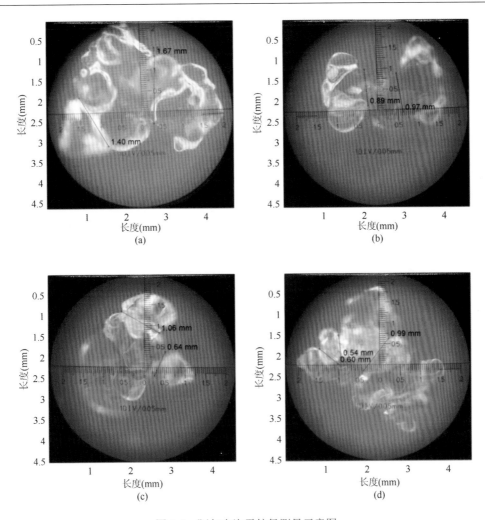

图 7-9 阿尔先沟雪粒径测量示意图

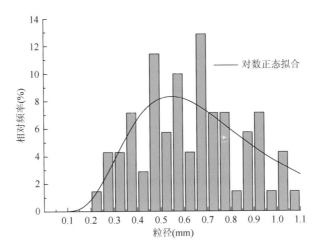

图 7-10 阿尔先沟测点雪粒径分布概率密度函数图

7.2.3　反射光谱的测量

7.2.3.1　测量方法

地物接收到的太阳光谱辐射是指单位立体角、单位面积和单位波长的辐射通量，单位为[W/(m^2·sr·nm)]。反射率是出射辐照度（W/m^2）与入射辐照度（W/m^2）的比值，值为0～1。反射率因子（reflectance factor）是指在相同观测条件下，地物与理想漫反射体反射的辐射通量之比（Schaepman-Strub et al.，2006）。积雪具有很强的前向散射特性，其反射率因子会大于1（Dozier and Painter，2004）。在实际测量时得到的是积雪的反射率因子。

利用 FieldSpec^3 高分辨率便携式野外光谱仪测量雪面反射率，其有效波长范围为350～2500nm，其中，350～1050nm 的采样间隔为 1.4nm，700nm 处的光谱分辨率为 3nm；1000～2500nm 的采样间隔为 2nm，1400nm 和 2100nm 处的光谱分辨率分别为 8.5nm 和6.5nm，采样时间为 100ms，视场角为 25°。采用 Labsphere 公司的 8°半球光谱反射定标，定标范围为 250～2500nm，采样间隔为 50nm。

7.2.3.2　测量结果

1）三岔口测点

2011 年 12 月 7 日 12：20 到达三岔口气象站，天气晴，云覆盖度为 10%，零星层云，如图 7-11 所示。13：30 时测得气温为–4.5℃；14：06 时气温为–2.6℃。此处雪深 7～8cm，如图 7-12 所示。雪面如图 7-13 所示，温度为–14.2℃（6 个温度平均值）；含草雪面如图 7-14 所示，温度为–15.6℃（7 个温度平均值）。测得表层雪的体积含水量为 1.07%，雪密度为 127.7kg/m^3。

图 7-11　三岔口实验环境示意图

图 7-12   三岔口雪深示意图

图 7-13   三岔口雪面示意图

图 7-14   三岔口含草雪面示意图

表 7-5 为三岔口测点测量雪面反射率时的观测几何条件和地形因子，此时接近冬至，太阳天顶角较大，均达到 65°以上。在测量时选择较为平坦的雪面，坡度小于 5°。

表 7-5　三岔口测点观测几何参数和地形因子

点号	测量时间	太阳方位角（°）	太阳天顶角（°）	坡度（°）	坡向（°）
1	12：40	158.8	69.3	0	—
2	13：28	170.5	67.0	0	—
3	13：31	171.3	66.9	0	—
4	13：58	178.1	66.5	5	275

图 7-15 为三岔口测点得到的雪面反射率，在可见光-近红外波段，雪面的反射率从 400nm 处的 0.8 左右，随波长的增大逐渐降低到 1400nm 的 0.3 左右，而在降低的过程中有 1030nm 和 1260nm 的吸收谷。

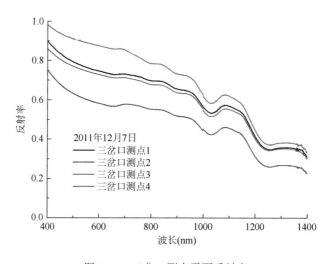

图 7-15　三岔口测点雪面反射率

2）敦德铁矿测点

2012 年 4 月 11 日 13：10 到达敦德铁矿，天气晴，云覆盖度为 10%，零星层云。两点相距 500m，下垫面均为较大、不平坦砾石。在测点 1，如图 7-16 和图 7-17 所示，13：25 观测到的气温为 20℃，瞬时最大风速为 1.6m/s，温湿计 13：50 记录的遮阴地表温度为 −1℃、湿度为 60%。雪深 24.13cm，平均体积含水量为 0.39%，雪密度为 152kg/m³。在测点 2，如图 7-18 和图 7-19 所示，14：30 观测到的气温为 13.5℃，无风，遮阴温湿计 14：50 记录的地表温度为−1℃、湿度为 71%。雪深 35cm，平均体积含水量为 0.183%，雪密度为 181kg/m³。

表 7-6 为敦德铁矿测点测量雪面反射率时的观测几何条件和地形因子，此时为春季，

图 7-16 敦德铁矿测点 1 环境照片

图 7-17 敦德铁矿测点 1 雪面照片

图 7-18 敦德铁矿测点 2 环境照片

图 7-19　敦德铁矿测点 2 雪面照片

太阳天顶角为 36°左右。在测量时选择了较为平坦的雪面进行观测，坡度为 0°。图 7-20 为敦德铁矿测点得到的雪面反射率。由图 7-20 可知，在可见光-近红外波段，雪面的反射率从 400nm 处的 0.9 左右，随波长的增大逐渐降低到 1400nm 的 0.3 左右，而在降低的过程中有 1030nm 和 1260nm 的吸收谷。

表 7-6　敦德铁矿测点观测几何参数和地形因子

点号	测量时间	太阳方位角（°）	太阳天顶角（°）	坡度（°）	坡向（°）
测点 1_1	13：30	159.04	36.43	0	—
测点 1_2	13：34	160.66	36.17	0	—
测点 1_3	13：38	162.30	35.94	0	—
测点 1_4	13：46	165.61	35.54	0	—
测点 2_1	14：50	193.06	35.38	0	—

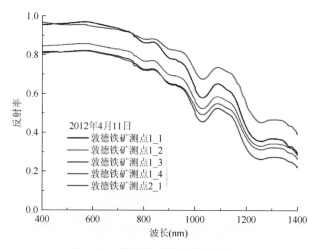

图 7-20　敦德铁矿测点雪面反射率

3）阿尔先沟测点

2012 年 4 月 12 日 13：40 到达阿尔先沟观测点，天气状况晴，云覆盖度为 10%，零星层云。下垫面均为较大不平坦砾石，有零星枯草露出雪面，如图 7-21 所示。13：40 观测到的气温为 14.3℃，瞬时最大风速为 1.7m/s，温湿计 14：30 记录的地表温度为 0.3℃、湿度为 59%。雪深 61cm，平均体积含水量为 1.083%，雪密度为 278kg/m^3。

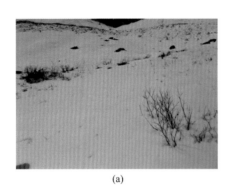 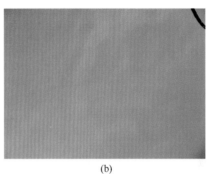

(a)   (b)

图 7-21 阿尔先沟测点环境照片

表 7-7 为在阿尔先沟测点测量雪面反射率时的观测几何条件和地形因子，此时为春季，太阳天顶角在 35°左右。测量是在坡面上进行，坡度为 20°左右，坡向为东坡。图 7-22 为阿尔先沟测点得到的雪面反射率，在可见光-近红外波段，雪面反射率从 400nm 处的 0.8 左右，随波长的增大逐渐降低到 1400nm 的 0.2 左右，在降低的过程中有 1030nm 处的吸收谷较为明显。

表 7-7 阿尔先沟测点观测几何参数和地形因子

点号	测量时间	太阳方位角（°）	太阳天顶角（°）	坡度（°）	坡向（°）
1	13：40	162.1	35.77	22	110
2	13：46	164.58	35.45	22	110
3	13：57	169.23	34.99	13	108
4	14：04	172.23	34.79	13	108
5	14：16	177.43	34.59	26	175
6	14：30	183.52	34.61	24	180

图 7-23 是 4 个测点的雪面平均反射率，可以看到雪面反射率随波长的增大而逐渐降低。春季融雪期的雪面反射率随粒径的增大整体降低，并且随着波长的增长，其差值逐渐增大；而冬季所测的雪面粒径为 190μm，但其反射率比春季的敦德铁矿测点 2 的 350μm 的反射率还低，说明反射率与积雪类型具有一定关系。

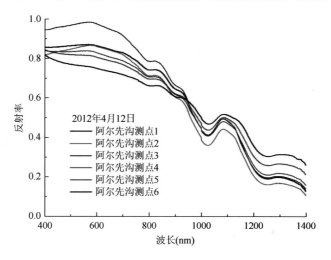

图 7-22　阿尔先沟测点雪面反射率

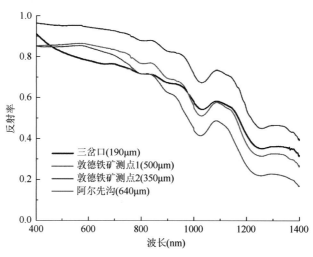

图 7-23　4 个测点的雪面平均反射率

7.3　雪表层粒径的反演波段选择

7.3.1　雪面的光谱特性

7.3.1.1　雪粒的微物理特征

　　雪花是由冰晶和空气组成的疏松介质，由水汽在云中凝结而成，当沉降到地表后形成积雪。冰晶由水分子构成，其基本形状为六方晶格。但由于形成条件的不同，冰晶的形状变化较大，常见的有板状、柱状、六边状、树枝状和针状等。Nakaya（1954）首次较为系统地研究了不同气象条件下冰晶形状的变化规律，得出温度和水汽过饱和度是影响冰晶形状的两个主导因子。如图 7-24 所示，温度主要影响板状和柱状冰晶的比例。

当温度处于–3～0℃和–22～–10℃时，主要形成板状冰晶；当温度介于–10～–3℃时，主要形成柱状冰晶；而当温度低于–22℃时，板状和柱状冰晶均会形成，但此时冰晶较小。水汽过饱和度与冰晶的形状复杂度有关，饱和度越高，越会形成如树枝状等复杂的冰晶（Libbrecht，2005）。

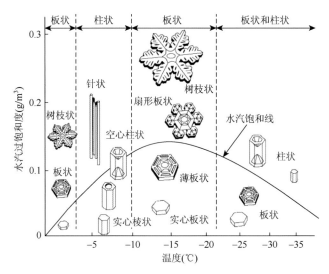

图 7-24 云中不同温度和水汽过饱和度形成的冰晶形状图

当单个或多个冰晶形成雪花沉降到地表后，变质作用将持续改变雪晶的大小和形状。研究表明，积雪有 4 种变质作用，分别如下：①等温变质作用。该变质作用发生在雪层垂直温度梯度小于 10℃/m 的情况下。按照热力学原理，冰晶向着减小表面积与体积之比的最小液态能方向运动。等温条件下，雪晶凸面处的水汽压大于凹面处。因此，凸面处的水汽向凹面转迁。等温变质作用使得雪粒变小、变圆，并在雪粒间形成烧结，强度增加。所有类型的雪晶（除霞）都存在等温变质。②温度梯度变质作用。该变质作用发生在雪层垂直温度梯度大于 10℃/m 的情况下。被大气和地表包围的积雪表面和底面存在温度差异，从而形成水汽压梯度，进而使得水汽从积雪较暖区域向较冷区域迁移，迁移次序为固相、气相、固相。大部分积雪通过气相迁移，并凝华在新的雪粒上形成深霜。温度梯度变质作用使雪粒增大，但使冰骨架强度降低。③融-冻变质作用。春季，雪表层温度昼夜波动很大，并且可以影响到积雪内部，引起融-冻变质。积雪消融时，较小的雪链/雪粒比较大的雪链/雪粒的融化温度略低，使得较小雪链/雪粒先融化。融水保留在毗邻的颗粒之间，并且通过液体表面张力将较大的雪链/雪粒粘连，从而使雪粒变大、变圆。④动力变质作用。在风的作用下，雪粒在积雪表面滚动，相互摩擦、碰撞，使得棱角快速磨平，密度增大，形成细小而致密的风吹雪；在雪崩运动时，雪粒相互混合、挤压，并存在局部融化和再冻结作用，使雪密度急剧增大（Colbeck，1982；Colbeck et al.，1990；Fierz et al.，2009；王彦龙，1992）。

雪粒一般随着积雪的变质作用逐渐增大，温度在 0℃左右波动时增速较快，并且温度梯度越大增速越快。Marbouty（1980）给出了干雪在温度梯度变质作用下雪粒增长的数学模型，可表达为

$$d(t) = d_0 + f(T)g(\partial T/\partial z)h(\rho)\phi(t) \tag{7-3}$$

式中，$d(t)$ 为雪粒大小；d_0 为初始雪粒大小；T 为温度；$\partial T/\partial z$ 为温度梯度；ρ 为雪密度；$\phi(t) = 0.09\text{mm/d}$；$f$、$g$ 和 h 函数是 $0 \sim 1$ 的无量纲量，可由实验得到。

Brun（1989）给出了湿雪的雪粒体积增长公式，表达式为

$$
\begin{aligned}
v(t) &= v_0 + (v_0' + v_1' \times L^3) \times t \\
v_0' &= 1.28 \times 10^{-8} \ \text{mm}^3/\text{s} \\
v_1' &= 4.22 \times 10^{-10} \ \text{mm}^3/\text{s}
\end{aligned}
\tag{7-4}
$$

式中，$v(t)$ 为雪粒体积；v_0 为初始雪粒体积；L 为液态水含量（介于 $9 \sim 10$）。

雪粒形状多样，因此定义了不同的粒径大小，如最大半径、最小半径和平均半径等。雪粒径介于新雪的 0.1mm 到粗粒雪的 $1 \sim 2.5$mm。在野外采样时常记录雪层中雪粒的平均半径和最大、最小半径。当雪层温度大于 0℃时，雪层中出现液态水，雪的体积含水量为 $0 \sim 8\%$（Fierz et al.，2009）。雪密度一般为 $100 \sim 400\text{kg/m}^3$（Domine et al.，2008）。

7.3.1.2 雪粒的光学特性

1）光学有效雪粒径

在野外测量雪粒径时，用平均粒径代表雪层的粒径大小，同时可辅以最大粒径或粒径分布等信息。最简单可行的方法是用标尺板直接读出雪粒大小。由于积雪颗粒形状的多样性，直接测出的雪粒径大小并不能完全代表积雪的光学特性，并且利用遥感不可能反演雪粒径的实际大小，因此 Grenfell 和 Warren 提出用光学有效粒径（effective grain size，记为 a_{ef}）表示雪粒的光学特性，定义光学有效粒径为与球形等体积和表面积的颗粒平均体积 $<V>$ 与平均表面积 $<S>$ 的比值，表达式为（Grenfell and Warren，1999）

$$\frac{<V>}{<S>} = \frac{\frac{4}{3}\pi a_{\text{ef}}^3}{4\pi a_{\text{ef}}^2} \Rightarrow a_{\text{ef}} = 3\frac{<V>}{<S>} \tag{7-5}$$

对于半径为 r、长为 h 的圆柱形雪粒，则

$$a_{\text{ef}} = 3\frac{<V>}{<S>} = 3\frac{2\pi r^2 h}{2\pi rh + 2\pi r^2} = 3\frac{rh}{h+r} \tag{7-6}$$

假设板形的高 $h = r/6$ 和柱形的高 $h = 6r$，则

$$a_{\text{ef}} = \frac{3}{7}r \tag{7-7}$$

Kokhanovsky 和 Zege（2004）的研究表明，在较低吸收率的可见光-近红外波段，积雪颗粒的吸收截面（absorption cross section，记为 C_{abs}）与颗粒体积成正比，受颗粒形状影响不大，可写为

$$C_{\text{abs}} = A\alpha V \tag{7-8}$$

式中，A 为与颗粒真实形状和冰的折射率相关的常数，由于冰的折射率在可见光与近红外波段变化不大，因此可忽略折射率对 A 的影响；$\alpha = 4\pi\chi/\lambda$，$\chi$ 为冰的吸收系数，λ 为入射波长；V 为体积。

由于积雪的有效半径远大于入射波长，因此雪颗粒的消光截面（extinction cross section，记为 C_{ext}）正比于几何截面（投影面积）S，可表达为（van de Hulst，1957）

$$C_{ext} = 2S \tag{7-9}$$

由式（7-8）和式（7-9）可以得到，积雪颗粒的光子吸收率（probability of photon absorption，记为 β）为

$$\beta = \frac{C_{abs}}{C_{ext}} = \frac{A\alpha V}{2S} = \frac{2}{3} A\alpha a_{ef} \tag{7-10}$$

积雪的反射率主要取决于雪粒的光子吸收率，因此可以通过不同平台的光学遥感手段反演有效雪粒径。

通过有效雪粒径可进一步反演积雪的比表面积（specific surface area，SSA），比表面积是影响物质热学性质、吸附能力和化学稳定性的重要指标，定义为单位质量积雪所具有的总面积，单位为 cm^2/g，写为（Domine et al.，2008）

$$SSA = \frac{<S>}{\rho <V>} \tag{7-11}$$

ρ 为雪的密度，将式（7-5）代入式（7-11），可得

$$SSA = \frac{3}{\rho a_{ef}} \tag{7-12}$$

2）雪粒的复折射率

积雪由冰、空气和少量液态水组成，因此其光学性质主要由冰和水的复折射率决定。复折射率是吸收性介质最重要的光学常数，用复数表达，写为 $m_r - im_i$。其中，实数部分（m_r）为吸收性介质的折射率，它决定光波在介质中的传播速度；虚数部分（m_i）决定光波在吸收性介质中传播时的衰减（光能的吸收），即吸收系数。图 7-25 是冰和水的复折射率（Hale and Querry，1973；Warren and Brandt，2008），由图 7-25 可以得到：①冰和水的复折射率差异不大；②折射率随波长变化较小；③吸收率变化很大，随波长的增加，在可见光-近红外波段有 5 个量级的变化；④在可见光波段冰的吸收系数很小，接近透明；⑤在近红外波段，随着波长的增大吸收量明显增强，并具有独特的吸收谷。

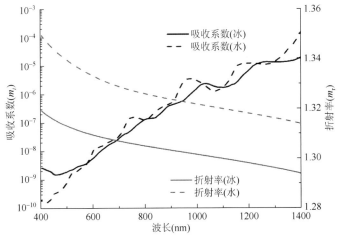

图 7-25 冰和水的复折射率

3）光在雪层中的穿透深度

穿透深度是指电磁波穿透介质的深度，定义为入射电磁波能量衰减到初始能量 1/e（36.8%）时所达到的深度，又称为 1/e 次衰减深度（e-folding depth），它与介质的微物理特征和入射波长有关。积雪的穿透深度为厘米级（Domine et al.，2008）。在介质内部，辐亮度随深度的衰减可表示为

$$I(z) = I_0 e^{-\alpha_0(\lambda)z} \tag{7-13}$$

1/e 次衰减深度 H 表示为

$$H = 1/\alpha_0(\lambda) \tag{7-14}$$

式中，$\alpha_0(\lambda)$ 为渐近通量消光系数，公式为

$$\alpha_0(\lambda) = 3\frac{\rho_{snow}}{\rho_{ice}}\sqrt{2\pi\frac{\chi(\lambda)}{\lambda a_{ef}}\varphi(\xi)[1-g(\xi)]} \tag{7-15}$$

式中，ρ_{snow} 为积雪密度；$\rho_{ice} = 917\text{kg/m}^3$；$\chi(\lambda)$ 为冰的吸收系数（Warren and Brandt，2008）；λ 为入射波长；a_{ef} 为雪粒光学有效半径；$\varphi(\xi)$ 和 $g(\xi)$ 分别为强化吸收系数和不对称因子，二者依赖于颗粒形状参数 ξ（Kokhanovsky and Zege，2004；Zege et al.，2011）。

当雪粒形状确定后，穿透深度是雪粒径和雪密度的函数。假设雪粒为球形，则 $g(\xi)\approx0.89$、$\varphi(\xi)\approx1.27$（Kokhanovsky and Zege，2004）。图 7-26 为不同雪粒径和雪密度的穿透深度随波长的变化情况，其中雪密度分别为 200kg/m³ [图 7-26（a）] 和 400kg/m³ [图 7-26（b）]。从图 7-26 中可以得到雪层穿透深度为厘米级，且随波长的增大而逐渐减小；同密度情况下，雪粒径越大穿透越深，而当雪密度增大时，相同雪粒径大小的穿透深度逐渐减小。表 7-8 是 HJ-1B 各波段所对应的穿透深度，其中假设雪粒为球形，雪密度为 300kg/m³，雪粒径为 50～1000μm。

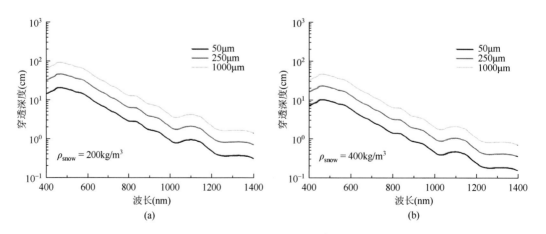

图 7-26　不同雪粒径和雪密度的穿透深度随波长的变化

表 7-8　HJ-1B 星各波段穿透深度

平台	有效载荷	波段号	中心波长（μm）	穿透深度（cm）
HJ-1B 星	CCD 相机	1	0.43～0.52	13.4～59.9
		2	0.52～0.60	10.2～45.6
		3	0.63～0.69	4.8～21.7
		4	0.76～0.90	1.9～8.9
	红外多光谱相机（IRS）	5	0.75～1.10	1.1～4.9
		6	1.55～1.75	0.1～0.4

7.3.1.3　积雪的反射光谱

在可见光–近红外波段，积雪具有独特的反射光谱特征。图 7-27 为 ASTER 光谱数据库中 3 种积雪在 400～1400nm 波长范围的光谱曲线，包括新雪、中粒雪和粗粒雪。由图 7-27 可以得到，在可见光区域积雪的反射率很高，均达到 0.9 以上；在近红外区域，反射率随波长的增长迅速下降，并在 1030nm 附近出现波谷，此后缓慢上升，在 1100nm 处有一峰值，随后又持续减小。这些特征与冰的吸收系数在该区域的较大波动有关。随着积雪的老化变质，雪粒径和雪密度逐渐增大，新雪逐渐演变为中粒雪直至粗粒雪。该过程中，雪面反射率在可见光区域有所减小，但仍达到 0.8 以上；在近红外区域反射率减小明显，反射率减小的速率与老化的时间相对应，时间越久雪颗粒越大，在各波长的反射率减小越多。

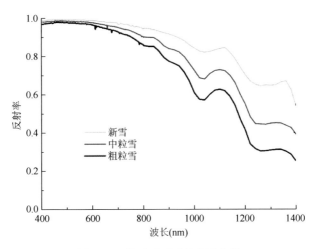

图 7-27　典型雪面反射光谱曲线

7.3.2　雪粒的光谱响应

7.3.2.1　雪面反射率的计算

1）渐近式辐射传输模型

散射是电磁波通过散射介质时，由于介质折射率的非均一性，引起入射波波阵面扰动，使入射波中一部分能量偏离原传播方向，并以一定规律向其他方向发射的过程。散射粒子的辐射效应根据颗粒尺寸和入射波长的相对大小，采用不同的计算方法。对于大气分子等小粒子而言，分子尺度远小于入射波长，其散射辐射场可由瑞利散射公式得到精确分析解，解法较为简单，只有光学厚度一个变量。而对于较大粒子而言，当入射光为可见光和近红外等波段时，粒子尺度远大于入射波长，一般采用比较复杂的米散射理论来求解。

米散射理论是 1908 年 Gustav Mie 从麦克斯韦方程组出发，在球坐标系中向量波动方程有可分离解的边界条件下，推导出均匀介质球形粒子在电磁场中对平面波散射的精确解，得到光散射的严格理论。通过米散射理论，可以计算出球形粒子球内和球外任一点上的电场分量，所得的散射光强主要取决于入射光的波长、粒子的大小、复折射率等（Mishchenko，2009；Horvath，2009）。积雪是由致密状颗粒组成的散射体，在可见光-近红外波段，其颗粒大小远远大于入射波长，符合米散射理论的适用条件。因此，在早期计算雪面反射率时，采用米散射理论计算雪粒的单次散射特性，并取得了较好的计算精度（Stamnes et al.，2007；Dozier et al.，2009）。但运用米散射理论需要满足 3 个条件：①颗粒为理想的球形；②介质内部的颗粒分布均匀；③表面为镜面。而在自然状态下，雪粒既不是球形也不均质（Libbrecht，2005；Fierz et al.，2009），所以采用米散射理论进行计算存在较大误差。van de Hulst（1957）指出，大多数散射理论学者采用球形粒子模型研究粒子散射问题，只是为使问题易于处理，同时希望结果与真实情况相近。

试验和数值计算证实了随机取向的非球形粒子的散射与球形粒子的散射具有很大差别（Wriedt，1998，Mishchenko et al.，1999，2002；Yang et al.，2000；Aoki et al.，2000；Fierz et al.，2009）。非球形粒子散射特性的计算在国际上是一个非常活跃的研究课题。除了无限长圆柱等极少数形状外，非球形粒子的散射特性一般没有分析解，通常借助数值解或近似解来完成。近年来发展和改进了很多种研究非球形粒子散射特性的数值解法，其中有根据严格理论的数值解法，如离散偶极子近似法（discrete dipole approximation，DDA）（Draine and Flatau，1994）、有限时域差分法（finite-difference time-domain，FDTD）（Yang and Liou，1996a；Sun et al.，1999）和 T 矩阵（T-matrix）（Mishchenko et al.，2002）等方法；有根据近似理论的数值解法，如几何光学法（geometric-optics method，GOM）（Yang and Liou，1996b）和逐线积分法（ray-by-ray integration，RBRI）（Yang and Liou，1997）等。这些非球形粒子的散射特性解法，初期均针对气溶胶或云中冰晶建立，而雪颗粒较气溶胶和云中冰晶尺寸较大，计算成本很高。

从计算条件、计算效率及可应用性的角度考虑，应寻找一种高精度、高时效的计算方法。Kokhanovsky 和 Zege（2004）建立了渐近式辐射传输模型（asymptotic radiative transfer theory，ART），其利用几何光学法计算非球形颗粒的单次散射特性，采用渐近分析法得到辐射传输模型的渐近分析解，具有简洁、高效、灵活的特点。ART 模型基于以下假设：

（1）像元完全被积雪覆盖；

（2）积雪是由致密、随机朝向和不规则形状颗粒状粒子组成的弱吸收散射体；

（3）忽略积雪水平和垂直的各向异性特征；

（4）模型适用于波长小于 1400nm 的可见光-近红外波段；

（5）假设冰的折射率不随波长变化，且等于 1.31；

（6）雪面的双向反射率因子（bidirectional reflectance factor，BRF）定义为雪面反射的辐亮度与朗伯表面反射的辐亮度之比，可写为

$$R(\theta,\theta_0,\phi) = \frac{I_{\mathrm{r}}(\theta,\theta_0,\phi)}{I_{\mathrm{L}}(\theta_0)} \tag{7-16}$$

式中，θ_0 为太阳天顶角；θ 为观测天顶角；ϕ 为两者的相对方位角；I_{r} 为雪面反射的辐亮度；I_{L} 为朗伯表面反射的辐亮度，$I_{\mathrm{L}} = E_0(\theta_0)\cos\theta_0/\pi$，$E_0$ 为太阳入射辐照度。因此，式（7-16）可写为

$$R(\theta,\theta_0,\phi) = \frac{\pi I_{\mathrm{r}}(\theta,\theta_0,\phi)}{E_0(\theta_0)\cos\theta_0} \tag{7-17}$$

ART 模型将双向反射率表达为

$$R(\theta,\ \theta_0,\ \phi) = \exp[-\alpha f(\theta,\ \theta_0,\ \phi)] \tag{7-18}$$

式中，吸收参数 α 定义为（Kokhanovsky and Zege，2004）

$$\alpha = 4\sqrt{\frac{l_{\mathrm{tr}}}{3l_{\mathrm{abs}}}} \tag{7-19}$$

式中，l_{tr} 为传输路径长度（transport path length）；l_{abs} 为吸收路径长度（absorption path length），可写为

$$\begin{aligned} l_{\mathrm{tr}} &= \frac{1}{\sigma_{\mathrm{ext}}[1-g(\xi)]} \\ l_{\mathrm{abs}} &= \frac{1}{\sigma_{\mathrm{abs}}} \end{aligned} \tag{7-20}$$

式中，σ_{ext} 和 σ_{abs} 分别为雪的消光系数和吸收系数；$g(\xi)$ 为不对称因子；ξ 为形状参数，由颗粒的对称轴比值得到。将式（7-20）代入式（7-19），可得

$$\alpha = 4\sqrt{\frac{\sigma_{\mathrm{abs}}}{3\sigma_{\mathrm{ext}}[1-g(\xi)]}} \tag{7-21}$$

雪的消光系数和吸收系数可表达为（Kokhanovsky and Zege，2004；Zege et al.，2011）

$$\begin{aligned} \sigma_{\mathrm{ext}} &= \frac{3C_{\mathrm{v}}}{2a_{\mathrm{ef}}} \\ \sigma_{\mathrm{abs}} &= \gamma\varphi(\xi)C_{\mathrm{v}} \end{aligned} \tag{7-22}$$

式中，γ 为吸收系数，雪的 $\gamma = 4\pi\chi/\lambda$，雪和炭黑混合时 $\gamma = 4\pi(\chi + 0.2C_{\mathrm{s}})/\lambda$，$\chi$ 为冰的复折射率虚部，λ 为入射波长，C_{s} 为炭黑的体积比含量；$\varphi(\xi)$ 为吸收增强参数，由 ξ 决定；$C_{\mathrm{v}} = \rho_{\mathrm{snow}}/\rho_{\mathrm{ice}}$。

将式（7-22）代入式（7-21），可得

$$\alpha = \frac{4}{3}\sqrt{\frac{2\varphi(\xi)}{1-g(\xi)}}\sqrt{\gamma a_{\mathrm{ef}}} \tag{7-23}$$

目前，ART 模型可计算 3 种雪粒形状的雪面反射率，如图 7-28 所示，分别是球形，二级科赫形和六边柱形。3 种雪粒的不对称因子 $g(\xi)$ 和吸收增强参数 $\varphi(\xi)$ 由几何光学模型计算得到，见表 7-9。

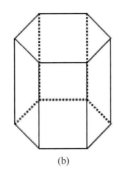

(a)　　　　　　　　　　　(b)　　　　　　　　　　　(c)

图 7-28　3 种雪颗粒形状

表 7-9　3 种雪粒的不对称因子和吸收增强参数

雪粒形状	$g(\xi)$	$\varphi(\xi)$
球形	0.89	1.27
六边柱形	0.84	1.50
二级科赫形	0.75	1.84

函数 $f(\theta, \theta_0, \phi)$ 定义为（Zege et al.，1991）

$$f(\theta, \theta_0, \phi) = \frac{K_0(\theta)K_0(\theta_0)}{R_0(\theta, \theta_0, \phi)} \tag{7-24}$$

式中，K_0 为逃逸函数，决定光子在半无限、无吸收介质中逃逸的角度分布，可用式（7-25）近似写为（Kokhanovsky and Zege，2004；Zege et al.，1991）

$$K_0(\theta) = \frac{3}{7}(1 + 2\cos\theta) \tag{7-25}$$

$R_0(\theta, \theta_0, \phi)$ 为弱吸收表面的双向反射率因子，Kokhanovsky 假设雪粒为第二代科赫分形颗粒，将 $R_0(\theta, \theta_0, \phi)$ 近似为

$$R_0(\theta, \theta_0, \phi) = \frac{A + B(\cos\theta + \cos\theta_0) + C\cos\theta\cos\theta_0 + p(\Theta)}{4(\cos\theta + \cos\theta_0)} \tag{7-26}$$

式中，$A = 1.247$；$B = 1.186$；$C = 5.157$；p 为散射相函数，可近似为

$$p(\Theta) = 11.1\exp(-0.087x) + 1.1\exp(-0.014x) \tag{7-27}$$

式中，$x = \arccos(-\cos\theta\cos\theta_0 + \sin\theta\sin\theta_0\cos\phi)$。

2）ART 模型计算精度验证

为验证 ART 模型计算雪面反射率的有效性，将 4 个观测点的雪粒径代入 ART 模型，分别采用球形、六边柱形和二级科赫形计算雪面反射率。雪粒径大小输入每个测点的最大、最小和平均粒径。

图 7-29 为 2011 年 12 月 7 日在三岔口测点测得的雪面反射率与 ART 模型计算值比较图。由图 7-29 可知，在可见光-近红外波段，实测值与计算值的光谱曲线形状基本相似，都随波长的增大而逐渐降低，在 1030nm 和 1260nm 处有吸收谷。其中，球形雪粒的计算值与实测值差异最小，但是实测值仍整体偏小 0.2 左右。在实地考察时发现，此时在三岔口测点雪面下 1~2cm 处存在约 0.5mm 厚的冰层，如图 7-30 所示，因为冰层具有较强的吸收作用，所以实测积雪反射率比计算值小。

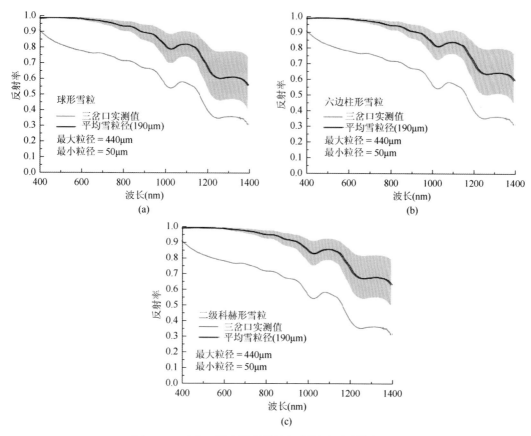

图 7-29   三岔口测点模型计算与实测雪面反射率对比

图 7-30   三岔口雪中冰夹层

图 7-31 为 2012 年 4 月 11 日在敦德铁矿测点 1 测得的雪面反射率与 ART 模型计算值比较图。由图 7-31 可知，在可见光波段实测值比计算值低，而在近红外波段实测值处于最小、最大粒径计算值的范围内。由于此时是春季融雪期，测点 1 气温较高，雪粒趋于球形，因此实测值与球形平均雪粒径的计算值较为吻合。

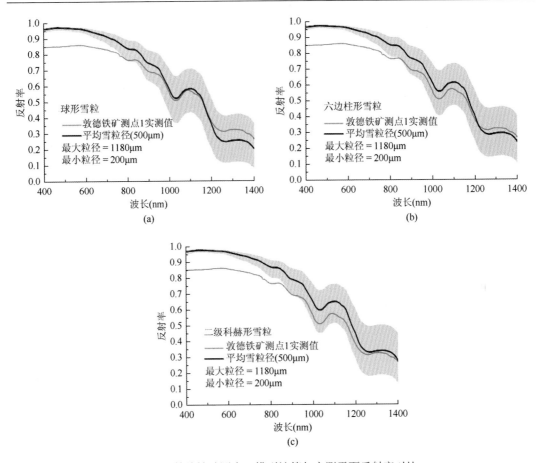

图 7-31　敦德铁矿测点 1 模型计算与实测雪面反射率对比

图 7-32 为 2012 年 4 月 11 日在敦德铁矿测点 2 测得的雪面反射率与 ART 模型计算值比较图。由图 7-32 可知，在可见光-近红外波段实测值均处于最小、最大粒径计算值的范围内，测量值略大于平均粒径的计算值，此时虽然是春季融雪期，但是测点 2 气温较低，雪粒形状多样，因此实测值与二级科赫形平均雪粒径的计算值较为吻合。

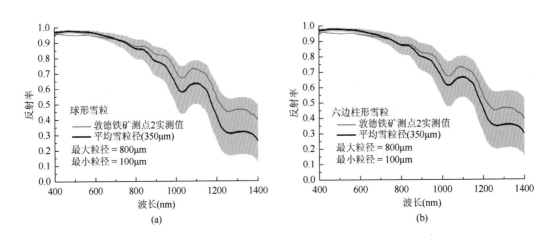

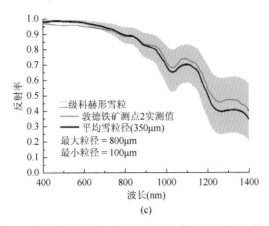

图 7-32 敦德铁矿测点 2 模型计算与实测雪面反射率对比

图 7-33 为 2012 年 4 月 12 日在阿尔先沟测点测得的雪面反射率与 ART 模型计算值比较图。由图 7-33 可知，在可见光波段实测值比计算值低，而在近红外波段实测值处于最小、最大粒径计算值的范围内，而且由于此时是春季融雪期，测点气温较高，雪粒趋于球形，因此实测值与球形平均雪粒径的计算值较为吻合。

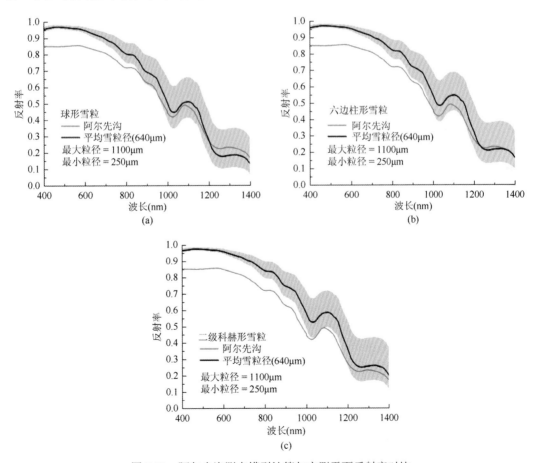

图 7-33 阿尔先沟测点模型计算与实测雪面反射率对比

综上，三岔口测点的光谱反射率与 ART 模型计算值的曲线形状近似，但是雪中冰夹层的存在，使得实测值整体偏小 0.2 左右；敦德铁矿和阿尔先沟测得的光谱曲线在近红外波段与 ART 模型计算值较为吻合，并且反射率与雪粒形状具有较强的相关性，说明 ART 模型计算雪面反射率的可靠性。

7.3.2.2 雪粒大小的光谱响应

积雪有效粒径的变化范围主要在 50（新雪）～1000μm（粗粒雪）（Dozier et al., 2009）。为研究雪粒大小的光谱响应，在 ART 模型中假设雪颗粒形状为球形，雪中无杂质，入射天顶角和观测天顶角等于 0°，输入冰的复折射指数可得到雪面反射率随粒径的变化情况。如图 7-34 所示，当粒径从 50μm 增大到 1000μm 时，在可见光波段（400～700nm）反射率很高，达到 0.8 以上，且变化很小，其中在 400～500nm 反射率略有上升，500～700nm 反射率逐渐减小；在近红外波段 700～1400nm 反射率逐渐降低，到 1000nm 左右达到最小值，粒径越大吸收越明显，其后反射率有规律的增大或减小，形成独特的吸收曲线。积雪光谱特征与冰的复折射率有关，在 400～1400nm 积雪的折射系数变化不大，而吸收系数随着波长的变化有 5 个量级的变化，因此在可见光波段雪粒接近透明，吸收系数很小，反射率随粒径的增大变化较小；而在近红外波段雪粒的吸收系数有较大变化（Dozier, 1989）。图 7-34 中灰线为粒径由 50μm 增大到 1000μm 时，反射率的累计差值，可以看到，在可见光波段差异较小且均小于 0.1，而在近红外波段随着波长的增加，反射率差异逐渐增大，在 1000nm 附近累计差异值大于 0.4，其后随着波长的增加，变化较小。

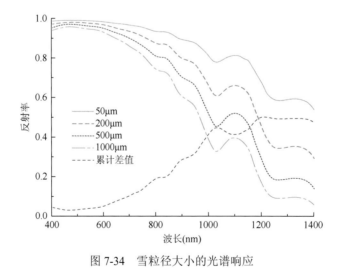

图 7-34　雪粒径大小的光谱响应

7.3.2.3 雪粒形状的光谱响应

雪面的双向反射率不仅与雪粒的大小有关，还与雪颗粒的形状有关（Mishchenko et al.,

1999；Jin et al.，2008；Dumont et al.，2010）。通过 ART 模型计算 3 种雪粒形状的雪面反射率，假设雪中无杂质，入射天顶角和观测天顶角为 0°，输入冰的复折射指数可得到雪面反射率随雪粒形状的变化情况。由图 7-35 可以得到，在可见光区域由于积雪的反射率均很高（大于 0.85），雪粒形状对反射率的影响不大。但是在近红外波段反射率对雪粒形状较为敏感，随着波长的增大，雪粒形状对反射率的影响逐渐变得明显，并且雪粒形状对反射率的影响随雪粒径的增大而变得更加明显，图 7-35 中灰色虚线为 50μm 时，二级科赫形和球形雪粒反射率的差异值，在 1000nm 波长以上均大于 0.04，其对应的雪粒径约为 30μm。图 7-35 中黑色虚线为 1000μm 时，二级科赫形和球形雪粒反射率的差异值，在 1000nm 波长附近接近于 0.1，其对应的雪粒径约为 600μm。由此可以得知，在可见光波段，雪粒形状对积雪反射率的影响不大，而在近红外波段，雪粒形状对积雪反射率的影响不可忽略，且粒径越大，影响越明显。

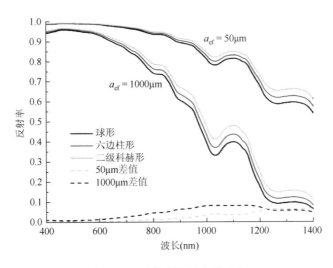

图 7-35 雪粒形状的光谱响应

7.3.3 反演波段的选择

为得到雪粒径遥感反演的最佳波段，首先对 ART 模型得到的光谱曲线求一阶微分，如图 7-36 所示，图中零交点 460nm、820nm、1030nm、1090nm、1260nm 和 1320nm 是表征积雪光谱变化的特征波长。

由于可见光区域积雪反射率很高，且受雪中污化物的影响较大，如图 7-37 所示，假设雪中污化物为炭黑，炭黑体积比含量分别为 1×10^{-8}、1×10^{-7}、1×10^{-6} 和 5×10^{-6}，将它们代入到 ART 模型。炭黑的体积比含量为 1×10^{-7} 时，炭黑主要对可见光波段反射率影响明显，而近红外波段反射率变化很小。当炭黑的体积比浓度达到 5×10^{-6} 时，可见光区域反射率减小到 0.3 左右，此时近红外波段反射率也受到影响，波长越短影响越大。由 7.3.2 节分析可知，可见光区域反射率对雪粒径变化不敏感，且受污化物影响明显，因此可见光区域不适用于雪粒径的反演。

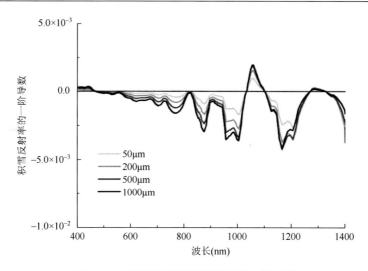

图 7-36　不同雪粒径积雪反射率的一阶导数

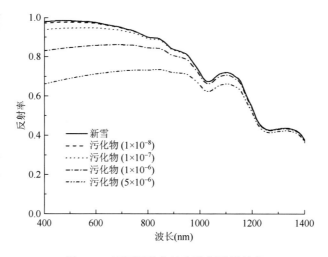

图 7-37　不同污化物浓度的积雪反射率

在近红外波段，波长大于 1200nm 时，积雪反射率虽然有 1260nm 和 1320nm 的特征波长，但当粒径大于 500μm 时反射率均小于 0.2，且变化不大。当波长小于 1200nm 时，积雪反射率较高，粒径等于 1000μm 时，反射率仍大于 0.1，且对于粒径大小和颗粒形状的变化较为敏感。

在实际应用中，还必须考虑大气窗口。由于大气中存在吸收气体，这些气体对可见光-近红外太阳辐射具有较强的吸收作用，吸收气体主要是氧气（O_2）、二氧化碳（CO_2）、甲烷（CH_4）、一氧化二氮（N_2O）、臭氧（O_3）和水汽（H_2O）。其中，O_2、CO_2、CH_4 和 N_2O 在大气中的含量较为恒定，而 O_3 和 H_2O 的含量随时间和空间的变化较大（Berk et al.，1999）。图 7-38 为利用 MODTRAN 4 模拟的标准大气（中纬度，冬季）的总透过率。可以看到，在近红外区域小于 1200nm 的波长范围内，有两个总透过率大于 0.8 的大气窗口，即 850～900nm 和 990～1090nm。结合表征积雪变化的特征波长，可知在 990～1090nm

波长范围内,存在 1030nm 的吸收谷和 1090nm 的反射峰,同时反射率随粒径变化较明显且有较大值,因此该波长范围为雪粒径反演的最佳波段。结合 HJ-1A/B 星的波段设置,本书的研究利用波段为 750～1100nm、中心波长位于 925nm 的 HJ-1B 星第五波段进行雪粒径的反演。

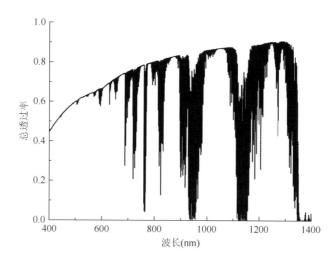

图 7-38　大气总透过率（MODTRAN4，冬季中纬度标准大气）

7.4　雪表层粒径的反演及结果分析

7.4.1　反演模型的构建

7.4.1.1　反演模型的建立

本书采用渐近式辐射传输模型（ART）建立雪粒径的反演模型。ART 模型的假设条件及求解过程在 7.3 节进行了较为详细的描述。由式（7-18）可将雪粒径 a_{ef} 表达为雪面反射率 R 的函数,形式如下:

$$a_{ef} = \frac{9}{16} \frac{[1-g(\xi)]\gamma}{2\varphi(\xi)} \left\{ \frac{\ln^2[R(\theta_s, \theta_v, \phi_s - \phi_v)]}{f^2(\theta_s, \theta_v, \phi_s - \phi_v)} \right\} \tag{7-28}$$

假设太阳垂直入射,并垂直观测（R_0）,此时 $R_0 \approx 2.28$,$f \approx 0.72$。当雪粒形状确定时,不对称因子 $g(\xi)$ 和形状参数 $\varphi(\xi)$ 为定值,见表 7-9。而且,当入射波长确定并忽略污化物对近红外波段反射率的影响时,γ 也是定值。因此,当雪粒形状和入射波长已知时,雪粒径大小是反射率的函数,表达为

$$a_{ef} = \frac{9}{16} \frac{[1-g(\xi)]\gamma}{2\varphi(\xi)} \left[\frac{\ln^2(R)}{0.52} \right] \tag{7-29}$$

经过 7.3 节的分析,近红外波段 990～1090nm 适用于雪粒径的遥感反演,采用波

段为 750～1100nm、中心波长位于 925nm 的 HJ-1B 第 5 波段进行雪粒径的反演研究。
HJ-1B 第 5 波段的光谱响应函数如图 7-39 所示。第 5 波段接收到的反射率由各波长反
射率与光谱响应函数卷积得到，表达为

$$R_5 = \frac{\int_{\lambda_{750}}^{\lambda_{1100}} R_\lambda \cdot S(\lambda)\mathrm{d}\lambda}{\int_{\lambda_{750}}^{\lambda_{1100}} S(\lambda)\mathrm{d}\lambda} \tag{7-30}$$

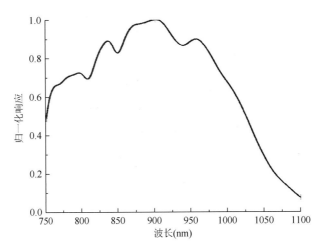

图 7-39　HJ-1B 第 5 波段光谱响应函数

结合式（7-29）和式（7-30）可以得到 HJ-1B 星第 5 波段反射率与雪粒径的定量关系。
图 7-40 是 3 种不同颗粒形状的雪颗粒与反射率的定量关系，雪粒径由 10μm 增大至
1000μm，积雪反射率的变化区间在 0.4～0.65。3 种雪粒形状，在粒径较小时反射率差异
不大，而随着粒径的增大反射率差异更加明显，其中球形雪粒的反射率随粒径的变化最明
显，利用该定量关系可进行雪粒径的遥感反演。

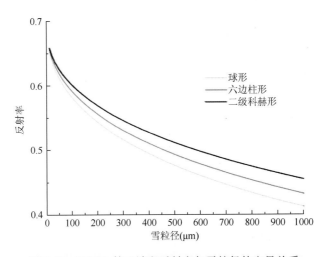

图 7-40　HJ-1B 第 5 波段反射率与雪粒径的定量关系

7.4.1.2 反演模型的优化

通过 7.4.1.1 节得到雪面的波段反射率与雪粒径的定量关系，此时忽略了"太阳-目标-卫星"三者的几何关系，即假设垂直入射并且垂直观测。但是积雪具有很强的前向散射特性，各向异性特征明显，因此要定量地反演雪粒径，还需要对雪面的各向异性特征进行分析。

为描述粒子散射的各向异性特征，定义不对称因子如下（Hansen and Travis，1974；Mishchenko and Macke，1997）：

$$g = \langle \cos\Theta \rangle = \frac{1}{2} \int_{-1}^{1} P(\Theta)\cos\Theta \mathrm{d}\cos\Theta \tag{7-31}$$

式中，Θ 为入射方向与散射方向的夹角；$P(\Theta)$ 为单次散射相函数，满足条件：

$$\frac{1}{2} \int_{-1}^{1} P(\Theta)\mathrm{d}\cos\Theta = 1 \tag{7-32}$$

不对称因子的值在 $-1 \sim 1$，$g = 0$ 表示各向同性散射；当 $g > 0$ 时相函数峰值位于前向，随着 g 的增大，相函数的衍射峰变得越来越尖锐；当 $g = 1$ 时为完全前向散射；当 $g < 0$ 时相函数峰值位于后向；当 $g = -1$ 时表示完全后向散射；$(1+g)/2$ 是积分前向散射能量的百分比；$(1-g)/2$ 是积分后向散射能量的百分比。

不同的雪颗粒形状可以得到近似值，球形颗粒 $g \approx 0.89$（Kokhanovsky and Zege，2004）；六边柱形颗粒 $g \approx 0.84$（Zege et al.，2011）；二级科赫形颗粒 $g \approx 0.75$（Kokhanovsky，2005）。由不对称因子的定义可知，积雪具有很强的前向散射。3 种颗粒形状中，球形粒子的前向散射最强。利用 Henyey-Greenstein（HG）函数可以得到相函数的近似解，Aoki 等（2000）的研究表明，HG 函数可以较好地描述积雪的各向异性特征，HG 函数表达为（Henyey and Greenstein，1941）

$$P(\Theta) = \frac{1}{4\pi} \frac{1-g^2}{(1+g^2-2g\cos\Theta)^{3/2}} \tag{7-33}$$

将 3 种雪粒形状的相函数根据式（7-33）展开，由图 7-41 可知，雪粒具有很强的前向衍射；当散射角小于 15° 时，球形雪粒的散射最强，六边柱形次之，而二级科赫形最弱；随着散射角的增大三者的关系发生变化，二级科赫形的散射变为最强。

主平面是由入射方向与观测方向的垂线所组成的平面，该平面的观测相对方位角为 0° 和 180°，包含了大量双向反射特征信息，可以得到主平面的方向反射率随粒径的变化特征。假设雪粒为球形，入射波长为 1030nm；入射天顶角为 30°、45° 和 60°；雪粒径大小为 50μm、500μm 和 1000μm。如图 7-42 所示，随着入射天顶角的增加，相同粒径的反射率逐渐增大，并且粒径越小增大越明显，这是因为当入射天顶角增大时，光子的穿透深度减小，更多的光子被反射，并且雪密度相同时，粒径越小穿透深度越小；相同入射情况时，随着观测天顶角的增大反射率逐渐加强，表明积雪具有较强的前向散射能力；当天顶角小于 45° 时前向和后向反射率基本一致，而当观测天顶角大于 45° 时，后向反射率大于前向，粒径越小、入射天顶角越大时越明显，表明当大角度观测时，更多的光子被反射。

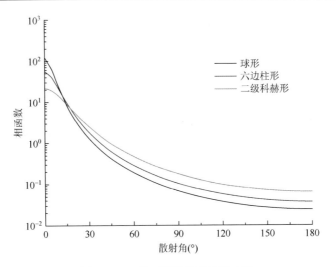

图 7-41　3 种不同雪粒形状相函数

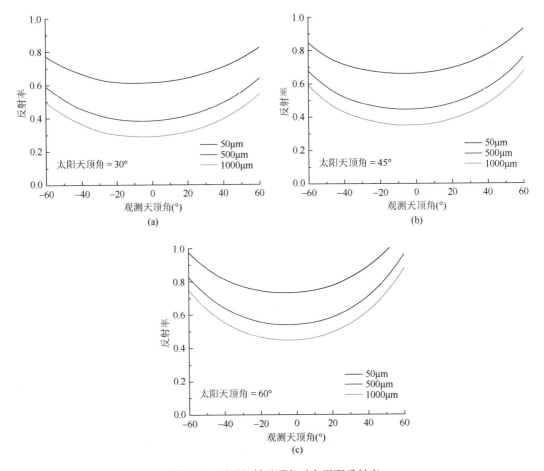

图 7-42　不同入射天顶角时主平面反射率

积雪的双向反射率不仅与观测几何和粒径大小有关，而且还与粒径的形状有关。ART

模型可用于计算雪面双向反射率（Kokhanovsky and Breon，2012），本书选择入射波长为 1030nm，入射天顶角为 45°，雪粒径大小为 50μm、500μm 和 1000μm 的雪粒来讨论 3 种不同形状雪粒的方向反射率特性。图 7-43 为 3 种不同雪粒形状的雪面反射率极化图，第一、第二、第三行分别为球形、六边柱形和二级科赫形，第一、第二、第三列粒径大小分别为 50μm、500μm 和 1000μm，极径和极角分别为观测天顶角和相对方位角，颜色表示反射率强度。由图 7-43 可知，积雪具有很强的前向散射特征，反射率各向异性明显，主要表现为随着观测天顶角的增大反射率增加，粒径越大增大越明显。3 种雪粒径形状中，当粒径较小时二级科赫形各向异性差异更大，粒径较大时球形雪粒的各向异性最大。

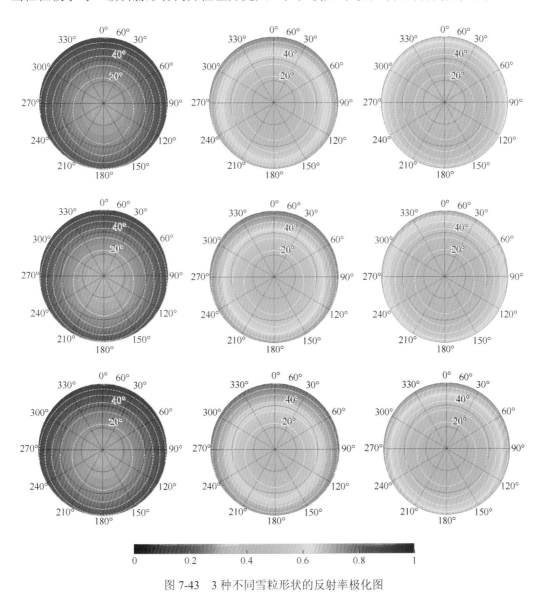

图 7-43　3 种不同雪粒形状的反射率极化图

综上，积雪具有很强的前向散射，雪面双向反射率各向异性明显。玛纳斯河流域山区地形起伏较大，可显著改变太阳入射天顶角和观测天顶角。因此，在研究雪粒径遥感反演时，必须考虑雪面双向反射率的各向异性特征。

7.4.1.3 反演数据的准备

1）地表反射率的计算

近红外波段记录的是地球表面对太阳辐射的反射辐射能量。传感器所接收到的信号不仅包括地表反射信息，而且还包括大气和地形对传感器端辐射的贡献。对地物进行遥感的定量反演与分析要先从传感器接收到的表观反射率信号中消除大气和地形对表观辐亮度的影响，从而得到地表的实际反射率。

忽略入射太阳光的偏振特性，假设地表为朗伯体，且大气水平均一、地物位于海平面处，则传感器端的表观反射率可写为

$$\rho_{\mathrm{toa}} = \frac{\pi L_{\mathrm{toa}}}{\cos(\theta_\mathrm{s})E_{\mathrm{sun}}} \tag{7-34}$$

式中，L_{toa} 为传感器接收到的辐亮度[W/(m²·sr)]；E_{sun} 为大气顶层的太阳辐照度（W/m²）；θ_s 为太阳天顶角。

式（7-34）可进一步写为（Vermote et al.，1997）：

$$\rho_{\mathrm{toa}}(\theta_\mathrm{s},\theta_\mathrm{v},\phi_\mathrm{s}-\phi_\mathrm{v}) = T_g(\theta_\mathrm{s},\theta_\mathrm{v})\left[\rho_a(\theta_\mathrm{s},\theta_\mathrm{v},\phi_\mathrm{s}-\phi_\mathrm{v}) + \frac{\rho_t}{1-\rho_t S}T^\downarrow(\theta_\mathrm{s})T^\uparrow(\theta_\mathrm{v})\right] \tag{7-35}$$

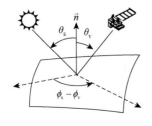

图 7-44　卫星成像几何示意图

式中，θ_s 为太阳天顶角；ϕ_s 为太阳方位角；θ_v 为观测天顶角；ϕ_v 为观测方位角；T_g 为吸收性气体总的透过率；ρ_a 为由瑞利散射和气溶胶散射引起的大气程辐射；ρ_t 为地表反射率；S 为大气层球面反照率；$T^\downarrow(\theta_\mathrm{s})$ 为大气下行总透过率；$T^\uparrow(\theta_\mathrm{v})$ 为大气上行总透过率，如图 7-44 所示。

大气上/下行总透过率由两部分组成，分别是上/下行直射透过率和上/下行散射透过率，可写为

$$\begin{cases} T^\downarrow(\theta_\mathrm{s}) = \mathrm{e}^{-\tau/\cos(\theta_\mathrm{s})} + t_\mathrm{d}^\downarrow(\theta_\mathrm{s}) \\ T^\uparrow(\theta_\mathrm{v}) = \mathrm{e}^{-\tau/\cos(\theta_\mathrm{v})} + t_\mathrm{d}^\uparrow(\theta_\mathrm{v}) \end{cases} \tag{7-36}$$

式中，τ 为大气光学厚度。

由于地表并非朗伯体，地表的环境反射率是非均一的，对地物反射率的影响与两者间的距离有关，距离越近影响越大。因此，用一定范围内的平均反射率 $\langle\rho_e(M)\rangle$ 表示环境反射率，则式（7-36）可写为

$$\begin{aligned} \rho_{\mathrm{toa}}(\theta_\mathrm{s},\theta_\mathrm{v},\phi_\mathrm{s}-\phi_\mathrm{v}) = T_g(\theta_\mathrm{s},\theta_\mathrm{v})\cdot\{&\rho_a(\theta_\mathrm{s},\theta_\mathrm{v},\phi_\mathrm{s}-\phi_\mathrm{v}) \\ &+ \frac{T^\downarrow(\theta_\mathrm{s})}{1-\langle\rho_e(M)\rangle S}[\rho_t(M)\mathrm{e}^{-\tau/\cos(\theta_\mathrm{v})}+\langle\rho_e(M)\rangle t_\mathrm{d}^\uparrow(\theta_\mathrm{v})]\} \end{aligned} \tag{7-37}$$

式（7-34）～式（7-37）都假设地物目标处于海平面位置，当考虑到地形海拔时，式（7-36）写为

$$\rho_{\text{toa}}(\theta_s, \theta_v, \phi_s - \phi_v) = T_g(\theta_s, \theta_v)\left[\rho_a(\theta_s, \theta_v, \phi_s - \phi_v)\right.$$
$$\left. + \frac{\rho_t}{1 - \rho_t S}T^{\downarrow}(\theta_s, Z_t)T^{\uparrow}(\theta_v Z_t)\right] \tag{7-38}$$

实际计算时，假设地面某点得到的总辐照度（记为 E_{all}）由太阳直射辐射（记为 $E_{\text{dir}}^{\downarrow}$）、天空漫散射（记为 $E_{\text{dif}}^{\downarrow}$）和周围地形的反射辐射（记为 E_{ter}）3 部分组成，可表示为（Richter，1998；Dozier，1989）

$$E_{\text{all}} = E_{\text{dir}}^{\downarrow} + E_{\text{dif}}^{\downarrow} + E_{\text{ter}} \tag{7-39}$$

假设地表为等效的朗伯反射表面，地表实际反射率为 ρ_t，则地表反射的总辐亮度可表示为

$$L_{\text{all}} = \frac{\rho_t E_{\text{all}}}{\pi} \tag{7-40}$$

则传感器端接收到的总辐亮度为

$$L_{\text{toa}} = L_{\text{all}} \cdot T^{\uparrow}(\theta_v) + L_a \tag{7-41}$$

式中，L_a 为程辐射。因此，地表实际反射率的校正公式为

$$\rho_t = \frac{\pi(L_{\text{toa}} - L_a)}{E_{\text{all}}T^{\uparrow}(\theta_v)} \tag{7-42}$$

采用 6S 模型计算所需的大气参数，6S 模型对太阳光在"太阳-目标-卫星"整个传输过程中所受大气的影响进行计算，所得参数包括大气下行总透过率 $T^{\downarrow}(\theta_s)$、大气上行总透过率 $T^{\uparrow}(\theta_v)$、水平面接收到的太阳直接辐射 $E_{\text{dir}}^{\downarrow}$、水平面接收到的天空漫散射 $E_{\text{dif}}^{\downarrow}$ 和程辐射 L_a（Vermote et al.，1997）。玛纳斯河流域山区海拔为 607～5220m，因此将 DEM 按高差值分成 18 个高度带（$\Delta Z = 300\text{m}$），以计算每个高度带的大气参数。由于缺少遥感图像成像时的大气数据，本书根据成像时间，选择 6S 提供的标准大气模式。10 月至次年 3 月选择中纬度冬季大气模式，其他月份选择中纬度夏季大气模式。

2）太阳直接辐射的计算

到达地表的太阳直接辐射可写为

$$E_{\text{dir}}^{\downarrow} = \Theta E_{\text{sun}}\cos(\theta_s)e^{-\tau/\cos(\theta_v)} \tag{7-43}$$

式中，Θ 为地表可照参数，用以判断能否接收到太阳的直接辐射，当该点在阴影中时，$\Theta = 0$，当该像元在光照面时，$\Theta = 1$；E_{sun} 为大气顶层的太阳辐照度；$e^{-\tau/\cos(\theta_v)}$ 为大气上行直射透过率；τ 为光学厚度。

坡面接收到的太阳直接辐射可以根据平面接收到的太阳直接辐射转换得到，转换公式为

$$E_{\text{dir}}^{\downarrow} = \Theta E_{\text{dir}}^z \times \frac{\cos i}{\cos \theta_s} \tag{7-44}$$

$$\cos i = \cos \theta_s \cos S + \sin \theta_s \sin S \cos(\phi_s - A) \tag{7-45}$$

式中，E_{dir}^z 为水平面接收到的太阳直接辐射，可由 6S 计算得到；S 为坡面坡度；A 为坡面坡向。

3）天空漫射辐射的计算

对山区积雪参数的反演的一项重要工作是提高阴坡区域的反演精度。由于在阴坡区域

接收到的太阳直接辐射较少，天空散射辐射占坡面接收到的总辐射比重较高，因此准确计算阴坡区域的天空散射辐射非常重要。Noorian 等（2008）比较了 12 种计算天空散射辐射的各向异性模型，并用实测数据进行验证。结果表明，Perez 模型对各坡向坡面的天空散射具有较高的计算精度。汪凌霄（2012）将 Perez 模型应用于玛纳斯河流域的天空散射光计算，取得了较好的计算结果。

本书采用 Perez 等（1990）模型计算天空散射辐射，公式如下：

$$E_{\text{dif}}^{\downarrow} = E_{\text{dif}}^{z}\left[(1-F_1)\frac{1+\cos S}{2} + F_1\left(\frac{a}{b}\right) + F_2 \sin S\right] \tag{7-46}$$

式中，E_{dif}^{z} 为水平面接收到的天空漫散射辐射；S 为坡面坡度；a 为坡面太阳入射角修正系数，$a = \max[0°, \cos i]$；b 为太阳天顶角修正系数，$b = \max[\cos(85°), \cos\theta_s]$；$F_1$ 和 F_2 为 Perez 等根据全球 13 个站点的观测结果，拟合得到的环日亮度系数和水平面亮度系数，可表达为

$$\begin{cases} F_1 = f_{11} + f_{12}\Delta + \dfrac{\pi\theta_s}{180°}f_{13} \\ F_2 = f_{21} + f_{22}\Delta + \dfrac{\pi\theta_s}{180°}f_{23} \end{cases} \tag{7-47}$$

参数 f 由天空晴朗度 ε 决定。ε 表达为

$$\varepsilon = \frac{(E_{\text{dir}}^{\downarrow} + E_{\text{dif}}^{\downarrow})/E_{\text{dif}}^{\downarrow} + k\theta_s^3}{1 + k\theta_s^3}, k = 1.041 \tag{7-48}$$

当 $\varepsilon = 1$ 时，表示天空完全被云覆盖；当 $\varepsilon \geq 6.2$ 时，表示天空完全放晴。

Δ 为天空亮度，表达为

$$\Delta = \frac{E_{\text{dif}}^{\downarrow}\sec(\theta_s)}{E_a} \tag{7-49}$$

由于天空开阔度 $\text{SVF} \approx \dfrac{1+\cos S}{2}$，则计算天空散射辐射的公式（7-46）可写为

$$E_{\text{dif}}^{\downarrow} = E_{\text{dif}}^{z}\left[(1-F_1)\text{SVF} + F_1\left(\frac{a}{b}\right) + F_2 \sin S\right] \tag{7-50}$$

Perez 等（1990）建立的系数查找表见表 7-10。

表 7-10　Perez 模型的环日亮度和水平面亮度系数

ε	$f11$	$f12$	$f13$	$f21$	$f22$	$f23$
1～1.065	−0.008	0.588	−0.062	−0.06	0.072	−0.022
1.065～1.230	0.13	0.683	−0.151	−0.019	0.066	−0.029
1.230～1.500	0.33	0.487	−0.221	0.055	−0.064	−0.026
1.500～1.950	0.568	0.187	−0.295	0.109	−0.152	−0.014
1.950～2.800	0.873	−0.392	−0.362	0.226	−0.462	0.001
2.800～4.500	1.132	−1.237	−0.412	0.288	−0.823	0.056
4.500～6.200	1.06	−1.6	−0.359	0.264	−1.127	0.131
6.200	0.678	−0.327	−0.25	0.156	−1.377	0.251

4）地形反射辐射的计算

采用 Dozier 模型计算周围地形的反射辐射。假设地形的反射为各向同性，不逐一考虑周围每个像元与特定像元的距离及相对角度，采用地形开阔度估算周围地形对某点的反射辐射，计算公式如下（Dozier and Frew，1990）：

$$E_{ter} = TVF \cdot < L_{ter} > \cdot \pi \qquad (7\text{-}51)$$

式中，TVF 为地形开阔度；$< L_{ter} >$ 为 n^2 个像元辐亮度的平均值，表达为

$$< L_{ter} > = \frac{1}{n} \cdot \sum_{i=1}^{n} [(L_{toa} - L_a) \cdot T^{\uparrow}(\theta_v)] \qquad (7\text{-}52)$$

图 7-45 和图 7-46 分别为 2011 年 12 月 12 日和 2012 年 4 月 12 日的 HJ-1B 图像地表实际反射率的计算结果。图 7-45（a）和图 7-46（a）为原始辐亮度图像（532 波段），由于受大气和地形影响，图像较为模糊且不同坡向上的辐亮度差异较大。图 7-45（b）和图 7-46（b）为由式（7-44）计算得到的太阳直接辐射，可以看到在低海拔较平坦区域太阳直接辐射差异不大，而在山区不同坡向辐亮度差异明显，在阴坡接收到的太阳直接辐射较少。图 7-45（c）和图 7-46（c）为由式（7-50）计算得到的天空漫射辐射，可以看到天空漫射辐射在阳坡与阴坡并没有明显差异，而在低海拔平坦区域和山脊处辐射较高，这是因为这些区域的天空开阔度较大，使得接收到的天空散射辐射明显高于山谷区域。图 7-45（d）和图 7-46（d）为由式（7-51）计算得到的地形反射辐射，可以看出如果目标像元周围被积雪覆盖，那么该像元接收到的周围地形的反射辐射较高，表明周围地形的反射辐射对像元的总辐射贡献明显。图 7-45 和图 7-46 中黑线是山脊线，山脊处地形开阔度很低，表明周围地形对山脊处的辐射影响很小，同理由于河谷处地形开阔度较高，则周围地形对其辐射贡献较大，可接收到较多的地形反射辐射。图 7-45（e）和图 7-46（e）为由式（7-39）计算得到的流域内接收到的总辐射，可以看到在低海拔区域较为均一，而在高海拔地区受地形影响总辐射差异较大。图 7-45（f）和 7-46（f）是由式（7-42）计算得到的地表实际反射率结果，可以看出校正后的图像中有效地消除了地形的影响，在阴坡区域图像细节更加明

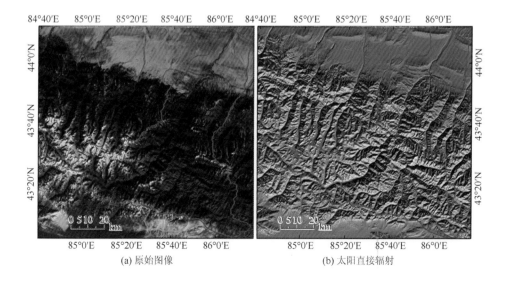

(a) 原始图像　　　　　　　　　　　　(b) 太阳直接辐射

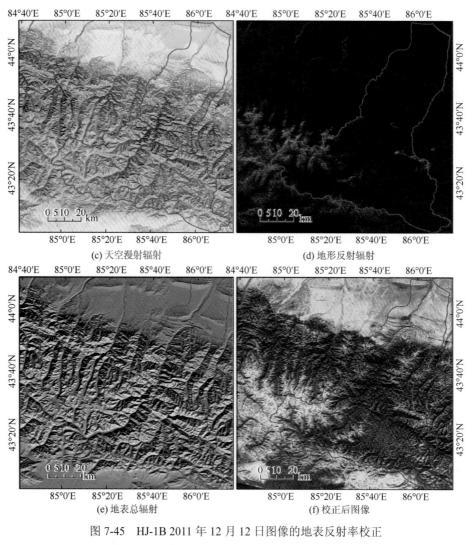

(c) 天空漫射辐射　　　　　　　　　　　　　(d) 地形反射辐射

(e) 地表总辐射　　　　　　　　　　　　　(f) 校正后图像

图 7-45　HJ-1B 2011 年 12 月 12 日图像的地表反射率校正

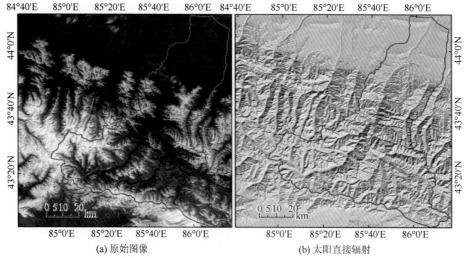

(a) 原始图像　　　　　　　　　　　　　(b) 太阳直接辐射

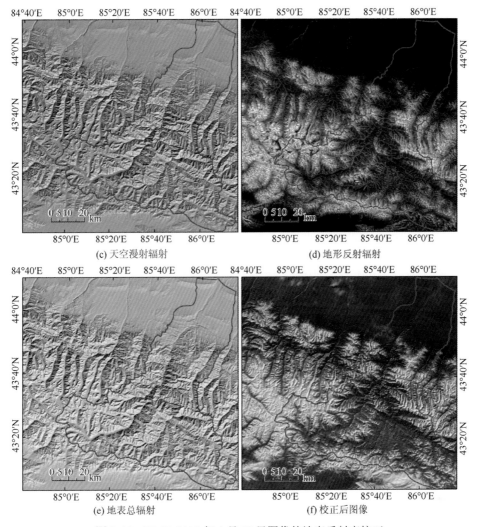

图 7-46　HJ-1B 2012 年 4 月 12 日图像的地表反射率校正

显，有效地抑制了阳坡积雪的过饱和现象，阳坡和阴坡的反射率差异不大，图像更为均一，并且在校正时考虑了不同海拔接收的辐射能量，有效地抑制了高海拔区域地物偏亮的现象。

　　地表实际反射率校正的误差主要来自两个方面：首先，由于 ASTER GDEM 数据的原始分辨率为 30m，根据 DEM 计算的地形参数与真实情况存在差异，导致在山脊与山谷等变异大的区域，根据精度较低的 DEM 计算的辐射值与真实值存在差异，在一些山脊和山谷处出现未校正或过校正现象，计算的反射率出现异常值。有学者认为，为保证校正精度，DEM 的空间分辨率应当远远高于图像分辨率，为图像分辨率的 4 倍（Reeder，2002）。高精度 DEM 数据的应用将使地表实际反射率的计算结果更加准确。其次，由于缺少研究区成像时的同步大气参数，本书采用 6S 模型中的标准大气模式，使得由模型计算的地表实际反射率与真实反射率结果存在差异。

　　5）实际天顶角的计算

　　7.4.1.2 节讨论了观测几何对雪粒径反演的重要性，本节计算两期图像成像时的太阳天顶角和观测天顶角，计算公式如下：

$$\theta_{real} = \arccos[\cos\theta\cos S + \sin\theta\sin S\cos(\phi - A)] \qquad (7\text{-}53)$$

式中，θ 为太阳/观测天顶角；ϕ 为太阳/观测方位角；S 为坡度；A 为坡向。

图 7-47 为 2011 年 12 月 12 日研究区太阳天顶角和观测天顶角。此时接近冬至，太阳天顶角较大，为 67.75°，HJ-1B 卫星观测天顶角为 14.53°，因此在低山带较平坦的地区，天顶角受地形影响较小。而在中山带和高山带地形复杂，太阳天顶角和观测天顶角差异较大。图 7-48 为 2012 年 4 月 12 日研究区太阳天顶角和观测天顶角。此时是春季，太阳天顶角为 38°，HJ-1B 卫星观测天顶角为 16.11°，积雪主要集中在中山带和高山带，太阳天顶角和观测天顶角差异明显。

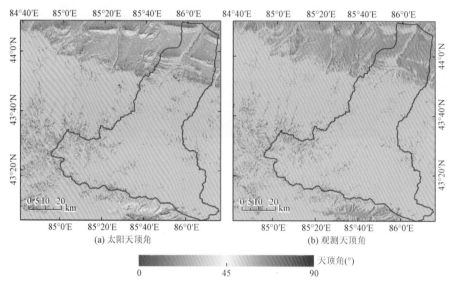

图 7-47　2011 年 12 月 12 日太阳天顶角和观测天顶角

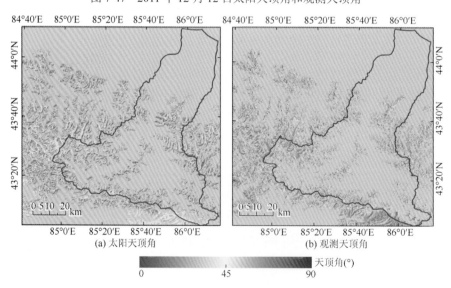

图 7-48　2012 年 4 月 12 日太阳天顶角和观测天顶角

6）积雪像元的提取

ART 模型仅适用于像元被雪完全覆盖的雪粒径反演，因此要根据积雪的反射光谱特征，从图像中提取积雪像元。基于积雪特殊的反射光谱曲线，很多学者提出了一些利用遥感图像提取雪盖信息和进行雪盖制图的方法。多光谱阈值法和归一化差值积雪指数法是最常用的雪像元提取方法。

在可见光-近红外波段，积雪和云具有相似的较高反射率特征；而在短波红外波段，云仍具有较高的反射率，而积雪的反射率则迅速降至 0.1 以下。NDSI 就是根据积雪在可见光波段的高反射和在短波红外波段的强吸收的特点，综合利用可见光波段和短波红外波段反射率信息区分积雪和云，其是卫星遥感积雪监测最有效的方法之一。水体在短波红外波段也具有强吸收的特点，这使得水体的积雪指数也有可能较高，超过积雪判识的阈值，因此还需要利用近红外通道区分积雪和水体（因为水体在近红外通道具有强吸收，而积雪和云在近红外通道具有强反射）。另外，暗目标在短波红外波段的低反射率也可能导致积雪指数超过阈值，需要利用绿色波段来剔除暗目标。

针对所用的 HJ-1B 数据，NDSI 的计算公式如下：

$$NDSI = (CCD2 - IRS6)/(CCD2 + IRS6) \qquad (7\text{-}54)$$

式中，CCD2 和 IRS6 分别为 HJ_1B 卫星 CCD 传感器的绿色波段（波长 0.52~0.60μm）和 IRS 传感器的短波红外波段（波长 1.55~1.75μm）。

3 个阈值采用 SNOMAP 算法常用的阈值，即 $NDSI_{TH} = 0.4$，$R_{NIR\text{-}TH} = 0.11$，$R_{Green\text{-}TH} = 0.1$。

图 7-49 是两期图像得到的雪盖图。由图 7-49 可知，2011 年 12 月 12 日为稳定积雪期，低山带大部分被积雪覆盖，中山带受植被影响，从当期卫星图像中提取的雪盖较少，高山带雪盖较多。2012 年 4 月 12 日为积雪消融期，低山带无积雪覆盖，中山带和高山带仍有较多积雪覆盖。

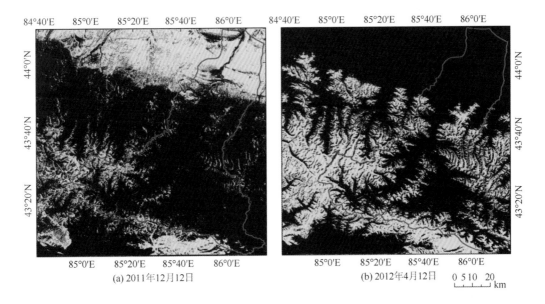

(a) 2011 年 12 月 12 日　　　　(b) 2012 年 4 月 12 日

图 7-49　研究区雪盖图

7.4.2　反演结果与精度评价

7.4.2.1　反演过程

通过 ART 模型模拟分析雪粒径大小及形状的光谱响应，分析可知，雪粒大小、形状和观测几何是影响雪面反射率的主要因素；在近红外波段雪粒径从 10μm 增大到 1000μm 时，雪面反射率在 0.4~0.65 变化；在相同雪粒径的情况下，不同雪粒形状雪面反射率相差 0.05 左右，对应的雪粒径相差 400μm 左右；观测几何的影响更加明显，当入射角为 45° 时，观测角在 0°~70° 变化，反射率最大差异可达 0.32，对应的雪粒径在 1000μm 以上。因此，要利用 HJ-1B 第 5 波段反演雪粒径必须在已知雪面类型的前提下，选择适当的雪粒形状，并加入像元成像几何信息。图 7-50 为 HJ-1B 雪粒径反演流程图。首先，利用 SNOMAP 算法，从 HJ-1B 第 2、第 6 波段反射率中得到积雪像元；其次，由入射太阳和观测几何及坡度、坡向，计算得到像元实际入射和观测天顶角；然后，依据积雪类型选择适当的雪粒形状；最后，根据雪粒径反演模型，从 HJ-1B 第 5 波段反射率数据中反演得到雪粒径。

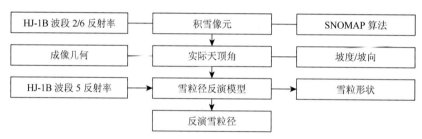

图 7-50　HJ-1B 雪粒径反演流程示意图

7.4.2.2　反演结果

冬季雪面温度较低，雪粒形状多样，通过野外实测雪粒径得到，二级科赫形雪粒更接近于实际情况；春季雪面温度较高，在卫星过境时，雪面融化，使得雪粒趋于球形，通过野外实测雪粒径得到，球形雪粒更接近于实际情况。反演雪粒径时，冬季选择二级科赫形、春季选择球形参数进行计算，取雪粒径大小为 10~1000μm。图 7-51 为研究区雪粒径反演结果，2011 年 12 月 12 日研究区内以粗粒雪为主，在低山丘陵带粗粒雪较多，中山带积雪分布较少，高山带随海拔的升高雪粒径大小存在差异。2012 年 4 月 12 日研究区内低山丘陵带无积雪分布，随海拔的升高雪粒径大小有较大差异。

在玛纳斯河流域山区，积雪主要有 3 种变质作用，即等温变质作用、温度梯度变质作用和融冻变质作用，这 3 种变质作用使得雪粒变大并且趋于球形。气象条件直接影响着积雪的变质作用、变质过程和变质类型，以及积雪的物理特征。其中，气温和气温变化等气象要素对积雪变化的影响尤为明显。依据雪粒径大小，将积雪分为新雪（10~100μm）、细粒雪（100~250μm）、中粒雪（250~500μm）和粗粒雪（500~1000μm），结合海拔、坡度和坡向等影响山区局部气温的因素，探讨玛河流域山区积雪的分布规律。

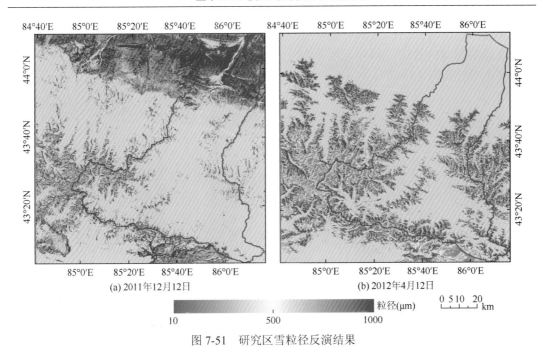

(a) 2011年12月12日　　　　　　　(b) 2012年4月12日

粒径(μm)

10　　　　　　500　　　　　　1000

0 5 10　20
└─┴─┴───┘ km

图 7-51　研究区雪粒径反演结果

　　图 7-52 为 2011 年 12 月 12 日雪粒径随海拔分布图，600～1500m 的低山丘陵带 4 种雪粒径均有分布，以粗粒雪为主，占 95%以上，新雪体量很少，仅占 1.2%；1500～2700m 的山地针叶林带新雪比重有所增多，占 4.4%，粗粒雪、中粒雪和细粒雪的比重分别为 87.9%、5.0%和 2.7%；2700～3600m 的高山草甸带粗粒雪、中粒雪、细粒雪和新雪的比重分别为 94.9%、2.4%、1.1%和 1.6%，粗粒雪的比重有所增加而新雪的比重有所降低；3600m 以上的高山冰雪带仍以粗粒雪为主，占 83.3%，但新雪和中粒雪的比重明显增大，达到 6.4%和 6.6%，说明随着海拔的升高，温度降低变质作用减弱。

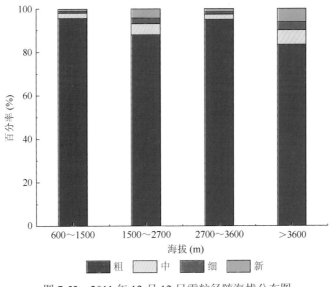

图 7-52　2011 年 12 月 12 日雪粒径随海拔分布图

　　图 7-53 为 2011 年 12 月 12 日雪粒径随坡向分布图，整个研究区内以粗粒雪为主，其
在各坡向均为 85%左右。而在北坡和西坡，雪粒径差异较为明显，新雪、细粒雪和中粒
雪所占比重分别为 4.6%和 3.3%、2.6%和 2.0%、5.3%和 3.9%；南坡粗粒雪最多，占 95.7%，
东坡次之。雪粒径随坡度的分布情况与太阳辐射随坡度的分布一致，南坡接收到的太阳辐
射最多，温度变化最大，使得南坡积雪变质作用最强，雪粒最大，东坡次之，西坡和北坡
变质作用较弱。

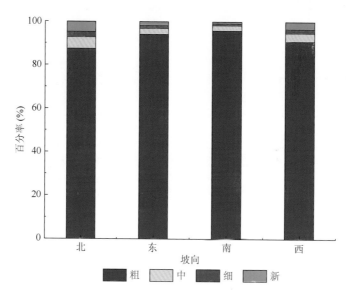

图 7-53　2011 年 12 月 12 日雪粒径随坡向分布图

　　图 7-54 为 2011 年 12 月 12 日雪粒径随海拔和坡向分布图，坡向主要影响地表接收太阳
辐射的强度，在各高度带的南坡和东坡，雪粒径以粗粒雪为主，而在北坡和西坡粒径差异较
大，新雪、细粒雪和中粒雪的比重有所增加。在低山丘陵带和高山草甸带雪粒径随坡向的分
布比重与整个研究区基本相同；而在山地针叶林带和高山冰雪带粗粒雪的比重明显减小，分
别为 81%和 70%左右，说明雪表层粒径的分布不仅与海拔和坡向有关，还与下垫面类型有关。

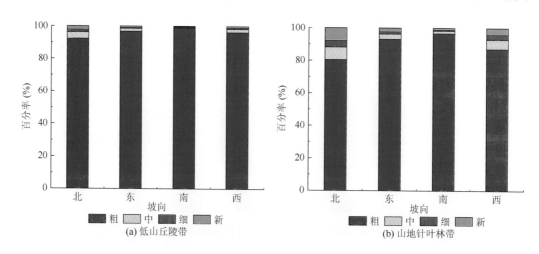

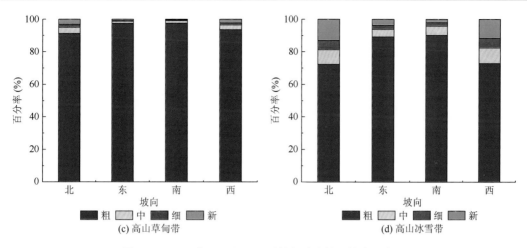

图 7-54　2011 年 12 月 12 日雪粒径随海拔和坡向分布图

　　图 7-55 为 2011 年 12 月 12 日雪粒径随坡度分布图，整个研究区在 0°～5°的平坡内，雪粒径主要为粗粒雪，占 94.9%，而新雪只占 0.8%；随着坡度的增加，新雪、细粒雪和中粒雪的比重逐渐增大，到 25°～35°的陡坡时分别占 8.7%、3.2%和 4.5%；随着坡度的继续增大，新雪、细粒雪和中粒雪的比重又逐渐减小，在大于 45°的险坡内，其比重分别为 1.9%、1.3%和 1.3%。图 7-56 为雪粒径随海拔和坡度分布图，在低山丘陵带和山地针叶林带雪粒径随坡度的分布与整个研究区有相同的变化规律，即在 25°～35°的陡坡内，新雪、细粒雪和中粒雪的比重最大；在高山草甸带以粗粒雪为主，而其他类型的雪粒径随坡度的变化不明显；在高山冰雪带粗粒雪的比重随坡度的增加逐渐增大，从平坡的 74.4%增加到险坡的 89.8%，中粒雪和细粒雪的比重逐渐减小，分别从平坡的 14.6%和 6.7%减小到险坡的 2.1%和 1.5%，新雪的比重相对稳定，在各个坡度均有分布且比重在 6%左右。

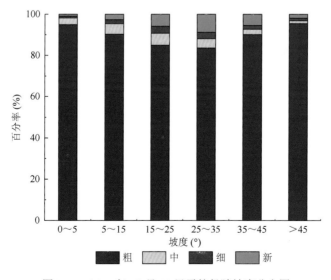

图 7-55　2011 年 12 月 12 日雪粒径随坡度分布图

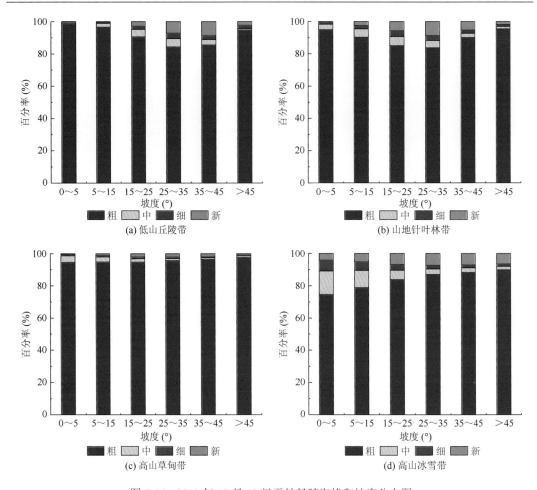

图 7-56　2011 年 12 月 12 日雪粒径随海拔和坡度分布图

　　图 7-57 为 2012 年 4 月 12 日雪粒径随海拔分布图，在 1500m～2700m 的山地针叶林带，几乎完全由粗粒雪覆盖，占 99.8%；在 2700～3600m 的高山草甸带，新雪、中粒雪和细粒雪的比重逐渐增高，分别为 2.4%、3.2%和 6.5%；在 3600m 以上的高山冰雪带，新雪、中粒雪和细粒雪的比重进一步加大，分别达到 10.2%、7.9%和 12.8%，说明在海拔较低时，由于气温较高，雪的变质作用较强，粒径增大，而随着海拔的升高，变质作用减缓，使得可以存在更多较小粒径的积雪，雪粒径差异较大。

　　图 7-58 为 2012 年 4 月 12 日雪粒径随坡向分布图，在北坡和西坡，雪粒径差异较大，新雪、细粒雪和中粒雪所占比重分别为 12.7%和 14.4%、7.1%和 9.9%、11.0%和 13.1%；南坡新雪、细粒雪、中粒雪和粗粒雪的比重分别为 1.3%、6.4%、12.9%和 79.4%；东坡粒径差异最小，主要由粗粒雪组成，占 87.7%，而新雪只占 0.7%。因为在融雪期，积雪主要发生融冻变质，而坡向主要影响山地的辐射能量分布，北坡和西坡接收的热量较南坡和东坡少，因此融冻变质作用较小，雪粒径大小存在较大差异。

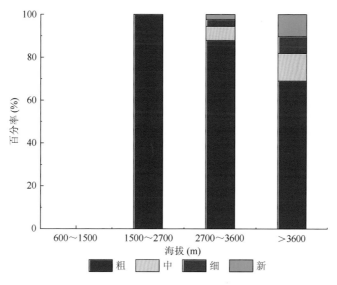

图 7-57 2012 年 4 月 12 日雪粒径随海拔分布图

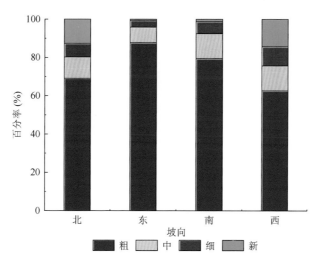

图 7-58 2012 年 4 月 12 日雪粒径随坡向分布图

图 7-59 为雪粒径随海拔和坡向分布图。坡向主要影响地表接收太阳辐射的强度，两个高度带中南坡和东坡都以粗粒雪为主，占 90%和 80%左右，而在北坡和西坡粒径差异较大，新雪、细粒雪和中粒雪的比重有所增加，且随着海拔的升高，比重增加更大，说明在春季融雪期，雪面的变质作用主要受温度影响，随海拔升高温度梯度更大，使得雪粒径的分布随海拔和坡向的变化差异较明显。

图 7-60 为 2012 年 4 月 12 日雪粒径随坡度分布图，整个研究区内雪粒径随坡度有较大的变化，随着坡度的增大粗粒雪具有先增加后减少的现象，由平坡（坡度 0°～5°）的 56.2%增加到陡坡（坡度 25°～35°）的 80.7%，其后在险坡（坡度大于 45°）又降低到 62.5%。中粒雪和细粒雪随着坡度的增加，分别从平坡的 23.6%和 19.2%降低到陡坡的 7.9%和

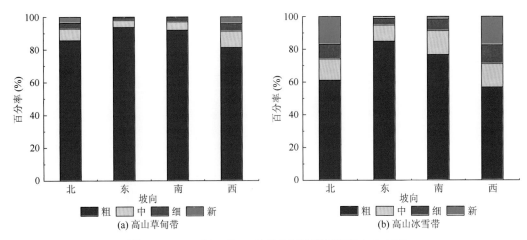

图 7-59　2012 年 4 月 12 日雪粒径随海拔和坡向分布图

4.4%，其后随着坡度的增大变化不明显；新雪随坡度的增大具有递增的变化规律，从平坡的 0.9% 一直递增到险坡的 25.3%。

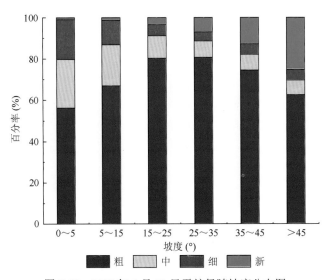

图 7-60　2012 年 4 月 12 日雪粒径随坡度分布图

图 7-61 为 2012 年 4 月 12 日雪粒径随海拔和坡度分布图，高山草甸带以粗粒雪为主，在各坡度均达到 70% 以上，并随坡度的增加逐渐增多，从平坡的 72.6% 增大到陡坡的 93.3%，其后随着坡度的增加，粗粒雪的比例又降到险坡的 78.9%，而中粒雪和细粒雪在坡度较小时为 13% 和 10% 左右，随着坡度达到 15° 以上时，比重明显降低，且稳定在 5% 和 2% 左右，新雪的比重随坡度单调递增，从平坡的 0.1% 增加到险坡的 12.1%。在高山冰雪带 4 种雪粒径的比重随坡度的增加均存在较大变化，粗粒雪的比重随坡度的增加而增加，先从平坡的 48.5% 增加到陡坡的 76.1% 达到最大，再降低到险坡的 58.5%，中粒雪和细粒雪的比重随坡度的增加单调递减，分别从平坡的 27.6% 和 22.6% 减少到险坡的 7.5% 和 5.6%，新雪的比重随坡度的增加单调递增，从平坡的 1.3% 增加到陡坡的 28.4%。

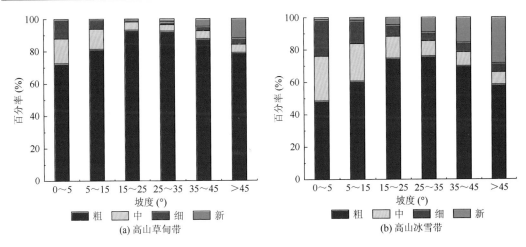

图 7-61 2012 年 4 月 12 日雪粒径随海拔和坡度分布图

由以上分析可知，在玛纳斯河流域山区，地形因子可显著影响地表接收的辐射能量，导致山区坡地的温度场分布存在较大差异，从而直接影响雪粒径随海拔、坡向和坡度等地形因子的空间分布，并呈现出一定的分布规律。雪粒径随海拔升高，温度梯度较小，雪面类型多样；山区北坡和西坡接收到的辐射能量较南坡和东坡少，因此雪粒径在北坡和西坡差异较大；冬季玛纳斯河流域山区温度较低，区内主要为粗粒雪，说明雪粒径随地形因子的差异较小，在一场降雪后，积雪具有相似的变质作用，并且与下垫面类型有一定联系；夏季玛纳斯河流域山区昼夜温差较大，区内雪粒径随海拔、坡向和坡度的变化明显，说明此时积雪的变质作用主要受温度影响，且分布差异明显；雪粒径随坡度的变化较大，但影响的因素有待于进一步研究。

7.4.2.3 误差分析

7.4.2.2 节得到稳定积雪期 2011 年 12 月 12 日和融雪期 2012 年 4 月 12 日的玛纳斯河流域山区雪粒径遥感反演结果，对反演结果分海拔、坡向和坡度等地形因子进行分析，结果与山区辐射的分布关系较大，说明反演结果具有一定的可靠性。表 7-11 是实测雪粒径与反演雪粒径列表，图 7-62 是实测雪粒径和反演雪粒径 1：1 关系图，可以看到，反演雪粒径均大于实测的平均雪粒径，误差在 30%左右。其误差主要来源于两个方面：数据本身的误差和反演模型的误差。

表 7-11 4 个测点的雪粒径反演值与实测值 （单位：μm）

站点名称	反演雪粒径	实测雪粒径		
		均值	最大值	最小值
三岔口	259	190	450	50
敦德铁矿测点 1	747	500	1180	200
敦德铁矿测点 2	663	350	800	100
阿尔先沟	1000	640	1100	250

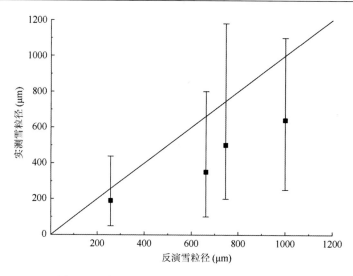

图 7-62　实测雪粒径与反演雪粒径 1∶1 关系图

1）数据本身的误差

①图像成像时间与地面测量时间存在差异。2011 年 12 月 7 日测量时间为北京时间 13∶30，而遥感数据为 2011 年 12 月 12 日北京时间 13∶10 成像；2012 年 4 月 11 日和 12 日北京时间 13∶30 进行了地面观测，而遥感数据为 2012 年 4 月 12 日北京时间 13∶10 成像。②传感器的定标及系统误差。所用的定标系数由中国资源卫星应用中心于 2013 年 1 月发布，而所用图像于 2011 年 12 月和 2012 年 4 月成像，因此随着传感器的老化，所计算的传感器端表观反射率与实际情况有所差异。③反演波段存在差异。所用的 HJ-1B 第 5 波段的光谱范围为 750nm～1100nm，中心波长为 925nm，与分析得到的雪粒径敏感波长 990～1090nm 有一定差异，并且地表反射率会受污化物的强吸收影响，使得反射率偏低。④DEM 存在误差。所用 DEM 的水平分辨率为 75m，垂直分辨率为 17m，空间分辨率较低，使得地表接收的总辐射的计算值存在误差。⑤假设的大气参数。由于缺少成像时的大气资料，而使用 6S 中的标准大气模式，因此在计算大气的辐射传输时存在误差。

2）反演模型的误差

反演模型的误差源于模型假设条件与实际情况的差异：①假设的积雪状态。积雪垂直结构与水平结构随日温度的变化较大，特别是和大气交界的表层积雪，因此在反演过程中模型假设积雪垂直、水平结构均一与实际情况存在误差。②模型忽略了积雪的其他参数，如雪深、雪密度和液态水含量等对雪面反射率的影响，而这些参数也会影响雪面反射率。③反演雪粒径时，模型输入的是假设某种雪粒形状的雪表层平均粒径，而特定的雪粒形状和平均大小不能完全反映实际雪层中雪粒形状和大小各异的分布特征。④混合像元的影响。由于 HJ-1B 数据空间分辨率为 30m，野外积雪参数测量时，在山区较难找到大面积的平坦雪地，考虑到人员安全等因素，测量点多位于道路两旁，而且在玛纳斯河流域山区无论冬季、春季均有下垫面（枯草、砾石等）出露雪面，因此混合地物使得像元反射率较雪像元低，从而导致反演的雪粒径比实测雪粒径大。

参 考 文 献

汪凌霄. 2012. 玛纳斯河流域山区积雪遥感识别研究. 南京：南京大学.

王彦龙. 1992. 中国雪崩研究. 北京：海洋出版社.

Aoki T，Aoki T，Fukabori M，et al. 2000. Effects of snow physical parameters on spectral albedo and bidirectional reflectance of snow surface. Journal of Geophysical Research，105（D8）：10219-10236.

Aoki T，Hachikubo A，Hori M，2003. Effects of snow physical parameters on shortwave broadband albedos. Journal of Geophysical Research-Atmospheres，108（D19）：1-12.

Aoki T，Hori M，Motoyoshi H，et al. 2007. ADEOS-II/GLI snow/ice products-Part II：validation results using GLI and MODIS data. Remote Sensing of Environment，111（2-3）：274-290.

Berk A，Anderson P，Bernstein S，et al. 1999. MODTRAN4 radiative transfer modeling for atmospheric correction. Optical Spectroscopic Techniques and Instrumentation for Atmospheric and Space Research III，Proceedings of SPIE，3756：348-353.

Brun E. 1989. Investigation on wet-snow metamorphism in respect of liquid-water content. Allnals of Glaciology，13：22-26.

Colbeck S. 1982. An overview of seasonal snow metamorphism. Reviews of Geophysics and Space Physics，20（1）：45-61.

Colbeck S，Akitaya E，Armstrong R，et al. 1990. The International Classification for Seasonal Snow on the Ground. Paris：Working Group on Snow Classification；International Commission of Snow and Ice：International Association of Scientific Hydrology.

Domine F，Albert M，Huthwelker T，et al. 2008. Snow physics as relevant to snow photochemistry. Atmospheric Chemistry and Physics，8（2）：171-208.

Dozier J. 1989. Spectral signature of alpine snow cover from the Landsat Thematic Mapper. Remote Sensing of Environment，28：9-22.

Dozier J，Ferw J. 1990. Rapid calculation of terrain parameters for radiation modeling from digital elevation data. IEEE Transactions on Geoscience and Remote Sensing，28（5）：963-969.

Dozier J，Painter T. 2004. Multispectral and hyperspectral remote sensing of alpine snow properties. Annual Review of Earth and Planetary Sciences，32（1）：465-494.

Dozier J，Green R，Nolin A，et al. 2009. Interpretation of snow properties from imaging spectrometry. Remote Sensing of Environment，113：S25-S37.

Draine B，Flatau P. 1994. Discrete-dipole approximation for scattering calculations. Journal of the Optical Society of America A：Optics and Image Science，11（4）：1491-1499.

Dumont M，Brissaud O，Picard G，et al. 2010. High-accuracy measurements of snow bidirectional reflectance. Distribution function at visible and NIR wavelengths-comparison with modelling results. Atmospheric Chemistry and Physics，10（5）：2507-2520.

Fierz C，Armstrong R，Durand Y，et al. 2009. The International Classification for Seasonal Snow on the Ground. Paris：UNESCO-IHP.

Grenfell T，Warren S. 1999. Representation of a nonspherical ice particle by a collection of independent spheres for scattering and absorption of radiation. Journal of Geophysical Research，104（D24）：31697-31709.

Hale G，Querry M. 1973. Optical constants of water in the 200nm to 200 μm wavelength region. Applied Optics，12：555-563.

Hansen J，Travis L. 1974. Light scattering in planetary atmospheres. Space Science Reviews，16（4）：527-610.

Henyey L，Greenstein J. 1941. Diffuse radiation in the Galaxy. Astrophysical Journal，93：70-83.

Horvath H. 2009. Gustav Mie and the scattering and absorption of light by particles：historic developments and basics. Journal of Quantitative Spectroscopy and Radiative Transfer，110（11）：787-799.

Jin Z H，Charlock T，Yang P，et al. 2008. Snow optical properties for different particle shapes with application to snow grain size retrieval and MODIS/CERES radiance comparison over Antarctica. Remote Sensing of Environment，112（9）：3563-3581.

Kokhanovsky A. 2005. Reflection of light from particulate media with irregularly shaped particles. Journal of Quantitative Spectroscopy & Radiative Transfer，96（1）：1-10.

Kokhanovsky A，Breon F. 2012. Validation of an analytical snow BRDF model using PARASOL multi-angular and multispectral observations. IEEE Geoscience and Remote Sensing Letters，9（5）：928-932.

Kokhanovsky A，Zege E. 2004. Scattering optics of snow. Applied Optics，43（7）：1589-1602.

Libbrecht K. 2005. The physics of snow crystals. Reports on Progress in Physics, 68 (4): 855-895.

Marbouty D. 1980. An experimental study of temperature gradient metamorphism. Journal of Glaciology, 26 (94): 303-312.

Mishchenko M. 2009. Gustav Mie and the fundamental concept of electromagnetic scattering by particles: a perspective. Journal of Quantitative Spectroscopy and Radiative Transfer, 110 (14-16): 1210-1222.

Mishchenko M, Macke A. 1997. Asymmetry parameters of the phase function for isolated and densely packed spherical particles with multiple internal inclusions in the geometric optics limit. Journal of Quantitative Spectroscopy and Radiative Transfer, 57 (6): 767-771, 773-794.

Mishchenko M, Dlugach J, Yanovitskij E, et al. 1999. Bidirectional refectance of flat, optically thick particulate layers: an efficient radiative transfer solution and applications to snow and soil surfaces. Journal of Quantitative Spectroscopy & Radiative Transfer, 63: 409-432.

Mishchenko M, Travis L, Lacis A. 2002. Scattering, Absorption, and Emission of Light by Small Particles. Cambridge: Cambridge University Press.

Nakaya U. 1954. Snow Crystals: Natural and Artificial. Cambridge, MA: Harvard University Press.

Noorian A, Moradi I, Kamali G. 2008. Evaluation of 12 models to estimate hourly diffuse irradiation on inclined surfaces. Renewable Energy, 33 (6): 1406-1412.

Perez R, Ineichen P, Seals R, et al. 1990. Modeling daylight availability and irradiance components from direct and global irradiance. Solar Energy, 44 (5): 271-289.

Reeder D. 2002. Topographic Correction of Satellite Images Theory and Application. New Hampshire: Dart-Mouth College.

Richter R. 1998. Correction of satellite imagery over mountainous terrain. Applied Optics, 37 (18): 4004-4015.

Schaepman-Strub G, Schaepman M, Painter T, et al. 2006. Reflectance quantities in optical remote sensing: definitions and case studies. Remote Sensing of Environment, 103 (1): 27-42.

Stamnes K, Li W, Eide H, et al. 2007. ADEOS-II/GLI snow/ice products-Part I: scientific basis. Remote Sensing of Environment, 111 (2-3): 258-273.

Sun W, Fu Q, Chen Z. 1999. Finite-difference time-domain solution of light scattering by dielectric particles with perfectly matched layer absorbing boundary conditions. Applied Optics, 38 (15): 3141-3151.

van de Hulst H. 1957. Light Scattering by Small Particles. New York: Wiley.

Vermote E, Tanre' D, Deuze J, et al. 1997. Second simulation of the satellite signal in the solar spectrum, 6S: an overview. IEEE Transactions on Geoscience and Remote Sensing, 35 (3): 675-686.

Warren S, Brandt R. 2008. Optical constants of ice from the ultraviolet to the microwave: a revised compilation. Journal of Geophysical Research, 113 (D14): 1-10.

Wriedt T. 1998. A review of elastic light scattering theories. Particle and Particle Systems Characterization, 15: 67-74.

Yang P, Liou K. 1996a. Finite-difference time-domain method for light scattering by small ice crystals in three-dimensional space. Journal of the Optical Society of America a-Optics Image Science and Vision, 13 (10): 2072-2085.

Yang P, Liou K. 1996b. Geometric-optics-integral-equation method for light scattering by nonspherical ice crystals. Applied Optics, 35: 6568-6584.

Yang P, Liou K. 1997. Light scattering by hexagonal ice crystals: solutions by a ray-by-ray integration algorithm. Journal of the Optical Society of America A: Optics and Image Science, 14 (9): 2278-2289.

Yang P, Liou K, Mishchenko M, et al. 2000. Efficient finite-difference time-domain scheme for light scattering by dielectric particles: application to aerosols. Applied Optics, 39 (21): 3727-3737.

Zege È, Ivanov A, Katsev I. 1991. Image Transfer through a Scattering Medium. New York: Springer Verlag.

Zege E, Katsev I, Malinka A, et al. 2008. New algorithm to retrieve the effective snow grain size and pollution amount from satellite data. Annals of Glaciology, 49 (6): 139-144.

Zege E, Katsev I, Malinka A, et al. 2011. Algorithm for retrieval of the effective snow grain size and pollution amount from satellite measurements. Remote Sensing of Environment, 115 (10): 2674-2685.

8 基于 AIEM 模型的雪表层含水量反演

雪表层含水量是积雪表层雪粒孔隙间的含水状态,是表征积雪消融过程的重要指标,其时空变化信息研究对融雪径流预报、区域气候变化研究具有重要意义。本章利用 RADARSAT-2 数据和多次野外同步观测的湿雪特性数据,探讨利用 C 波段 SAR 数据反演山区湿雪表层含水量的有效性。通过分析湿雪的微波特性,确定 C 波段条件下湿雪后向散射的主要影响因素,抑制湿雪表层含水量与后向散射系数关系的影响因素,确定反演模型的输入参数。为了提高现有模型在研究区的适用性,本章提出了山区条件下模型的优化方法,获取了输入参数和模型系数的动态调节区间,实现了反演过程动态可控。其主要研究内容包括以下 4 个方面。

(1)湿雪的微波特性。为了探讨 C 波段 SAR 数据反演湿雪表层含水量的可行性,以及确定湿雪的主要散射分量,利用同步观测数据验证了现有的介电常数经验模型在研究区的适用性,探讨了 C 波段湿雪的介电常数和积雪含水量的关系。在此基础上,模拟了湿雪的穿透深度,发现随着积雪含水量的增加,微波的穿透能力逐步减弱,当积雪含水量大于 3%时,C 波段可有效获取湿雪 10cm 的雪表层信息。在 SAR 数据获取的湿雪面积的基础上,利用极化分解对湿雪的后向散射进行了面体散射分离,表明研究区湿雪以"空气-雪"界面面散射为主,面散射分量在后向散射中占主导地位,其为雪表层含水量反演模型影响因素的确定提供了理论依据。

(2)模型参数的选择。为了在众多影响因素中确定反演模型的输入参数,利用改进的积分方程模型(advanced integral equation model,AIEM)模拟湿雪面散射,确定了影响湿雪表层含水量与后向散射系数关系的影响因素为频率、极化方式、局部入射角、雪面粗糙度和雪表层密度,探讨了 C 波段面散射后向散射系数与各影响因素的关系,针对山区复杂地形条件提出了影响因素的抑制方法:同极化是反演湿雪表层含水量的最优极化方式,同时相不同极化方式的积雪面散射分量的比值削弱积雪面粗糙度的影响,选择基于地形数据和实测雪表层密度的插值结果,以及可准确获取的局部入射角作为反演模型的输入参数;不同极化的体散射比仅是积雪介电常数和局部入射角的函数,据此得到了反演模型的最终输入参数:局部入射角和雪表层密度为反演模型的改进提供了理论基础。

(3)反演模型的改进。为了对现有模型进行改进、对反演过程进行优化,根据同步观测数据和 RADARSAT-2 数据建立覆盖研究区积雪物理参数、雷达参数最大可能分布范围的数据集,对以往研究中的简化过程可采取的不同参数形式进行了比较分析,在最优参数形式选择的基础上,拟合得到了简化面散射模型的系数取值范围,结合简化的体散射模型表达式,构建了适用于研究区的改进的湿雪表层含水量反演模型,提出了"模拟面插值 + IDW 残差内插 + 基于地形时间调节"插值方法,在实测雪表层密度数据的基础上，获取了研究区雪表层密度参数取值范围，实现了反演过程动态化，即在插值获取的雪表层密度范围及拟合得到的模型系数区间内，通过迭代调整输入参数和模型系数来约束模型输出结果。反演模型的改进及反演过程的优化，为湿雪表层含水量的获取提供了技术支撑。

（4）反演结果的评价。为了评价改进的反演模型的精度，基于计算得到的局部入射角和插值得到的雪表层密度，针对不同局部入射角动态选择相应的反演模型表达式，反演得到了研究区湿雪表层含水量分布图；分析了湿雪表层含水量分布规律：2014年3月19日的湿雪表层含水量总体较小，以3%~4%为主，平均含水量为3.57%；海拔和坡向是影响湿雪表层含水量分布的重要的地形要素，低海拔南坡平均湿雪表层含水量最大，高海拔北坡平均值最小；与地面观测数据对比，湿雪表层含水量反演结果的平均绝对误差为0.64%，在置信区间为95%的范围内的误差限为0.88%。反演精度较高，验证了利用多极化C波段SAR数据和改进后的模型反演山区湿雪表层含水量是有效和可行的。

8.1　RADARSAT-2 数据的预处理

综合考虑所选模型对SAR数据波段、极化方式、观测角度等的需要，以及卫星重访周期、数据空间分辨率等多方面因素，选择2013年10月2日及2014年3月19日的C波段RADARSAT-2卫星数据开展玛纳斯河流域典型区湿雪表层含水量的SAR反演研究。比较各波束模式下的极化方式、入射角度、幅宽、空间分辨率，选择精细四极化模式数据的单视复数（single look complex，SLC）级别产品作为遥感数据。SLC产品为斜距产品，未经地距转换，每个像元由一个复数（实部I和虚部Q）组成，含有幅度及相位信息。数据预处理的方法与第6章基本相同。

本书的研究在SAR数据计算局部入射角时所用的数字高程数据为SRTM DEM。选用的是水平精度和垂直精度较高的SRTM 1数据，水平分辨率为30m，垂直精度为10m。该版本的DEM未经过插值补洞修复，因此数据存在缺失，需要对其进行补洞处理。研究区所在位置为4个SRTM 1片区交接处，片区编号为n43_e085、n43_e086、n44_e085、n44_e086，需对其拼接。数据预处理的方法与第6章基本相同。

8.2　湿雪微波特性分析

8.2.1　湿雪的介电特性

在地物与电磁波相互作用的过程中，地物的形态、几何构造和介电特性影响了地物中的辐射吸收、传输和散射，并最终决定了微波遥感所获取的来自地物的辐射和散射信息。因此，在分析湿雪的微波特性前，先分析湿雪的微波介电特性。随着积雪中含水量的出现，液态水含量 m_v（体积百分数）增大，积雪介电常数也将随之增大。通常情况下，湿雪的介电常数大多不会超过3（Ulaby et al.，1982）。

8.2.1.1　经验模型选择

所有的自然介质都有复介电常数 ε：

$$\varepsilon = \varepsilon' + \varepsilon'' \tag{8-1}$$

式中，ε' 为复介电常数的实部；ε'' 为复介电常数的虚部。介电常数的虚部表示介质吸收电磁波能量并将其转化成其他能量（如热能、化学能）的能力。

湿雪是冰和水的混合物，因此湿雪的介电常数依赖于冰和水的介电特性，同时也依赖于冰和水的容积率。积雪的体积含水量是指液态水在积雪中的体积比，由于水介电常数的实部和虚部都远大于冰，随着频率的增大，水的介电常数实部 ε'_w 逐渐降低。在频率低于 10GHz 时，水的介电常数的实部与冰的介电常数的实部 ε'_i 相比要大十倍以上。介电常数虚部相比，水比冰则要超出两个数量级（Mätzler，1987）。由此可见，积雪中的含水量是决定其介电常数的最主要的因素。随着积雪中液态水的增加，其介电常数逐渐增大。同时，由于电磁波频率对水的介电常数影响很大，因此湿雪的介电常数也随频率而变。目前，常用的湿雪经验介电模型主要有两种：一种是利用实测数据建立的经验模型（Martti and Winebrenner，1992；Hallikainen et al.，1985）。该模型描述了频率为 3～37GHz，积雪液态水含量为 1%～12%，雪密度为 0.09～0.38g/cm^3 时，湿雪的介电常数，其表示形式如下：

$$\varepsilon'_{ws} = A + \frac{Bm_v^x}{1+(f/f_0)^2} \tag{8-2}$$

$$\varepsilon''_{ws} = \frac{C(f/f_0)m_v^x}{1+(f/f_0)^2} \tag{8-3}$$

式中，ε'_{ws} 为湿雪的介电常数实部；ε''_{ws} 为湿雪的介电常数虚部；m_v 为积雪体积含水量(%)；f 为频率（GHz）；f_0 为常数，代表湿雪有效弛豫频率，$f_0 = 9.07$GHz；系数 A、B、C 和 x 的表达形式分别如下：

$$A = 1.0 + 1.83\rho + 0.02m_v^{1.015} + B_1$$

$$B = 0.073A_1$$

$$C = 0.073A_2$$

$$x = 1.31$$

式中，ρ 为雪密度（g/cm^3）。当频率为 3～15GHz 时，$A_1 = 1.0$，$A_2 = 1.0$，$B_1 = 0$。当频率为 15～37GHz 时，A_1、A_2 和 B_1 的表达形式更为复杂，具体表达形式可参考相关文献（Hallikainen et al.，1985；Kendra et al.，1994）。

研究发现，在频率较低及雪表层含水量较高的情况下，式（8-2）明显出现低估湿雪介电常数实部 ε'_{ws} 的现象（Kendra et al.，1994）。因此，基于大量观测数据，通过拟合得到了式（8-4）的经验表达形式（Mätzler et al.，1997；Denoth，1989），式（8-4）将 ε'_{ws} 表示为干雪介电常数 ε'_{ds} 和积雪含水量 m_v 的函数之和：

$$\varepsilon'_{ws} = \varepsilon'_{ds} + 0.206m_v + 0.0046m_v^2 \qquad 0.01\text{GHz} \leqslant f \leqslant 1\text{GHz}$$

$$\varepsilon'_{ws} = \varepsilon'_{ds} + 0.02m_v + [0.06 - 3.1 \times 10^{-4}(f-4)^2]m_v^{1.5} \quad 4\text{GHz} \leqslant f \leqslant 12\text{GHz} \quad (8\text{-}4)$$

8.2.1.2　介电常数验证

用春季同步观测的数据对以上两种经验模型，即模型一[式（8-2）]和模型二[式（8-4）]进行湿雪介电常数实部的模拟验证，利用式（8-3）模拟验证了湿雪介电常数虚部，结果如图 8-1 所示。

由图 8-1 可以看出，由于研究区同步实测的雪表层含水量较低，模型二高估了 ε'_{ws}，而模型一与实测数据吻合度高，在研究区有很强的适用性。此外，由图 8-1 可知，式（8-3）对研究区湿雪的介电常数虚部的拟合精度也很高。因此，采用模型一来转换介电常数与积雪含水量。

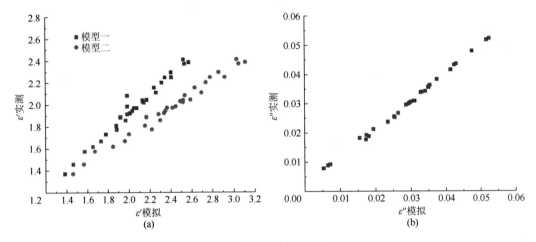

图 8-1　介电常数模拟验证

对不同含水量的积雪介电常数的实部虚部变化进行了模拟。图 8-2 表示在使用的 C 波段 RADARSAT-2 数据中，随积雪含水量变化，介电常数实部和虚部的变化，密度 ρ 取 0.32g/cm³。可以看出，随着积雪含水量 m_v 的增大，其介电常数呈增大趋势。

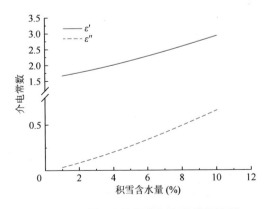

图 8-2　湿雪复介电常数与含水量的关系

8.2.2 湿雪的微波穿透特性

8.2.2.1 微波穿透能力描述

当电磁波由上向下照射到两个半无限介质的分界面上时，将可能出现以下 3 种情况：①当下层介质是均匀的或近似认为是均匀的时，仅仅在分界面上发生散射现象，其反射的电磁波是具有方向性的，其中后向散射即构成对雷达回波的贡献，称为表面散射问题；②被地物（如水）吸收，则无雷达回波出现；③当下层介质不均匀时，或由不同介电常数介质混杂组成时，则入射能量中一部分被不均匀介质再次散射回去，贡献给雷达回波，一部分透射进入下层介质中，这种在下层介质的容积中发生的散射现象，称为体散射（赵立平，1989）。

通常，需根据介质的均匀性和穿透的有效深度来判断目标是否存在体效应。介质的均匀性从介质物理特性可以判断，而穿透的有效深度则需基于介质的介电常数特性进行估算（Ulaby and Elachi，1990）。

通常情况下，电磁波进入自然介质时总会由于传导过程产生损耗现象，其中散射损耗即是介质的散射作用，传导损耗则为介质的吸收作用，两者之和的总损耗称为衰减，单位长度的衰减又称为衰减系数。衰减系数的倒数被定义为穿透深度。在实际计算中，由于散射引起的损耗是难于计算的，因此把传导损耗单独用来作为有效穿透深度的估算。

Ulaby 和 Elachi（1990）通过将麦克斯韦方程应用于电磁场的相互关系，得到电磁波在某一介质中的穿透深度 δ_P，将其定义为电磁波功率从土壤介质表面衰减到 1/e 时的深度。当介质的介电常数满足 $\varepsilon'' / \varepsilon' < 0.1$ 时（Mironov et al.，2009），则穿透深度 δ_P 的公式如下：

$$\delta_{\mathrm{p}} = \frac{\lambda \sqrt{\varepsilon'}}{2\pi \varepsilon''} \tag{8-5}$$

式中，ε'、ε'' 分别为复介电常数的实部和虚部；λ 为微波波长。

8.2.2.2 湿雪穿透深度模拟

微波的穿透深度取决于微波频率和积雪特性，为分析频率对湿雪穿透能力的影响，对不同频率条件下湿雪的穿透深度进行了模拟。根据同步观测的湿雪表层含水量范围，模拟湿雪穿透深度采用的湿雪参数：积雪含水量分别取 2%、4%、6%、8%，雪密度取同步观测的平均值 0.32g/cm³。模拟结果如图 8-3 所示。

由图 8-3 可以看出，随着频率的增加，积雪的穿透深度急剧递减；在低频波段，积雪中含水量的不同，对积雪的穿透深度影响很大。在 50GHz 高频，穿透深度均趋近于零。在所选的不同含水量积雪的条件下，3GHz 频率条件下含水量 2%的湿雪穿透深度可达到 40cm，而到了 40GHz，其穿透深度只有 3cm。含水量较大的湿雪（8%）在 3GHz 条件下穿透深度不到 10cm，在 25GHz 时穿透深度均趋近于零。

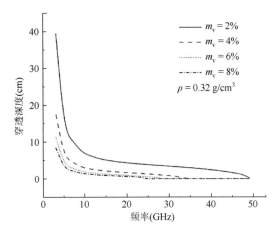

图 8-3　不同频率条件下湿雪的穿透深度

针对所采用的 RADARSAT-2 卫星，分析 C 波段对湿雪的穿透能力，由于雪密度也是影响积雪介电常数的参数之一 [式（8-2）和式（8-3）]，为分析雪密度对湿雪穿透能力的影响程度，对不同雪密度条件下湿雪的穿透深度进行了模拟，如图 8-4 所示。

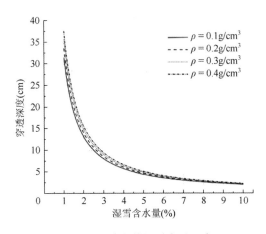

图 8-4　C 波段的湿雪穿透深度

可见，积雪的含水量是影响穿透深度的主要因素，雪密度的变化并没有引起穿透深度大范围的变化。当积雪含水量大于 2%时，穿透深度仅为 12cm 左右，当积雪含水量为 2%～3%时，C 波段可有效获取湿雪 10cm 以内的表层信息，从而为湿雪表层含水量的反演提供了有利条件。结合研究区湿雪表层含水量以 2%～4%为主的同步观测结果，将雪表层定义为雪表面以下 10cm 的厚度，研究该厚度中的积雪含水量。

8.2.3　湿雪主要散射分量确定

对于 C 波段，当雪层较厚时，电磁波较难穿透雪层，此时湿雪（液态水、空气和冰的混合物）雪体的体散射分量贡献相对较小，雪表面面散射在总的后向散射中所占比重随着积雪液态水含量的增加而增加，总的后向散射系数对雪表面的粗糙度较为敏感。同时，对于不同含水量的积雪，C 波段电磁波的穿透深度相差很大，其后向散射信号的构成分量也不完全相同。

对于湿雪而言，即使积雪中有少量液态水的存在，其对电磁波也具有较强的吸收作用。由观测的雪深数据可知，研究区积雪一般不超过 30cm，体散射的贡献相对于总散射而言较小，雪体体散射和"雪-地"界面面散射的相互作用也较小；也可知，C 波段可获取研究区 10cm 以内的雪层信息，不能穿透积雪，此时总散射主要由雪表面面散射和雪体体散射两部分构成。为了进一步探讨研究区湿雪的主要散射分量，需先获取湿雪面积。

8.2.3.1 湿雪面积获取

春季融雪过程中，随着含水量的升高，积雪由干雪变为湿雪。干雪条件下，低频电磁波（如 C 波段）因受到的衰减作用较小，可以穿透积雪，后向散射主要包括雪体体散射和"雪-地"界面面散射两项（Ulaby and Stiles，1980；Singh and Venkataraman，2009）。对于大多数条件下的干雪而言，SAR 后向散射主要来自下垫面的面散射（Pivot，2012），随着雪粒径的增大或雪深的增加，体散射项对后向散射系数贡献增大（West，2000）。无雪条件下，裸地地表 SAR 图像后向散射信号与干雪覆盖地表相近，后向散射系数差异不明显。而湿雪条件下，由于雪中液态水含量增大，C 波段 SAR 后向散射中雪表面的面散射为主要散射分量；受雪面粗糙度和湿雪对电磁波的吸收影响，后向散射系数明显低于除光滑湿润地表、光滑水面之外的绝大多数自然地表（Baghdadi et al.，1997）。与干雪和无雪相比，湿雪对电磁波的吸收系数较高，SAR 后向散射信号较弱（Mätzler，1987），后向散射系数值相对较低，这使得 C 波段 SAR 图像用于区分湿雪与干雪或无雪成为可能。因此，可利用湿雪覆盖时间段 SAR 图像和参考图像（无雪期图像或干雪覆盖时间段图像）计算变化图像，利用给定阈值判断获取湿雪覆盖面积。其中，最常用的算法为 Nagler 算法（Nagler and Rott，2000），其表达式为

$$
\begin{cases}
\sigma_{ws} / \sigma_{ref} < TR \\
15° \leqslant \theta_i \leqslant 78° \\
L = \text{False} \\
S = \text{False}
\end{cases}
\tag{8-6}
$$

式中，σ_{ws} 为融雪期后向散射系数；σ_{ref} 为积雪期或无雪期后向散射系数；TR 为经验阈值，一般情况下取值为–3dB；θ_i 为局部入射角；L 和 S 分别表示叠掩和阴影。

经验阈值 TR 决定变化图像上的像元是否为湿雪像元，准确的阈值对于 SAR 图像提取湿雪覆盖面积十分重要。理想情况下，该阈值应该是独立于时间和地区的常数，如已普遍采用的–3dB，然而由于不同区域环境条件的差异，如气候条件、植被覆盖度等因素的影响，湿雪判断阈值通常存在细微差别。TR 取值为–3dB 时，在一定程度上会低估湿雪的积雪范围（Malnes and Guneriussen，2002）。在对国内外相关研究进行分析的基础上，本书的研究最终采用–2dB 的阈值提取湿雪面积。考虑山区入射角对 SAR 后向散射系数影响，

以及阴影、叠掩现象，对局部入射角小于 15°和大于 78°区域及阴影、叠掩像元做掩膜处理。因此，用 Nagler 算法提取湿雪像元，得到研究区 2014 年 3 月 19 日的湿雪分布图，如图 8-5 所示。

图 8-5 湿雪分布图

图例：湿雪、叠掩、林地、水体、非积雪和干雪、阴影、居民地

8.2.3.2 面体散射分解

目标分解可以从 SAR 图像中获取丰富的极化信息，其对于分析积雪微波散射机制具有非常重要的作用。极化目标分解能对地物目标物理散射机制进行准确全面的描述，已被广泛应用于极化 SAR 图像处理中。不同目标分解方法从不同角度出发反映地物目标的物理散射机制，从而使目标分解的应用范围变得更加广泛。Yamaguchi 分解方法（Yamaguchi et al.，2005）对于积雪等具有复杂几何散射结构的目标有较好的适用性，因此本书的研究根据 Yamaguchi 四分量分解法，将极化 SAR 数据分为表面散射、二面角散射、体散射和螺旋体散射，其协方差矩阵可表示为

$$C = f_s C_s + f_d C_d + f_v C_v + f_c C_c \tag{8-7}$$

式中，f_s、f_d、f_v、f_c 分别为表面散射、二面角散射、体散射和螺旋体散射分量的系数；C_s、C_d、C_v、C_c 分别为表面散射、二面角散射、体散射和螺旋体散射协方差矩阵。

湿雪后向散射信号由雪表面面散射和雪体体散射两部分构成。结合提取的湿雪范围，

利用 Yamaguchi 四分量分解法，得到 2014 年 3 月 19 日湿雪的雪表面面散射和雪体体散射功率成分，如图 8-6 所示。由图 8-6 可以看出，积雪中液态水的出现导致了后向散射信号的急剧下降，总体的散射功率很低，湿雪后向散射成分以雪表面面散射为主，湿雪的体散射散射功率十分低，接近于 0。

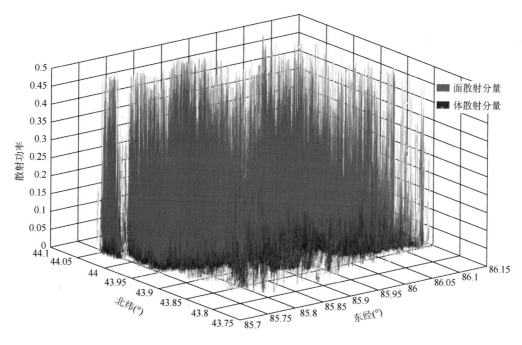

图 8-6　湿雪的面散射功率和体散射功率

8.3　反演模型与参数选择

8.3.1　湿雪面散射影响因素分析

传统的随机粗糙表面面散射模型有几何光学模型（geometrical optics model，GOM）、物理光学模型（physical optics model，POM）和小扰动模型（small perturbation model，SPM）。这些模型的应用范围很窄，几何光学模型和物理光学模型适用于粗糙度较大的地表，而小扰动模型则适用于粗糙度较小的地表或接近平滑的地表。

实际上，自然地表的粗糙度大小是连续的，涵盖各种不同尺度粗糙度水平，而传统随机粗糙表面面散射模型无法描述地表粗糙度的真实情况。因此，需要一个连续的模型再现不同粗糙地表的辐射特性和电磁散射，使其能更好地模拟电磁波对实际地表的作用过程。基于以上需求，Fung 等（1992）提出积分方程模型（IEM），该模型能在一个很宽的粗糙度范围内对实际地表后向散射取得更好的模拟效果，已被广泛应用于微波地表散射模拟和分析。然而，IEM 模型在模拟实际地表时，模拟值与地表测量后向散射观测值之间仍然存在一些差异（Zribi et al.，1998）。其原因主要有两个方面：一是 IEM 模型对实际的地表粗糙度描述不准确；二是 IEM 模型对不同地表粗糙度条件下菲涅尔反射系数的处理过于简单。最近发展的 AIEM 模型主要在这两个方面做了改进（Chen et al.，2003），能计算和模拟包括更宽范围的介电常数、粗糙度和频率等参数的地表辐射信号。

8.3.1.1　影响因素确定

根据 AIEM 模型参数，由 AIEM 模型描述的后向散射系数可以由式（8-8）来表达：

$$\sigma_{pq}^{s} = f_{\mathrm{AIEM}}(\varepsilon_{\mathrm{r}}, pq, s, l, \mathrm{fre}, \theta_{\mathrm{i}}) \tag{8-8}$$

式中，f_{AIEM} 为 AIEM 模型的简化表达式；fre 为频率（GHz）；p 与 q 分别为天线发射与接收信号的极化方式，为 H 或 V 极化；ε_{r} 为积雪介电常数；s 为雪面的均方根高度（cm）；l 为雪面的相关长度（cm）；θ_{i} 为局部入射角（°）。

由式（8-8）可以得出，决定湿雪后向散射系数的因素主要有极化方式 pq、频率 fre、局部入射角 θ_{i}、湿雪介电常数 ε_{r}、雪面粗糙度 s 与 l。

由于 RADARSAT-2 数据的频率 fre 为 5.405GHz，固定不变，同时，由式（8-2）和式（8-3）可知，湿雪介电常数 ε_{r} 由雪表层含水量 m_{v} 及雪表层密度 ρ 决定，其正是反映雪表层含水量 m_{v} 作用的有效信号，积雪密度 ρ 通过影响积雪介电常数而影响折射角，并最终影响后向散射系数。因此，为了获取湿雪表层含水量和后向散射系数之间的响应关系，需对极化方式 pq、局部入射角 θ_{i}、雪面粗糙度 s 与 l，以及雪表层密度 ρ 等影响因素进行抑制。各个影响因素的关系如图 8-7 所示。

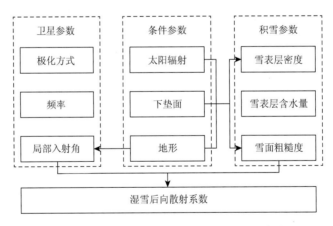

图 8-7　湿雪后向散射系数影响因素的关系图

8.3.1.2　因素敏感性分析

采用 AIEM 模型正向模拟的方法定量分析各因素的敏感性，进一步分析后向散射系数对各因素的响应特征，可为反演模型输入参数的确定提供科学依据，具体分析如下。

1）局部入射角的影响

为分析局部入射角 θ_{i} 对后向散射系数的影响，在 AIEM 模型中依次输入不同的局部

入射角 θ_i，并保持其他输入参数固定不变，计算后向散射系数，再分析后向散射系数随 θ_i 的变化趋势，从而得到湿雪后向散射系数对局部入射角 θ_i 的响应特征。输入 AIEM 模型的参数值见表 8-1，其中，局部入射角 θ_i 设置为 5°～85°，步长为 2°；s 和 l 分别取 3mm 和 8cm；雪表层含水量 m_v 取值为 1%～13%，步长为 3%；积雪表层密度 ρ 使用野外观测获得的平均雪密度，为 0.32g/cm³；同时，模拟输出 HH、VV、HV、VH 四种极化方式下的后向散射系数。湿雪后向散射系数模拟结果如图 8-8 所示。

表 8-1　局部入射角影响分析的输入参数

参数名	参数范围	步长
雪面均方根高度（mm）	3	—
雪面相关长度（cm）	8	—
雪表层含水量（%）	1～13	3
局部入射角（°）	5～85	2
频率（GHz）	5.405	—
雪表层密度（g/cm³）	0.32	—
极化方式	HH、VV、HV、VH	—

由图 8-8 可以得出：①整体而言，湿雪后向散射系数随局部入射角 θ_i 的增大而减小，但减小的速率因不同的雪表层含水量和极化方式而差异较大；②同极化（HH 或 VV）的后向散射系数随 θ_i 减小的速率很快，尤其当 $\theta_i>30°$ 时，后向散射系数急速减小，从而使

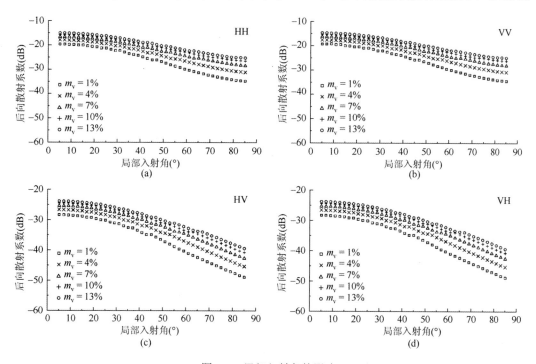

图 8-8　局部入射角的影响

得在 5°～85°的局部入射角变化范围内，同极化湿雪后向散射系数的差异高达 15dB；③交叉极化（HV 或 VH）方式后向散射系数随 θ_i 减小的速率比同极化大，在 5°～85°的局部入射角变化范围内，交叉极化的后向散射系数的差异最大为 20dB；④湿雪后向散射系数随 θ_i 减小的速率还受到雪表层含水量的影响，雪表层含水量越低，后向散射系数随 θ_i 减小的速率越大。

2）雪面粗糙度的影响

为分析雪面粗糙度 s 与 l 对湿雪后向散射系数的影响，在 AIEM 模型中依次输入不同的 s 与 l，并保持其他输入参数固定不变，模拟不同极化方式下湿雪后向散射系数，再分析后向散射系数随 s 与 l 的变化趋势，从而得到湿雪向散射系数对雪面粗糙度的敏感性。输入 AIEM 模型的参数值见表 8-2，其中，根据野外同步测量结果，s 与 l 的取值范围覆盖了由小粗糙度表面到大粗糙度表面的取值范围；雪表层含水量 m_v 取春季同步观测结果均值 4%；局部入射角 θ_i 设置为 40°（与本书研究的 RADARSAT-2 数据的入射角相近）；积雪表层密度 ρ 使用野外观测获得的平均雪密度，为 0.32g/cm³；同时，模拟输出 HH、VV、HV、VH 四种极化方式下的湿雪后向散射系数。不同雪面粗糙度的湿雪后向散射系数模拟结果如图 8-9 所示。

表 8-2　雪面粗糙度影响分析的输入参数

参数名	参数范围	步长
雪面均方根高度（mm）	1～11	0.2
雪面相关长度（cm）	1～25	6
雪表层含水量（%）	4	—
局部入射角（°）	40	—
频率（GHz）	5.405	—
雪表层密度（g/cm³）	0.32	—
极化方式	HH、VV、HV、VH	—

由图 8-9 可以得出：①春季湿雪后向散射系数随雪表面均方根高度 s 的增大而增大；②湿雪后向散射系数随相关长度 l 的增大而减小；③不同的极化方式下，湿雪后向散射系数与积雪面粗糙度的变化趋势基本一致，但交叉极化的湿雪后向散射系数值比同极化的后向散射系数值较大；④模拟过程中 s 与 l 的取值范围较大，同极化的湿雪季后向散射系数的最大差异约为 20dB，而交叉极化这一差异值则接近 30dB。

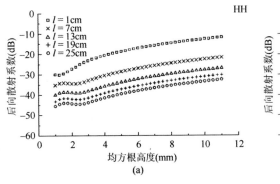
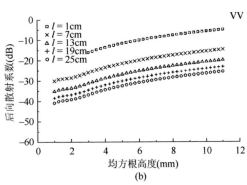

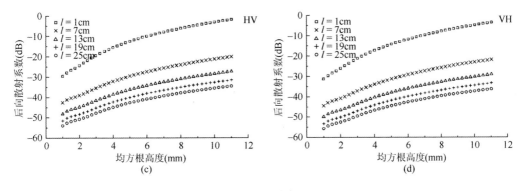

图 8-9　雪面粗糙度的影响

3）雪表层密度的影响

为分析雪表层密度 ρ 对后向散射系数的影响，在 AIEM 模型中依次输入不同的雪表层密度 ρ，并保持其他输入参数固定不变，计算后向散射系数，分析后向散射系数随 ρ 的变化趋势，从而得到后向散射系数对雪表层密度 ρ 的敏感性。输入 AIEM 模型的参数值见表 8-3，其中，根据野外同步观测结果，雪表层密度范围为 $0.163\sim0.419\mathrm{g/cm^3}$，因此雪表层密度设置为 $0.1\sim0.54\mathrm{g/cm^3}$，步长为 $0.01\mathrm{g/cm^3}$；s 和 l 依次取 1mm 和 12cm、2mm 和 9cm、3mm 和 6cm、4mm 和 3cm 四组值，分别表示从小到大不同程度粗糙度的积雪表面；雪表层含水量 m_v 取春季同步观测结果均值 4%；局部入射角 θ_i 设置为 40°；同时，模拟输出 HH、VV、HV、VH 四种极化方式的后向散射系数。后向散射系数模拟结果如图 8-10 所示。

表 8-3　雪表层密度影响分析的输入参数

参数名	参数范围	步长
雪面均方根高度（mm）	$1\sim4$	1
雪面相关长度（cm）	$3\sim12$	3
雪表层含水量（%）	4	—
局部入射角（°）	40	—
频率（GHz）	5.405	—
雪表层密度（g/cm³）	$0.1\sim0.54$	0.01
极化方式	HH、VV、HV、VH	—

由图 8-10 可以得出：①后向散射系数随雪表层密度 ρ 的增大而增大；②不同的雪面粗糙度条件下，后向散射系数随 ρ 的增大而增大的速率基本一致；③不同的极化方式下，后向散射系数与雪表层密度 ρ 的变化趋势基本一致，但交叉极化的后向散射系数值比同极化的后向散射系数值较小；④在本书的研究模拟过程中，ρ 的取值范围较大，湿雪后向散射系数的最大差异约为 5dB，且这一差异的大小与雪面粗糙度和极化方式关系不大。

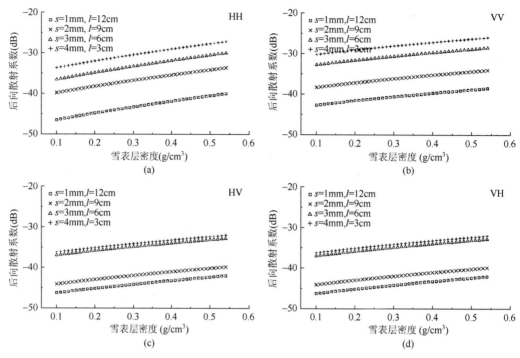

图 8-10　雪表层密度的影响

4）极化方式的影响

以上分析中已考虑了不同极化方式对湿雪后向散射系数的影响，结合图 8-8～图 8-10 可以得出：①相同条件下，HV 极化与 VH 极化的湿雪后向散射系数完全相等，HH 极化 与 VV 极化的湿雪后向散射系数之间存在差异，但差异较小；②相同条件下，交叉极化的 湿雪后向散射系数的值小于同极化的湿雪后向散射系数的值；③当局部入射角由 5°变化 到 85°时，在其他参数固定不变的条件下，同极化的湿雪后向散射系数的变化幅度在 15dB 左右，而交叉极化这一数值达到 20dB；④在局部入射角固定不变的情况下，当雪面粗糙 度变大时，同极化方式的湿雪季后向散射系数最大差异约为 20dB，而交叉极化的这一差 异值则接近 30dB；⑤在局部入射角和雪面粗糙度固定的情况下，极化方式对不同密度的 湿雪后向散射系数影响非常小，可以忽略。

综上所述，不同的局部入射角、雪面粗糙度、雪表层密度和极化方式下，湿雪后向散 射系数的变化规律各不相同，总结如下。

（1）湿雪后向散射系数随局部入射角的增大而减小，同时随雪表层含水量的增大而减 小，不同局部入射角条件下，同极化湿雪后向散射系数的最大差异约为 15dB，而交叉极 化这一差异值则接近 20dB。

（2）湿雪后向散射系数随地表均方根高度的增大而增大，随相关长度的增大而减小， 同极化湿雪季后向散射系数的最大差异约为 20dB，而交叉极化这一差异值则接近 30dB。

（3）湿雪后向散射系数随雪表层密度的增大而增大，不同极化方式下，后向散射系数 随雪表层密度的变化趋势基本一致，最大差异约为 5dB，且这一差异的大小与雪面粗糙度 和极化方式关系不大。

（4）研究区内各像元局部入射角变化范围非常大，极大地影响着不同极化方式下的后向散射系数变化幅度范围，同极化的湿雪后向散射系数的变化幅度在 15dB 左右，而交叉极化这一数值达到 20dB。在局部入射角固定不变的情况下，当雪面粗糙度变大时，同极化方式的湿雪季后向散射系数最大差异约为 20dB，而交叉极化的这一差异值则接近 30dB。

8.3.2　面散射模型简化

8.3.2.1　影响因素抑制

根据 8.3.1 节的分析可知，C 波段方式下，影响湿雪后向散射系数的因素众多，有雪表层含水量、雪表层密度、雪面粗糙度、局部入射角及极化方式，因此为反演高精度的雪表层含水量，需要将雪表层含水量对后向散射系数的贡献从众多影响因素的影响中分离出来，将其他影响因素的作用抑制到最低。

理想的反演条件是反演区域内各像元的雪面粗糙度、局部入射角及雪表层密度完全相等。通常在地形平坦、表面粗糙度单一的地区可近似满足条件，然而在山区，地形起伏会导致雷达图像中像元间局部入射角剧烈变化、取值范围广。不同高程带、不同坡度和坡向所接收的太阳辐射量存在较大不同（左大康等，1991；何洪林等，2003；Corripio，2003；翁笃鸣等，1990），从而导致水热分布不均、雪表层密度和雪面粗糙度差异较大；这些山区环境的特点增强了局部入射角、雪面粗糙度及雪表层密度对后向散射系数的影响，也就难以得到雪表层含水量对湿雪后向散射系数的有效贡献。

研究区跨流域中山带和前山带，是典型的山区环境。地形起伏剧烈，使得各坡向太阳直射时长与角度不同，不同坡向所接收的太阳辐射能量差异较大，从而导致不同坡向雪表层密度分布十分不均。剧烈的地形起伏还导致了各像元的局部入射角取值范围非常广，覆盖了 0°～90°的范围。同时，多次的实地考察与地面观测发现，除高海拔地区的林地以外，研究区植被通常为低矮植被。结合 Globe Land30 土地覆盖数据可知，下垫面类型比较单一，草地面积占了 88%以上，林地、居民地和水体和耕地面积较小。由于 SAR 后向散射系数受树体影响复杂，且林地面积在研究区所占比例较小，因此，对林地进行掩膜处理，将下垫面的影响减至最小。因此，为了建立应用于山区条件的反演模型，需要针对研究区具体地形条件、雷达参数与积雪参数特征，将影响因素（极化方式、雪表层密度、雪面粗糙度及局部入射角）的作用抑制到最小，突出雪表层含水量对 SAR 数据后向散射系数的贡献，各影响因素的抑制方法如下。

（1）极化方式影响的抑制。在不同局部入射角及不同雪面粗糙度的条件下，相对于交叉极化，同极化方式能更好地降低局部入射角和粗糙度的影响（分别抑制在 15dB 和 20dB），因此，选用同极化 SAR 数据作为反演数据，以削弱极化方式的影响。

（2）局部入射角影响的抑制。由 SAR 数据计算得到的局部入射角变化范围非常大，在同极化方式条件下，局部入射角对湿雪后向散射系数的影响范围约为 15dB（图 8-8）。在 SAR 数据处理过程中可以得到精确的局部入射角，因此选择局部入射角作为雪表层含水量反演模型的输入参数。

（3）雪面粗糙度影响的抑制。由于无法获取精确的雪面粗糙度数据，同时 AIEM 模型模拟表示即使在同极化方式下，雪面粗糙度对湿雪后向散射系数的影响范围仍高达 20dB（图 8-9），雪面粗糙度是不可忽略的影响因素，需要进行抑制。对于同一时相、同一地区、不同极化方式的雪面面散射分量，SAR 图像上同一像元对应的表面粗糙度可看作是不变的。因此，通过同时相、不同极化方式的雪面面散射分量的比值消除粗糙度参数、削弱积雪面粗糙度对面散射分量后向散射的影响。

（4）雪表层密度影响的抑制。雪表层密度对湿雪后向散射系数的影响约为5dB（图 8-10）。雪表层密度作为介电常数向雪表层含水量转换的关键参数，不可或缺。融雪期由于积雪融化，蒸发和升华现象发生，伴随着重建晶体和破坏晶体的过程，雪表层密度主要受到融雪作用下冷凝、辐射等引起的热量交换的影响。结合同步观测结果与 DEM 分析实测雪表层密度的地形分布特点（图 8-11 和图 8-12），山区雪表层密度与地形之间存在一定关系，不同海拔和坡向上积雪厚度不同，接受的太阳辐射也不同，从而影响雪表层密度的分布。因此，可增加地形条件作为雪密度插值的条件参数，雪表层密度模拟面作为输入参数，降低雪表层密度的影响，提高反演精度。

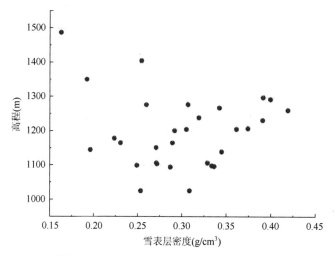

图 8-11　雪表层密度观测值在高程上的分布

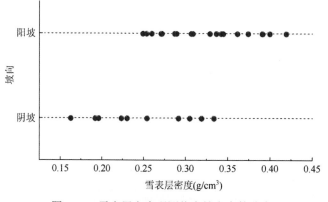

图 8-12　雪表层密度观测值在坡向上的分布

综上所述，针对地形条件复杂的山区，建立雪表层含水量反演模型时，可在最优极化方式（同极化）的基础上，建立简化的面散射模型，从而消除粗糙度参数，增加地形作为雪密度插值的条件参数，将雪表层密度插值结果和计算到的局部入射角作为反演模型的输入参数，进而使模型能适用于复杂的地形条件，满足山区雪表层含水量反演精度。

8.3.2.2　模型简化结果

通过 8.3.1 节的分析可知，雪表面面散射不仅受雷达参数影响，同时还受到积雪自身特性（含水量、表面粗糙度、密度）的影响。本书的研究采用的是 C 波段的 SAR 数据，因此频率固定；通过理论分析及模拟表明，反演模型的最优极化方式为同极化，因此极化方式也是确定的。将均方根高度 s 与相关长度 l 统一表示为粗糙度 sr，式（8-8）又可进一步表示为

$$\sigma_{pp}^{s} = f(\varepsilon_r, \theta_i, sr) \tag{8-9}$$

在 8.3.1 节中已知同极化方式下粗糙度对湿雪季后向散射系数的影响最大高达 20dB，尤其是在风蚀现象严重、雪面粗糙的积雪区域，粗糙度更是不可忽略的影响因素。因此，需要建立消除粗糙度参数的简化面散射模型，既便于计算，又能描述面散射与介电常数、局部入射角的关系。鉴于此考虑及前人的研究成果（Shi et al., 2002），本书的研究中面散射考虑两个相互独立的部分：一部分表示成粗糙度的影响，另一部分则表示成介电常数的响应，即

$$\sigma_{pp}^{s} = A_{pp}(sr, \theta_i) \cdot R_{pp}(\varepsilon_r, \theta_i)^{B_{pp}(\theta_i)} \tag{8-10}$$

式中，A_{pp} 为粗糙度和局部入射角的函数；R_{pp} 与介电常数及入射角相关；B_{pp} 为随局部入射角变化的参量。

为了获取积雪表面的介电常数影响部分与面散射之间更为直接的函数关系，需从式（8-10）中消除粗糙度的影响函数 $A_{pp}(sr, \theta_i)$。对于同一时相的不同极化方式的相同像元，其对应的表面粗糙度可看作是不变的，即式（8-10）中的 $A_{pp}(sr, \theta_i)$ 在不同极化方式下是近似相等的。因此，利用同时相不同极化方式的积雪面散射分量的比值可以消除面散射分量中粗糙度的影响部分 $A_{pp}(sr, \theta_i)$，由式（8-10）可得到：

$$\frac{\sigma_{pp}^{s}}{\sigma_{qq}^{s}} = \frac{R_{pp}^{B_{pp}(\theta_i)}}{R_{qq}^{B_{qq}(\theta_i)}} \tag{8-11}$$

由于参量 $B_{pp}(\theta_i)$ 和 $B_{qq}(\theta_i)$ 均是局部入射角的函数，式（8-11）可以进一步表示为

$$\frac{\sigma_{pp}^{s}}{\sigma_{qq}^{s}} = \left(\frac{R_{pp}}{R_{qq}}\right)^{B(\theta_i)} \tag{8-12}$$

8.3.3　模型参数确定

8.3.3.1　体散射模型描述

为确定反演模型的最终输入参数，除了确定积雪表面面散射模型的输入参数外，还需

进一步确定体散射模型的输入参数，因此本节根据积雪特性，选择适合于表述积雪体散射的理论模型。

由于积雪属于致密介质，在选择模拟雪层内体散射的模型时，研究采用了 Tsang 等（1985）发展的 DMRT 模型。由于电磁波入射波长大于冰粒间的距离，雪颗粒间的散射波之间发生相互干涉，产生相干散射现象，从而产生了"近场效应"，致密介质理论就是为了解决这一问题而提出的。在该理论中，假设积雪粒子为离散的散射体，因此积雪层可考虑成基于离散体的随机介质。同时，由于积雪粒子的分布位置是随机的，因此积雪层可看成是非均匀的随机介质，不同位置的介电常数波动需用特定的相关函数进行描述。致密介质理论适用于同质无限半空间的电磁波的多次散射研究。

在雪层中，积雪颗粒的大小、形状及其排列都对雪体的体散射信号有极大的影响。积雪的一阶体散射被视作来自半空间层中的非均匀的随机介质的散射，体散射反照率、表面粗糙度、折射角决定着体散射的后向散射系数，公式表达如下：

$$\sigma_{pp}^{v} = \frac{3}{4}\omega T_{pp}^{2}\exp[-2s^{2}(k_{1}\cos\theta_{r} - k_{2}\cos\theta_{r})^{2}] \tag{8-13}$$

式中，ω 为体散射反照率，由积雪含水量、密度、颗粒的大小、形状及颗粒的变化决定；T_{pp} 表达的是不同极化方式条件下的功率透射系数；$\exp[-2s^{2}(k_{1}\cos\theta_{r} - k_{2}\cos\theta_{r})^{2}]$ 表达的是地表粗糙度对功率投射系数的影响（Fung，2009）；s 为均方根高度；θ_{r} 为折射角损耗函数。

$$T_{hh} = \frac{2\sqrt{\varepsilon_{r} - \sin^{2}\theta_{r}}}{\cos\theta_{r} + \sqrt{\varepsilon_{r} - \sin^{2}\theta_{r}}} \tag{8-14}$$

$$T_{vv} = \frac{2\sqrt{\varepsilon_{r} - \sin^{2}\theta_{r}}}{\varepsilon_{r}\cos\theta_{r} + \sqrt{\varepsilon_{r} - \sin^{2}\theta_{r}}} \tag{8-15}$$

8.3.3.2　输入参数确定

假设散射颗粒为球体且随机分布，体散射率仅依赖于局部入射角，与极化无关，介电常数独立于极化方式（Shi et al.，1993），因此不同极化之比可消除体散射反照率的影响。VV 和 HH 极化条件下，一阶体散射信号的比值可以简化为介电常数和折射角的函数：

$$\frac{\sigma_{vv}^{v}}{\sigma_{hh}^{v}} = \frac{T_{vv}^{2}(\varepsilon_{r}, \theta_{r})}{T_{hh}^{2}(\varepsilon_{r}, \theta_{r})} \tag{8-16}$$

根据斯涅尔（Snell）定律，可得到局部入射角 θ_{i} 与折射角损耗函数 θ_{r} 之间的关系：

$$\sqrt{\varepsilon_{ws}'} = \frac{\sin\theta_{i}}{\sin\theta_{r}} \tag{8-17}$$

式中，ε_{ws}' 表示湿雪介电常数的实部。

由于湿雪的后向散射由雪表面面散射和雪体体散射两个部分组成，因此湿雪后向散射可以表示成

$$\sigma_{pp}^{t}(\theta_{i}) = \sigma_{pp}^{s}(\theta_{i}) + \sigma_{pp}^{v}(\theta_{r}) \tag{8-18}$$

式中，$\sigma^{t}_{pp}(\theta_i)$ 为总的后向散射系数。

结合式（8-12）、式（8-16）、式（8-17）和式（8-18）即可以得出，雪表层含水量反演模型的输入参数有同极化后向散射系数、湿雪介电常数、局部入射角。其中，由式（8-2）和式（8-3）可知，湿雪介电常数又是频率、雪表层含水量的函数，因此，雪表层含水量反演模型的输入参数确定有局部入射角 θ_i 和雪表层密度 ρ。

8.4　反演过程改进与结果评价

8.4.1　模型参数计算

模型输入参数包括局部入射角和雪表层密度，其中，局部入射角均已在数据预处理阶段得到，所以还需要雪表层密度参数将反演所得的介电常数转化为雪表层含水量。

8.4.1.1　雪表层密度插值

2014 年春季野外雪表层密度的观测值只能代表观测时间所在位置的参数值，广大未观测区域的雪表层密度只能通过间接推算得出。插值法可通过离散函数在有限点上的取值状况，模拟在其他点处的函数值，其是根据点上信息推测面上信息的重要方法。因此，研究利用插值法估算反演模型中的雪表层密度参数。

通过分析实地观测的积雪表层密度结果可以得到，观测点个数少，数量仅为 31 个，大多观测点分布在道路附近，空间分布不均衡。研究区地形复杂，地貌多样，海拔由南至北依次降低，高度差跨度大，坡度坡向引起的太阳辐射的不均衡，使得雪表层密度的时空分布更为复杂，传统方法的单因素控制或简单多元回归方法无法得到高精度的雪表层密度的空间分布。

综合法既能反映出影响雪表层密度空间分布的各种地理因子及其影响程度（Ninyerola et al.，2000；Vicente-Serrano et al.，2003），在达到观测站点处的值与实测值相等的理想状态的同时抑制极端值，又能引入较多的微地形因子以更好地表现空间细节，如太阳辐射因子的引入能够有效模拟相同海拔下雪表层密度在阴坡和阳坡的分布差异，经过残差内插之后又保证在观测点上误差为零，其具有精确插值的优点。

综合法没有考虑地形因子（包括坡度、坡向）对雪表层密度分布的影响，由于山区中山体的阻挡、遮蔽，在相同的太阳辐射条件下，不同坡向上接收的辐射能量是不同的，雪表层密度分布存在较大差异。同时，由于地面观测值的获取时间跨度较大（11：00～18：00），而卫星成像时间为 20：16，不同时间同一位置接收到的太阳辐射能量也会有很大差异。因此，本书的研究基于 DEM 和地统计方法，引入坡度、坡向、时间调节因子，采用"模拟面插值＋IDW 残差内插＋基于地形时间调节"的方法，模拟研究区积雪表层密度信息的空间变化规律。

"模拟面插值＋IDW 残差内插"表达式如下：

$$\rho = \rho' + \varepsilon \qquad (8\text{-}19)$$
$$\rho' = f(X, Y, H) \qquad (8\text{-}20)$$

式中，ρ 为实测雪表层密度；ρ' 为模拟雪表层密度；ε 为残差；X、Y 为观测点的经纬度；H 为观测点的海拔。

$$\rho' = a_0 + a_1 \cdot X + a_2 \cdot Y + a_3 \cdot H + a_4 \cdot X^2 + a_5 \cdot Y^2 + a_6 \cdot H^2 + a_7 \cdot X \cdot Y$$
$$+ a_8 \cdot X \cdot H + a_9 \cdot Y \cdot H \qquad (8\text{-}21)$$

式中，$a_0 \sim a_9$ 为因子系数。

"基于地形时间调节模型"考虑了不同时刻太阳天顶角和太阳方位角下，太阳辐射在地形因子作用下引起的地表辐射能量重新分配导致的雪表层密度分布差异。地球表面被视为接近朗伯体，则各个方向上的入射、反射、辐射均相同，不随观测角度的变化而变化（Jones et al.，1988）。假设表面辐射强度与入射角的余弦值成比例，入射角的计算方法如下（Smith et al.，1980；Holben and Justice，1980）：

$$\cos i = \cos e \cos z + \sin e \sin z \cos(\phi_s - \phi_n) \qquad (8\text{-}22)$$

式中，i 为入射角，是表面法线与太阳光束（射线）之间的角度；e 为地形的坡度；z 为太阳天顶角；ϕ_s 为太阳方位角；ϕ_n 为地形的坡向。

当太阳不在天顶时，可通过式（8-23），把倾斜地表接收到的辐射强度修正投影到水平地面辐射强度（Teillet et al.，2014）：

$$LH(\lambda) = LT(\lambda)\cos i / \cos z \qquad (8\text{-}23)$$

式中，$LH(\lambda)$ 为水平地表上的辐射强度；$LT(\lambda)$ 为倾斜地形接收到的辐射强度。

假设忽略除地形、时间外其他所有因素带来的误差，雪表层密度与太阳辐射呈正相关关系，辐射强，雪表层密度高；辐射弱，雪表层密度低。由于地形是引起太阳辐射能量再分配的主要因素，不同时刻随着太阳高度角和太阳方位角的变化，同一地面点上地表接收到的辐射能量也变化，因此在考虑地形特征、时间的条件下，可由式（8-24）模拟得到"基于地形时间调节"后实际的雪表层密度值：

$$\rho_T = \rho_H \cos i / \cos z \qquad (8\text{-}24)$$

式中，ρ_T 为"基于地形时间调节模型"模拟的雪表层密度值；ρ_H 为调节前的雪表层密度值。

8.4.1.2　插值结果分析

利用式（8-24）对 31 个同步观测点的雪表层密度基于地形时间调节模型，将其订正到同一时间点的平面雪表层密度，削弱坡度、坡向及时间变化对雪表层密度的影响，增强雪表层密度与研究区海拔、经纬度的相关性。雪表层密度与纬度和高程的相关性较强，这主要与雪表层密度垂直递减，以及与研究区海拔随纬度增大而降低这一地形特征有关。结合调节后的雪表层密度，利用式（8-21），以经度、纬度和海拔网格图层为变量，建立多元非线性回归方程，生成 ρ'，各系数值见表 8-4。采用反距离权重法（IDW）对各观测点的残差值进行内插，生成残差面 ε。将插值图 ρ' 与残差图 ε 进行相加，计算生成插值图 ρ。然后，利用式（8-24），在插值结果 ρ 的基础上进行地形时间的订正，最终得到卫星过境时（2014 年 3 月 19 日 20∶16）的雪表层密度空间插值图。

表 8-4   雪表层密度与经度、纬度、海拔建立的多元非线性回归系数

系数	$a_0 \times 10^4$	a_1	a_2	a_3	a_4
系数值	−4.331	136.251	1698.335	0.215	−2.643
系数	a_5	$a_6 \times 10^{-6}$	a_7	$a_8 \times 10^{-3}$	$a_9 \times 10^{-3}$
系数值	−26.214	−2.733	7.177	2.013	−8.672

注：复相关系数 $R = 0.72$，sig.$F = 0.039$。

由图 8-13 可见，研究区雪表层密度插值结果呈现南高北低的趋势，其随研究区海拔的升高而减小，与雪表层密度实际分布情况较为相符，说明该插值方法有一定的可信度。同时，研究区雪表层密度变化范围为 0.124～0.486g/cm³，平均雪密度为 0.291g/cm³，标准差小于 0.087g/cm³，说明雪表层密度值较低。

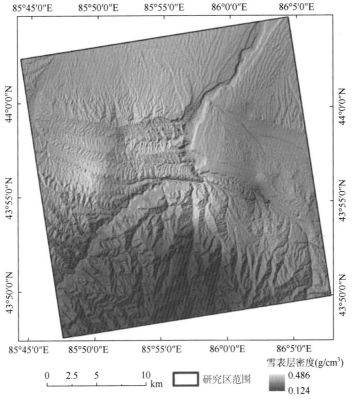

图 8-13   积雪表层密度插值结果

选择模型拟合能力进行评价。模型拟合能力是指拟合得到的模型对拟合所用训练样本点变异的解释能力，用于评价拟合能力的指标众多，选择常用的拟合优度决定系数（R^2）、均方根误差（RMSE）及平均绝对误差（MAE）3 项指标。

通过交叉验证对雪表层密度插值结果进行误差检验。交叉验证的过程如下：首先，假定每一个点雪表层密度观测值未知，基于周围站点的观测值进行插值估算；然后，分析所

有点上雪表层密度实测值与插值结果的误差，从而评估插值方法的有效性。经计算，雪表层密度插值与雪表层密度观测值之间的拟合优度决定系数（R^2）为 0.76，平均绝对误差（MAE）为 0.033g/cm^3，RMSE 小于 0.046g/cm^3，精度较高，满足介电常数与雪表层含水量之间的换算需求。

8.4.2　反演模型建立

8.4.2.1　模型系数拟合

如上所述，简化后的面散射模型可表示为式（8-12），为了计算 $B(\theta_i)$ 的具体表达式，需选取 R_{pp} 的表达式。在 Shi 93 模型中（Shi et al.，1993），R_{pp} 选择适合于较为平滑和具有较小相关长度表面的小扰动模型（SPM）中的极化幅度系数 $|\alpha_{pp}|^2$，表达式为

$$|\alpha_{hh}|^2 = \left| \frac{(\varepsilon_r - 1)}{\left(\cos\theta_i + \sqrt{\varepsilon_r - \sin^2\theta_i}\right)^2} \right|^2 \tag{8-25}$$

$$|\alpha_{vv}|^2 = \left| \frac{(\varepsilon_r - 1)[\varepsilon_r(1 + \sin^2\theta) - \sin^2\theta_i]}{\left(\cos\theta_i + \sqrt{\varepsilon_r - \sin^2\theta_i}\right)^2} \right|^2 \tag{8-26}$$

在 Singh 等（2006）的研究中，R_{pp} 选择适合于中等粗糙面的物理光学模型（POM）中的菲涅尔反射系数 Γ_{pp}，表达式为

$$\Gamma_{hh} = \left| \frac{\cos\theta_i - \sqrt{\varepsilon_r - \sin^2\theta_i}}{\cos\theta_i + \sqrt{\varepsilon_r - \sin^2\theta_i}} \right|^2 \tag{8-27}$$

$$\Gamma_{vv} = \left| \frac{\varepsilon_r\cos\theta_i - \sqrt{\varepsilon_r - \sin^2\theta_i}}{\varepsilon_r\cos\theta_i + \sqrt{\varepsilon_r - \sin^2\theta_i}} \right|^2 \tag{8-28}$$

本书的研究比较了 R_{pp} 取不同形式时，简化的面散射模型［式（8-12）］的精度差异。选取的 R_{pp} 表达式除了极化幅度系数 $|\alpha_{pp}|^2$、菲涅尔反射系数 Γ_{pp} 外，还有这两种形式的结合 $\sqrt{\Gamma_{pp} \cdot |\alpha_{pp}|^2}$。

对式（8-12）进行精度评价。利用 AIEM 模型，基于表 8-5 中的参数输入范围，模拟不同局部入射角、不同粗糙度组合条件、不同雪表层含水量相应的后向散射系数（共 1024个），拟合不同形式 R_{pp} 下参量 $B(\theta_i)$ 的最优值，再利用式（8-12）反算简化面散射模型的后向散射系数比 $\left(\dfrac{\sigma_{pp}^s}{\sigma_{qq}^s}\right)'$，最后计算 $\dfrac{\sigma_{pp}^s}{\sigma_{qq}^s}$ 和 $\left(\dfrac{\sigma_{pp}^s}{\sigma_{qq}^s}\right)'$ 的差值 $\Delta = \dfrac{\sigma_{pp}^s}{\sigma_{qq}^s} - \left(\dfrac{\sigma_{pp}^s}{\sigma_{qq}^s}\right)'$，并得到整个模拟数据集 Δ 的分布（图 8-14）。

表 8-5 AIEM 模型中输入参数的范围

参数名	参数范围	步长
雪面均方根高度（mm）	1~10	3
雪面相关长度（cm）	1~19	6
雪表层含水量（%）	1~10	3
局部入射角（°）	5~80	5
频率（GHz）	5.33	—
雪表层密度（g/cm³）	0.32	—
极化方式	HH、VV	—

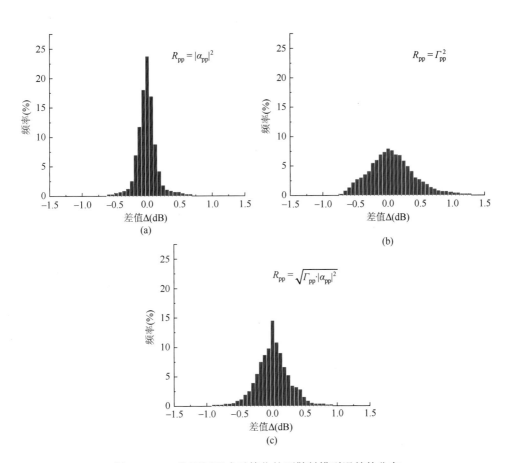

图 8-14 R_{pp} 取不同形式时简化的面散射模型误差的分布

由图 8-14 可以看到，R_{pp} 三种不同形式对式（8-12）产生的误差，当 $R_{pp} = \left|\alpha_{pp}\right|^2$ 时误差直方图的形状最好。由于雪面粗糙度较小，当 $R_{pp} = \Gamma_{pp}$ 时，由于 Γ_{pp} 为描述中等粗糙面的物理光学模型（POM）中的参数，模拟结果误差呈不对称的正态分布。3 种情况下平均

误差值分别为 0.101dB、0.461dB 和 0.182dB,表明当 R_{pp} 取 $|\alpha_{vv}|^2$ 时得到的误差最小。在 $R_{pp} = |\alpha_{pp}|^2$ 的基础上,利用模拟数据库中的模拟结果,通过回归分析建立模型参量 $B(\theta_i)$ 与 θ_i 的函数关系(图 8-15)。

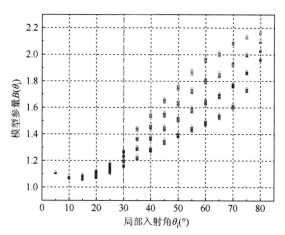

图 8-15　参量 B 随局部入射角的变化

由图 8-15 可知,当 $\theta_i < 30°$ 时,模型参量 $B(\theta_i)$ 与 θ_i 的函数关系可表示如下:

$$B(\theta_i) = a_1 + a_2\sin\theta_i + a_3\sin^2\theta_i \quad (\theta_i < 30°) \tag{8-29}$$

当 $\theta_i \geqslant 30°$ 时,模型参量 $B(\theta_i)$ 与 θ_i 的函数关系比较发散,可建立如下线性关系[式(8-30)],拟合发散区域上下边界的函数关系,得到 $\theta_i \geqslant 30°$ 时参量 $B(\theta_i)$ 的系数区间。

$$B(\theta_i) = b_1 + b_2\theta_i \quad (\theta_i \geqslant 30°) \tag{8-30}$$

通过拟合可得到不同局部入射角条件下,各系数的取值(范围),见表 8-6。

表 8-6　参量 B 的系数值

模型系数	$\theta_i < 30°$	$\theta_i \geqslant 30°$
a_1	1.1652	—
a_2	−0.8580	—
a_3	1.9129	—
b_{1min}	—	0.7196
b_{1max}	—	0.8282
b_{2min}	—	0.0136
b_{2max}	—	0.0177

将式(8-12)和式(8-16)表示如下:

$$D_R(\varepsilon_r, \theta_i) = \frac{\sigma_{vv}^s}{\sigma_{hh}^s} = \left[\frac{|\alpha_{vv}(\varepsilon_r, \theta_i)|^2}{|\alpha_{hh}(\varepsilon_r, \theta_i)|^2}\right]^{B(\theta_i)} \tag{8-31}$$

$$D_{\mathrm{T}}(\varepsilon_{\mathrm{r}},\theta_{\mathrm{r}}) = \frac{\sigma_{\mathrm{vv}}^{v}}{\sigma_{\mathrm{hh}}^{v}} = \frac{T_{\mathrm{vv}}^{2}(\varepsilon_{\mathrm{r}},\theta_{\mathrm{r}})}{T_{\mathrm{hh}}^{2}(\varepsilon_{\mathrm{r}},\theta_{\mathrm{r}})} \qquad (8\text{-}32)$$

与式（8-18）同理，VV 和 HH 极化总后向散射系数的乘积开平方也等于对应的面散射和体散射的和：

$$\sigma_{\mathrm{AP(vvhh)}}^{t} = \sigma_{\mathrm{AP(vvhh)}}^{s} + \sigma_{\mathrm{AP(vvhh)}}^{v} \qquad (8\text{-}33)$$

式中：

$$\sigma_{\mathrm{AP(vvhh)}}^{t} = \mathrm{Re}[S_{t}^{\mathrm{vv}} S_{t}^{\mathrm{hh}*}] = \sqrt{\sigma_{\mathrm{vv}}^{t} \sigma_{\mathrm{hh}}^{t}} \qquad (8\text{-}34)$$

$$D_{\mathrm{RH}}(\varepsilon_{\mathrm{r}},\theta_{\mathrm{i}}) = \frac{\sigma_{\mathrm{vvhh}}^{s}}{\sigma_{\mathrm{hh}}^{s}} = \frac{\mathrm{Re}[\alpha_{\mathrm{vv}} \alpha_{\mathrm{hh}}^{*}]}{\alpha_{\mathrm{hh}}} \cong \sqrt{D_{\mathrm{R}}} \qquad (8\text{-}35)$$

$$D_{\mathrm{TH}}(\varepsilon_{\mathrm{r}},\theta_{\mathrm{r}}) = \frac{\sigma_{\mathrm{vvhh}}^{v}}{\sigma_{\mathrm{hh}}^{v}} = \frac{\mathrm{Re}[T_{\mathrm{vvhh}*}^{2}]}{T_{\mathrm{vv}}^{2}} \cong \sqrt{D_{\mathrm{T}}} \qquad (8\text{-}36)$$

综合式（8-31）~式（8-36）及式（8-18），反演公式可表达为

$$\sigma_{\mathrm{AP(vvhh)}}^{t} = \frac{\sigma_{\mathrm{hh}}^{t} \times \sqrt{D_{\mathrm{R}}(\varepsilon_{\mathrm{r}},\theta_{\mathrm{i}}) D_{\mathrm{T}}(\varepsilon_{\mathrm{r}},\theta_{\mathrm{r}})} + \sigma_{\mathrm{vv}}^{t}}{\sqrt{D_{\mathrm{R}}(\varepsilon_{\mathrm{r}},\theta_{\mathrm{i}})} + \sqrt{D_{\mathrm{T}}(\varepsilon_{\mathrm{r}},\theta_{\mathrm{r}})}} \qquad (8\text{-}37)$$

8.4.2.2 反演过程优化

针对山区复杂地形条件，用现有的 Shi 模型获取高精度的湿雪表层含水量反演结果，前文针对研究区的局部入射角与地形条件，建立了适用于大范围局部入射角的简化面散射模型，在雪表层密度插值中增加了地形这一条件参数，优化了 Shi 模型反演过程。

为了进一步提高湿雪表层含水量反演精度，还需进一步优化反演过程，即针对反演结果进行精度评价，根据评价结果动态调整输入参数，直至输出结果精度较高，使反演过程动态可控。

在已知湿雪表层含水量真值的条件下反演其模拟值，模型的动态化可根据含水量真值的约束获取最佳的模型参数输入值，以及最佳的模型系数取值；在无法获取真值的区域，可通过分析该区域积雪的地形分布特征（高程、坡向等），判断含水量的取值区间，通过调整模型参数和系数的取值，使反演值动态逼近真值范围，得到模型最优表达形式。

在本书的研究中，对各实测点雪表层含水量的反演过程进行动态优化。反演模型的系数取值区间见表 8-6。反演模型的输入参数有局部入射角 θ_{i} 和雪表层密度 ρ。其中，局部入射角 θ_{i} 在处理后的 SAR 数据中直接读取，雪表层密度 ρ 基于实测获取，由于雪表层密度随时间的变化而变化，可根据"基于地形时间调节的模型"[式（8-24）]，以实测值与调节后的模拟值作为各点雪表层密度的输入区间。

具体反演过程如图 8-16 所示。首先，依据局部入射角数据，分别提取出 $\theta_{\mathrm{i}} < 30°$ 及 $\theta_{\mathrm{i}} \geqslant 30°$ 的两类区域，土地覆盖类型中的林地、居民地、水体为不参与反演的区域。其次，针对提取的两类区域，选择反演模型相应的表达式，并输入同极化后向散射系数和插值的雪表层密度，反演不同局部入射角条件下的雪表层含水量。再次，利用地面同步观测数据

对反演结果进行验证，并做精度评价，当反演结果精度较高时，得到优化的雪表层含水量反演结果，当反演结果误差较大时，需迭代调整模型系数及输入参数值（雪表层密度），提高雪表层含水量反演精度。最后，叠加不参与反演区域，并掩膜叠掩区与阴影区，得到最终的湿雪表层含水量分布图。

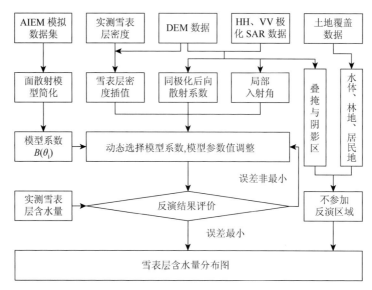

图 8-16　雪表层含水量反演过程

8.4.3　反演结果评价

8.4.3.1　湿雪表层含水量分布

依照雪表层含水量反演过程，在模型中依次输入后向散射系数、局部入射角及雪表层密度插值结果等所需参数，反演得到 2014 年 3 月 19 日的湿雪表层含水量，并在此基础上结合土地覆盖类型图与叠掩、阴影区掩膜制作湿雪表层含水量空间分布图，如图 8-17 所示，其频率直方图如图 8-18 所示。

由图 8-17 和图 8-18 可知，研究区 2014 年 3 月 19 日的湿雪表层含水量普遍较小，平均雪表层含水量为 3.57%。其中，雪表层含水量为 3%~4% 的区域比重最大，占总面积的 22.55%；其次为雪水当量 2%~3% 和 4%~5% 的地区，比重分别为 16.92% 和 16.34%；0~1%、1%~2% 及 7%~8% 的雪水当量比重依次降低，分别占 12.53%、11.98% 和 7.19%。雪表层含水量 5%~9% 的地区占总面积的 18.96%，而雪表层含水量大于 9% 的地区仅占 0.72%。由图 8-17 还可看出，无论是在整体上还是在局部地区，湿雪表层含水量的相对高值与低值之间都呈现出明显的条带状相间分布现象，表现出与地形条件相关的变化规律。

雪表层含水量反映了积雪表层雪粒孔隙间的含水状态。由于地表辐射能量、气温等气象条件和雪层下的下垫面条件直接影响了积雪含水量的多寡，同时地形是影响山区太阳辐射和气温分配的主要因素，下垫面类型也与高度带有很强的相关性，因此针对不同地形条

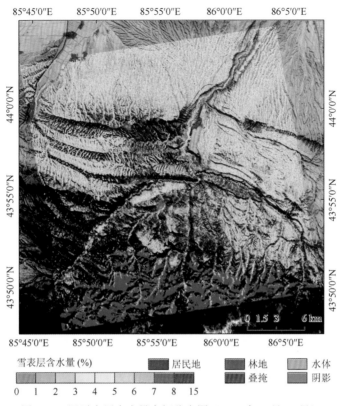

雪表层含水量 (%) 居民地 林地 水体
叠掩 阴影

0 1 2 3 4 5 6 7 8 15

图 8-17 湿雪表层含水量空间分布图（2014 年 3 月 19 日）

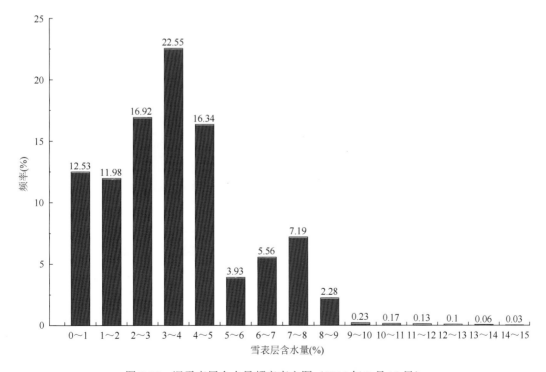

图 8-18 湿雪表层含水量频率直方图（2014 年 3 月 19 日）

件，分析雪表层含水量信息在地形上的分布特征，探讨其空间分布规律，对于融雪过程和气候变化研究利用具有重要意义。

为了分析湿雪在不同高程带的分布规律，根据新疆综合自然区划概要（杨利普，1987），将研究区划分为 4 个高程带，分别是梭梭荒漠带（800m 以下）、草原至半灌木过渡带（800～1200m）、山地草甸草原带（1200～1600m）、云杉林带（1600～2700m）。为了研究湿雪在不同坡向的年内变化规律，将研究区划分为 4 个坡向，分别为东坡（45°～135°）、南坡（135°～225°）、西坡（225°～315°）及北坡（0°～45°和 315°～360°）。

图 8-19 为 2014 年 3 月 19 日不同高度带上的湿雪表层含水量分布情况。研究区不同高程带上的雪表层含水量都以 3%～4%为主；随着海拔的升高，雪表层含水量有明显的下降趋势，平均雪表层含水量由 3.8%降低到 3.36%；小于 1%和 1%～2%的雪表层含水量比重明显上升，分别由梭梭荒漠带的 8.46%和 9.86%迅速增加到云杉林带的 13.86%和 13.06%，2%～3%、3%～4%的雪表层含水量也有轻微的增长趋势；而 4%～5%的雪表层含水量比重明显减少，由 21.4%降低到 13.96%，6%～7%的雪表层含水量比重也有所下降。图 8-20 为不同雪表层含水量的高程带分布情况，低海拔地区的平均雪表层含水量较大，高海拔地区的平均雪表层含水量值较小。

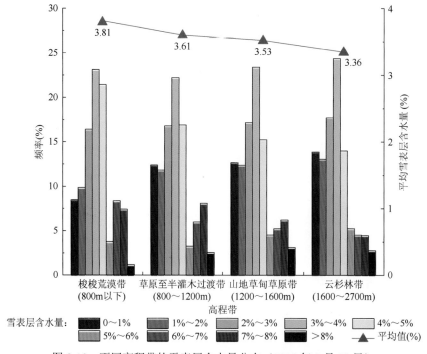

图 8-19　不同高程带的雪表层含水量分布（2014 年 3 月 19 日）

图 8-21 为研究区 2014 年 3 月 19 日不同坡向的雪表层含水量分布情况。各坡向的雪表层含水量平均值差异不明显，南坡雪表层含水量平均值最大，为 3.68%，其次为东坡，为 3.63%，北坡平均值最小，仅为 3.51%，西坡平均值略高于北坡，为 3.54%；各坡向上均以 3%～4%的雪表层含水量为主，尤其是北坡，68.1%的雪表层含水量都小于 4%，西坡

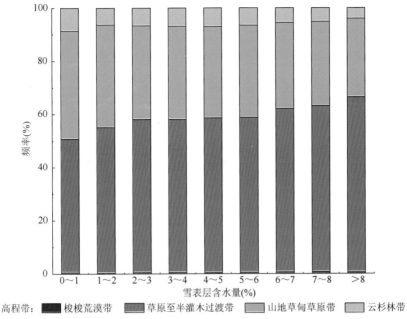

高程带：■ 梭梭荒漠带　■ 草原至半灌木过渡带　■ 山地草甸草原带　■ 云杉林带

图 8-20　不同雪表层含水量的高程带分布（2014 年 3 月 19 日）

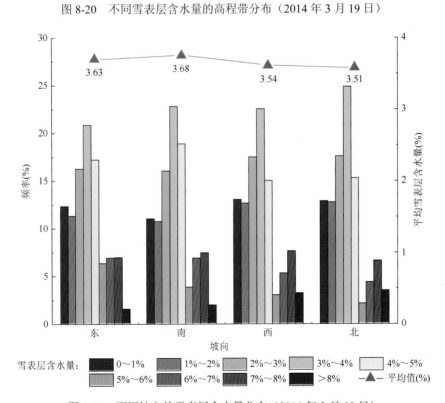

雪表层含水量：■ 0～1%　■ 1%～2%　■ 2%～3%　■ 3%～4%　□ 4%～5%
　　　　　　　■ 5%～6%　■ 6%～7%　■ 7%～8%　■ >8%　▲ 平均值(%)

图 8-21　不同坡向的雪表层含水量分布（2014 年 3 月 19 日）

这一比例也高达 65.66%。相对北坡与西坡而言，南坡和东坡 4%以下雪表层含水量的比重较低，4%以上雪表层含水量的比重较高，4%以上以上雪表层含水量比重分别达到 41%和

40%。图 8-22 为不同雪表层含水量的坡向分布情况，东坡、南坡的雪表层含水量平均值较高，在北坡的雪表层含水量平均值较低；东坡和南坡中雪表层含水量的个量级分布比较接近，北坡的分布则与和西坡较为相似，但南坡和北坡的分布存在明显差异。

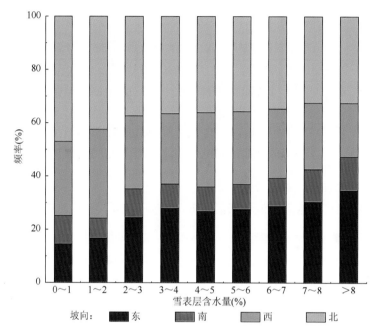

图 8-22　不同雪表层含水量的坡向分布（2014 年 3 月 19 日）

　　综上所述，2014 年 3 月 19 日湿雪表层含水量空间分布特征如下：湿雪表层含水量较小，平均雪表层含水量为 3.57%；以 3%～4% 为主，比重达占 22.55%，其后依次为 2%～3%、4%～5%、0～1% 和 1%～2%，比重分别为 16.92% 和 16.34%、12.53% 和 11.98%，5% 以上雪表层含水量比重很小，仅占 19.68%。5% 以上雪表层含水主要分布于梭梭荒漠带和草原至半灌木过渡带的南坡及东坡地区，从而使得低海拔地区平均雪表层含水量较高海拔地区稍大。各坡向平均雪表层含水量分布差异明显，因此坡向也是影响雪表层含水量空间分布的主要地形要素。其中南坡雪表层含水量平均值最大，为 3.68%，北坡平均值最小，仅 3.51%，东坡和西坡居中，分别为 3.63% 和 3.54%。

8.4.3.2　反演精度评价

　　由前述可知融雪期 2014 年 3 月 19 日的玛纳斯河流域山区湿雪表层含水量 SAR 反演结果，在海拔、坡向等地形上的空间分布与山区太阳辐射有密切关系，说明空间分布趋势正确，反演结果具有一定的可靠性。

　　为了评价反演模型的可靠性，利用 31 个同步观测点实测的雪表层含水量进行反演结果的精度验证。从图 8-23 中可以看出，实测雪表层含水量与反演值接近，反演精度较高。实测值与反演值的拟合优度决定系数为 0.71，MAE 为 0.64%，RMSE 为 0.91%，在置信区间 95% 的范围内误差限为 0.88%。

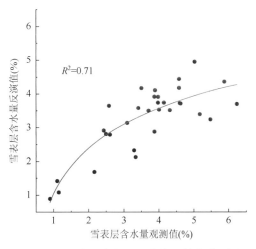

图 8-23 雪表层含水量反演结果精度验证图

各观测点上雪表层含水量反演结果的残差大小如图 8-24 所示。整体而言，各观测点

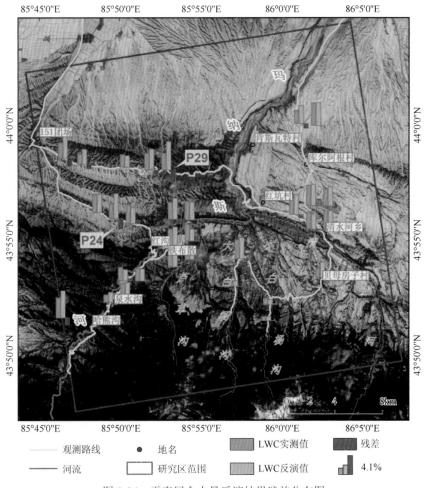

图 8-24 雪表层含水量反演结果残差分布图

雪表层含水量反演结果残差较小，最大正残差为 2.54%，次最大正残差为 2.25%，分别出现在 P29 号观测点和 P24 号观测点；最大负残差仅为−0.66%。P24 号、P29 号观测点都是 2014 年 3 月 19 日卫星过境日观测，下垫面均为草地。其中，P24 号观测点位于 151 团场至煤窑水文站的道路南侧、P29 号观测点位于 101 省道南侧。两个观测点的观测照片分别如图 8-25 和图 8-26 所示。

(a)　　　　　　　　　　　　　　　　　　(b)

图 8-25　P24 号观测点照片

(a)　　　　　　　　　　　　　　　　　　(b)

图 8-26　P29 号观测点照片

由图 8-25 可知，位于 151 团场的 P24 号观测点在山地坡度较大的坡面上获取。该地区积雪较浅（不足 10cm），融雪现象明显。此外，由于气温作用下积雪的反复冻融，雪表面起伏明显，雪面粗糙度较大且分布不均。山区地形对 SAR 影像的几何和辐射特性都有巨大影响，影响了对该区域湿雪后向散射信号的准确获取，同时，粗糙度的不均匀性增加了该点真值与反演值的差异性，导致残差值较大。

由图 8-26 可得，P29 号观测点位于 101 省道南侧，同样在坡度较大的区域上获取。该区域雪深较低，观测点处雪深不足 10cm。积雪分布较为破碎，样地同时存在灌木丛和裸土。由于该区域积雪较薄，且受到混合像元的干扰，未能从雷达散射信号精确反演得到湿雪表层含水量信息，因此残差较大。

为了进一步讨论反演残差的分布趋势，获取残差空间分布信息，明确反演结果残差较大区域，根据实际观测的真值面和反演得到的反演面计算了研究区反演结果的残差面，如图 8-27 所示。由图 8-27 可知，151 团场为正残差较大的区域，101 省道西段为负残差较大的区域。

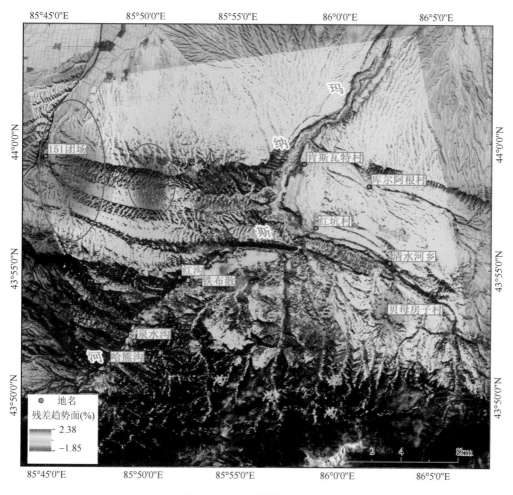

图 8-27 残差趋势面分布图

结合之前的分析可以发现，雪表层含水量反演残差最大的区域为研究区东侧的 101 省道及 151 团场至煤窑路段。该区域海拔低，雪深浅，融雪现象明显，且由于山区坡度的问题及周边环境因素干扰，真值与反演值之间的差值较大。

对湿雪表层含水量反演结果进行分析，可知误差出现的原因主要有以下两类。

（1）模型误差。对反演模型的改进是建立在简化的面散射模型的基础上，面散射模型简化的过程中为消除雪面粗糙度参数，利用 AIEM 模型模拟的数据集拟合了面模型的系数，简化的面散射模型与原始模型仍存在误差。

（2）地形误差。研究区位于玛纳斯河流域山前坡地，SAR 成像过程中仍受山区地形影响，坡度的变化引起局部入射角发生变化，从而改变湿雪的雷达散射机制；同时，局部地形的变化引起后向散射面积的变化，从而引起后向散射系数辐射特征的变化。因此，地形变化引起了雷达构象几何关系的变化，从而引起湿雪后向散射系数的变化，最终对湿雪表层含水量的反演结果产生影响。

参 考 文 献

何洪林，于贵瑞，牛栋. 2003. 复杂地形条件下的太阳资源辐射计算方法研究. 资源科学，25（1）：78-85.

翁笃鸣，孙治安，史兵. 1990. 中国坡地总辐射的计算和分析. 气象科学，10（4）：348-357.

杨利普. 1987. 新疆综合自然区划概要. 北京：科学出版社.

赵立平. 1989. 浅谈雷达图像及其应用. 遥感信息，（2）：41-43.

左大康，周允华，项月琴. 1991. 地球表层辐射研究. 北京：科学出版社.

Baghdadi N，Gauthier Y，Bernier M. 1997. Capability of multitemporal ERS-1 SAR data for wet-snow mapping. Remote Sensing of Environment，60（2）：174-186.

Chen K，Wu T D，Sang L T，et al. 2003. Emission of rough surfaces calculated by the integral equation method with comparison to three-dimensional moment method simulations. IEEE Transactions on Geoscience and Remote Sensing，41（1）：90-101.

Corripio J G. 2003. Vectorial algebra algorithms for calculating terrain parameters from DEMs and solar radiation modelling in mountainous terrain. International Journal of Geographical Information Science，17（1）：1-23.

Denoth A. 1989. Snow dielectric measurements. Advances in Space Research，9（1）：233-243.

Engman E T，Chauhan N. 1995. Status of microwave soil moisture measurements with remote sensing. Remote Sensing of Environment，51（1）：189-198.

Fung A K. 2009. Microwave Scattering and Emission Models and Their Applications. Norwood，MA，USA：Artech House.

Fung A K，Li Z，Chen K S. 1992. Backscattering from a randomly rough dielectric surface. IEEE Transactions on Geoscience & Remote Sensing，30（2）：356-369.

Hallikainen M T，Ulaby F，Abdelrazik M. 1985. Dielectric properties of snow in the 3 to 37 GHz range. Antennas & Propagation IEEE Transactions on，34（11）：1329-1340.

Holben B N，Justice C O. 1980. The topographic effect on spectral response from nadir-pointing sensors. Photogram Eng Remote Sensing，46（9）：1191-1200.

Jones A R，Settle J J，Wyatt B K. 1988. Use of digital terrain data in the interpretation of SPOT-1 HRV multispectral imagery. International Journal of Remote Sensing，9（4）：669-682.

Kendra J R，Ulaby F T，Sarabandi K. 1994. Snow probe for in situ determination of wetness and density. IEEE Transactions on Geoscience & Remote Sensing，32（6）：1152-1159.

Malnes E，Guneriussen T. 2002. Mapping of Snow Covered Area with Radarsat in Norway. Toronto，Ontario，Canada：IEEE International Geoscience and Remote Sensing Symposium.

Martti H，Winebrenner D P. 1992. The physical basis for sea ice remote sensing. American Geophysical Union，68（C2）：29-46.

Mätzler C. 1987. Applications of the interaction of microwaves with the natural snow cover. Remote Sensing Reviews，2（2）：259-387.

Mätzler C，Strozzi T，Weise T，et al. 1997. Microwave snowpack studies made in the Austrian Alps during the SIR-C/X-SAR experiment. International Journal of Remote Sensing，18（12）：2505-2530.

Mironov V L，Kosolapova L G，Fomin S. 2009. Physically and mineralogically based spectroscopic dielectric model for moist soils. IEEE Transactions on Geoscience & Remote Sensing，47（7）：2059-2070.

Nagler T，Rott H. 2000. Retrieval of wet snow by means of multitemporal SAR data. IEEE Transactions on Geoscience & Remote Sensing，38（2）：754-765.

Ninyerola M，Pons X，Roure J M. 2000. A methodological approach of climatological modelling of air temperature and precipitation through GIS techniques. International Journal of Climatology，20（14）：1823-1841.

Pivot F C. 2012. C-band SAR imagery for snow-cover monitoring at Treeline，Churchill，Manitoba，Canada. Remote Sensing，4（7）：

2133-2155.

Shi J，Chen K，van Zyl J，et al. 2002. Estimate Relative Soil Moisture Change with Multi-Temporal L-Band Radar Measurements. Toronto，Ontario，Canada：IEEE International Geoscience and Remote Sensing Symposium.

Shi J，Dozier J，Rott H. 1993. Deriving Snow Liquid Water Content Using C-Band Polarimetric SAR. Tokyo，Japan：IEEE International Geoscience and Remote Sensing Symposium.

Singh G，Venkataraman G. 2009. Snow Density Estimation Using Polarimitric ASAR Data. Tokyo，Japan：IEEE International Geoscience and Remote Sensing Symposium.

Singh G，Kumar V，Mohite K，et al. 2006. Snow wetness estimation in Himalayan snow covered regions using ENVISAT-ASAR data. Asia-Pacific Remote Sensing Symposium. International Society for Optics and Photonics，6410：641008-641012.

Smith J A，Lin T L，Ranson K L. 1980. The Lambertian assumption and Landsat data. Photogrammetric Engineering & Remote Sensing，46（9）：1183-1189.

Teillet P M，Guindon B，Goodenough D G. 2014. On the slope-aspect correction of multispectral scanner data. Canadian Journal of Remote Sensing，8（2）：84-106.

Tsang L，Kong J A，Shin R T. 1985. Theory of Microwave Remote Sensing. New York：Wiley Interscience.

Ulaby F T，Elachi C. 1990. Radar polarimetry for geoscience applications. Norwood Ma Artech House Inc.p，5（3）：38.

Ulaby F T，Stiles W H. 1980. The active and passive microwave response to snow parameters：2. water equivalent of dry snow. Journal of Geophysical Research：Oceans，85（C2）：1045-1049.

Ulaby F T，Moore R K，Fung A K. 1982. Microwave Remote Sensing：Active and Passive. Volume 2-Radar Remote Sensing and Surface Scattering and Emission Theory. Norwood，Massachusetts，USA：Artech House.

Vicente-Serrano S M，Saz-Sánchez M A，Cuadrat J M. 2003. Comparative analysis of interpolation methods in the middle Ebro Valley （Spain）：application to annual precipitation and temperature. Climate Research，24（2）：161-180.

West R D. 2000. Potential applications of 1-5 GHz radar backscatter measurements of seasonal land snow cover. Radio Science，35（4）：967-981.

Yamaguchi Y，Moriyama T，Ishido M，et al. 2005. Four-component scattering model for polarimetric SAR image decomposition. IEEE Transactions on Geoscience and Remote Sensing，43（8）：1699-1706.

Zribi M，Paille J，Ciarletti V，et al. 1998. Modelisation of Roughness and Microwave Scattering of Bare Soil Surfaces based on Fractal Brownian Geometry. Washington：IEEE International Geoscience and Remote Sensing Symposium Proceedings.

9 基于重轨 SAR 干涉测量的雪深反演

雪深是全球能量平衡模型的重要输入变量，也是计算雪水当量的重要参数。基于积雪深度与相位差变化的线性关系，利用重复过境卫星干涉测量方法获取积雪深度具有重要的研究价值。C 波段雷达能够穿透干雪，并在雪-空气界面发生折射，导致传播路径发生变化。根据 InSAR 原理，干雪覆盖前后的 SAR 像对会形成由干雪覆盖导致的干涉相位差。基于此，提出了基于重轨 InSAR 技术的积雪深度反演方法：首先，结合野外观测、气象和水文数据，判断积雪状态，从 C 波段 ENVISAT ASAR 数据中选择无雪和干雪覆盖的最佳干涉像对（2008 年 7 月 12 日与 2009 年 1 月 3 日）；然后，优化干涉处理过程，利用差分原理，获得由于干雪覆盖导致的相位差；最后，基于雪深与相位差的几何关系，反演积雪深度，并对反演结果进行分析。其主要研究内容包括以下几个方面。

（1）对研究区积雪的特点进行模拟和分析，探讨选择合适的干涉像对的条件，以及干涉测量过程中处理步骤的优化。合适的干涉像对是能否进行干涉处理的前提，也是准确获取地形和形变信息的保证。相干性用于衡量干涉像对的相关程度，当完全失相干时，无法形成干涉，而积雪通常是导致失相干的重要因素。根据野外观测数据和文献资料，深入挖掘研究区积雪的物理特点，分析并模拟了积雪的介电特性和穿透深度，获得了 SAR 像对的相干性。在干涉测量过程中，对其中的重要步骤进行优化，获得较好的干涉结果。结果表明：①玛纳斯河流域雪密度与天山典型积雪密度相同，在干雪情况下，C 波段可完全穿透积雪，雪密度与介电常数满足一定关系，根据地面气温和实测雪层温度资料，确定 1 月和 2 月的积雪为干雪；②根据干涉像对的基线条件、相干性和配准难度，最终确定了 080712-090103 和 090103-090207 两组干涉像对，从而可以获得较好的干涉结果；③在精配准前对图像进行预滤波，可有效地增强图像的相干性，在地形起伏较大的山区，对差分处理后的相位进行解缠和插值处理，大大增强了解缠结果的稳定性，减少解缠结果中的空洞。

（2）给出了基于 D-InSAR 的积雪相位的获取过程，探讨了积雪相位的特点，分析了差分结果的误差源。当 SAR 影像获取的时间间隔内地表发生变化时，两幅影像形成的干涉相位中包含形变相位、地形相位、平地相位、大气效应导致的相位延迟和系统热噪声相位，只有当把这些相位信息彼此分离才有意义。论述了在 DEM 数据的辅助下，去除地形相位、平地相位和大气相位，获取积雪相位的过程，分析了积雪相位的特点，在此基础上评述其误差来源。研究表明：①采用二轨差分方法，借助外部 DEM 去除地形相位，精化基线信息来模拟并去除平地相位有效获得差分相位图，再进行相位解缠，有效分离各个相位组分，提高了积雪相位的精度；②当雪层为均质时，不存在时间失相干，但自然积雪存在变质作用和分层现象，会引起雷达波束在雪层内部散射作用增强，传播路径复杂，随着雪层厚度增加，失相干作用增强，无法形成干涉；③解缠后的积雪相位显示，相干性较高的地方解缠效果好，反之会存在一定的解缠错误。另外，自然积雪的分层作用导致的时间失相干和不能完整消除的大气效应也构成了误差源的一部分。

（3）根据积雪深度与积雪相位变化的线性关系，构建了积雪深度反演模型，研究了模型输入参数的率定，并在此基础上对模型进行改进，提高了反演精度，获得了较为合理的反演结果。根据积雪相位与积雪深度的几何关系，构建了积雪深度的 InSAR 反演模型，并确定模型的输入参数——入射角、积雪密度和积雪相位，分析和探讨了入射角和积雪密度两个输入参数，利用研究区雪密度经验值，以局部入射角代替卫星入射角，修正入射角参数，反演积雪深度。研究结果表明：①积雪覆盖范围与同时期 HJ-1 光学图像对比发现，InSAR 测量方法具有区分积雪/非积雪的能力，结合光学图像中混合像元和反演的雪深分布状况，说明 InSAR 方法具有一定的积雪深度探测的能力；②从反演结果看，080712-090103 像对获得的雪深大于 090103-090207 像对获得的雪深变化量，且 2009 年 2 月的积雪深度平均为 20cm 左右，与野外调研结果相符；③从模型的输入参数看，对比卫星入射角和局部入射角得到的反演结果，修正了采用卫星入射角获得的反演结果，但假设雪层内部无分层现象及降雪后对局部入射角不变，导致部分区域的反演结果不可信，需要在大量地面观测试验中，获取地面信息，精确率定模型输入参数。

9.1　ENVISAT ASAR 数据的处理

9.1.1　ENVISAT ASAR 数据预处理

干涉测量的必要条件是选取可用的 SAR 数据，合适的 SAR 复数影像是干涉测量能否成功的关键。可用于干涉测量的星载 SAR 数据主要有欧洲太空局的 ERS-1/2、ENVISAT，加拿大的 RADARSAT-1 和日本的 JERS-1、ALOS 等。ENVISAT 是 ERS-1/2 的后继卫星，其中搭载的 ASAR 能提供较好的干涉数据，因此，选取 C 波段 ENVISAT ASAR 数据作为研究数据。

ASAR 有 5 种工作模式：成像模式、交叉极化模式、宽幅模式、全球检测模式、波模式。普通的 SAR 图像表征雷达照射目标的后向散射特征，图像的灰度值为目标对入射波的散射强度。但该类 SAR 数据不提供地物的相位信息，不能用于干涉测量。SAR SLC 图像包含了强度和相位信息，主要有 CEOS 和 IMS 两种格式，其中，ENVISAT 数据采用 IMS 格式，其由三部分组成，包括主产品头文件 MPH、详细产品头文件 SPH 及数据集 DS（马龙等，2005），这些文件参数可以从 ESA 提供的 NEST 软件读取，从而有助于处理 SAR 影像。

虽然 ASAR 能够提供的 SAR 干涉数据时间间隔为 35 天，在 DEM 的生成方面会有所局限，但是 ENVISAT 卫星装备了精确定位卫星轨道的 DORIS 轨道系统，能够提供精确轨道参数，使得 ASAR 数据在 D-InSAR 的应用中得到了极大的发展。ENVISAT 卫星 ASAR IM 模式获取的 SLC 格式产品根据斜距-多普勒算法和相关辅助数据生成，能够保留相位信息。SLC 格式数据主要应用于 SAR 影像质量评估、定标和干涉应用。IM 模式成像有 7 种不同的像幅进行成像（表 9-1）。

表 9-1　IM 成像特征

成像位置代号	幅宽（km）	星下点距离（km）	入射角范围（°）
IS1	105	187～292	15.0～22.9
IS2	105	242～347	19.2～26.7
IS3	82	337～419	26.0～31.4
IS4	88	412～500	31.0～36.3
IS5	65	490～555	35.8～39.4
IS6	70	550～620	39.1～42.8
IS7	56	615～671	42.5～45.2

获取了 2003～2010 年的 38 景 ENVISAT ASAR 数据的 IMS 产品，为 1B 级降轨数据，影像的中心经纬度为 86°00′E、43°58′N。IMS 产品主要有 IS2 和 IS6 两种，其中 2010 年 12 月以前的为 IS2，2011 年以后的为 IS6 成像模式，其入射角范围大于 IS2 模式。同时，在 ESA 申请获取了精确轨道文件（DORIS 文件）用于对卫星姿态进行修正。本书选用的是 IS2 成像模式数据，平均入射角为 22.9°。根据 ESA 的定义，所有 1B 级数据在存储时都以时间增长为序的方式存储，因此获取的图像为左右镜像（升轨数据为上下镜像）。同时，为了进行干涉测量，要求所获得的数据具有相同的航迹（Track）和帧（Frame）号，书中所用的数据 Track 号均为 162，Frame 号为 2720。

选择 ENVISAT 卫星 ASAR 的 IMS 产品 3 景，按照数据获取时间将其重命名为 080712、090103 和 090207，利用 NEST 软件读取三幅影像的几何参数，并给出对应的 DORIS 辅助文件信息，见表 9-2。

表 9-2　080712、090103、090207 数据参数

数据参数	080712	090103	090207
过境时间	2008-07-12 04：33	2009-01-03 04：33	2009-02-07 04：33
Track 号	162	162	162
Frame 号	2720	2720	2720
Orbit 号	33282	35787	36288
中心经度	86°06′E	86°06′03″E	86°06′37″E
中心纬度	43°56′25″N	43°56′26″N	43°56′25″N
多普勒中心（Hz）	201.03	186.92	200.72
入射角（°）	22.76	22.76	22.74

续表

数据参数	080712	090103	090207
近地点斜距（m）	828697.77	828697.77	828697.77
中心点斜距（m）	848886.65	848886.65	848886.65
远地点斜距（m）	869075.53	869075.53	869075.53
距离向像元数	5175	5175	5175
方位向像元数	27265	27272	27269
距离向分辨率（m）	7.80	7.80	7.80
方位向分辨率（m）	4.04	4.04	4.04
DORIS 精确轨道文件	DOR_VOR_AXVF-P20090206_135500_20080711_215527_20080713_002327	DOR_VOR_AXVF-P20090217_140200_20090102_215526_20090104_002326	DOR_VOR_AXVF-P20090313_081500_20090206_215526_20090208_002326

值得注意的是，表 9-2 中所列的图像分辨率均为距离-方位坐标系中的距离，若转化至地图坐标系，则对应地面的空间分辨率为 26.3m 和 20.2m。在 Gamma 软件的辅助下，对元数据进行左右镜像变换和 1∶5 多视处理。

9.1.2　ASAR 数据的处理

数据为 ASAR 数据产品中成像模式的 1 级单视复图像，产品代码为 ASA_IMS_1P，包括强度信息和相位信息。利用雷达方程可描述雷达回波强度和相位信息与雷达系统参数及目标散射特征之间的关系。当雷达的发射功率为 P_1，接收天线的有效面积为 A，增益为 G，地面目标与天线相距 R 处接收到雷达球面脉冲，则地面目标的有效雷达散射截面 σ 得到的雷达信号强度可以表示（Ulaby et al.，1986）为

$$P_r = \frac{P_1 G^2 \lambda^2 \sigma}{(4\pi)^3 R^4} = \frac{P_1 A^2 \sigma}{4\pi \lambda^2 R^4} \qquad (9-1)$$

回波相位与电磁波的波长和传播距离有关，可表示为

$$\phi = \frac{4\pi}{\lambda} R \qquad (9-2)$$

根据式（9-1）和式（9-2），可以建立地面散射特征与 SAR 图像强度的联系，并且能够非常方便地通过 SAR 信号的相位信息来实现测距。

9.1.2.1　辐射校正

以 080712、090103 和 090207 三幅 IMS 图像为例，利用 ESA 提供的辅助文件（AUX）

对图像进行辐射校正，并根据入射角进行归一化得到后向散射系数图像。利用辅助文件得到 ASAR 产品的比例因子，将其强度图像转化为地面后向散射系数，图 9-1 为090103 和 090207 图像经过辐射校正后得到的后向散射系数图像。表 9-3 列出了 080712、090103 和 090207 三幅图像的后向散射系数统计特征，并生成后向散射系数图像直方图（图 9-2）。

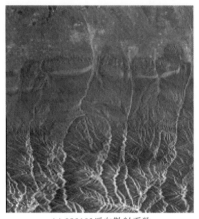 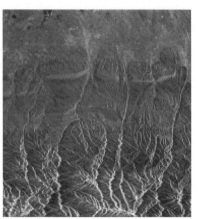

(a) 090103后向散射系数   (b) 090207后向散射系数

图 9-1   090103 和 090207 后向散射系数图像

表 9-3   080712、090103 和 090207 图像后向散射系数统计表

图像名称	最小值	最大值	平均值	中值	均方差	变异系数
080712	−53.85	28.13	−10.83	−11.18	5.62	0.84
090103	−53.94	26.83	−12.07	−12.45	5.20	0.72
090207	−53.95	26.17	−11.62	−11.90	5.24	0.75

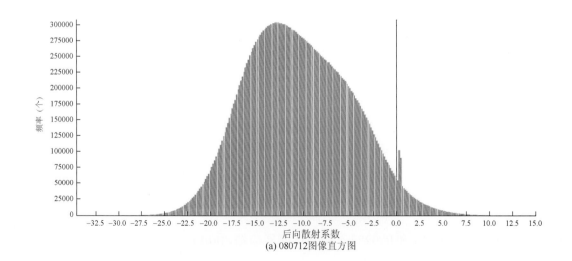

(a) 080712图像直方图

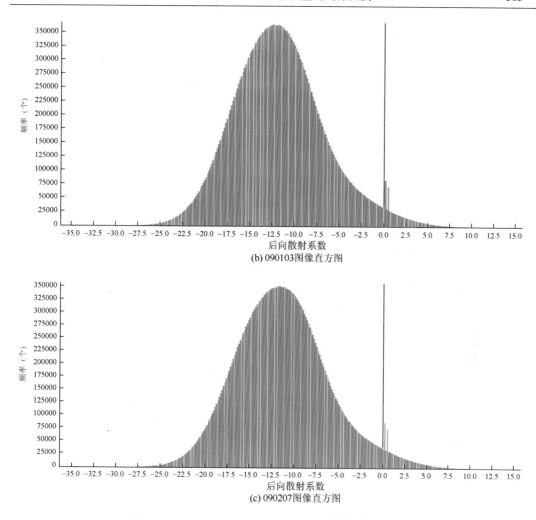

(b) 090103图像直方图

(c) 090207图像直方图

图 9-2　080712、090103 和 090207 后向散射系数直方图

9.1.2.2　地形校正

　　将图像经过左右镜像变换后，根据 DEM 进行地形校正，校正后的 SAR 图像的几何变形得到了很大改善，可视性得到了增强。地形校正主要分为 3 步：①外部 DEM 模拟生成 SAR 图像，根据 SAR 图像的地理编码文件、轨道状态文件和成像几何特征，将 DEM 进行重采样，模拟 SAR 图像；②精配准，将模拟生成的 SAR 图像与 SAR 图像进行精配准，建立 DEM 与 SAR 图像一一对应的地理关系；③地形校正，遍历 DEM 网格，利用模拟的 SAR 计算并搜索在 SAR 图像中对应的地理位置，利用插值等处理进行正射校正。

　　图 9-3 为地形校正后的图像，图 9-3（b）和图 9-3（c）分别给出了平坦地区和山区的地形校正后图像，在地形起伏较大地区的地形变化较为严重，越靠近雷达视线方向（LOS）图像地形畸变越严重，图像的叠掩现象也出现在 LOS 方向。在地形校正的过程中，对图

像进行辐射归一化处理，并根据 DEM 获得的局部入射角投影至斜距平面内，得到局部入射角文件和投影入射角文件，同时生成 SAR 图像的叠掩结果。

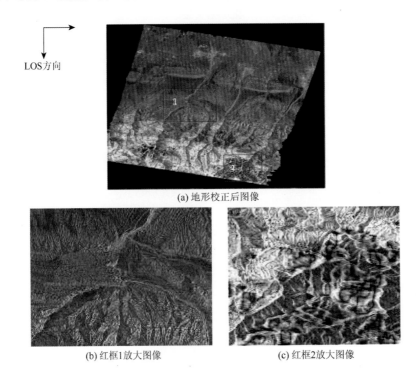

(a) 地形校正后图像

(b) 红框1放大图像　　　　　　　　　　　(c) 红框2放大图像

图 9-3　090103 地形校正后图像

9.2　干涉像对的选择与干涉纹图的生成

9.2.1　ASAR 干涉像对的选择

干涉测量成功的前提是保证地表有一定的相干性，因此数据选取是关键。数据选择的正确与否关系到干涉测量的精度问题，同时还决定了能否生成干涉图，若选取的干涉像对不合适，则很有可能无法形成干涉。影响两幅 SAR 影像相干的因素很多，其中空间去相干和时间去相干是最重要的两个影响因素。

9.2.1.1　空间基线条件

空间基线（包括垂直基线和水平基线）即重复轨道的两个轨道之间的距离，基线不能太长也不能太短，基线太长会增大图像间的去相干性，超过临界基线，则无法形成干涉；太短则高度模糊度（height of ambiguity）太小，导致无法监测出地表形变和位移，也难以形成干涉，应该取一个最优长度的基线（即最优基线）。

在 InSAR 生成 DEM 的应用中，垂直基线起主要作用，决定了空间去相干的大小和生成的干涉图的条纹密度。为了使干涉相位对地形变化更为敏感,要求高程模糊度尽可能小。基线过长容易导致空间失相干,无法形成干涉,并降低 DEM 的精度和可靠性。

以 C 波段的 ERS 和 ENVISAT 卫星为例,若以获取地形为目的进行干涉测量,垂直基线的选取一般在 100~500m,其中 700m 为临界上限;而若以获取形变量为目的进行差分干涉测量,较小的垂直基线更有优势,最好在 50~100m,这样可以减小地形因素、噪声等的影响。

9.2.1.2 时间基线和时间去相干

通常情况下,受星载 SAR 系统重访周期的限制,重复轨道获取干涉像对通常要间隔几天或更长。在数据获取的间隔内,地表覆盖因为土壤湿度、植被、降雪等发生变化,使地表后向散射特征发生较大变化,导致时间失相干,因此需要通过干涉测量处理获取积雪深度导致的相位差,在差分干涉测量过程中,主要考虑积雪覆盖的时间和积雪状态特征。

此外,对于常见的星载系统的微波波段,干雪是透明的,当积雪湿度增加时,地表的介电特性增加,后向散射系数变化较大,失相干会变得较为严重,在进行干涉测量时,可以根据积雪过程的变化特征,选择地表覆盖为干雪的图像与无雪图像组成干涉像对。同时发现,若地表后向散射特性变化较大,失相干严重时,复干涉图像的精配准较为困难,配准精度很难达到亚像元。

结合天山的积雪密度特征,模拟了 C 波段下积雪的穿透深度,可知积雪为干雪时,在介电常数较低的情况下,穿透深度达到 100m,即使当雪湿度增加,介电常数虚部增加到 0.005 时,穿透深度依然可以达到 1.92m,可完全穿透研究区内积雪,尤其是在积雪为干雪的情况下,选用 C 波段是较为合适的。为了获取积雪深度信息,选取的干涉像对时间分别为有雪覆盖和无雪覆盖时期,不需考虑具有高重访周期的 SAR 系统。根据星载 SAR 系统的重访周期,ENVISAT ASAR 具有 35 天的重访周期,可以满足选取合适像对的条件。

在利用星载 SAR 系统进行重复轨道干涉测量时,严格要求干涉像对具有相同的 Track 号和 Frame 号。此外,由于 SAR 是侧视成像系统,在同一地区通常有升轨和降轨两种飞行方式,其中,升轨为卫星由南向北飞,图像需要进行上下镜像处理,降轨为由北向南飞,需进行左右镜像变换。因此,组成干涉像对严格要求全部是升轨数据或者全部是降轨数据。在我国,升轨数据是在白天获取的,而降轨数据多在夜间获取。

9.2.1.3 季节和大气因素

在获取 SAR 像对的过程中,季节和大气条件对干涉图的相关性的影响也是非常重要的。高覆盖率的植被和湿度较高的天气对 SAR 影像对的相干性都产生较大影响,因此在选择合适的 SAR 影响数据时,需要充分考虑气候因素和大气条件(Luzi et al., 2004)。

　　在 InSAR 干涉像对中，地表粗糙度、植被覆盖类型不同及覆盖情况的变化和人为活动（农田、采矿等）的影响也包含在形变信息（即积雪变化信息）中，且很难将其从形变信息中去除。同时，受季节的影响，当地表有植被覆盖时，不同季节的植被生长状况有一定差异，导致体散射作用增强，且无法在积雪相位中将之剔除。同时，由于 SAR 影像在不同时间获取，大气对其影响不同，尤其是由气温、气压和湿度的变化导致的大气层厚度和密度的变化引起传播路径发生改变，从而导致一定的相位差，因此，选用气温较低、气候条件稳定的时间成像的数据。试验表明，选取夜间过境的数据较白天干涉成像的效果好（Massonnet et al.，1995）。

　　获取了自 ENVISAT 卫星 2002 年发射以来所有的共 38 景覆盖玛纳斯河流域的 ASAR 的 IMS 的降轨数据（表 9-4），其中，Track 号为 162，Frame 号为 2720，轨道（Orbit）号为唯一值，可以用以识别 ASAR 数据。其中，2010 年 ENVISAT 卫星变换轨道，Frame 号为 2737，因此 2010 年数据无法与之前的数据形成干涉像对。

表 9-4　研究区 ASAR 数据列表

序号	Orbit 号	Track 号	Frame 号	成像时间
1	6228	162	2720	20030510
2	7230	162	2720	20030719
3	7731	162	2720	20030823
4	8733	162	2720	20031101
5	9234	162	2720	20031206
6	9735	162	2720	20040110
7	10737	162	2720	20040320
8	11238	162	2720	20040424
9	11739	162	2720	20040529
10	15747	162	2720	20050305
11	16248	162	2720	20050409
12	18252	162	2720	20050827
13	19755	162	2720	20051210
14	20757	162	2720	20060218
15	24765	162	2720	20061125
16	26268	162	2720	20070310
17	26769	162	2720	20070414
18	27270	162	2720	20070519
19	28773	162	2720	20070901
20	29775	162	2720	20071110
21	32280	162	2720	20080503
22	33282	162	2720	20080712
23	34284	162	2720	20080920
24	34785	162	2720	20081025
25	35787	162	2720	20090103

序号	Orbit 号	Track 号	Frame 号	成像时间
26	36288	162	2720	20090207
27	36789	162	2720	20090314
28	37290	162	2720	20090418
29	37791	162	2720	20090523
30	38292	162	2720	20090627
31	38793	162	2720	20090801
32	39294	162	2720	20090905
33	40797	162	2720	20091219
34	41799	162	2720	20100227
35	42801	162	2720	20100508
36	43302	162	2720	20100612
37	43803	162	2737	20100717
38	44304	162	2737	20100821

综上，根据基线条件、相关性和传感器特点等，先对该数据进行读写处理，并按照数据获取时间对其重命名，按照获取时相进行积雪信息获取的干涉像对筛选。

首先，根据玛纳斯河流域山区积雪特点和积雪时段，选取积雪状态为干雪的时段所对应的干涉像对。根据野外调研及气象站数据可知，玛纳斯河流域山区温度通常在 1 月和 2 月达到最低，且积雪深度通常在 2 月达到最大值；12 月，雪层温度从 22：00 至次日 10：00 维持在 −7°左右，在卫星过境时（降轨过境时间为凌晨 4：33），雪层温度较低，液态水含量较少，因此，在 1 月和 2 月卫星过境时，积雪状态为干雪。以此确定 4 组干涉像对，分别为 030823-040110、050827-060218、080712-090103/090207（为 080712-090103 和 090103-090207）、090627-100227。

然后，对每组数据进行基线估计并进行精配准和相关性计算，根据基线、精配准精度及相关性再次进行选择。有研究指出，对于 ASAR 数据，因为失相干，短的基线对于成功进行干涉测量具有一定优势（Larsen et al.，2005），但通常情况下，很难找到很多对基线小于 100m 的干涉像对。

其中，第一组数据 20030823-20040110 和第二组数据 20050827-20060218 时间基线较长，时间失相干严重，在精配准过程中，难以达到配准精度要求，相干性较差；第三组数据 20080712-20090103、20090103-20090207 为两组干涉像对，空间基线和时间基线合适，在精配准过程中配准精度高，相干性较好。表 9-2 和表 9-5 为第三组数据的几何成像参数及基线情况。图 9-4 给出了几组像对的相干性结果，可见 080712-090103 和 090103-090207 像对的相干性明显好于 090627-100227 像对。最终确定以第三组数据组成干涉像对，进行后续的干涉测量处理。值得注意的是，在计算相干性时需要先对干涉像对进行配准处理。在精配准的过程中，几个像对的配准精度误差见表 9-6，080712-090103 和 090103-090207 像对的配准精度误差远小于 0.1 个像元。

表 9-5　两对干涉相对基线参数

IMS 数据	080712	090103	090207
干涉相对	主图像 ▬▬▬ 辅图像		
		主图像 ▬▬▬ 辅图像	
时间基线（天）	175		35
垂直基线（m）	56.552		476.040
临界基线（m）	934.975		934.891
2π 高度模糊度（m）	163.452		19.416
2π 位移模糊度（m）	0.028		0.028
多普勒频率中心差	14.108		−13.799
临界多普勒中心差	1652.416		1652.416

0　　　　　　　　　1

(a) 080712-090103像对　　　(b) 090103-090207像对　　　(c) 090627-100227像对

图 9-4　ASAR 数据相干系数图

表 9-6　干涉像对的精配准精度误差

干涉像对	距离向（像元）	方位向（像元）
030823-040110	0.1044	0.0964
090103-080712	0.0196	0.0446
090103-090207	0.0106	0.0262
090627-100227	0.0398	0.1503

9.2.2　ASAR 像对的干涉测量

9.2.2.1　干涉测量模式的选择

1）InSAR 的工作模式

依据雷达天线的个数、观测飞行的次数及两个雷达天线的几何位置关系，SAR 干涉测量的工作模式可分为距离向单轨双天线交轨干涉测量（cross-tract interferometry，XTI）（王超等，2002）、方位向单轨双天线顺轨干涉测量（along-tract interferometry，ATI）和重复轨道单天线干涉测量（repeat-tract interferometry，RTI）3 种模式（Rosen et al.，2000）。

其中，对于星载 SAR 系统，与机载系统相比其受大气的影响较小，具有准确且稳定的运行轨道，因此星载系统比机载系统具有更大的优势,因此利用重复轨道干涉测量(RTI)具有一定的优势。RTI 通过传感器在不同时间对同一地区成像，对得到的两幅图像进行干涉处理，从而实现干涉测量。其中，成像期间地表仍保持一定的相干性，因此两次获取的 SAR 数据可用于形成干涉，并用于提取地物点的相位差信息。

2）InSAR 基本原理

InSAR 技术利用同一地区的两幅 SLC 的相位信息，提取同一目标对应的两个回波信号之间的干涉相位差，并结合干涉相位与雷达的波长、天线位置和入射角的关系，获取地面高程信息。目前，星载 InSAR 多采用重复轨道干涉测量的方式。因此，此处对重复轨道干涉测量原理进行分析，有利于推导积雪深度与相位之间的关系。

图 9-5 给出了重复轨道干涉测量中卫星轨道与地面目标的相对几何关系，在实际情况下，卫星轨道不可能完全重叠，视角也存在一定差异，如图 9-5 所示，S_1 和 S_2 分别表示卫星的空间位置 1 和 2；B 为基线距，即两位置的空间距离；$B_\perp$ 为垂直基线距；$B_{//}$ 为水平基线距；α 为基线倾角，即基线与水平方向的夹角；H 为卫星高度；h 为地表某一点 P 的高程；R 和（$R + \Delta R$）分别为天线 S_1 和 S_2 到地面同一点 P 的斜距；θ 为卫星波束入射角。

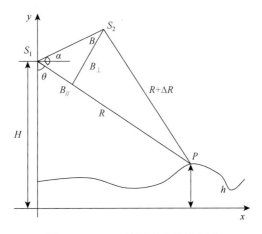

图 9-5　SAR 干涉测量成像示意图

在对两幅复数影像进行精配准处理后，将对应的像元值进行共轭相乘，即可获得每个像元的相位差，表现为干涉图或干涉条纹图（王超等，2002），即复数图像 S_1 和 S_2：

$$S_1 = |a_1| \exp(j\phi_1) \tag{9-3}$$

$$S_2 = |a_2| \exp(j\phi_2) \tag{9-4}$$

干涉图定义为复数图像对的共轭相乘：

$$S_1 S_2^* = |a_1||a_2| \exp[j(\phi_1 - \phi_2)] \tag{9-5}$$

式中，ϕ_1 为从 S_1 位置处发射波长为 λ 的信号经地面点 P 散射反射后接收得到的测量相位：

$$\phi_1 = \frac{4\pi}{\lambda}R + n_1 \tag{9-6}$$

φ_2 为从位置 S_2 发射并接收得到的测量相位：

$$\phi_2 = \frac{4\pi}{\lambda}(R + \Delta R) + n_2 \tag{9-7}$$

接收信号的相位通常有往返路径确定的相位和由地面不同散射体形成的不同的散射特性造成的随机相位，式（9-6）和式（9-7）中的 n_1 和 n_2 表示不同散射特性造成的随机相位。重轨过境产生的相位差 φ：

$$\varphi = \phi_1 - \phi_2 = -\frac{4\pi}{\lambda}\Delta R + (n_1 - n_2) \tag{9-8}$$

当 S_1 和 S_2 有很高的相关性时，则二者可认为近似相等，两幅图随机相位贡献相同，则相位差为 $\varphi = \phi_1 - \phi_2 = -\dfrac{4\pi}{\lambda}\Delta R$，$\varphi$ 即为干涉相位（interferometric phase），其中包含了平地相位和地形相位。由于入射角和基线的差异使得两幅 SAR 图像不是完全重合，干涉相位 φ 由经过配准后的两幅 SLC 共轭相乘得到复干涉条纹（complex-valued interferogram）。

根据成像示意图 9-5，将基线沿视线方向分解，得到平行于视线向分量 $B_{//}$ 和垂直于视线向分量 $B_\perp$：

$$B_{//} = B\sin(\theta-\alpha), \quad B_\perp = B\cos(\theta-\alpha) \tag{9-9}$$

由余弦定理 $\cos[(90°-\theta)+\alpha] = \dfrac{(R+\Delta R)^2 - R^2 - B^2}{2RB}$，忽略 ΔR_2，且 $R \gg B$，近似得

$$\Delta R \approx B\sin(\theta-\alpha) = B_{//} \tag{9-10}$$

$$h = H - R\cos\theta \tag{9-11}$$

因此，可得干涉相位：

$$\varphi = \phi_1 - \phi_2 = -\frac{4\pi}{\lambda}\Delta R \approx -\frac{4\pi}{\lambda}B_{//} \tag{9-12}$$

由式（9-10）～式（9-12）可知，相位 φ 包含斜距信息和地面点 P 的高度信息。对式（9-10）～式（9-12）求偏导数，可得

$$\partial h = R\sin\theta\partial\theta$$
$$\partial\varphi = -\frac{4\pi}{\lambda}\partial\theta \tag{9-13}$$
$$\partial\nabla R = -B\cos(\theta-\alpha)\partial\theta$$

由式（9-13）可得

$$\frac{\partial\varphi}{\partial h} = \frac{4\pi}{\lambda}\frac{B\cos(\theta-\alpha)}{R\sin\theta} = \frac{4\pi}{\lambda}\frac{B_\perp}{R\sin\theta} \tag{9-14}$$

由式（9-14）可知，当干涉相位有一个整周（2π）的变化时，对应的地面高度差即为

$$\Delta h_{2\pi} = \frac{\lambda}{2} \frac{R\sin\theta}{B_\perp} \tag{9-15}$$

将 $\Delta h_{2\pi}$ 定义为"高度模糊度"（Kampes and Hanssen，2004），表示 InSAR 测量中对地形的敏感程度，根据高度模糊度和干涉条纹数据即可粗略估计地表高程的变化。因此，在 InSAR 获得 DEM 的应用中，高度模糊度应尽可能小，干涉相位对地形的变化会变得较为敏感，其他噪声的测高精度会相应减小。但垂直基线过长，容易导致干涉相位的空间几何失相干，降低 DEM 的可靠性（舒宁，2001）。

9.2.2.2　干涉处理过程的优化

在两轨法干涉测量数据处理中，主要有 SAR 影像数据的读取、主辅图像配准、干涉图生成、平地相位去除、地形相位去除、相位解缠和地理编码等步骤。进行干涉测量要求使用的数据为 SLC 图像，如果干涉数据不是 SLC 图像，需要对原始数据进行自聚焦处理，精确估计雷达平台沿轨速度，计算多普勒中心，进行合成孔径的成像处理，生成二维高分辨率的 SLC。

SAR 复图像中包含的相位信息含有距离信息，利用相位信息即可获得地面目标的高度。目前，普遍认为 InSAR 数据处理的两个主要核心问题如下：①生成高质量的干涉图；②有效正确地实现相位解缠，反演出高程。

1）干涉纹图计算

复数 SAR 数据的干涉处理是将两幅 SLC 图像 S_1 和 S_2 的信息结合到一幅干涉图上。首先，要求这两幅图像进行精配准，且具有子像元级的配准精度。为了使干涉测量的相干性损失不超过 5%，配准的精度必须达到 0.1 个像元以上的精度。然后，计算垂直基线，获取距离向带通滤波参数。最后，计算干涉纹图并去除平地相位。

第一步为 SAR 图像配准。它是进行干涉测量的前提和基础，配准的精度直接决定了干涉图的清晰程度和生成 DEM 的精度，配准越精确，干涉条纹越清晰。SLC 配准包括主图像和辅图像的配准及在距离上的重采样。SAR 干涉像对配准精度要求到亚像元级，当两个图像配准误差在一个像元以上时，得到的干涉相位主要表现为噪声。

第二步是计算垂直基线的长度。通过卫星几何参数和偏移参数，获取两个 SLC 图像的空间基线，并计算垂直基线，严格意义上，每个像元的垂直基线均不相同（廖明生和林珲，2003），并根据垂直基线决定距离向带通滤波的滤波参数。

第三步，对配准后的主辅图像进行交叉相关，共轭相乘计算归一化的复干涉图。同时，为提高干涉图的相位和相关性的估计，并减少噪声，通常进行多视处理。因为平坦地表也会产生线性变化的干涉相位，即平地效应。受平地效应的影响，常常会造成干涉条纹过密，造成相位解缠困难，因此通常在消除了平地效应后再对相位进行解缠处理，降低相位解缠的难度。

2）相位解缠

相位解缠是干涉 SAR 数据处理中的关键步骤。相位解缠结果的好坏、连续与否，直接决定 DEM 的生成质量和形变相位的获取。相位解缠是去除干涉相位的缠绕，使得相位面变成一个基本连续变化的面，火山相位及解缠结果如图 9-6 所示，即在理想情况下，缠绕相位没有噪声和突变，干涉条纹清晰可见，相位跳变边界明显。

(a) 缠绕相位图　　　　　　　　　　　(b) 解缠相位图

图 9-6　火山的缠绕相位与解缠相位

根据一维相位的解缠，分别计算方位向和距离向相位的缠绕梯度，在对梯度进行积分即可得到唯一的解缠相位面。在实际情况中，受局部地形突变、陡崖、SAR 图像分辨率有限、信噪比低等原因的影响，相位面容易受到强噪声的干扰，并由于不连续性（如叠掩、阴影等）、矛盾性（很高的相位噪声导致的残差）或者条纹比较密集，导致缠绕相位场不具有一致性，不能得到唯一的正确解。因此，可使用滤波和多视处理减少部分相位噪声，在相对平坦的区域，相关性从中等相关到高相关，解缠基本可以顺利进行；而在地势崎岖和相关性低的区域，解缠会引入误差，或者无法进行正确解缠。常用的解缠方法有枝切（branch cut）（Goldstein et al.，1988）、最小成本流（MCF）（Werner et al.，2002）方法等。

综上，为获得较好的干涉效果，在对干涉像对处理的过程中，在 Gamma、NEST、SARscape 软件的支持下，经过多次实验，优化并确定合适的 ASAR 干涉处理过程，主要对精配准和相位解缠处理方法进行优化。

1）ASAR 干涉像对配准

采用粗配准和精配准两步，粗配准是精配准的基础。粗配准为像元级配准，利用在搜索窗内按行列以不同的整像元偏移量计算匹配窗与对应的数据窗之间的配准质量评价指标，主图像的匹配窗中心与辅图像中对应窗的中心像元的坐标位置差即为偏移量，按照整像元偏移量进行扫描，配准精度在一个像元之内。精配准称为亚像元级配准，在图像粗配准的基础上，根据实际情况，调整匹配指标（搜索窗口、影像块数据、阈值等），对辅图像的匹配窗和搜索窗进行亚像元插值，根据不同的策略（基于图像强度交叉相关的方法、基于条纹可见度-复数信号特征的优化等）得到使局部相关系数最大的图像偏移量，获取的图像偏移量构建估计距离向和方位向偏移量的多项式系数，从而得到偏移量方程，并进行亚像元级的精配准。由于精配准在子像元分辨率上进行处理，所以必须对其中的一幅图像进行重采样，采用合适的插值算法可最大程度上减少由插值带来的误差。

根据干涉像对的参数文件，计算偏移量并进行配准。①偏移量初始估计：根据影像对的参数建立偏移参数文件，依据轨道信息自动估计初始偏移值。改进初始估计值，为避免模糊并获取准确偏移量，先进行 2∶10 或 1∶5 的多视处理，然后再单视估计。②生成精密偏移估计多项式：精确估计偏移值。利用交叉优化算法，根据 ASAR 图像的强度值，设置搜索窗口、阈值、方位向和距离向的像元进行亚像元级的偏移量估计。不同的影像对搜索窗口、阈值大小的要求均不同，需要多次反复调试并循环调试。若没有得到好的估计量，就需要检查初始偏移值的质量、影像间的对比度、基线长度和影像纹理的变化，选择更合适的数据，生成偏移多项式。根据精确估计的偏移值，利用最小二乘法双线性偏移多项式得到配准误差，调整影像块数目、大小、阈值范围、配准多项式系数个数，直至误差小于 0.1 个像元为止。通常情况下，选择的影像块数目为 512×512，阈值采用 5~7，配准多项式系数的个数为 6，不同的影像对采用的参数会有所差异，需要多次试验，调整至配准误差小于 0.1 个像元。此外，在与外部 DEM 配准时，采用的系数个数为 3。

2）ASAR 干涉像对相位解缠

根据研究区特点，为了保证相位解缠稳定和高效，首先进行干涉图滤波，通过多视处理和自适应滤波，减少相位噪声，其中自适应滤波根据统计局部相位梯度，或设计 2-D 带通滤波进行降噪处理；然后进行相位解缠，通常采用的方法有两种，第一种采用枝切法，基于滤波后的复干涉纹图，寻找关键区域（如相干值较低的地区和有残差点的区域），进行掩膜处理，不进行相位解缠；第二种为最小成本流技术和不规则三角网（TIN）算法，该算法为全局优化方法，能够考虑输入数据的不足（如相干性低的区域）和三角网络的高密度性，使用掩膜、自适应滤波保证高效、稳定的相位解缠。由于在研究区内，部分地区的相干性较低，采用枝切法进行解缠，通常因为不连续性导致解缠不成功，而 MCF 算法可以避免这样的状况。

根据确定的 ASAR 像对进行干涉测量处理，处理过程中发现，经过多视处理后的图幅范围仍然较大（5175 像元×5453 像元），相位解缠过程出现分块现象，导致图像相位不连续，同时，由于山区部分的相干性较低，无法解缠成功。以 090103-090207 像对为例，在山区部分由于相干点少，无法成功解缠，图幅范围较大，出现了严重的分块现象（图 9-7）。

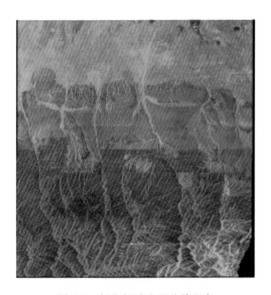

图 9-7　相位解缠出现分块现象

因此，对精配准后的原始图像进行裁剪，获取大小为 2000 像元×2000 像元的区域进行干涉测量处理，进而获得干涉纹图。同时，在干涉测量处理过程中，为获得稳定的解缠相位来反映地形状况，不对干涉结果图进行相位解缠，而对差分后的干涉图像进行解缠，减少在山区解缠出现误差的情况，增加相位解缠的稳定性。

SAR 特殊的成像几何关系使其存在叠掩和阴影等几何畸变。在叠掩的情况下，地面和可能的目标位置之间的交叉不止一次，也就是说，几个位置都对一个信号产生贡献。通常采用以下 3 种方法减少该部分的影响：①将叠掩和阴影区域设置成无值；②保留实际的值，即假设地图上不同的位置都具有相同的值；③在叠掩和阴影区域插值。因此，在实际处理中，将叠掩和阴影部分生成掩膜图像，将之滤除，再进行相位解缠。

同时，在一般简化的相位解缠处理（以 MCF 解缠方法为例）中，根据空隙的大小自适应选择内插窗口，进行加权内插填补解缠后图像的缺口，并利用内插后的解缠相位为模板解缠原始干涉图。图 9-8 给出了优化前后的相位解缠结果，插值前的相位解缠结果图像是不连续的，存在大量空隙（图中黑色部分），根据空隙的大小自适应选择内插窗口，用内插后的解缠相位为模板解缠初始干涉图，解缠结果连续。

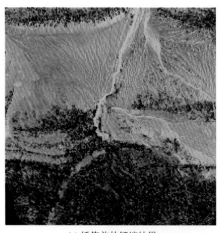 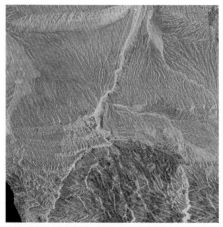

(a) 插值前的解缠结果　　　　　　　　　(b) 插值修正后的解缠结果

图 9-8　相位解缠算法优化

9.2.3　干涉纹图和相干系数图的获取与分析

9.2.3.1　干涉纹图和相干系数图的生成

1）干涉纹图的生成

a. SLC 数据精确轨道参数修正

ESA 提供 DORIS 传感器的精确轨道参数文件（DOR_VOR 文件）对干涉相对的 IMS 影像进行卫星姿态精修正，以便估计基线。在 InSAR 测量中，空间基线是一个非常重要的参数，空间基线的精度取决于卫星轨道的精度。通常，实时轨道的精度不会优于 25m，这种精度在进行干涉测量中是不够的。对于 ESA 的 ERS-1/2 和 ENVISAT 提供的卫星精确轨道数据，径向误差为 8～10cm。

b. 图像精配准

采用基于卫星轨道参数的配准，不需要人工参与，只需要调整配准过程中的参数，以达到亚像元的配准精度，自动精确配准，包括初始偏移量估计和高质量偏移量的精确估计，根据优化的干涉处理过程，进行像对配准。

初始估计不好、基线太大、地表覆盖变化太大（水体，森林，高的植被，大的时间失相干）等都是造成精确估计不好的原因。亚像元配准精度要达到 1/8 像元，当配准精度优于 1/8 像元时，所造成的去相干通常在 4%左右，能够满足 InSAR 处理的精度要求。080712-090103 和 090103-090207 像对的精度误差均小于 0.05，可以达到干涉测量需求。

c. 裁取并计算归一化的干涉图

在重复轨道获取地面条带距离向上，两次观测的入射角不一致，导致成像上存在一定的偏差，因此以其中一幅为准对另一幅进行重采样。

对配准好的 SLC 像对，将辅 SLC 图像重采样到主 SLC 图像的坐标系中，利用配准后的 SLC 像对生成干涉图像，并进行普通带通滤波。在干涉纹图计算时，在距离向和方位向进行了多视处理，ASAR 数据通常按照 1∶5 的比例进行距离向和方位向的多视，得到的干涉图是复数图像。生成干涉纹图，表现为明暗相间的干涉条纹。

图 9-9 为以 090103 为主图像对 090207 进行精配准后的强度图像，此处显示为经 1∶5 多视处理后的图像，因为选用的是降轨数据，此处进行了左右镜像处理。根据 ESA 提供的辅助文件对图像进行辐射校正，并根据入射角进行归一化处理得到后向散射系数图像。统计干涉像对的后向散射特征见表 9-7。

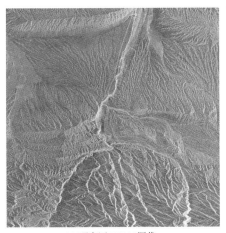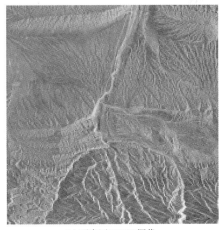

(a) 研究区090103图像　　　　　　　　(b) 研究区090207图像

图 9-9 裁剪后的研究区图像

表 9-7　　研究区图像后向散射系数统计

图像名称	最小值	最大值	平均值	中值	均方差	变异系数
080712	−34.82	13.18	−12.50	−13.26	5.06	0.63
090103	−33.89	16.08	−12.79	−13.49	4.88	0.62
090207	−33.49	17.50	−12.23	−12.97	5.01	0.64

2）干涉相干系数图的生成

相干系数是用于衡量干涉像对相关程度的量。对于每个散射单元（像元），其相干值 γ 可由式（9-16）得到（Luzi，2010）：

$$\gamma = \frac{\langle S_1 S_2^* \rangle}{\sqrt{\langle |S_1|^2 \rangle \langle |S_2|^2 \rangle}} = \xi e^{i\varphi} \tag{9-16}$$

式中，S_1 和 S_2 为两个相干的复信号；ζ 为复相干的幅度，即相干值；φ 为相位，即为干涉相位。相干图用来衡量干涉图像之间的相关程度。相干值通常用来衡量干涉相位的质量好坏。

根据式（9-16），对图像进行滤波处理，生成相干系数图（图 9-10）。相干系数越接近于 1，表示相干性越好，形成的干涉纹图也越好，反之越差。同时，可以看出，干涉像对 080712-090103 和 090103-090207 的相干性明显好于 030823-040110 像对。

　　(a) 030823-040110像对　　　　0　　　　(b) 080712-090103像对　　1　　　(c) 090103-090207像对

图 9-10　研究区 ASAR 相干系数图

9.2.3.2　干涉结果和相干性的分析

1）干涉纹图的特性

干涉纹图最显著的特性是相位值的周期性。由于复数对相位的周期性，因此，干涉图的相位值就只能以主值的形式在 $-\pi \sim \pi$ 出现，π 附近的值变成了在 $-\pi \sim \pi$ 跳跃的值（汪鲁才，2006）。其另外一个特点即相位噪声的统计特性污染比较严重。在干涉处理的过程中，SAR 复数图像中相干斑噪声会引入相干图，并成为污染相位噪声统计特性最主要的原因之一。

干涉纹图的相位由两部分组成，一是由地形相对高度变化在干涉纹图中引起干涉条纹的改变，通常被认为是"地形相位"；二是平坦地表所表现出来随距离向和方位向的改变而形成线性周期性的变化的干涉条纹，称为"平地效应"。

图 9-11（a）即为生成的干涉纹图，条纹紧凑，进行线性去平处理后得到图 9-11（b），可以看出经过去平处理后的条纹变得稀疏，并可反映出地面真实情况。干涉纹图去"平地效应"后的相位值反映了真实的相位与地形高度之间的关系，因此，干涉纹图去"平地效应"后，相干条纹变稀，有利于相位解缠的顺利进行。去"平地效应"可以通过对干涉纹图乘以复相位函数来实现。

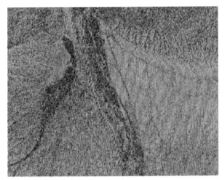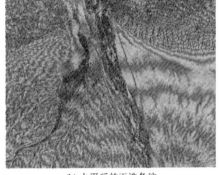

(a) 干涉条纹　　　　　　　　　　　　　　(b) 去平后的干涉条纹

图 9-11　放大的干涉条纹和去平后的干涉条纹

2）干涉相干性的分析

运用计算配准后的 SAR 图像中各像元的相关程度来衡量像元质量，其相关系数越大，干涉图的相位质量越高，反之亦然。在 SAR 干涉测量中，干涉相干（Zebker and Villasenor，1992）是一个非常关键的衡量值，可作为干涉条纹质量好坏重要的衡量标准，同时，在后续的干涉信号处理步骤中，包括相位解缠、自适应滤波处理等过程中，相干系数都是其中重要的输入参数；另外，其描述了散射体的重要特征，可用于衡量干涉像对中相同像元的介电特性的相似度。因此，在重复轨道干涉测量中时间去相干现象可被用于地物分类等（王超等，2002），有研究利用相干性对积雪类型进行划分（李震等，2002）。

影响两幅 SAR 图像相干的因素有很多，主要分为六大类：一是空间或几何去相干，由视角差异造成；二是多普勒质心去相干，由两幅图像的多普勒质心存在差异造成；三是体散射去相干，通常来自于散射体内部；四是热噪声去相干，受系统特征影响，包括增益和天线特征；五是时间去相干，主要由在像对获取的时间间隔内，地表散射特性发射变化造成的；六是处理过程去相干，主要来自于在数据处理过程中的算法。其中，为尽量减少基线、多普勒质心去相干的误差，在计算的过程中进行了精确轨道纠正；在精配准的过程中，多次迭代设置不同窗口搜索，将配准误差降至最低，尽量减少数据处理过程中的误差。因为需要获取积雪相位信息，所以体散射去相干、时间去相干等造成的误差无法避免。

3）时间去相干分析

时间去相干是影响重复轨道干涉测量最重要的因素之一。时间去相干是不可测量的，且它很容易和噪声混淆。研究区大部分地区几乎不受人类扰动，春季植被稀少，空气干燥。统计 080712-090103 像对和 090103-090207 像对相干图的直方图（图 9-12），可见

080712-090103 像对的相干性明显低于 090103-090207 像对，且 080712-090103 像对的相关性集中在 0.2 附近，在相位解缠引入了一定的不可靠因素，而 090103-090207 像对则具有较多相干性较高的成分。这与时间失相干有一定的联系，根据历史资料可知，研究区 7 月通常不会有积雪覆盖，进入 11 月后，开始降雪，因此 1 月和 7 月的干涉影像对会因为地表覆盖的变化引起失相干，1 月和 2 月的地表均为积雪覆盖，虽然会存在积雪变质、风吹雪、降雪等导致失相干的因素，但 080712-090103 像对相干性比 090103-090207 像对差。

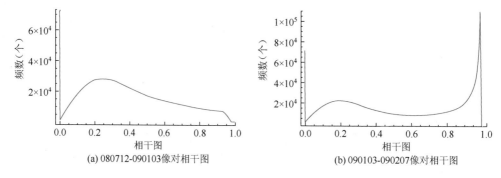

(a) 080712-090103像对相干图　　　　　　　(b) 090103-090207像对相干图

图 9-12　080712-090103 像对和 090103-090207 像对相干性直方图

　　根据直方图阈值分割，获得了相干性大于 0.5 的区域，相干性较好的地方集中在图像的北半部分，即地势较为平坦的地区，在山区部分相干性则降低。根据土地覆盖类型图可知，北半部分主要为低覆盖率的草地和裸土，而进入山区之后在阴坡为针叶林，同时也受地形起伏较大的影响，相干性大大降低。

　　根据图 9-13 红色框内的相干性剖面线发现，该地区的相干性波动较大，相干系数集中在 0.2，而在 090103-090207 像对中，该地区的相干系数稳定，且最高达到 1，即完全相干。其原因是 7 月该地区农田种植农作物，进入冬季后地表被积雪覆盖，因此 7 月和 1 月

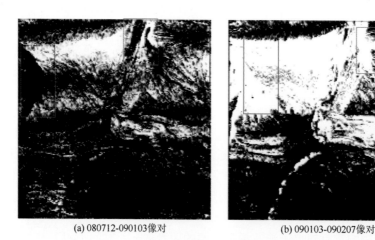

(a) 080712-090103像对　　　　　　　(b) 090103-090207像对

图 9-13　大于 0.5 的相干系数图

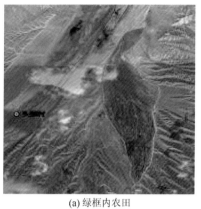 

(a) 绿框内农田   (b) 红框内农田

图 9-14　研究区内的农田图像

的相干性较差，而 1 月和 2 月的相干性非常好。考察图 9-14 中农田边界，相干性变化较大的边界与农田边界较为吻合，因此，根据相干性可以有效地衡量两幅 SAR 影像之间相同像元的介电特性的相似度，从而可进一步用于土地覆盖分类。同样地，图 9-13 中绿色框所示部分也为农田，在 080712-090103 像对和 090103-090207 像对的相干性明显不同，表明在进行干涉测量时，农田对干涉作用的影响较大。

4）体散射去相干分析

同样考察图 9-15 中的剖面线 2，两个相对的相干性差异不大，但相干性均较低，主要集中在 0.2。该剖面线位于山区，根据 Google Earth 可知，该地区地形起伏较大，阳坡通常为裸露的岩石或者低覆盖度的草地，阴坡为高覆盖度的针叶林，C 波段很难穿透林冠到达地表，因此雷达波在该地区传播受植被的影响，散射特征复杂，体散射影响较多，在该部分的相干性低，残差点较多。

对两条剖面线的地形变化进行分析，根据图 9-16 海拔的变化情况可以看出，虽然剖面线 1 的海拔高差较大，但局部的地形起伏变化并不剧烈，而剖面线 2 的地形起伏变化明显。其中，在剖面线 1 中位置 750 处海拔最低，根据野外考察可知，此处为河谷。若以河谷部分为分界，从相干图中也可看出，河谷 [图 9-15（c）和图 9-15（d）] 右侧的相干性均好于左侧地形起伏剧烈的部分。

 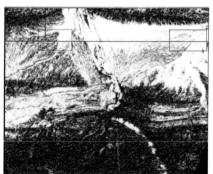

(a) 080712-090103 像对相干图   (b) 090103-090207 像对相干图

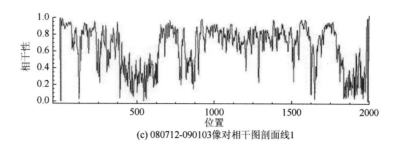

(c) 080712-090103像对相干图剖面线1

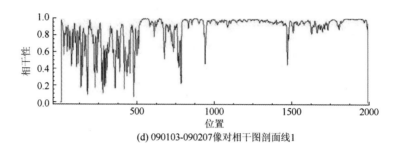

(d) 090103-090207像对相干图剖面线1

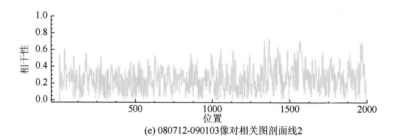

(e) 080712-090103像对相关图剖面线2

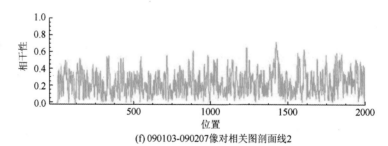

(f) 090103-090207像对相关图剖面线2

图 9-15　080712-090103 像对和 090103-090207 像对相干性剖面分析

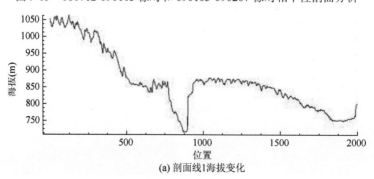

(a) 剖面线1海拔变化

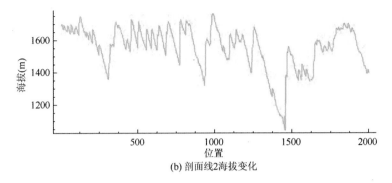

(b) 剖面线2海拔变化

图 9-16 剖面线的海拔变化

9.3 积雪相位信息的获取

9.3.1 总干涉相位的组成分析

9.3.1.1 非形变相位的组成

在重复轨道干涉测量系统中,如果在两幅影像获取的时间间隔内发生了地表形变或地物覆盖变化,两幅复图像所形成的干涉条纹中包含以下 6 种相位信息(Guneriussen et al., 2001):

$$\Phi = (\Phi_{flat} + \Phi_{topo} + \Phi_{snow}) + (\Phi_{orb} + \Phi_{atm} + \Phi_{noise}) \tag{9-17}$$

式中, Φ_{flat} 为高度不变的平地效应引起的相位信息,可根据卫星成像几何参数进行消除; Φ_{topo} 为高度起伏变化的地形引起的相位,可通过外部 DEM 模拟,根据差分干涉原理,在干涉相位中进行差分去除; Φ_{orb} 为轨道误差引起的相位,用 ESA 提供的 ENVISAT 精确轨道文件进行精确轨道纠正,以减少误差; Φ_{atm} 为大气效应导致的相位,主要来自电磁波在对流层及电离层延迟或传播路径的变化,在天气晴朗的情况下可以忽略; Φ_{noise} 为系统噪声引起的相位,包括热噪声、采样误差、配准误差等,可利用自适应滤波、多视处理降噪; Φ_{snow} 为最后剩余的形变相位信息,主要源于积雪覆盖导致的雷达波束折射路径的相位差。

只有把这些相位信息彼此分离开来,相位才变得有意义,也才更加有用。因此,为了获取 Φ_{snow} 的信息,需要将其他相位信息去除。

1)平地效应

在不考虑轨道、大气和噪声($\Phi_{orb} + \Phi_{atm} + \Phi_{noise}$)效应的影响下,式(9-19)描述了干涉像对的相位差,包括平地相位和地形相位。一对干涉像对所形成的干涉纹图的相位既包含地表起伏的地形信息和平坦地表导致的平地相位信息,也包含地表发生变化的信息和其他大气效应噪声相位等。

　　如图 9-17 所示，P 和 P' 高度相同，但卫星斜距有所差异 ΔR，入射角也有所差异 $(\theta + \Delta\theta)$。P' 的干涉相位为

$$\Phi' = -\frac{4\pi}{\lambda} B\sin(\theta + \Delta\theta - \alpha) \qquad (9\text{-}18)$$

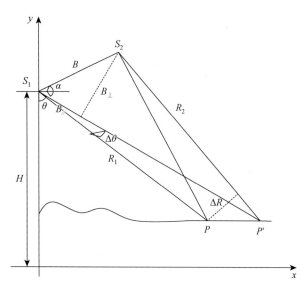

图 9-17　干涉相位随斜距变化示意图

　　在干涉纹图上 P 和 P' 的相位差为

$$\Delta\Phi = \Phi' - \Phi = -\frac{4\pi}{\lambda}\big[B\sin(\theta + \Delta\theta - \alpha) - B\sin(\theta - \alpha) \big]$$
$$= -\frac{4\pi}{\lambda} B\cos(\theta - \alpha)\Delta\theta \qquad (9\text{-}19)$$

其中：

$$R\Delta\theta \approx R\sin\Delta\theta = \Delta R/\tan\theta \qquad (9\text{-}20)$$

则式（9-19）可表示为

$$\Phi_{\text{flat}} = \Delta\Phi = -\frac{4\pi}{\lambda} B\cos(\theta - \alpha)\Delta\theta = -\frac{4\pi}{\lambda}\frac{B\cos(\theta-\alpha)\Delta R}{R\tan\theta} = -\frac{4\pi}{\lambda}\frac{B_{\perp}\Delta R}{R\tan\theta} \qquad (9\text{-}21)$$

　　由式（9-21）可以看出，平坦地表也会产生线性变化的干涉相位，即为平地效应。平地效应常常导致干涉条纹过密，影响相位解缠。因此，根据卫星几何参数，计算经过精配准后的主辅像对的垂直基线，去除线性变化的平地相位。

　　2）地形相位

　　当地面发生形变，地面点由 P 点移动到 P'，干涉成像如图 9-18 所示。

　　地面发生形变由 P 到 P'，由图 9-18 可知，斜距之差为 $\Delta R = \Delta R_0 + \delta d = B_{//} + \delta d$，根据式（9-12），可得实际的干涉相位 ϕ 为

$$\phi = -\frac{4\pi}{\lambda}\Delta R = -\frac{4\pi}{\lambda}(B_{//} + \delta d) \qquad (9\text{-}22)$$

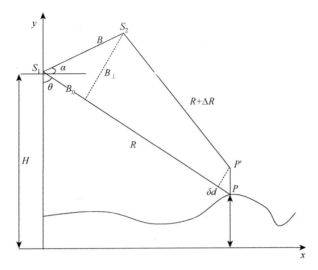

图 9-18 二轨差分 SAR 干涉测量成像示意图

去除平地效应，根据 DEM、卫星轨道几何参数和干涉像对参数模拟地形相位 ϕ_0 并将其去除，得到残余相位 $\Delta\phi$，即由于形变导致的相位差 $\Delta\phi$:

$$\Delta\phi = \phi - \phi_0 = -\frac{4\pi}{\lambda}\delta d \tag{9-23}$$

根据图 9-18 的几何关系，变化量 Δh 可由 δd 所得

$$\Delta h = \frac{\delta d}{\cos\theta} = -\frac{\lambda\Delta\phi}{4\pi\cos\theta} \tag{9-24}$$

由式（9-23），对于相位的一个整周期（2π），形变模糊度为

$$\Delta h_{2\pi} = -\frac{\lambda}{2} \tag{9-25}$$

由式（9-25）可知，形变模糊度仅与波长有关，因此对于 C 波段 SAR 数据，波长为 5.6cm，则形变测量精度可达 2.8cm，即利用差分干涉可以进行高精度的形变监测。

根据 InSAR 测量原理，$\dfrac{\partial\Phi}{\partial h} = \dfrac{4\pi}{\lambda}\dfrac{B\cos(\theta-\alpha)}{R\sin\theta} = \dfrac{4\pi}{\lambda}\dfrac{B_\perp}{R\sin\theta}$，描述了高程 h 对干涉相位 Φ 的变化率。

因此，高程对相位的变化率可近似地表示为 $\dfrac{\partial\Phi}{\partial h} \approx \dfrac{\Delta\Phi}{\Delta h}$，平地效应可以定义为参考椭球面（相对高程为 0）的点对应的干涉相位，则高程的变化与相位差的关系可以表示为 $\dfrac{\partial\Phi}{\partial h} \approx \dfrac{\Phi-\Phi_{\text{flat}}}{h-0}$，因此可得

$$h = -\frac{\lambda R_1 \sin\theta}{4\pi B\cos(\theta-\alpha)}(\Phi-\Phi_{\text{flat}}) = -\frac{\lambda R_1 \sin\theta}{4\pi B\cos(\theta-\alpha)}\Phi_{\text{topo}} \tag{9-26}$$

式中，$(\Phi-\Phi_{\text{flat}})$ 即为地形相位 Φ_{topo}，根据式（9-21），可得平地效应的相位（张红等，2009），同样地，根据高程即可模拟获得该区域的地形相位信息，因此在差分干涉测量中，为了模拟地形相位，需要借助外部 DEM 信息或从干涉像对中获取。同时，对干涉图像的几何成

像特征包括基线信息（空间基线长度、基线夹角）、入射角、斜距等进行精确估计，即可根据已知的高程信息模拟获得地形相位 $\varPhi_{\text{topo}}$。

根据式（9-15）和式（9-25），可得常见星载 SAR 系统的高度模糊度和形变模糊度，见表 9-8。

表 9-8　常见星载 SAR 系统的高程模糊度和形变模糊度

参数	C-波段			L-波段	X-波段
传感器	RASARSAT		ERS-1/2、ENVISAT	ALOS	TerraSAR
入射角（°）	20	49	23	39	30
高程模糊度（m）	$\dfrac{8152}{B_\perp}$	$\dfrac{25765}{B_\perp}$	$\dfrac{9483}{B_\perp}$	$\dfrac{54045}{B_\perp}$	$\dfrac{3983}{B_\perp}$
形变模糊度（cm）	2.8			11.75	2.55

值得指出的是，虽然在二轨差分过程中引入了外部 DEM 数据，DEM 数据本身存在误差，存在一定高程误差、部分地区出现空洞等现象，但是，InSAR 系统对地形的敏感程度远远低于对形变的敏感程度。根据式（9-15）和式（9-25）的高程模糊度和形变模糊度的定义可知，InSAR 对地表位移是相当敏感的，远大于对地形的敏感程度，因此，从理论上讲，InSAR 具有毫米级形变测量精度的潜力（刘国祥，2001）。

同时，针对选用的干涉像对，当相位发生 2π 的变化时，可以检测到的位移为 2.8cm，对应的高度模糊度分别为 080712-090103 像对的 16345.2cm 和 090103-090207 像对的 1941.6cm，远大于能够检测到的形变。因此，在差分干涉结果中，引入的 DEM 误差可忽略不计。

3）大气延迟效应

事实上，获得的干涉相位中不仅包含平地和地形相位，同时有研究表明，影响 SAR 干涉测量最严重的是不同时序大气折射参数的变化（即大气效应）和单个散射单元内部的后向散射特征的变化（时间去相干），其中大气效应可能被误认为是地形或形变信号，而时间失相干会导致图像失去相干能力，从而降低 SAR 干涉相位的质量（张红等，2009）。

其中，大气效应明显影响差分干涉结果，主要来自大气对电磁波传播的延迟。该延迟在相应的干涉图中附加了一个相位，严格地讲，在不同时刻获取 SAR 数据的过程中，对应的大气中的水分含量和电离层状态均不同，因此大气效应导致的相位具有非常大的不确定性。

干涉图由 SAR 像对差分获得，因此干涉图中的大气效应是两个 SAR 图像获取时，大气上空的大气延迟的变化量，当两个时刻的折射率相同时，干涉图不会受到大气折射的影响，但是通常这种极端情况是不存在的。当大气效应导致的相位差超过地形相位或形变相位时，可能将二者淹没，并引起两幅图像的失相干。研究表明，一般情况下，大气延迟变化量通常在几个厘米的范围。其可以通过选择长基线的干涉相对，或者利用多次重复观测的干涉影像对，通过取平均来减弱；另外，也可以利用气象数据指导进行 SAR 数据的选择。但是目前并没有好的方法能够将大气效应完全消除。

此外，$\varPhi_{\text{orb}}$ 为轨道不够精确引起的相位差，通常若轨道不精确，则基线估计不准确，可能导致地形和形变估计误差，采用精确轨道文件对卫星姿态进行修正，以减少误差；Φ_{noise} 为噪声引起的相位，包括热噪声、采样误差、配准误差等，采用自适应滤波进行去噪处理。

9.3.1.2　积雪相位的特点

星载 SAR 系统的 C 波段可以穿透干雪雪层，当雪层为均匀，且空气-雪表面的粗糙度不大时，雷达波束仅在空气-雪界面发生一次折射，此时，进行干涉测量即可获得干涉相位。

如图 9-19 所示，以 ENVISAT ASAR 数据为例，当地面无雪覆盖时，雷达波斜距为 ΔR_{s}，当降雪后，地表被积雪覆盖后，积雪厚度为 d_{s}，积雪的介电特性用 ε_{s} 表示，雷达波束穿透积雪，抵达地表，此时，雷达波斜距为 $\Delta R_{\text{a}} + \Delta R_{\text{r}}$。

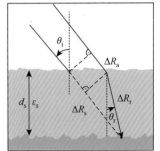

图 9-19　雷达波束穿透积雪示意图

在雷达波束穿透积雪的过程中，积雪的介电特性使其在积雪-空气界面发生折射，则斜距差为

$$\Delta R = \Delta R_{\text{s}} - (\Delta R_{\text{a}} + \Delta R_{\text{r}}) \qquad (9\text{-}27)$$

根据干涉测量原理，可得由积雪覆盖导致的相位变化量：

$$\Phi_{\text{snow}} = -\frac{4\pi}{\lambda} d_{\text{s}} \left(\cos\theta_{\text{i}} - \sqrt{\varepsilon_{\text{s}}' - \sin\theta_{\text{i}}^2} \right) \qquad (9\text{-}28)$$

干涉相位主要是利用干涉像对的相位进行共轭相乘获得，利用交叉相关方法获得两雷达信号的干涉条纹可用式（9-29）表达：

$$\langle V_1 V_2^* \rangle = \sigma^0 \int \exp\left[-i\delta\Phi_{\text{snow}} \right] p(\delta\Phi_{\text{snow}}) \mathrm{d}(\delta\Phi_{\text{snow}}) \qquad (9\text{-}29)$$

式中，$p(\delta\Phi_{\text{snow}})$ 为概率密度函数。雪层结构均一的积雪不会引起失相干，因为雷达波束将完全穿透积雪，只会形成干涉相位差，即积雪相位。

而对于非均匀的积雪覆盖，雪表面粗糙度不同，雪层内部的变质特征等需要考虑（Rott，2004），当雪层内部存在变质作用分层现象时，雷达波束在雪层内部会发射多次折射，导致相位差延迟，这些需要考虑。因为积雪导致的相位延迟可利用高斯概率分布函数估算时间失相干的影响：

$$\left| \gamma_{\text{temporal}} \right| = \exp\left[-\frac{1}{2} \left(\frac{4\pi}{\lambda_0} \right)^2 \sigma_{\text{z}}^2 \left(\cos\theta_{\text{i}} - \sqrt{\varepsilon - \sin\theta_{\text{i}}^2} \right)^2 \right] \qquad (9\text{-}30)$$

针对 C 波段和 X 波段，入射角定为 23°，对于不同的雪密度，σ_{z} 为雷达波束穿透雪层的几何路径长度的标准差，根据式（9-30）模拟降雪导致的失相干程度，其中 1 为完全相关，0 为不相关。

模拟由积雪深度变化导致的相关系数变化情况。由图 9-20 可知，由于 C 波段的穿透深度较 X 波段深，因此在雪密度和雪深相同的情况下，由积雪导致的失相干程度 C 波段较 X 波段小。在利用 X 波段雷达数据进行干涉测量时，需特别注意时间失相干的影响，选择合适的数据进行干涉测量。

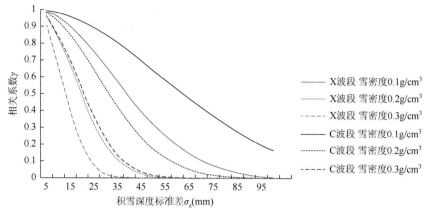

图 9-20　积雪深度标准差与相关系数

9.3.2　非形变相位的去除

9.3.2.1　地形和平地相位的差分

1）地形相位的差分

用 D-InSAR 来获取两幅图像之间所产生的位移变化（王超等，2000）。差分干涉处理的基本思想是从干涉纹图中分离出地形相位，获得相对位移图，可以通过减去地形相关的相位达到这一目标，地形相位可以从外部 DEM 中计算出来，也可以从独立的干涉像对中得到，该像对中不能含有由相对位移而引起的相位分量。

由于 ENVISAT ASAR 的重访周期为 35 天，选用三轨和四轨方法无法避免在较长时间基线条件下生成的地形相位中含有形变信息，因此选用二轨差分，确定一对干涉相对和外部 DEM 数据进行干涉相位生成及地形相位的去除。同时，在二轨差分去除地形相位的过程中，解缠后的差分相位（含形变信息）质量的好坏主要取决于是在参考相位去除之前还是之后进行解缠。在地势崎岖的地方，解缠差分相位要比解缠同时包含地形相位和差分形变相位的图像更加容易。为减少相位解缠过程中的误差并增强稳定性，选用二轨差分无相位解缠过程，即对原始干涉纹图不解缠，在生成差分干涉图像后进行相位解缠。

根据二轨差分干涉测量方法（吕乐婷等，2008），只需要两幅 SAR SLC 图像分别成像于降雪前后或积雪覆盖变化前后，利用该干涉像对生成干涉纹图，根据外部 DEM 数据模拟地形相位，从干涉纹图中减去地形信息即可得到地表变化信息，即积雪相位信息。

SRTM 系统提供了覆盖北纬 60°到南纬 60°的 DEM 数据，空间分辨率达到 30m，绝对的水平和垂直精度达到 20m 和 16m。免费获取了研究区空间分辨率为 90m 的 SRTM 的 DEM 数据，模拟并生成地形相位，其主要包括以下几个步骤：首先，将获取的外部 DEM 进行地理编码，将 DEM 从地图坐标系中变换到 SAR 距离-多普勒坐标系；其次，根据参考 SAR 图像（此处用 090103 图像）建立查找表，用来联系地图几何和雷达几何之间的关系；然后，根据查找表将外部 DEM 模拟生成 SAR，计算偏移量，建立偏移多项式，将模拟生成的 SAR 图像与参考 SAR 图像进行精配准，并对查找表进行精化；最后，利用精化后的查找表进行前向地理编码，将外部 DEM 由地图投影变换到 SAR 坐标系下。

a. 投影变换和地理编码

根据参考 SAR 图像 090103，对外部 DEM 图像进行投影转换，生成地理编码查找表，根据地理编码查找表可将原始 SAR 进行投影转换，如图 9-21 所示，将坐标系从距离-多普勒坐标系变换到地图坐标系中。对于外部 DEM 数据，利用查找表将原始 DEM 数据从 EQA 等角投影转换为 UTM 投影 [图 9-22（a）]，结合 SAR 图像卫星几何参数将其模拟成 SAR 图像 [图 9-22（c）]，并对其重采样，根据查找表将投影转换至 SAR 坐标系，以进行后续的精配准、地理相位的模拟。

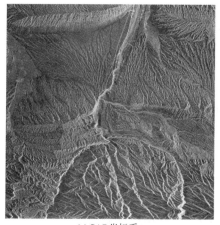
(a) SAR坐标系

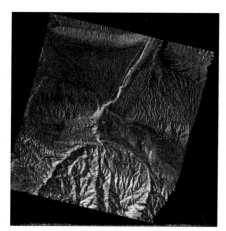
(b) 地图坐标系(UTM投影)

图 9-21 不同坐标系下的 090103 图像

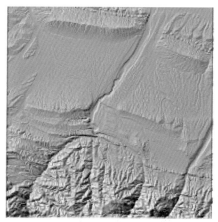
(a) 研究区DEM(UTM投影)

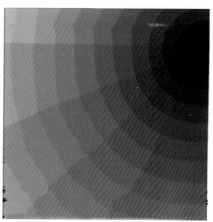
(b) 地理编码查找表

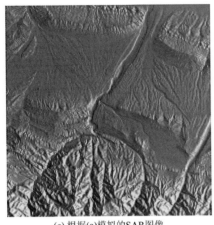
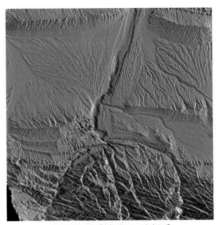

(c) 根据(a)模拟的SAR图像　　　　　　　(d) 对(c)重采样到SAR坐标系

图 9-22　研究区 DEM 数据及投影转换

b. 重采样和精配准

利用外部 DEM 模拟的 SAR 图像和 SAR 图像的偏移量，建立偏移公式，将 DEM 模拟的 SAR 与研究区 SAR 图像进行精配准，配准精度达到 0.1 个像元。最后，利用配准后的图像进行地理编码查找表优化。图 9-21 为利用精化的查找表，将原始 SAR 图像转换至地图坐标系中。利用精化的查找表，将 DEM 模拟的 SAR 数据转换为在 SAR 坐标系下的地形，如图 9-22 所示。

图 9-23 给出了原图像模拟的 SAR 坐标系下的 DEM，可以看出在山区部分的干涉条纹细密，由于地形复杂，条纹虽然复杂但保持完整光滑。

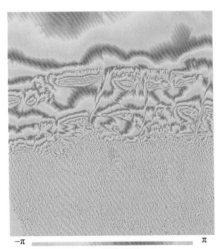
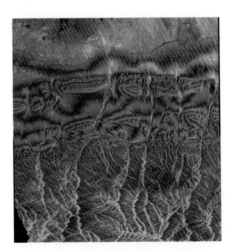

−π　　　　　　　　　　π　　　　　　　　　　　　
(a) 相位图像　　　　　　　　　(b) 相位图像(底图叠加090103图像)

图 9-23　SAR 坐标系下模拟的 DEM（090103 图像）

c. 模拟生成地形相位

从外部 DEM 数据中模拟未解缠的地形相位 [图 9-24（a）]，其中包含曲面地表趋势面（即平地效应）的相位信息。DEM 数据为地理编码数据，为进行地形相位的生成和模拟，需要将

DEM 数据从地理坐标系转换到 SAR 坐标系下。根据 090103 和 090207 的基线模型和主图像 090103 的信息，对在 SAR 坐标系下重采样后的 DEM 数据，模拟生成未解缠的地形干涉相位。根据第一步获取积雪变化前后的干涉相位减去利用 DEM 生成的平地相位。

-π ▭ π
(a) 模拟的未解缠地形相位　　　　　　(b) 去除地形相位后的干涉图像

图 9-24　地形相位的模拟及去除

2）平地效应的消除

若轨道参数存在误差，求出的基线和入射角将导致所确定地面点高程或形变存在较大误差，因此还需要对基线进行精化，求得残余基线，并对基线信息进行补充，模拟平地相位。

图 9-25 列出了去除地形相位和平地效应之后的干涉图。需要注意的是，在"去平地"处理过程中，必须对基线进行精化处理，得到更为精确的垂直基线，若基线距并不是真实的基线距值，将会引起误差。研究利用精确的轨道参数文件，在进行基线精化处理后，平地效应根据精化后的垂直基线去除。

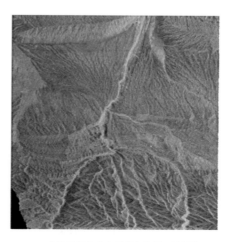

-π ▭ π
(a) 去除线性误差相位的地形相位　　　　　(b) 去除地形相位和平地相位的干涉图像

图 9-25　去除平地相位的相位图

9.3.2.2　大气和噪声相位的消除

差分干涉测量处理中，形变量通常在几毫米到几厘米之间，而大气效应误差也在同一个尺度上，可能会引入几毫米到几厘米的误差，干扰剩余形变相位的测量精度。目前的研究对大气效应的影响都没有很好的描述和理解，如何去除大气效应还处在初级研究阶段。

在 InSAR 中大气的影响主要表现在两个方面（张红等，2009）：①延迟雷达信号；②使传播路径弯曲。目前，运行的星载卫星 SAR 系统的轨道高度均在 500km 以上，大部分 SAR 系统轨道高度在 800km，雷达信号需要经过电离层和对流层到达地面，雷达波束会受电离层电子浓度的变化导致电磁波传播路径发生折射；在对流层中，电磁波受对流层中大气温度、湿度和气压的影响，由于大气的温度、湿度和气压随高度的变化而改变，电磁波在大气中的折射率也随高度的变化而变化，从而导致大气表现为一种分层介质，波束在大气中的传播路径发生变化和延迟。

大气效应的去除存有很大的不确定性，在较为稳定的算法中，大气效应的去除通常根据高度估计大气线性相位；或者利用多幅 SAR 干涉图本身的统计特征，通过干涉图的线性叠加、随机滤波和永久散射体方法进行消除。同时，也可借助外部独立数据得到大气效应的结果或用于指导选择合适的干涉像对，目前可利用的外部数据有地面气象数据、GPS、MODIS 水汽产品数据、MERIS 数据等。

玛纳斯河流域地面气象站点较少，山区地形复杂、地势起伏大，存在大量的陡坎山崖等，导致局部气象条件复杂，不确定因素较多，无法对整个流域进行大气相位去除，因此在进行大气效应去除的过程中，仅考虑根据海拔去除线性大气相位。同时，在选择干涉数据对时，考虑卫星过境时间温度较低且天气晴朗，尽量减少大气效应的影响。

为获得厘米级形变精度，要求 SAR 轨道的精度也为厘米级。因此，总相位中的 Φ_{orb} 可通过 ESA 提供的精轨文件（DORIS file）对卫星姿态进行修正，调整卫星轨道矢量，精化基线估计，减少该部分误差。

Φ_{noise} 为系统噪声引起的相位，通常包括热噪声、采样误差、配准误差等，可利用自适应滤波进行去噪处理。

9.3.3　积雪相位的计算

9.3.3.1　积雪相位的估计

综上，积雪相位信息的确定主要按以下几个步骤：①对干涉像对进行干涉测量处理，生成干涉纹图，得到干涉相位信息；②分解总的干涉相位，借助 DEM 数据去除地形相位，根据基线信息去除线性平地相位，消除大气效应，得到剩余相位信息，即积雪相位信息。

按照以上处理步骤，以 090103-090207 像对为例，进行地形和平地相位的差分处理。在去除非形变相位的过程中，首先，根据外部 DEM 模拟生成地形相位，并将其从干涉相位中去除；然后，结合干涉纹图进行残余基线估计，精化基线参数，结合精化的基线参数和干涉纹图条纹密度，去除线性趋势的平地相位；最后，得到去除平地和地形相位的相位信息。

去除地形和平地相位后的相位仍为未解缠相位，需要对其进行解缠处理。首先，利用自适应滤波对其进行降噪处理，得到滤波后的图像；然后，根据相干图生成掩膜图像，滤除相干性小的区域，利用最小成本流的方法进行解缠，获得解缠相位，即为积雪相位信息 Φ_{snow}（图 9-26 和图 9-27）。

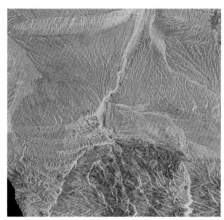

(a) 滤波后的干涉相位　　　　　　　　(b) 解缠后的积雪相位

图 9-26　积雪相位结果（090103-090207 像对）

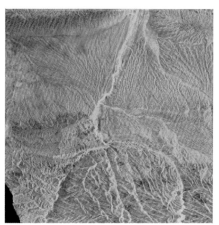

(a) 滤波后的干涉相位　　　　　　　　(b) 解缠后的积雪相位

图 9-27　积雪相位结果（080712-090103 像对）

对比 080712-090103 像对和 090103-090207 像对的解缠结果，在解缠结果中，有几处为深紫色，差分干涉相位是错误的，分析可知，导致错误的原因主要为两个方面：残余 DEM 误差引起，由于垂直基线较大（090103-090207 像对的垂直基线为 476m），引起的 DEM 残差现象比较严重；相干性很低，在相位解缠过程中出现错误，在进行形变量的解译时，要注意这些区域的相位值。

9.3.3.2　积雪相位的误差评价

积雪的相位信息为在总干涉相位中去除非形变相位后获得的相位信息,除了时间失相干导致的积雪相位信息存在误差外,在整个处理过程中,存在一定的误差源(李振洪等,2004)。

1)时间失相干

电磁波在空间传播过程中会发生一部分散射,剩下的一部分透射进入下层介质(雪层中)。当分界面为均匀或者近似均匀时,散射仅仅发生在表面,即为面散射;当下层介质不均匀时,或由不同介电常数介质混杂组成时,则透射波中一部分能量被不均匀介质再次散射回去,后者穿过分界面又回到上层介质中,这种情况由于下层介质中发生了散射现象,即为体散射。

通常情况下,SAR 系统传感器接收的积雪的后向散射主要包括空气-雪表面的后向散射贡献(图 9-28 中部分 1)、雪层内部的体散射贡献(部分 2)和雪-地界面的后向散射贡献(Luzi,2010)(部分 3)3 部分,而影响积雪后向散射系数信号的因素包括 3 个方面:①传感器参数,包括入射角、频率和极化方式;②雪层参数,包括雪密度、雪粒径大小及空间分布、液态水含量、雪层黏度和变质程度;③下垫面参数,包括雪地界面粗糙度和下垫面的介电特性。

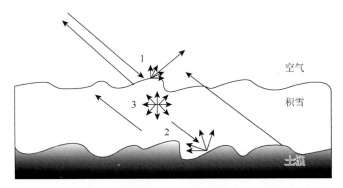

图 9-28　微波在积雪中的散射作用方式

在 L 和 C 波段,干雪的穿透深度大,根据雷达入射波在雪层部分的散射贡献,可忽略部分 1,部分 3 体散射影响较小,也可忽略,部分 2 为主要散射,需要考虑。

相干值是衡量相位好坏的标准,可以根据相干值分析相位获取过程中的误差因素。根据相干值的定义和去相干的来源,相干性可定义为(Kumar and Venkataraman,2011):

$$\gamma_{\text{total}} = \gamma_{\text{instrument}} \cdot \gamma_{\text{surface}} \cdot \gamma_{\text{volume}} \cdot \gamma_{\text{noise}} \cdot \gamma_{\text{temporal}} \tag{9-31}$$

式中,γ_{noise} 为噪声失相干,也称为热噪声去相干,主要受系统特征的影响,包括增益和天线特征,可以定义为

$$\gamma_{\text{noise}} = \frac{1}{1+\text{SNR}^{-1}} \tag{9-32}$$

γ_{temporal} 为时间失相干,通常由植被变化、降雪、冰川移动、冻土冻融变化(Luzi et al.,2007)

等类似的地面特征变化引起，其在重复轨道干涉测量中是最重要的影响因素，可描述为

$$\gamma_{\text{temporal}} = \exp\left\{-\frac{1}{2}\left(\frac{4\pi}{\lambda}\right)^2(\sigma_y^2\sin^2\theta + \sigma_z^2\cos^2\theta)\right\} \tag{9-33}$$

σ_y 和 σ_z 对应水平和垂直方向的变化标准差；θ 为传感器入射角。

　　一般来说，影响重复轨道干涉测量的失相干主要来源于时间失相干，即积雪覆盖地表面后造成地表后向散射特性的变化。积雪覆盖后，变化主要发生在垂直方向上。当雪层为均质干雪层时，波束直接穿透积雪，不会发生失相干现象；但当雪层为非均匀雪层时，雪层内部发生变质分层现象，雷达波束在雪层内部发生多次散射，导致一定的相位延迟，形成失相干现象。

　　2）几何失相干

　　几何失相干包括多普勒质心失相干和基线失相干，对于 ENVISAT 卫星，因为可以提供精确轨道数据，多普勒质心失相干可忽略不计；基线失相干，即几何去相干，由视角差异造成。

　　3）处理过程误差

　　虽然在处理过程中，选择合适的干涉像对极为苛刻，而且在几何精配准过程中进行多次迭代、调整搜索窗口等，使误差达到最小，但是研究区部分地形起伏较大，在进行去除地形相位的过程中，外部 DEM 的引入也可能导致一定的误差，包括 DEM 本身的误差，DEM 模拟的 SAR 图像与原始 SAR 图像精配准难度较大。此外，在相位解缠过程中，由于相干系数低于 0.3 的区域较多，相位不能完整解缠引起了较大的误差。

　　4）大气效应

　　一般来说，虽然在处理过程中对大气效应进行了去除，但是无法得到 SAR 数据获取时的气象信息和其他数据，仅根据海拔值对大气效应进行修正，并不能真正地去除大气延迟导致的相位（Burgmann et al.，2000）。

9.4　反演模型与结果分析

9.4.1　雪深反演模型的构建

9.4.1.1　雪深与相位关系的确定

　　研究表明，干雪的介电特性几乎与频率无关，冰的体积含量是决定介电常数 ε 的主要参数，而对颗粒形状敏感性小（Matzler，1996）。干雪介电常数实部只与雪密度有关。假设雪层内雪密度均一，干雪的介电常数实部 ε_s，即折射角，可由雪密度决定 $\varepsilon_s = 1 + 1.60\rho + 1.86\rho^3$，可得由积雪覆盖导致的相位变化量

$$\begin{aligned}\Phi_{\text{snow}} &= -\frac{4\pi}{\lambda}d_s(\cos\theta_i - \sqrt{\varepsilon_s - \sin\theta_i^2}) \\ &= -\frac{4\pi}{\lambda}d_s(\cos\theta_i - \sqrt{1 + 1.6\rho + 1.86\rho^3 - \sin\theta_i^2})\end{aligned} \tag{9-34}$$

由此,若能够通过建立降雪前和降雪后的干涉像对进行干涉测量处理,获得干涉相位,并从总干涉相位中获取积雪覆盖/变化导致的相位,即可反演雪深。

积雪深度反演模型的构建在假设积雪层为均质（Sarabandi,1997）,雪层内部无分层现象的基础上,雷达波束在雪层内传播仅在空气-雪界面发生一次折射,在雪层内体散射可忽略不计,在选择特定的 SAR 数据之后,模型的主要输入参数为平均雪密度。由图 9-29可知,当雪层为均质时雷达几何特征简单,但在大多数的自然状况下,随着积雪过程变化及新的降雪出现,积雪会因为重力作用及风吹雪等现象出现变质和分层状况,表现为雪密度和雪粒径大小的改变。

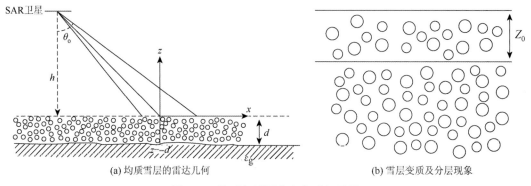

(a) 均质雪层的雷达几何   (b) 雪层变质及分层现象

图 9-29 均质积雪覆盖和变质积雪层

根据式（9-34）,模拟在 C 波段下积雪深度与积雪相位之间的关系,得到积雪相位与积雪深度和雪密度之间的关系。

如图 9-30 所示,在特定的波长（C 波段）和入射角（23°）下,二者为线性关系,随着积雪深度的增加,积雪相位增大;同时,雪密度越大,同样深度的积雪产生的积雪相位越大。

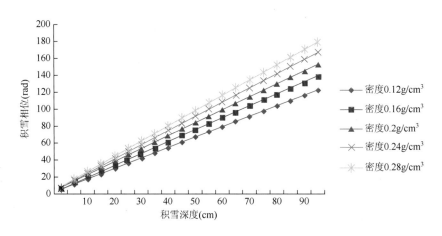

图 9-30 C 波段下积雪相位与雪深的关系

由式（9-34）可知,在积雪深度反演算法中,入射角为另外一个主要参数。由于研究区地形起伏较大,SAR 图像由于其特殊的成像几何,入射角也存在较大差异,因此入射角采用卫星入射角作为均一值仅能够用作简化模型。

9.4.1.2 雪深反演过程的优化

根据式（9-34），建立积雪相位与雪深之间的几何关系，构建积雪深度反演模型，进而获取积雪深度信息。在选择了合适的干涉相对后，按照干涉纹图生成、积雪相位获取的关键步骤，优化整个积雪深度反演过程。优化的内容主要包括干涉纹图的生成、利用 DEM 数据生成特定像对的地形相位、差分干涉及后处理，并对精配准和相位解缠顺序等关键步骤进行了调整。根据优化的积雪相位获取过程，对获取的积雪相位和入射角进行运算，获得研究区积雪深度。

同时，大量研究表明，大气效应导致的相位延迟并不能完整地从地形相位和形变相位中去除，因此在选择干涉像对时，尽量选择更具优势的数据，以减弱大气效应的影响。根据式（9-34），结合 ASAR 数据参数（中心波长为 5.6cm，入射角为 23°），从积雪相位中反演雪深与模型输入参数——雪密度有极大的关系，雪密度越大，积雪相位越大，引起的相位延迟越明显；同时，当雪深较浅时，造成的积雪相位也可达到 2rad，在干涉相位测量中可以测得；当雪深较大时，积雪相位增加，远大于大气相位和噪声相位的影响（0.2rad）（Rott et al.，2004）。

为获取干雪的深度信息，选择的时相为寒冷的冬季。此时，空气温度和大气水含量都较低，有研究表明，冬季条件下，海拔 1000m 左右的大气效应导致的相位延迟为 0.2rad，相当于 1mm 的雪水当量，远低于干雪导致的相位延迟（Rott et al.，2004），因此，在某种程度上讲，大气效应和噪声引起的相位可忽略。

在干涉处理过程中，在地形起伏较大的地区，相位解缠对获取正确的相位信息非常重要。将相位解缠放在差分结果之后，可以增加相位解缠的稳定性。在获得了解缠相位之后，利用 Gamma 软件生成形变结果，得到在 LOS 方向上的形变量（Agustan，2010）。根据图 9-31，通过相位解缠获取 LOS 方向的形变量，对于实际地表在发生积雪覆盖变化之后的形变量，可根据入射角 θ 转换获得。

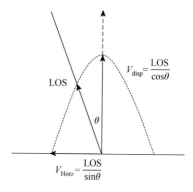

图 9-31 视线方向形变量与地面形变量关系示意图

在雪深反演模型的输入参数中，雪层内雪密度由实测或者经验值代替，而对于入射角参数，假设降雪后，并未因为风吹雪、积雪变质发生较大幅度的积雪再分配，则当地面被积雪覆盖后，根据 DEM、SAR 轨道及成像数据，可以推算局部入射角信息，减少因同一入射角导致的误差。

9.4.2 雪深反演模型参数的确定

9.4.2.1 输入参数的确定

根据式（9-34）建立的积雪深度与雪深的关系，在获得了积雪相位之后，积雪深度反演模型的主要输入参数为入射角、雪密度和积雪相位。空气-雪界面的功率透射系数由下列因素决定（Ulaby et al.，1982）：雪的相对介电常数、入射角和极化状态（假定雪表面相对光滑）。雪的介电常数可通过实测和经验值代替。对于确定的 SAR 数据，入射角已知，并且可以根据成像条件和地形数据获取精确的局部入射角。

在模型中以雪层的平均密度为输入参数进行积雪深度的反演。天山积雪属于干寒型积雪，稳定积雪平均密度为 0.06～0.24g/cm³。研究组观测天山地区的阜康地区、三岔口自动观测站、敦德铁矿、阿尔先沟测点的积雪参数并对其进行统计，积雪平均密度按照月份分别为 12 月 0.16g/cm³ 和 0.14g/cm³，4 月 0.18g/cm³ 和 0.25g/cm³。所测得的积雪参数并不能直接用于雪深的反演，主要原因为测量时间与卫星过境时间不一致，且测量时段与获取 SAR 数据的月份相差较大。野外测量时间均为白天，在 12 月和 4 月进行野外实验，气温较高，制作雪剖面后受气温影响，积雪有所融化，雪中液态水含量增加，尤以阿尔先沟突出，测量时气温高达 20℃，制作雪坑后，雪湿度增加，变化较快；选用的 ASAR 数据获取时间为凌晨 4:33，夜间温度均为 -20～-10℃，且已维持较长时间，此时雪中液态水含量较少，积雪可视为干雪，雪密度较为稳定。同时，实验所用数据为 1 月和 2 月数据，从历年肯斯瓦特水文站及实地调研可知，1 月和 2 月温度为全年最低，且积雪深度在 2 月达到最大，选用 1 月和 2 月数据进行雪深反演可保证积雪为干雪状态，因此取经验值 0.18g/cm³ 作为平均雪密度。

选用的 ASAR IMS 的成像模式为 IS2，入射角范围为 19.2°～26.7°，其中平均入射角为 22.9°，因此以 23° 作为入射角值；参考天山积雪特性及实测结果，在雪深反演模型输入参数中，假设研究区平均雪密度为 0.18g/cm³，积雪介电常数与雪密度的关系满足 $\varepsilon_s = 1 + 1.60\rho + 1.86\rho^3$。

图 9-32 模拟了积雪密度入射角与相位差之间的关系，分析可知，入射角越大，雪深越大，导致的相位变化越大；雪密度越大，相同雪深引起的相位变化越多。积雪密度越大，引起的相位变化即积雪相位越明显，主要是因为积雪密度越大，折射率越大，雷达波束在雪层中的传播路径更长，则雷达波束斜距也更为复杂。

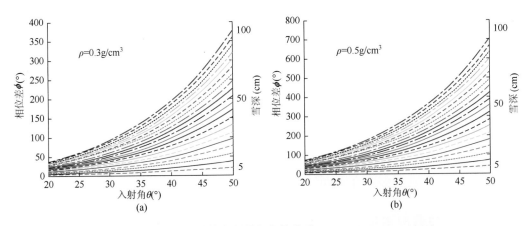

图 9-32　入射角、雪密度与积雪相位的关系（Esmaeily et al.，2010）

9.4.2.2 输入参数的影响分析

1）入射角对相位的影响

严格地讲，由于星载 SAR 系统为侧视成像系统，近距点和远距点的入射角是有一定差异的，但在获取积雪相位时，对于整个图幅采用平均入射角 22.9°作为输入参数。

然而，当地面起伏时，卫星入射角并非是地面入射角，在计算积雪深度时，该入射角实际对应局部入射角。根据 DEM 和 ASAR 数据的卫星轨道特征，计算局部入射角和投影到距离平面的入射角，获取某一剖面中红色线的入射角信息，如图 9-33 和图 9-34 所示。

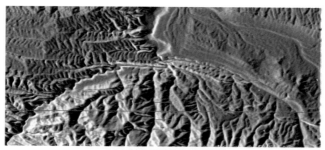

(a) 入射角剖面线位置示意图

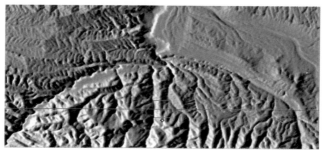

(b) 投影入射角剖面线位置示意图

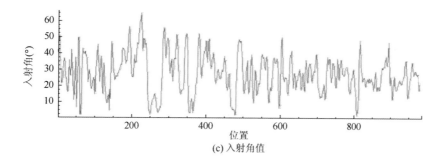

(c) 入射角值

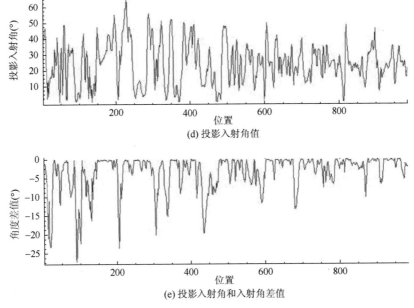

(d) 投影入射角值

(e) 投影入射角和入射角差值

图 9-33　剖面线上投影入射角和入射角变化

　　由图 9-33 剖面线入射角的变化情况可知，入射角受地形起伏影响较大，当地形起伏时，入射角的变化范围为 10°～60°。投影入射角反映了雷达平面的入射角信息，计算投影入射角和入射角的差值可知，虽然大部分值无差异，但是在局部地形起伏较大的地区，如河谷等地方，仍存在较大差异，差异达到 25°。由图 9-34 可以看出，投影入射角和入射角受地形的影响较大，尤其是在雷达视线方向，入射角存在差异（图中黑色部分）的地方较多。

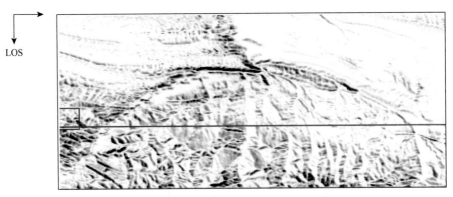

图 9-34　投影入射角和入射角变化差值

图中 LOS 是指朝向雷达视线的方向

　2）积雪密度估计

　　在计算积雪深度信息的过程中，为简化计算方法，在整个研究区以平均积雪密度为输入参数。

　　但是在自然情况下，研究区内积雪密度并不均一，其受地形、风吹雪、下垫面情况、积雪过程时间长短等多种因素的影响。受地形和山体遮挡的影响，阴坡的积雪通常较阳坡厚；当有风吹雪的状况发生时，地面积雪发生了再分配；当下垫面类型不同时，地表的介电常数不同，积雪的变质过程也不同；受第一次降雪时间早晚的影响，若降雪时间早，虽然气温较低，但是地温仍旧较高，降雪后积雪在地表发生冻融作用，随着温度的降低，雪-地界面的积雪会发展成深霜层，若降雪时间较晚，地表已经成为冻土，则积雪的变质作用不同；积雪时间长短的影响，当积雪时间较长，中间发生多次降雪，则雪层中可能出现明显的分层情况。这些因素都会影响不同地点的积雪密度。

同时，根据积雪密度估计雪介电常数时，采用了经验公式。由于采集的样本点较少，虽然拟合度达到 93%，但是如果根据实测的积雪密度和雪介电特性可以对经验公式进行修正，找到适合不同积雪时段的干雪的雪密度与介电常数之间的关系。

9.4.3 雪深反演与误差分析

9.4.3.1 雪深信息获取

根据式（9-34），以平均雪密度 0.18g/cm³ 和入射角为 23°进行积雪深度反演，获得080712-090103 像对和 090103-090207 像对的积雪深度反演结果，如图 9-35 和图 9-36 所示。将 080712-090103 像对和 090103-090207 像对进行组合，可以获得20080712~20090207的积雪深度的变化（图 9-37），080712 图像获取时刻地表无积雪覆盖，则可以认为080712-090103 像对和 080712-090207 像对反演获得的雪深对应于 20090103 和 20090207时刻的积雪深度（图 9-35 和图 9-37）。

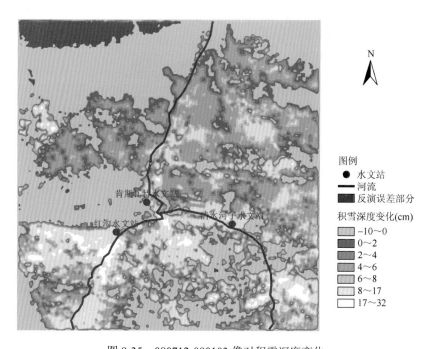

图 9-35   080712-090103 像对积雪深度变化

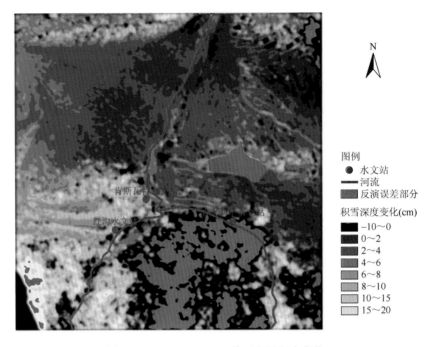

图 9-36　090103-090207 像对积雪深度变化

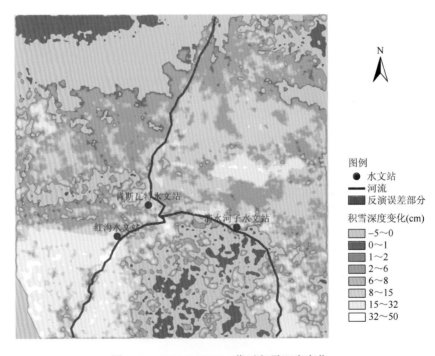

图 9-37　080712-090207 像对积雪深度变化

　　考察积雪深度的反演结果，发现研究区内积雪深度增加，且 1～2 月，深度增加 4～14cm，较为合理。对 080712-090103 像对进行积雪深度反演，统计获得积雪深度变化直方图（图 9-38），对比 090103-090207 像对，研究区 2008 年 7 月～2009 年 1 月积雪深度变化量大于 2009 年 1～2 月的面积，且 7 月到次年 1 月积雪深度增加的程度高于 1～2 月的降雪量，积雪深度变化在 10cm 左右，反演结果较为合理。

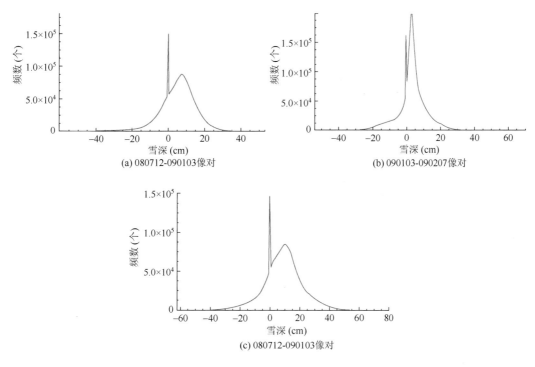

图 9-38　积雪深度变化直方图

　　同时，完整的积雪相位信息主要在平坦地区获得，该地区的相干性较好；肯斯瓦特水文站以上部分的山区获取的积雪相位出现误差。从图 9-38 可知，山区部分从 090103 到 090207，积雪深度减少，且减少量维持在 20cm 左右，此为不合理之处，通过分析相关图及解缠相位图可知，该地区地形起伏较大，相干性较平坦地区低，相位解缠错误，未获取真正的积雪相位信息，导致积雪深度反演结果不合理。

　　反演结果中，有一部分是负值，与实际状况不符合。考察式（9-34）可以发现，由于采用卫星入射角作为统一的输入参数，反演模型中 $(\cos\theta_i - \sqrt{1+1.6\rho+1.86\rho^3-\sin\theta_i^2})$ 部分相当于常数，因此根据相位的正负，在雪深反演结果中有一定负值。对入射角的分析可知，在地形不同的情况下，地面入射角有一定差异。因此，可以修正模型输入参数，将局部入射角作为输入参数修正模型反演结果。

　　结合 DEM 和 SAR 成像参数，对 SAR 图像和解缠后的积雪相位进行后向地理编码，得到局部入射角信息，再对二者进行头文件编辑，并建立入射角和相位的一一对应关系，对积雪反演模型进行局部入射角修正，得到修正和地理编码后的积雪深度分布。图 9-39 和图 9-40 为根据局部入射角修正和地理编码后获得的积雪深度信息，图 9-41 为统计的反演获得的积雪深度直方图。为反映修正后的积雪分布情况，此处仅对图像进行取整处理，未进行平滑处理，同时，去除了深度大于 20cm 的值。

　　从图 9-39 和图 9-40 可以看出，根据局部入射角获得的积雪深度，负值现象被修正，080712-090103 像对中的雪深变化主要集中在 0～10cm，090103-090207 像对为 0～8cm。值得指出的是，虽然负值现象被修正，但由于积雪密度分布不均、像对失相干现象、相位解缠

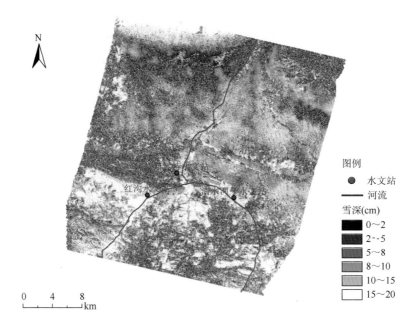

图 9-39　入射角修正和地理编码后的积雪深度变化结果（080712-090103 像对）

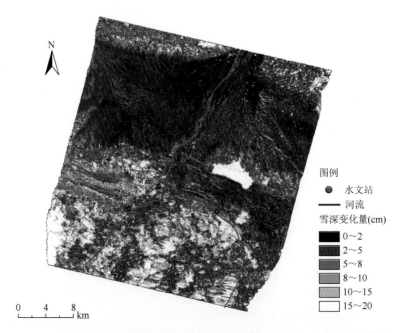

图 9-40　入射角修正和地理编码后的积雪深度变化结果（090103-090207 像对）

空洞等现象，有部分地区出现了极高值，表现在图中白色部分，与实际情况不符，结合相干系数图和相位解缠结果可以判断，只有相干性高的地区才可以得到正确完整的解缠结果，获得的积雪深度信息才具有足够的可靠性。但相干性受积雪覆盖的影响无法避免，只能通过选择优秀的干涉相对并进行高精度的干涉测量处理减少误差现象的发生。

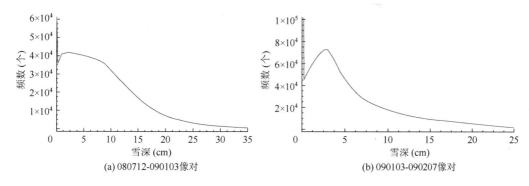

(a) 080712-090103像对

(b) 090103-090207像对

图 9-41　入射角修正后的积雪深度变化直方图

9.4.3.2　反演误差分析

根据积雪解缠相位模拟 LOS 方向的地面形变(即积雪覆盖变化)，得到 080712-090103 和 090103-090207 两组像对的地面形变量，如图 9-42 所示。其结果反映了在 LOS 方向上地表覆盖在高度上的变化量，一个条带代表变化量为 2.8cm，因此，可以看出 080712-090103 像对的变化量较 090103-090207 像对的大，且统计值变化量最大达到 30cm，而 090103-090207 像对变化量相对较小，最大为 20cm。

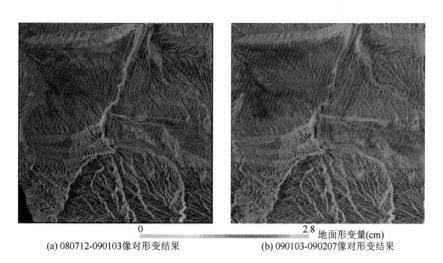

(a) 080712-090103像对形变结果

(b) 090103-090207像对形变结果

图 9-42　080712-090103 像对和 090103-090207 像对的形变结果

图 9-43 为环境 1 号卫星 2009 年 2 月 9 日的遥感影像，对比积雪深度反演结果可以看出，利用 InSAR 方法获取积雪信息有一定潜力，能够检测出积雪覆盖的范围。考察未检出的部分，主要是由相干性较低、相位解缠误差导致的，为获取积雪信息，无法避免积雪导致的失相干现象。

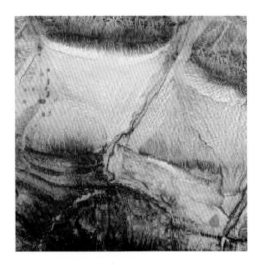

图 9-43　环境 1 号研究区遥感影像（20090209）

同时，虽然在山区部分对积雪深度的检测能力受相干性的影响有一定的不足，但是在积雪覆盖部分，对积雪深度的检测有一定的潜力。

考察图 9-44，根据 Google Earth 可知红色线为高差 270m 左右的山脊线，黄色线为沿山体走势的道路，左下角部分为农田。对比获得的形变图及根据遥感影像得到的地表积雪覆盖范围可以看出，在获取完整的地表形变中，利用 InSAR 方法与地表能够检测到的范围一致；在积雪深度的反演结果中可以看出，沿着道路走势，在中间部分的黄色框内由于积雪覆盖厚度增加，从遥感图像中已经无法检测到道路，在形变图中表现为深蓝色，即积雪深度较周围部分的积雪深；考察图中红色圆环部分，在形变结果中表现出渐变的纹图，从遥感影像中可以看出，该地区中心部分存在混合像元，积雪深度较浅，表现在形变图中为黄色，随着紫色变化为蓝色，遥感影像中像元变化为纯雪像元，积雪深度增加；同时，图中左下角对应地表覆盖为农田，在人工活动较多的地区，干涉像对的相干性较差，难以解缠成功，因此该部分的积雪变化在 080712-090103 像对中并未被检测出，但在 090103-090207 像对结果中被检测出，检测出的结果应为 090103 到 090207 时间内积雪深度的变化量。

由图 9-44 对反演出的积雪深度信息进行分析，红色部分的反演结果不可靠，修正入射角后的白色部分不可靠。考察不可靠来源主要由干涉像对失相干所致，降雪前后失相干导致无法进行相位解缠或出现相位解缠误差。但是，失相干现象由积雪覆盖导致，无法避免，因此，只能通过选择合适的干涉相对并且对干涉测量处理过程进行严格的精度控制，减少该部分的误差和不可靠结果。

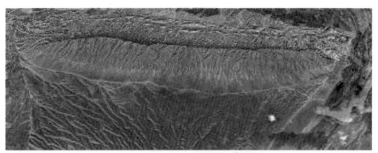

(a) Google Earth地面三维显示

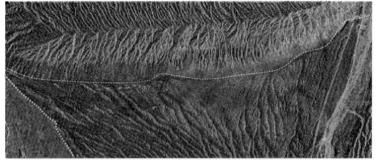

(b) 放大的080712-090103形变结果

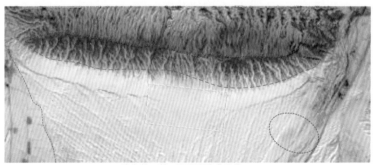

(c) 放大的环境1号卫星遥感影像(20090209)

图 9-44　地表积雪覆盖及形变结果对比分析

同时,在积雪深度反演过程中主要包括积雪相位的获取和雪深反演模型中输入参数的估计两个方面的误差源,具体分析如下。

1) InSAR 处理过程的误差

在冬季影像中,C 波段有失相干、信噪比低属正常。除了数据本身的限制外,在获取积雪相位的过程中,已经对干涉像对的相干性,以及 080712-090103 像对和 090103-090207 像对的相干系数图像进行了分析,除山区相干性都不够理想以外,080712-090103 像对在平坦地区的相干性没有 090103-090207 像对好,主要原因为 080712-090103 像对的时间间隔较 090103-090207 像对长,农田、植被的季节变化较为明显。相干性的差异导致了在干涉图像生成过程中的误差。尤其是在平坦地区,080712-090103 像对的反演误差明显多于 090103-090207 像对。

同时,7 月的气温较高,虽然卫星过境时间为凌晨 4:33,温度较低,但相对于 1 月和 2 月的气温，温度可能有 30° 的差异，对此 080712-090103 像对的干涉相位难免受大气效应的影响。

虽然对干涉测量的精度进行了严格的控制，在干涉相位获取过程中对相位解缠等进行了优化，但是在进行二轨差分处理过程中，受数据条件的限制，外部 DEM 误差也是主要误差源，其对形变的影响主要体现在两方面：一是外部 DEM 本身的精度，通过高程模糊度将该误差转换到形变中；二是由外部 DEM 与主影像的配准误差导致的，这要求提高二者的配准精度。研究选用 90m 分辨率的 SRTM DEM 数据，在山区有一定的误差，存在空洞等现象，虽然 D-InSAR 测量中对地形的敏感度远远小于对形变的敏感性，但是在获取到的形变信息中难免会引入外部 DEM 误差（Massonnet and Feigl，1998）。

2）积雪深度反演模型参数的误差

在构建积雪深度反演模型时，假设雪层为干雪，且雪层内部差异不大，因此输入参数采用雪密度的经验值和卫星入射角。已经对这两个输入参数进行了分析，在反演的积雪深度结果中会引入入射角分布差异的误差。

对于入射角参数，虽然根据 DEM 数据和 SAR 几何参数获得局部入射角，对反演结果进行了修正。但在地形起伏较大的地区，积雪由于地形和重力等，在地表发生了再分布现象（图 9-45），如在谷底等地方，积雪会堆积，雷达波束在雪表面发生折射时的局部入射角会因为雪表面粗糙度和雪层厚度不均匀发生变化，导致降雪后和降雪前的局部入射角发生较大的变化，在干涉测量的过程中会导致失相干。对于地形较为平坦的地区，积雪的覆盖受地形影响没有山区大，反演获得的积雪深度信息准确可靠。若能够获取积雪表面粗糙度，可以对有积雪覆盖时的入射角信息进行校正，提高反演结果精度；在地形起伏较为剧烈的地区，由于积雪的再分布和堆积作用，雪深的空间分布差异较大，局部入射角在降雪前后差异明显，反演获得的积雪深度信息有待进一步修正。

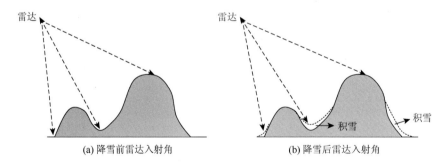

图 9-45　降雪前后雷达入射角对比

雷达接收到的散射主要分为面散射（介质均一）和体散射（介质不均匀）两种。严格来说，在自然界中，介质都是不均质的，只有在特定的入射波频率、入射角或者特定的状态下，才可以作为均匀介质来处理。图 9-46 为 2011 年 12 月 7 日在研究区内三岔口地区获得的积雪分层情况，积雪湿度较大，白天气温较高，通常在 7℃ 左右，可以看出在该时刻积雪中间有一层明显的冰层，对雷达在雪层中的传播路径、散射作用、穿透深度都有影响。

　　由于无法及时获取研究区内积雪的密度、介电常数、雪层内部分层情况等信息，因此，选用的经验值会引入误差。同时，积雪会受地形和风的影响，出现积雪再分布和变质等现象。对研究区积雪以同一雪密度进行计算，未考虑积雪密度分布的差异，也说明积雪深度的 InSAR 反演是一个欠定问题，即随着积雪的分层，积雪密度和雪中液态水含量的变化，导致雷达在雪层中的穿透深度发生变化，对雪层内部的散射作用产生影响，需要反演的参数远远大于微波观测数据，只用很少的参数化方案来确定雪深与积雪相位之间的关系必然导致一定的误差。但是对比基于前向模型的积雪深度反演方法，该方法已经将反演所需要的参数缩减至 2 个，反演过程可行，反演结果证明该方法具有反演积雪深度的潜力。

图 9-46　实测三岔口地区积雪分层特性（2011 年 12 月 7 日）

参 考 文 献

李振洪，刘经南，许才军. 2004. InSAR 数据处理中的误差分析. 武汉大学学报（信息科学版），29（1）：72-76.

李震，郭华东，李新武，等. 2002. SAR 干涉测量的相干性特征分析及积雪划分. 遥感学报，6（5）：334-338.

廖明生，林珲. 2003. 雷达干涉测量——原理与信号处理基础. 北京：测绘出版社.

刘国祥. 2001. InSAR 基本原理. 四川测绘，27（4）：187-190.

吕乐婷，陈圣波，车大为，等. 2008. D-InSAR 原理及其数据处理流程. 吉林大学学报（地球科学版），38：232-234.

马龙，陈文波，戴模. 2005. ENVISAT 的 ASAR 数据产品介绍. 国土资源遥感，63：70-71.

舒宁. 2001. 关于雷达影像干涉测量的若干理论问题. 武汉大学学报（信息科学版），26（2）：155-159.

汪鲁才. 2006. 星载合成孔径雷达干涉成像的信息处理方法研究. 长沙：湖南大学.

王超，张红，刘智. 2000. 苏州地区地面沉降的星载合成孔径雷达差分干涉测量监测. 自然科学进展，12（6）：621-624.

王超，张红，刘智. 2002. 星载合成孔径雷达干涉测量. 北京：科学出版社.

云烨，焦健. 2011. ENVISAT 卫星寿命延长方案对 SAR 数据应用的影响. 遥感信息，28（2）：95-97.

张红. 2002. D-InSAR 与 POLinSAR 的方法及应用研究. 北京：中国科学院遥感应用研究所.

张红，王超，吴涛，等. 2009. 基于相干目标的 DInSAR 方法研究. 北京：科学出版社.

Agustan. 2010. Ground Deformation Detection Based on ALOS-PALSAR Data Utilizing DInSAR Technique in Indonesia. Nagoya：Nagoya University.

Burgmann R，Rosen P A，Fielding E J. 2000. Synthetic aperture radar interferometry to measure Earth's surface topography and its deformation. Annual Review of Earth and Planetary Sciences，28：169-209.

Esmaeily G A，Granberg H B，Gwyn Q H J. 2010. Repeat-pass cross-track interferometric SAR to measure dry snow water equivalent and depth. Canadian Journal of Remote Sensing，36：316-326.

Goldstein R M，Zebker H，Werner C L. 1988. Satellite radar interferometry：two-dimensinal phase unwarpping. Radio Science，23（4）：713-720.

Guneriussen T，Hogda K A，Johnsen H，et al. 2001. InSAR for estimation of changes in snow water equivalent of dry snow. IEEE Transactions on Geoscience and Remote Sensing，39（10）：2101-2108.

Kampes B M，Hanssen R F. 2004. Ambiguity resolution for permanent scatterer interferometry. IEEE Transactions on Geoscience and Remote Sensing，42（11）：2446-2453.

Kumar V，Venkataraman G. 2011. SAR interferometric coherence analysis for snow cover mapping in the western Himalayan region. International Journal of Digital Earth，4（1）：78-90.

Larsen Y，Malnes E，Engen G. 2005. Retrieval of Snow Water Equivalent with ENVISAT ASAR in a Norwegian Hydropower Catchment. Seoul：IEEE International Geoscience and Remote Sensing Symposium.

Luzi G，Pieraccini M，Mecatti D，et al. 2004. Ground-based radar interferometry for landslides monitoring：atmospheric and instrumental decorrelation sources on experimental data. IEEE Transactions on Geoscience and Remote Sensing，42（11）：2454-2466.

Luzi G，Pieraccini M，Mecatti D，et al. 2007. Monitoring of an alpine glacier by means of ground-based SAR interferometry. IEEE Geoscience and Remote Sensing Letters，4（3）：495-499.

Luzi G. 2010. Ground Based SAR Interferometry：A Novel Tool for Geoscience. Vukovar：Geoscience and Remote Sensing New Achievements.

Massonnet D，Feigl K L. 1998. Radar interferometry and its application to changes in the earth's surface. Reviews of Geophysics，36（4）：441-500.

Massonnet D，Briole P，Arnaud A. 1995. Deflation of mount etna monitored by spaceborne radar interferometry. Nature，375（6532）：567-570.

Matzler C. 1996. Microwave permittivity of dry snow. IEEE Transactions on Geoscience and Remote Sensing，34（2）：573-581.

Rosen P A，Hensley S，Joughin I R，et al. 2000. Synthetic aperture radar interferometry-Invited paper. Proceedings of the IEEE，88（3）：333-382.

Rott H，Nagler T，Scheiber R. 2004. Snow Mass Retrieval by Means of SAR Interferometer. Frascati：Proceedings of FRINGE 2003 Workshop.

Sarabandi K. 1997. Δk-radar equivalent of interferometric SAR's：a theoretical study for determination of vegetation height. IEEE Transactions on Geoscience and Remote Sensing，35（5）：1267-1276.

Ulaby F T，Moore R K，Fung A K. 1982. Microwave Remote Sensing：Active and Passive. Volume 2：Radar Remote Sensing and Surface Scattering and Emission Theory. Boston：Addison Wesley Publishing Company.

Ulaby F T，Moore R K，Fung A K. 1986. Microwave Remote Sensing：Active and Passive. Volume 1：Microwave Remote Sensing Fundamentals and Radiometry. Boston：Addison Wesley Publishing Company.

Werner C，Wegmüller U，Strozzi T，et al. 2002. Processing Strategies for Phase Unwrapping for InSAR Applications. Cologue：European Conference on Synthetic Aperture Radar.

Zebker H A，Villasenor J. 1992. Decorrelation in interferometric radar echoes. IEEE Transactions on Geoscience and Remote Sensing，30（5）：950-959.

10 基于 EQeau 模型的雪水当量反演

雪水当量是指当积雪完全融化后得到的水形成水层的垂直深度,等于积雪密度与积雪深度的乘积,其是表征积雪水资源量的重要指标,其时空变化信息也是积雪积累与消融过程的直接反映。本章基于 2013 年 10 月 2 日和 2013 年 12 月 13 日的 C 波段 RADARSAT-2 全极化数据、地面同步观测数据、DEM 数据和 GlobeLand30 土地覆盖数据,探讨利用 C 波段 SAR 数据和 EQeau(EQuivalence eau,法语:水当量)模型反演山区雪水当量的有效性,解决山区地形与下垫面条件下 EQeau 模型的参数优化与反演过程改进的技术难题,反演研究区雪水当量分布信息,并对反演结果进行分析和评价。其主要研究内容如下。

1)积雪热阻信息获取

为获取山区的积雪热阻信息,需要获取不同地形与下垫面条件下的积雪密度、积雪深度与雪水当量,因此在研究区开展与 RADARSAT-2 卫星数据同步的地面积雪观测,测量和计算了 2013 年 12 月 13～16 日 87 个观测点的积雪深度、积雪密度、雪水当量与积雪热阻信息。观测结果表明,研究区积雪较浅,平均雪深不足 10cm;雪水当量以 1～2cm 为主;平均积雪密度为 0.202g/cm³,积雪密度较小,且雪密度分布集中,超过 86%的观测点处于 0.154～0.243g/cm³,标准偏差仅 0.032g/cm³;观测点平均积雪热阻为 0.75m²·K/W。这些参数的获取为 EQeau 模型的参数优化及反演结果的精度评价提供了数据支持。

2)雪水当量反演模型及参数优化

EQeau 模型将决定雪水当量的积雪密度和积雪深度换算为积雪密度与积雪热阻,通过建立冬秋季后向散射系数比与积雪热阻间的半经验关系来反演积雪热阻,进而反演雪水当量。本书的研究首先利用 AIEM 模型模拟分析 EQeau 模型的影响因素和影响方式,得到极化方式、土壤表面粗糙度、局部入射角、秋季土壤湿度和积雪密度是 EQeau 模型的主要影响因素;冬秋季后向散射系数比随局部入射角的增大而增大,交叉极化方式下的增大幅度高达 18dB,同极化方式下的增幅较小,约为 3dB,所以同极化是 EQeau 模型的最优极化方式选择;冬秋季后向散射系数比随地表均方根高度的增大而减小,随相关长度的增大而增大,地表粗糙度的总体影响约为 5dB,不可忽略;冬秋季后向散射系数比随秋季土壤湿度的增大而减小,影响也约为 5dB,不可忽略。然后,针对山区复杂的地形与下垫面条件,探讨 EQeau 模型的参数优化方法,提出了在 EQeau 模型中增加土地覆盖类型、地形和局部入射角作为条件的参数优化方法;针对研究区,可依据条件参数将研究区划分为耕地、阳坡草地、局部入射角小于 40°的阴坡草地和局部入射角大于 40°的阴坡草地 4 类地区,从而抑制影响因素,提高模型拟合优度。最后,利用地面同步观测的积雪参数,在 4 种类型中分别拟合 EQeau 模型,修订模型系数,得到了参数优化后的 EQeau 模型具体表达式;参数优化后 EQeau 模型的拟合程度较参数优化前有显著提高,优化效果明显,总体拟合优度达到了 0.78,应用于山区雪水当量反演具有较高的可行性。

3）雪水当量反演与结果分析

首先，依据参数优化后 EQeau 模型的参数组成，计算雪水当量反演所需模型参数，主要包括冬秋季后向散射系数比计算、局部入射角计算和积雪密度插值。然后，改进反演过程，即针对不同坡向、土地覆盖类型和局部入射角动态选择 EQeau 模型表达式，反演雪水当量，得到雪水当量分布图。最后，对比地面观测数据，进行反演结果精度评价，结果表明，研究区雪水当量反演结果的平均绝对误差为 0.70cm，绝对误差较小，反演精度较高，这一反演结果说明了利用多时相 C 波段 SAR 数据和参数优化后 EQeau 模型反演山区雪水当量是有效可行的。分析研究区雪水当量分布规律发现，2013 年 12 月 13 日的雪水当量总体较小，以 1～2cm 的雪水当量分布为主，平均雪水当量为 2.73cm；坡向是影响雪水当量分布的最主要的地形要素，北坡平均雪水当量最大，南坡平均雪水当量最小。

10.1　RADARSAT-2 数据的预处理

考虑到 EQeau 模型对低频 SAR 数据的需要，选择 C 波段 RADARSAT-2 卫星数据开展雪水当量的 SAR 反演研究。综合比较 RADARSAT-2 各波束模式下产品的极化方式、入射角度、幅宽、空间分辨率，并结合 EQeau 模型对秋、冬季节多时相 SAR 数据的需求，选择两景重复轨道过境的精细四极化 SLC 数据产品，两景数据成像日期分别为 2013 年 10 月 2 日（秋季）和 12 月 13 日（冬季）。由于是重轨数据，两景数据的各项参数基本一致：成像时间为北京时间 20：16，入射角为 43.45°，距离向×方位向的像元大小为 4.733m×4.799m，其中距离向像元大小为斜距坐标。数据预处理方法与第 6 章基本相同。

采用 ASTER GDEM 第二版数据作为数字高程数据。空间分辨率为 1 弧秒×1 弧秒，赤道地区约 30m。研究区处于 ASTER GDEM 分片边缘，需要 4 块分片数据才能完全覆盖，4 块分片的编号分别为 N43E085、N43E086、N44E085 与 N44E086。数据预处理方法与第 6 章基本相同。

10.2　积雪热阻信息的获取

10.2.1　积雪热阻计算方法

实测积雪热阻是 EQeau 模型的关键步骤。积雪热阻由积雪密度和积雪深度决定，其定义与计算方法如下。

积雪热阻的定义与积雪热导率有关。积雪热导率又称积雪的导热系数，是表征积雪热传导能力的指标，是指单位温度梯度在单位时间内经过单位雪面面积所传递的热量，可用式（10-1）定义：

$$K_s = \frac{D_s \cdot Q}{\Delta T \cdot t \cdot S} \tag{10-1}$$

式中，K_s 为积雪热导率 [W/(m·K)]；Q/t 为单位时间内传导的热量（W）；S 为雪面面积（m²）；

D_s 为雪层深度（m）；ΔT 为雪层上下温度差（K）；$\Delta T/D_s$ 为温度梯度，即单位长度导热路径两侧的温度差（K/m）。

积雪热阻是表征积雪阻碍热传导能力的指标，为积雪深度与积雪热导率之比，表示单位热量透过雪层所需的雪层上下温差、雪面面积及时间，可用式（10-2）表示：

$$R_s = \frac{D_s}{K_s} \qquad (10\text{-}2)$$

式中，R_s 为积雪热阻（m²·K/W）。

Raudkivi（1979）研究表明，干雪的热导率是积雪密度的函数，如式（10-3）所示：

$$K_s = A\rho_s^2 + B\rho_s + C \qquad (10\text{-}3)$$

式中，$A = 2.83056 \times 10^{-6}$；$B = -9.09947 \times 10^{-5}$；$C = 3.19739 \times 10^{-2}$；$\rho_s$ 为雪密度（kg/m³）。

因此，由式（10-2）和式（10-3）便可推导出干雪的热阻计算方法，如式（10-4）所示：

$$R_s = \frac{D_s}{A\rho_s^2 + B\rho_s + C} \qquad (10\text{-}4)$$

10.2.2 积雪参数获取

为同步获取山区的积雪热阻信息，需要获取不同地形与下垫面条件下的积雪密度、积雪深度与雪水当量，因此，2013 年冬季在研究区开展了积雪同步观测。观测情况介绍见第 2 章，其中与积雪热阻相关的内容介绍如下。

10.2.2.1 观测条件

2013 年 12 月 12～16 日，在研究区开展了为期 5 天的与 RADARSAT-2 卫星数据同步和准同步的地面积雪观测。其中，12 日的主要工作是观测路线实地考察和仪器测试；13 日是 RADARSAT-2 卫星过境日期，也是同步地面积雪观测日；14～16 日则是准同步地面积雪观测日。观测期间的天气状况（参考石河子市天气预报值）见表 10-1。其中，13 日的降雪只维持至中午地面观测开始之前，降雪区域也仅限于研究区北部低海拔地区，南部地区整个观测期间未有降雪发生。由表 10-1 可知，自 13 日观测开始，至 16 日观测工作结束，研究区内天气稳定，未有大幅度气温变化和降水、大风等天气发生，最高气温也保持在 0℃以下，认为地面积雪状况未发生大的变化。因此，将 13～16 日的观测都视作 RADARSAT-2 卫星数据的同步观测。

表 10-1 地面观测期间研究区天气情况

日期	天气状况		气温（℃）		风力 白天及夜间
	白天	夜间	白天	夜间	
2013 年 12 月 12 日	多云	小雪	-1	-5	无持续风向≤3 级
2013 年 12 月 13 日	小雪	多云	-2	-7	

续表

日期	天气状况		气温（℃）		风力 白天及夜间
	白天	夜间	白天	夜间	
2013 年 12 月 14 日	多云	多云	−1	−6	无持续风向≤3 级
2013 年 12 月 15 日	多云	多云	−1	−6	
2013 年 12 月 16 日	多云	多云	−1	−5	

10.2.2.2　测量结果

1）积雪深度

各观测点的积雪深度如图 10-1 所示，积雪深度最小值 4.30cm，最大值 17.50cm，平均积雪深度 8.97cm，积雪较浅。以 4～12cm 深度的积雪为主，约占观测点总数 82.8%，且分布均匀，4～6cm、6～8cm、8～10cm 和 10～12cm 深度的积雪各占 20%左右；12～

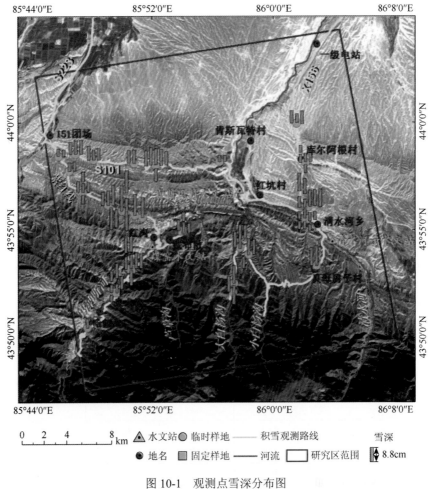

图 10-1　观测点雪深分布图

16cm 和 16cm 以上深度的积雪分别占 10.3%和 6.9%。其中，积雪相对较深的地区分别为紫红线南段、清水河乡北部 1km 处附近、省道 S101 上 151 团场以东 10km 处附近，以及大白杨沟等地；哈熊沟、泉水沟、紫红线北段，以及各处耕地雪深较浅。

2）积雪密度

各观测点的积雪密度如图 10-2 所示，积雪密度最小值 0.132g/cm³，最大值 0.288g/cm³，平均积雪密度 0.202g/cm³，属于低密度型积雪。有超过 56%的观测点积雪密度处于 0.176～0.221g/cm³，超过 86%的观测点处于 0.154～0.243g/cm³，标准偏差只有 0.032g/cm³，积雪密度分布相对集中，差异很小。同时发现，尽管积雪密度差异不大，但整体上研究区东北部（清水河乡及其北部地区）及西北部（紫红线北段）的低海拔地区的积雪密度相对较大，而铁布散、紫红线南段及贝母房子村附近积雪密度较小。

图 10-2 观测点积雪密度分布图

3）雪水当量

各观测点的雪水当量如图 10-3 所示，雪水当量最小值 0.83cm，最大值 3.52cm，平均雪水当量 1.77cm。以 1.2～1.6cm 的雪水当量为主，约占观测点总数 34.5%。雪水当量相对较大的地区为紫红线南段、贝母房子村、清水河乡北部 1km 处附近等；哈熊沟、泉水沟，以及各处耕地的雪水当量相对较小。

图 10-3　观测点雪水当量分布图

10.2.3　积雪热阻计算结果

由式（10-4）计算得到的各观测点的积雪热阻如图 10-4 所示，积雪热阻最小值 0.22m²·K/W，最大值 1.95m²·K/W，平均积雪热阻 0.75m²·K/W，其中积雪热阻小于 1.10m²·K/W 的观测点占 81.6%。在所有观测点中，清水河乡西面耕地、库尔阿根村耕地、泉水沟、哈熊沟，以及紫红线北段地区的观测点积雪热阻最小；紫红线南段、清水河乡北部 1km 处附近，以及省道 S101 上 151 团场以东 10km 处附近的观测点积雪热阻相对较大。

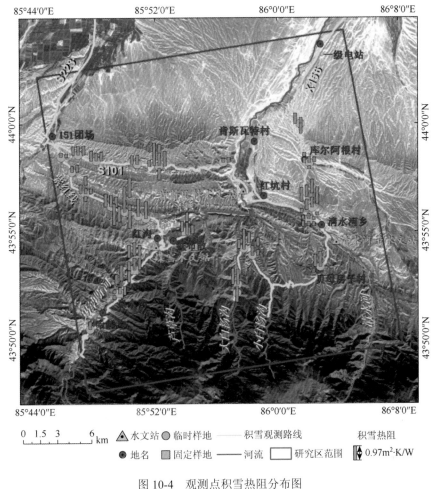

85°44'0"E   85°52'0"E   86°0'0"E   86°8'0"E

0 1.5 3 6 km	△水文站	◎临时样地	——积雪观测路线	积雪热阻
	●地名	■固定样地	——河流	□研究区范围	◆0.97m²·K/W

图 10-4 观测点积雪热阻分布图

10.3 反演模型及参数优化

10.3.1 EQeau 模型简介

研究选用 Bernier 和 Fortin（1998）发展的 EQeau 模型反演雪水当量。由式（10-2）和式（10-3）可以得到：

$$\text{SWE} = \rho_s \cdot K_s \cdot R_s \cdot 10^{-1} = (A\rho_s^3 + B\rho_s^2 + C\rho_s) \cdot R_s \cdot 10^{-1} \tag{10-5}$$

式中，SWE 为雪水当量（cm）；ρ_s 为积雪密度（kg/m³）；K_s 为积雪热导率 [W/(m·K)]；R_s 为积雪热阻（m²·K/W）；A、B、C 为常数，$A = 2.83056 \times 10^{-6}$，$B = -9.09947 \times 10^{-5}$，$C = 3.19739 \times 10^{-2}$；$10^{-1}$ 为单位换算系数。

式（10-5）是 EQeau 模型的物理基础，该等式具有严格的物理意义。当利用这一等式进行雪水当量反演时，积雪热阻的获取是其中的关键步骤。而积雪热阻又与冬秋季后向散射系数比之间存在以下物理关系。

（1）积雪具有较强的热阻效应，其影响冬季积雪下垫面土壤的表层温度。当冬季寒潮来临时，积雪下垫面土壤的表层温度下降。积雪热阻小，土壤表层温度下降幅度大；积雪热阻大，土壤表层温度下降幅度小。

（2）土壤温度（0℃以下）的变化影响土壤的介电常数。土壤的介电常数由土壤湿度直接决定（Topp et al.，1980），当土壤温度下降到0℃以下时，土壤中液态水含量随温度降低而减小，从而使得土壤介电常数降低。土壤温度下降越大，介电常数下降越大；土壤温度下降越小，介电常数下降越小。

（3）土壤介电常数的变化又直接影响后向散射信号。介电常数下降越大，后向散射系数下降越大；介电常数下降越小，后向散射系数下降越小。

（4）因此，相对于秋季，冬季积雪热阻小的地方，其后向散射系数下降大；积雪热阻大的地方，其后向散射系数下降小。所以，将冬、秋季节的后向散射系数求比，积雪热阻越小，比值越小；积雪热阻越大，比值越大。

这种物理关系影响因素众多，即便建立了复杂的物理表达关系式，由于遥感反演本身的局限性，也很难建立真正的物理模型反演雪水当量。因此，Bernier 和 Fortin（1998）基于以上物理关系，利用地面实测获得的积雪热阻与雷达获取的冬秋季后向散射系数比，采用数学拟合的方法，在加拿大魁北克地区首次建立了冬秋季后向散射系数比与积雪热阻之间的半经验表达式，这里用隐性函数表示为

$$BR = h(R_s) \tag{10-6}$$

式中，BR 为冬秋季后向散射系数比，由于微波遥感中通常以对数形式表示后向散射系数（dB），则 $BR = \sigma_W^0 - \sigma_F^0$，$\sigma_W^0$、$\sigma_F^0$ 分别为以 dB 为单位的冬、秋季节 SAR 图像的后向散射系数。

求式（10-6）的反函数，即得到积雪热阻的计算公式：

$$R_s = f(BR) \tag{10-7}$$

结合式（10-5）和式（10-7），推导出雪水当量反演的半经验模型表达式，即 EQeau 模型：

$$SWE = (A\rho_s^3 + B\rho_s^2 + C\rho_s) \cdot f(BR) \cdot 10^{-1} \tag{10-8}$$

式中，SWE 为雪水当量（cm）；ρ_s 为积雪密度（kg/m³）；BR 为冬秋季后向散射系数比（dB）；A、B、C 为常数，$A = 2.83056 \times 10^{-6}$，$B = -9.09947 \times 10^{-5}$，$C = 3.19739 \times 10^{-2}$；$10^{-1}$ 为单位换算系数。

Bernier 和 Fortin（1998）还给出了 EQeau 模型的一些限制条件，如要求冬季土壤温度处于0℃以下；为了忽略积雪体散射的影响，要求使用低频（C 波段）SAR 数据，且仅限应用于雪水当量小于 20cm 的浅雪地区；要求冬季下垫面不能为冰面。研究区为季节性冻土区，冬季土壤温度低于0℃；冬季平均雪深较浅，2月鼎盛时期也不过50cm；同时，多次的实地考察与地面观测发现，除居民地、林地及少量水体可能会造成影响以外，研究区均能较好地满足 EQeau 模型的应用条件。

10.3.2 模型影响因素分析

10.3.2.1 影响因素确定

EQeau 模型是在加拿大魁北克地区伊顿河流域的浅雪条件下建立的半经验反演模型，当模型应用到其他区域时，需要针对特定的环境进行模型参数优化，而参数优化的前提是模型影响因素分析。通过分析冬秋季后向散射系数比的参数组成，即可得到 EQeau 模型的影响因素。其具体分析过程如下。

冬季干雪像元的总后向散射系数等于气-雪界面面散射、积雪体散射，以及雪-土界面面散射之和，可用式（10-9）表示：

$$\sigma_{tW}^0 = \sigma_{asW}^0(\theta) + \sigma_{svW}^0(\theta') + T^2 \cdot \sigma_{sgW}^0(\theta') \tag{10-9}$$

式中，σ_{tW}^0 为冬季的总后向散射系数；σ_{asW}^0 为气-雪界面面散射；σ_{svW}^0 为积雪体散射；σ_{sgW}^0 为雪-土界面面散射；T 为微波信号透过雪层的透过率；θ 为气-雪表面的局部入射角；θ' 为折射角，也即雪-土界面的局部入射角。

秋季地面没有积雪覆盖，其总后向散射系数即为土壤的后向散射系数，如式（10-10）所示：

$$\sigma_{tF}^0 = \sigma_{gF}^0(\theta) \tag{10-10}$$

式中，σ_{tF}^0 为秋季的总后向散射系数；σ_{gF}^0 为秋季土壤界面面散射；θ 为土壤界面的局部入射角。

EQeau 模型的应用条件是低频 SAR 数据和浅雪地区，因此，在使用 C 波段 SAR 数据和雪水当量小于 20cm 的条件下，可忽略气-雪界面的面散射项 $\sigma_{asW}^0(\theta)$ 和积雪体散射项 $\sigma_{svW}^0(\theta')$，并且认为透过率 T 等于 1，则冬秋季后向散射系数比可简化为冬秋季土壤界面面散射之比，如式（10-11）所示：

$$\frac{\sigma_{tW}^0}{\sigma_{tF}^0} = \frac{\sigma_{sgW}^0(\theta')}{\sigma_{gF}^0(\theta)} \tag{10-11}$$

土壤表面为随机粗糙表面，AIEM 模型可较好地描述随机粗糙面的极化散射性质。根据 AIEM 模型的参数（Chen et al., 2003），式（10-11）可进一步表达为

$$\frac{\sigma_{tW}^0}{\sigma_{tF}^0} = \frac{f_{AIEM}(\text{fr}, qp, \varepsilon_{gW}, c, l, \theta')}{f_{AIEM}(\text{fr}, qp, \varepsilon_{gF}, c, l, \theta)} \tag{10-12}$$

式中，f_{AIEM} 为 AIEM 模型的简化表达式；fr 为频率（GHz）；p 与 q 分别为天线发射与接收信号的极化方式，为 H 或 V 极化；ε_{gW} 和 ε_{gF} 分别为冬季和秋季的土壤介电常数；c 为土壤表面的均方根高度（cm）；l 为土壤表面的相关长度（cm）。

根据 Snell 定律、Looyenga 半经验公式（Looyenga, 1965）和 Topp 公式（Topp et al., 1980），又可得到入射角 θ 与折射角 θ' 之间、干雪介电常数与雪密度之间，以及土壤介电常数与土壤湿度（特指土壤体积含水量）之间的关系：

$$\sin^2\theta = \varepsilon_s \cdot \sin^2\theta' \tag{10-13}$$

$$\varepsilon_s = 1 + 1.5995\rho + 1.861\rho^3 \tag{10-14}$$

$$\varepsilon_{gF} = 3.03 + 9.3\theta_{vF} + 146.0\theta_{vF}^2 - 76.7\theta_{vF}^3 \tag{10-15}$$

式中，ε_s 为积雪介电常数实部；θ_{vF} 为秋季土壤湿度。

由式（10-13）~式（10-15）得出，决定冬秋季后向散射系数比 $\sigma_{tW}^0/\sigma_{tF}^0$ 的因素主要有频率 fr、极化方式 qp、土壤粗糙度 c 与 l、局部入射角 θ、秋季土壤湿度 θ_{vF}、冬季土壤介电常数 ε_{gW}，以及积雪密度 ρ。其中，使用 RADARSAT-2 数据的频率 fr 为 5.405GHz，固定不变。冬季土壤介电常数 ε_{gW} 的影响正是反映积雪热阻 R_s 作用的有效信号。积雪密度 ρ 对冬秋季后向散射系数比的影响有两方面：一是通过影响积雪热阻，继而影响冬季土壤介电常数，最终影响冬秋季后向散射系数比；二是通过影响积雪介电常数，继而影响折射角，最终影响冬秋季后向散射系数比，前者可视作 EQeau 模型的有效信号，后者则是 EQeau 模型的影响因素，由于研究区积雪密度变化不大，所以忽略其对冬秋季后向散射系数比的影响。因此，剩下的极化方式 qp、土壤表面粗糙度 c 与 l、局部入射角 θ，以及秋季土壤湿度 θ_{vF} 等就是需要进一步分析 EQeau 模型的影响因素，它们的关系如图 10-5 所示。

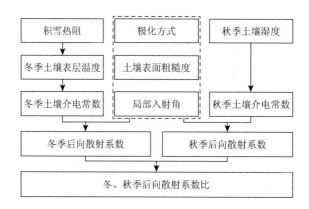

图 10-5　EQeau 模型影响因素关系图

10.3.2.2　影响方式分析

在理清模型影响因素的基础上，进一步分析各因素的影响方式与大小，可为研究区的模型参数优化提供科学依据。采用 AIEM 模型正向模拟的方法定量分析各因素的影响方式与大小，各因素的具体分析如下。

1）土壤表面粗糙度的影响

为分析土壤表面粗糙度 c 与 l 对冬秋季后向散射系数比的影响，在 AIEM 模型中依次输入不同的 c 值与 l 值，并保持其他输入参数的值不变，模拟冬秋季向散射系数比，再分析冬秋季后向散射系数比随 c 与 l 的变化趋势，从而得到土壤表面粗糙度对冬秋季后向散射系数比的影响方式。输入 AIEM 模型的参数值见表 10-2，其中，c 与 l 的取值范围较大，覆盖了由小粗糙度表面到大粗糙度表面的取值范围（江冲亚等，2012）；秋季和冬季的土壤湿度分别设置为 0.3 和 0.05(冬季指未冻水含量);局部入射角 θ 设置为 43°(与 RADARSAT-2 数据的入射角基本一致),并在模拟冬季后向散射系数时利用式(10-13)及式(10-14)将 θ 转换为相应的折射角,转换所需的积雪密度使用野外观测获得的平均雪密度 0.2g/cm³,则 θ 经雪层折射到达土壤界面的折射角为 36.18°;同时,模拟输出 HH、VV、HV、VH 四种极化方式下的冬秋季后向散射系数比。冬秋季后向散射系数比模拟结果如图 10-6 所示。

表 10-2　土壤表面粗糙度影响分析的输入参数

参数名	参数值(秋季)	参数值(冬季)
土壤表面均方根高度(cm)	0.6~4.6,步长 0.1	0.6~4.6,步长 0.1
土壤表面相关长度(cm)	25~70,步长 15	25~70,步长 15
土壤湿度	0.3	0.05
局部入射角(°)	43	43
极化方式	HH、VV、HV、VH	HH、VV、HV、VH

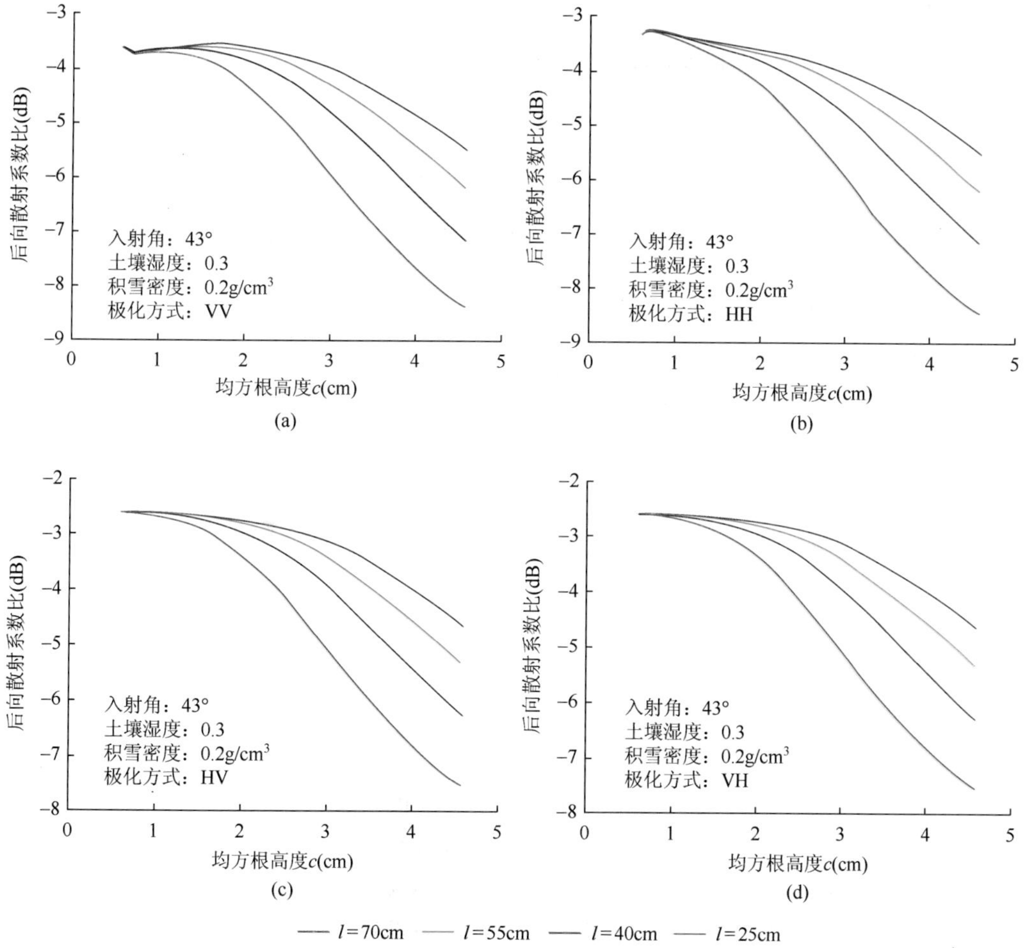

图 10-6　冬秋季后向散射系数比模拟结果

由图 10-6 可得出以下结论：①冬秋季后向散射系数比随土壤表面均方根高度 c 的增大而减小，且均方根高度 c 越大，相关长度 l 越小，减小的速率越大；②冬秋季后向散射系数比随相关长度 l 的增大而增大，且 l 越小，c 越大，增大的速率越大；③不同的极化方式下，冬秋季后向散射系数比随土壤表面粗糙度的变化趋势基本一致，但交叉极化的冬秋季后向散射系数比的值比同极化的冬秋季后向散射系数比的值稍大；④模拟过程中 c 与 l 的取值范围较大，在该范围内，冬秋季后向散射系数比的最大差异约为 5dB，且这一差异的大小与极化方式关系不大。

2）秋季土壤湿度的影响

为分析秋季土壤湿度 θ_{vF} 对冬秋季后向散射系数比的影响，在 AIEM 模型中依次输入不同的秋季土壤湿度 θ_{vF} 的值，并保持其他输入参数值不变，模拟冬秋季向散射系数比，再分析冬秋季后向散射系数比随 θ_{vF} 的变化趋势，从而得到秋季土壤湿度 θ_{vF} 对冬秋季后向散射系数比的影响方式。输入 AIEM 模型的参数值见表 10-3，其中，秋季土壤湿度设置为 0.1～0.5，步长为 0.02，冬季土壤湿度固定不变，设为 0.05；c 和 l 依次取 1.5cm 和 55cm、2.5cm 和 40cm、3.5cm 和 25cm 三组值，分别表示小、中、大粗糙度的土壤表面；局部入射角 θ 设置为 43°（与 RADARSAT-2 数据的入射角保持基本一致），并转换为相应的折射角；同时，模拟输出 HH、VV、HV、VH 四种极化方式下的冬秋季后向散射系数比。冬秋季后向散射系数比模拟结果如图 10-7 所示。

表 10-3　秋季土壤湿度影响分析的输入参数

参数名	参数值（秋季）	参数值（冬季）
土壤表面均方根高度（cm）	1.5、2.5、3.5	1.5、2.5、3.5
土壤表面相关长度（cm）	55、40、25	55、40、25
土壤湿度	0.1～0.5，步长 0.02	0.05
局部入射角（°）	43	43
极化方式	HH、VV、HV、VH	HH、VV、HV、VH

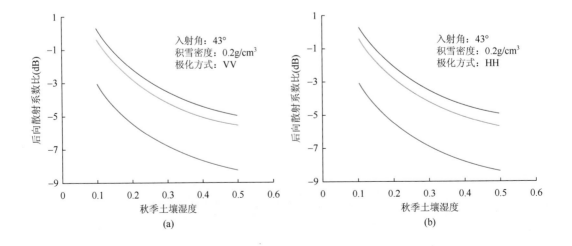

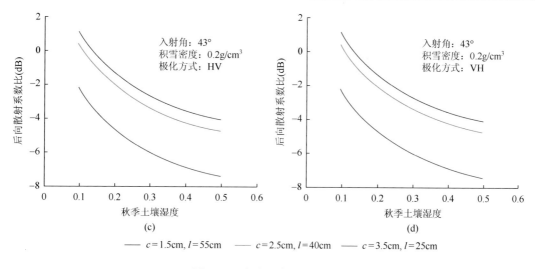

图 10-7 秋季土壤湿度的影响

由图 10-7 可得出以下结论：①冬秋季后向散射系数比随秋季土壤湿度 θ_{vF} 的增大而减小；②不同的土壤表面粗糙度条件下，冬秋季后向散射系数比随 θ_{vF} 增大而减小的速率基本一致；③不同的极化方式下，冬秋季后向散射系数比随秋季土壤湿度 θ_{vF} 的变化趋势基本一致，但交叉极化的冬秋季后向散射系数比的值比同极化的冬秋季后向散射系数比的值稍大；④模拟过程中 θ_{vF} 的取值范围较大，在该范围内，冬秋季后向散射系数比的最大差异约为 5dB，且这一差异的大小与土壤表面粗糙度和极化方式关系不大。

3）局部入射角的影响

为分析局部入射角 θ 对冬秋季后向散射系数比的影响，在 AIEM 模型中依次输入不同的局部入射角 θ 的值，并保持其他输入参数值不变，模拟冬秋季向散射系数比，再分析冬秋季后向散射系数比随 θ 的变化趋势，从而得到局部入射角 θ 对冬秋季后向散射系数比的影响方式。输入 AIEM 模型的参数值见表 10-4，其中，局部入射角 θ 设置为 5°~85°，步长为 5°，同时转换为相应的折射角；c 和 l 依次取 1.5cm 和 55cm、2.5cm 和 40cm、3.5cm 和 25cm 三组值，分别表示小、中、大粗糙度的土壤表面；秋季土壤湿度取值为 0.3，冬季土壤湿度固定不变，设为 0.05；同时，模拟输出 HH、VV、HV、VH 四种极化方式下的冬秋季后向散射系数比。冬秋季后向散射系数比模拟结果如图 10-8 所示。

表 10-4 局部入射角影响分析的输入参数

参数名	参数值（秋季）	参数值（冬季）
土壤表面均方根高度（cm）	1.5、2.5、3.5	1.5、2.5、3.5
土壤表面相关长度（cm）	55、40、25	55、40、25
土壤湿度	0.3	0.05
局部入射角（°）	5~85，步长 5	5~85，步长 5
极化方式	HH、VV、HV、VH	HH、VV、HV、VH

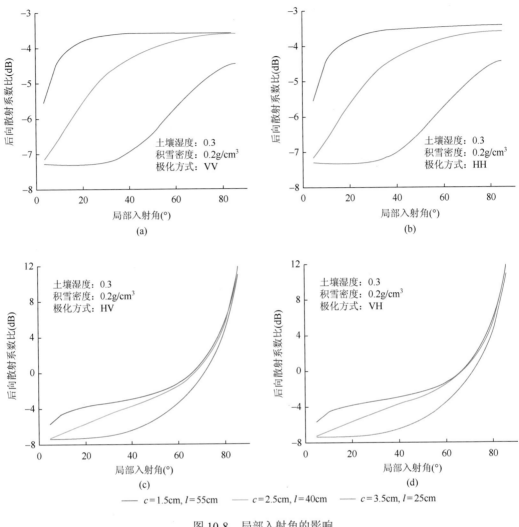

图 10-8　局部入射角的影响

由图 10-8 可得出以下结论：①整体而言，冬秋季后向散射系数比随局部入射角 θ 的增大而增大，但增大的速率因不同的土壤表面粗糙度和极化方式而差异较大；②交叉极化的冬秋季后向散射系数比随 θ 增大的速率很快，尤其当 $\theta > 60°$ 时，冬秋季后向散射系数比急速增大，从而使得在 5°～85°的局部入射角变化范围内，交叉极化的冬秋季后向散射系数比的差异高达 18dB；③同极化的冬秋季后向散射系数比随 θ 增大的速率要小得多，在 5°～85°的局部入射角变化范围内，同极化的冬秋季后向散射系数比的差异仅 3dB；④同极化的冬秋季后向散射系数比随 θ 增大的速率还会受到土壤表面粗糙度的影响，对于较小粗糙度的土壤表面，同极化的冬秋季后向散射系数比随 θ 增大的速率先大后小，对于较大粗糙度的土壤表面，同极化的冬秋季后向散射系数比随 θ 增大的速率先小后大。

4）极化方式的影响

在以上分析中，已考虑不同的极化方式对冬秋季后向散射系数比的影响，结合图 10-6～

图 10-8 可以得出以下结论：①相同条件下，HV 极化与 VH 极化的冬秋季后向散射系数比完全相等，HH 极化与 VV 极化的冬秋季后向散射系数比之间存在差异，但差异非常小，可以忽略；②相同条件下，交叉极化的冬秋季后向散射系数比的值大于同极化的冬秋季后向散射系数比的值，且它们之间差值的大小与土壤表面粗糙度和秋季土壤湿度基本无关，仅与局部入射角的大小有关，局部入射角越大，差值越大（图 10-9）；③在局部入射角固定不变的情况下，极化方式对冬秋季后向散射系数比的影响非常小，可以忽略；④在局部入射角由 5°变化到 85°时，交叉极化的冬秋季后向散射系数比的变化剧烈，变化幅度超过 18dB，而同极化的冬秋季后向散射系数比的变化幅度仅 3dB，变化十分缓慢，可见在局部入射角不固定的情况下，极化方式对后向散射系数比的影响很大。

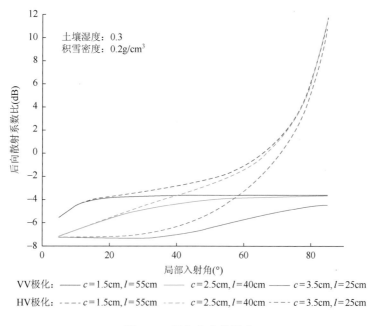

图 10-9　极化方式的影响

综上所述，在不同的土壤表面粗糙度、秋季土壤湿度、局部入射角和极化方式下，冬秋季后向散射系数比的变化规律各不相同，即它们对 EQeau 模型的影响方式和影响大小各有不同，总结如下。

（1）冬秋季后向散射系数比随地表均方根高度的增大而减小，随相关长度的增大而增大，总体而言，地表粗糙度的影响约为 5dB，不可忽略。

（2）冬秋季后向散射系数比随秋季土壤湿度的增大而减小，减小幅度约为 5dB，秋季土壤湿度的影响不可忽略。

（3）冬秋季后向散射系数比随局部入射角的增大而增大，增大幅度因极化方式而异，交叉极化方式下的增大幅度高达 18dB，同极化方式下的增幅较小，约为 3dB。

（4）在局部入射角固定的情况下，极化方式对冬秋季后向散射系数比的影响小到可以忽略，但在局部入射角不固定的情况下，极化方式对冬秋季后向散射系数比的影响非常

大。其中，同极化可将局部入射角对冬秋季后向散射系数比的影响抑制在 3dB，是 EQeau
模型最优极化方式。

10.3.3　模型参数优化

10.3.3.1　优化方法

根据前述分析可知，影响冬秋季后向散射系数比的因素众多，有积雪热阻、秋季土壤
湿度、土壤表面粗糙度、局部入射角及极化方式。其中，积雪热阻是 EQeau 模型用来反
演雪水当量的有效信号，其他因素是 EQeau 模型的影响因素。因此，为反演得到高精度
的雪水当量，需要将积雪热阻对冬秋季后向散射系数比的贡献从众多影响因素的影响中分
离出来。

理想的反演条件是各像元的秋季土壤湿度、土壤表面粗糙度及局部入射角完全相等，
且反演数据的极化方式固定不变。其中，极化方式固定不变较易实现，只需选择 SAR 数
据的某一特定极化方式即可；但各像元的秋季土壤湿度、土壤表面粗糙度及局部入射角完
全相等则较难满足，通常只在地形平坦、下垫面类型单一及秋季各像元土壤湿度相同的地
区可近似满足条件。

然而，在山区，阴、阳坡接受的太阳辐射量存在较大不同，从而导致阴、阳坡水热分
布不均，秋季土壤湿度差异较大（Qiu et al.，2001a，2001b；何其华等，2003；李昆和陈
玉德，1995；Gomez-Plaza et al.，2001；Famiglietti et al.，1998；Western et al.，1999）；
山区的地形起伏还会导致雷达图像中像元间局部入射角的剧烈变化，取值范围广；同时，
若下垫面类型不单一，除带来秋季土壤湿度差异外（Qiu et al.，2001a，2001b；傅伯杰等，
1999；Fu et al.，2003），还会导致地表粗糙度差异大等问题（江冲亚等，2012；孙俊等，
2012）。这些山区环境的特点增强了秋季土壤湿度、局部入射角及土壤表面粗糙度对 EQeau
模型的影响，也就难以得到积雪热阻对冬秋季后向散射系数比的有效贡献，即式（10-6）
无法得到较好的拟合结果，从而严重影响 EQeau 模型反演精度。

研究区为季节性冻土区，冬季土壤温度低于 0℃；且冬季积雪平均雪深较浅，2 月鼎
盛时期也不过 50cm；同时，多次的实地考察与地面观测发现，除高海拔地区的林地以外，
通常为低矮植被，且秋冬季节通常已干枯，能较好地满足 EQeau 模型的应用条件。但同
时，研究区位于玛纳斯河流域中山带和前山带，是典型的山区环境。地形起伏剧烈，使得
各坡向太阳直射时长与角度不同，导致阴、阳坡接收太阳辐射能量差异较大，从而使得阴、
阳坡土壤湿度分布十分不均。剧烈的地形起伏还导致了区内各像元的局部入射角取值范围
非常广，覆盖了 0°～90°的范围。同时，根据 GlobeLand30 土地覆盖数据，研究区下垫面
类型并不单一，有林地、居民地、水域、草地和耕地，且各类地表的粗糙度差异较大。在
这种条件下，如果不考虑地形与下垫面条件，直接利用所有观测点拟合积雪热阻与冬秋季
后向散射系数比的关系，就会得到如图 10-10 所示的拟合结果，拟合优度非常低，约为
0.53，不利于雪水当量反演。

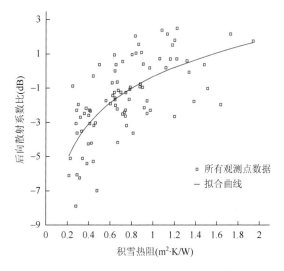

图 10-10　参数优化前 EQeau 模型拟合结果图

因此，将 EQeau 模型应用于研究区，首先需要针对研究区的地形与土地覆盖条件，通过模型参数优化（增加、减少或调整模型参数），将影响因素（极化方式、秋季土壤湿度、土壤表面粗糙度及局部入射角）的作用抑制到最小，突出积雪热阻对冬秋季后向散射系数比的贡献，从而提高积雪热阻与冬秋季后向散射系数比的拟合优度。下面从分析各影响因素的抑制办法入手，详细探讨山区条件下的 EQeau 模型的参数优化方法。

（1）极化方式影响的抑制。研究区各像元局部入射角变化范围非常大，使得极化方式的影响非常大，这时同极化可降低局部入射角的影响（抑制在 3dB），是 EQeau 模型的最优极化方式。因此，只需选用同极化 SAR 数据作为反演数据，即可消除极化方式的影响，无需进一步增加、减少或调整模型参数。

（2）土壤表面粗糙度影响的抑制。EQeau 模型利用后向散射系数比值的方式将土壤表面粗糙度的影响基本控制在 5dB（图 10-6），但这一影响仍不可忽略，需要进一步抑制。在缺乏实际的土壤表面粗糙度数据时，无法定量抑制土壤表面粗糙度的影响，而研究表明地表粗糙度与地表覆盖类型有一定关系（江冲亚等，2012；孙俊等，2012），因此，可增加地表覆盖类型作为 EQeau 模型的条件参数，并依据这一条件参数将研究区划分为粗糙度不同的几种地类，再在每种地类分别拟合式（10-6），即可达到半定量抑制地表粗糙度影响的目的。结合研究区的土地覆盖状况，林地的体散射剧烈、居民地的积雪人为破坏大、水域冬季的积雪下垫面为冰面，都不适用于 EQeau 模型，在此不做讨论；草地和耕地是研究区最主要的地类（占总面积 90.8%），且草地表面粗糙度较小，耕地表面粗糙度则相对大很多。因此，可依据地表覆盖类型将草地和耕地分开，分别拟合式（10-6），从而抑制土壤表面粗糙度参数的影响。

（3）秋季土壤湿度影响的抑制。秋季土壤湿度对 EQeau 模型的影响约为 5dB（图 10-7），需要进一步抑制。在缺乏实际的秋季土壤湿度数据时，无法定量抑制秋季土壤湿度的影响，有研究表明，山区土壤湿度与地形和土地覆盖类型之间存在一定关系，相同条件下阴坡土壤湿度通常大于阳坡土壤湿度（Qiu et al.，2001a，2001b；何其华等，2003；李昆和陈玉德，1995；Gomez-Plaza et al.，2001；Famiglietti et al.，1998；Western et al.，1999），耕地土壤湿度大于草地（Qiu et al.，2001a，2001b；傅伯杰等，1999；Fu et al.，2003）。其中，土地覆盖类型的影响已由土地覆盖类型条件参数进行抑制，还需进一步增加地形作为 EQeau 模型的条件参数，并依据这一条件参数将草地划分为土壤湿度大的阴坡草地和湿度小的阳坡草地两类地区，在这两类地区中分别拟合式（10-6），即可达到降低秋季土壤湿度影响的目的。由于耕地地形平坦，这里无需按地形进行划分。

（4）局部入射角影响的抑制。在选择同极化数据的前提下，局部入射角对冬秋季后向散射系数比的影响约为 3dB（图 10-8），考虑到这一影响相对较小，所以不采用局部入射角归一化的方法来抑制该影响，而是直接在 EQeau 模型中增加局部入射角作为条件参数，并依据这一条件参数将研究区划分为局部入射角不同区间的几类地区，再在每类地区中分别拟合式（10-6），从而达半定量抑制局部入射角影响的目的。综合考虑局部入射角的影响方式（图 10-8）及各局部入射角区间内的地面观测点数量，将阴坡草地进一步划分为局部入射角大于 40° 的阴坡草地和小于 40° 的阴坡草地两类地区，分别拟合式（10-6），从而降低局部入射角的影响，提高 EQeau 模型反演精度。由于阳坡草地观测点数量有限，所以不再按局部入射角大小细分阳坡草地。

综上所述，当 EQeau 模型应用于地形与下垫面条件复杂的山区时，可在选用最优极化方式（HH 或 VV）的基础上，通过采用将地形、土地覆盖类型和局部入射角作为模型条件参数的方法来优化模型参数，从而使模型更好地适用于复杂的地形与下垫面条件，满足山区雪水当量反演需要。具体到本研究区，可依据坡向、土地覆盖类型和局部入射角条件参数，将研究区划分为耕地、阳坡草地、$\theta \leq 40°$ 的阴坡草地，以及 $\theta > 40°$ 的阴坡草地 4 类地区，从而在各类地区中抑制各影响因素的影响，提高积雪热阻与冬秋季后向散射系数比的拟合优度。

10.3.3.2　系数修订

EQeau 模型为半经验模型，其模型系数因地理环境的不同而有差异。因此，当 EQeau 模型应用于研究区时，需要根据特定的地理环境，利用地面实测数据与同步的卫星数据重新拟合积雪热阻与冬秋季后向散射系数比之间的关系，修订 EQeau 模型系数。针对研究区，EQeau 模型系数修订具体实现过程如下。

第一步，地面观测点分类。在数据拟合之前，将全部 87 个地面观测点按照耕地、阳坡草地、$\theta > 40°$ 的阴坡草地和 $\theta \leq 40°$ 的阴坡草地归为 4 类；并在每类中随机取出 80% 的观测点作为训练样本点，剩下的 20% 观测点作为验证样本点。其中，训练样本点作为内部数据，用于拟合建模和模型拟合能力评价，验证样本点则作为未参与拟合建模的独立数据，用于雪水当量反演结果的外部验证。各类观测点的数目及分类见表 10-5。

表 10-5　各类地面观测点数目表

观测点类别	训练样本点数量（个）	验证样本点数量（个）	合计（个）
耕地	14	4	18
阳坡草地	21	5	26

续表

观测点类别	训练样本点数量（个）	验证样本点数量（个）	合计（个）
$\theta\leqslant40°$的阴坡草地	10	3	13
$\theta>40°$的阴坡草地	24	6	30
合计（个）	69	18	87

注：θ 表示局部入射角，下同。

第二步，选择模型拟合能力评价指标。模型拟合能力是指拟合得到的模型对拟合所用训练样本点变异的解释能力，用于评价拟合能力的指标众多，选择常用的拟合优度（R^2）、均方根误差（RMSE）、平均绝对误差（MAE）、平均相对误差（MRE）4 项指标。

第三步，按照参数优化方法，在耕地、阳坡草地、$\theta>40°$的阴坡草地、$\theta\leqslant40°$的阴坡草地 4 类地区中分别利用各自训练样本点数据拟合式(10-6)。根据 Bernier 和 Fortin（1998）的研究并结合研究区样本点的积雪热阻变化趋势，拟合函数的类型选择对数型，拟合结果如图 10-11 所示。其中，$\theta\leqslant40°$和 $\theta>40°$的两类阴坡草地拟合程度最高，拟合优度均大于 0.80，冬秋季后向散射系数比的拟合值与 SAR 观测值间的均方根误差分别为 0.79dB 和 0.69dB，平均绝对误差分别为 0.59dB 和 0.51dB，拟合误差较小；阳坡草地拟合优度为 0.73，均方根误差和平均绝对误差分别为 0.79dB 和 0.69dB，拟合程度较高；耕地的拟合优度为 0.71，均方根误差和平均绝对误差分别为 0.88dB 和 0.74dB，拟合误差略大。但总体而言，4 类地区的拟合优度均达到 0.70 以上，总体拟合优度为 0.78，拟合程度较好，可较好地满足研究区雪水当量反演的需求。

第四步，综合以上各类地区得到的积雪热阻与冬秋季后向散射系数比间的拟合关系式，分别计算反函数，并代入式（10-10），修订模型系数，最终组合形成适合研究区地形与下垫面条件的优化后的 EQeau 模型。模型的表达式如式（10-15）所示，模型系数见表 10-6。

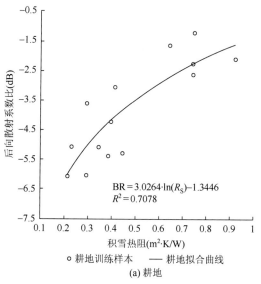

(a) 耕地

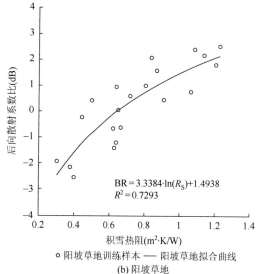

(b) 阳坡草地

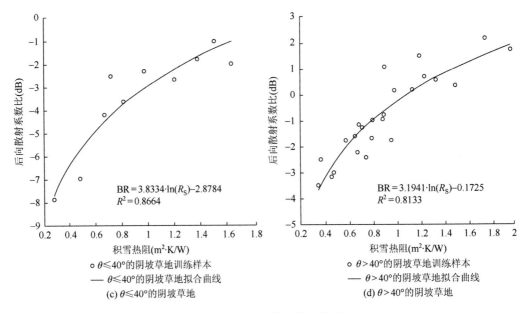

图 10-11　EQeau 模型拟合结果

$$\mathrm{SWE} = \begin{cases} (A\rho_s^3 + B\rho_s^2 + C\rho_s) \cdot a_1 \cdot \mathrm{e}^{b_1 \cdot \mathrm{BR}} \cdot 10^{-1}, & \mathrm{GR} = 耕地 \\ (A\rho_s^3 + B\rho_s^2 + C\rho_s) \cdot a_2 \cdot \mathrm{e}^{b_2 \cdot \mathrm{BR}} \cdot 10^{-1}, & \mathrm{GR} = 草地 \ \& \ \mathrm{AS} \in (90, 270] \\ (A\rho_s^3 + B\rho_s^2 + C\rho_s) \cdot a_3 \cdot \mathrm{e}^{b_3 \cdot \mathrm{BR}} \cdot 10^{-1}, & \mathrm{GR} = 草地 \ \& \ \mathrm{AS} \notin (90, 270] \ \& \ \theta \leqslant 40° \\ (A\rho_s^3 + B\rho_s^2 + C\rho_s) \cdot a_4 \cdot \mathrm{e}^{b_4 \cdot \mathrm{BR}} \cdot 10^{-1}, & \mathrm{GR} = 草地 \ \& \ \mathrm{AS} \notin (90, 270] \ \& \ \theta > 40° \end{cases} \quad (10\text{-}16)$$

式中，SWE 为雪水当量（cm），为模型的输出参数；ρ_s、BR、GR、AS 和 θ 为模型输入参数，分别表示积雪密度（kg/m³）、冬秋季后向散射系数比（dB）、土地表覆盖类型、坡向（°），以及局部入射角（°）；$a_1 \sim a_4$ 和 $b_1 \sim b_4$ 为修订后的模型系数，可统称为模型系数 a 和模型系数 b，具体系数值见表 10-6；A、B、C 为常数，$A = 2.83056 \times 10^{-6}$，$B = -9.09947 \times 10^{-5}$，$C = 3.19739 \times 10^{-2}$；$10^{-1}$ 为单位换算系数。

表 10-6　修订后的 EQeau 模型系数表

对应类别	模型系数 a	模型系数 b
耕地	$a_1 = 1.5594$	$b_1 = 0.3304$
阳坡草地	$a_2 = 0.6392$	$b_2 = 0.2995$
$\theta \leqslant 40°$ 的阴坡草地	$a_3 = 2.1189$	$b_3 = 0.2609$
$\theta > 40°$ 的阴坡草地	$a_4 = 1.0555$	$b_4 = 0.3131$

　　表 10-7 为经系数修订后的 EQeau 模型拟合各训练样本雪水当量的评价结果，参数优化后，雪水当量的 EQeau 模型拟合值与地面观测值间的均方根误差与平均绝对误差分别为 0.45cm 和 0.34cm，平均相对误差约为 19.5%，拟合误差较小，应用于山区雪水当量反演具有较高的可行性。

表 10-7 参数优化后 EQeau 模型雪水当量拟合能力评价结果

对应类别	RMSE（cm）	MAE（cm）	MRE（%）
耕地	0.41	0.33	25.1
阳坡草地	0.48	0.40	20.7
$\theta \leqslant 40°$的阴坡草地	0.41	0.30	16.0
$\theta > 40°$的阴坡草地	0.50	0.32	16.1
总体	0.45	0.34	19.5

10.4 反演过程改进与结果评价

10.4.1 模型参数计算

参数优化后的 EQeau 模型输入参数包括积雪密度、冬秋季后向散射系数比、坡向、局部入射角和土地覆盖类型。其中，坡向与土地覆盖类型已在数据预处理阶段得到，还需计算冬秋季后向散射系数比、局部入射角及积雪密度参数，为雪水当量的反演准备数据。

10.4.1.1 冬秋季后向散射系数比和局部入射角计算

冬秋季后向散射系数比是 EQeau 模型中最主要的输入参数。利用数据预处理阶段得到的冬秋季节四极化后向散射系数，再依据对最优极化方式选择的分析，从 4 种极化方式中选取 VV 极化的冬秋季节后向散射系数，计算比值（冬季/秋季），得到 VV 极化的冬秋季后向散射系数比图像，结果如图 10-12 所示。

局部入射角是在 EQeau 模型参数优化过程中新增的条件参数，对于抑制山区条件下局部入射角差异大带来的影响，提高模型反演精度具有重要作用，其在数据预处理阶段已得到。

10.4.1.2 积雪密度插值

积雪密度是 EQeau 模型的重要输入参数之一。由积雪密度的地面观测结果及分析可知，观测点雪密度分布较为集中，差异不明显，各观测点雪密度的标准偏差也仅有 $0.032g/cm^3$。现有积雪密度遥感反演方法（Shi and Dozier，2000；李震等，2001）反演的积雪密度与实测积雪密度的均方根误差约为 $0.04g/cm^3$，且受反演数据与反演条件限制，在研究区并无太大优势。克里金插值方法是地统计学的重要方法之一，对空间数据插值问题可以取得较理想的效果，因此，采用克里金插值方法获得研究区积雪密度图。

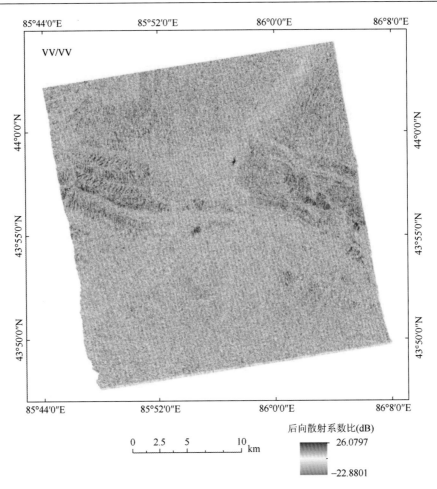

图 10-12　VV 极化的冬秋季后向散射系数比图像

　　克里金插值方法是空间局部插值方法之一,是以变异函数理论和结构分析为基础,在有限区域内对区域化变量进行无偏最优估计的一种方法。其实质是利用区域化变量的原始数据和变异函数的结构特点,对未知样点进行线性无偏最优估计。也就是说,克里金插值方法是根据未知样点有限邻域内的若干已知样本点数据,在考虑了样本点的形状、大小和空间方位,与未知样点间空间位置关系,以及变异函数提供的结构信息之后,对未知样点进行的一种线性无偏最优估计。其中,无偏最优是克里金插值方法的显著特点,也就是使平均残差或误差的期望为 0,和使估计值与实际值之差的平方和(即误差的方差)最小。克里金插值方法有多种,包括普通克里金(ordinary Kriging)、对数正态克里金(logistic normal Kriging)、泛克里金(universal Kriging)等。不同的方法有不同的适用条件,当数据服从正态分布,不存在主导趋势时,选用普通克里金;当数据不服从正态分布,服从对数正态分布时,则选用对数正态克里金;当数据存在主导趋势时,选用泛克里金(汤国安,2006)。

　　研究区观测点积雪密度服从正态分布,所以选用普通克里金插值方法。普通克里金插值方法的原理与反距离权重插值方法类似,两者都是通过对已知样本点赋权重来求得待插值点的值,可用式(10-17)表示:

$$z(x_0) = \sum_{i=1}^{n} \lambda_i z(x_i) \qquad (10\text{-}17)$$

式中，x_i 为第 i 个已知样本点的空间位置；x_0 为待插值点的空间位置；z 为属性值；n 为样本点个数；λ_i 为第 i 个已知样本点对待插值点的权重系数。

二者不同的是，在赋权重时，反距离权重插值方法只考虑已知样本点与待插值点的距离远近，而普通克里金插值方法不仅考虑距离，而且通过变异函数和结构分析，考虑了已知样本点的空间分布及与待插值点的空间方位关系，使其估计比反距离权插值更精确，更符合实际。普通克里金插值方法权重系数 λ_i 的具体计算方法参考杨功流等（2008）文献。

首先，依照表 10-5 的观测点划分，将所有训练样本点（69 个）作为克里金插值的已知样本点插值得到研究区积雪密度图，如图 10-13 所示。插值得到的积雪密度整体呈现随海拔升高而减小的南高北低趋势，且在南部边缘的林带地区积雪密度稍有回升，这一现象很好地契合了林带逆温层的存在，与实际情况较为相符，能很好地反映了研究区积雪密度分布状况。同时，雪密度变化区间非常小，最小值为 0.178g/cm³，最大值为 0.227g/cm³，且取值相对集中，平均雪密度为 0.202g/cm³，标准差小于 0.010g/cm³。

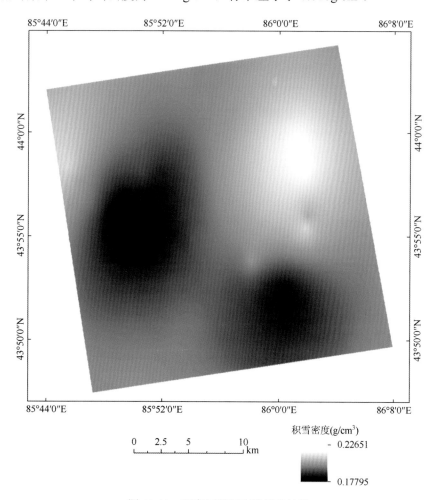

图 10-13　研究区积雪密度插值结果

　　然后，利用剩下的 18 个样本点验证积雪密度插值精度，验证结果如图 10-14 所示。结果显示，插值雪密度与验证点雪密度之间的平均绝对误差为 0.017g/cm³，均方根误差小于 0.021g/cm³，精度较高，满足 EQeau 模型的雪水当量反演需求。

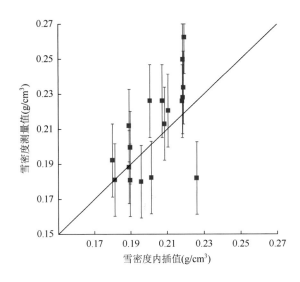

图 10-14　积雪密度插值结果验证图

　　最后，由于克里金插值为非精确性插值方法，其插值结果在样本点处的值与实测值通常并不相等，为使地面观测点（包括训练点与验证点）实测值与结果图中对应像元的值保持一致，将地面观测点的实测雪密度值重新写入结果图，替换对应像元的插值雪密度值，得到最终的研究区积雪密度图。

10.4.2　反演过程改进

10.4.2.1　反演过程

　　为使 EQeau 模型更好地适用于山区雪水当量反演，前文针对研究区地形与下垫面条件，在 EQeau 模型中增加了地形、土地覆盖类型和局部入射角条件参数，优化了模型参数；并经一系列的数据处理得到了参数优化后模型所需的所有参数。为反演雪水当量信息，还需针对研究区地形与下垫面条件，进一步改进反演过程，即针对不同坡向、土地覆盖类型和局部入射角动态，选择适应于不同条件的 EQeau 模型表达式，反演雪水当量。

　　具体反演过程如图 10-15 所示。首先，依据土地覆盖类型、坡向、局部入射角数据，分别提取出耕地、阳坡草地、$\theta \leqslant 40°$的阴坡草地、$\theta > 40°$的阴坡草地 4 类区域，其他为未参与反演区域。其次，针对提取的 4 类区域，动态选择参数优化后的 EQeau 模型的相应表达式，并输入积雪密度与冬秋季后向散射系数比，反演各区域雪水当量值。最后，叠加未参与反演区域，并掩膜叠掩与阴影区域，生成研究区雪水当量分布图。

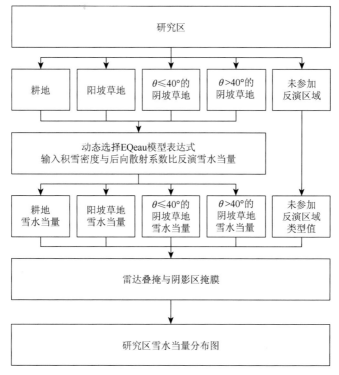

图 10-15 研究区雪水当量反演过程示意图

10.4.2.2 反演结果

依照图雪水当量反演过程，在参数优化后的 EQeau 模型中依次输入土地覆盖类型图、坡向图、局部入射角图像、冬秋季后向散射系数比图像、积雪密度图像等所需数据，反演得到研究区 2013 年 12 月 13 日的雪水当量，并在此基础上结合土地覆盖类型图与叠掩、阴影区掩膜制作研究区雪水当量空间分布图，结果如图 10-16 所示，雪水当量频率直方图如图 10-17 所示。

由图 10-16 和图 10-17 可知，2013 年 12 月 13 日的雪水当量普遍较小，平均雪水当量为 2.73cm，众数为 1.17cm。雪水当量小于 5cm 的地区分布最为广泛，占整个研究区的 88.7%，其中雪水当量 1～2cm 地区的比重最大，占 35.7%；其次为雪水当量 2～3cm 的地区，占 21.3%；0～1cm、3～4cm 及 4～5cm 的雪水当量比重依次降低，分别占 13.7%、11.5% 和 6.5%。而雪水当量大于 5cm 的地区仅占整个研究区的 11.3%，主要分布于研究区的东北部与西北部地区。由图 10-17 还可以看出，无论是在整体上还是在局部地区，雪水当量的相对高值与低值都呈现出明显的条带状相间分布现象，表现出了与地形条件相关的变化规律。

雪水当量是用于反映积雪多寡的重要指标，积雪的多寡又直接受到降雪、气温与辐射等气象条件的控制，而地形又是影响山区地表辐射能量重新分配的主要因素，因此分析不同地形条件下的雪水当量分布特征，探讨雪水当量空间分布规律，对于研究区水资源管理利用具有重要意义。

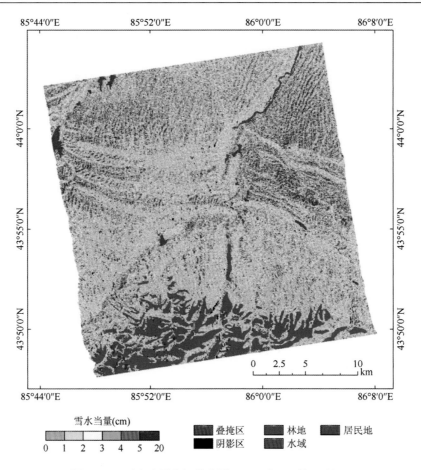

图 10-16　雪水当量空间分布图（2013 年 12 月 13 日）

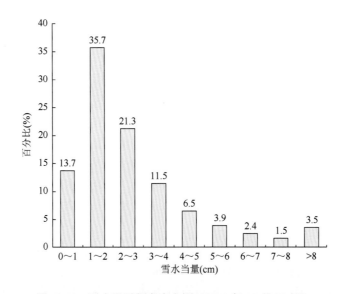

图 10-17　雪水当量频率直方图（2013 年 12 月 13 日）

图 10-18 为 2013 年 12 月 13 日不同高度带（海拔 1500m 以上的中山带与 1500m 以下的前山带）的雪水当量分布情况。由图 10-18 可知，不同高程带的雪水当量都以 1～2cm 为主；当海拔由中山带降低到前山带时，雪水当量有所提高，平均雪水当量由 1.95cm 增大到 2.88cm；小于 1cm 的雪水当量比重明显减少，由中山带的 25.3%迅速下降到前山带的 11.4%，1～2cm 的雪水当量也稍有减少；而大于 5cm 的雪水当量比重明显增加，由不足 4.2%增加到 12.8%以上，2～3cm、3～4cm 和 4～5cm 的雪水当量比重也有所增加。另外，大于 5cm 的雪水当量中有超过 93.9%分布在海拔低于 1500m 的前山带，造成这一现象的原因可能有两个方面：一是这些低海拔地区的积雪密度相对较大（图 10-13）；二是这些低海拔地区在卫星成像当天早晨降有新雪（在地面观测及卫星成像之前降雪已停），但南部高海拔地区没有降雪。

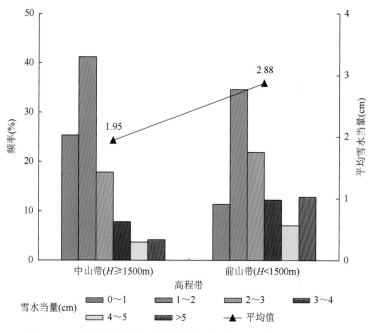

图 10-18 不同高程带的雪水当量分布图（2013 年 12 月 13 日）

图 10-19 为 2013 年 12 月 13 日不同坡向的雪水当量分布情况。由图 10-19 可知，各坡向上均以小于 3cm 的雪水当量为主，尤其是南坡，88.8%的雪水当量都小于 3cm，东坡这一比例也高达 76.7%。相对于南坡与东坡而言，北坡和西坡 3cm 以下雪水当量的比重显著降低，3cm 以上雪水当量的比重明显增大，尤其是北坡，5cm 以上雪水当量的比重达 17.14%，3cm 以上雪水当量的比重更是超过 41.1%；各坡向的雪水当量平均值差异较大，北坡雪水当量平均值最大，为 3.32cm，其次为西坡，为 3.14cm，南坡平均值最小，仅 1.8cm，东坡居中，为 2.4cm。另外，对比坡向图与雪水当量分布图发现，雪水当量大于 5cm 的地区通常也都位于北坡。图 10-20 为不同雪水当量的坡向分布情况，可以看出，雪水当量越大，其在北坡的分布越多，在南坡的分布越少；各种大小的雪水当量在东坡和西坡的分布较为接近，但在北坡和南坡的分布则差异明显。例如，0～1cm 的雪水当量 43.1%分布在

南坡，只有 23.3%位于北坡；而大于 5cm 的雪水当量有 60.2%都分布北坡之内，23.5%位于西坡，只有 5.3%分布在南坡；4～5cm 和 3～4cm 的雪水当量也都有一半以上分布在北坡。

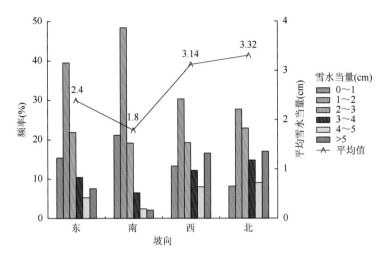

图 10-19　不同坡向的雪水当量分布图（2013 年 12 月 13 日）

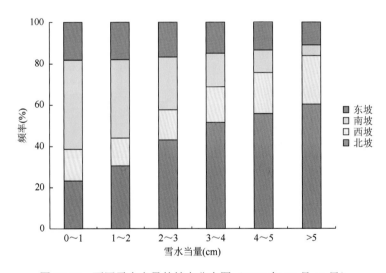

图 10-20　不同雪水当量的坡向分布图（2013 年 12 月 13 日）

综上所述，2013 年 12 月 13 日雪水当量空间分布特征描述如下：研究区雪水当量较小，平均雪水当量为 2.73cm，众数为 1.17cm；以 1～2cm 为主，比重达 35.7%，其后依次为 2～3cm、0～1cm、3～4cm 和 4～5cm，比重分别为 21.3%、13.7%、11.5%和 6.5%，5cm以上雪水当量比重很小，仅占 11.3%。5cm 以上雪水当量主要分布于低海拔前山带的北坡及西坡地区，从而使得前山带地区平均雪水当量较中山带稍大，分别为 2.88cm 和 1.95cm，导致这一分布现象的原因是低海拔地区积雪密度相对较大且成像当日有降雪发生。坡向是影响雪水当量分布的最主要的地形要素，各坡向平均雪水当量差异明显，其中北坡雪水当量平均值最大，为 3.32cm，南坡平均值最小，仅 1.8cm，东坡和西坡居中，分别为 2.4cm

和 3.14cm；3cm 以上雪水当量主要分布在北坡，5cm 以上雪水当量则集中分布在北坡地区，比例高达 60.2%。

10.4.3 反演结果评价

10.4.3.1 精度评价

在模型拟合过程中，已利用内部的训练样本点对参数优化后 EQeau 模型的拟合能力进行了评价，结果表明，参数优化后 EQeau 模型拟合程度较高，对训练样本点的变异具有较强的解释能力。但拟合能力评价结果好，只能说明参数优化后的 EQeau 模型具有较强的内部拟合能力，并不能保证参数优化后的 EQeau 模型对外部样本的反演结果好。因此，还需要对参数优化后的 EQeau 模型的反演结果进行评价。最有效的方法是采用未参与拟合建模的独立的外部验证样本，进行反演结果的精度评价。

外部验证样本采用地面观测点中随机选取的 18 个（20%）观测点数据（表 10-5）；精度评价指标为均方根误差、平均绝对误差和平均相对误差，评价结果如图 10-21 和表 10-8所示。占研究区绝大部分面积（88.1%）的草地地区，平均绝对误差为 0.59cm，反演结果较为理想；而耕地的平均绝对误差为 1.10cm，误差稍大；就整个研究区而言，雪水当量反演结果的平均绝对误差为 0.70cm，误差较小，反演精度较高。同时，耕地的相对平均误差非常大，达到 79.8%，但耕地的面积比例非常小（不足 2.7%），对整个研究区的反演精度影响不大。就整个研究区而言，雪水当量反演的平均相对误差为 47.6%，其中草地为38.5%，较耕地有了明显降低，但这一平均相对误差仍然偏大，究其原因，主要是雪水当量较小，造成统计上的平均相对误差偏大。地面测量的雪水当量最大值为 3.52cm，平均值不足 2cm，在如此小的雪水当量数值的情况下，总体 47.6%、草地 38.5%的平均相对误差是可以接受的。

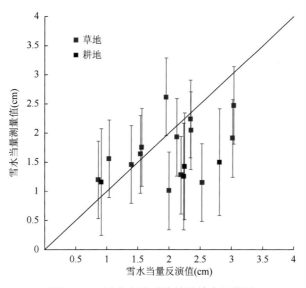

图 10-21 雪水当量反演结果精度评价图

表 10-8　雪水当量反演结果精度评价表

下垫面类型	RMSE（cm）	MAE（cm）	MRE（%）
耕地	1.17	1.10	79.8
草地	0.69	0.59	38.5
总体	0.82	0.70	47.6

10.4.3.2　误差分析

　　将所有的地面观测点（87 个）实测的雪水当量与模型反演的雪水当量进行对比分析（图 10-22），并计算雪水当量实测值与反演值的残差，得到残差三维分布图（图 10-23）。整体而言，实测值与反演结果大小趋于一致，各观测点残差较小。平均残差值为 0.085cm，残差绝对值的平均值 0.360cm，最大正残差为 1.366cm，最小负残差为 −0.673cm。残差平均值面如图中蓝色部分所示，正负残差值在残差平均值面上下随机分布，总体而言，残

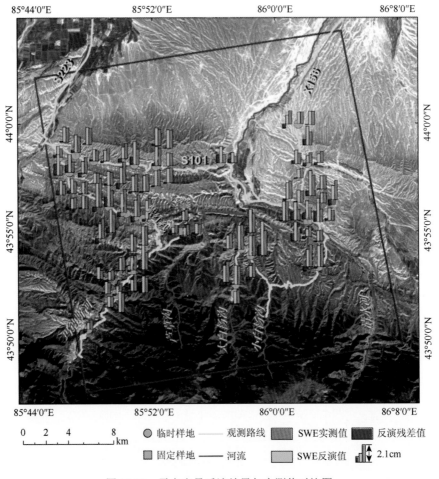

图 10-22　雪水当量反演结果与实测值对比图

差值相对残差平均值面偏离程度较小，残差离散程度较小，雪水当量反演结果较为稳定。雪水当量反演结果的最大正残差和最小负残差分别出现在 T16-1 样地和 T16-7 样地，都是位于紫红线 16 日测量的观测点，土地覆盖类型分别为阳坡草地和阴坡草地。主要原因是该点附近地形有较大起伏，而 ASTER GDEM 数据空间分辨率太低，无法准确描述地形的变化。

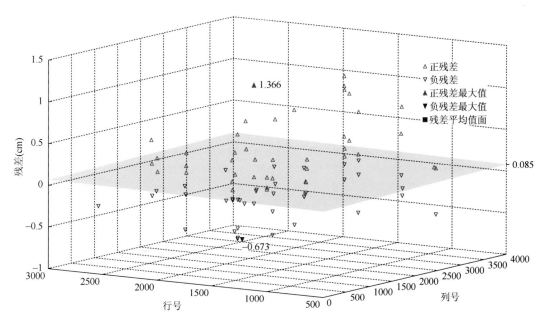

图 10-23　雪水当量反演结果与实测值残差三维分布图

另外，残差值相对较大的地方主要分布在耕地区域，原因主要如下：一方面，耕地受人为因素（如耕作模式）影响较大，使得不同耕地的表面粗糙度及土壤含水量存在较大差异，导致冬秋季后向散射系数比差异较大；另一方面，由于冬季牲畜进入耕地觅食，踩踏积雪，一定程度上影响了积雪热阻大小及其测量的代表性。

根据以上分析，结合其他客观因素，分析造成雪水当量反演误差的原因主要有以下两方面。

（1）模型误差。①模型本身误差：EQeau 模型是半经验模型，其精度与拟合模型所用的训练样本点的质量和数量有关，从参数优化后 EQeau 模型的拟合能力评价结果可以看出，参数优化后的 EQeau 模型自身存在一定范围的误差，尤其是在耕地区；②模型应用误差：在参数优化后 EQeau 模型应用到研究区的过程中，研究区的实际情况并不一定都能满足模型应用的条件（如部分积雪被牲畜过度踩踏、像元附近有高大树木或人工建筑、下垫面植被茂密等），这也会造成一定的反演误差。

（2）数据误差。①地面观测数据误差：地面观测数据的时间范围为 2013 年 12 月 13～16 日，包含了 4 天的观测结果，它们相对于 13 日 RADARSAT-2 成像时刻的地面真实值势必存在一定的误差，同时，地面测量过程中测量误差及地面点的代表性问题，都会影响模型拟合与评价，直至影响最后的验证结果；②DEM 数据误差：使用的 ASTER GDEM 数据垂直精度为17m，水平精度为75m，空间分辨率为30m，与8m标称分辨率的RADARSAT-2数据相比，显得尤为不足，使得利用 DEM 数据提取的坡度、坡向存在一定误差，也影响到 SAR 数据的处理精度（如局部入射角计算等），从而影响反演结果；③积雪密度误差：采用克里金插值方法获得研究区雪密度分布图，尽管研究区雪密度变化范围较小，但插值结果依然存在一定误差，影响反演精度。

<h1 style="text-align:center">参 考 文 献</h1>

傅伯杰，陈利顶，马克明. 1999. 黄土丘陵区小流域土地利用变化对生态环境的影响——以延安市羊圈沟流域为例. 地理学报，54（3）：241-246.

何其华，何永华，包维楷. 2003. 干旱半干旱区山地土壤水分动态变化. 山地学报，21（2）：149-156.

江冲亚，方红亮，魏珊珊. 2012. 地表粗糙度参数化研究综述. 地球科学进展，27（3）：292-303.

李昆，陈玉德. 1995. 元谋干热河谷人工林地的水分输入与土壤水分研究. 林业科学研究，（6）：651-657.

李震，郭华东，施建成. 2001. 航天飞机极化雷达数据反演干雪密度. 科学通报，46（7）：594-597.

孙俊，胡泽勇，陈学龙，等. 2012. 黑河中上游不同下垫面动量总体输送系数和地表粗糙度对比分析. 高原气象，31（4）：920-926.

汤国安. 2006. ArcGIS 地理信息系统空间分析实验教程. 北京：科学出版社.

杨功流，张桂敏，李士心. 2008. 泛克里金插值法在地磁图中的应用. 中国惯性技术学报，16（2）：162-166.

Bernier M, Fortin J P. 1998. The potential of times series of C-band SAR data to monitor dry and shallow snow cover. IEEE Transactions On Geoscience and Remote Sensing，36（1）：226-243.

Chen K S, Chen K S, Wu T D, et al. 2003. Emission of rough surfaces calculated by the integral equation method with comparison to three-dimensional moment method Simulations. IEEE Transactions On Geoscience and Remote Sensing，41（1）：90-101.

Famiglietti J S, Rudnicki J W, Rodell M. 1998. Variability in surface moisture content along a hillslope transect：Rattlesnake Hill，Texas. Journal of Hydrology，210（1-4）：259-281.

Fu B J, Wang J, Chen L D, et al. 2003. The effects of land use on soil moisture variation in the Danangou catchment of the Loess Plateau，China. Catena，54（1-2）：197-213.

Gomez-Plaza A, Martinez-Mena M, Albaladejo J, et al. 2001. Factors regulating spatial distribution of soil water content in small semiarid catchments. Journal of Hydrology，253（1-4）：211-226.

Looyenga H. 1965. Dielectric constant of heterogeneous mixtures. Physica，31（3）：401-406.

Qiu Y, Fu B J, Wang J, et al. 2001a. Soil moisture variation in relation to topography and land use in a hillslope catchment of the Loess Plateau，China. Journal of Hydrology，240（3-4）：243-263.

Qiu Y, Fu B J, Wang J, et al. 2001b. Spatial variability of soil moisture content and its relation to environmental indices in a semi-arid gully catchment of the Loess Plateau，China. Journal of Arid Environments，49（4）：723-750.

Raudkivi A J. 1979. Hydrology：An Observed Introduction to Hydrological Processes and Modeling. New York：Pergamon.

Shi J C, Dozier J. 2000. Estimation of snow water equivalence using SIR-C/X-SAR, part I：inferring snow density and subsurface properties. IEEE Transactions On Geoscience and Remote Sensing，38（6）：2465-2474.

Topp G C, Davis J L, Annan A P. 1980. Electromagnetic determination of soil-water content-measurements in coaxial transmission-lines. Water Resources Research，16（3）：574-582.

Western A W, Grayson R B, Bloschl G, et al. 1999. Observed spatial organization of soil moisture and its relation to terrain indices. Water Resources Research，35（3）：797-810.

11　积雪分布及其与气象因子的关系

理解积雪分布变化的时间与空间特征，对于气候变化、天气预测、水资源管理及洪水预报等研究具有重要意义。影响积雪时空分布的因素包括海拔、坡度、坡向等地形因素及气温降水等气象因素，分析不同地形条件下的积雪分布及其与气象因素的关系对于积雪覆盖的特征研究及预测分析等都具有重要作用。本章利用 MODIS 积雪与地表温度产品及水文站实测的降水与气温数据，提取日积雪覆盖率与月积雪覆盖率、积雪日数、日温度及月均温度，以及它们的年际变化值等，在此基础上分析玛纳斯河流域山区积雪时空分布特征及其与气象因素的关系。其主要研究内容如下。

（1）积雪时间变化特征。利用 2001～2014 年积雪产品 MOD10A2 及高程分带与坡度坡向等，提取不同高度带、不同坡度坡向的积雪覆盖率年内变化及典型月（1 月、4 月、7 月和 10 月）积雪覆盖率的年际变化。结果表明，以海拔 4000m 为界，以下区域积雪覆盖率年内变化呈单峰分布，以上区域呈双峰分布；各个高度带积雪年内变化季节性特征显著；坡向对积雪分布的影响大于坡度，北坡、东北坡及西北坡积雪覆盖率大于东坡和西坡，也大于南坡、西南坡与东南坡，坡度的影响主要以海拔为基础；典型月积雪覆盖率的年际变化表现为 1 月、7 月各个高度带均呈下降趋势，4 月低海拔区域下降，高海拔区域上升，10 月情况相反。

（2）积雪空间分布特征。计算流域积雪日数的空间分布结果，并结合高程分带及坡度坡向，分析积雪日数及其年际变化量的空间分布特征、不同月份积雪垂直分布特征、典型月份不同坡向积雪垂直分布特征，以及雪线高度的年际变化。结果表明，海拔 3200m 以下的各个高度带平均积雪日数差别不大，3200m 以上各高度带随海拔升高，积雪日数逐渐增加；流域 40.3%的区域积雪日数在 2001～2014 年呈减少趋势，12.1%的区域减幅大于 18 天，59.7%的区域呈增加趋势，11.4%的区域增幅大于 24 天，增加区域主要分布在海拔 800～3600m 的范围内；不同月份积雪覆盖率垂直分布可以划分为 4 种不同的典型模式，模式之间区分度明显，不同坡向对于积雪覆盖率垂直分布的影响在 1 月、4 月、10 月明显，7 月相对不明显；雪线海拔在 2001～2014 年呈上升趋势，上升幅度约每年 2.25m。

（3）积雪分布与气象因素的相关关系。基于 2001～2014 年 MOD11A2 地表温度产品及 2001～2012 年肯斯瓦特、煤窑与清水河子 3 个水文站实测的日气温与降水资料，分析积雪覆盖与温度在年内变化、年际变化及水平分布垂直变化的相关性，积雪覆盖与温度和降雪年内变化相关性，以及雪线与温度年际变化相关性。结果表明，积雪与温度年内变化的相关性随海拔升高而变弱，利用气温和降雪对积雪覆盖率年内变化拟合的 RMSE 平均为 0.12；不同月份温度的垂直变化在 3～11 月与积雪相关性较好，相关系数绝对值均大于 0.6，12 月至次年 2 月由于受逆温影响，相关系数低于 0.3；积雪日数与冬季平均温度的年际变化具有很高的空间一致性，海拔 3600m 以下两者相关系数为–0.84，在 1600～1700m 高度带，积雪日数的年际变化达到最高值 26 天，而与之对应，冬季温度的年际变化在此处达到最低值 −1.8℃；雪线的年际变化与雪线附近内 7 月平均气温的年际变化具有一定的相关关系，3 个水文站实测的 7 月平均气温在 2001～2012 年也表现出上升趋势，与雪线的上升趋势相对应。

11.1　MODIS 产品与水文气象数据的处理

11.1.1　MODIS 积雪产品数据

本书的研究所使用的 MOD10A2 产品是 L3 级别第 5 版本的八日合成数据，由 MODIS 每日积雪产品 MOD10A1 以时间合成算法合成。MOD10A2 空间分辨率为 500m×500m，本书的研究所使用的时间覆盖范围为 2001.1.1～2014.12.27，每年 46 景，共应有 644 景，其中缺失 4 景，其覆盖时间分别为 2001 年 6 月 18 日、2001 年 6 月 23 日、2002 年 3 月 22 日与 2008 年 4 月 23 日。

11.1.2　DEM 数据

使用的 DEM 数据为 SRTM V4.1 版本，空间分辨率为 90m。经流域矢量边界裁切得到的 DEM 被重采样为 500m（MOD10A2 产品分辨率）与 1000m（MOD11A2 产品分辨率），以分别匹配积雪与温度数据，重采样方法为三次卷积法。

11.1.3　水文气象数据

使用研究区内的肯斯瓦特、煤窑、清水河子 3 个水文气象站自 2001～2012 年记录的日气温与日降水数据来分析积雪变化与气象因素的相关关系。同时，3 个站点记录的日气温数据也用来验证 MODIS 地表温度数据的精度。3 个站点的基本信息及其所记录数据的时间跨度见表 11-1。

表 11-1　本书的研究所使用的水文站基本信息及数据时间范围

站点	经/纬度	海拔（m）	日气温	日降水
肯斯瓦特	85°57′19″E/43°58′14″N	910	2001～2012 年	2001～2012 年
煤窑	85°51′49″E/43°54′34″N	1046	2001～2012 年	2001～2012 年
清水河子	86°3′42″E/43°54′53″N	1256	2001～2012 年	2001～2012 年

11.1.4　MODIS 地表温度产品

MODIS/Terra 地表温度与辐射 LST/E 产品基于 MODIS 第 31 与第 32 波段采集的光谱

信息计算得到。MOD11A2 是其 L3 级别的八日合成数据, 经由 L3 级别的 MOD11A1 每日数据计算合成, 空间分辨率为 1000m, 数据格式为 HDF-EOS。

所用 3 个水文站 2001~2012 年实测的日气温数据, 对 MODIS 地表温度产品的精度做验证分析, 方法如下: ①按照 MOD11A2 的时间划分方法, 将 3 个站点的日气温按照每八天求一次均值的方式合并为八日气温; ②提取 MOD10A2 在 3 个水文站所在栅格的地表温度值, 栅格大小为 1km×1km, 同一日的数据可以分为白天温度值与夜晚温度值, 将站点所在栅格的白天与夜晚温度的均值近似看作站点所在位置的地表温度值, 此处的近似处理是建立在对地表温度在 1km×1km 范围内变化较小的估计基础之上的; ③对比分析同一时间点上各组站点实测气温与站点所在栅格的 MOD11A2 地表温度值, 共计 1656 组。

对比结果如图 11-1 所示, 2001~2012 年的站点实测气温与 MOD11A2 产品相关系数高达 0.99, $R^2 = 0.98$, 表明 MOD11A2 产品具有足够的精度来反映流域内温度长时间序列的空间分布情况。

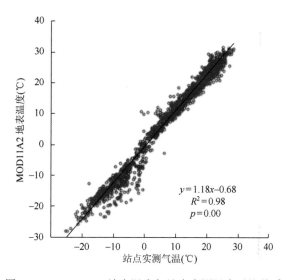

图 11-1　MOD11A2 地表温度与站点实测温度对比关系

11.2　积雪与温度信息的获取

11.2.1　积雪特征提取

11.2.1.1　高度带划分

1) 高度带划分方式

由于研究区高度跨度范围很大, 以 90m 分辨率重采样后的 DEM 数据显示最高处海拔为 5192m, 而最低处海拔仅为 608m, 高度跨度约为 4600m。而如此大的高度跨度必然导致了不同海拔上降水、气温、雪盖、植被等多种自然地理要素的巨大差异, 也会因此导致积雪覆盖在时间变化上出现较大的不同步,因此为了精确地分析积雪时空变化的总体规律及细节差异,本书的研究在进行积雪与温度特征提取的过程中,综合玛纳斯河流域山区的积雪与气象、地形因素及前人的研究结果,采用了不同的高度带划分方式,其中细分的高度带划分方式用以分析积雪温度的垂直变化特征,粗分的划分方式用以研究年内或年际的时间变化特征。具体来说,划分方式共有 3 种:①将研究区作为一个整体而不细分,来分析积雪时空变化的总体规律,这一种划分方式在此不做叙述;②将研究区按照 100m 的高度从低到高进行划分,共分为 41 个高度带(并非 46 个高度带的原因是因为海拔在接近最低值与最高值时的高度带栅格单元较少,进行了适当的高度带合并),用以研究积雪与温度在垂直尺度上的变化特征,100m 的跨度是在综合了流域总体高度跨度与 MODIS 产品栅格数量后作出的选择,既可以反映垂直变化的细节,也可以避免因高度带内栅格数量过少而导致数据在局部高度带内出现较大的不确定性;③根据积雪与温度垂直变化的实际情况,将研究区划分为 5 个高度带,每个带划分的标准分别对应了积雪与温度的垂直变化在不同带内所表现出的明显的季节差异性与垂直差异性,这种划分方式主要用于研究积雪与温度在时间尺度上的变化特征。

图 11-2 为划分为 41 个高度带的示意图,由于低于海拔 800m 和高于海拔 4700m 的面

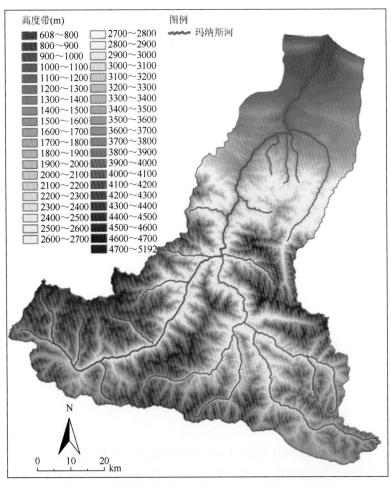

图 11-2　玛纳斯河流域山区的 41 个高度带划分示意图

积较小，因此在 608～800m 与 4700m 以上的区域不再细分，分别合并为一个高度带，这有利于减少后续积雪与温度垂直分布分析过程中因为高度带像元数量较少而引起的数据偶然性误差。如图 11-3 所示，各个高度带的面积随海拔的上升，以海拔 2100m 为界呈现出较为明显的双峰分布。海拔 800m 以下面积较小，而 800～1400m 各带面积相差不大，1400～2100m 各带面积相对较小且随海拔增加而缓慢减少，海拔 2100m 以上各个高度带的面积随海拔增加先增后减，在 3500～3600m 达到最大值，约为 308.9km^2。

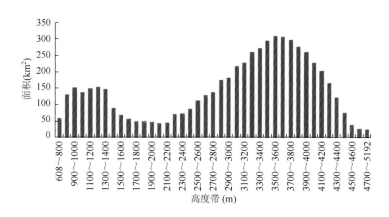

图 11-3   按 41 带划分的各个高度带所占面积

图 11-4 为划分为 5 个高度带的示意图，各高度带的海拔范围、面积及简要描述信息详见表 11-2。不同于 41 个高度带划分以研究积雪与温度垂直分布特征为目的，5 个高度带的划分方式主要是用于研究不同高度带的积雪与温度年内的时间变化特征，并不考虑时间变化特征在垂直方向上的细节差异。

表 11-2   按 5 带划分的各个高度带情况

编号	海拔范围（m）	面积（km^2）	描述
A	608～1100	482.6	包括汇集清水河子后，肯斯瓦特水文站以下的相对低海拔区
B	1100～2100	858.2	冬季逆温层，呼斯台河与古仁河汇集以后的玛纳斯河流经区
C	2100～3200	1459.2	呼斯台河与古仁河流经的主要河谷区
D	3200～4000	2280.1	中高海拔山区，占据了流域近一半的面积
E	4000～5192	884.2	高山带，常年积雪与冰川主要分布区

2）高度带划分尺度的影响

由于 MODIS 积雪产品与温度产品的空间分辨率分别为 500m 和 1000m，这就意味着如果以 100m 为单位进行高度带划分或高度带跨度小于 MODIS 影像栅格边长时，有的积雪或温度像元就会横跨多个高度带。在给 MODIS 像元指定其高程值时，其像元大小是 500m×500m 或 1000m×1000m，而这 500m×500m 或 1000m×1000m 的单个像元范围内仅赋一个高程值，但其覆盖的范围内实际地形情况复杂，因此面临两种情况：①将 MODIS

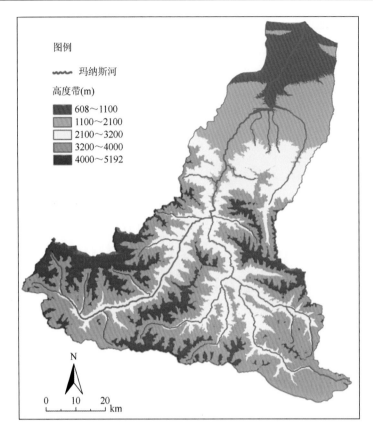

图 11-4　玛纳斯河流域山区的 5 个高度带划分示意图

产品重采样为高于 100m 分辨率的精度，如原始 SRTM 数据的 90m 分辨率，每个 MODIS 像元被拆分为多个，每个小的单元被分别赋予一个高程值，然后依据此高程值将各个小的单元划分到不同的高度带，但这将导致数据量与计算量呈几何倍数增加；②将 DEM 数据重采样为 MODIS 产品的分辨率，即 500m 和 1000m，然后每个 MODIS 像元被赋予一个高程值，依此高程值将每个像元划分到不同的高度带，这精简了数据运算量，但是否会影响积雪与温度垂直分布统计的精度的问题需要验证。经过实际验证，无论是将 MODIS 产品重采样为更高的分辨率，还是将 DEM 重采样为较低的分辨率，对于最终的统计结果的影响十分有限，因此基于简化数据量与运算量的考虑，本书的研究在积雪与温度特征计算的过程中均采用第二种方法，这极大地提高了计算效率并且降低了数据冗余。图 11-5 以 2001 年第一景 MOD10A2 产品为例，验证两种不同分辨率对于积雪覆盖率垂直特征提取的结果差异。可以看出，基于两种不同分辨率的 MOD10A2 产品提取的各 100m 高度带的平均积雪覆盖率值区别很小，两组结果的相关系数为 0.995。

3）不同高度带坡度与坡向提取

海拔是影响积雪与温度空间分布的决定性因素，但除此之外，坡度、坡向等地形因素对于积雪与温度的空间分布具有重要影响。各个高度带内不同的坡度与坡向组成导致了太阳光照条件、风的影响程度及其他因素有所差异。因此，提取不同高度带内坡度与坡向的组成情况，对于分析地形条件对积雪与温度时空分布的影响具有不容忽视的作用。图 11-6 是根据流域 DEM 分别计算得到的流域内坡度与坡向的分布情况。

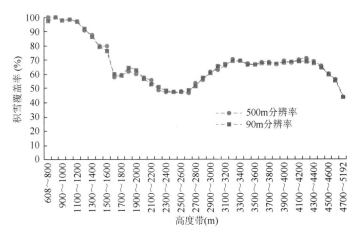

图 11-5　MOD10A2 产品不同分辨率对于积雪垂直特征提取结果的影响对比

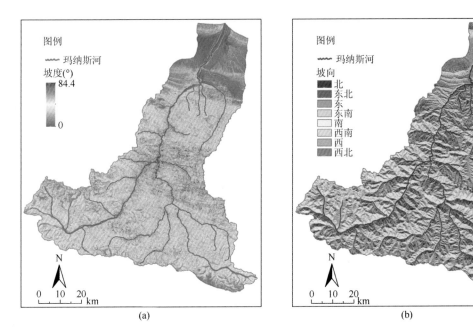

图 11-6　坡度与坡向分布

　　通过将坡度、坡向与 DEM 叠置进行统计，得到坡度，坡向随海拔垂直分布的情况（图 11-7），总体来说，坡度随海拔的变化可分为 3 种趋势：①在海拔 2400m 以下，坡度随海拔升高逐渐增大，在最低的高度带内平均坡度仅为 0.8°，在 2300～2400m 带内达到 33.8°；②在海拔 2400～4200m，坡度随海拔变化不大，平均坡度在 30°上下，在海拔 2400～3600m，坡度随海拔升高有略微下降的趋势，而在 3600～4200m，坡度随海拔升高有略微上升的趋势；③在海拔 4200m 以上，坡度随海拔升高而增大，但小于海拔 2400m 以下时的增长速度，4700～5192m 高度带内平均坡度达到最大值 38.6°。各坡向在不同高度内面积比例的折线图呈现出先聚拢后分散的趋势，表明各坡向随海拔升高逐渐变得均匀，而后又趋于分散，这一临界点在海拔 3600m 上下。具体来说：①南坡、东南坡、西南坡向所占比例随海拔升高在总体趋势上逐渐增加；②北坡、东北坡向所占比例先增后减，趋势变化处的海拔高度分别在 1600m 与 1900m；③东坡、西坡、西北坡向比例变化没有特别明显的趋势。

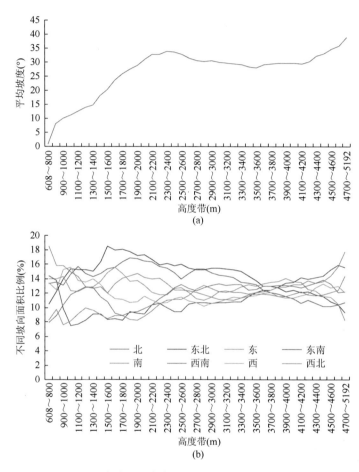

图 11-7　流域不同高度带内的坡度与坡向分布情况

11.2.1.2　积雪覆盖率与积雪日数计算方法

本书的研究使用的积雪覆盖率包括日积雪覆盖率与月平均积雪覆盖率两种，日积雪覆盖率针对一景单独的影像计算，月平均积雪覆盖率针对本月内所有的影像计算。对于 MOD10A2 积雪产品，处理步骤主要包括：①影像转换为 IMG 格式，重投影为 UTM；②利用研究区矢量边界裁剪影像；③根据像元值进行重分类，积雪像元赋值为 1，非积雪像元赋值为 0；④利用式（11-1）计算日积雪覆盖率，利用式（11-2）计算月平均积雪覆盖率。

$$SAE = N_{snow}/N \qquad (11-1)$$

式中，SAE 为区域内积雪覆盖率；N_{snow} 为该区域内积雪像元总数；N 为总像元数。

$$\text{MSAE} = \frac{\sum_{i=1}^{n} \text{SAE}_i \times D_i}{\sum_{i=1}^{n} D_i} \quad (11\text{-}2)$$

式中，MSAE 为月平均积雪覆盖率；SAE_i 与 D_i 分别该月覆盖的第 i 景影像的积雪覆盖率及其在本月的天数；n 为该月所覆盖的影像总数。

在计算每个像元一年内的积雪覆盖时长时，引入积雪日数（snow cover days，SCDs）的概念，在计算积雪日数时，按照积雪年划分的方式确定一年的起止时间，即每年的 8 月初至次年的 7 月末为一个积雪年，下文中所有涉及年积雪日数及年际变化概念时，使用的均为积雪年的时间划分方式。积雪日数的计算公式如下：

$$\text{SCDs}_{(m,n)} = \sum_{i=1}^{46} \text{is\_snow}_{(m,n),i} \times D_i \quad (11\text{-}3)$$

式中，$\text{SCDs}_{(m,n)}$ 为行列号 (m, n) 的像元的年积雪日数；$\text{is\_snow}_{(m,n),i} = 1$ 表示该像元在第 i 景影像中有积雪覆盖，$\text{is\_snow}_{(m,n),i} = 0$ 表示无积雪覆盖；D_i 为第 i 景影像在年内的日数，D_i 值一般为 8 天，12 月最后一景在平年为 5 天，在闰年为 6 天。

此外，对于不同海拔范围或不同坡向和坡度范围的积雪覆盖率计算，需要在上述计算过程中，将流域高度带划分数据及坡度与坡向数据叠加到运算当中，下文中积雪长期变化趋势及温度的计算方式与之类似。

11.2.1.3 积雪长期变化趋势计算方法

积雪长期变化包括月积雪覆盖率的年际变化趋势及积雪日数的年际变化趋势，两者的计算均采用最小二乘法。对于月积雪覆盖率的年际变化，本书的研究仅列举了其线性趋势线的斜率作为评价指标，此处对于线性趋势线斜率的计算不做详细介绍，此外，对于下文中使用的相关系数、确定系数、变异系数及时间序列的线性趋势线拟合斜率与 R^2 及其显著性均为常见的统计学指标，也不再赘述。对于积雪日数的年际变化的空间分布，采用式（11-4）计算（Wang et al.，2015）：

$$c_{(m,n)} = \frac{13 \times \sum_{i=1}^{13} i \times \text{SCDs}_{(m,n),i} - \sum_{i=1}^{13} i \times \sum_{i=1}^{13} \text{SCDs}_{(m,n),i}}{13 \times \sum_{i=1}^{13} i^2 - \left(\sum_{i=1}^{13} i\right)^2} \times (13-1) \quad (11\text{-}4)$$

式中，$c_{(m,n)}$ 为行列号 (m, n) 的像元 2001/2002～2013/2014 年积雪日数的年际变化量（天）；$i(1, 2, 3, \cdots, 12, 13)$ 为 2001/2002～2013/2014 年的积雪年编号；$\text{SCDs}_{(m,n),i}$ 为行列号 (m, n) 的像元在第 i 年的积雪日数。$c_{(m,n)} > 0$ 表示该像元位置积雪日数年际增加，$c_{(m,n)} < 0$ 表示该像元位置积雪日数年际减少，$c_{(m,n)} = 0$ 表示该像元位置积雪日数无变化。

11.2.2 温度特征提取

MODIS 地表温度数据产品 MOD11A2 的时间分辨率为 8 天，包括白天温度与夜间温度两个数据层，其过境时间分别约为 10：30AM 与 10：30PM。MOD11A2 数据的预处理与 MOD10A2 积雪数据的处理类似，主要包括以下步骤：①利用 MODIS 批量投影转换工具 MRT，将影像投影批量转为 UTM 投影，并将白天温度层与夜间温度层分别存储为 TIF 格式；②利用栅格边界文件，在 MATLAB 中通过叠置运算（矩阵元素相乘）对数据进行批量裁切，其中栅格边界通过矢量边界在 ArcGIS 中转换得到；③将数据转为摄氏温度，变换公式为

$$T = D \times 0.02 - 273.15 \tag{11-5}$$

式中，T 为摄氏温度；D 为像元值；0.02 为乘率倍数。

　　在计算温度的时间、水平与垂直分布时，一般采用白天温度与夜间温度的均值作为该日的温度。不同月份或不同季节的平均温度为该时间范围内所有 MOD11A2 可用数据的均值，月温度或季节温度的年际变化空间分布的计算方式与积雪日数的年际变化空间分布的计算方式相同。

11.3　积雪的时空分布特征

11.3.1　积雪时间变化特征

11.3.1.1　积雪覆盖率年内变化

　　玛纳斯河流域山区海拔跨度很大，约 4600m，不同高度带地形、气候及地表覆盖等条件的明显差异，导致积雪覆盖在年内的时间变化特征具有很大的不同，因此为了研究不同高度带的积雪覆盖在年内的变化情况，将玛纳斯河流域山区按照表 11-2 中描述的高度带划分方式，分别计算不同高度带的积雪覆盖率，并以曲线图形式表述其在一个积雪年内的变化情况（图 11-8）。为了消除单独一年雪盖变化的偶然性，此处八日的积雪覆盖率值为 2001～2014 年同一日积雪覆盖率的均值。

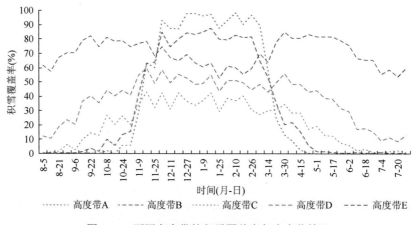

图 11-8　不同高度带的积雪覆盖率年内变化情况

如图 11-8 所示，除了最高海拔的高度带 E 之外，其他 4 个高度带的雪盖变化具有类似的规律，一般秋冬两季为积雪累积时期，春夏两季为积雪消融时期，但不同高度带内雪盖变化又具有其独特性。

（1）高度带 A（1100m 以下）与高度带 B（1100～2100m）位于相对低海拔的区域，雪盖的年内变化差异最为显著。12 月至次年 2 月，两个高度带的积雪覆盖率均高于其他 3 个更高海拔的高度带，高度带 A 积雪覆盖率在 90%上下小幅波动，高度带 B 积雪覆盖率在 80%上下。3 月初至 4 月末，两个高度带的积雪开始急速消融，积雪覆盖率迅速下降到接近 0，其中高度带 A 消融速度更快，高度带 B 消融开始时间略早于高度带 A，结束时间略晚于高度带 A。5 月初至 9 月末，两个高度带几乎没有积雪覆盖，10 月初至 11 月末是两个高度带的积雪累积时期，其中 10 月积雪覆盖率增加缓慢，高度带 A 增加至 5%上下，高度带 B 增加至 10%上下，11 月高度带 A 与高度带 B 积雪覆盖率迅速上升至 90%与80%上下，可以明显看出，高度带 A 积雪覆盖率增速略快于高度带 B，且增幅更大。

（2）相比于低海拔的高度带 A 与高度带 B，高度带 C（2100～3200m）的积雪覆盖率全年处于较低水平，低于 43%，且变化远没有 A、B 两高度带明显。7 月至 8 月中旬，高度带 C 积雪覆盖率接近 0。11 月中旬至次年 3 月中旬，高度带 C 积雪覆盖率在 29%～43%波动，这一水平是全部 5 个高度带的最低值。8 月中旬至 11 月中旬是高度带 C 的积雪缓慢积累时期，3 月中旬至 6 月是其积雪缓慢消融时期。

（3）高度带 D（3200～4000m）的积雪年内变化与带 C 比较类似。带 D 的积雪覆盖率全年高于 0，最低值约为 8%，发生在每年的 7 月。从 8 月中旬至 11 月中旬是这一高度带的积雪累积期，4～6 月是积雪消融期。从 11 月中旬至 3 月末，带 D 的积雪覆盖率仅高于带 C，而低于 A、B、E 三带，而在其他时间，带 D 的积雪覆盖率仅低于带 E，而高于A、B、C 三带。

（4）高度带 E（4000m 以上）的积雪覆盖率全年高于 50%。从全年的变化特征来看，高度带 E 的积雪覆盖率曲线大致可以分为两个变化周期，冬夏两季是低积雪覆盖率时期，而春秋两季是高积雪覆盖率时期，这一变化特征明显有别于其他 4 个相对低海拔的高度带，尤其是冬季积雪覆盖率水平较低这一特征。夏季积雪覆盖率水平低是因为这一时期部分地区气温高于 0℃，积雪在这一时期消融。而冬季积雪覆盖率水平低的原因有两个：①冬季高海拔山区降水稀少，使得雪盖缺乏补给来源；②高海拔山区冬季受风吹雪的影响明显，风对冬季高海拔山区的积雪覆盖率水平降低起了决定性的作用（胡汝骥，2004）。

除海拔以外，坡度与坡向也是影响积雪覆盖的重要地形因素。图 11-9 为不同坡向及坡度的积雪覆盖年内变化情况。坡向对于积雪覆盖的影响在年内可以明显分为两个时期，11 月至次年 3 月，不同坡向的积雪覆盖率差异明显，南北坡相差 30%～40%，总体来看，8 个坡向的积雪覆盖率可以分为 3 个等级，北坡、东北坡及西北坡覆盖率最高，在 60%～80%，其中北坡高于东北坡和西北坡，西北坡略高于东北坡；东坡与西坡明显低于上述3 个坡向，在 50%～60%，其中西坡略高于东坡；南坡、西南坡与东南坡最低，在 40%上下，其中南坡最低，西南坡略高于东南坡。

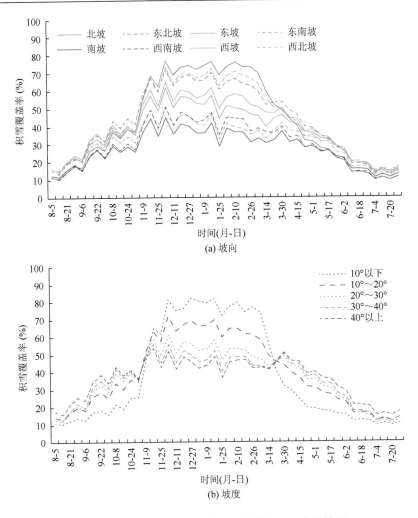

图 11-9　不同坡向与坡度的积雪覆盖率年内变化情况

　　由于坡度随海拔的分布具有明显的规律性（图 11-7），坡度基本随海拔升高而增加，坡度对于积雪覆盖的影响主要建立在海拔的影响之上，因此坡度 20°以下区域积雪覆盖年内变化类似于高度带 A、B，而由于海拔 2100m 以上（高度带 C、D、E）坡度变化差异不大，因此坡度 20°以上的雪盖年内变化差异也不明显，总体类似于高度带 D 的雪盖年内变化特征。

11.3.1.2　典型月积雪覆盖率年际变化

　　为了研究积雪覆盖在不同季节的年际变化情况，选取 1 月、4 月、7 月、10 月 4 个月作为典型月份，通过加权平均的方法计算每年各月在不同高度带的平均积雪覆盖率（图 11-10）。典型月份不同高度带积雪覆盖率年际变化的线性趋势线斜率及变异系数的统计结果见表 11-3。

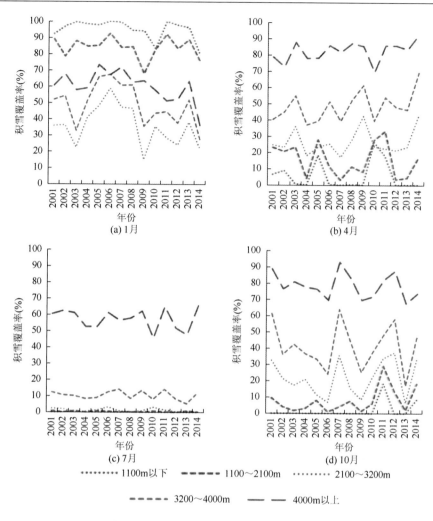

图 11-10 典型月份积雪覆盖率年际变化

表 11-3 典型月份积雪覆盖率年际变化的线性趋势线斜率及变异系数

高度带（m）	线性趋势线斜率				变异系数			
	1月	4月	7月	10月	1月	4月	7月	10月
1000 以下	−0.61	−0.05	−0.02	0.52	0.06	1.50	2.92	2.64
1100～2100	−0.31	−0.53	−0.02	0.82	0.08	0.64	0.58	0.97
2100～3200	−0.95	0.44	−0.07	0.34	0.33	0.29	0.78	0.50
3200～4000	−1.23	1.07	−0.10	−0.38	0.25	0.19	0.25	0.33
4000 以上	−1.26	0.66	−0.27	−0.52	0.15	0.07	0.11	0.10

　　总体来看，4月、7月、10月积雪覆盖年际波动随海拔升高而减小，1月情况明显不同，在海拔 2100m 以下，变异系数仅为 0.06 与 0.08，远远小于海拔 2100m 以上的区域，而在海拔 2100m 以上，变异系数又随海拔升高而减小。而从线性趋势线的斜率来看，1月

与 7 月各个高度带积雪覆盖率均表现为年际减少的趋势；4 月积雪覆盖率在海拔 2100m 以下区域年际减少，海拔 2100m 以上区域年际增加；10 月与 4 月情况相反，积雪覆盖率在海拔 3200m 以下区域年际增加，而在海拔 3200m 以上区域年际减少。

11.3.2　积雪空间分布特征

11.3.2.1　积雪日数空间分布

　　根据年内积雪覆盖时间的长短，可将研究区分为稳定积雪区与不稳定积雪区，区分的积雪日数阈值一般为 60 天，而不稳定积雪区可进一步细分为周期性不稳定积雪区和非周期性不稳定积雪区，两者的区别在于，周期性不稳定积雪区（积雪日数 10~60 天）每年基本都有积雪出现，而非周期性不稳定积雪区（积雪日数小于 10 天），积雪在有的年份出现，在有的年份不出现（李培基和米德生，1983）。

　　图 11-11 是玛纳斯河流域山区的积雪日数的空间分布情况，每个像元的积雪日数值是 2001~2014 年的年积雪日数均值。不稳定积雪区以蓝色表示，主要分布在河谷区域，占总流域面积的 16.4%，其中非周期性不稳定积雪区占 2.7%，主要分布在临近河流交汇口的上游河谷处，平均海拔为 2717m，周期性不稳定积雪区占总流域面积的 13.7%，主要分布在河流中上游的河谷区域，平均海拔为 3071m。流域北部的大多数区域积雪日数介于 60~240 天，而积雪日数在 60~240 天的区域平均海拔要低于不稳定积雪区，在 2600m 上下，且覆盖了近一半的区域。积雪日数大于 8 个月的区域主要分布在流域南部、西南部，

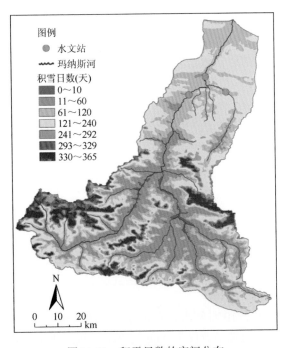

图 11-11　积雪日数的空间分布

以及中东部的高海拔山区，占据了流域总面积的 34.4%。其他关于不同积雪日数覆盖区域的详细统计信息见表 11-4。

表 11-4 不同积雪日数区域的属性、面积及平均海拔

积雪日数（天）	属性	覆盖面积（%）	平均海拔（m）
0~10	不稳定（非周期）	2.7	2717
11~60	不稳定（周期）	13.7	3071
61~120	稳定	16.4	2563
121~240	稳定	32.8	2737
241~292	稳定	14.2	3985
293~329	稳定	10.1	4139
330~365	稳定	10.1	4152

此外，在图 11-12 中统计了不同高度带的平均积雪日数，可以看出随着海拔的升高，积雪日数的变化情况。积雪日数在海拔 3200m 以下并非随海拔升高而线性增加，总体来看，积雪日数先增加而后缓慢减少，转折处的海拔约为 1100m。在海拔 3200m 以下，各高度带平均积雪日数变化幅度并不大，总体低于 130 天，最低处为 69 天，在 2600~2700m 高度带，最高处为 122 天，在 1000~1100m 高度带。在海拔 3200m 以上，积雪日数随海拔升高而逐渐增加，3200~3300m 高度带内积雪日数为 91 天，最高海拔的 4700~5192m 高度带内积雪日数为 306 天，是所有高度带积雪日数的最高值。

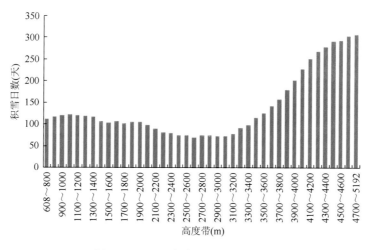

图 11-12 不同高度带平均积雪日数

11.3.2.2 积雪日数年际变化的空间分布

2001~2014 年玛纳斯河流域山区的年积雪日数的年际变化具有明显的空间分布特征

（图 11-13）。每个像元的积雪日数长期变化趋势值根据该像元 2001～2014 年每年的积雪日数值，采用最小二乘法拟合其线性趋势线计算得到。

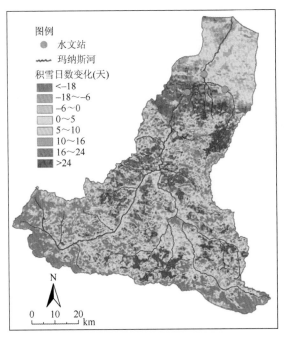

图 11-13　积雪日数年际变化（2001～2014 年）的空间分布情况

结果显示，2001～2014 年，40.3%的区域积雪日数有下降趋势，且 12.1%的区域积雪日数下降幅度大于 18 天。积雪日数下降的区域（图中以蓝色表示）主要分布在流域西南、东南及中东部的高海拔山区（平均海拔大于 3600m），以及流域靠近红山嘴水文站的出山口（海拔低于 650m）。流域剩余部分，即 59.7%的面积内积雪日数在过去 14 年呈上升趋势，其中占总流域面积 11.4%的区域积雪日数增加幅度大于 24 天。积雪日数增加的区域主要分布在海拔 3600m 以下。

从全流域的平均积雪日数来看，其年际变化趋势并不明显。如图 11-14 所示，统计了每一年流域内所有像元积雪日数的平均值，其线性趋势线的斜率虽为正值，但接近于 0，且线性趋势的显著性水平也非常低，p 值为 0.76，线性趋势线拟合 R^2 值仅有 0.01。

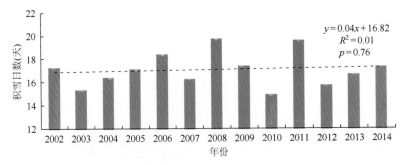

图 11-14　全流域年平均积雪日数的年际变化情况

11.3.2.3　每月积雪覆盖率的垂直分布

玛纳斯河流域地形复杂，积雪覆盖情况受地形条件，如海拔、坡向等因素影响显著，而积雪覆盖与地形因素之间的这一相关关系又受到季节性的影响，在不同月份表现出明显的差异。为了全面地分析积雪覆盖随着地形条件变化而表现的不同特征，提取了 2001～2014 年不同高度带和不同坡向在不同月份的平均积雪覆盖率，并取 14 年的均值作为结果来分析积雪覆盖与地形因素的相关关系。其中，月平均积雪覆盖率以本月所覆盖的每一景影像在本月的天数为权重进行加权平均计算得到。

图 11-15 为玛纳斯河流域不同月份的积雪覆盖率随海拔升高的变化情况，其表现出非常明显的差异。总体来看，12 个月的积雪覆盖率垂直变化曲线可以分为 4 种不同的模式，每种模式之间区分度明显，而相对来说，属同一种模式的各月份积雪覆盖率垂直变化总体趋势接近，但各自的积雪覆盖程度及变化趋势在不同的高度带又具有各自的特征。

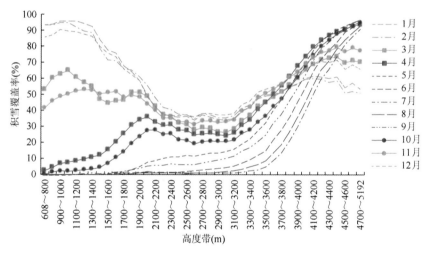

图 11-15　不同月份积雪覆盖率垂直变化

12 月至次年 2 月（冬季）的积雪覆盖率垂直变化趋势为模式 1，在图中以蓝色虚线表示。模式 1 中各月份积雪覆盖率垂直变化具有如下特征。

（1）总体来看，各月积雪覆盖率随海拔升高先减少后增加。在高度带 A 范围内，各月积雪覆盖变化差异不大且积雪覆盖率很高，为 80%～95%。其中，12 月积雪覆盖率随海拔升高略有增长，1 月、2 月两个月份的积雪覆盖率变化很小。综合来看，在高度带 A 内，1 月积雪覆盖率最高，12 月最低，2 月略低于 1 月。12 月至次年 2 月这一时期的积雪覆盖变化主要表现在积雪厚度的变化上，因为积雪已经基本覆盖了高度带 A 的绝大部分范围，积雪覆盖范围的变化相对很小。

（2）在高度带 B 范围内，3 个月份的积雪覆盖率随海拔升高迅速下降，从 90% 左右下降至 40%。

（3）在高度带 C 范围内，随海拔升高，各个月份的积雪覆盖率变化很小，没有明显的上升或下降趋势，且各个月份在这一海拔范围内的积雪覆盖率水平非常接近，在 35%～40%。

（4）在高度带 D 范围内，各月积雪覆盖率随海拔升高开始增加，其中 12 月积雪覆盖率增加速度略高于其他两个月份。

（5）在高度带 E 范围内，各月积雪覆盖率随海拔升高而增加的趋势逐渐消失，并且在海拔 4400m 以上，积雪覆盖率具有微小的下降趋势。此外，从时间变化上来看，这一高度带的积雪覆盖率从 12 月至次年 2 月逐月减小，这意味着这一海拔范围内的积雪在这一时期经历着持续的衰减，缺乏有效的补给来源。这与高度带 A 内 1 月积雪覆盖率最高的情况具有非常明显的不同。但从 2 月开始，这一海拔范围内的积雪覆盖开始明显增加，到 3 月，积雪覆盖率已经高于冬季 3 个月，这表明这一区域的积雪在冬季结束后又开始重新累积。

（6）总体来看，冬季低海拔区的积雪覆盖率要远高于高海拔地带。在海拔 3200m 以下，冬季的积雪覆盖率均高于其他非冬季月份，但在海拔 4500m 以上，冬季的积雪覆盖率又基本上小于其他非冬季月份。

5～9 月（夏季）的积雪覆盖率垂直变化为模式 2，在图中以红色虚线表示。模式 2 各月份积雪覆盖率垂直变化具有如下特征。

（1）总体来看，夏季积雪覆盖率随海拔升高而逐渐增大。随海拔升高，各月积雪覆盖逐渐经历无雪、积雪覆盖率缓慢增加、快速增加及增速减缓 4 个不同的阶段，各月积雪覆盖率垂直变化略有不同。

（2）在高度带 A，各月均无积雪覆盖。在高度带 B，各月随海拔升高开始陆续出现积雪覆盖，其中 5 月和 9 月积雪覆盖率增速高于 6～8 月 3 个月，5 月略高于 9 月。但是在高度带 B、C，各月积雪覆盖率增长幅度并不大，覆盖率最高的 5 月在海拔 3100m 也仅有 15.7%。

（3）在高度带 D、E，各月积雪覆盖率随海拔升高迅速增加，在进入高度带 E 后，积雪覆盖率的增速逐渐减缓。在海拔 4700m 以上，各月积雪覆盖率均达到 90% 以上，甚至接近 100%。

（4）在海拔 2100m 以上，各月积雪覆盖率垂直变化曲线基本没有交叉。5～9 月，积雪覆盖率在时间变化上表现为先降低后增加的趋势，具体来说，5～7 月积雪覆盖率降低，7～9 月积雪覆盖率升高，5 月略高于 9 月。在海拔 4200m 以下，7 月积雪覆盖率水平是全年最低的，但是在海拔 4400m 以上，7 月积雪覆盖率要远高于冬季 3 个月份。

3 月与 11 月的积雪覆盖率垂直变化为模式 3，在图中以绿色带点实线表示。两个月份在时间上与冬季比较接近，其中 3 月为冬末春初，而 11 月基本属于初冬。3 月、11 月两个月的积雪覆盖垂直变化趋势在 C、D、E 三个高度带范围内基本与冬季一致，但在 A、B 两个高度带内，差异还是非常明显，具体表现如下。

（1）在较低海拔的高度带 A、B 内，3 月是春季初期积雪消融的开始月份，积雪覆盖率比 2 月大幅减少，而 3～4 月是这一海拔范围内积雪消融的主要时间段，以海拔 1100m 为例，2 月平均积雪覆盖率为 94.7%，到 3 月降至 64.9%，而到 4 月积雪覆盖率已经减少到仅为 7.8%。与 3 月相反，11 月是这一海拔范围内主要的积雪累积时期，高度带 A、B 在 11 月应有大幅降雪，同样以海拔 1100m 为例，10～11 月，积雪覆盖率从 2.3%增加至 50.5%，而到 12 月，积雪覆盖率增加至 89.7%。

（2）从垂直变化上来看，这两个月的积雪覆盖率随海拔升高在高度带 A 逐渐增加，而在高度带 B、C 呈总体下降趋势；在高度带 C 逐渐趋于稳定，而在高度带 D 再次随海拔升高而缓慢增加，这与冬季在高度带 D 的变化趋势基本一致。在高度带 E，不同于冬季，3 月、11 月两月积雪覆盖率随海拔升高而增加的趋势逐渐消失，但并未出现下降趋势，且积雪覆盖率略高于冬季。

4 月与 10 月积雪覆盖率垂直变化趋势为模式 4，在图中以紫色带点实线表示。从总体上来看，这两个月份的积雪覆盖率垂直变化趋势接近夏季，但在不同高度带内，这两个月的积雪覆盖垂直变化仍具有区别于其他月份的明显特征。

（1）在高度带 A，9～10 月是积雪累积的初期，积雪覆盖率的增长幅度小于 5%，但 10～11 月是积雪累积的主要时期，这在模式 3 中已经讨论。另外，4 月已经是积雪大幅消融的末期，4～5 月，高度带 A 的平均积雪覆盖率下降小于 10%。

（2）在高度带 B，积雪累积的开始时期与积雪消融的结束时期均晚于高度带 A，且这两个时间点随海拔的升高而逐渐推迟。在海拔 2100m 附近，10 月已经成为积雪累积的主要时期，9～11 月，积雪覆盖率分别为 5.8%、27.8%和 40.3%，可见 9～10 月，积雪覆盖率增量超过 20%，而 10～11 月，增量仅为 12.5%。与之对应，在海拔 2100m 附近，4 月是这一海拔高度附近积雪消融的主要时期，3～5 月，积雪覆盖率在海拔 2100m 分别为 42.6%、32.9%、8.9%。

（3）在高度带 C，10 月至次年 4 月的积雪覆盖率随海拔的变化在这一区域基本一致，没有明显的上升或下降趋势。随着海拔升高，10 月和 11 月及 4 月和 3 月的积雪覆盖率水平越加接近。

（4）在高度带 D、E，情况与高度带 C 基本相反，4 月、10 月两个月的积雪覆盖垂直变化在这两个高度带与夏季类似，而不再接近于冬季。两个月的积雪覆盖率随海拔升高而逐渐增加，且总体上略高于夏季。

图 11-16 为积雪覆盖率在典型月份（1 月、4 月、7 月、10 月）不同坡向的垂直变化情况。总体来看，除 7 月不同坡向积雪覆盖率差异相对较小以外，其他几个月积雪覆盖率随坡向变化表现出很大差异，一般北坡高于南坡，不同坡向间的差异在积雪覆盖率较低或较高时小于积雪覆盖率为中等水平时的情况，具体如下。

（1）积雪覆盖率在 1 月随海拔升高先减少后增加，北坡积雪覆盖率在海拔 1300m 以下与南坡积雪覆盖率相差较小，两者均在 90%左右，但海拔 1300m 以上，北坡明显高于南坡，平均差异在 40%上下。总体来看，北坡、东北坡积雪覆盖率较高，南坡、西南坡、东南坡积雪覆盖率最低，东坡、西坡、西北坡介于中间。

（2）如上文所述，4 月与 10 月积雪覆盖垂直分布特征相似，两个月不同坡向的垂直分布也区别不大。总体特征为随海拔升高，积雪覆盖率先增加后平稳，然后再增加。第一个积雪覆盖率上升期与平稳期的变化位置在海拔 2100m 附近，其中两个月的北坡积雪覆盖率从低海拔位置接近于 0 迅速上升至 54%。南坡的积雪覆盖率则没有这一迅速上升的

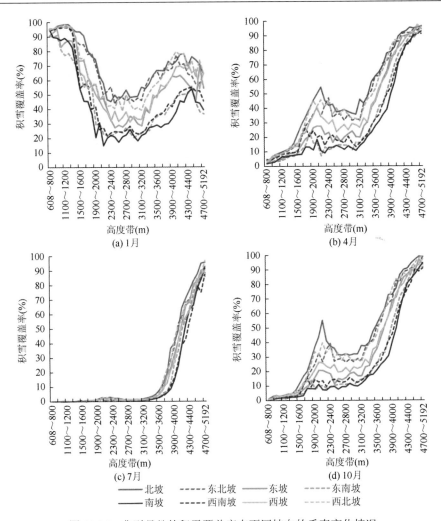

图 11-16　典型月份的积雪覆盖率在不同坡向的垂直变化情况

趋势，在海拔 3800m 以下缓慢地增加，至海拔 3800m，4 月与 10 月南坡积雪覆盖率分别为 38.9% 与 30.3%，这一变化特征类似于夏季积雪覆盖率的垂直变化，原因可能是南坡为向阳坡，温度高于北坡，因此 4 月和 10 月积雪覆盖率的垂直分布情况，北坡接近于冬季而南坡接近于夏季。

（3）7 月积雪覆盖垂直分布规律单一，海拔 3500m 以下各坡向几乎无积雪覆盖，海拔 3500m 以上积雪覆盖率迅速增加，在海拔 4700m 以上各坡向积雪覆盖率均达到 90% 以上，且各坡向积雪覆盖率差别不大，北坡比南坡约高 10%。

11.3.2.4　雪线高度年际变化

雪线是常年积雪区域的最低线，其高度受气温、降水及地形条件，如坡度、坡向等多种因素的影响。雪线以上区域年降雪总量大于等于年降雪消融总量，降雪逐年累积，形成稳定性常年积雪或冰川。本书的研究在计算雪线高度时，考虑到 MODIS 数据空间分辨率为 500m，年积雪日数为 365 天像元数目占总流域的比例很低（小于 5%），数据精度对于统计结果的不确定性影响很大，因此在计算雪线高度时，计算的是年积雪日数大于 347 天（即 365×95%）的区域的最低海拔，以此近似为这一年的雪线高度。

图 11-17 为 2002～2014 年各积雪年的雪线高度的计算结果。13 年中雪线高度在 3516～3609m 波动，最低值发生在 2007 年，最高值发生在 2010 年与 2012 年。雪线高度年际变化的线性趋势线显示，这 13 年雪线高度呈上升趋势，每年上升幅度约 2.25m，线性趋势的显著性及拟合精度水平都不高。在显著性检验中并没有通过 $p<0.1$ 的检验。雪线高度的年际升高趋势表明了玛纳斯河流域高海拔山区常年积雪覆盖面积的衰退。

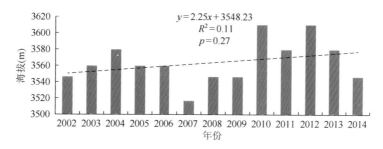

$$y = 2.25x + 3548.23$$
$$R^2 = 0.11$$
$$p = 0.27$$

图 11-17　雪线高度的长期变化趋势（2002～2014 年）

为了直观地表示近年来玛纳斯河流域高海拔山区雪盖的年际变化情况，所以制作了图 11-18，图 11-18 为 2001～2007 年与 2008～2014 年积雪日数大于 292 天（即 365×80%）的区域对比图。通过这 14 年中前 7 年与后 7 年平均的长时间积雪覆盖区域的对比，不难看出高海拔山区的雪盖年际衰退情况。如图 11-18 所示，积雪日数大于全年 80%的区域集

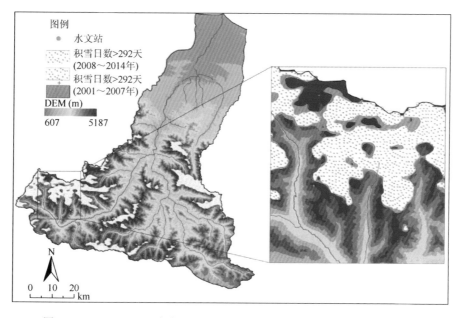

图 11-18　2001～2007 年与 2008～2014 年积雪日数大于 292 天的区域对比

中分布在流域西南与中东位置的高海拔山区，前 7 年中，平均积雪日数大于全年 80%的区域占总流域面积的 21.2%，而到后 7 年，这一面积比例下降到 19.96%，从图 11-18 中的细节放大图中可以非常明显地看出这一范围的退缩现象。

11.4 积雪分布与气象因子的相关关系

11.4.1 积雪与气象因子时间变化的相关关系

11.4.1.1 积雪覆盖率与温度年内变化

根据 MODIS 温度产品，计算了 5 个高度带平均 MODIS 地表温度的年内变化情况（图 11-19），其中每个时间点的温度值为 2001~2014 年同一日温度的均值。从 11 月中旬至次年 2 月末可以明显观察到高度带 A、B 的逆温现象，低海拔的高度带 A 温度明显低于高度带 B 与 C，在 12 月至次年 1 月，高度带 A 的温度甚至与海拔 3200~4000m 的高度带 D 持平，高度带 B 的温度与高度带 C 持平。3~10 月，逆温现象明显消失，温度随海拔的升高而降低，各个高度带的温度变化曲线基本呈平行分布。值得注意的是，即使在冬季，逆温现象也仅发生在低海拔的高度带 A 和 B，高度带 C、D 与 E 的温度变化曲线在全年基本保持在均匀的平行状态，并没有出现相交的现象。具体来看，高度带 A 温度年内变化差异最大，这与其积雪覆盖率年内变化差异大的特征相对应，年内温度最大值约为 29.5℃，出现在 7 月中旬，最小值约为–18.9℃，出现在 1 月下旬，年内温差接近 50℃。高度带 B 温度年内变化差异略低于带 A，温度最大值与最小值分别为 24.3℃与–15.5℃，出现的时间与高度带 A 基本一致。海拔较高的 C、D、E 三个高度带温度年内变化较为平缓，高度带间温差在全年变化不大，高度带 C 与 D 间温差约为 4℃，高度带 D 与 E 间约为 6℃，

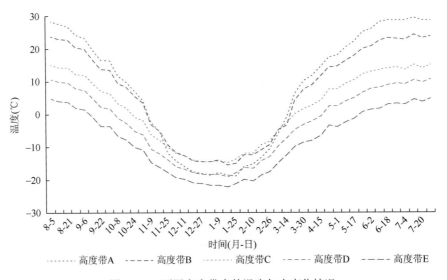

图 11-19　不同高度带内的温度年内变化情况

这一温差值在冬季略为减小,夏季略为增大。高度带 E 温度年内变化曲线为单峰分布,这与其积雪覆盖率的双峰分布具有明显的差异,由此可见,高度带 E 积雪覆盖率在冬季表现出的低谷现象与温度的相关关系有限,高海拔山区冬季雪盖衰减的主要原因应为风吹雪(王中隆等,1982;王中隆,1988;李弘毅等,2012;李弘毅和王建,2013),高海拔山区全年大部分时间温度低于 0℃,因温度导致的雪盖消融有限。

为了分析积雪覆盖率与温度年内变化的相关关系,绘制了 2001~2014 年 MODIS 积雪覆盖率与温度在不同高度带的散点图(图 11-20),并计算了每一年中不同高度带积雪覆盖率与温度的相关系数(表 11-5)。积雪覆盖率与温度变化的相关关系随海拔的升高而逐渐降低,在高度带 A~D 范围内,两者的负相关关系显著。但在高度带 E 范围内,积雪覆盖率与温度已经没有明显的负相关性,其线性趋势线的斜率为正值。从积雪覆盖率与温度的相关系数统计表中来看,相关系数在海拔 2100m(高度带 A 与高度带 B)范围内较为接近,分别为-0.88 与-0.89,在高度带 C 与 D,相关系数已分别下降为-0.68 与-0.63,而到高度带 E,相关系数已经接近于 0。从不同年份积雪覆盖率与温度的相关系数来看,高度带 A、B 的相关系数差别较小,但在高度带 C、D 差异性较大,其中 2003 年与 2009 年明显低于其他年份,而 2006 年明显高于其他年份。

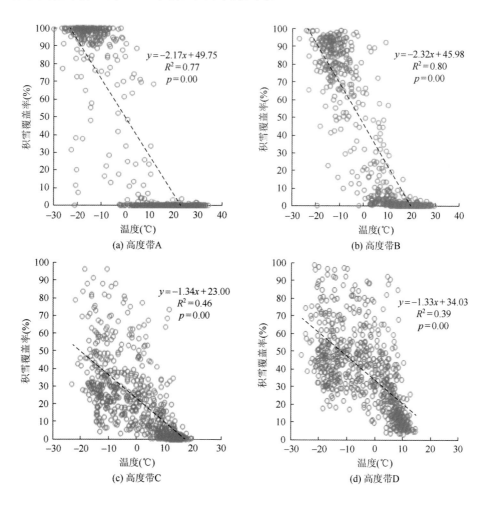

(a) 高度带A

(b) 高度带B

(c) 高度带C

(d) 高度带D

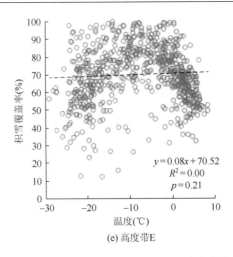

(e) 高度带E

图 11-20　不同高度带积雪覆盖率与温度年内变化的散点图

表 11-5　不同高度带积雪覆盖率与温度年内变化的相关系数统计

年份	高度带 A	高度带 B	高度带 C	高度带 D	高度带 E
2001	−0.90	−0.92	−0.68	−0.54	0.23
2002	−0.90	−0.89	−0.71	−0.60	0.05
2003	−0.86	−0.90	−0.59	−0.52	0.24
2004	−0.89	−0.84	−0.77	−0.72	0.03
2005	−0.90	−0.90	−0.77	−0.74	−0.11
2006	−0.89	−0.90	−0.88	−0.84	−0.22
2007	−0.90	−0.90	−0.71	−0.71	−0.19
2008	−0.86	−0.86	−0.67	−0.64	0.07
2009	−0.91	−0.91	−0.40	−0.32	0.27
2010	−0.88	−0.88	−0.67	−0.67	−0.15
2011	−0.85	−0.88	−0.62	−0.67	0.04
2012	−0.90	−0.93	−0.69	−0.53	0.26
2013	−0.89	−0.92	−0.71	−0.69	−0.14
2014	−0.82	−0.92	−0.66	−0.56	0.26
平均	−0.88	−0.90	−0.68	−0.63	0.05

11.4.1.2　积雪覆盖率与温度、降水年内变化

除温度变化以外，影响积雪覆盖率年内变化的因素还有很多，如降雪、空气湿度变化及高海拔山区风吹雪等，其中温度和降雪是影响积雪覆盖率变化的最主要因素，温度的升高直接影响了雪盖的消融，而一次大范围的降雪可以导致积雪覆盖在短时间内迅速增加，相对来说，温度的影响则较为平缓。温度有长时间序列连续的空间分布数据，但是降雪只

有 3 个水文站的日降雪数据，而像高海拔山区冬季风吹雪等其他的影响因素很难进行量化统计。为了进行积雪覆盖率年内变化的多元影响因素分析，利用肯斯瓦特水文站记录的 2001～2012 年的日降水与 MODIS 地表温度产品对积雪覆盖率的年内变化进行拟合分析。以 MODIS 积雪覆盖率为因变量，以站点实测的日降雪与 MODIS 地表温度为自变量，为了统一时间分辨率，站点实测的日降雪以 8 天为单位进行求和运算。拟合公式如下：

$$SAE = a_1 + a_2T + a_3SF + a_4T \times SF \tag{11-6}$$

式中，SAE 为 MODIS 积雪产品提取的全流域的积雪覆盖率；T 为基于 MODIS 地表温度产品计算的全流域平均温度；SF 为肯斯瓦特水文站实测的每八日的降雪总量；a_1、a_2、a_3、a_4 为回归系数。每年的系数在拟合过程中会重新计算。

从拟合结果来看，依据气温与降雪计算的积雪覆盖率基本可以反映实际积雪覆盖率在年内的变化规律。图 11-21 为 2006 年肯斯瓦特降雪及 MODIS 温度和积雪覆盖率年内的分布情况，以及基于降雪和温度对积雪覆盖率的拟合结果，表 11-6 为 2001～2012 年各年利

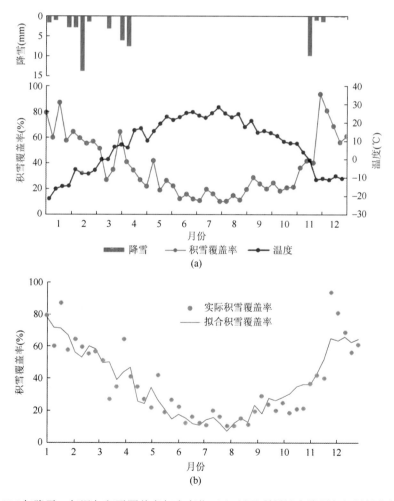

图 11-21 2006 年降雪、气温与积雪覆盖率年内变化（a）以及利用站点降雪与气温拟合的结果（b）

用降雪和温度对积雪覆盖率进行拟合的精度评价，可以看出 2006 年的拟合精度最高，相关系数与确定系数分别为 0.90 与 0.82，这与前文中提到的积雪覆盖率与温度在高度带 C、D 的相关系数在 2006 年最大的结果也较为吻合。相对来说，2009 年与 2010 年拟合精度较低，均方根误差分别为 0.14 与 0.16。从拟合情况来看，对于实际积雪覆盖率变化幅度较大的情况，依靠 MODIS 温度与肯斯瓦特降雪很难对其进行精确拟合，这一方面是由于影响积雪覆盖变化的因素很多，仅靠温度与降雪并不全面；另一方面也是因为玛纳斯河流域的降雪资料无法获得，而肯斯瓦特水文站海拔较低，记录的降雪数据无法反映中高海拔地区的降雪情况。如果流域内降雪空间差异较大，如出现低海拔大范围降雪而高海拔山区降雪稀少或者相反的情况时，将肯斯瓦特的降雪数据作为模型输入变量对于拟合精度很有可能会产生消极影响。

表 11-6　利用站点降雪与气温对积雪年内变化拟合的精度评价

年份	2001	2002	2003	2004	2005	2006	2007	2008	2009	2010	2011	2012
相关系数	0.81	0.79	0.79	0.83	0.82	0.90	0.85	0.81	0.65	0.74	0.83	0.80
确定系数	0.66	0.63	0.63	0.68	0.67	0.82	0.72	0.65	0.43	0.54	0.69	0.63
RMSE	0.11	0.11	0.11	0.12	0.13	0.10	0.12	0.11	0.14	0.16	0.13	0.12

11.4.2　积雪与温度空间分布的相关关系

11.4.2.1　积雪覆盖率与温度垂直分布

为了分析积雪覆盖率与温度在垂直方向上的相关关系，以及这一相关性随季节变化的特征，本书的研究基于 MODIS 地表温度产品提取了玛纳斯河流域不同月份不同高度带的平均温度（图 11-22）。同积雪覆盖率按月份的垂直分布一样，此处的温度也是 2001~2014 年的平均温度。在高度带 B，12 月至次年 2 月温度随海拔升高的逆温现象在此处清晰可见，海拔每升高 100m，12 月、1 月、2 月温度分别升高 0.5℃、0.7℃与 0.6℃，这是玛纳斯河流域温度空间分布最典型的特征，其与积雪覆盖率在这几个月份垂直分布所表现出的特征具有密切关系。一般来说，温度随海拔的升高而逐渐降低，温度递减率随着纬度、地形等因素的变化而变化，但在中国天山山脉北坡，在海拔 1500m 左右，冬季会出现明显的逆温层，逆温层的形成主要受地形控制，冷空气沿斜坡下沉，到达低海拔谷底位置不易流通，形成"冷空气湖"，而暖湿空气被迫抬升，导致低海拔地区气温反而低于高海拔地区（胡汝骥，2004）。

通过对比积雪覆盖率与温度在不同月份的垂直分布结果可以发现两者之间存在非常密切的相关关系，具体表现在以下几个方面。

（1）同积雪覆盖率的垂直变化相对应，不同月份的温度垂直变化也可以分为 4 种趋势模式，其中 12 月至次年 2 月为模式 1，5~9 月为模式 2，3 月与 11 月为模式 3，4 月与 10 月为模式 4。

（2）在冬季（12 月至次年 2 月），逆温层的存在对于积雪覆盖的垂直分布起着关键性

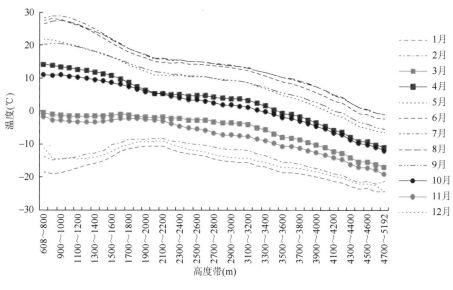

图 11-22　不同月份温度的垂直分布

作用。由于高度带 B 的温度普遍高于高度带 A，平均温差约为 5℃，这种下冷上热的温度条件有利于在低海拔的高度带 A 形成大范围的降雪，因此冬季玛纳斯河流域低海拔区积雪覆盖率远远高于更高海拔的区域，积雪覆盖率水平接近 100%。另外，从海拔 1100m 往上至海拔 2100m 的高度带 B，积雪覆盖率随海拔升高迅速降低，这一现象极有可能表明逆温层内温度随海拔升高的情况导致了冬季降雪也随海拔的升高而迅速减少，因为在冬季这一海拔范围内的平均温度远低于 0℃，积雪消融对于雪盖衰减的影响很小。而在海拔 2100m 以上，逆温层带来的影响随海拔升高而逐渐减弱，积雪覆盖率随海拔的升高在经历了一段稳定的过渡以后开始缓慢增加，但在海拔 4000m 以上，积雪覆盖率在冬季低于夏季，且 12 月至次年 2 月逐渐降低，这一方面源于高海拔山区冬季降雪稀少，另一方面源于风吹雪导致的雪盖衰减（王中隆，1988；李弘毅等，2012）。然而，在夏季（5～9 月），冬季逆温现象已经消失，温度在所有高度带随海拔降低，其中 6～8 月温度比较接近，5 月与 9 月温度接近。与之对应，积雪覆盖率随海拔升高而逐渐增加。

（3）2～4 月及 10～12 月是两个过渡时期，温度在这几个月的变化非常大，低海拔地区变化大于高海拔地区。在海拔 2100m 以下，2～4 月地表温度从–10℃迅速上升至 10℃，尽管 3 月平均温度接近 0℃，但积雪覆盖率在 3 月大幅度降低；10～12 月，地表温度从 5℃迅速下降到–9℃，11 月平均气温在 0℃附近，积雪在这一时期内迅速累积，海拔 2100m 以下积雪覆盖率急剧升高。但是在海拔 2100m 以上，3 月与 11 月温度还在 0℃以下，因此积雪覆盖率的垂直分布曲线类似于冬季月份。

表 11-7 中统计了不同月份积雪覆盖率与温度垂直变化的相关系数。可以看出，除 12 月至次年 2 月之外，其他月份内积雪与温度垂直变化的相关性都非常明显，相关系数平均值为–0.84，但是 12 月、1 月、2 月 3 个月相关系数的平均值仅为–0.18。具体来看，3 月与 11 月相关系数低于 4～10 月，4～10 月相关水平先降低后升高，7 月达到最低水平，表明温度变化在融雪期与积雪期起的作用十分明显。

表 11-7 各月积雪覆盖率与温度随海拔垂直分布的相关系数

月份	1	2	3	4	5	6	7	8	9	10	11	12
相关系数	−0.19	−0.10	−0.60	−0.97	−0.94	−0.85	−0.79	−0.82	−0.91	−0.96	−0.74	−0.24

同积雪覆盖在典型月份不同坡向的垂直分布类似，相对来说，1 月、4 月、10 月温度在不同坡向的差异大于 7 月（图 11-23），具体如下。

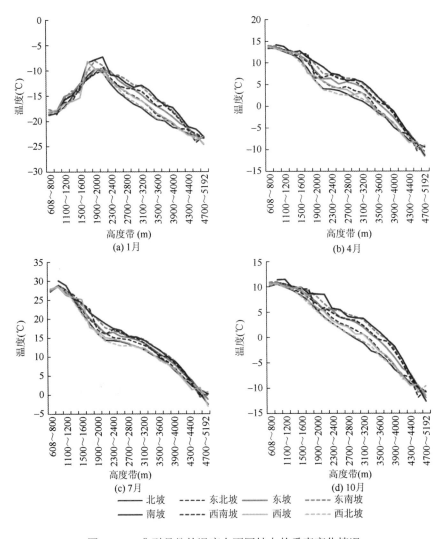

图 11-23 典型月份的温度在不同坡向的垂直变化情况

（1）1 月各坡向温度在海拔 2000m 以下随海拔升高，逆温现象明显。各坡向温度在海拔 1400m 以下差异较小，这与积雪覆盖在海拔 1300m 以下差异较小的特征一致。在海拔 1400m 以上，各坡向温度差异增大，南坡温度普遍高于北坡，平均相差 1.5℃，最大相差 4.7℃。在海拔 4200m 以上，各坡向温度差异逐渐减小。

（2）4月、7月、10月温度垂直变化趋势类似，随海拔升高而单调递减。其中，4月和10月南坡与东南坡温度较高，北坡与西北坡温度较低，南坡温度比北坡在4月平均高2.6℃，10月平均高2.7℃，南北坡温差最大值在4月与10月分别为5.0℃与5.1℃。7月各坡向温差相对较小，南北坡的平均温差为1.9℃，最大值为4.3℃，南坡在多数区域高于北坡，但在海拔4400m以上北坡温度高于南坡，4月与10月也有类似情况，4月海拔4600m以上北坡温度高于南坡，10月在海拔4400m以上北坡温度高于南坡，而1月没有这种现象。

11.4.2.2 积雪日数与温度年际变化

对应于积雪日数年际变化的空间分布，分析了不同季节与全年平均温度的年际变化情况，结果表明，积雪日数与冬季平均温度的年际变化在空间分布上具有一定的一致性。冬季平均温度年际变化的空间分布情况如图11-24所示，2001～2014年，流域内多数地区冬季平均温度有下降趋势，仅有3.53%的面积冬季温度年际上升，温度上升地区主要集中在流域东南部高海拔山区及流域下游靠近红山嘴水文站的低海拔地区，这与积雪日数下降超过24天的范围十分吻合。此外，对比积雪日数年际变化空间分布（图11-13）可以发现，温度年际下降明显的蓝色区域与积雪日数上升明显的红色区域范围也具有很明显的一致性。

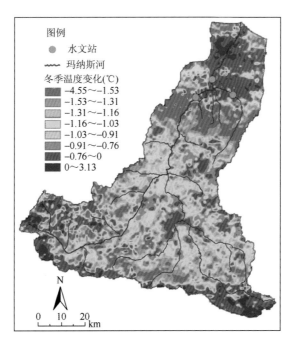

图11-24 冬季平均温度年际变化（2001～2014年）的空间分布

为了分析积雪与温度年际变化的相关性，按照100m间隔的分带方式，分别计算了不同高度带积雪日数与冬季温度和夏季温度的平均年际变化值，结果如图 11-25 所示。积雪日数与冬季温度的年际变化随海拔变化的趋势具有十分明显的一致性，在海拔 3600m 以下，两者具有相同的单峰分布特征，且在海拔 1600～1700m，积雪日数的年际变化达到最高值 26 天，而与之对应，冬季温度的年际变化在此处达到最低值-1.8℃。在海拔 3600m 以下，积雪日数与冬季温度垂直分布的相关系数高达-0.84，但是在海拔 3600m 以上，相关系数仅为-0.16。在海拔 3600m 以上，积雪日数主要表现为年际下降的趋势，而冬季温

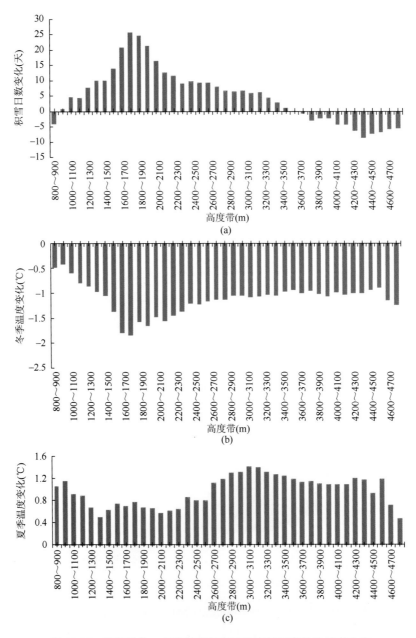

图 11-25 积雪日数、冬季温度与夏季温度年际变化的垂直分布

度也表现为年际下降,虽然在流域南部高海拔山区存在部分区域冬季温度年际上升,但高度带内平均变化仍为负值,造成积雪日数在海拔 3600m 以上下降的原因可能与夏季温度在这一海拔范围内上升有关,因为冬季平均温度影响了季节性积雪区域内(海拔 3600m 以下)积雪日数的增加,但是对于以非季节性积雪区域为主的高海拔山区(海拔 3600m 以上),积雪日数减少的影响毕竟有限,这一范围内雪盖的消融主要受这一范围内夏季平均温度逐年上升的影响。

11.4.2.3　雪线变化与温度

对于高海拔山区雪盖在 2002～2014 年表现出的衰减导致的雪线高度上升的情况,分析了夏季 7 月海拔 3500～3620m 的平均温度在 2002～2014 年的年际变化情况,结果如图 11-26 所示,历年 7 月平均温度的线性趋势线表明,在海拔 3500～3620m,即雪线 2002～2014 年波动的范围,年际变化为正值,每年增加幅度为 0.05℃,这与雪线升高具有一致性。但线性趋势线的拟合精度与显著性水平均不高。

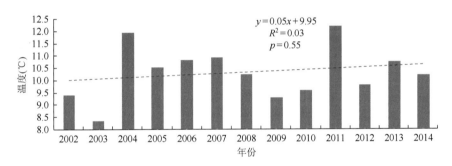

图 11-26　海拔 3500～3620m 范围内 7 月平均温度年际变化

此外,从处于相对低海拔位置的肯斯瓦特、煤窑与清水河子 3 个水文站记录的 7 月平均温度的年际变化情况来看(图 11-27),站点实测的温度在这 12 年间也呈现出年际上升的趋势,上升幅度为每年 0.11～0.15℃。

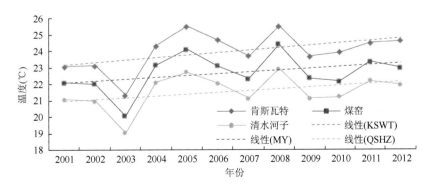

图 11-27　水文站记录的 7 月平均温度年际变化

参 考 文 献

胡汝骥. 2004. 中国天山自然地理. 北京：中国环境科学出版社.

李弘毅，王建. 2013. 积雪水文模拟中的关键问题及其研究进展. 冰川冻土，（2）：430-437.

李弘毅，王建，郝晓华. 2012. 祁连山区风吹雪对积雪质能过程的影响. 冰川冻土，34（5）：1084-1090.

李培基，米德生. 1983. 中国积雪的分布. 冰川冻土，5（4）：9-18.

王中隆. 1988. 中国积雪，风吹雪和雪崩研究. 冰川冻土，10（3）：273-278.

王中隆，白重瑷，陈元. 1982. 天山地区风雪流运动特征及其预防研究. 地理学报，（1）：51-64.

Wang W，Huang X，Deng J，et al. 2015. Spatio-temporal change of snow cover and its response to climate over the Tibetan Plateau based on an improved daily cloud-free snow cover product. Remote Sensing，7（1）：169-194.

12 基于 SRM 模型的融雪径流模拟

玛纳斯河流域是天山北坡经济带的核心区域,也是新疆典型的灌溉农业区和生态脆弱区。积雪融水是该流域径流的主要来源之一,利用遥感手段获取积雪信息,研究雪盖衰退的影响因素,模拟春季融雪径流,对该流域水资源的管理和利用具有重要意义。本章基于MODIS 每日积雪产品,结合 DEM、气象水文数据和其他相关资料,以玛纳斯河流域山区为研究区,通过积雪覆盖信息提取,制作雪盖衰退曲线,探讨地形和气温对雪盖衰退的影响,利用融雪径流模型(SRM)模拟春季融雪径流。其主要研究内容如下。

(1)积雪覆盖信息获取。通过对 MODIS 的 2001~2012 年 3~6 月每日积雪产品进行去云处理,提取积雪覆盖信息,结合 DEM 数据分析不同地形条件下的春季积雪覆盖特征。结果表明:①3200m 以下地区积雪覆盖率不超过 12%,在海拔 3200m 以上平均积雪覆盖率随高程的增加而增大,4300m 及以上地区积雪覆盖率大于 80%。②各坡度级平均积雪覆盖率介于 23%~35%,坡度小于 10°地区的积雪覆盖率最大,30°~40°地区的积雪覆盖率最小。③不同坡向平均积雪覆盖率差异明显,北坡、东北坡的积雪覆盖率最大,而南坡的积雪覆盖率最小。

(2)雪盖衰退影响因素分析。将雪盖图分别与高程分带图、坡度图和坡向图叠加,分析不同地形条件下雪盖的衰退过程;同时,对雪盖率与气温数据进行拟合,分析二者的关系。结果表明:①不同高程带雪盖衰退开始和持续时间有明显差异,低海拔地区积雪开始消融和停止消融的时间均较早,随着高程的上升,雪盖开始衰退时间推迟,雪盖衰退速度减缓,停止衰退的时间也相应推迟。②坡度越大,雪盖开始衰退时间越晚。不同高程带坡度对雪盖衰退的影响不同,低海拔地区,雪盖率衰退速度随着坡度的上升而减缓,中高海拔地区不同坡度雪盖衰退速度差异不明显。③不同坡向对雪盖衰退的影响的差异性随着海拔的增大而减小,北坡、东北坡和东坡雪盖衰退速度相对较快。④平均雪盖率与日平均气温具有明显的负相关关系,气温越高,雪盖率越低。不同地形的雪盖衰退过程在一定程度上反映了气温的分布规律。

(3)融雪径流模拟。结合气象资料、春季雪盖衰退特点和流域特性,利用 SRM 模型模拟 2001~2012 年春季融雪径流。结果表明,SRM 模型能够较好地模拟研究区的融雪径流,日径流量模拟值基本反映了实际径流量的变化趋势,模拟的精度较高。模拟误差的产生可能是由于未结合实际情况对径流滞时等参数进行优化及降水数据稀缺。

(4)模型参数离散化和渐进式优化率定。通过对模型结构的分析,确定了融雪径流系数和降雨径流系数为两个待率定的敏感参数。为体现模型在融雪期内径流响应和形成机理的时变特性,对模型敏感参数按时间片序列离散成月、半月、10 天和 5 天等不同时段粒度的分量参数,并采用不同的单目标和多目标函数及优化方法对 2001~2012 年融雪期逐日的融雪径流过程进行模拟率参,通过对模拟结果的分析评价,选择时段旬和渐进式优化为最佳的参数离散方案和优化方法。最后以 2001~2008 年的融雪期为率定期,以 2009~2012 年作为检验期分别面向 3 个目标对模型参数进行优化率定。实验结果显示,模拟的平均效率系数为 0.87,最高达 0.88,最低为 0.86,表明本书的研究提出的融雪径流模型参数离散化和优化率定方法是有效的。

12.1　MODIS 产品与水文气象数据的处理

12.1.1　水文气象数据

水文气象资料是进行融雪径流模拟的基础资料,这些资料包括流域控制站的一些常规性水文气象观测项目,如每日的气温、降水和径流量等。本书的研究收集到玛纳斯河流域肯斯瓦特水文站 2001~2012 年的日平均气温、日平均降水和日径流量。肯斯瓦特水文站位于北纬 43.97°、东经 85.96°,海拔为 910m,是玛纳斯河干、支流汇合后的控制站,实际控制汇流面积为 4637km²。

12.1.2　DEM 数据

采用的数字高程数据为 ASTER GDEM 第二版。将覆盖玛纳斯河流域的 3 个分片的 ASTER GDEM 数据拼接成为一个影像,将拼接后的 DEM 经过填洼、流向分析、计算汇流累积量、设置合适的阈值、生成矢量数据、流域分析等一系列操作,确定流域范围和水系数据,并利用流域边界矢量提取流域 DEM。

地形条件是影响雪盖分布及雪盖衰退的重要因素,为了研究玛纳斯河流域在不同坡度坡向的雪盖特征,利用研究区 DEM 分别提取坡度和坡向数据(图 12-1,图 12-2)。

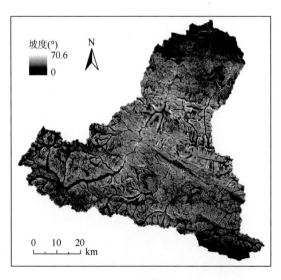

图 12-1　研究区坡度图

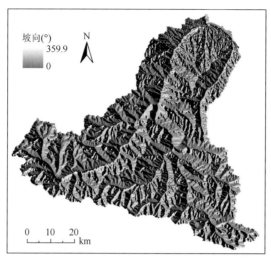

图 12-2　研究区坡向图

12.1.3　MODIS 积雪产品

　　使用 2001～2012 年 3～6 月 Terra 和 Aqua 的 MODIS 每日积雪覆盖产品 MOD10A1、MYD10A1，总计 2657 景（表 12-1）。若有一个传感器的每日积雪产品缺失，则用另一个传感器的积雪产品进行去云处理。例如，2010 年 3 月 6 日无 Terra 积雪产品，则只利用该日的 Aqua 积雪产品。若 Terra 和 Aqua 卫星的积雪产品均缺失，则用该日前后已有数据进行插值或用平均值代替。

表 12-1　研究使用的 MODIS 每日积雪产品信息表

遥感数据时段	Terra 积雪产品 MOD10A1		Aqua 积雪产品 MYD10A1	
	影像总数（景）	缺失影像时间	影像总数（景）	缺失影像时间
2001 年 3 月 1 日～6 月 30 日	107	2001 年 6 月 16～30 日	0	2001 年 3 月 1 日～6 月 30 日
2002 年 3 月 1 日～6 月 30 日	112	2002 年 3 月 20～28 日，2002 年 4 月 15 日	0	2002 年 3 月 1 日～6 月 30 日
2003 年 3 月 1 日～6 月 30 日	122		122	
2004 年 3 月 1 日～6 月 30 日	122		122	
2005 年 3 月 1 日～6 月 30 日	122		122	
2006 年 3 月 1 日～6 月 30 日	122		122	
2007 年 3 月 1 日～6 月 30 日	122		122	
2008 年 3 月 1 日～6 月 30 日	122		122	
2009 年 3 月 1 日～6 月 30 日	122		122	
2010 年 3 月 1 日～6 月 30 日	120	2010 年 3 月 6 日，2010 年 6 月 26 日	122	
2011 年 3 月 1 日～6 月 30 日	122		122	
2012 年 3 月 1 日～6 月 30 日	122		122	
合计	1437		1220	

所选用的 MODIS 积雪覆盖产品的投影信息为全球正弦曲线（sinusoidal）投影，空间分辨率为 500m，为第五版本的数据，数据存储格式为 EOS-HDF，每幅影像包含雪盖、积雪覆盖率、积雪反照率及数据产品质量文件。其中，雪盖图层记录每个像元是雪或其他类型，积雪覆盖率图层除了记录像元类型外，还记录每个包含雪的像元中雪所占的百分比，范围在 0~100%。MODIS 产品把全球影像数据按方格进行划分，包含 36 列×18 行，一个文件产品存放在一个方格，文件的位置行列号从 0 开始记录，玛纳斯河流域所在区域为h24v04，即表示第 25 行第 5 列。

12.1.3.1　积雪产品去云

将所有 MODIS 影像的投影转换为与 DEM 数据相同的通用横轴墨卡托投影（UTM），按照 DEM 提取的流域边界裁剪得到研究区的 MODIS 影像，输出文件格式为 GeoTIFF。

Steele 等（2010）的研究表明，在 SRM 模拟融雪径流时，利用 MODIS 的雪盖数据比积雪面积比例数据所获取的雪盖面积模拟效果更为理想。因此，本书的研究使用 MODIS 每日积雪产品中的雪盖数据获取雪盖信息。首先将 MODIS 积雪产品中的类型进行重编码：积雪（snow）和湖冰（lake ice）重分类为积雪（snow）；非积雪（no snow）、湖泊（lake）和海洋（ocean）重分类为非积雪（no snow）；云（cloud）和其他类型（missing sensor data，no decision，night，detector saturated，fill）重分类为云（cloud），分别将这 3 类编码为 100、0 和 255，见表 12-2。

表 12-2　MODIS 积雪产品类别重分类表

MODIS 标准积雪产品代码及含义	重编码类别
200（积雪）、100（湖冰）	100（积雪）
25（非积雪）、37（湖泊）、39（海洋）	0（非积雪）
50（云），0（传感器数据缺失），1（未定），11（黑色体、夜晚、终止工作或极地地区），254（传感器饱和），255（无数据）	255（云）

MODIS 每日积雪产品云覆盖现象严重，平均含云量达到 60%以上（张文博，2012）。由于同一天的 MODIS/Terra 积雪产品（MOD10A1）和 MODIS/Aqua 积雪产品（MYD10A1）成像时间相差 3h，这段时间内云覆盖情况会发生改变。这样，以 MOD10A1 为准，若MOD10A1 中的像元类型不为云，该像元类型不变；如果 MOD10A1 中的像元类型为云，MYD10A1 对应像元类型不为云，则将该像元定义为与 MYD10A1 相同的类型；若 MODIS 两种积雪产品中对应像元的类型均为云，则该像元类型仍为云。为了进一步减少云覆盖的面积，如果 MOD10A1 中像元的类型仍为云，则利用该像元前三天和后三天的类型来确定当日像元的地表覆盖类型，即如果一个像元后一天为非雪，则该像元当日被定义为后一天的类型；如果后一天也为雪，则看后两天。以此类推到后三天、前一天、前两天、前三天。如果同一像元这几天的类型均为云，则该像元类型为云。去云流程如图 12-3所示。

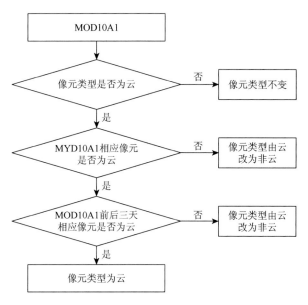

图 12-3　MODIS 每日积雪产品 MOD10A1 去云流程

　　图 12-4 为 2001～2012 年 3～6 月 MODIDS/Terra 原始影像的含云量与去云处理后影像的含云量平均值，结果表明，对 MOD10A1 进行去云处理的效果显著，原始影像的含云量都很高，含云量最高值接近 80%，经过去云处理之后云量明显减少，平均含云量在 10%以下。

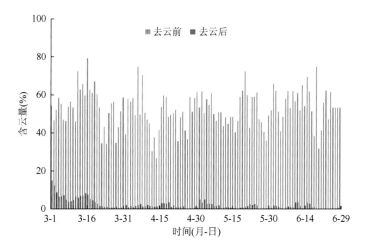

图 12-4　MOD10A1 去云前与去云后的平均含云量

　　研究认为，MODIS 产品的积雪识别总体精度在 80%～90%，为了验证 MODIS 产品去云后的精度，利用空间分辨率更高的 Landsat TM 和 ETM＋数据对去云后的 MODIS 产品进行精度评价，选取 2001～2012 年 3～6 月中云量较少的 5 个时像的 Landsat 影像，轨道号为 144/30 和 144/29。将同一时相的两景 Landsat 影像进行拼接，通过波段运算计算拼接后影像的 NDSI 值，寻找适合的 NDSI 阈值，并设置第四波段阈值以去除水的影响，得到积雪和非积雪的二值图像。为了对去云后的 MODIS 积雪产品精度进行定量的描述，以 Landsat 影像得到的积雪和非积雪二值图像作为实际情形，计算 MODIS 积雪产品的正确率 p，公式如下：

$$p = \frac{S_{MT} + G_{MT}}{N_M} \times 100\% \tag{12-1}$$

式中，N_M 为去云后的 MODIS 积雪产品中除去云像元外所有像元数之和，即积雪和非积雪的像元数之和；S_{MT} 为去云后的 MODIS 和 Landsat 影像中均为积雪的像元数；G_{MT} 为 MODIS 和 Landsat 影像中均为非积雪的像元数。

表 12-3 为去云后的 MODIS 积雪产品与 Landsat 影像对比得到的正确率评价表，表明去云后的 MODIS 产品正确率高，平均值达到 84.5%，能够满足研究需要。

表 12-3 去云后的 MODIS 积雪产品与 Landsat TM/ETM + 影像对比评价（%）

时间	去云前含云量	去云后含云量	正确率
2001 年 6 月 7 日	99.9	0.0	84.3
2002 年 3 月 6 日	48.9	11.6	91.8
2008 年 6 月 10 日	20.1	0.0	87.3
2009 年 5 月 28 日	0.2	0.0	86.8
2010 年 5 月 31 日	25.0	5.7	72.5
平均值	38.8	3.5	84.5

12.1.3.2 积雪面积提取

原始的 MODIS 积雪产品已通过 SNOWMAP 算法识别出积雪像元，通过研究区范围矢量数据裁剪去云后的 MODIS 影像，计算流域的雪盖面积。图 12-5 为 2001～2012 年 3～

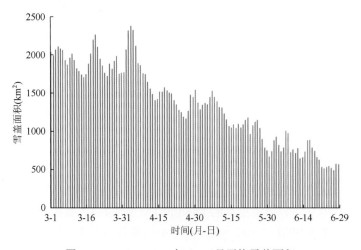

图 12-5 2001～2012 年 3～6 月平均雪盖面积

6 月的每日平均雪盖面积，可以看出，3～6 月研究区雪盖面积为 500～2500km²，平均值为 1369km²，占流域总面积的 26.5%。总体上，融雪期内雪盖面积随时间的推移不断减少，期间新的降雪导致雪盖面积在短期内有所增加。

将一定区域的积雪覆盖面积除以该区域的总面积，即可得到该区域的积雪覆盖率，简称为雪盖率。雪盖率介于 0～1，当雪盖率为 0 时，表示该区域内没有积雪覆盖；当雪盖率为 1 时，表示该区域完全被积雪覆盖。

利用去云后的 MODIS 每日积雪产品与地形数据叠置，统计不同地形条件下的雪盖率。图 12-6 为研究区 3～6 月平均雪盖率随高程变化，结果表明，3200m 以下地区在研究时段内平均雪盖率保持在较低水平，不超过 12%。在海拔 3200m 以上地区，雪盖率随着海拔的上升而不断增大，4300m 及以上地区雪盖率大于 80%。

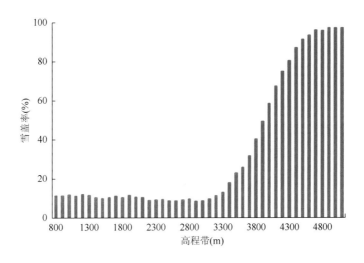

图 12-6　3～6 月平均雪盖率随高程变化

图 12-7 显示了 2001～2012 年 3～6 月的各月平均雪盖率随高程变化的情况，积雪随高程分布主要表现如下：①在不同月份，积雪随高程变化差异明显；②3 月积雪分布随高程变化的规律与其他月份差别较大，尤其是在 2900m 以下地区，雪盖率随着高程的上升而降低，在海拔 1300m 以下高达 40% 以上，向上逐渐下降至 2200m 的 20% 以下，在海拔 2900m 处达到最低值 14.5%，之后雪盖率随高程逐渐上升，在 4200m 以上雪盖率超过 80%；③4 月，在海拔 800m 处雪盖率仅为 1.4%，在 2000m 以下地区，雪盖率随着高程上升而缓慢上升，在 2000m 左右达到 14.1%，在 2000～3200m，雪盖率保持平稳，随后雪盖率随高程上升而快速上升，在 4400m 以上雪盖率超过 90%；④5 月，1500m 以下地区雪盖率均为 0，在 1500～3300m，雪盖率随高程上升逐渐上升至 10%，3300m 以上地区雪盖率随海拔上升而快速上升，4500m 以上区域雪盖率均大于 90%；⑤6 月，2300m 以下没有积雪覆盖，在 3600m 以下地区雪盖率均在 8% 以下，3600m 以上雪盖率随高程快速上升，4800m 以上地区被积雪覆盖面积超过 90%。

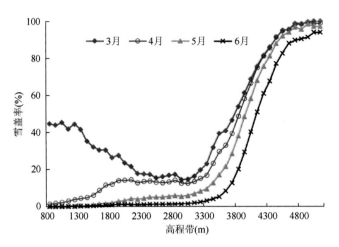

图 12-7　3～6 月各月平均雪盖率随高程变化

　　图 12-8 与图 12-9 显示了研究时段内不同坡度的平均雪盖率和各月雪盖率随坡度变化的情况，主要特征如下：①3～6 月平均雪盖率随坡度变化差异明显，各坡度级平均雪盖率介于 23%～35%，其中坡度小于 10°地区雪盖率最大，为 34.9%，坡度 30°～40°的地区雪盖率最小，为 23.7%；②各月不同坡度的平均雪盖率存在差异，随着坡度的增大，雪盖率整体上呈下降趋势，在坡度大于 40°地区各个月份雪盖率有略微上升趋势，这可能是由于坡度大于 40°地区多数海拔较高，积雪覆盖率大；③3 月雪盖率随坡度变化差异较大，坡度小于 10°时雪盖率达到 52.4%，而雪盖率最小值出现在坡度 30°～40°地区，仅为 31.2%；④4～6 月雪盖率随坡度变化趋势较为相似，不同坡度之间雪盖率差异不大，雪盖率最大值与最小值之间相差不超过 10°，20°～40°地区雪盖率均较低，雪盖率随坡度变化呈现先减小后增大的特点。

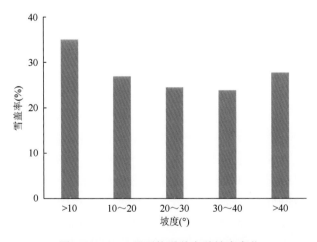

图 12-8　3～6 月平均雪盖率随坡度变化

　　图 12-10 与图 12-11 显示了 3～6 月不同坡向的平均积雪覆盖率和各月积雪覆盖率随坡

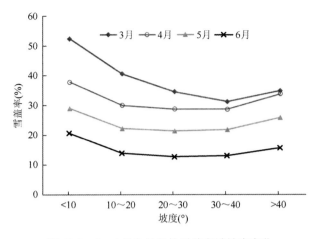

图 12-9 3～6 月各月平均雪盖率随坡度变化

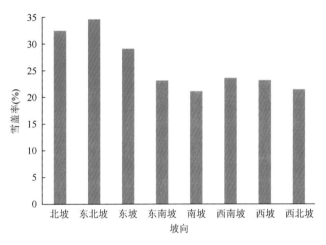

图 12-10 3～6 月平均雪盖率随坡向变化

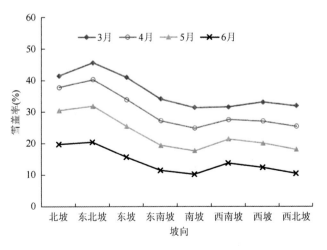

图 12-11 3～6 月各月平均雪盖率随坡向变化

坡向变化的情况，主要特征表现如下：①平均积雪覆盖率随坡向变化差异明显，北坡和东北坡的雪盖率较高，均在32.3%以上，而南坡的雪盖率最低，仅为21.0%；②3月，东北坡的雪盖率最高，达到45.5%，而南坡、西南坡和西北坡的雪盖率最低，处于31%~32%；③4~6月雪盖率随坡度变化趋势较为相似，雪盖率最高值均出现在东北坡，最低值在南坡，其中4月东北坡雪盖率为40.2%，南坡雪盖率为24.8%，5月各坡向雪盖率为17.6%~31.7%，6月为10.2%~20.4%。

12.2　山区雪盖的衰退过程

12.2.1　高程带划分

由于研究区地形起伏显著，河源区与肯斯瓦特水文站附近的高程差超过4000m，必然导致不同高程带积雪开始消融的时间、速度及持续消融的时间不一致。同时，地形和下垫面的差异导致不同高程积雪分布和热量分布也有很大差异。为了研究积雪衰退特征，以提高融雪径流模拟精度，有必要对研究区按高程进行分带。陆平（2005）和张璞（2009）根据天山地区自然地理分带情况，将玛纳斯河流域按高程分为海拔3600m以上、2700~3600m、1500~2700m，以及1500m以下4个高程带。

天山雪线在3630~4290m，雪线以上为永久性积雪区，雪盖衰退过程不明显。研究区3月1300m以下地区雪盖率较高，海拔低于2000m地区在不同月份的积雪分布随高程变化明显。因此，根据天山地区自然地理分带情况，结合研究区雪盖分布随高程变化的总体特点，将研究区按高程分为6个高程带，见表12-4：海拔1300m以下为低山丘陵区，积雪为瞬时斑状不连续积雪，为带1；1300~2000m为带2；2000~2700m是山地森林带，多天山云杉、灌木，为带3；2700~3800m地表植被发育较好，为高山草甸区，为带4；3800~4300m及4300m以上分别为带5和带6，多为冰川和永久性积雪。其中，带2和带3，即1300~2700m的地区为降雨径流主要形成区。

表12-4　玛纳斯河流域高程分带表

分带名	海拔（m）	面积（km²）	平均海拔（m）	积雪特征	植被类型
1	1300以下	115.73	1173	瞬时斑状不连续积雪	低山丘陵带
2	1300~2000	382.23	1639	斑状、片状不连续积雪	山地草原带
3	2000~2700	566.76	2417	片状不连续积雪	山地森林带
4	2700~3800	2744.80	3328	片状不连续积雪	高山草甸带
5	3800~4300	1122.73	4020	片状不连续积雪、冰川	亚冰雪带
6	4300以上	229.68	4439	冰川及永久性积雪	冰雪带

图12-12和图12-13分别是不同高程带不同坡度和坡向的面积百分比，可以看出：①低海拔地区以低坡度为主，1300m以下坡度小于10°和10°~20°地区所占面积比例分别为41.9%和36.5%，坡度30°以上地区面积仅占3.9%。中高海拔地区以中高坡度为主，在

2000m 以上的各个高程带内，坡度 30°以上地区面积占 42.8%以上。②随着海拔的升高，北坡面积在相应高程带内的比例不断减小，在 1300m 以下地区北坡占 16.6%，4300m 以上地区北坡仅占 8.6%。1300～2000m 范围内北坡、东北坡和东坡面积比例最大，三者总和达到 48.5%，而东南坡、南坡和西南坡的比例最小，三者总共占 26.8%。随着海拔的上升，前者比例不断减小，后者比例不断增大，到 4300m 以上地区，北坡、东北坡和东坡的面积共占 20.2%，东南坡、南坡和西南坡的面积共占 44.1%。

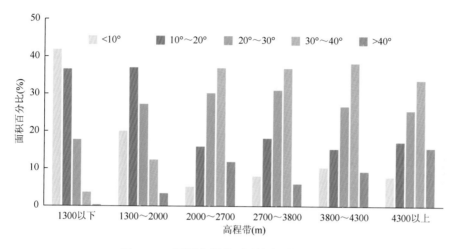

图 12-12　不同高程带不同坡度面积百分比

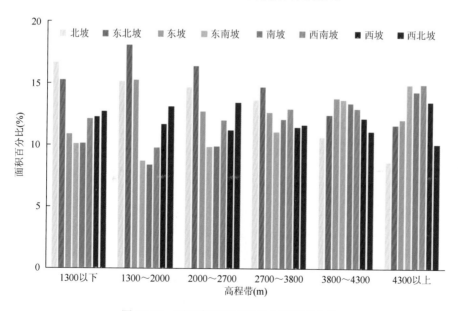

图 12-13　不同高程带不同坡向面积百分比

12.2.2　雪盖衰退曲线制作

雪盖衰退曲线反映了积雪消融的过程和特征，以制作不同高程带的雪盖衰退曲线为例，具体过程如下：①利用 MODIS 每日积雪产品监测积雪动态变化情况，得到每天的雪盖分布图；②将雪盖图像与高程带矢量数据叠加得到各高程带的积雪分布图；③统计各个高程带内积雪像元数与非积雪像元数，用积雪像元数除以总像元数，即可得到各个高程带的雪盖率；④按照时间序列描绘每天的雪盖率数据，得到不同高程带的衰退曲线。

　　雪盖衰退一般过程的近似拟合曲线如图 12-14 所示。融雪初期，雪盖率处于最高水平，随着气温渐渐升高并超过 0℃，积雪开始融化，雪盖率逐渐下降，但由于气温还保持在较低水平，因此积雪融化慢，雪盖率降低不明显。当气温快速上升，积雪融化速度加快，雪盖率迅速降低。雪盖衰退后期，气温继续上升，积雪融化速度很快，但由于此时雪盖率已经接近最低值，雪盖率降低的速度减慢，直至雪盖率降至最低值。但在实际情况中，融雪期内的雪盖率可能会因为新的降雪导致短期内增大，而非一直减小。

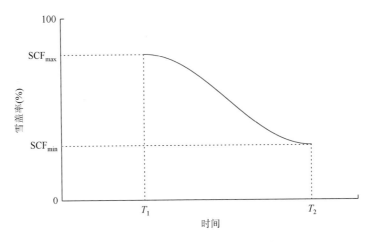

图 12-14　雪盖衰退的近似拟合曲线

12.2.3　雪盖衰退特征分析

12.2.3.1　不同高程带的雪盖衰退

　　随着气温逐渐升高并大于 0℃，积雪开始融化，雪盖率逐渐降低。由于研究区地形起伏较大，不同高程地区积雪消融存在很大差异。图 12-15 为 2001～2012 年春季平均雪盖衰退曲线，反映了不同高程带的雪盖衰退情况。其主要特点表现如下：①雪盖衰退开始和持续的时间、雪盖衰退速度随高程的变化有明显差异，低海拔地区积雪开始消融和停止消融的时间均较早。②1300m 以下地区在 3 月上旬的雪盖率为 66.5%，之后雪盖率迅速降低，到了 4 月中旬积雪完全融化。③1300～2000m 地区在 3 月上旬的雪盖率为 48.8%，积雪持续消融，在 5 月中旬消融完毕。④2000～3800m 地区在 4 月上旬之前的雪盖率虽有波动，但无明显减小趋势，甚至在 3 月中旬至 4 月上旬有小幅度增加，这可能是由于期间有新的降雪。雪盖率在 4 月中旬开始明显减小，但并非持续减小，在 4 月下旬至 5 月上旬有波动，5 月中旬开始雪盖率不断降低。其中，2000～2700m 地区积雪在 6 月上旬之前全部融化，

2700～3800m 地区在 6 月下旬雪盖率仅为 7.8%。⑤3800～4300m 地区雪盖在 4 月上旬之前无明显衰退趋势，4 月中旬开始衰退，6 月下旬雪盖率为 29.6%。⑥4300m 以上地区积雪比较稳定，直至 6 月才有部分积雪开始消融，6 月下旬雪盖率仍保持在 58.7% 以上。

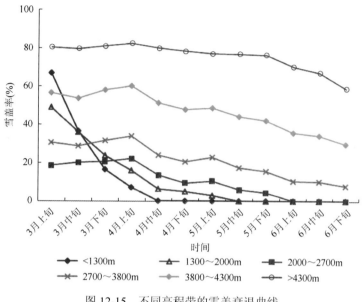

图 12-15　不同高程带的雪盖衰退曲线

图 12-16 为不同高程带雪盖率的旬际变化，表示各个高程带在相邻旬之间的雪盖率变化情况，正值表示雪盖率增大，负值则表示雪盖率减小。由图 12-16 可以看出：①低海拔地区雪盖率变化比较明显，在 3 月，1300m 以下地区雪盖衰退速度最快，每旬雪盖率减少

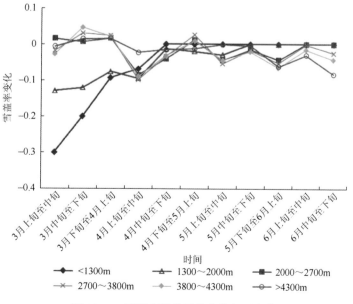

图 12-16　不同高程带雪盖率的旬际变化

0.2 以上，其中 3 月上旬至中旬雪盖率减少量甚至达到 0.3；②1300～2000m 地区雪盖在
3 月的衰退速度仅次于 1300m 以下地区，雪盖率以每旬 0.07～0.13 的速度减少，随着积雪
的减少，雪盖衰退速度减慢，但仍保持不断减少的趋势，直至积雪完全融化；③2000～
2700m 和 2700～3800m 地区雪盖率变化趋势和变化幅度较为接近，雪盖率的旬际变化较
小，多在 0.08 以下；④3800～4300m 地区 6 月之前积雪消融速度比较缓慢，雪盖衰退不
明显，6 月之后雪盖衰退速度加快，每旬雪盖率减少 0.02～0.06；⑤4300m 以上地区 6 月
之前雪盖率变化幅度不大，从 5 月下旬至 6 月上旬开始，雪盖率以每旬 0.03 以上的速度
减少。

12.2.3.2　不同坡度的雪盖衰退

图 12-17 为不同坡度的平均雪盖衰退曲线，表明不同坡度之间雪盖衰退存在差异。随
着坡度上升，雪盖开始衰退的时间推迟，在 20°以下地区，雪盖在 3 月上旬已经开始减少，
而 20°以上地区在 4 月中旬之前无明显衰退趋势，直至 4 月下旬雪盖才开始减少。所有坡
度在 4 月之后具有相似的雪盖衰退趋势，其中 10°～40°地区的雪盖率十分接近。

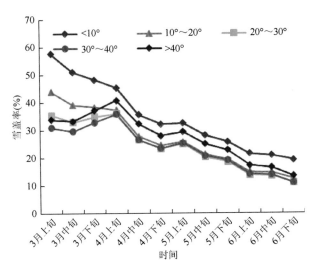

图 12-17　不同坡度的雪盖衰退曲线

图 12-18 为不同坡度雪盖率的旬际变化，在 3 月上旬至 4 月上旬，当雪盖率减少时，
雪盖率衰退速度随着坡度上升而减缓。其中，坡度小于 10°地区雪盖衰退速度最快，但
变化幅度均较小，不超过 0.07。到 4 月中旬之后，不同坡度雪盖率变化较为接近，差异
不大。

为了研究不同高程带上不同坡度的雪盖衰退规律，获取不同高程带上不同坡度的雪盖
衰退曲线，图 12-19 表明，在不同高程带上雪盖衰退受坡度的影响不同。由于 4300m 以
上地区多为冰川和永久性积雪，雪盖衰退过程不明显，因此暂不对 4300m 以上地区雪盖
衰退特征进行分析。不同高程带不同坡度的雪盖衰退特点如下：

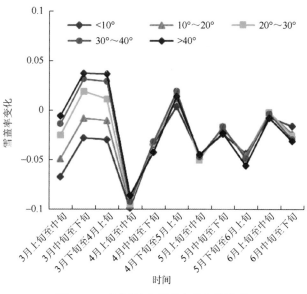

图 12-18 不同坡度雪盖率的旬际变化

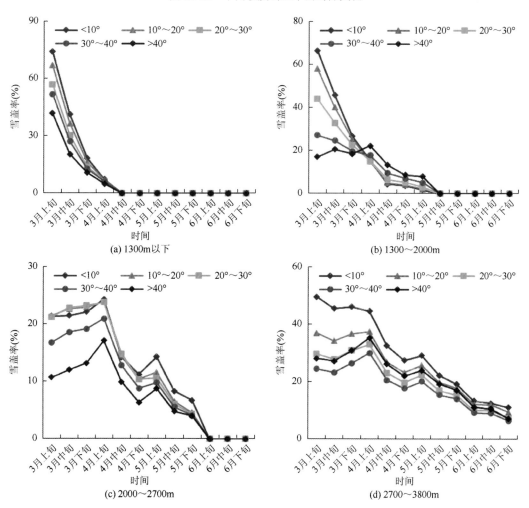

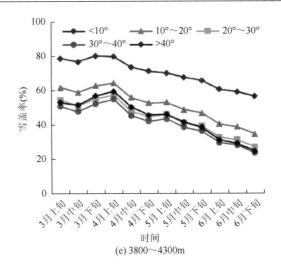

(e) 3800～4300m

图 12-19　不同高程带上不同坡度的雪盖衰退曲线

（1）在分带 1（1300m 以下），同一时期内，雪盖率随坡度上升而下降，但不同坡度雪盖率随时间变化趋势相同。3 月上旬雪盖率最高，之后持续减小，在 4 月中旬雪盖率降至 0。

（2）在分带 2（1300～2000m），3 月内雪盖率随坡度上升而下降，坡度小于 10°地区在 3 月上旬的雪盖率最高，为 66.4%。坡度小于 40°地区雪盖从 3 月上旬开始消融，而大于 40°地区雪盖从 4 月上旬开始消融，所有坡度在 5 月中旬已经没有积雪覆盖。

（3）分带 3（2000～2700m）的雪盖率是所有高度带中最低的，最大值不超过 24.4%。整个分带所有坡度的雪盖衰退曲线总体上呈减小趋势，但波动较大，在 4 月上旬之前和 5 月上旬有所增加，其中最高值出现在 4 月上旬。所有坡度的积雪在 4 月才开始明显消融，雪盖率迅速降低，在 6 月之前全部消融完毕。

（4）在分带 4（2700～3800m），坡度小于 10°地区雪盖率最高值出现在 3 月上旬，雪盖率在 4 月上旬之前保持平稳状态，4 月中旬开始不断降低。大于 10°地区的雪盖率最高值出现在 4 月上旬，之后雪盖率变化趋势与小于 10°地区相同。分带内各坡度直至 6 月下旬还有 6%～11%的积雪覆盖。

（5）在分带 5（3800～4300m），坡度小于 10°地区雪盖率在 3 月下旬达到最高值，为 80.7%，其余坡度雪盖率最高值出现在 4 月上旬，为 55%～64%。小于 10°地区雪盖率从 4 月上旬开始衰退，在整个研究时段内积雪消融比较缓慢，直至 6 月下旬仍有 56.9%被积雪覆盖。大于 10°地区雪盖率从 4 月下旬开始衰退，在 6 月下旬雪盖率为 23%～35%。

图 12-20 显示了不同高程带上不同坡度的雪盖率旬际变化，1300m 以下地区，雪盖率衰退速度随着坡度上升而减缓，坡度越大，雪盖率旬际变化量越小。1300～2000m 地区，在 3 月，坡度越小，雪盖衰退速度越快；而在 5 月上旬至中旬，雪盖衰退速度变化呈相反趋势，随着坡度上升，雪盖衰退速度增大。2000～3800m 地区不同坡度雪盖衰退速度较为接近，总体上雪盖率衰退速度随坡度上升而减缓。3800～4300m 雪盖率在 4 月上旬至中旬开始减少，与其他坡度相比，坡度小于 10°地区雪盖衰退速度最慢。

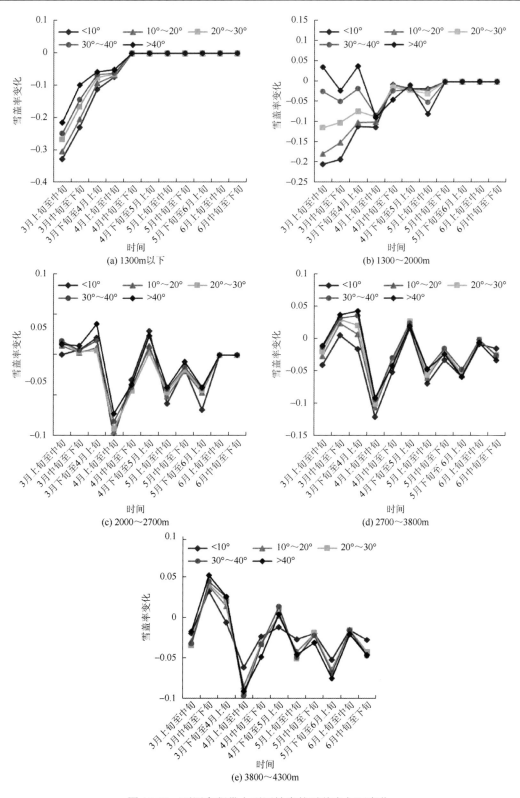

图 12-20 不同高程带上不同坡度的雪盖率旬际变化

12.2.3.3 不同坡向的雪盖衰退

图 12-21 为不同坡向的平均雪盖衰退曲线，虽然不同坡向各旬的雪盖率存在明显差异，但是所有坡向的雪盖衰退曲线具有相似的趋势。3 月上旬至 4 月上旬，各坡向雪盖无明显衰退，4 月中旬开始持续衰退，6 月下旬减少到研究时段内的最低值。而不同坡向雪盖率旬际变化图（图 12-22）显示，雪盖率变化的坡向差异不大，各坡向雪盖率 3 月中旬至 4 月上旬均不同程度增大，但增大幅度较小，不超过 0.03。4 月上旬至中旬各坡向雪盖衰退迅速，5 月中旬之后各坡向雪盖率开始持续减少，其中北坡、东北坡和东坡的雪盖衰退速度较其他坡向快。

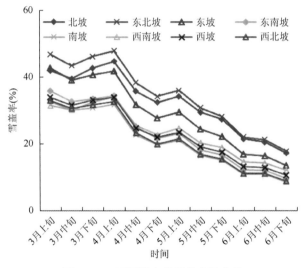

图 12-21　不同坡向的雪盖衰退曲线

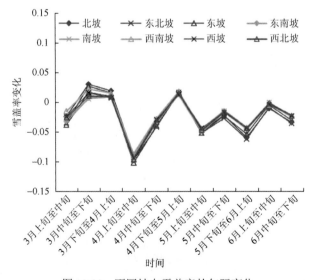

图 12-22　不同坡向雪盖率的旬际变化

图 12-23 为不同高程带上不同坡向的雪盖衰退曲线，表明在不同高程带上雪盖衰退受坡向的影响不同。

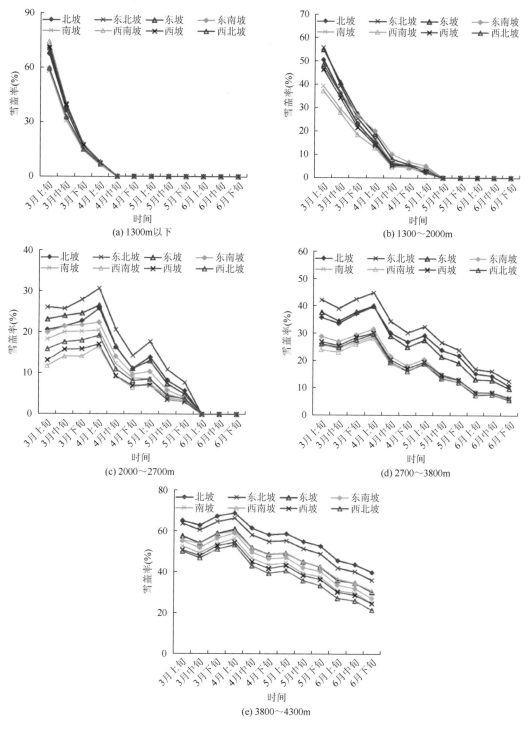

图 12-23 不同高程带上不同坡向雪盖衰退曲线

（1）在分带 1（1300m 以下），不同坡向雪盖率相差不大，且具有相同的衰退趋势，均从 3 月上旬开始迅速衰退，至 4 月中旬积雪融化完毕。

（2）分带 2（1300～2000m）雪盖衰退过程与分带 1 类似，从 3 月上旬开始雪盖率不断降低，至 4 月下旬分带内已无积雪覆盖。其中，北坡、东北坡和东坡的雪盖率较高，南坡和西南坡的雪盖率较低。

（3）分带 3（2000～2700m）的雪盖率是所有高度带中最低的，最大值不超过 31%。整个分带所有坡向的雪盖率总体上呈减少趋势，但在 4 月上旬之前和 5 月上旬雪盖率有所增加，在 4 月上旬达到最高值。所有坡向在 3 月时积雪较为稳定，4 月开始明显消融，雪盖率迅速降低，5 月消融速度有所减缓，6 月上旬积雪全部消融完毕。

（4）在分带 4（2700～3800m），所有坡向雪盖率在 3 月时较为稳定，没有明显衰退现象，在 4 月上旬达到最高值，此后积雪开始消融。同一时期内，北坡、东北坡和东坡雪盖率明显高于其他坡向的雪盖率，其余坡向雪盖率不仅雪盖衰退趋势相同，雪盖率也较为接近。

（5）在分带 5（3800～4300m），北坡和东北坡雪盖率稍高于其他坡向，所有坡向雪盖率变化趋势较为一致，在 3 月中旬至 4 月上旬有上升趋势，4 月中旬开始逐渐消融，直到 6 月下旬雪盖率一直保持单调减小。

图 12-24 为不同高程带上不同坡向雪盖率的旬际变化，1300m 以下，各坡向之间雪盖率变化量差异不大，所有坡向在 3 月内雪盖衰退速度较快，雪盖率每旬减少 0.20～0.34，3 月下旬至 4 月上旬开始衰退速度有所减缓，每旬减少 0.06～0.10。1300～2000m 积雪消融速度总体上比分带 1 的缓慢，雪盖率变化速度在 0.01～0.14，南坡、东南坡和西南坡雪盖衰退速度明显小于其他坡向。2000～2700m 地区北坡、东北坡和东坡雪盖率变化较为剧烈，增加和减少的幅度大于其他坡向。2700～3800m 雪盖率变化趋势和变化幅度较为一致，整体上波动比较剧烈，5 月上旬至 5 月中旬之后，北坡、东北坡和东坡雪盖衰退速度大于其他坡向。3800～4300m 地区不同坡向雪盖率变化无明显差别。

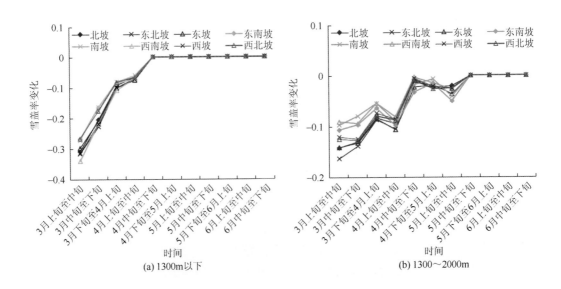

(a) 1300m以下　　　　　　　　　　　(b) 1300～2000m

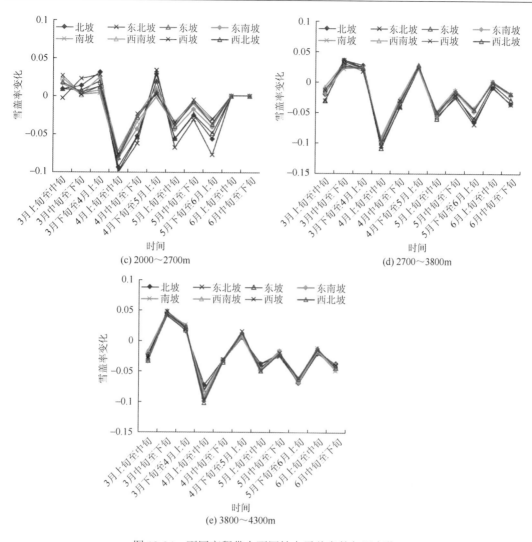

图 12-24 不同高程带上不同坡向雪盖率的旬际变化

12.2.3.4 雪盖衰退与气温的关系

由于雪盖衰退是雪盖范围及周围地区气候条件的累积效应，积雪消融与附近气象站的气温存在一定关系（Singh et al.，2003）。图 12-25 为 2001～2012 年 3～6 月气温高于 0℃时的平均雪盖率和日平均气温散点图，可以明显看出二者呈相反的趋势，随着时间推移，气温总体上呈升高趋势，而雪盖率呈下降趋势。对平均雪盖率和日平均气温进行线性拟合，结果表明，二者呈较好的线性拟合关系，拟合优度确定系数 R^2 达到 0.9294，可见气温对雪盖率具有重要的影响。

计算 2001～2012 年 3～6 月每旬的平均雪盖率和日平均气温，并将每年的旬平均雪盖率和日平均气温分别进行线性拟合，拟合效果较好，确定系数 R^2 平均值达到 0.7，其中 2005 年和 2008 年的确定系数分别高达 0.9154 和 0.9515（图 12-26）。拟合结果一致表明，随着气温的逐渐升高，雪盖率逐渐降低。但部分年份二者的拟合程度较低，这是由于雪盖率的变化不仅受到气温的影响，还受到降水、地形等其他因素的影响。

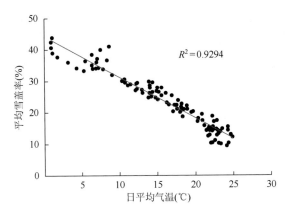

图 12-25   平均雪盖率和日平均气温散点图

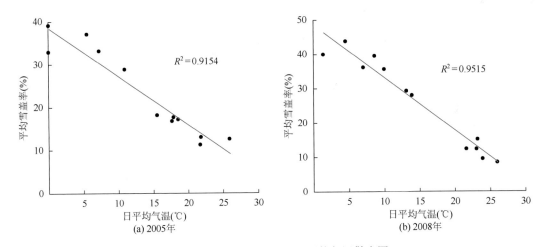

(a) 2005年

(b) 2008年

图 12-26   旬平均雪盖率和日平均气温散点图

　　地形对积雪融化不起直接的作用，而是通过热量的重新分配来间接影响积雪的融化。首先是坡向的影响。天山南坡的年平均气温与北坡差异明显，南坡的年平均气温达到 7.5～10.0℃，而北坡的为 2.5～5.0℃。在相同的海拔，天山南坡的年平均气温高于天山北坡。4月时，天山北坡平均气温为 5.0～10.0℃，沿山麓地带为 2.5～7.5℃，天山南坡为 10.0～15.0℃，沿山麓一带为 7.5～12.5℃。天山山区的 0℃等温线，天山北坡约为 1800m，南坡可升高至 2000m 左右（胡汝骥，2004）。因此，天山南北坡气温特点在一定程度上导致了北坡积雪融化较南坡慢，同一时期内北坡的雪盖率较南坡高。其次是地势，即海拔的影响。天山山区年平均气温随着海拔的升高而降低，到达山顶雪冰区，年平均气温最低。因此，海拔越高的地方积雪融化速度越慢。

　　综上所述，高程、坡度、坡向和气温影响着雪盖衰退的过程，不同地形条件下的雪盖衰退过程差异明显。其中，不同高度带之间的雪盖衰退差异最大，低海拔地区的雪盖开始衰退时间早、衰退速度快，而中高海拔地区雪盖开始衰退时间迟、衰退过程缓慢。整个流域不同坡度坡向的雪盖衰退差异不大，但不同高度带上雪盖衰退过程差异较为明显。因此，高程是雪盖衰退过程产生差异的重要因素，在 SRM 模拟融雪径流时，采用不同高程带的雪盖衰退曲线作为模型输入变量。

12.3 融雪径流模拟与误差分析

12.3.1 融雪径流模型

12.3.1.1 模型概述

融雪径流模型（snowmelt runoff model，SRM）可用来模拟山区流域融雪径流并进行预测。该模型自 20 世纪 80 年代初由 Martinec 和 Rango 等首次推出且经过多次修正和改进（Martinec，1975；Martinec and Rango，1986；Rango，1983；Rango and Martinec，1979，1981，1995，2000），至今已在全球 29 个国家 100 多个流域得到了应用，不仅成功通过了世界气象组织（WMO）的径流模拟评价测试，而且在实时径流预测中也取得了较好的结果。世界气象组织报告中将 SRM 归类为确定性、分布式、概念性和基于物理原理的一类水文模型（Becker and Serban，1990）。Dey 等（1989）认为，SRM 属于概念性和半分布式的过程响应模型。这一模型使用较为简单，在地形起伏较大的山区流域具有较高的模拟精度，模型主要输入参数包含利用卫星遥感数据所提取的雪盖率，这在水文模型中并不多见。每日的雪盖率、气温和降水量是模型的基本输入变量，该模型通过气温因子控制积雪融化过程，流域雪盖率变化控制径流产生过程。

SRM 根据不同的应用目的可分为以下几个运行模式：①模拟一个融雪季、一年或连续几年的径流量；②短期的季节性径流预测；③近年来，SRM 也用来评估气候变化对季节性积雪及融雪径流的潜在影响。

12.3.1.2 模型结构

SRM 在计算日径流量时，分别计算当天的积雪消融和降水所产生的水量，再与经过退水过程后剩余的流量相加，即可得到计算结果。模型具体的计算公式如下（Martinec et al.，2008）：

$$Q_{n+1} = [c_{Sn} \cdot a_n(T_n + \Delta T_n) \cdot S_n + c_{Rn} \cdot P_n] \cdot \frac{A \cdot 10000}{86400}(1 - k_{n+1}) + Q_n \cdot k_{n+1} \quad (12\text{-}2)$$

式中，Q 为每日的平均径流量（m³/s）；c 为径流系数；c_S 为融雪径流系数；c_R 为降雨径流系数；a 为度日因子 [cm/(℃·d)]；T 为度日因子数（℃·d）；ΔT 为度日数调整值（℃·d）；S 为积雪覆盖率，即区域内积雪覆盖面积和区域总面积的比值；P 为降水产生径流后的深度（cm），通过预先设定的临界温度 T_{crit} 判断降水的形式，若判断为降雨，可直接形成径流；若判断为降雪，则它会储存在无雪区域直至达到融化条件；A 为相应区域的面积（km²）；k 为退水系数，是后一天与当天径流量的比值，它表示径流在没有融雪或降雨期间的下降比值；n 为径流计算时段的总天数；10000/86400 为径流深换算为径流量的系数。式（12-2）为融雪径流滞时为 18h 时的计算方程，此时，第 n 天的度日数与第 $n+1$ 天的径流量对应。

温度 T、积雪覆盖率 S 和降水 P 是模型的 3 个输入变量，每天的值通过测量或计算得到。降雨径流系数 c_R、融雪径流系数 c_S、度日数调整值 ΔT、临界温度 T_{crit}、退水系数 k 和径流滞时 L 均是模型的基本参数，这些参数取决于特定气候条件下流域的基本水文特征。

一般情况下，当流域的垂直高度差大于 500m 时，为了保证模型模拟和预报精度，SRM 要求对流域按高程进行分带。以分 3 个高程带为例，SRM 的公式表示为

$$
\begin{aligned}
Q_{n+1} = \bigg\{ & [c_{SAn}a_{An}(T_n + \Delta T_{An})S_{An} + c_{RAn}P_{An}]\frac{A_A \cdot 1000}{86400} \\
& + [c_{SBn}a_{Bn}(T_n + \Delta T_{Bn})S_{Bn} + c_{RBn}P_{Bn}]\frac{A_B \cdot 1000}{86400} \\
& + [c_{SCn}a_{Cn}(T_n + \Delta T_{Cn})S_{Cn} + c_{RCn}P_{Cn}]\frac{A_C \cdot 1000}{86400} \bigg\}(1 - k_{n+1}) + Q_n k_{n+1}
\end{aligned}
\tag{12-3}
$$

式中，A_A、A_B、A_C 分别为分带后各个分带的面积。模型分别计算每个分带融雪及降雨对径流的贡献值，总的模拟值为各个分带产生的径流量及前一天径流量经过退水过程后剩余的径流量之和。

12.3.2　融雪径流模拟

12.3.2.1　变量的获取

1）面积-高程曲线

流域的面积-高程曲线为 SRM 提供流域的基本信息，确定每个高程分带的平均高程及面积。在确定了水文站点及各个高程带的平均高程之后，即可根据水文站的气象数据外推，获取各个分带的度日数和降水数据。同一个分带内平均高程以上的面积等于平均高程以下的面积。通过处理 DEM 数据，即可获取不同分带的平均高程值，并制作面积-高程曲线，图 12-27 即为玛纳斯河流域的面积-高程曲线。

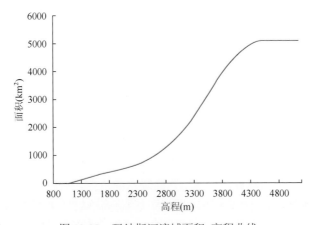

图 12-27　玛纳斯河流域面积-高程曲线

2）雪盖衰退曲线

积雪消融是融雪期径流量的主要来源之一，因此，在 SRM 计算径流量时，积雪覆盖率是一个非常重要的输入变量。为了不降低数据的时间分辨率，并且最大限度地降低云的影响，采用经过去云处理后的 MODIS 每日积雪覆盖产品 MOD10A1 来获取逐日雪盖率数据。由于不同高程的雪盖衰退差异明显，为了取得较好的融雪径流模拟效果，根据天山的自然地理分带情况，结合研究区雪盖分布随高程变化的总体特点，将研究区按高程进行分带，分带设置见表 12-5，分为 1300m 以下、1300～2000m、2000～2700m、2700～3800m、3800～4300m、4300m 以上地区 6 个分带。利用 DEM 获取分带数据，将去云后的 MOD10A1 与分带数据叠加，提取各高程分带的积雪覆盖率，从而得到玛纳斯河流域 2001～2012 年每年融雪期的分带雪盖衰退曲线。

表 12-5 玛纳斯河流域不同高度带温度随海拔变化

高程分带	温度直减率 γ （℃/100m）			
	3 月	4 月	5 月	6 月
1（1300m 以下）	0.5	0.64	0.78	0.77
2（1300～2000m）	0.5	0.64	0.78	0.77
3（2000～2700m）	0.55	0.65	0.75	0.77
4（2700～3800m）	0.6	0.65	0.73	0.78
5（3800～4300m）	0.64	0.65	0.7	0.72
6（4300m 以上）	0.64	0.65	0.7	0.72

3）气温和降水

气温对积雪融化起着决定性的作用，其在融雪径流过程中占有重要地位。气温的升高将直接导致积雪消融量增大，进一步对径流产生影响。降水量的大小也直接影响融雪径流量的多少。通常情况下，气温和降水资料可通过地面观测站点来获取，但由于研究区气象、水文站点稀少，因此只能在肯斯瓦特水文站点提供的气象水文数据的基础上，采取外推的方法获得各个高程带的气温及降水数据。山区气温和降水具有明显的垂直地带性，随着高程上升，气温降低，而降水量在一定范围内呈增加趋势。

在 SRM 中，气温是以度日数的形式表现的，二者的数值是相同的。一般情况下，可用式（12-4）来确定平均度日数：

$$\bar{T} = \frac{T_{max} + T_{min}}{2} \tag{12-4}$$

式中，$\bar{T}$ 为每日的平均气温，即当天的平均度日数；T_{max} 为日最高气温；T_{min} 为日最低气温值。

不同高程带平均高程处的气温调整值 ΔT 为

$$\Delta T = \gamma \cdot (h_{st} - \bar{h}) \cdot \frac{1}{100} \tag{12-5}$$

式中，γ 为气温直减率；h_{st} 为气象基站的海拔；$\bar{h}$ 为各个高程带的平均高程。其中，气温直减率参考了冯学智等（2000）提出的气温递减率，具体设置见表 12-5。

各高程带降水数据采用与气温相似的外推方法，根据降雨梯度的经验值 0.03cm/100m，在肯斯瓦特水文站降水数据的基础上外推，得到各分带平均高程处的降水量。SRM 通过参数临界温度值 T_{crit} 和降雨贡献面积 RCA 来确定降水的形式和控制这部分降水在径流计算中的作用。各分带降水值 P 计算公式如下：

$$P = (\bar{h} - h_{st}) / 100 \times 0.03 + P_{st} \qquad (12\text{-}6)$$

式中，h_{st} 为肯斯瓦特水文站的海拔（m）；$\bar{h}$ 为各高程分带的平均高程（m）；P_{st} 为肯斯瓦特水文站的降水值，输入降水数据单位为 cm。

需要注意的是，降水数据不是一直随着高程不断增加，在天山地区，海拔 2000～3000m 内降水最充沛（胡汝骥，2004），因此，本书的研究从 2000～2700m 分带开始，降水值不再变化。

12.3.2.2　参数的确定

1）度日因子 a

度日因子是 SRM 计算每日融雪深度的一个核心参数，是模型中敏感性最高的参数之一，表示气温每上升 1℃所融化的积雪深度，可通过雪枕、雪槽进行野外观测得到，或利用统计公式进行推算，度日因子 a 推算公式为

$$a = 1.1 \times (\rho_s / \rho_w) \qquad (12\text{-}7)$$

式中，ρ_s 为雪密度；ρ_w 为水密度。由于水密度 ρ_w 是一个固定值，因此，雪密度 ρ_s 的大小直接决定了度日因子 a 的值。

根据天山地区已有的积雪密度观测结果，天山山地积雪平均密度处于 0.1～0.28g/cm³，都在 0.3g/cm³ 以下。天山多年冬季积雪资料表明，稳定积雪的平均密度为 0.06～0.24g/cm³。平均积雪密度随着积雪季节的时间推移会有一定程度的增大，如 10 月的平均积雪密度为 0.11g/cm³，11 月增大至 0.16g/cm³，12 月至次年 3 月平均积雪密度每月增大 0.01～0.02g/cm³，4 月时达到 0.26g/cm³。同时，研究表明，与多风的天山山区草原地带相比，森林地带的积雪密度略低一些（胡汝骥，2004），根据已有研究中玛纳斯河流域各分带积雪密度（张璞，2009），本书的研究采用的积雪密度见表 12-6。

表 12-6　玛纳斯河流域不同高程带春季积雪密度表　　　　[单位：cm/(℃·d)]

月份	带 1	带 2	带 3	带 4	带 5	带 6
3	0.22	0.22	0.22	0.26	0.26	0.26
4	0.26	0.26	0.26	0.30	0.31	0.31
5	0.27	0.27	0.27	0.32	0.32	0.32
6	0.28	0.28	0.28	0.33	0.33	0.33

2）径流系数 c

同一地区在同一时期内，径流深度与该时期形成径流的降水量的比值即为径流系数 c，计算公式如下：

$$c = r/p \qquad (12\text{-}8)$$

式中，r 为径流深度（mm）；p 为降水量（mm）。

径流系数表示流域内的降水流入河流经流域出口断面流出量的多少，c 值取 $0\sim1$，c 越接近于 1，表示有越多的降水转化为径流；c 越接近于 0，则表示越多的降水消耗于蒸发。在湿润地区径流系数较大，而干旱地区的径流系数较小，甚至接近于 0。SRM 中针对降水和融雪，分别设置了降水径流系数 c_R 与融雪径流系数 c_S。融雪初期，由于径流损耗相对较低，径流系数较高。随着积雪融化，土壤裸露及植被生长，融雪中期径流损耗逐渐增大，径流系数减小。在融雪季节末期，径流损耗有所降低，径流系数增大。本书的研究每旬设置一组融雪径流系数和降雨径流系数，其中 3 月和 6 月的径流系数值较高，4 月和 5 月的径流系数值较低。

3）退水系数 k

退水系数是后一天与当天径流量的比值，表示径流在没有融雪或降雨期间的下降比值，反映了每日融水中有多少比例能直接补给到径流量。在实测的历史径流数据的基础上，退水系数 k 可以根据式（12-9）进行计算：

$$k_{n+1} = x \cdot Q_n^{-y} \qquad (12\text{-}9)$$

式中，Q_n 为每日的径流量（m^3/s）；x 和 y 值在确定的流域内值是固定的，是两个常量。

研究时段内，根据实际测量得到的当日径流量 Q_n 和次日径流量 Q_{n+1}，可绘制得到退水过程散点图。式（12-9）中 x 和 y 值可通过退水过程散点图的下廓线和 1∶1 线之间的中线确定。图 12-28 为玛纳斯河流域 2001～2012 年 3～6 月的退水过程散点图，图中 1∶1 线上部的点是径流量增加的部分，1∶1 线以下的是径流量减少的部分。为了计算退水系数，剔除 1∶1 线以上的数据。散点图中的下廓线代表的是退水过程的最大幅度。因此，根据 $k = Q_{n+1}/Q_n$，在中线上选取两个点分别代入式（12-9），得到 $x = 1.0081$，$y = 0.045$。因此，玛纳斯河流域的退水系数公式便可写为

$$k_{n+1} = 1.0081 \cdot Q_n^{-0.045} \qquad (12\text{-}10)$$

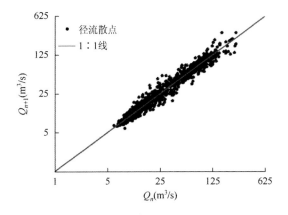

图 12-28   2001～2012 年玛纳斯河流域融雪期的退水过程散点图

4）径流滞时 L

径流滞时指气温上升产生融雪水距离融雪水到达水文断面的时间。根据世界气象组织比对不同流域径流滞时的测试结果，流域应根据面积大小来选取相应的径流滞时值。测试结果中不同模型流域面积和对应的平均径流滞时见表 12-7（Martinec et al.，2008）。针对玛纳斯河流域，由于面积较大，达到 5156km^2，因此采用 18h 的径流滞时值。

表 12-7　流域面积对应的径流滞时

测试流域	流域面积（km^2）	径流滞时（h）
W-3	8.42	3
Dischma	43.3	7.2
Dunajec	680	10.5
Durance	2170	12.4

12.3.3　模拟结果评价

12.3.3.1　模拟精度分析

为了检验模拟结果，除了将模拟与实测日径流过程线做直观比较，分析逐日流量的差异和峰、谷时间差外，SRM 还采用确定系数 R^2 和体积差 D_v 对模拟结果进行精度检验，计算公式如下：

$$R^2 = 1 - \frac{\sum_{i=1}^{n}(Q_i - Q_i')^2}{\sum_{i=1}^{n}(Q_i - \overline{Q_i})^2} \tag{12-11}$$

式中，Q_i 为实际测量得到的日径流量；Q_i' 为模型计算的日径流量；$\overline{Q_i}$ 为模拟时段内实际观测径流量的平均值；n 为模拟时段总天数。

$$D_v = \frac{V_R - V_R'}{V_R} \cdot 100\% \tag{12-12}$$

式中，V_R 为模拟期实测的径流体积；V_R' 为模拟期计算的径流体积。

R^2 的值取决于模拟与实测流量的日差异值，其数值范围是 0～1，R^2 越接近 1，表示模拟精度越高。D_v 可以是任何数值，D_v 的绝对值越接近于 0，表明模拟的效果越好。

对肯斯瓦特水文站 2001～2012 年 3 月 10 日～6 月 20 日逐日径流量进行模拟，通过比较模拟和实测的径流量曲线（图 12-29），日径流量模拟值基本反映了实际径流量的变化趋势。根据世界气象组织对主要融雪模型的评价结果，SRM 在融雪模拟中，R^2 平均值为 0.811，D_v 平均值为 5.97%（Martinec et al.，2008）。表 12-8 为这 12 年模拟结果，其中确定系数 R^2 均在 0.73 以上，2008 年 R^2 甚至高达 0.94，平均值为 0.83，体积差 D_v 除了 2005年和 2011 年之外，绝对值均在 3.50% 以下。模拟结果表明，利用 SRM 模型对玛纳斯河流域 2001～2012 年春季融雪径流模拟的效果较为理想。

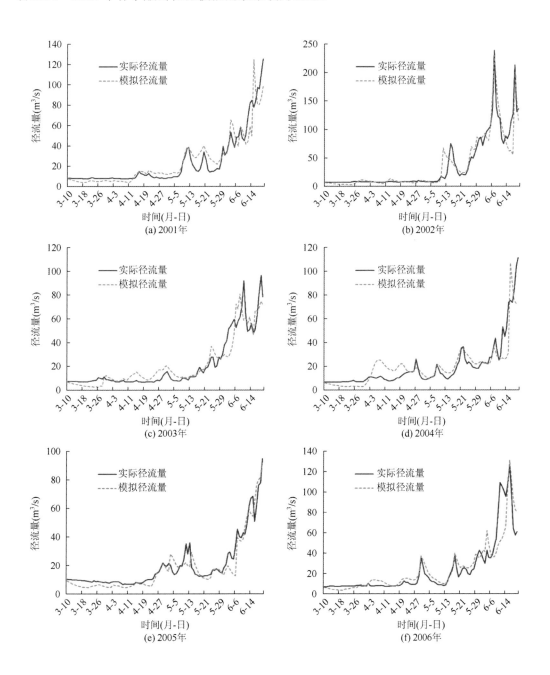

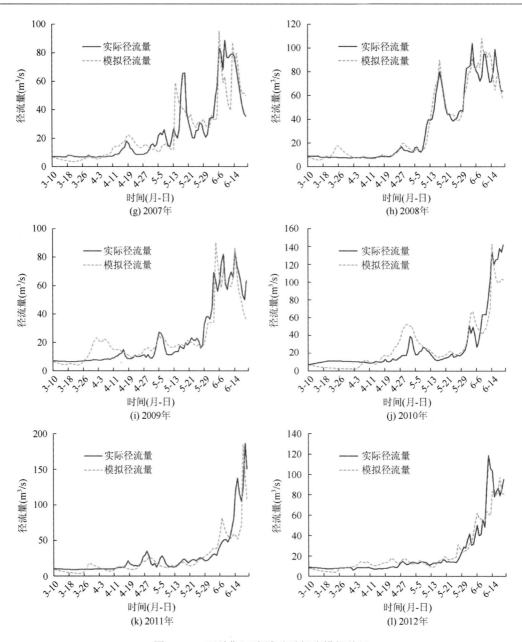

图 12-29　玛纳斯河流域融雪径流模拟结果

表 12-8　春季日径流量模拟结果精度

年份	确定系数 R^2	体积差 D_v 绝对值（%）
2001	0.85	3.50
2002	0.89	0.44
2003	0.87	1.26
2004	0.75	1.75
2005	0.89	9.69

年份	确定系数 R^2	体积差 D_v 绝对值（%）
2006	0.80	2.05
2007	0.77	1.67
2008	0.94	2.80
2009	0.85	2.97
2010	0.83	1.65
2011	0.73	11.49
2012	0.81	0.82
平均值	0.83	3.34

12.3.3.2 模拟误差值析

虽然玛纳斯河流域春季融雪径流模拟精度较高，但日径流量模拟值与实际测量值仍存在一定误差，主要可以分为逐日流量差和峰、谷时间差两类。

1）逐日流量的差异

进入 6 月以后，部分日径流量模拟值与实际测量值相差较大，如图 12-30 所示，2001 年 6 月 15 日实际径流量为 78.5m³/s，而模拟径流量达到 125.0m³/s，远远高于实际径流量。根据肯斯瓦特站水文资料的记载，6 月 14 日的降水量为月内最大值，达 11.2mm。由于此时的降雨径流系数较大，气温高，降水对径流的影响明显。6 月气温较高，降水在中低海拔地区多为降雨，在模型中降雨短时间内即可转化为径流，而实际情况降雨不一定在短期内全部转化为径流，而是经过一定的水文循环过程才能形成径流，因此造成径流量模拟值与实际值存在偏差。特别是在降雨集中的时段径流产生机制过于复杂，对于 SRM 模型这样一个相对简单的概念性模型而言，要将这一过程模拟准确存在一定困难。

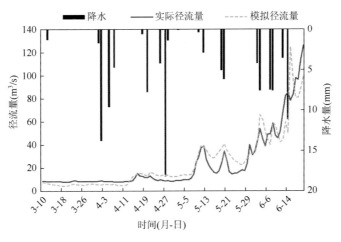

图 12-30 2001 年日径流量模拟图

2）峰、谷时间的差异

图 12-31 为 2002 年径流量模拟结果，实际径流量在 5 月 15 日出现峰值，而模拟径流量的相应峰值出现在 5 月 11 日，提前了 4 天。本书的研究将参数径流滞时 L 统一设为 18h，根据 SRM 的计算原理，融雪水和降雨次日即可转化为径流，模拟结果中 5 月 11 日的峰值出现的原因是由于前一天即 5 月 10 日发生降水，导致模拟结果相应峰值出现时间提前。为了提高模拟和实际径流峰值出现时间的一致性，需要结合实际情况，设置合适的融雪径流滞时。

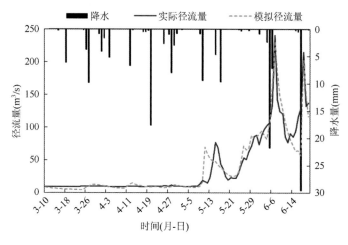

图 12-31　2002 年日径流量模拟图

模拟过程中，有时实际径流量出现的峰值无法模拟体现，如实际径流量于 2006 年 6 月 11 日出现峰值，而当天的模拟结果中径流量没有明显增大。气象观测资料显示，6 月 11 日之前几天内均没有降雨数据，各分带雪盖率也无明显减少，模拟产生较大误差可能是由于气象站点有限，虽然在站点处没有观测到降水，但在流域内部分地区有降水，导致实际径流量增加。因此，保证降水数据的可靠性可以避免类似的模拟误差，提供气象数据的站点要尽量具有代表性。

12.4　模型参数优化率定

水文模型参数的优化率定是水文过程模拟和预测的重要前提，也是模型优化的关键环节，参数优化率定结果的优劣直接影响模型对流域水文过程模拟的精度和有效性。传统的水文模型参数率定多数为单目标优化，常见的方法有单纯形法（李致家等，2004；宋星原等，2009）、SCE-UA（宋星原等，2009；马海波等，2006）、遗传算法（宋星原等，2009；马海波等，2006；陆桂华等，2004）、粒子群算法（张文明等，2008）等。由于流域水文效应的复杂性，为综合考虑水文过程模拟和预测中的多种拟合要素，以使各项精度和性能指标总体上最优，近年来多目标优化方法逐渐为水文模型参数率定所采用，出现了一些多目标优化及不同目标组合优化的参数率定方法（张文明等，2008；Li et al.，2010；Moussu et al., 2011; Guo et al., 2014; 郭俊等, 2012)。在 SRM 参数选择方面,有研究采用对融雪径流过程校准模拟的方法确定合适的模型参数(李弘毅和王建, 2008),也有学者根据模型手册和参数经验值并结合流域地理特征对不同高度带的参数做适当调整(张一驰等, 2006; 马虹和程国栋, 2003),还有通过试错法选择参数并研究不同温度参考站和温度直减率对融雪径流模拟性能的影响等(Kult et al., 2014)。上述有关 SRM 的研究大多以月作为模型参数的分布单元,基本采用非自动率参方法。SRM 参数离散化及其对模拟精度的影响,以及面向其离散化参数自动率定的多目标优化研究较为鲜见。

本节对 SRM 参数的离散化及对模拟性能影响进行了研究,提出了一种离散化参数渐进式优化率定方法,设计了多个目标优化函数及其综合多目标的优化函数。采用玛纳斯河流域 2001~2012 年的气象资料、雪盖数据和水文观测数据,以 2001~2008 年融雪期为模型率参期,以 2009~2012 年融雪期为模型率定参数的检验期,结果表明,提出的 SRM 参数离散化和优化率定方法是有效的。

12.4.1 模型敏感参数及其离散化方法

SRM 的计算原理是根据度日因子、融雪径流系数、降雨径流系数,计算在每天平均气温条件下的融雪和降水所产生的水量(Martinec et al., 2005),并与当天的退水流量相加,从而得到每天的日径流量。除了温度、雪盖率、降雨和流域分带面积等流域特征输入参数外,模型参数中的当日退水系数 k 一般根据资料期内前一天的流量通过指数公式计算获得,公式中的两个参数 x 和 y 预先通过分析实测的相邻两日径流散点图确定(Martinec et al., 2005)。本书的研究对玛纳斯河流域 2005~2008 年融雪径流资料进行自动分析处理,计算得到 $x = 1.04053$,$y = 0.04151$,并将玛纳斯河流域分为 1500m 及以下、1500~2700m、2700~3600m、3600m 以上 4 个高度带,各高度带临界温度根据模拟日所处时段在 0.75~3.0℃取值。从模型的结构看,度日因子、融雪径流系数和降雨径流系数是反映流域融雪径流和降雨径流形成机制的重要参数,考虑到度日因子与融雪径流系数在模型中的积关系,且度日因子由雪密度和水密度通过经验公式获得(Martinec et al., 2005),度日因子的时变性可以由雪密度和水密度的时变性表征。玛纳斯河流域雪密度和温度直减率参照相关研究并做适当调整(杨大庆等, 1992; 黄慰军等, 2007; 王娟等, 2011),表 12-9 列出了本书的研究采用的各月份温度直减率和基带雪密度分布值,其他高度带雪密度值按 0.01 递增。通过模拟实验发现,融雪径流系数和降雨径流系数对模拟精度影响最大,所以确定为需优化率定的模型敏感参数。

表 12-9 不同月份温度直减率和基带雪密度分布值

月份	1	2	3	4	5	6	7	8	9	10	11	12
温度直减率	0.46	0.46	0.51	0.56	0.56	0.61	0.66	0.66	0.61	0.56	0.56	0.51
基带雪密度	0.19	0.18	0.17	0.17	0.12	0.11	0.11	0.11	0.11	0.13	0.17	0.19

流域的融雪径流效应在整个融雪期甚至一个月内是非均一的,融雪径流模型应体现径

流形成机制的时变性,对模型的敏感参数在融雪期内做时间分布式离散处理,每个参数在每个时段离散单元均有一个分布值,参数的时段离散单元可设置为月、半月、旬和 5 天。理论上,较短的参数离散单元可以增强模型反映流域径流形成机制时变性的能力,但参数集的增大也会给模型率参工作带来难度和计算开销,具体可根据需要折中选择一种合适的参数离散粒度。

为分析参数离散粒度对模拟精度的影响,以最优纳什效率系数为优化目标,分别按每个独立年份的融雪期对各种离散粒度的模型参数进行率定,两个敏感参数的优化空间均设置为 0.1~0.9,变化步长为 0.01,使用各年的率参结果模拟当年的融雪径流过程,其模拟精度见表 12-10。由表 12-10 可以看出,随着模拟使用参数时段离散粒度的逐渐缩小,平均模拟精度呈现出单调向好的趋势,使用月离散参数模拟的精度最低,使用 5 天离散参数模拟的精度最高。使用半月离散参数、旬离散参数和 5 天离散参数模拟的精度差异不是特别大,由于数量上 5 天离散参数是旬离散参数的一倍,其优化率定的开销也较前者成倍增长,综合考虑,以旬参数作为融雪径流模型参数。

表 12-10　采用不同离散时段参数优化率参结果进行模拟的精度

模拟年份	模型参数离散时段单元			
	月	半月	旬	5 天
2001	0.67	0.84	0.92	0.88
2002	0.93	0.95	0.94	0.95
2003	0.86	0.89	0.91	0.84
2004	0.84	0.85	0.85	0.82
2005	0.83	0.86	0.87	0.90
2006	0.85	0.86	0.79	0.93
2007	0.87	0.89	0.90	0.88
2008	0.92	0.89	0.92	0.89
2009	0.95	0.94	0.95	0.97
2010	0.93	0.92	0.92	0.94
2011	0.90	0.94	0.92	0.94
2012	0.91	0.92	0.90	0.92
平均	0.87	0.90	0.90	0.91

12.4.2　渐进式参数优化率定方法

融雪径流模型的敏感参数经某种时段粒度离散化后,一个参数的时段分布值相比离散化前的整个模拟时段的单值增加了数倍或数十倍,由于参数空间的超高维特征明显,参数率定变得十分复杂,敏感参数的所有离散分量参数同时参加率定几乎不可行,需要设计面向离散化模型参数优化率定的方法。

12.4.2.1 分时段优化率参

一种可行的方法是分时段优化率参,即以一个离散参数所覆盖的时段为其优化率定模拟时段,按时段递进的次序逐时段对敏感参数优化空间进行最优参数的模拟搜索,参数优化空间由待率定的模型敏感参数变化范围、变化步长确定,在获得上一时段的最佳敏感参数后,再对下一时段的敏感参数进行优化率定,如图 12-32 所示。这种参数优化率定方法的特点是各时段参数优化率定相互分离,互不影响,各时段参数优化模拟的时间长度就是本时段。由于模拟时段的天数少,参与精度评价的过程模拟体量小,个别几天的模拟结果都对时段过程的模拟精度构成较大影响,制约精度评价目标对优化搜索的引导作用。

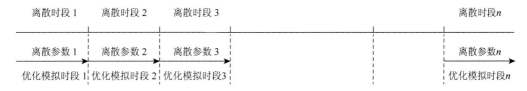

图 12-32 分时段离散参数优化率定过程

12.4.2.2 渐进式优化率参

渐进式的过程优化率定方法根据模型参数离散化设置,仍然是按时段递进的次序逐时段对敏感参数的离散分量进行优化率定。但是每个离散时段参数率定搜索均是以整个融雪径流过程模拟期起始时间作为优化模拟起始时间,以待率定参数所在离散时段末作为优化模拟的截止时间,即率参搜索的模拟时段是渐进递增的,如图 12-33 所示。优化模拟时,只有最后一个离散时段的敏感参数需要率定,前面各离散时段均采用已经优化率定好的模型参数。

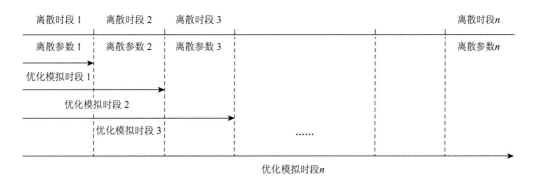

图 12-33 渐进式离散参数优化率定过程

渐进式离散参数优化率定方法的特点是前面优化率定的模型离散参数参与后续时段参数率定所进行的渐进式过程模拟,前面率参结果对后面率参进程具有影响,参与精度评价的模拟过程趋于完整。每年融雪期以旬离散的模型参数的优化率参的实验发现，参数优化过程中目标函数值基本呈现单调趋优的状态。表 12-11 给出了采用每年的优化率参结果模拟当年融雪期径流过程的精度统计，相比分时段优化率定方法，渐进式优化率定的参数模拟各年融雪径流过程精度性能表现更好，其平均效率系数、平均相对积差和平均峰时差都有明显改善。

表 12-11　采用两种优化方法率定参数模拟融雪径流过程精度对比

模拟年份	采用渐进式优化参数			采用分时段优化参数		
	效率系数	相对积差（%）	峰时差（天）	效率系数	相对积差（%）	峰时差（天）
2001	0.95	0.66	1	0.92	7.74	7
2002	0.95	−0.84	0	0.94	−7.69	0
2003	0.91	1.96	0	0.91	2.59	0
2004	0.89	9.43	7	0.85	13.00	4
2005	0.88	2.30	3	0.87	3.96	2
2006	0.83	0.30	9	0.79	2.78	9
2007	0.92	1.93	1	0.90	−0.57	1
2008	0.92	2.72	5	0.92	7.80	26
2009	0.96	0.79	5	0.95	−2.19	5
2010	0.93	3.28	3	0.92	6.82	3
2011	0.93	−0.68	1	0.92	−7.67	1
2012	0.91	1.69	0	0.90	5.77	0
平均	0.92	1.96	2.92	0.90	2.70	4.83

12.4.3　优化的目标函数

现有研究中 SRM 通常采用纳什效率系数和相对体积差两个指标评价模拟精度，本书的研究主要以纳什效率系数、最大相对峰时差、相对峰差和峰权均方差为基本的精度评价指标，其计算公式见式（12-13）～式（12-16）。

$$R^2 = 1 - \frac{\sum_{i=1}^{n}(Q_i - P_i)^2}{\sum_{i=1}^{n}(Q_i - \bar{Q}_i)^2} \tag{12-13}$$

$$Z = \left\{ \frac{1}{N} \left[\sum_{i=1}^{N}(Q_i - P_i)^2 \left(\frac{Q_i + \bar{Q}}{2\bar{Q}} \right) \right] \right\}^{\frac{1}{2}} \tag{12-14}$$

$$\text{TD} = \text{ATD/STL} \tag{12-15}$$

$$\text{PD} = |Q_{\max} - P_{\max}| / Q_{\max} \tag{12-16}$$

式中，R^2 为效率系数，R^2 越接近于 1，模拟精度越高；$\bar{Q}$ 为平均实测流量；Q_i 和 P_i 分别为实测流量和模拟流量；Z 为峰权均方差，其值越接近于 0，模拟精度越高；TD 为相对峰时差；ATD 为模拟最大峰时与实测最大峰时之差（天）；STL 为模拟时段长度（天）；PD 为相对峰差，Q_{max} 和 P_{max} 分别为实测最大峰值和模拟最大峰值。

分别采用两个单目标函数 F_1 和 F_4，两个综合多目标 F_2 和 F_3[式（12-17）～式（12-20）]，在 F_2 中权重取值 $w_1 = w_2 = 0.5$，在 F_3 中权重取值 $w_1 = w_2 = 0.4$，$w_3 = 0.2$，优化搜索使目标函数达到最小。针对 2001～2012 年 4～6 月的融雪径流过程，分别开展旬离散参数的多目标渐进式优化率定实验，各年率定参数模拟当年的融雪径流过程，模拟精度统计见表 12-12 和表 12-13。由表 12-12 和表 12-13 可以看出，以 F_1、F_2、F_4 为优化目标率定的各年参数模拟当年融雪径流过程的平均效率系数都在 0.91 以上，其中 F_1 取得了最好的平均效率系数，与追求目标吻合。采用兼顾最优效率系数和相对峰时差的双目标函数 F_2 优化率定的参数，模拟各年融雪径流过程的平均峰时差达到 1.25 天的较优精度。同时，顾及最优效率系数、相对峰时差和相对峰差的多目标函数 F_3 优化率定的参数，模拟的平均相对峰差达到 2.64% 的理想水平，峰时差精度也较有所提高，其平均效率系数为 0.88。

$$F_1 = 1 - R^2 \tag{12-17}$$

$$F_2 = w_1 \times F_1 + w_2 \times \text{TD} \tag{12-18}$$

$$F_3 = w_1 \times F_1 + w_2 \times \text{TD} + w_3 \times \text{PD} \tag{12-19}$$

$$F_4 = Z \tag{12-20}$$

表 12-12 采用不同优化目标渐进率参结果进行模拟的效率系数

模拟年份	不同优化目标率定参数模拟的效率系数			
	F_1	F_2	F_3	F_4
2001	0.95	0.92	0.93	0.95
2002	0.95	0.95	0.94	0.95
2003	0.91	0.91	0.84	0.92
2004	0.89	0.88	0.89	0.90
2005	0.88	0.86	0.87	0.88
2006	0.83	0.80	0.77	0.83
2007	0.92	0.92	0.90	0.91
2008	0.92	0.90	0.91	0.93
2009	0.96	0.95	0.95	0.96
2010	0.93	0.93	0.91	0.93
2011	0.93	0.93	0.88	0.93
2012	0.91	0.91	0.82	0.91
平均	0.92	0.91	0.88	0.92

表 12-13　采用不同优化目标率定参数模拟的最大峰时差和相对峰差

模拟年份	不同优化目标率定参数模拟的峰时差（天）				不同优化目标率定参数模拟的相对峰差（%）			
	F_1	F_2	F_3	F_4	F_1	F_2	F_3	F_4
2001	1	1	1	1	11.53	13.32	0.15	9.46
2002	0	0	0	0	6.81	6.81	5.01	5.23
2003	0	0	0	0	26.74	26.74	7.16	24.21
2004	7	4	7	7	14.97	23.81	0.11	13.71
2005	3	1	3	3	32.52	41.03	18.15	28.73
2006	9	0	4	4	18.75	26.02	0.31	16.84
2007	1	1	1	1	9.07	9.07	0.19	9.28
2008	5	0	5	5	3.66	28.22	0.10	3.45
2009	5	4	5	5	9.22	18.68	0.11	9.23
2010	3	3	3	3	10.86	10.86	0.05	7.93
2011	1	1	0	1	16.20	16.15	0.15	12.65
2012	0	0	0	0	27.88	27.88	0.17	24.86
平均	2.92	1.25	2.42	2.5	15.68	20.71	2.64	13.80

12.4.4　面向预测的模型参数优化率定

为了使模型预测未来年份的融雪径流过程,需对模型参数进行资料年份的全局优化率参,即根据资料年份长序列气温、降雨、径流量、雪盖率等观测值样本,进行模型参数优化的全局搜索模拟,优化获得的参数综合体现了资料年份融雪径流形成的内在特征,以使优化的 SRM 在一定程度上演绎流域对融雪的径流响应机制。

以 2001～2008 年为模型率参期,2009～2012 年为评价模型率参结果的验证期。分别采用 F_1、F_2、F_3 对应的全局目标函数进行优化率参 [式（12-17）～式（12-19）],全局目标函数为率参期各年模拟过程的 F_i 累计与 F_i 极差的权重和函数,优化搜索使全局目标函数达到最小。两个敏感参数的优化空间均设置为 0.2～0.7,变化步长为 0.01,率参结果用于验证期 3～6 月融雪径流过程的模拟和精度评价,验证模拟精度指标统计见表 12-14。从效率系数看,采用目标函数 F_1^{global} 优化率定参数模拟的效率系数指标最好,平均达到了 0.88 的水平,平均峰时差为 3 天,在 3 个目标优化率参应用中表现最优。采用目标函数 F_2^{global} 优化率定参数模拟也取得了较好的精度,平均效率系数达到了 0.87,平均相对积差只有 1.77%,但作为优化目标之一的平均峰时差反而有所抬升。采用目标函数 F_3^{global} 优化率定参数模拟的平均效率系数为 0.86,平均相对积差为–2.57%,目标之一的平均峰差水平较者有较大幅度改善。图 12-34 为采用 F_1 目标函数优化率定参数模拟 2011 年融雪期径流过程的精度分析与评价。

$$F_i^{\text{global}} = 0.25 \times \sum_{y=2001}^{2008} F_i^y + 0.75 \times (F_i^{\max} - F_i^{\min}) \quad i = 1,2,3 \qquad （12-21）$$

表 12-14　面向预测的模型参数优化率定验证模拟精度评价

优化目标	验证模拟年份	效率系数 R^2	相对积差（%）	峰时差（天）	相对峰差（%）
F_1^{global}	2009	0.88	4.16	5	13.31
	2010	0.85	13.02	3	31.41
	2011	0.88	7.01	0	22.10
	2012	0.88	−10.97	4	29.45
	平均	0.87	3.3	3	24.07
F_2^{global}	2009	0.86	2.67	11	14.76
	2010	0.86	11.07	3	29.56
	2011	0.88	5.21	0	21.35
	2012	0.88	−11.86	4	29.29
	平均	0.87	1.77	4.5	23.74
F_3^{global}	2009	0.86	−1.08	5	0.16
	2010	0.89	7.06	3	20.67
	2011	0.85	0.90	10	11.53
	2012	0.85	−17.14	4	19.13
	平均	0.86	−2.57	5.5	12.87

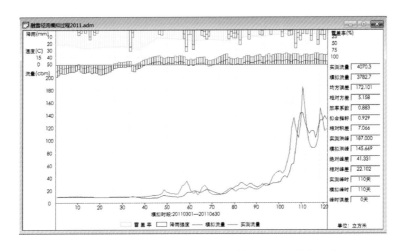

图 12-34　模型参数优化率定验证模拟可视化精度评价

　　SRM 参数优化率定是模型有效应用和运行的前提，模型参数的离散化是由融雪径流形成机制的时变性决定的。①按月、半月、10 天和 5 天离散的模型参数中，随着离散粒度的变小，优化率定参数模拟的平均精度总体趋于提高，10 天离散与 5 天离散的率参效果差异不大，句是较理想的离散粒度；②相比于分段独立优化率定离散参数的方法，渐进式优化率定方法由于模拟过程的连续性和完整性，可取得优化性能更好的率定参数；③优化目标函数在模型参数率定中起关键作用，单目标优化尽管可以获得在单项精度指标上表现较优的模型参数，但其他精度指标可能不尽理想，多目标优化率参可以获取兼顾多项精度指标的模型参数；④面向预测的优化率参实验表明，提出的 SRM 参数离散化方法、渐进式优化率定方法和多目标优化率定方法是有效的。

参 考 文 献

冯学智，李文君，史正涛，等. 2000. 卫星雪盖检测与玛纳斯河融雪径流模拟. 遥感技术与应用，15（1）：18-21.

郭俊，周建中，周超，等. 2012. 概念性流域水文模型参数多目标优化率定. 水科学进展，23（4）：447-456.

胡汝骥. 2004. 中国天山自然地理. 北京：中国环境科学出版社.

黄慰军，黄镇，崔彩霞，等. 2007. 新疆雪密度时空分布及其影响特征研究. 冰川冻土，29（1）：66-72.

李弘毅，王建. 2008. SRM 融雪径流模型在黑河流域上游的模拟研究. 冰川冻土，30（5）：769-775.

李致家，周铁，哈布. 哈其. 2004. 新安江模型参数全局优化研究. 河海大学学报（自然科学版），32（4）：376-379.

陆桂华，郦建强，杨晓华. 2004. 水文模型参数优选遗传算法的应用. 水利学报，35（2）：50-56.

陆平. 2005. 基于 MODIS 数据的新疆玛纳斯河流域积雪监测与融雪径流模拟. 中国地质大学.

马海波，董增川，张文明，等. 2006. SCE-UA 算法在 TOPMODEL 参数优化中的应用. 河海大学学报（自然科学版），34（4）：361-365.

马虹，程国栋. 2003. SRM 融雪径流模型在西天山巩乃斯河流域的应用实验. 科学通报，48（19）：2088-2093.

宋星原，舒全英，王海波，等. 2009. SCE-UA、遗传算法和单纯形优化算法的应用. 武汉大学学报（工学版），42（1）：6-9.

王娟，姜卉芳，穆振侠. 2011. 高寒山区气温垂直分布的估测方法研究——以玛纳斯河为例. 水资源与水工程学报，22（3）：44-47.

杨大庆，张寅生，张志忠. 1992. 乌鲁木齐河源雪密度观测研究. 地理学报，47（3）：260-266.

张璞. 2009. SRM 模型在玛纳斯河流域春季洪水预警中的应用研究. 中国科学院寒区旱区环境与工程研究所.

张文博. 2012. 天山典型区积雪时段遥感研究. 南京大学.

张文明，董增川，朱成涛，等. 2008. 基于粒子群算法的水文模型参数多目标优化研究. 水利学报，39（5）：528-534.

张一驰，李宝林，包安明，等. 2006. 开都河流域融雪径流模拟研究. 中国科学 D 辑. 地球科学，36（增刊Ⅱ）：24-32.

Becker A，Serban P. 1990. Hydrological Models for Water-Resources System Design and Operation. Operational Hydrological Report No. 34. Geneva：WMO.

Dey B，Sharma K，Rango A. 1989. A test of Snowmelt Runoff Model for a major river basin in western Himalayas. Nordic Hydrology，20（3）：167-178.

Guo J，Zhou J Z，Lu J Z，et al. 2014. Multi-objective optimization of empirical hydrological model for streamflow prediction. Journal of Hydrology，511：242-253.

Kult J，Choi W，Choi J. 2014. Sensitivity of the Snowmelt Runoff Model to snow covered area and temperature inputs. Applied Geography，55：30-38.

Li X Y，Donald E，Thomas E，et al. 2010. Watershed model calibration using multi-objective optimization and multi-site averaging. Journal of Hydrology，380：277-288.

Martinec J，Rango A，Roberts R. 2005. Snowmelt Runoff Model（SRM）User's Manual. Las Cruces，U.S.A：Updated Edition 2005，WinSRM1.10. USDA Jornada Experimental Range，New Mexico State University.

Martinec J，Rango A，Roberts R. 2008. Snowmelt Runoff Model（SRM）User's Manual. Las Cruces，U.S.A：Updated edition for WINDOWS，WinSRM Version 1.11. New Mexico State University.

Martinec J. 1975. Snowmelt-Runoff Model for stream flow forecasts. Nordic Hydrology，6（3）：145-154.

Martingc J，Rango A. 1986. Parameter values for snowmelt runoff modelling. Journal of Hydrology，84（3-4）：197-219.

Moussu F，Oudin L，Plagnes V，et al. 2011. A multi-objective calibration framework for rainfall-discharge models applied to karst systems. Journal of Hydrology，400：364-376.

Rango A. 1983. Application of Simple Snowmelt Runoff Model to Large River Basin. Washington：Western Snow Conference.

Rango A，Martinec J. 1979. Snowmelt-Runoff model using Landsat data. Nordic Hydrology，10（4）：225-238.

Rango A，Martinec J. 1995. Revisiting the degree-day method for snowmelt computations. JAWRA Journal of the American Water Resources Association，31（4）：657-669.

Rango A，Martinec J. 2000. Hydrological effects of a changed climate in humid and arid mountain regions. World Resource Review，12（3）：493-508.

Rango J，Martinec J. 1981. Accuracy of snowmelt runoff simulation. Nordic Hydrology，12（4-5）：265-274.

Singh P，Bengtsson L，Berndtsson R. 2003. Relating air temperatures to the depletion of snow covered area in a Himalayan basin. Nordic Hydrology，34（4）：267-280.

Steele C，Rango A，Hall D，et al. 2010. Sensitivity of the Snowmelt Runoff Model to Underestimates of Remotely Sensed Snow Covered Area. Honolulu，Hawaii，USA：IEEE International：Geoscience and Remote Sensing Symposium.